Inkscape
パーフェクトガイド

ピクセルハウス 著

Perfect Guide

Inkscape

Pixel House

技術評論社

【免責】
本書に記載された内容は、情報の提供のみを目的としています。したがって、本書を用いた運用は、必ずお客様自身の責任と判断によって行ってください。これらの情報の運用の結果、いかなる障害が発生しても、技術評論社および著者はいかなる責任も負いません。
本書記載の情報は、2022年10月現在のものを掲載しております。ご利用時には、変更されている可能性があります。OSやソフトウェアはバージョンアップされる場合があり、本書での説明とは機能内容や画面図などが異なってしまうこともあり得ます。本書ご購入の前に、必ずバージョン番号をご確認ください。OSやソフトウェアのバージョンが異なることを理由とする、本書の返本、交換および返金には応じられませんので、あらかじめご了承ください。
以上の注意事項をご承諾いただいた上で、本書をご利用願います。これらの注意事項に関わる理由に基づく、返金、返本を含む、あらゆる対処を、技術評論社および著者は行いません。あらかじめ、ご承知おきください。

【動作環境】
本書では、Inkscape 1.2.1、OSはWindows 11を利用しています。そのほかのバージョンでは利用できない機能や操作方法が異なる場合があります。また、バージョンアップによって、URLが異なったり、機能が変更されている可能性があります。

動作環境に関する上記の内容を理由とした返本、交換、返金には応じられませんので、あらかじめご注意ください。

はじめに

Inkscapeは世界的に人気のある、無料のベクトルグラフィックエディターです。
個人で気軽にベクトルグラフィックを扱うのに十分な機能を備えており、さらに市販のアプリケーションではありえないユニークな機能も持っています。一見しただけでは操作方法がわかりにくいものもありますが、慣れてくると対処法も推測できるようになってきます。これからベクトルグラフィックを制作してみようという方は、ぜひ試してみてください。

すでに市販のベクトル系アプリをお使いの場合は、基本的な操作がいくつか違っている点に慣れれば、ほぼ問題なく使えることがすぐにわかるでしょう。

本書はInkscapeのデザインに関わる機能を網羅し、制作の手助けとなるよう作成しました。機能が多いため自分ですべて確認していくのは大変ですが、本書をパラパラ見て必要な機能を画像で素早く見つけられれば、制作がはかどるのではないでしょうか。

なお工作機械での出力など特殊な用途でInkscapeをお使いの方も多いと思いますが、本書はInkscapeでグラフィック制作をする際の操作や機能を扱い、それ以外については割愛しています。ご了承ください。

Inkscapeでイラストやデザイン制作をする方のお役に立てれば幸いです。

ピクセルハウス

CONTENTS【目次】

Inkscapeの基本

CHAPTER 01 図形の作成

CHAPTER 02

オブジェクトの編集

CHAPTER 03

レイヤーの設定

CHAPTER 04

カラー／パターンの設定

CHAPTER 05 パスの作成と編集

CHAPTER 06 テキストの作成と編集

CHAPTER 07 フィルターの設定

CHAPTER 08 エクステンションの設定

CHAPTER 09 特殊な操作

CHAPTER 10 レイアウトと出力データ

◎サンプルファイルのダウンロードについて

本書の解説に使用している

・サンプルファイル(「.svg」「.jpg」「.ai」)

を、下記のページよりダウンロードできます。
ダウンロード時は圧縮ファイルの状態なので、展開してから使用してください。

https://gihyo.jp/book/2023/978-4-297-13198-2/support

※サンプルファイルがない解説もあります。

CHAPTER

00

THE PERFECT GUIDE FOR INKSCAPE

Inkscapeの基本

01 Inkscapeについて理解する

Inkscapeは、無償で利用できるグラフィックソフトです。グラフィックソフトにはさまざまな種類がありますが、Inkscapeがどんなソフトであるかを説明します。

Inkscapeとは

Inkscape（インクスケープ）は、GPL（GNU General Public License）で認証されている無料のオープンソースのグラフィックソフトです。本書はWindowsで説明していますが、macOSやGNU、Linuxでも利用できるため、世界中にユーザーがいます。グラフィックソフトの中でも、Inkscapeはベクトル画像の作成／編集を行うソフトで、イラスト、ロゴ、地図などの作成に利用されています。InkscapeのWebサイトなどからダウンロードして、誰でも利用できます。執筆時点（2022年8月）でのバージョンは、「1.2.1」で、2020年にバージョン1.0となってからは、2021年にバージョン1.1、2022年にバージョン1.2と、進化しながらバージョンアップしています。

ベクトルとラスターとの違い

グラフィックソフトは、「ベクトル系（ドロー系）」と「ラスター系（ペイント系、ビットマップ系）」に大別されます。Inkscapeはベクトル系ソフトです。違いを見てみましょう。

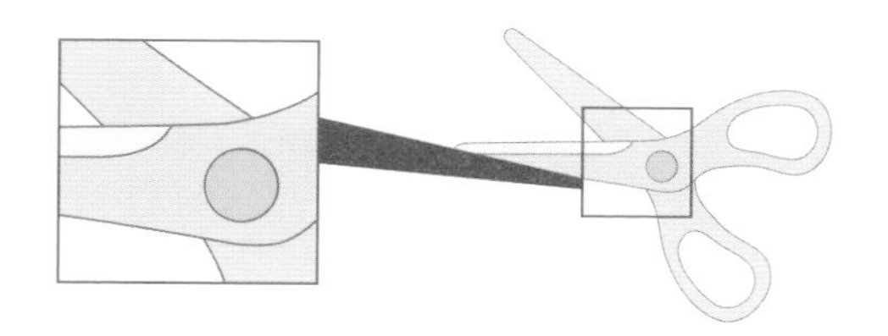

ベクトル系の画像は拡大しても滑らか

ベクトル系

ベクトル系ソフトでは、円や長方形などの図形はひとつのかたまり（オブジェクト）として描画されるソフトウェアで、アドビ社の製品「Illustrator」が代表的です。オブジェクトは、数式で記憶されているため、拡大したり変形しても劣化しないのが大きな特徴です。また、オブジェクトごとに選択して重ねたり、移動できます。

デジタルカメラの画像などは拡大すると画像が粗くなる

ラスター系

ラスター系ソフトは、小さな点（ピクセル）で描画するソフトで、アドビ社の製品「Photoshop」や、フリーソフトの「GIMP」が代表的です。ラスター系ソフトは、拡大や変形すると画像が粗くなる場合があります。また、ベクトル系と異なり、画像内にある一部の円や長方形だけを移動したり削除することは簡単にはできません。なお、デジタルカメラで撮影した写真の画像も、ラスター系ソフトで作成した画像と同じようにピクセルが集まってできています。

SVG形式がネイティブフォーマット

Inkscapeのファイル保存形式は、W3Cオープン規格のSVGです。SVGとは「Scalable Vector Graphics」（スケーラブル・ベクター・グラフィックス）の略で、Inkscapeのようなベクトル系のグラフィックデータを保存する形式です。前述したように、拡大や変形しても劣化しないのが特徴です。Webの画像形式としてはなかなか普及しませんでしたが、高精細ディスプレイを搭載したスマートフォンの登場とともに、徐々に利用が広がっている形式です。Inkscapeの保存形式はSVG形式ですから、そのままWeb用の画像として利用できます。もちろん、PNG／JPEGなどのラスター形式の画像の書き出しにも対応しています。

W3C：「World Wide Web Consortium」の略称で、Web技術の標準化を行う非営利団体のこと

多彩な用途

Inkscapeの制作の基本は、図形を作成することですが、文字を入力したり、写真などの画像データを配置することもできます。配置した画像は、写真加工ソフトのように細かい編集はできませんが、拡大／縮小、回転などの基本的な変形は行えます。Inkscapeでは、描画した図形、配置した画像、入力したテキストなどをオブジェクトといいます。オブジェクトは互いに独立しているので、後からオブジェクトを個別に選択して移動、変形、削除などが可能です。

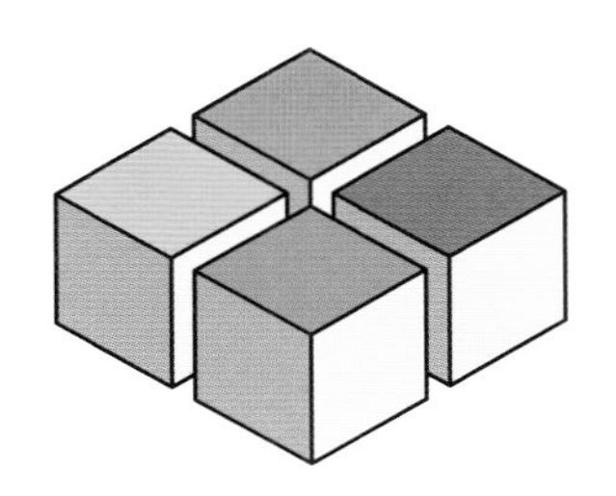

イラスト制作

Web媒体で利用するイラストの制作は、Inkscapeの得意とするところです。拡大表示しても劣化しないSVG形式の特徴が活きます。

ロゴ制作

ロゴは、サイズを変更することが多いので、拡大／縮小しても劣化しないベクトル系ソフトのInkscapeは適しています。PNGやJPEGなどのラスター系画像が必要でも、エクスポートで対応できます。

フライヤーなどの制作

Inkscapeではドキュメント内に画像を配置できます。また、文字入力もできるので、簡単な紙媒体用のフライヤーなども制作できます。ただし、商用印刷となると、必要なCMYKデータをInkscapeでは扱えないため、PDFで出力してからRGBをCMYKに変換にする必要があります。家庭用プリンタの出力であれば十分です。日本語の組版機能は弱いので、きれいな組版を必要とするなら、アドビ社のIllustratorやInDesignを利用する方がよいでしょう。

ダウンロードとインストール

Inkscapeは、フリーのソフトウェアです。使用するには、Webサイトからダウンロードして、インストールする必要があります。ここでは、Ver1.2.1を例に説明します。

ダウンロードする

Inkscape の Web サイト（下記 URL）を開き、Inkscape のインストーラーをダウンロードします。ここでは、Microsoft Edge での手順を説明します。

1 Webページを開く

ブラウザで Inkscape の Web サイトを開きます（https://inkscape.org/ja/）。Google 検索などでアクセスして、英語版が表示された場合は、右上の言語選択で「日本語」を選択します1。［ダウンロード］をクリックして［Current Version］をクリックします2。

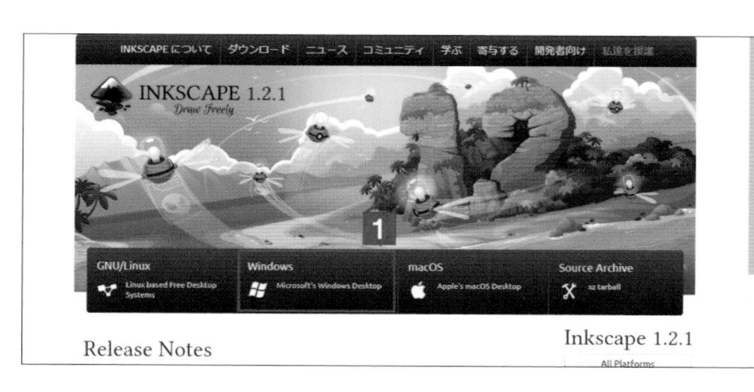

2 OSの種類を選択する

最新バージョンのページが表示されるので、使用している OS を選択します。ここでは、Windows をクリックします1。

3 64bitか32bitを選択する

使用している Windows が 64bit なら［64-bit］、32bit なら［32-bit］をクリックします1。

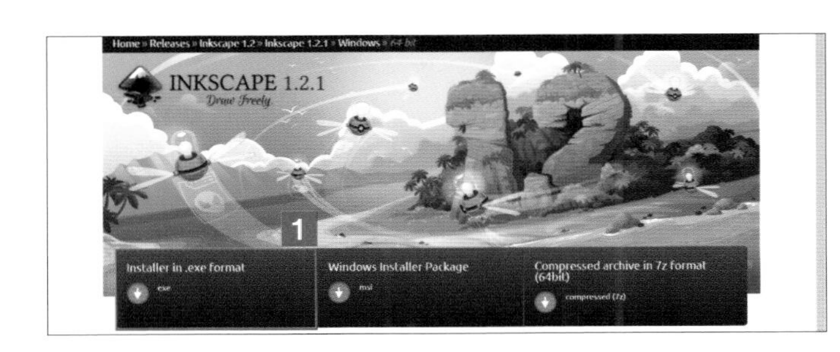

4 インストーラーの種類を選択する

インスーラーの種類を選択します。ここでは、実行形式の「Installer.exe format」をクリックします1。
ダウンロードが自動で始まります。インストーラーは、［ダウンロード］フォルダに保存されます。

インストールする

ダウンロードしたインストーラーを使ってインストールします。

1 インストーラーを起動する

ダウンロードしたインストーラーをダブルクリックして起動します1。ユーザーアカウント制御のダイアログが表示されたら、［はい］をクリックしてください。

2 画面指示に従って進める

インストーラーが起動したら、画面の指示に従って進めます。基本、どの画面でもそのまま［次へ］をクリックしてください1。

3 完了する

「Inkscape セットアップの完了」が表示されたら、インストールの完了です1。［Inkscape を実行］をチェックした状態で2、［完了］をクリックしてください3。Welcome 画面が表示されたら4、正常に起動した状態です。

CHAPTER 00 Inkscapeの基本

03 起動と終了

Inkscapeをインストールできたら、Inkscapeを使用できる状態です。起動と終了の方法を説明します。

▶ 起動する

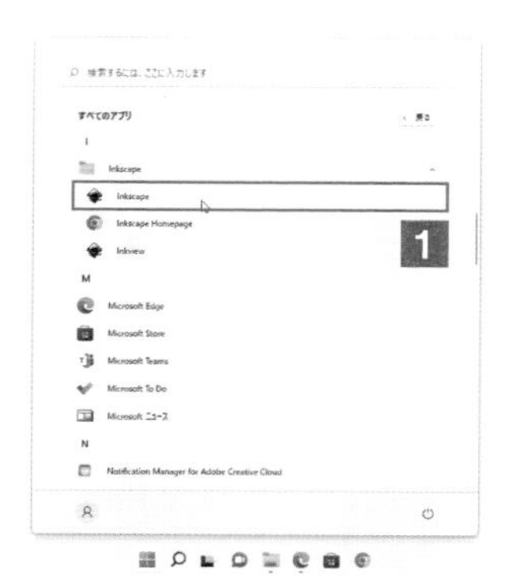

1 スタートメニューから起動する

スタートメニューから「Inkscape」を選択して起動します**1**。または、デスクトップなどに保存したショートカットなどから、Inkscapeのアイコンをダブルクリックします**2**。

本書では見やすさを考慮して、ダークモードをオフにした画面で説明しています**2**。ダークモードの切り替えは、P.028の「インターフェースのダークモードを切り替える」を参照ください

2 Welcome画面が開く

初期状態では、Welcome画面が開きます。「絵を描く」タブをクリックします**1**。Welcome画面が表示されない場合は、手順**4**の新規ドキュメント画面が開きます。

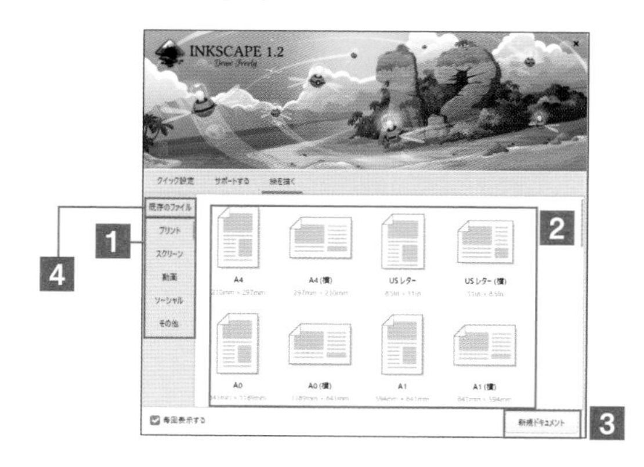

3 ページサイズを選択する

左側の用途をクリックすると**1**、右側に用途ごとのページサイズが表示されるのでクリックします**2**。[新規ドキュメント]をクリックすると、デフォルトのA4サイズで新規ドキュメントが作成されます**3**。[既存のファイル]をクリックすると**4**、作成したファイルがリスト表示され、クリックして開くことができます。

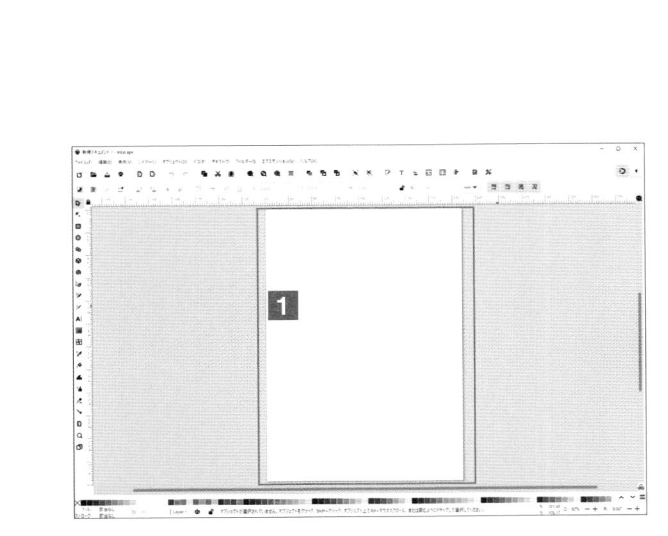

4 新規ドキュメントが開く

指定したページサイズの新規ドキュメントが開きます1。用紙内に、図形を描画していきます。

POINT

ページサイズは、新規ドキュメント作成後に変更できます。P.023 の「ページサイズを変更する」を参照ください。

▶ 終了する

1 [終了]を選択する

[ファイル] メニューから [終了] を選択します1。

CHECK

Inkscape ではひとつのファイルごとにひとつのウィンドウが開きます。ウィンドウの右上の×をクリックして、ファイルを閉じることもできます。すべてのファイルが閉じれば、Inkscape は終了となります。

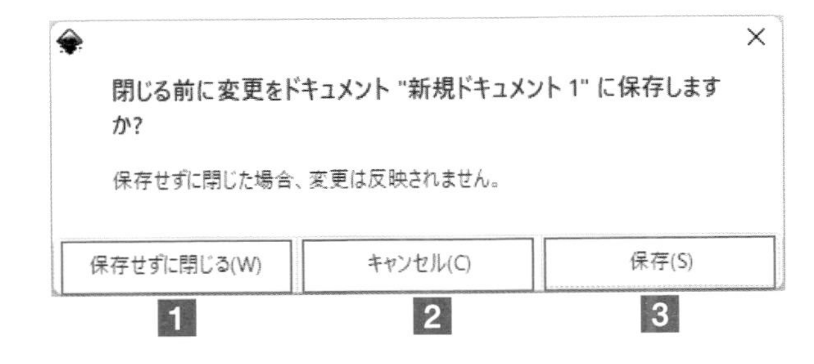

2 必要に応じて保存する

ファイルが未保存の状態であれば、確認ウィンドウが表示されます。[保存せずに閉じる] をクリックすると、保存しないでウィンドウを閉じます1。[キャンセル] をクリックすると、終了せずにそのまま作業を続行できます2。[保存] をクリックすると、ファイル名を付けて保存できます3。

POINT

複数のファイルを開いている場合、未保存のファイルごとに確認ウィンドウは表示されます。

操作画面の名称を確認する

Inkscapeの画面各部の名称や各機能について説明します。画面の色は、設定したテーマごとに異なります。

Inkscapeの画面名称と機能

Inkscape の画面の表示色は、テーマによって決まります。下記画面は、デフォルト設定でダークモードをオフにした状態です。本書では、見やすさを考慮して、ダークモードはオフにしてあります。

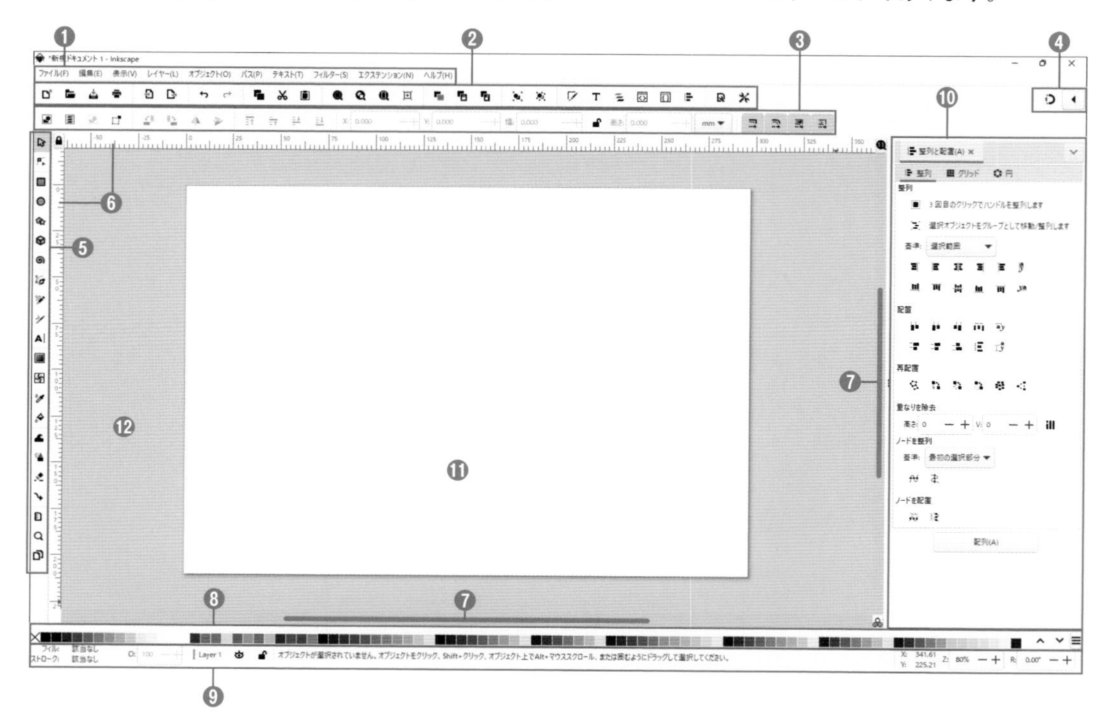

❶	メニューバー
❷	コマンドバー
❸	ツールコントロールバー
❹	スナップコントロールバー
❺	ツールボックス
❻	ルーラー

❼	スクロールバー
❽	パレット(カラーパレット)
❾	ステータスバー
❿	ダイアログ
⓫	ページ
⓬	デスク

❶ メニューバー

Inkscapeの機能を選択して実行します。実行の対象ごとに分かれています。メニューから選択する機能のことをコマンドと呼びます。

❷ コマンドバー

よく使うコマンドが表示されており、メニューから選択しなくても、アイコンをクリックするだけで実行できるようになっています。

❸ ツールコントロールバー

図形を作成するためのツールボックスのツールごとに、オプションの設定をします。ツールごとに表示が変わります

❹ スナップコントロールバー

マウスを使用しての図形描画や編集時に、ほかのオブジェクトやガイドにピッタリ合わせてレイアウトするためのスナップ機能のオン／オフや、スナップ対象を設定します。

❺ ツールボックス

作図や編集するためのツールが表示されており、クリックして選択します。ツールコントロールバーが、選択したツール固有の表示になるので、設定値を変えながら描画や編集を行います。

❻ ルーラー

水平／垂直の座標を表示する定規です。ページの左上を原点として表示されます。ルーラーからのドラッグで、ガイドも作成できます。

❼ スクロールバー

ドラッグして、ページの表示位置を変更できます。

❽ パレット（カラーパレット）

オブジェクトのカラーをクリックして設定できます。通常のクリックでオブジェクトのフィル（塗りつぶし）、Shift ＋クリックで、ストローク（線）の色となります。

❾ ステータスバー

現在選択しているオブジェクトの色や透明度、線幅などの情報が表示されます。また、選択しているツールの操作も表示されます。カラーと不透明度の表示部分をスタイルインジケーターと呼びます。

❿ ダイアログ

選択したオブジェクトの設定をするためのウィンドウです。デフォルトでは、画面の右側にドッキングした状態です（この部分をドックと呼びます）。ドック内では、ダイアログは複数表示でき、タブで切り替えて表示できます。また、独立したウィンドウで表示することもできます。

⓫ ページ

用紙サイズで設定した、印刷される領域のことをいいます。Inkscapeでは、ひとつのファイルに複数のページを作成できます。

⓬ デスク

ページの外側をデスクといいます。

POINT

コマンドバー❷は、ご使用のモニタによっては、画面右側に縦で表示されることもあります。［表示］メニュー→［ワイドスクリーン］の設定によって、表示位置を上部／右側と切り替えられます。

05 起動してから新規ドキュメントを作成する

Inkscapeでは、同時に複数のドキュメントを開いて作業できます。起動後の新規ドキュメントの作成方法を説明します。

▶ [新規]コマンドで作成する

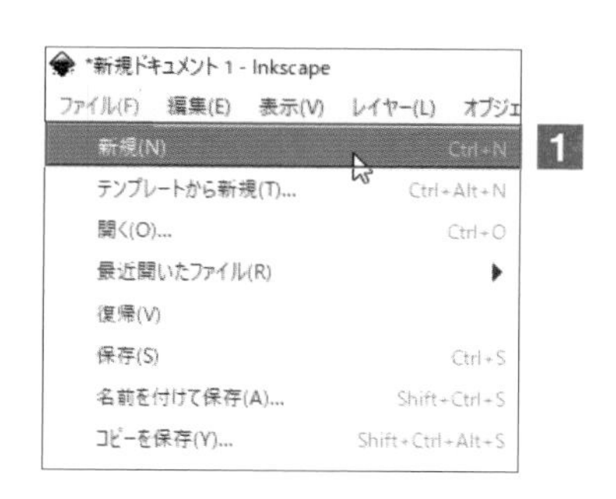

1 [新規]を選択する

[ファイル] メニューから [新規] を選択します1。

CHECK

コマンドバーの をクリックしてもかまいません。

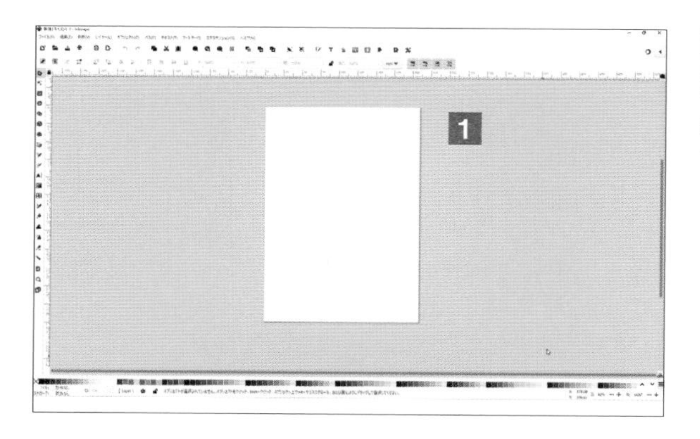

2 新規ドキュメントが作成される

新規ドキュメントが、新しい別ウィンドウで作成されます1。

POINT

[ファイル] メニューの [テンプレートから新規] を選択すると、[テンプレートから作成] ウィンドウが開き、さまざまなテンプレートを選択して最適なサイズの新規ドキュメントを作成できます。

ページサイズを変更する

ドキュメントのページサイズは、新規ドキュメント作成後に変更できます。Welcome画面で用紙サイズを設定できない場合は、ページサイズを設定してから作業してください。

サンプルファイル 00-06.svg

ドキュメントのプロパティで変更する

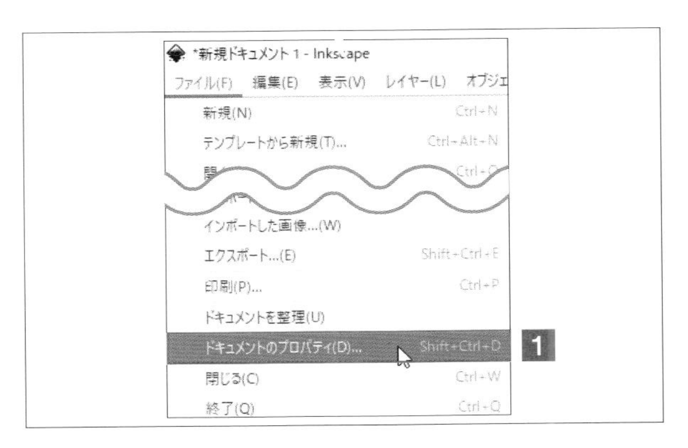

1 [ドキュメントのプロパティ]を選択する

[ファイル] メニューから [ドキュメントのプロパティ] を選択します1。

CHECK

コマンドバーのをクリックしてもかまいません。

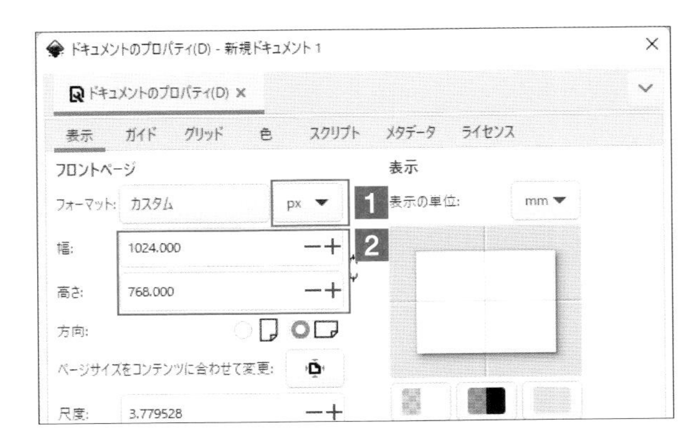

2 単位とサイズを変更する

[フォーマット] で単位を設定します(ここでは「px」)1。[幅]と[高さ]をそれぞれ入力します(ここでは「1024」「768」)2。[フォーマット] をクリックすれば、リスト表示されたページサイズを選択するだけで変更できます。

3 指定したサイズに変更される

指定したサイズに変更されます1。

07 複数のページを作る

Inkscape Ver1.2では、ひとつのドキュメントに複数のページを作成できます。複数のページは、PDFで書き出すことが可能です。

新規ページを追加する

ページツールを使うと、新しいページを追加できます。

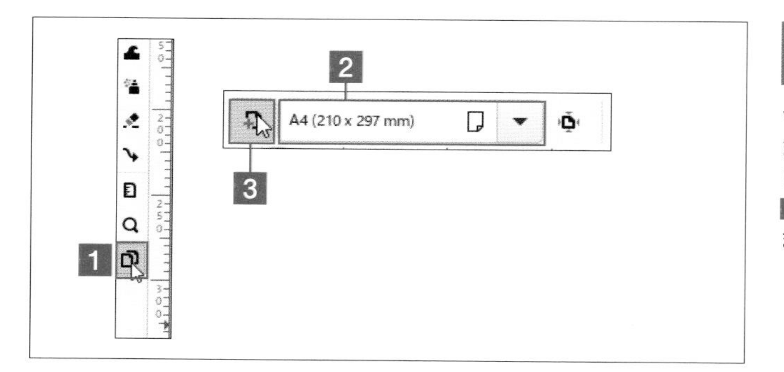

1 ページツールで作成する

ツールボックスでページツールを選択します1。ツールコントロールバーで、新しく作成するページのサイズを設定し2、[新規ページを作成] をクリックします3。

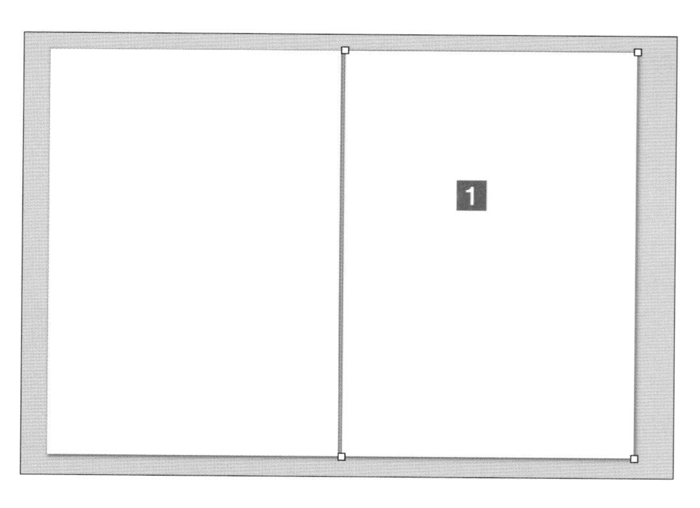

2 新規ページが作成される

既存ページの右側に、新しいページが作成されます1。

POINT

複数ページの作成機能は、Inkscape1.2 からの機能です。1.1 以前のバージョンで開くこともできますが、追加したページは表示されません。追加したページ上にレイアウトしたオブジェクトは、ページ外に表示されます。また、保存した SVG ファイルを、Web ブラウザで表示すると、1 ページ目の領域のみ（[ドキュメントのプロパティ] のビューボックスの設定領域）が表示されます。

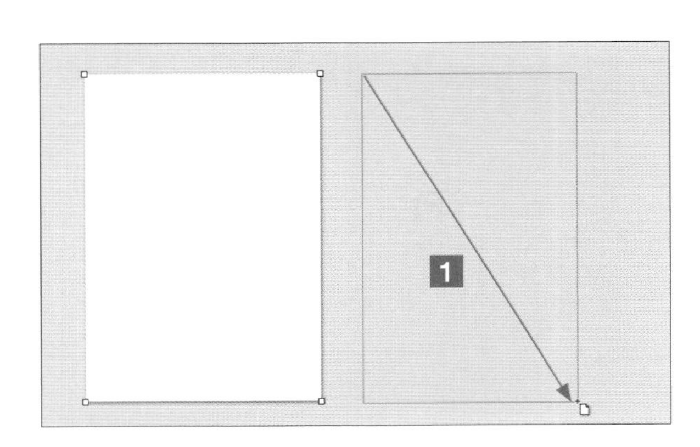
1

3 ドラッグして作成する

ページツールでドラッグして、自由なサイズのページを追加できます1。

ページの編集や表示を切り替える

ページツールで、作成したページサイズを変更したり、位置を移動したりできます。

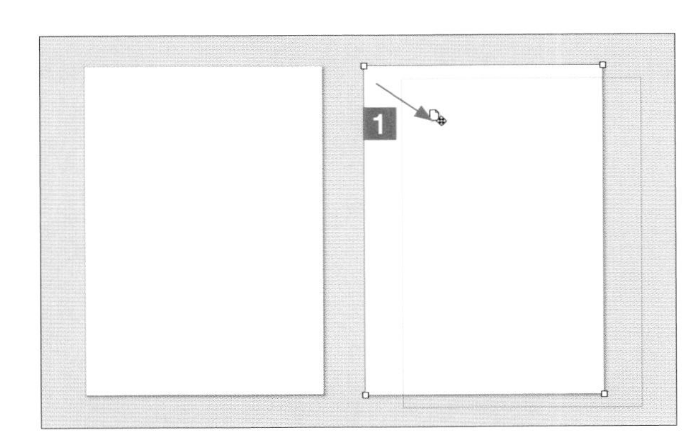
1

1 ページツールで編集する

ツールボックスでページツールを選択し、ページをドラッグすると位置を変更できます1。また、ページの角に表示された□をドラッグして、ページサイズを変更できます。ツールコントロールバーで、選択したページのページサイズを指定することもできます2。

2
A4 (210 x 297 mm)
2/3

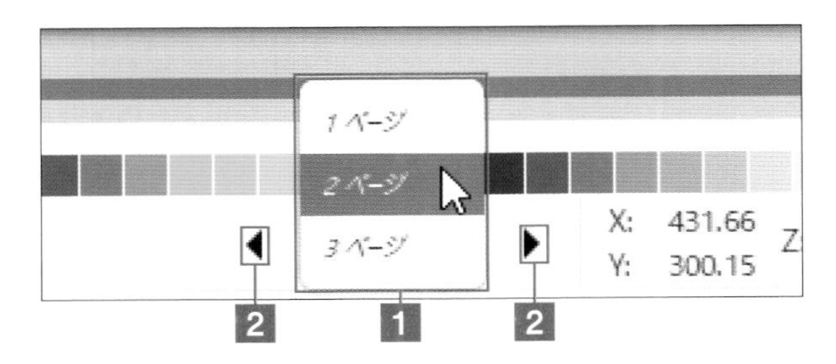
1ページ
2ページ
3ページ
X: 431.66
Y: 300.15
2
1
2

2 ページを切り替える

ステータスバーのページ表示で、画面中央に表示するページを切り替えられます1。また、ページ表示の左右にある◀▶をクリックしても、切り替えられます2。

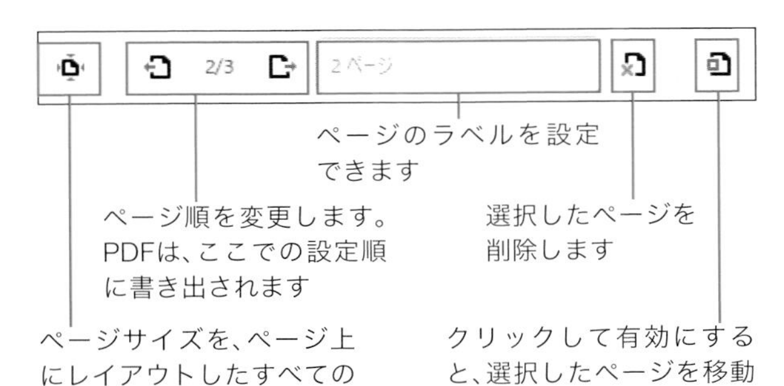
2/3
2ページ
ページのラベルを設定できます
ページ順を変更します。PDFは、ここでの設定順に書き出されます
選択したページを削除します
ページサイズを、ページ上にレイアウトしたすべてのオブジェクトを囲む最大サイズに設定します
クリックして有効にすると、選択したページを移動する際、オブジェクトも一緒に移動します

3 ツールコントロールバーを使う

ページツール選択時のツールコントロールバーでは、ページに並び順やサイズなどを設定できます。

ドキュメントを保存する

Inkscapeで作成したドキュメントを保存について説明します。Inkscapeの保存形式は、Inkscape用に拡張されたSVG形式となります。新規ドキュメントで作業したドキュメントは、必ず保存してください。

[保存]コマンドで作成する

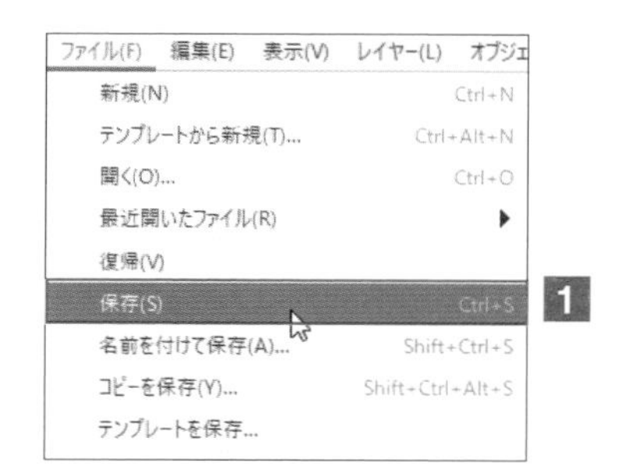

1 [保存]を選択する

[ファイル] メニューから [保存] を選択します1。

CHECK

コマンドバーの をクリックしてもかまいません。

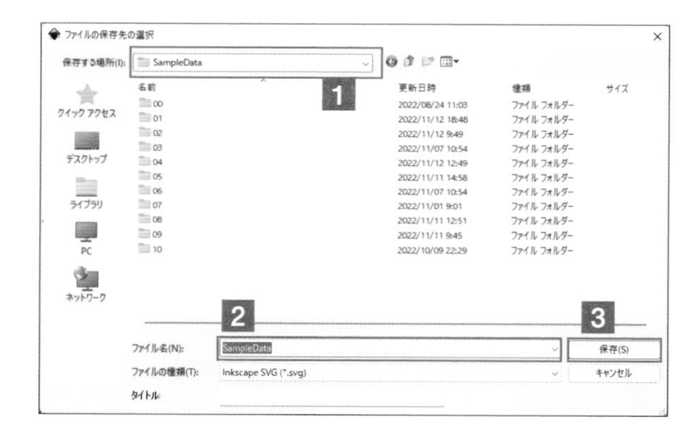

2 名称を付けて保存する

[ファイルの保存先の選択] ウィンドウが表示されるので、[保存する場所] 1、[ファイル名] 2を入力して [保存] 3をクリックします。一度保存したドキュメントは、そのままの名称で上書き保存されます。

POINT

[ファイル] メニューの [名前を付けて保存] を選択すると、保存済みのドキュメントを、別の名称のドキュメントとして保存できます。作業しているファイルは、保存した別名称のドキュメントとなります。元のドキュメントは、最後に保存した状態となります。[コピーを保存] を選択すると、作業中の状態で、別の名称のドキュメントとして保存できます。作業しているファイルは、元のドキュメントのままです。

保存したドキュメントを開く

名称を付けて保存したドキュメントを開いて編集できます。

[開く]コマンドで開く

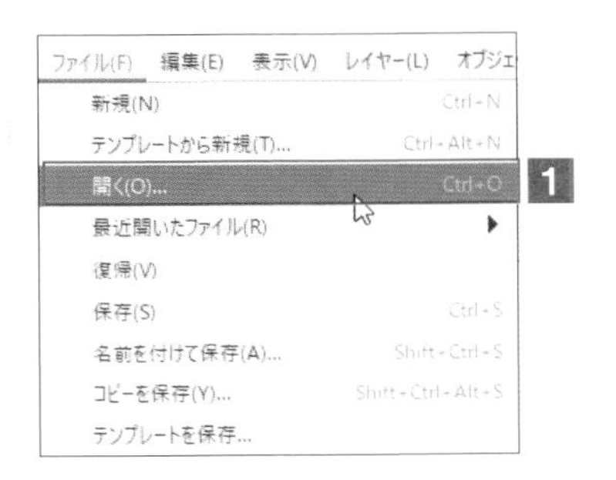

1 [開く]を選択する

[ファイル] メニューから [開く] を選択します1。

CHECK

コマンドバーの をクリックしてもかまいません。

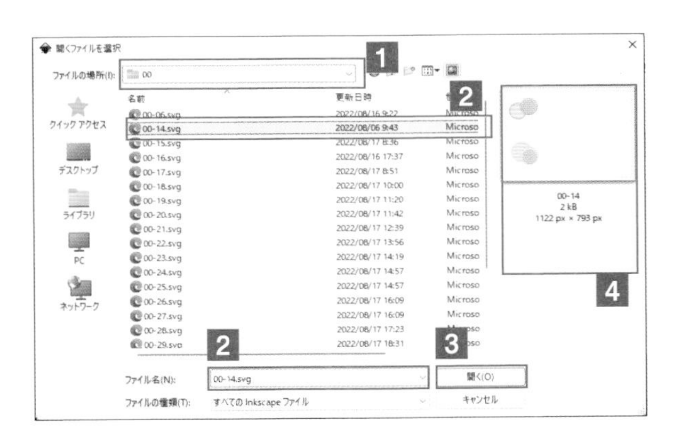

2 開くファイルを選択する

[開くファイルを選択] ウィンドウが表示されるので、[ファイルの場所] を設定し1、開くファイルを選択して2、[開く] 3をクリックします。ウィンドウ右側には、選択したファイルのサムネールが表示されます4。

CHECK

起動時に「ようこそ」画面が表示される場合は、既存のファイルで最近開いたファイルを選択して開けます。

POINT

[ファイル] メニューの [最近開いたファイル] には、最近開いたファイルがリスト表示され、選択して開けます。最近開いたファイルは、初期状態で36ファイルまで表示されます。
[環境設定] → [インターフェース] の「最近開いたファイルの最大数」で最大数を設定できます。また、「リストを消去」で、リストを消去できます。

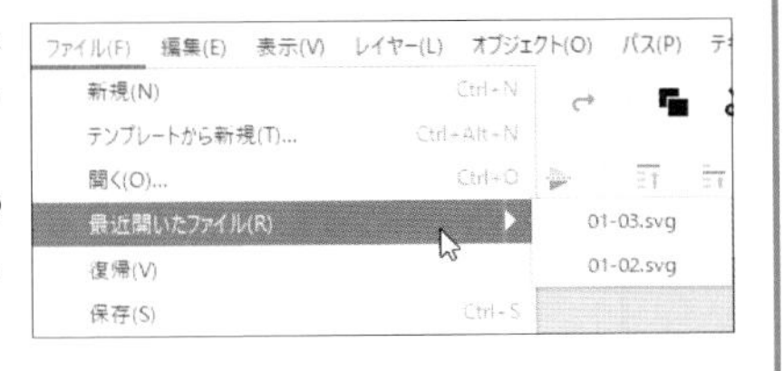

インターフェースのダークモードを切り替える

Inkscapeの外観は、デフォルトでは全体がグレー基調のダークモードが有効になっています。本書ではダークモードをオフにして画面をキャプチャしていますが、ダークモードの切り替え方法を覚えておきましょう。

ダークモードを切り替え

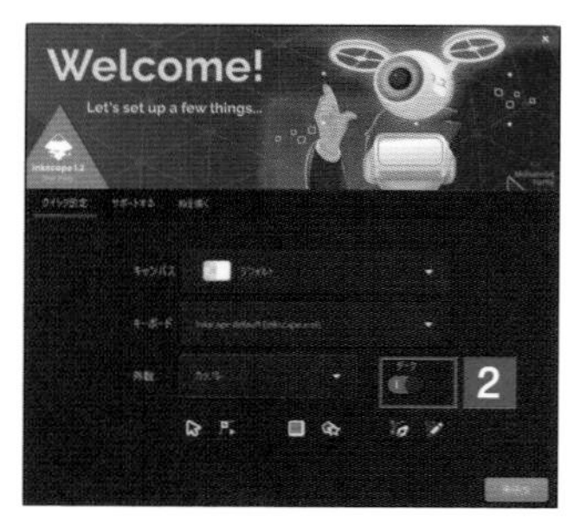

ようこそ画面で切り替え

起動時に、「ようこそ」画面が表示される場合は、クリック設定の［ダーク］で切り替えられます12。

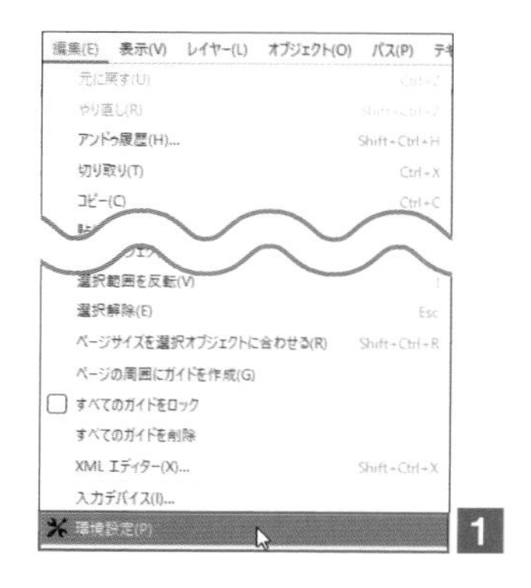

環境設定で切り替え

［編集］メニュー→［環境設定］を選択し、［環境設定］ダイアログを開きます1。［インターフェース］の［テーマ］を選択し、［ダークテーマを使用］のチェックをオン／オフすることで切り替えます2。

POINT

コマンドバーの🛠をクリックしても、［環境設定］ダイアログを表示できます。

11 インターフェースのテーマを切り替える

ツールボックスのアイコンやコマンドバーの表示は、テーマによって決まります。テーマの選択方法について説明します。

テーマを切り替え

ようこそ画面で切り替え

起動時に、「ようこそ」画面が表示される場合は、クイック設定の［外観］で切り替えられます1。

環境設定で切り替え

［編集］メニュー→［環境設定］を選択し、［環境設定］ダイアログを開きます1。［インターフェース］の［テーマ］を選択し、［GTKテーマ］で切り替えます2。

POINT

コマンドバーのアイコンをクリックしても、［環境設定］ダイアログを表示できます。

12 ようこそ画面を再表示する

Inkscapeの起動時に、ようこそ画面を表示すると、新規ドキュメントのページサイズの選択や、既存ファイルの選択が簡単になります。非表示にした場合の、再表示の方法を説明します。

ようこそ画面を再表示する

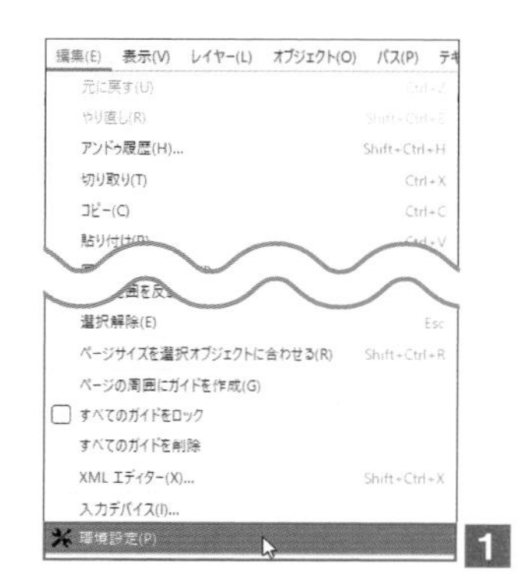

1 [環境設定]を選択する

[編集] メニュー→ [環境設定] を選択し、[環境設定] ダイアログを開きます1。

CHECK

コマンドバーの🛠をクリックしても、[環境設定] ダイアログを表示できます。

2 「ようこそ画面を表示」にチェックする

[インターフェース] の [ウィンドウ] を選択します1。[ようこそ画面を表示] をチェックします2。次回起動時に、ようこそ画面が表示されます。

POINT

Inkscape を再起動してもようこそ画面が表示されない場合は、PC を再起動してみてください。再起動しても表示されない場合は、「ユーザー名 ¥AppData¥Roaming¥inkscape¥」の中に保存されている「preferences.xml」を削除すると、環境設定が初期化され、表示されるようになります。ただし、そのほかの環境設定も初期化されるのでご注意ください。

13 ダイアログをドック外に独立表示させる

Inkscapeの各種設定を行うダイアログは、通常画面右側のドックに格納されますが、独立したウィンドウとして表示させることもできます。また、再度ドックに格納させることもできます。

ダイアログの表示方法を切り替える

1 [タブを新規ウィンドウへ]を選択する

独立して表示させたいダイアログを表示し1、ドックの⌄をクリックして2、[タブを新規ウィンドウへ]を選択します3。

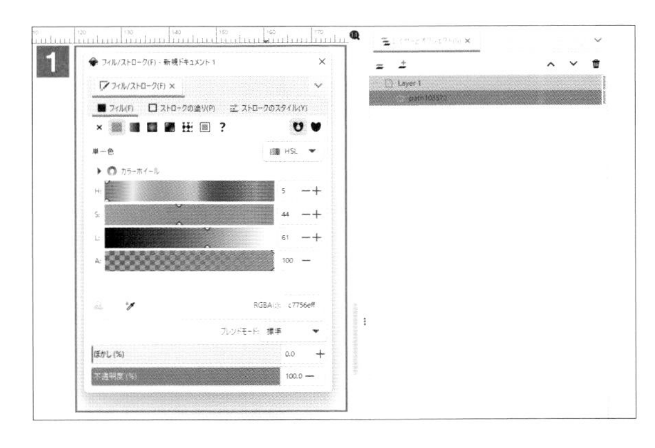

2 ダイアログが独立する

ダイアログが独立したウィンドウで表示されました1。

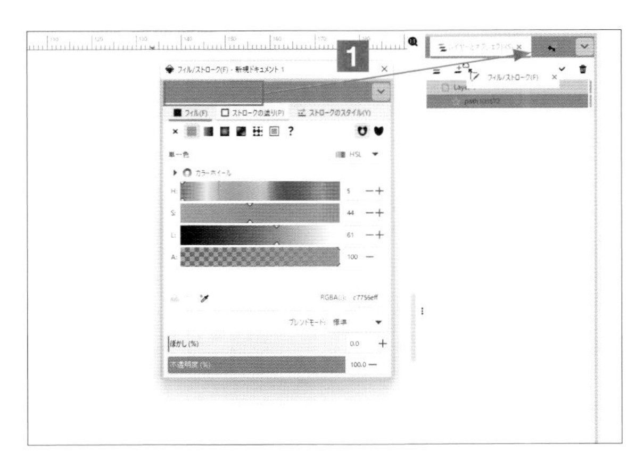

3 ドックに格納する

独立表示したダイアログをドックに戻すには、ダイアログ名が表示されたタブ部分をドラッグして、ドックのタブ表示部分でドロップします1。

POINT

ドックにダイアログがない場合は、画面右側にドラッグし、青く表示されたらドロップしてください。

作業を取り消して前の状態に戻る

作業が進むと、操作を取り消して前の状態に戻したいことがあります。一般的な[元に戻す]と[やり直し]以外に、作業履歴で戻すこともできます。

サンプルファイル 00-14.svg

[元に戻す]と[やり直し]を使う

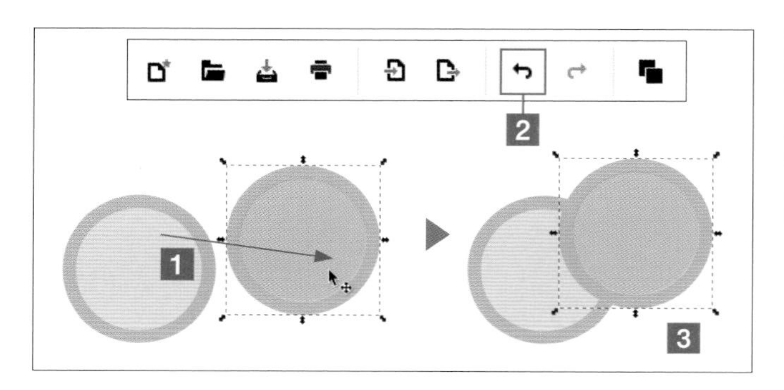

1 元に戻す

選択ツールで、オブジェクトをドラッグ移動します1。コマンドバーの［最後の操作を元に戻す］をクリックすると2、移動の操作が取り消され、元の場所に戻ります3。

CHECK

［編集］メニューの［元に戻す］を選択してもかまいません。また、［元に戻す］のキーボードショートカットは、Ctrl＋Zです。よく使うので覚えておきましょう。

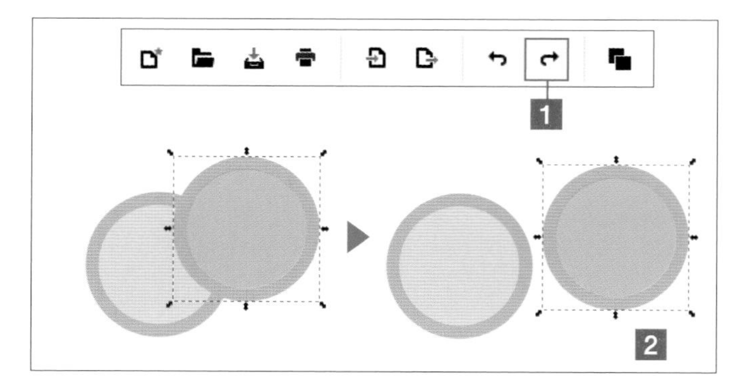

2 やり直す

［元に戻す］を取り消して、再度やり直した状態にできます。コマンドバーの[最後に戻した操作を再実行］をクリックすると1、移動の操作が取り消され、元の場所に戻ります2。

CHECK

[やり直し]は、[編集]メニューの[やり直し]を選択してもかまいません。また、[やり直し]のキーボードショートカットは、Shift＋Ctrl＋Zです。

[作業履歴] ダイアログを使う

[作業履歴] ダイアログには、作業した操作がリスト表示されます。クリックすればその段階まで戻れます。前の状態に戻ってから新しい作業をすると、以前の遡った作業は削除されます。

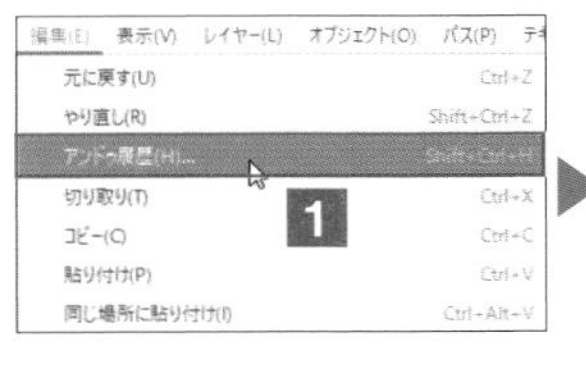

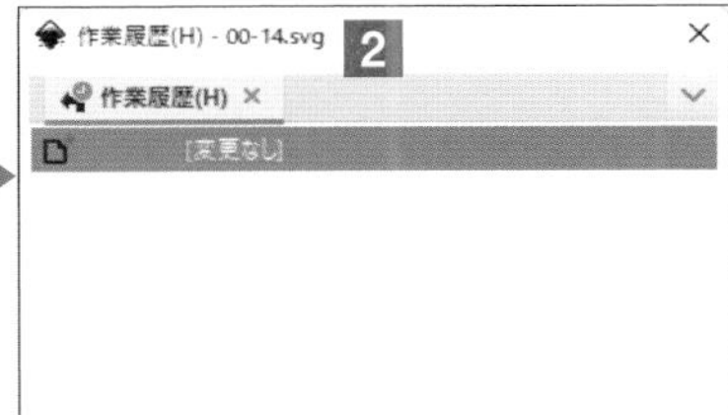

1 作業履歴を表示する

[編集] メニューの [アンドゥ履歴] を選択します1。[作業履歴] ダイアログが表示されます2。

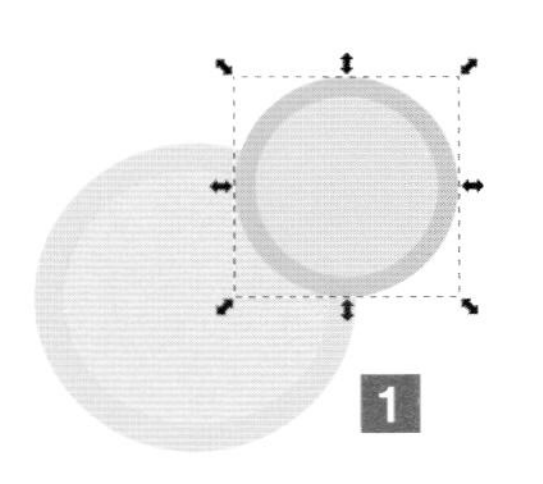

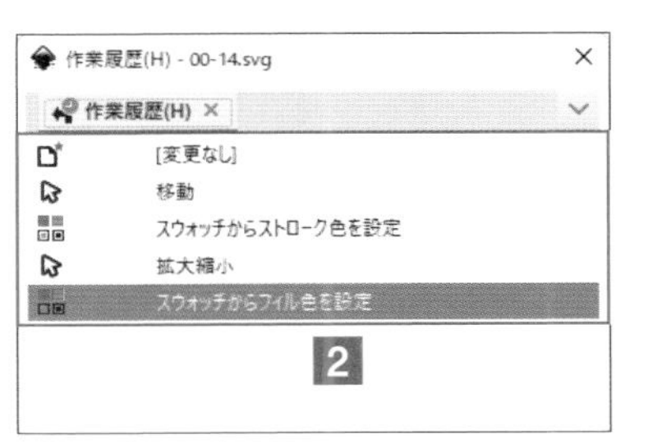

2 編集作業をする

オブジェクトを選択して、移動や色の変更などの作業をします1。[作業履歴] ダイアログには、作業した内容が順番に上から表示されます2。

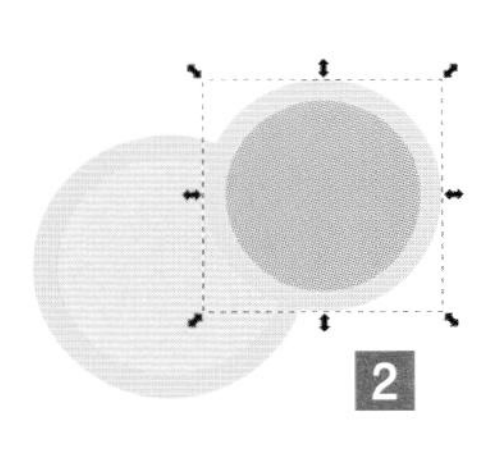

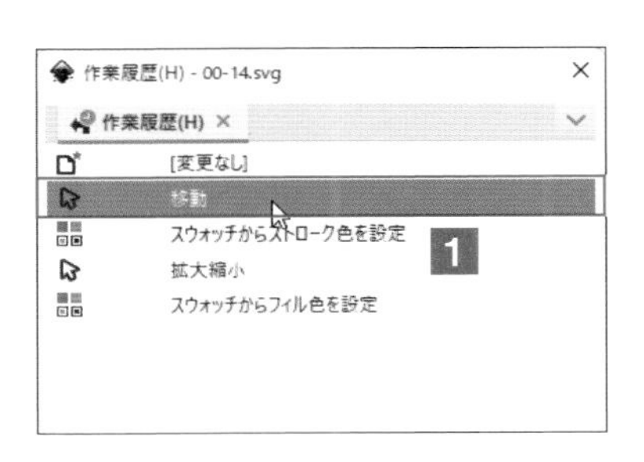

3 戻りたい状態の作業をクリックする

戻りたい状態の作業をクリックします1。クリックした状態に戻ります2。

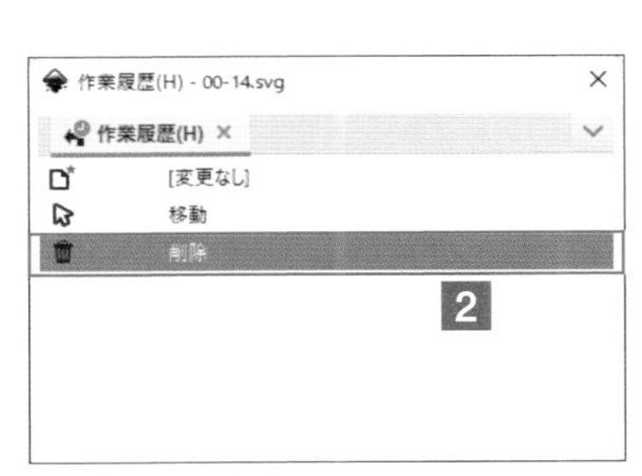

4 新しい作業をする

戻った状態から新しい作業をします(ここではオブジェクトを削除)1。遡った作業履歴が消え、新しい作業が追加されます2。

POINT

新しい操作をしなければ、作業履歴ダイアログのどの状態にでも、クリックして戻れます。また、一度ドキュメントを閉じると、作業履歴は削除されます。

オブジェクトの種類を理解する

Inkscapeでは、描画した図形や、入力したテキストは、すべてオブジェクトとなります。オブジェクトは、大きく分けてシェイプ、パス、テキストの3つの種類に分けられます。どのような違いがあるか覚えおきましょう。

サンプルファイル 00-15.svg

オブジェクトの種類

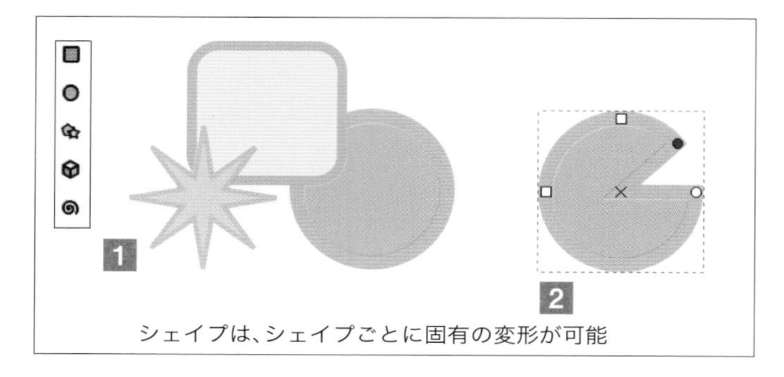
シェイプは、シェイプごとに固有の変形が可能

シェイプ

ツールボックスの［矩形］［円 / 弧］［星形］［3D ボックス］［らせん］の各ツール1で作成したオブジェクトを、シェイプと呼びます。作成したツールで選択して、ツールコントロールバーの設定やハンドル操作で形状を変更できるのが特徴です2。

テキストは、編集可能な文字のオブジェクト

テキスト

テキストツールで文字入力したテキストのオブジェクトです1。文字の編集や、フォントやサイズなどの設定が行えます2。

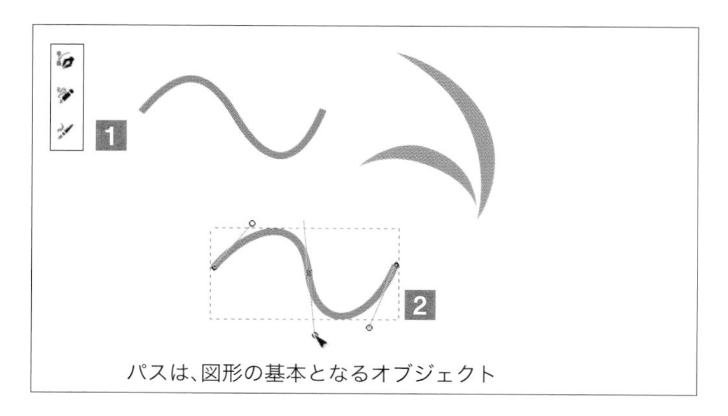
パスは、図形の基本となるオブジェクト

パス

ツールボックスの［ペン］［鉛筆］［ブラシ］の各ツールで作成したオブジェクトです1。シェイプと異なり、編集はノードツールを使って編集します2。シェイプやテキストをパスに変換することもできます。もっとも基本的なオブジェクトの形式で、シェイプやテキストは、パスを元にした特殊なオブジェクトと考えてもいいでしょう。

パスの構造を理解する

パスのオブジェクトは、ノードツールで変形できます。慣れないと思ったような変形はできませんが、どんな形状にも変形できるのが特徴です。

サンプルファイル 00-16.svg

パスの構造と変形

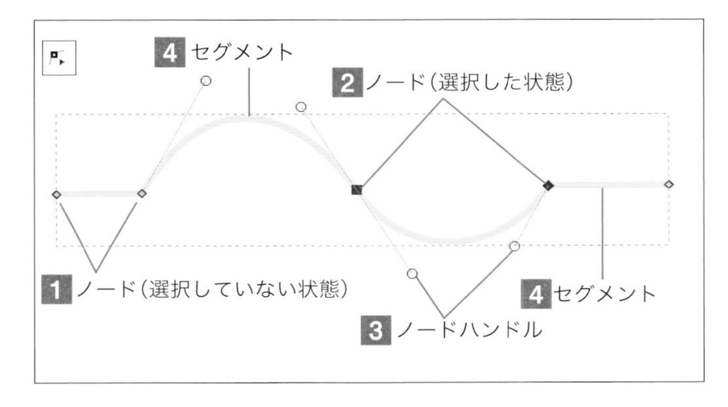

パスの構造

ノードツールでパスオブジェクトを選択すると、ノードが表示されます。パスは、ノードと呼ばれるポイントを結んでできています1 2。ノードツールで、ノードを選択すると、曲線の端点となるノードからは曲がり具合を制御するノードハンドルが表示されます3。隣り合ったノードとノードの間の線の部分をセグメントと呼びます4。

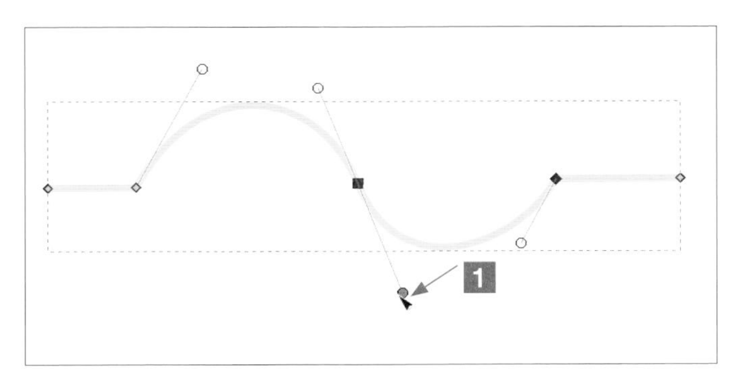

ノードハンドルで曲線調整

ノードツールでノードハンドルをドラッグすると、曲線の曲がり方を調整できます1。ノードの位置は変わらず、曲線の曲がり具合だけが変わります。

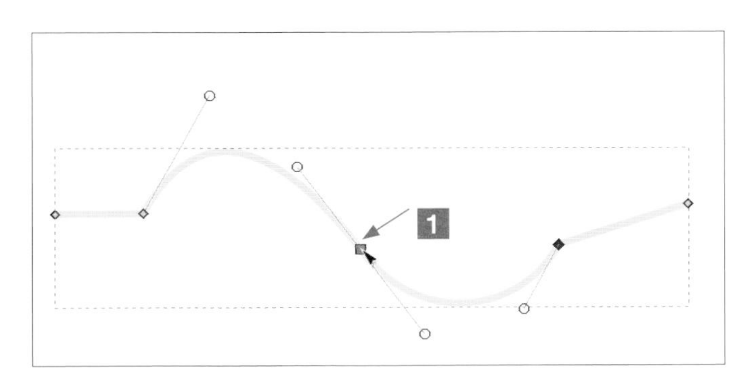

ノードで曲線調整

ノードツールでノードをドラッグしても、曲線の曲がり方を調整できます1。ノードハンドルの角度は変わりません。ノードが複数選択されている場合は、選択されたノードは同時に移動します。セグメント部分をドラッグして曲線の曲がり方を調整することもできます。

オブジェクトを選択する

オブジェクトを選択するには、選択ツールを使います。クリックの数や、ダブルクリックによって選択した状態が変わります。

サンプルファイル 00-17.svg

選択ツールでクリックする

選択ツールでオブジェクトをクリックして選択すると、回数によって表示状態が変わります。シェイプの種類による違いはありません。

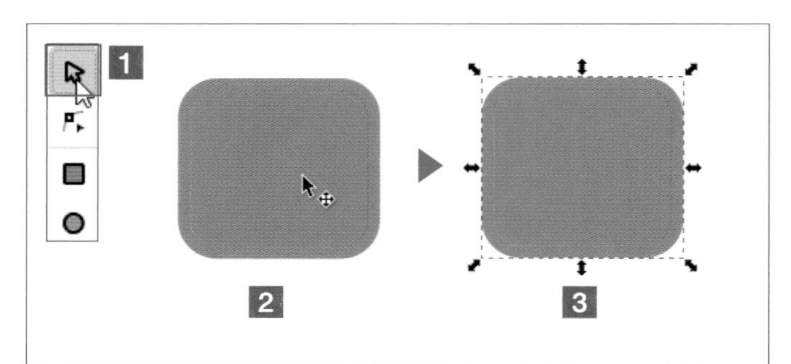

1 クリックして選択する

ツールボックスで選択ツールを選択し1、オブジェクトをクリックします2。オブジェクトが選択され、バウンディングボックス（拡大縮小ハンドル）が表示されます3。ハンドルをドラッグして、拡大縮小が可能です。

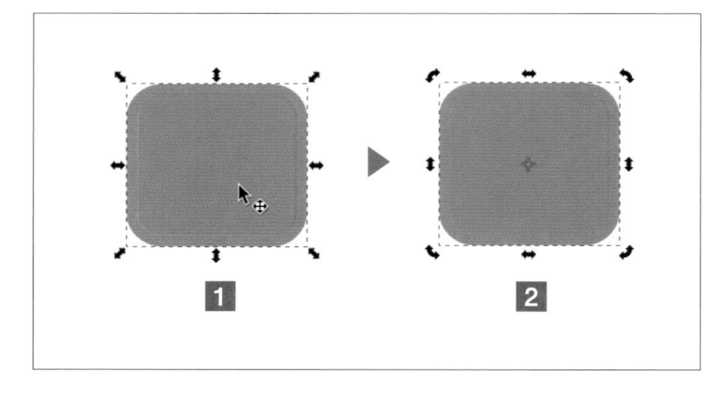

2 選択状態でクリックする

オブジェクトが選択された状態で、再度クリックすると1、バウンディングボックス（回転ハンドル）が表示されます2。ハンドルをドラッグして、回転や傾斜変形が可能です。再度クリックすると、ひとつ前のバウンディングボックス（拡大縮小ハンドル）に戻ります。オブジェクトのない箇所をクリックするか Esc キーを押すと、選択は解除されます。

POINT

ノードツールでオブジェクトをクリックしても、選択状態になります。パスオブジェクトを選択すると、ノードが表示されて、変形が可能となります。シェイプオブジェクトを選択すると、作成したツールで選択したときのハンドルが表示されます。テキストオブジェクトを選択すると、行の長さを調整するハンドルが表示されます。

▶ 選択ツールでダブルクリックする

選択ツールでオブジェクトをダブルクリックして選択すると、オブジェクトの種類によって表示状態が変わります。

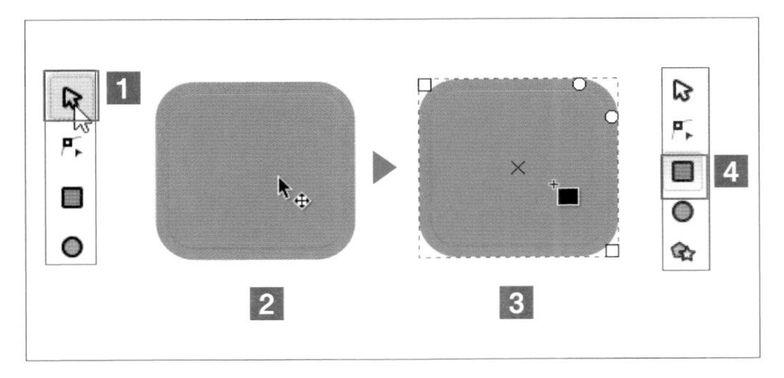

1 シェイプをダブルクリックして選択する

ツールボックスで選択ツールを選択し1、シェイプオブジェクトをダブルクリックします2。オブジェクトが選択され、図形ツールで選択した状態になります3。ツールボックスのツールも、作成したツールを選択した状態に変わります4。

2 テキストをダブルクリックして選択する

ツールボックスで選択ツールを選択し1、テキストオブジェクトをダブルクリックすると2、オブジェクトが選択され、文字の編集状態になります3。ツールボックスのツールも、文字ツールを選択した状態になります4。

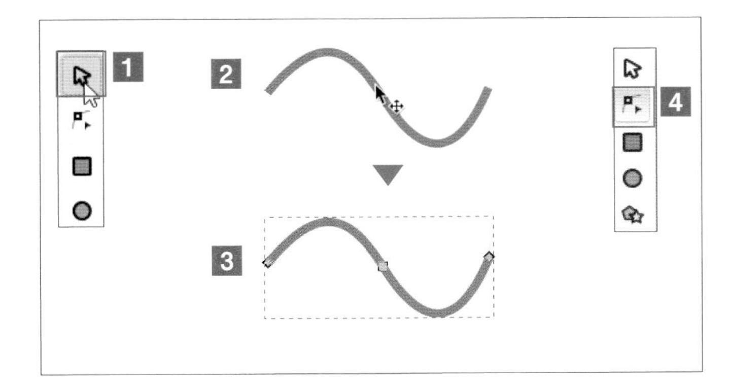

3 パスをダブルクリックして選択する

ツールボックスで選択ツールを選択し1、パスオブジェクトをダブルクリックします2。オブジェクトが選択され、ノードツールで選択した状態になります3。ツールボックスのツールも、ノードツールを選択した状態になります4。

POINT

シェイプオブジェクトは、図形ツール（どのシェイプ作成ツールでもよい）でクリックしても選択状態になり、ハンドルが表示されます（上記手順1の状態）。テキストオブジェクトをテキストツールでクリックすると、編集可能な状態になります（上記手順2の状態）。

複数のオブジェクトを選択する

選択ツールでは、複数のオブジェクトを同時に選択できます。ドラッグでも選択できますが、ツールコントロールバーで選択方法を設定できます。

サンプルファイル 00-18.svg

選択ツールで Shift +クリックする

選択ツールでオブジェクトを Shift キーを押しながらクリックすると、複数のオブジェクトを同時に選択できます。

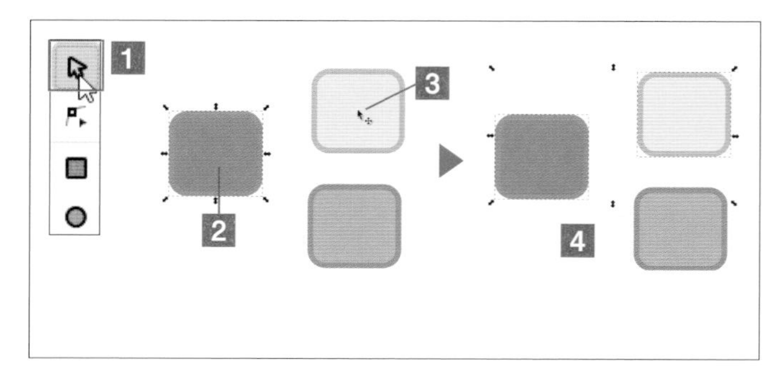

1 Shift +クリックで選択する

ツールボックスで選択ツールを選択し1、オブジェクトをクリックして選択してから2、追加するオブジェクトを Shift キーを押しながらクリックします3。オブジェクトが追加して選択され、ふたつのオブジェクトを囲むバウンディングボックス（拡大縮小ハンドル）が表示されます4。

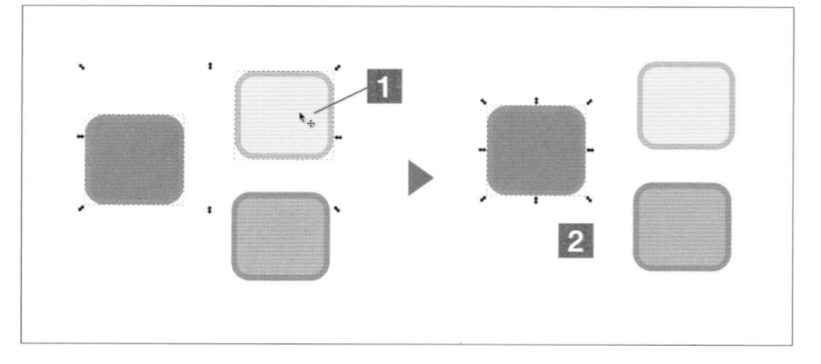

2 Shift +クリックで選択解除する

複数のオブジェクトが選択された状態で、再度オブジェクトを Shift キーを押しながらクリックすると1、選択が解除されます2。

POINT

複数のオブジェクトを選択した状態で、再度クリックすると、バウンディングボックスは、拡大縮小ハンドルから回転ハンドルに変わります。

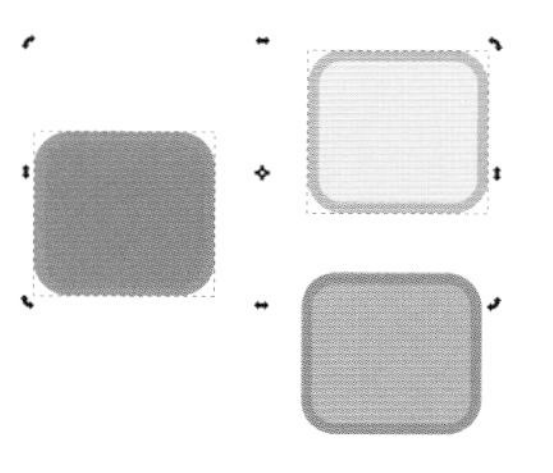

選択ツールでドラッグ

選択ツールでドラッグすると、ラバーバンドで囲むか触れたオブジェクトを選択できます。

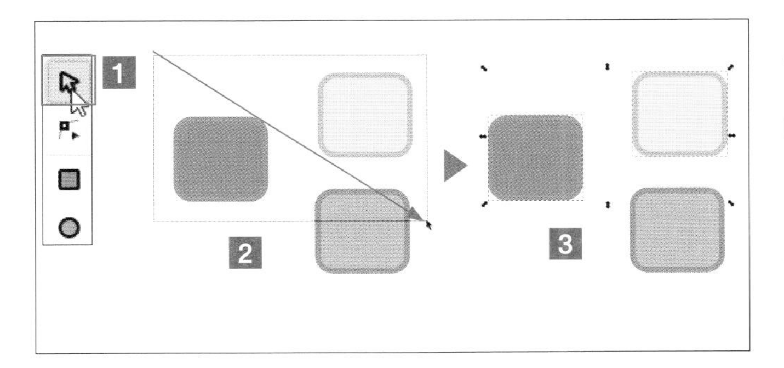

ドラッグして囲んで選択

ツールボックスで選択ツールを選択し1、ドラッグすると長方形のラバーバンドが表示されるので、オブジェクトを囲むようにドラッグします2。ラバーバンドに完全に囲まれたオブジェクトだけが選択されます3。

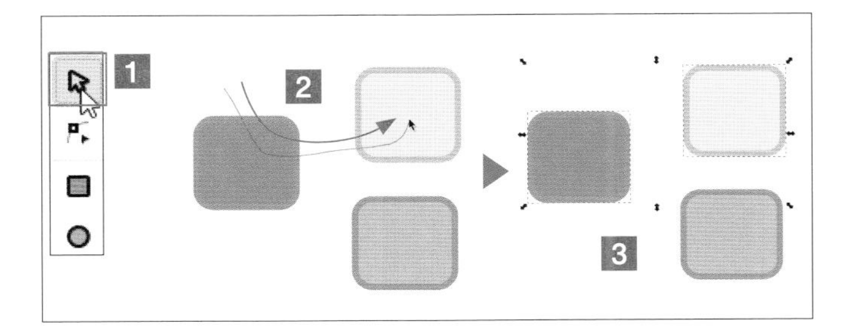

Alt +ドラッグで選択

ツールボックスで選択ツールを選択し1、Alt キーを押しながらドラッグすると赤いラバーバンドが表示されるので、オブジェクトが触れるようにドラッグします2。ラバーバンドに触れたオブジェクトがすべて選択されます3。

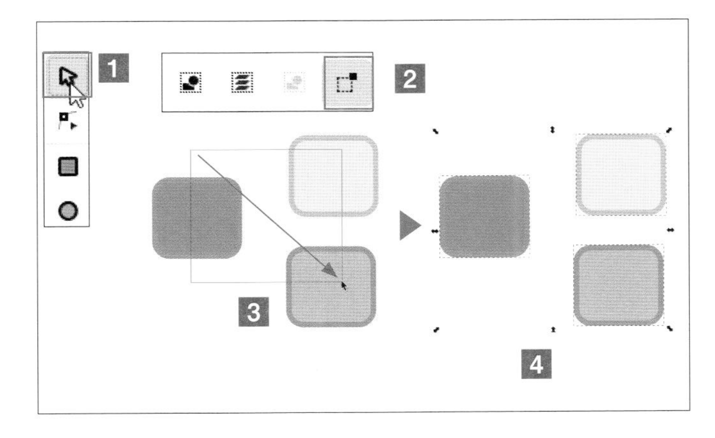

ドラッグして囲んで触れたオブジェクトをすべて選択

ツールボックスで選択ツールを選択し1、ツールコントロールバーの をクリックして有効にします2。ドラッグすると赤い長方形のラバーバンドが表示されるので、オブジェクトが触れるようにドラッグします3。ラバーバンドに触れたオブジェクトがすべて選択されます4。

POINT

選択ツールを選択すると、ツールコントロールバーでオブジェクトの選択や解除が可能です。

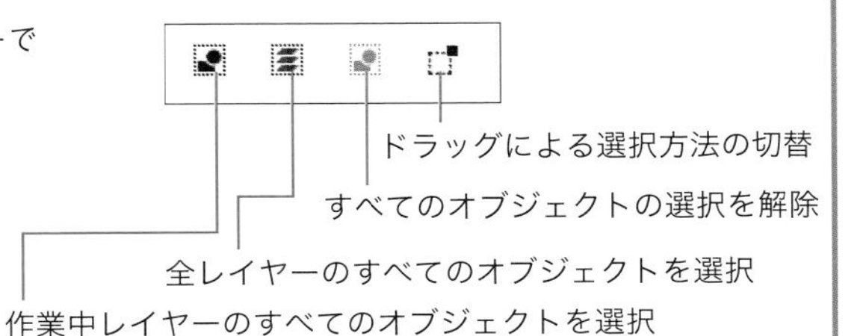

19 オブジェクトを重ね順で選択する

オブジェクトが重なった状態では、選択したいオブジェクトを選択しにくい場合があります。Alt キーを押しながらクリックすることで、順番にオブジェクトを選択できます。

サンプルファイル 00-19.svg

選択ツールで Alt ＋クリックする

選択ツールでオブジェクトを Alt キーを押しながらクリックすると、重なったオブジェクトを順番に選択できます。

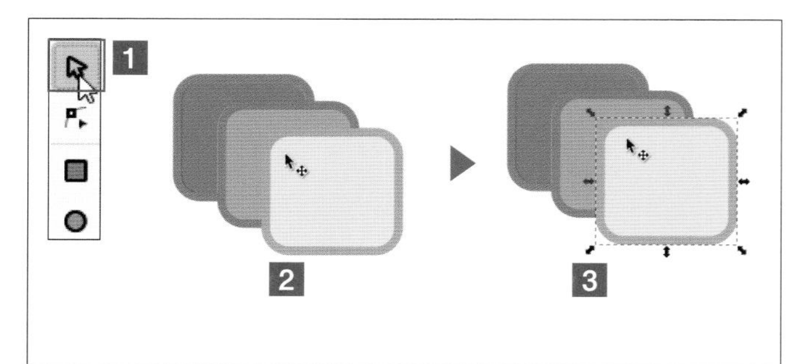

1 前面のオブジェクトを選択する

ツールボックスで選択ツールを選択し1、重なっているオブジェクトの前面のオブジェクトをクリックして選択します2。オブジェクトにバウンディングボックス（拡大縮小ハンドル）が表示されます3。

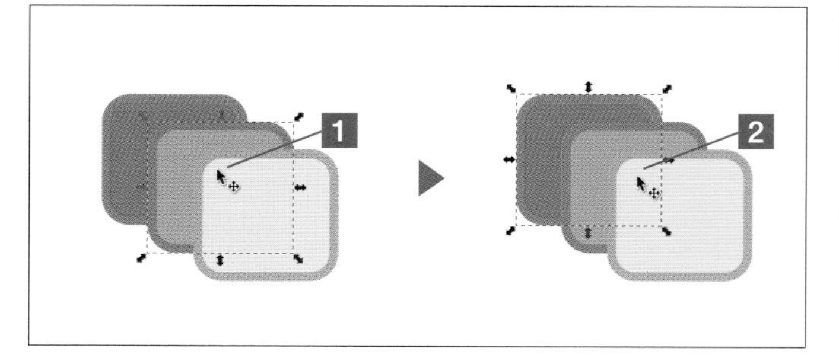

2 Alt ＋クリックで背面オブジェクトを選択する

マウスカーソルを移動せずに、再度オブジェクトを Alt キーを押しながらクリックすると、背面のオブジェクトが順番に選択されます12。

POINT

Alt キーを押しながらマウスホイールを回すと、マウスカーソルの下にあるオブジェクトが順番にハイライト表示されて選択できます。

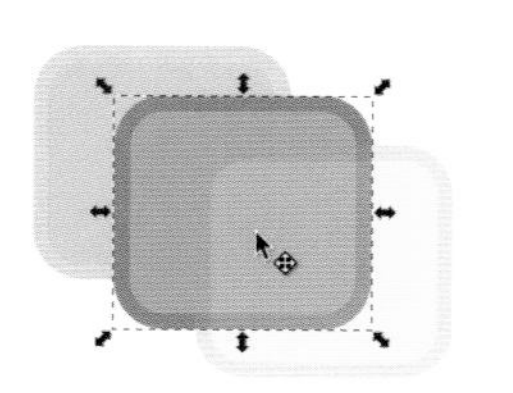

20 グループ内の一部のオブジェクトだけを選択する

グループ化したオブジェクトの、一部のオブジェクトだけを選択することもできます。

サンプルファイル 00-20.svg

選択ツールで選択

グループ内のオブジェクトの選択には、選択ツールでオブジェクトを Ctrl キーを押しながらクリックする方法と、ダブルクリックして選択する方法があります。

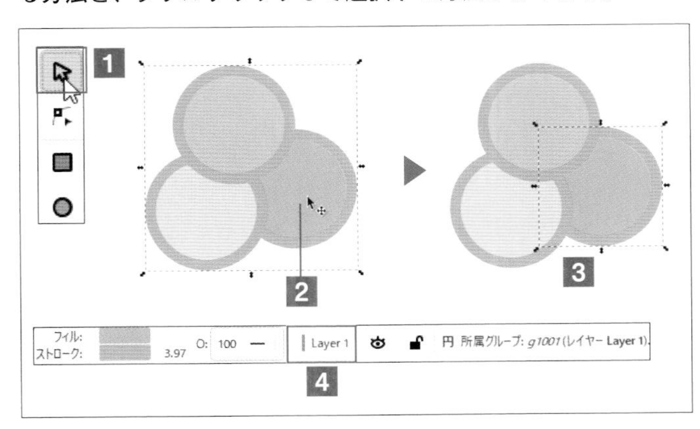

Ctrl +クリックで選択

ツールボックスで選択ツールを選択し1、Ctrl キーを押しながら、グループ内のオブジェクトをクリックすると2、そのオブジェクトだけが選択されます3。ステータスバーには、レイヤー名が表示されます4。

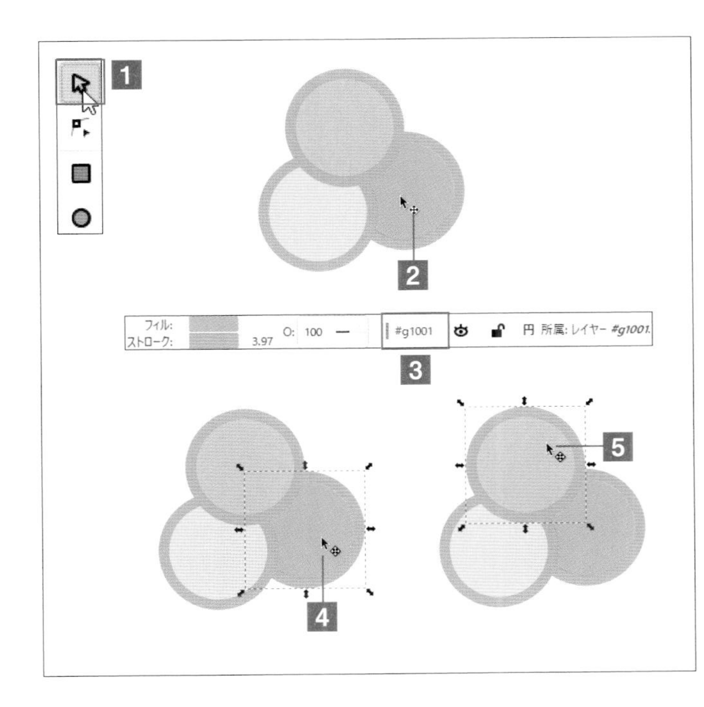

ダブルクリックでグループに入って選択

ツールボックスで選択ツールを選択し1、グループオブジェクトをダブルクリックします2。ステータスバーの表示がグループ名になり3、グループに入った状態になります。グループ内のオブジェクトは、クリックだけで選択できるようになります45。

POINT

グループに入って選択した状態で、ほかのオブジェクトを選択すると、グループから抜けて、通常の選択状態になります。

21 パスのノードやセグメントを選択する

パスオブジェクトのノードやセグメントの選択には、ノードツールを使います。選択対象を効率的に選択できるようにしましょう。

サンプルファイル 00-21.svg

ノードツールで選択

ノードツールでパスオブジェクトをクリックすると、ノードが表示されます。この状態で、ノードやセグメントを選択します。

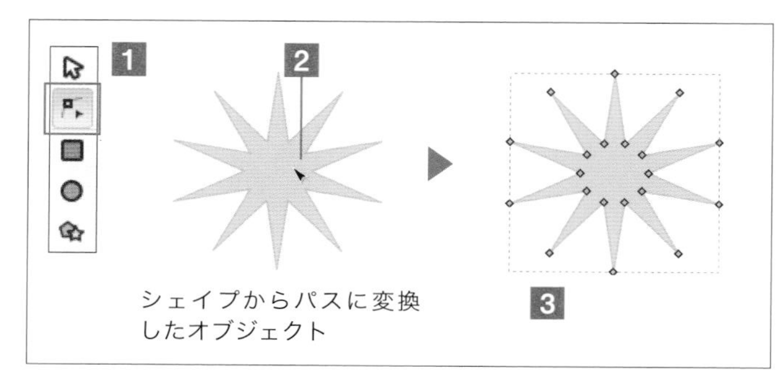

クリックでオブジェクトを選択

ツールボックスでノードツールを選択し1、オブジェクトをクリックして選択します2。パスオブジェクトのすべてのノードが表示されます3。

POINT

ノードツールで選択したオブジェクトは、点線で囲まれて表示されます。この状態で、ノードやセグメントを選択できます。
白抜きで表示されているノードは、選択されていない状態です。

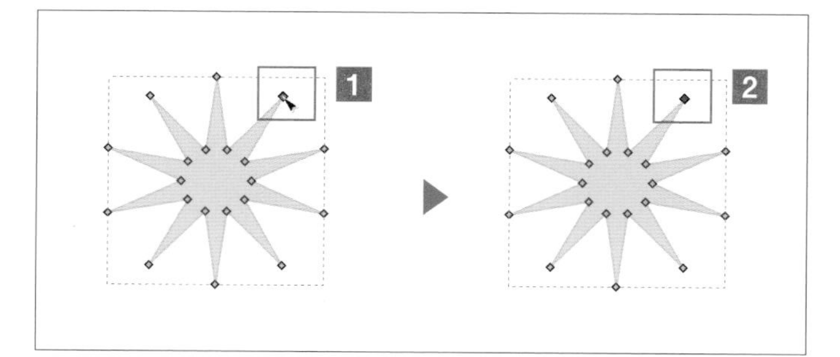

ノードをクリックして選択

カーソルをノードに重ねると赤く表示されます1。クリックすると選択され、青く塗りつぶされて表示されます2。ノードのない箇所をクリックするか Esc キーを押すと、選択は解除されます。

POINT

Shift キーを押しながらクリックすると、複数のノードを選択できます。

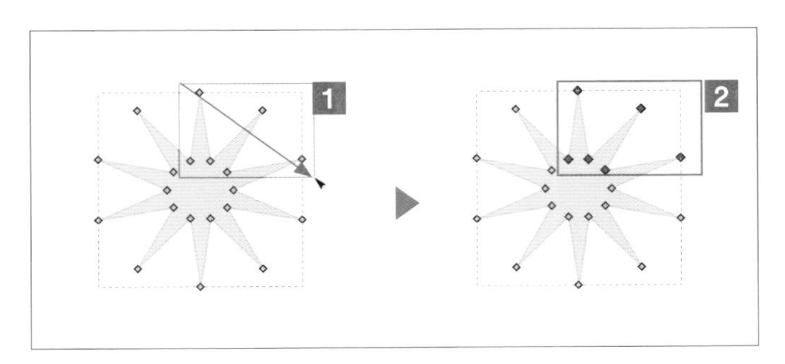

ノードをドラッグして選択

ノードをドラッグして囲むと1、囲まれた内部にあるノードだけが選択されます。2。

POINT

Shift キーを押しながらドラッグすると、ドラッグ範囲のノードを追加選択できます。

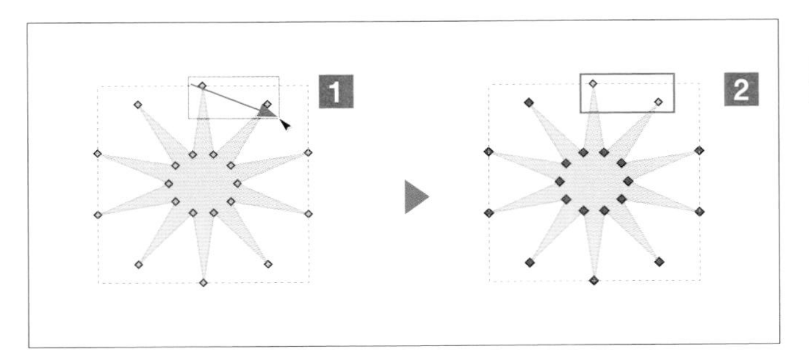

ノードをCtrl＋ドラッグして囲み部分以外を選択

ノードを Ctrl キーを押しながらドラッグして囲むと1、囲まれた内部にあるノード以外のノードがすべて選択されます2。

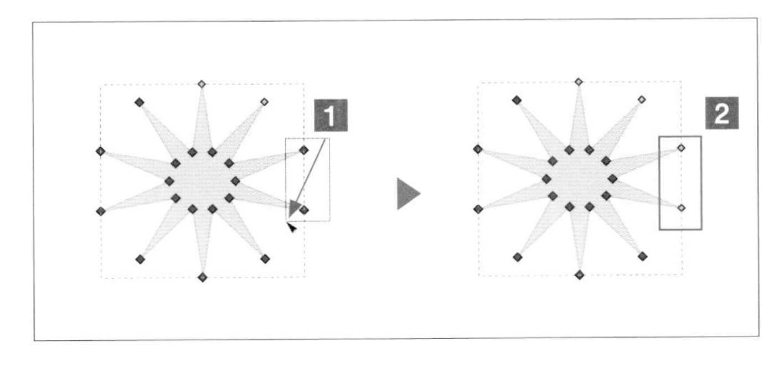

ノードをShift＋Ctrl＋ドラッグして選択解除

選択中のノードを Shift キーと Ctrl キーを押しながらドラッグして囲むと1、選択が解除されます2。

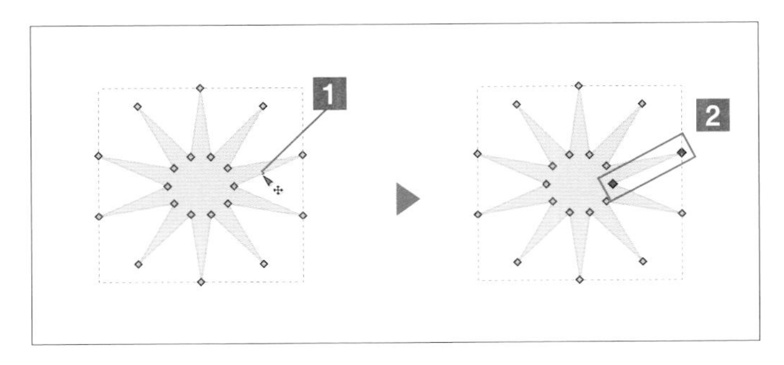

セグメントをクリックして選択

ノードとノードの間のセグメントをクリックすると1、セグメントが選択され、両端のノードが選択状態になります2。

22 オブジェクトを複製する

創作作業において、オブジェクトの複製はよく利用します。基本は、コピー＆貼り付けですが、キーボードショートカットとコマンドバーでは、ペースト位置が異なります。

サンプルファイル 00-22.svg

オブジェクトをコマンドで複製

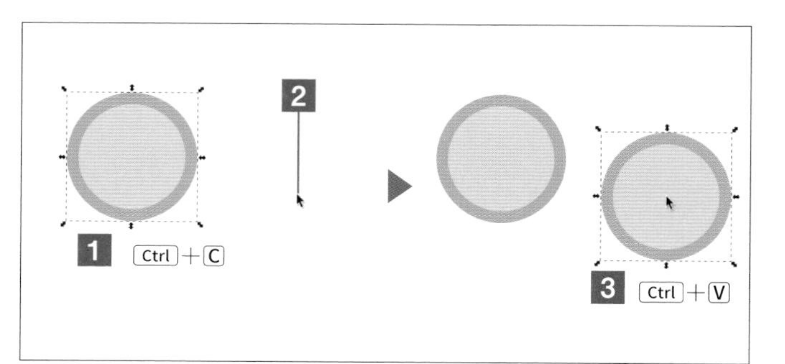

キーボードショートカットで複製

複製するオブジェクトを選択ツールで選択し、Ctrl キーと C キーを押してコピーします1。複製先にマウスカーソルを移動し2、Ctrl キーと V キーを押して貼り付けます3。マウスカーソルがオブジェクトの中央になるように貼り付けられます。

POINT

［編集］メニュー→［貼り付け］や、コマンドバーの［貼り付け］をクリックした場合は、作業画面の中央に貼り付けられます。

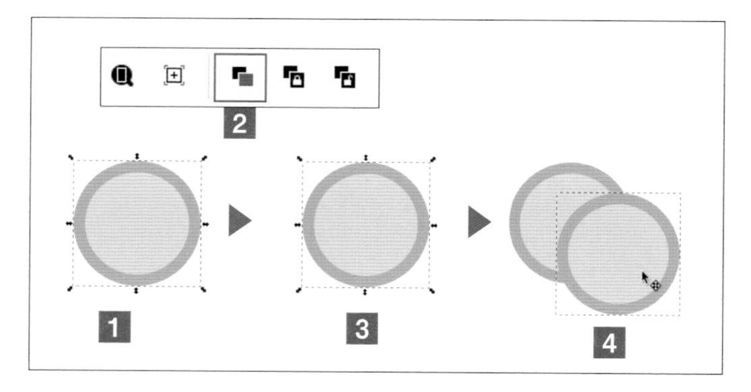

［複製］コマンドで複製

複製するオブジェクトを選択ツールで選択し1、コマンドバーの［選択オブジェクトを複製］をクリックします2。選択したオブジェクトと同じ位置の前面に複製されます3。重なっているので、ドラッグして移動すると複製されていることがわかります4。

POINT

［複製］コマンドは、［編集］メニュー→［複製］でも実行できます。ショートカットキーは、Ctrl ＋ D です。

ドラッグ操作で複製する

ドラッグ操作で複製するには、スタンプ機能を使います。日本語の入力モードでは利用できないことや、space キーの押し続けによる大量の複製に注意してください。

サンプルファイル 00-23.svg

オブジェクトをドラッグ操作で複製する

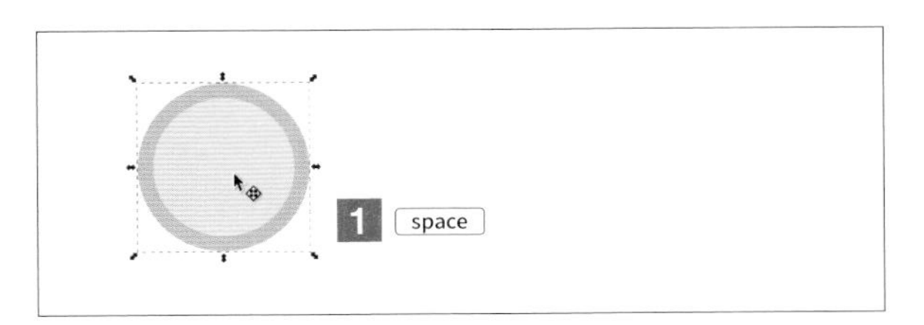

1 オブジェクトを選択しマウスボタンを押して space キーを押す

複製するオブジェクトを選択ツールで選択します。この場所にオブジェクトを残すために、ドラッグを開始する前にマウスボタンを押した状態で space キーを押します1。space キーは押し続けないでください。

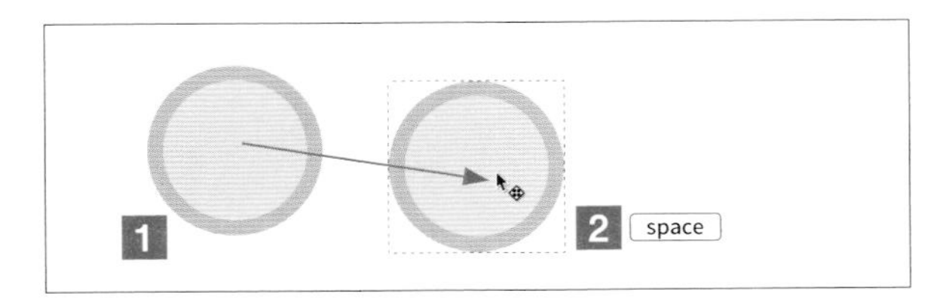

2 複製したい場所で space キーを押す

ドラッグすると、元の場所に複製ができています1。次に複製する場所で space キーを押します2。ドラッグ中に、space キー押すごとに、複製されます。space キーは押し続けないでください。

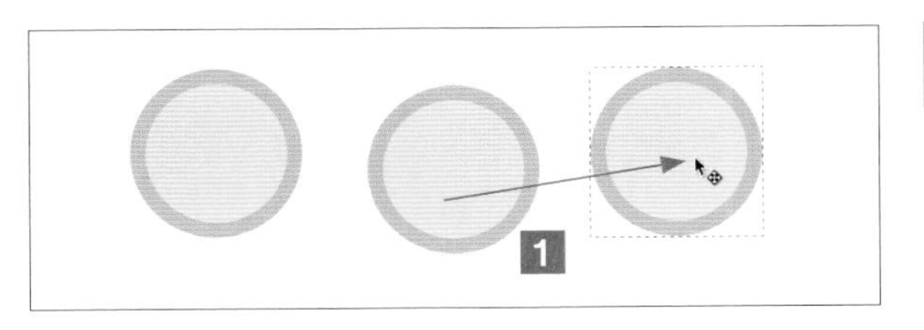

3 続けてドラッグする

ドラッグを続けると、手順2で space キーを押した場所にオブジェクトが複製されていることがわかります1。

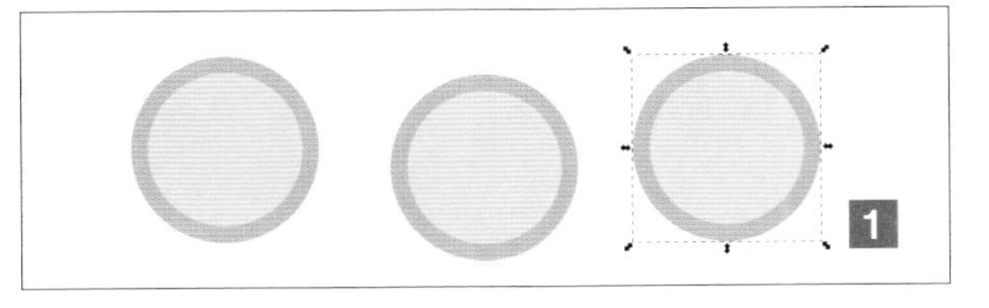

4 ドラッグを終了する

複製し終わったら、ドラッグを終了します1。

POINT

日本語の入力モードが有効になっているときは、Ctrl キーと space キーを同時に押してください。上記例では、元の場所にオブジェクトを残すので、移動元で複製しています。先に Ctrl + D で複製してからドラッグを開始すると必ず元の位置にオブジェクトが残ります。

24 画像サイズとページサイズを合わせる

Inkscapeでは、作業のはじめにページサイズを決めますが、画像の用途によっては余白を必要とせずに画像全体と同じ大きさのファイルにしたいことがあります。画像の最大サイズに合わせてページサイズを変更できます。

サンプルファイル 00-24.svg

ページサイズを画像サイズに合わせる

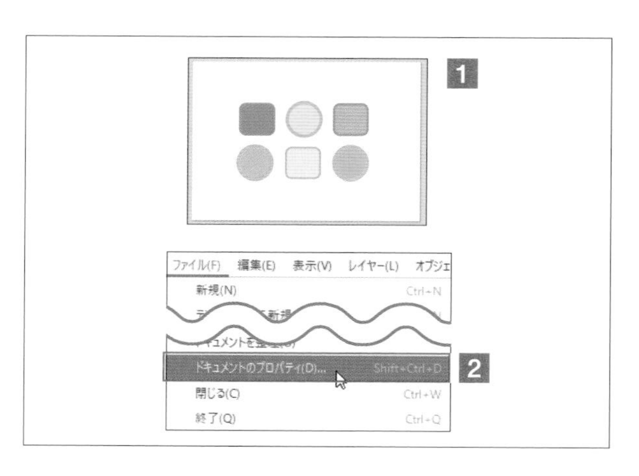

1 [ドキュメントのプロパティ]を選択する

ページサイズを変更するファイルを開き1、[ファイル] メニュー→ [ドキュメントのプロパティ] を選択します2。

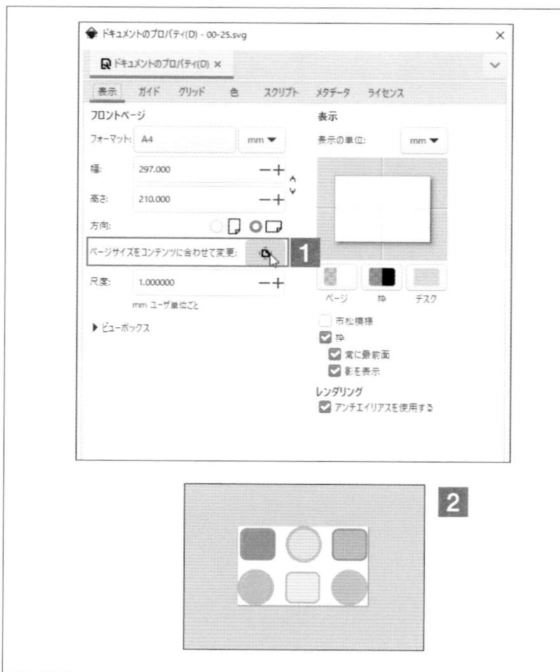

2 [ページサイズをコンテンツに合わせて変更]をクリックする

[ドキュメントのプロパティ] ダイアログが開くので、[ページサイズをコンテンツに合わせて変更] をクリックします1。ページサイズが、すべてのオブジェクトを囲む最大サイズと同じになります2。

25 画面表示を拡大／縮小する

一部分を拡大表示したり、縮小して全体を見たりと、画面表示の拡大／縮小は頻繁に行う作業です。いくつかの方法があるので、適宜使い分けてください。

サンプルファイル 00-25.svg

画面表示の拡大／縮小

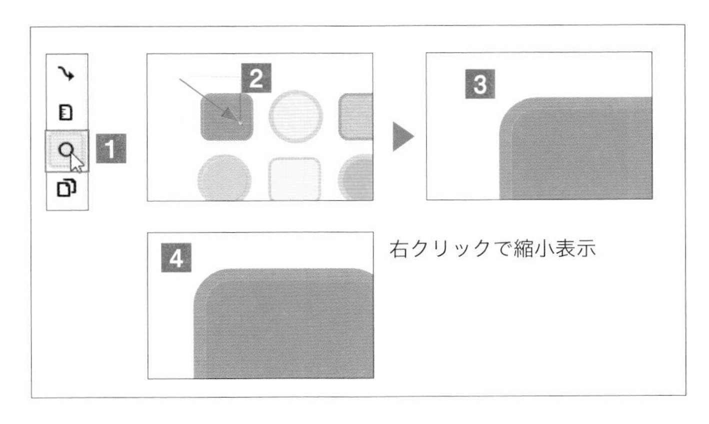

ズームツール

ツールボックスでズームツールを選択します1。拡大表示したい部分をドラッグすると2、囲まれた部分が拡大表示されます3。ドラッグせずに、クリックしても段階的に拡大できます。縮小表示するには、マウスボタンを右クリックします4。

POINT

マウスホイールをクリックで拡大、Shift ＋クリックで縮小します。

1
1段階拡大
100%表示
200%表示
すべてのオブジェクトに合わせて拡大
ページ幅に合わせて拡大
前の表示状態に戻す
1段階縮小
50%表示
選択したオブジェクトに合わせて拡大
ページ全体を表示
ページを中央に表示
前の表示状態から戻す

ズームツールのツールコントロールバーで設定

ズームツールのツールコントロールバーでは、アイコンをクリックして表示倍率を変更できます1。

POINT

マウスホイールを Ctrl キーを押しながら回して拡大縮小が可能です。

ステータスバーで設定

ステータスバーには、現在の表示倍率が表示されます。ここで数値指定したり、「－」「＋」をクリックして倍率を設定できます1。また、倍率部分を右クリックすると、倍率や表示方法を選択できます2。

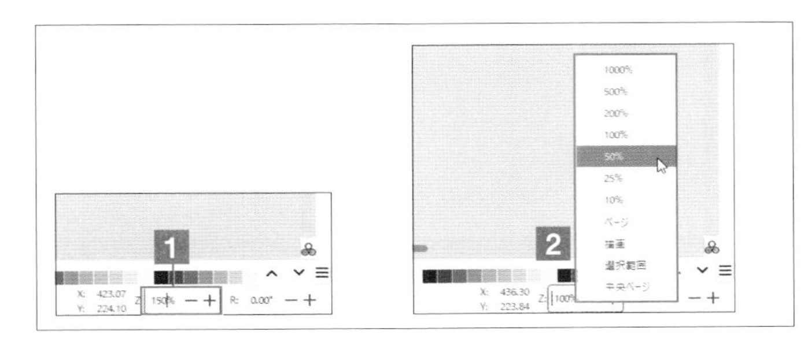

26 表示位置を移動する

画面の表示位置を上下左右に移動させる方法を説明します。いくつかの方法があるので、使いやすい方法を覚えてください。

サンプルファイル 00-26.svg

表示位置の移動

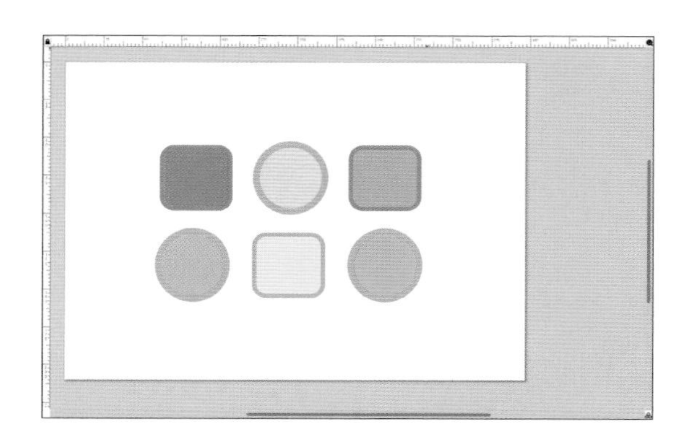

space キー

space キーを押しながら、マウスを動かすと、画面が移動します1。日本語の入力モードが有効になっているときは Ctrl キーと space キーを押してマウスを動かしてください。文字入力中は、空白文字の入力となってしまうので、ほかの方法で動かしてください。

POINT

マウスボタンを押してのドラッグではなく、マウスを動かすだけで画面は移動します。

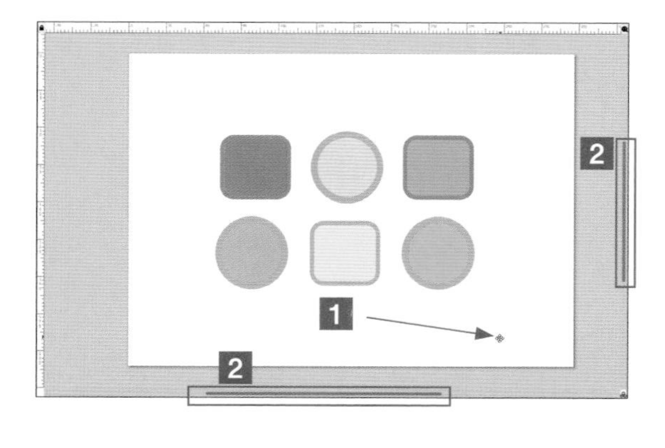

スクーロールバーをドラッグ

画面に表示されたスクロールバー2をドラッグすると、画面が移動します。

マウスホイールを押してドラッグ

マウスホイールを押してドラッグすると1、ドラッグした方向に画面が移動します。

Ctrl +矢印キー

Ctrl を押しながら ←→↑↓ キーを押すと、矢印の方向に画面を移動できます。

マウスホイール

マウスホイールを回すと、画面が上下に移動します。また、Shift キーを押しながら、マウスホイールを回すと、左右に移動します。

画面を回転して表示する

Inkscapeでは、ページを回転して表示できます。

サンプルファイル 00-27.svg

画面表示を回転させる

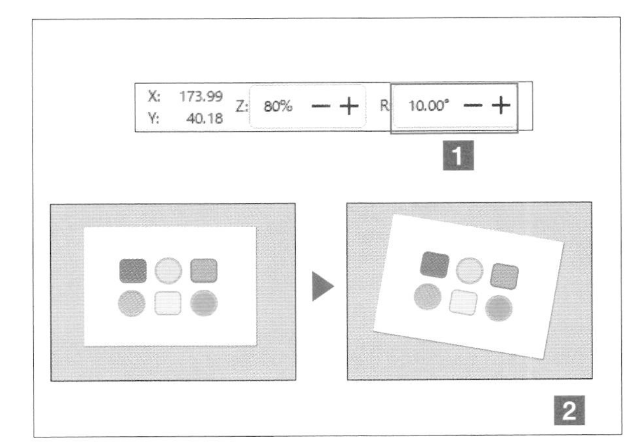

1 回転角度を入力する

ステータスバーの[R]に回転角度を入力すると(ここでは「10.00°」) 1、画面表示が回転します2。＋やーをクリックしてもかまいません。正の値で時計回りに回転します。

CHECK

角度入力欄の上でマウスホイールを回して角度を変更できます。

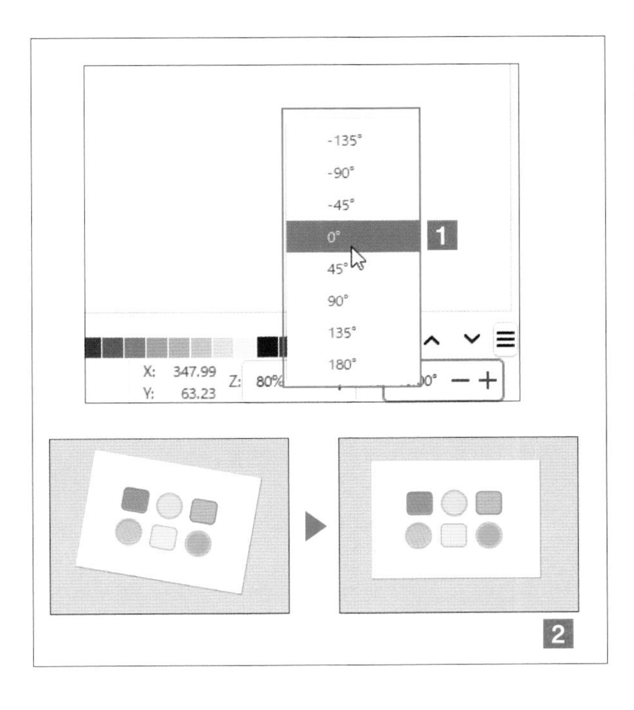

2 元に戻す

角度入力欄を右クリックすると、リストから角度を選択できます1。回転角度を「0.00°」に設定すると、回転表示は元に戻ります2。

28 表示モードを変更する

Inkscapeには、画像にフィルターを適用して複雑な表現が可能です。しかし、画面表示の速度が遅くなったり、オブジェクトの選択がしにくくなったりします。表示モードを変更することで、効率的な作業環境に設定できます。

サンプルファイル 00-28.svg

表示モードの変更

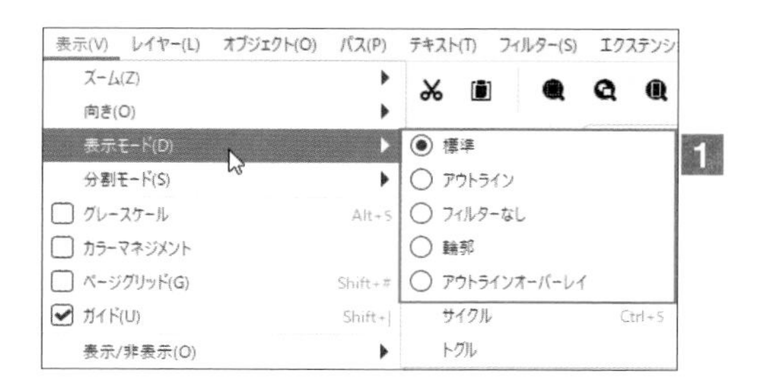

表示モードの切り替え

［表示］メニュー→［表示モード］から、表示モードを選択します1。［標準］2は、初期設定モードですべて表示します。［アウトライン］3は、オブジェクトのパスの形状だけを表示します。［フィルターなし］4は、フィルターが適用されているオブジェクトを、フィルターの適用していない状態で表示します。［輪郭］は、オブジェクトのストロークの幅を「ヘアライン」に設定している場合、ヘアラインを表示するモードです。ヘアラインが見えない場合に利用してください。［アウトラインオーバーレイ］5は、アウトラインモードの背面に、実際の色を半透明（初期設定では50%）で薄く表示するモードです。

POINT

「サイクル］は、順番に表示モードを切り替えます。［トグル］は、最後に選択した表示モードと標準モードを順に切り替えます。

2

3

4

5

分割モードで表示する

分割モードは、標準モードとアウトラインモードを、画面を分割して表示したり、または指定した箇所だけアウトラインモードで表示したりする機能です。

サンプルファイル 00-29.svg

分割モードの変更

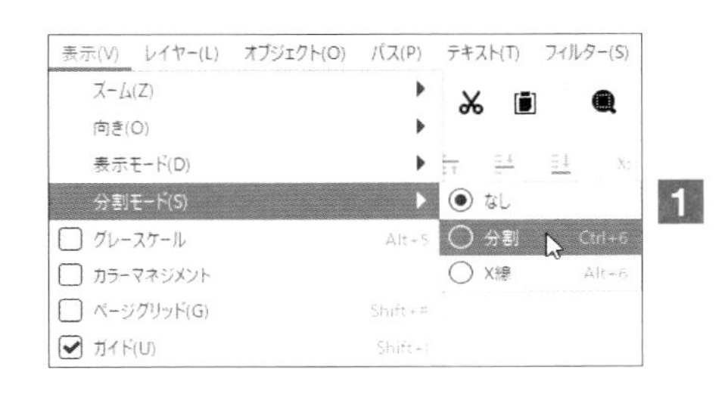

分割表示

[表示] メニュー→ [分割モード] から、[分割] を選択します1。画面が分割され、左側がアウトライン、右側が標準モードで表示されます2。分割線上に表示されたコントロールをドラッグして3、分割位置を変更できます。また、コントロール上に表示された矢印をダブルクリックして4、標準モードとアウトラインモードの表示位置を変更できます。

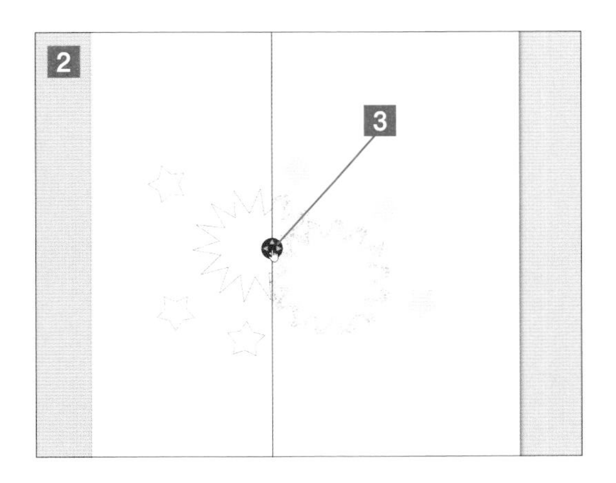

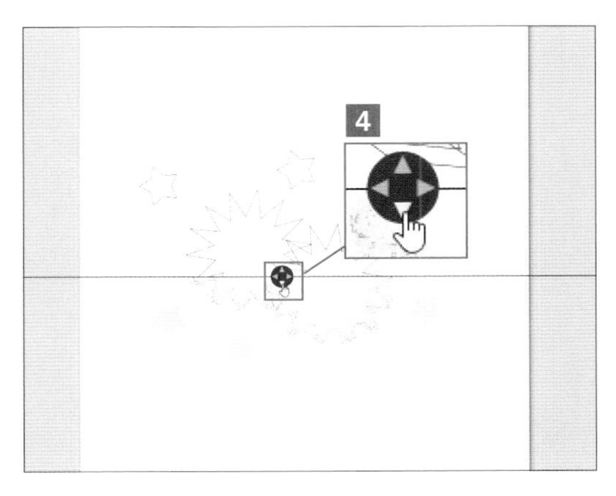

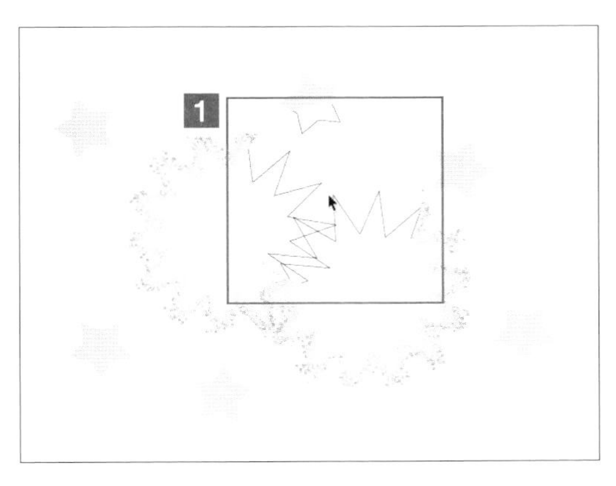

X線表示

[表示] メニュー→ [分割モード] から、[X 線] を選択します。マウスカーソルの周囲の円形領域だけアウトライン表示されます1。マウスを動かして、自由にアウトライン表示した箇所を変更できます。

ガイドを表示する

ガイドは、きれいにレイアウトするためのプリントアウトやPDFに出力されない補助線です。スナップ機能を使うと、ガイドに吸着させることもできます。

サンプルファイル 00-30.svg

ガイドの作成

ガイドの作成の基本は、ルーラーからのドラッグです。ほかにも、ページの周囲に作成したり、指定したオブジェクトの回りに作成することもできます。

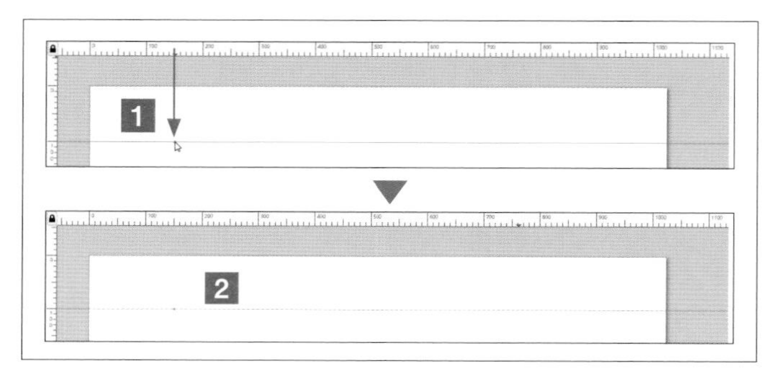

ルーラーから作成

ルーラー上からドラッグを開始して、ページ上でドロップします1。ドロップした位置にガイドが作成されます2。垂直ルーラーからも同様に作成できます。

POINT

ガイドが表示されないときは、[表示] メニュー→ [ガイド] を選択します。

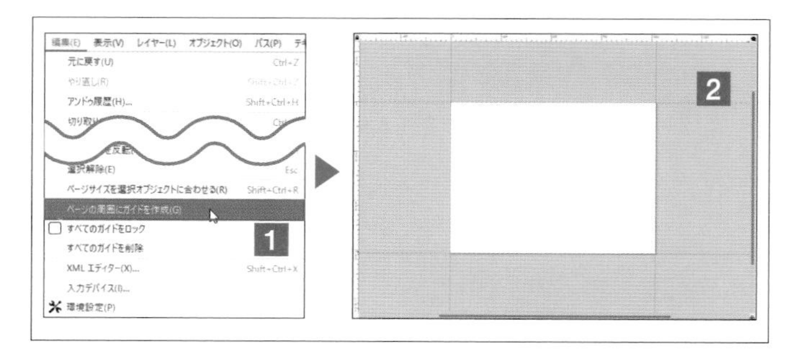

ページの周囲にガイドを作成

[編集] メニュー→ [ページの周囲にガイドを作成] を選択します1。ページの周囲にガイドが作成されます2。

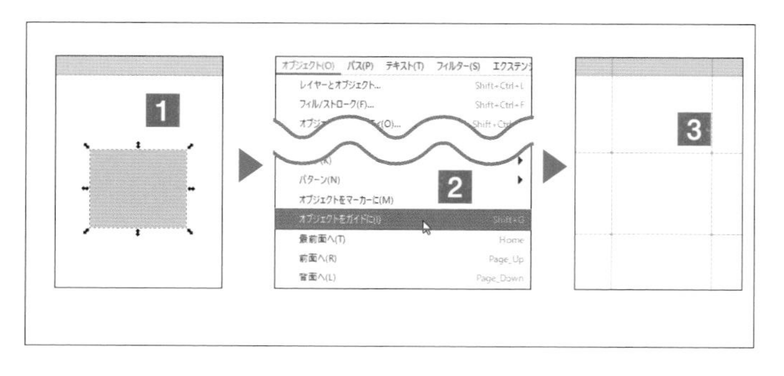

オブジェクトからガイドを作成

ガイドに変換するオブジェクトを選択します1。[オブジェクト] メニュー→ [オブジェクトをガイドに] を選択します2。選択したオブジェクトがガイドになりました3。元のオブジェクトはガイドに変換されるので、残したい場合はオブジェクトを複製してからガイドに変換してください。

ガイドの編集

作成したガイドは、移動したり、回転して使いやすく編集できます。

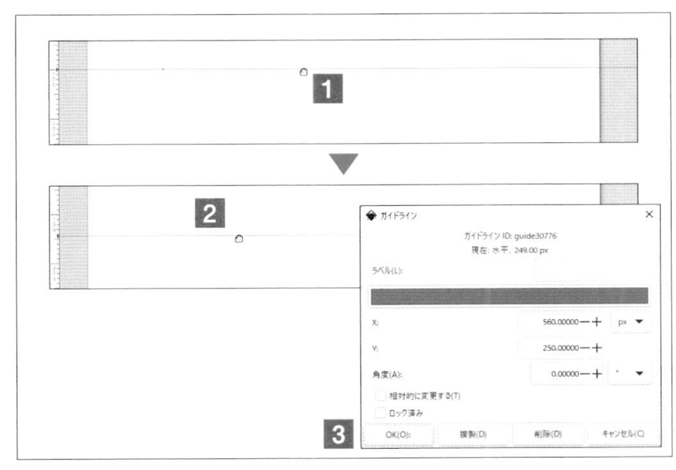

ガイドの移動

ガイド上にマウスカーソルを移動すると手のひらのアイコンに変わりガイドが赤く表示されます1。その状態でドラッグすると位置を変更できます2。ガイドをダブルクリックすると、[ガイドライン]ウィンドウが開き、「X」と「Y」に数値を指定して、正確な位置に配置できます3。

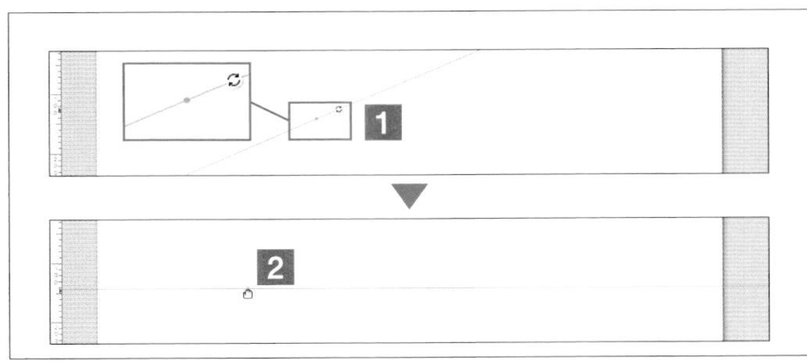

ガイドを回転

ガイドを Shift キーを押しながらドラッグすると回転できます1。そのとき、ガイド上に表示された原点（●で表示）を中心に回転します。Ctrl キーを押しながら原点をドラッグすると、ガイドの位置を変更せずに原点を移動できます2。

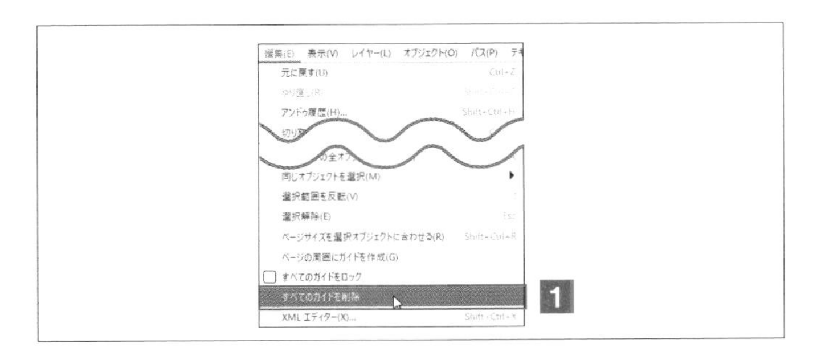

ガイドを削除

[編集] メニュー→ [すべてのガイドを削除] を選択すると、すべてのガイドを削除できます1。一部のガイドを削除するには、ガイド上にマウスカーソルを移動しガイドが赤く表示されたら Delete キーを押してください。

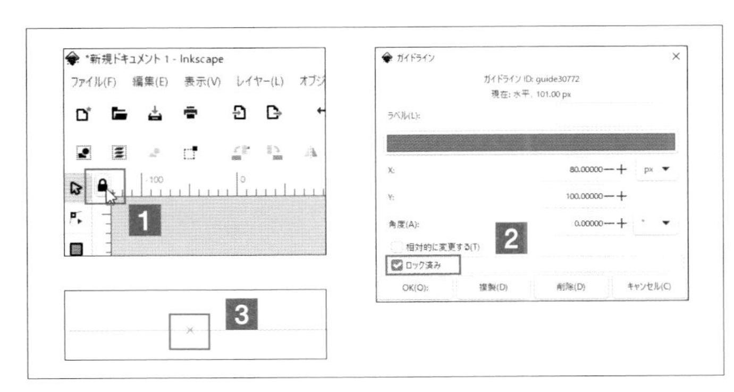

ガイドをロック

ルーラーの交点の鍵のアイコンをクリックすると、すべてのガイドのロック／ロック解除が可能です1。個別にガイドをロックするには、ガイドをダブルクリックして [ガイドライン] ウィンドウを開き、[ロック済み] にチェックを入れて [OK] をクリックします2。ロックされたガイドは、原点が × で表示されます3。

31 ページグリッドを表示する

ページグリッドは、キャンバス全体に表示される方眼紙の目のようなガイドです。グリッド幅は使いやすいサイズに設定できます。

サンプルファイル 00-31.svg

ページグリッドの表示と設定

ページグリッドの表示

［表示］メニュー→［ページグリッド］を選択してチェックを入れます1。キャンバス全体にページグリッドが表示されます2。非表示にするには、再度［表示］メニュー→［ページグリッド］を選択してチェックを外します。

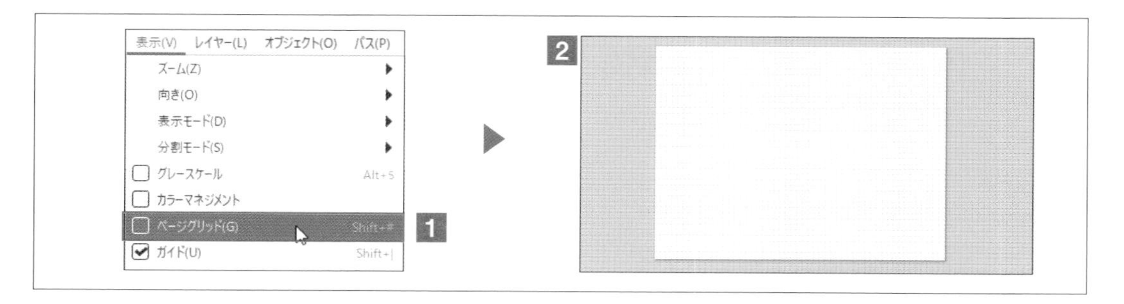

ページグリッドの間隔を設定

［ファイル］メニュー→［ドキュメントのプロパティ］を選択して、［ドキュメントのプロパティ］ダイアログを開き、［グリッド］タブをクリックします。［グリッドの単位］でグリッドの単位を設定します1。［X方向の間隔］と［Y方向の間隔］でグリッドの間隔2、［メジャーグリッドの頻度］で、太いグリッドの表示頻度を設定します3。［X方向の間隔］と［Y方向の間隔］が「1」、［メジャーグリッドの頻度］が「5」なら、グリッド5本ごとに1本がメジャーグリッドとして太く表示されます4。

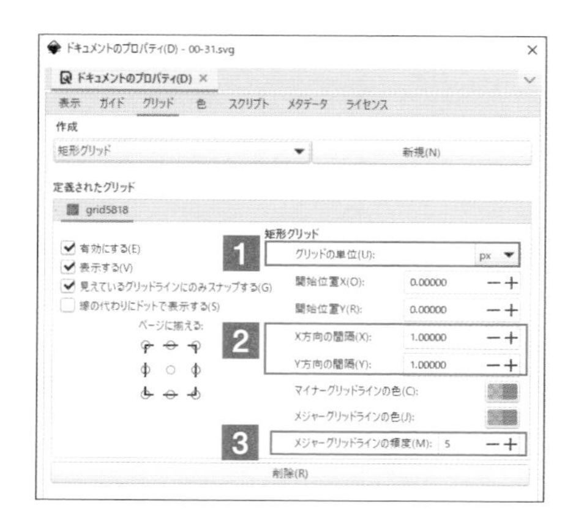

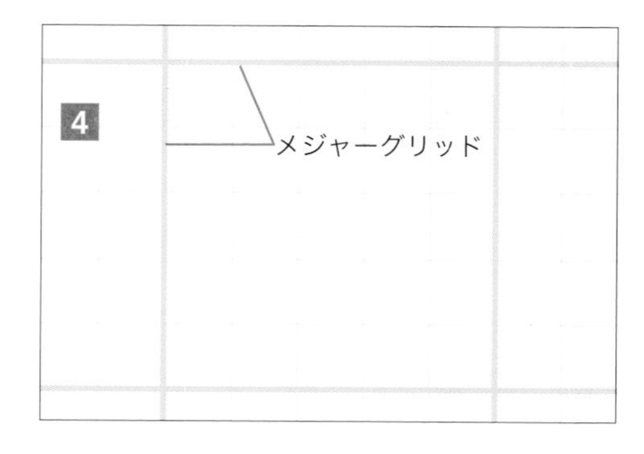

32 スナップ機能を使う

オブジェクトをきれいにレイアウトする際に、ガイドやグリッドにピッタリ揃える機能をスナップといいます。スナップの有効／無効や、スナップ対象は、スナップコントロールバーで設定できます。

サンプルファイル 00-32.svg

スナップ機能の有効／無効とスナップ箇所の設定

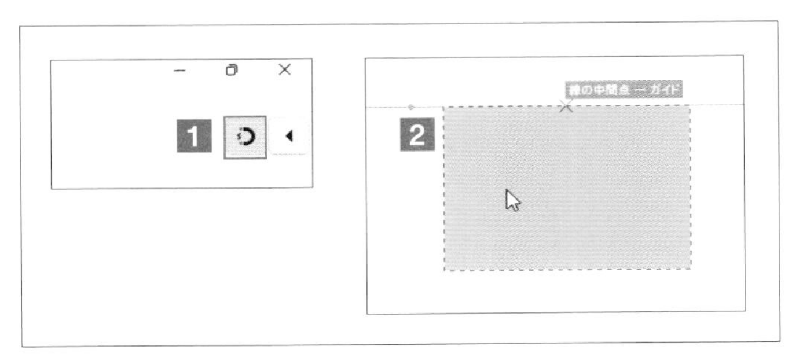

スナップ機能の有効化

スナップコントロールバーのをクリックして、スナップを有効にします1。再度クリックすると無効となります。スナップを有効にすると、オブジェクトをドラッグした際に、ガイドやグリッドにピッタリ揃います2。

スナップ箇所の設定

スナップコントロールバーの◂をクリックすると、スナップ先を設定できます1。[境界線] はオブジェクトのバウンディングボックスの、[ノード] はパスのノード、[割り付け] はほかのオブジェクトと端や中央に揃ったときにスナップします。[上級者用モード]をクリックすると、さらに詳細にスナップ箇所を設定できます2。スナップした際に表示されるスナップ箇所を表すインジケーターは、[環境設定] ダイアログの [スナップ] の [スナップインジケーターを有効にする] 3で表示／非表示を設定できます。

POINT

スナップコントロールバーが表示されないときは、[表示] メニュー→ [表示 / 非表示] → [スナップコントロールバー] を選択します。

SECTION

33 ツールボックスを使いやすくする

ツールボックスは初期状態では1列表示ですが、設定によって2列や3列表示も可能です。また、あまり使わないツールを非表示にすることもできます。

ツールボックスの表示設定

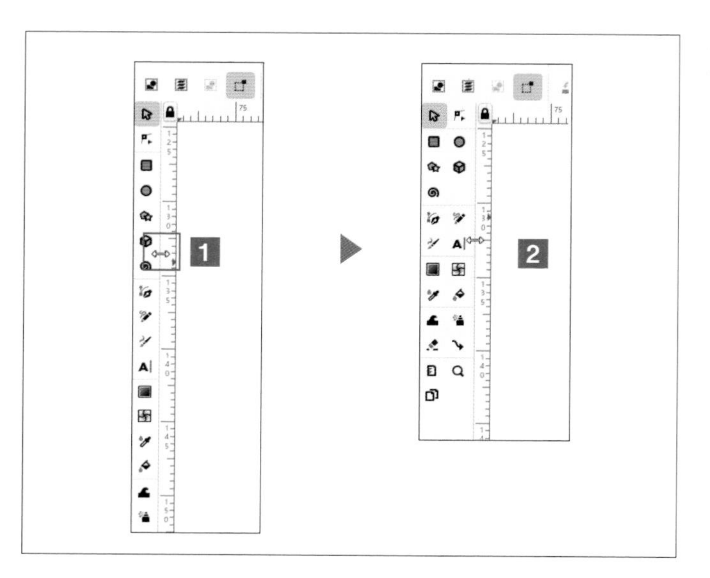

列数の変更

ツールボックスの右側の境界部分にマースカーソルを移動し、左右にドラッグすると列数を変更できます12。

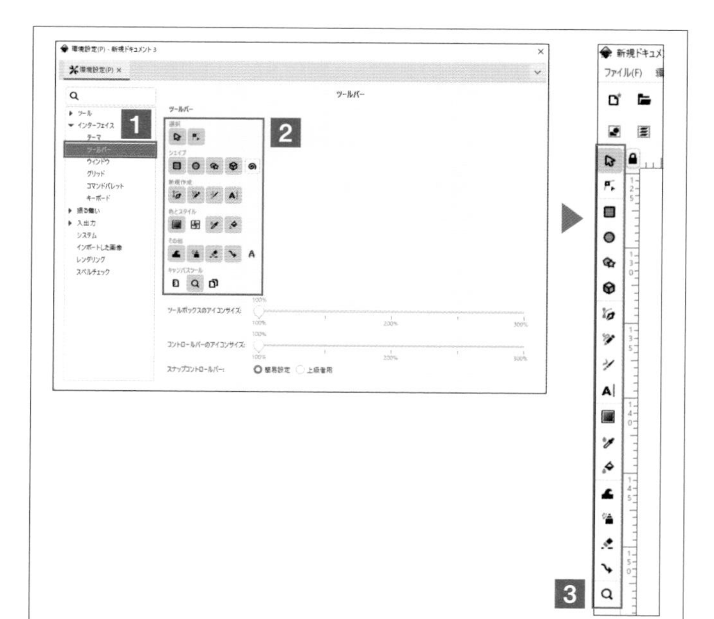

表示するツールの設定

[環境設定] ダイアログを開き、[インターフェイス] → [ツールバー] を表示します1。非表示にするツールをクリックします2。押し込まれた状態のツールのみが表示されます3。

34 ページやデスクの色を変更する

Inkscapeでは、初期状態でページは白、ページの外側のデスクはグレーで表示されます。これらの色は、ドキュメント設定でドキュメントごとに変更できます。

サンプルファイル 00-34.svg

デスクの色を変更する

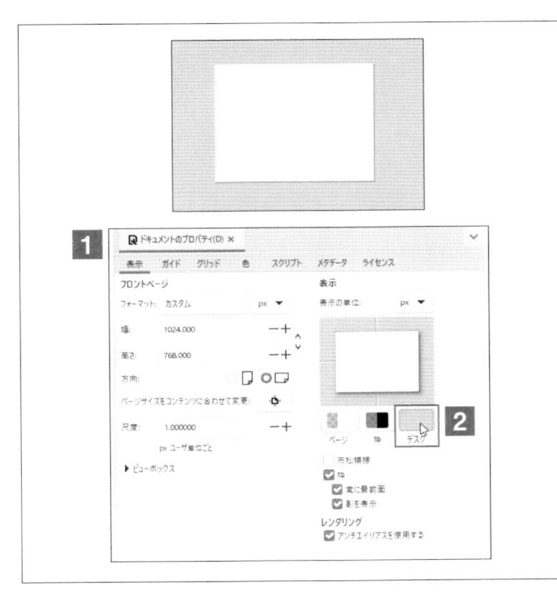

1 [ドキュメントのプロパティ]ダイアログで設定する

[ファイル] メニュー→ [ドキュメントのプロパティ] を選択して、[ドキュメントのプロパティ] ダイアログを開きます1。[表示] タブの [デスク] をクリックします2。

CHECK

[ページ] の色を変更するには [ページ] を、ページとデスクの境界枠の色の変更は [枠] をクリックしてください。

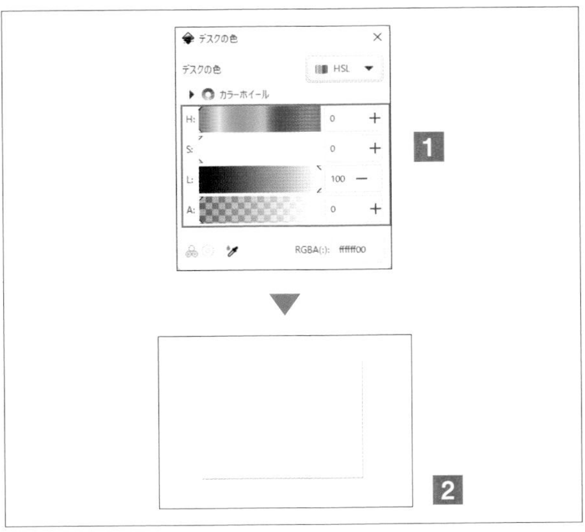

2 色を設定する

[デスクの色] ウィンドウが表示されるので、色を設定します1。ここでは、HSLモードで [S] を「0」、[L] を「100」に変更しています。デスクの色が変更されます2。

35 作業画面をもうひとつ開く

Inkscapeでは、作業画面を複数表示できます。拡大表示した状態で作業しながら、全体も把握したいときなどに便利です。

サンプルファイル 00-35.svg

ふたつの作業画面を表示する

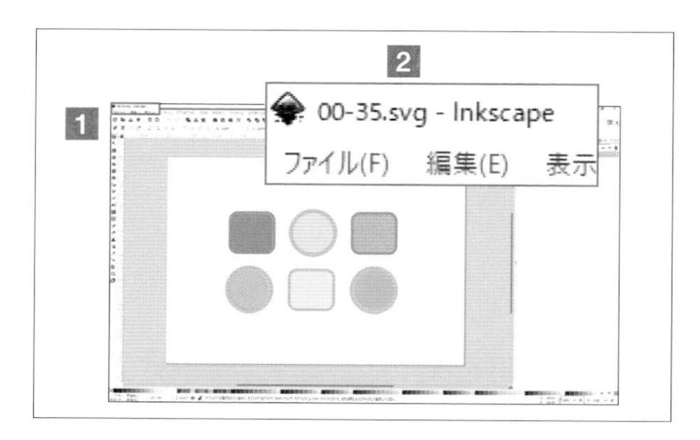

1 ファイルを表示する

新しい作業画面を開きたいファイルを表示します1。ヘッダ部分にはファイル名が表示されます2。

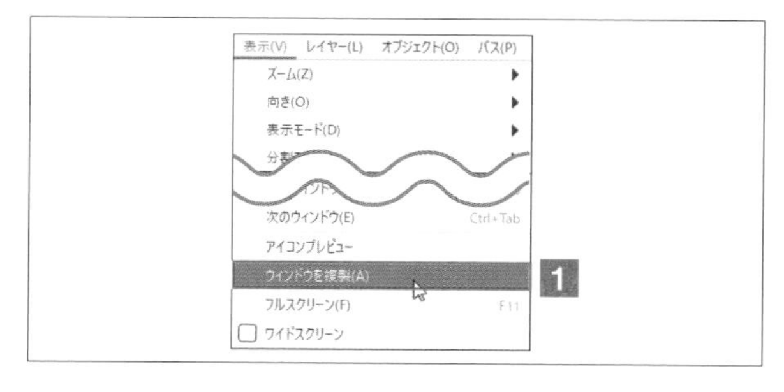

2 [ウィンドウを複製]を選択する

[表示] メニュー→ [ウィンドウを複製] を選択します1。

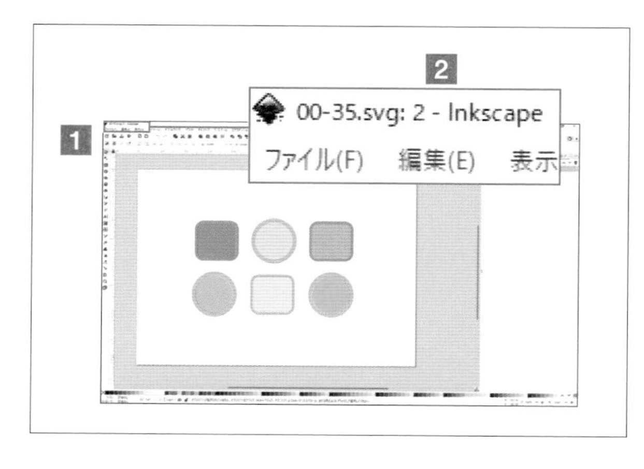

3 ふたつめのファイルが表示される

表示されていた作業画面と同じ画面が表示されます1。ヘッダ部分のファイル名の横には、ふたつめのウィンドウであることを示す「ファイル名:2」と表示されます2。ふたつのウィンドウは、作業しやすいように自由に並び替えてください。どちらかのウィンドウで作業すると、もう一方のウィンドウにも反映されます。

知っておきたい環境設定の便利な使い方

環境設定は、ダークモードのオンオフや、テーマの変更以外に、多くの作業環境の設定が可能です。ここでは、環境設定の使い方で、知っておきたいことを説明します。

環境設定の便利な使い方

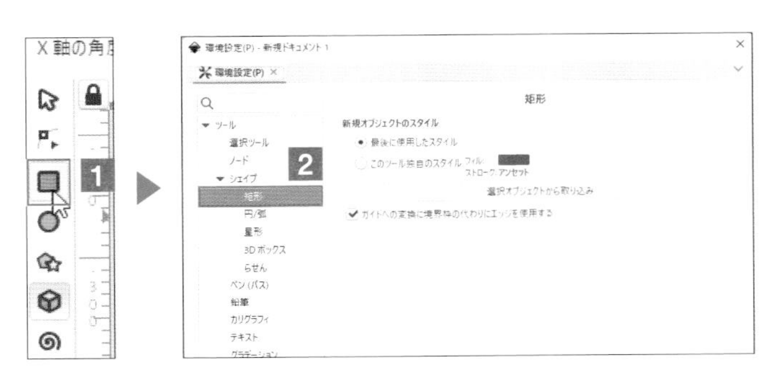

ツールボックスのツールをダブルクリック

ツールボックスのツールアイコンをダブルクリックすると1、[環境設定] ダイアログが開き、そのツールの設定画面が表示されます2。

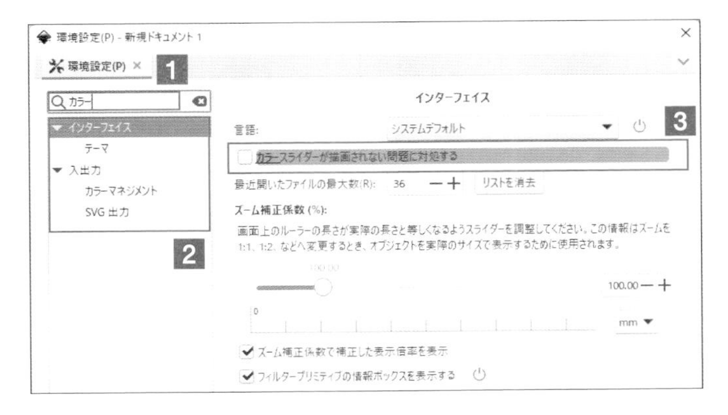

キーワードで検索

[環境設定] ダイアログは、多くの設定項目があるので、どの画面で設定したらよいかわからなくなることがあります。左側の検索欄にキーワードを入力すると1、キーワードを含んだ項目だけがリスト表示され2、右側の設定画面でもキーワードの設定がハイライト表示されます3。

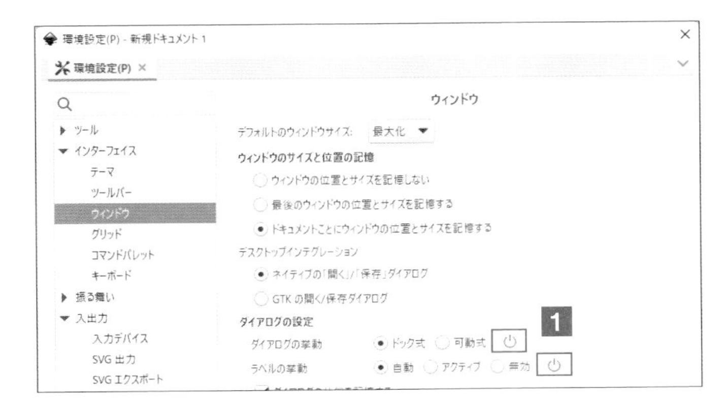

再起動が必要な設定

[環境設定] ダイアログでは、設定項目によってInkscapeの再起動が必要なものがあります。再起動が必要な項目には、⏻が表示されます1。

バージョンを確認する

Inkscapeはフリーのソフトウェアのため、インターネット上の情報も古いバージョンで記載されていることも多いです。使用しているバージョンの確認方法を説明します。

▶ バージョンを確認する

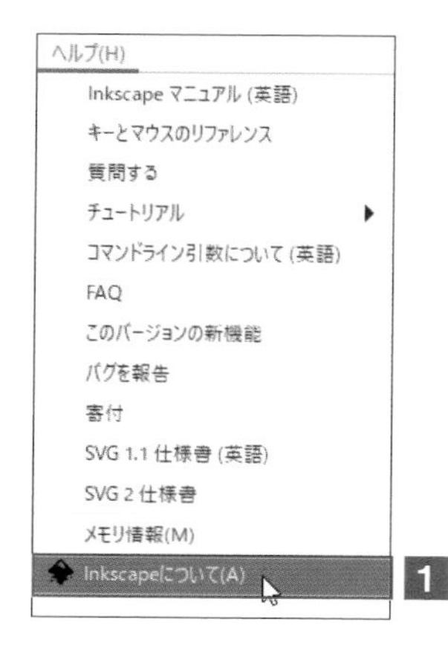

1 [Inkscapeについて]を選択する

[ヘルプ] メニュー→ [Inkscape について] を選択します1。

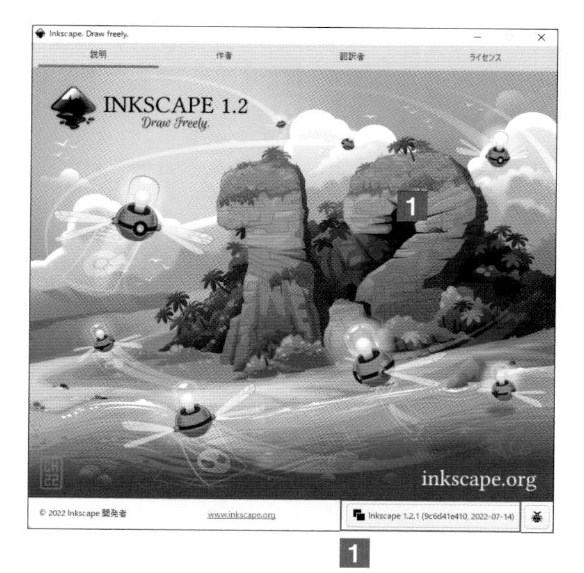

2 バージョンを確認する

ウィンドウが開き、右下に使用しているInkscapeのバージョンが表示されます1。

POINT

バージョン表示部分をクリックすると、バージョン情報がコピーされます。メール等で使用しているバージョンを記述する際に、正確なバージョン情報をコピー＆貼り付けで入力できるので便利です。

CHAPTER

▼

01

THE PERFECT GUIDE FOR INKSCAPE

[図形の作成]

矩形を作成する

Inkscapeでは、矩形ツールなどの作図用ツールで作成した矩形／円／螺旋／多角形などの図形を「オブジェクト」と呼びます。オブジェクトは、作図直後または作図系ツールでクリックして選択すると、サイズを変更したり、角を丸めたりできます。

▶ 矩形ツールを使用する

矩形ツールを選択し、ドラッグして描画します。Shift キーを押しながらドラッグすると、ドラッグの開始点が矩形の中心になります。

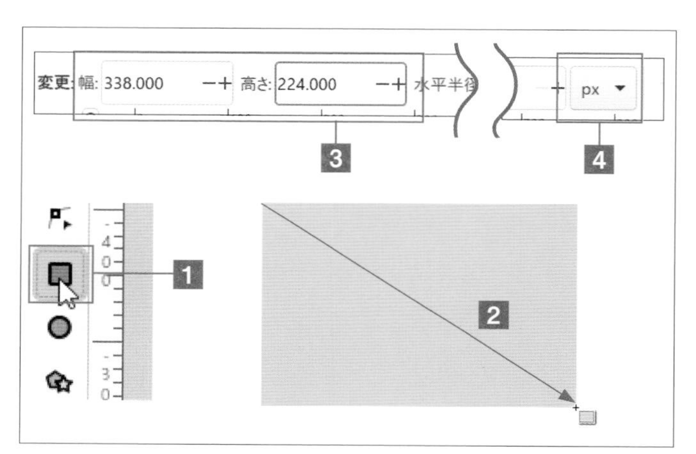

1 通常の矩形を作成する

矩形ツールをクリックし1、ドラッグして矩形を描きます2。矩形がアクティブな状態（点線で囲まれた状態）であれば、ツールコントロールバーでサイズを数値入力してサイズを変更できます3。単位はバー右端のプルダウンメニューで選択します4。オブジェクトのカラーの設定は、「CHAPTER04　カラー＆パターンの設定」を参照してください。

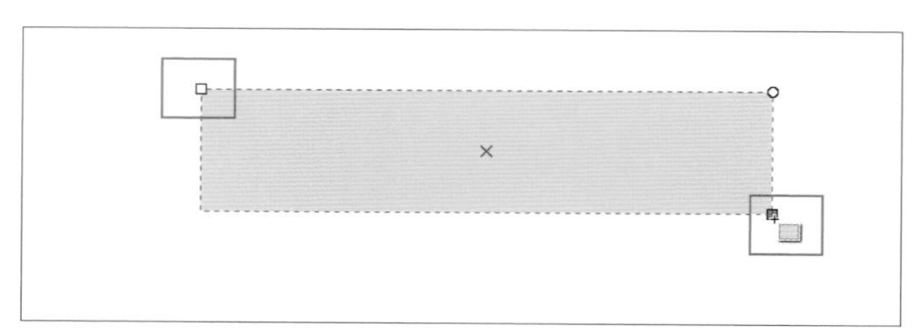

2 サイズを調節する

オブジェクトの左上または右下の四角形のハンドルをドラッグすると、サイズが変更できます。

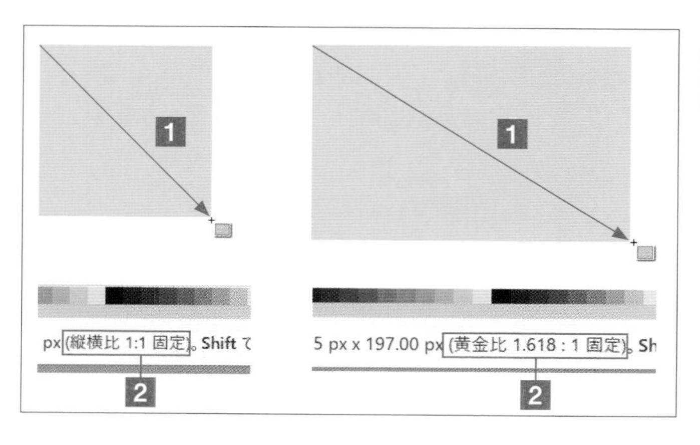

3 整数比／黄金比で矩形を作成する

Ctrl キーを押しながらドラッグして矩形を描きます1。比率が画面下端のタスクバーに表示されるので2、必要な比率になるようにドラッグします。

角丸を設定する

矩形がアクティブな状態で、オブジェクトの右上のハンドルをドラッグすると角を丸められます。最初に垂直方向にドラッグし、必要なら水平にもドラッグして半径を不均等に変更します。一度不均等にした後は、垂直方向も同様に独立して変更できます。

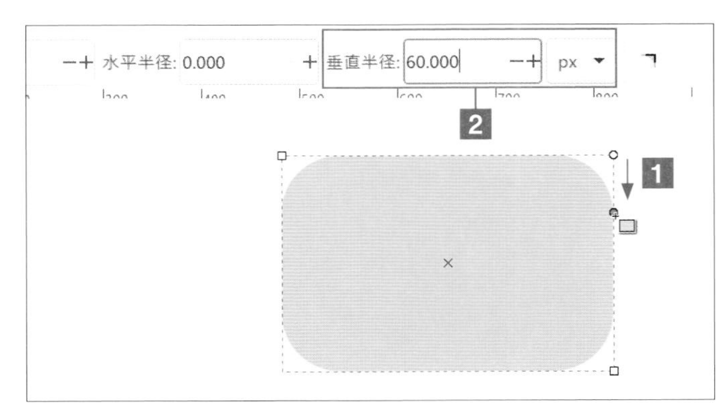

1 基本的な角丸を設定する

描画した矩形の右上の円形のハンドルを垂直にドラッグすると四隅が角丸になります1。ツールコントロールバーで数値入力もできます2。

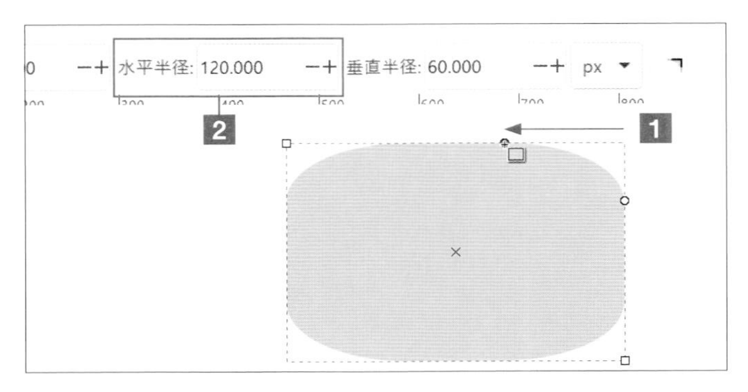

2 角丸を楕円にする

角が丸くなった状態で、右上の丸いハンドルを水平方向にドラッグすると、正円の弧から楕円の弧に変更できます1。数値入力もできます2。

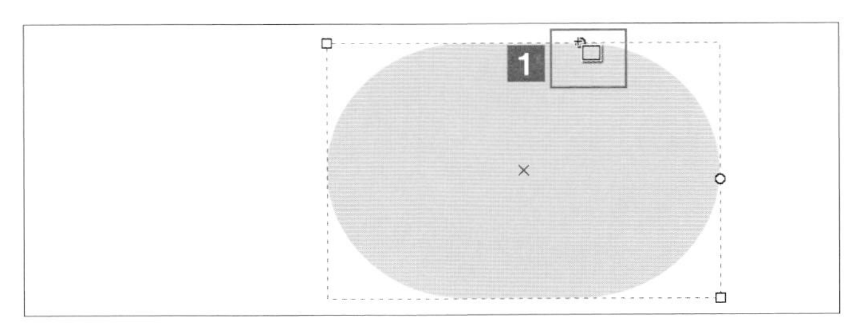

3 角丸を正円の弧に戻す

角丸を楕円の弧にしたオブジェクトで、Ctrl キーを押しながら丸いハンドルをクリックすると1、正円の弧に戻ります。弧の大きさは、クリックした丸いハンドルに合うサイズとなります。

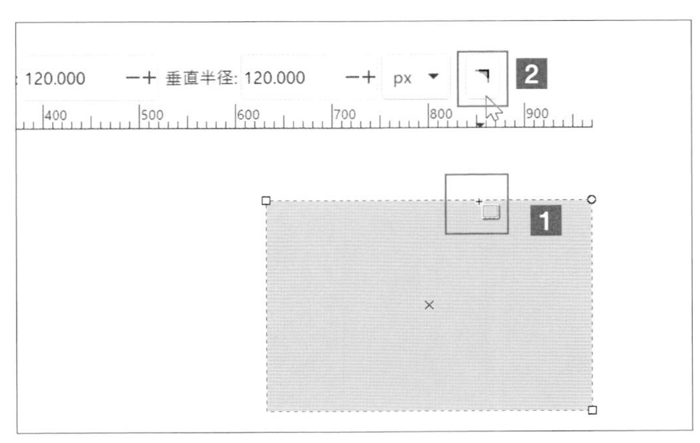

4 角丸を解除する

Shift キーを押しながら丸いハンドルをクリックすると、角丸が解除されます1。ツールコントロールバー右端の「角をシャープに」をクリックしても同様です2。

作成前に色を設定する

矩形ツールなど、図形の作成ツールで作成したオブジェクトの[フィル](塗り潰し)と[ストローク](線)のカラーは、直前に使用したスタイルが適用されます。カラーパレットを使い、描画前に指定することもできます。また、ツールごとに常に使うカラースタイルを設定しておくこともできます。

サンプルファイル 01-02.svg

作業前の色設定

図形作成前に色を設定するにはカラーパレットを使用してください。

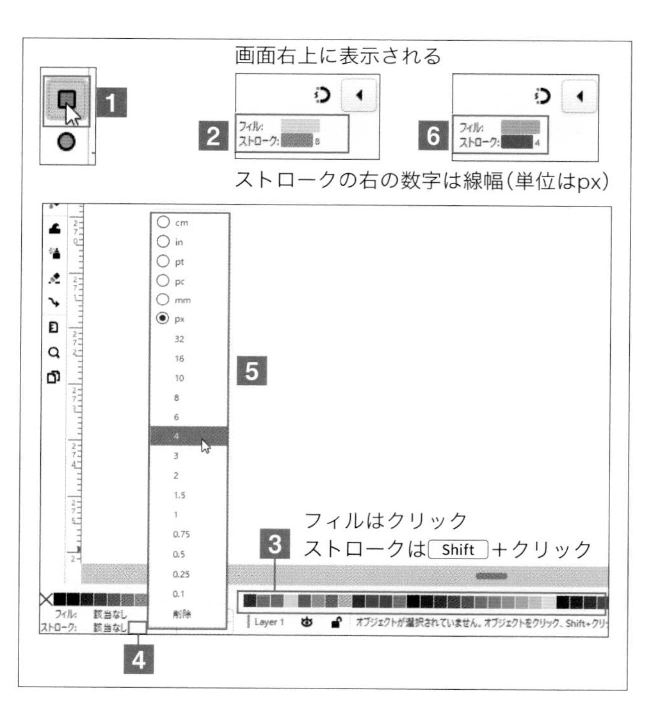

作成前の色の設定

図形の作成ツールを選択します(ここでは矩形ツール)1。画面右上に、作成するオブジェクトに適用されるカラースタイル(初期設定では、最後に使用したカラー)が表示されます2。[フィル]の色を変更するにはカラーパレットの色をクリック、[ストローク]は Shift キーを押しながらクリックします3。線幅は、スタイルインジケーターのストロークの右側を右クリックし4、ポップアップメニューを表示し、単位と数値を指定します5。ツールコントロールバーの表示が変わったことを確認し、図形を作成してください。不透明度の設定はできません。最後に使用したカラースタイルに[フィル][ストローク]にアルファが適用されている場合、そのままアルファの設定は残ります。アルファを消したい場合はスタイルインジケーターの[フィル]または[ストローク]を右クリックして、メニューから[フィルを不透明に]/[ストロークを不透明に]を選択してください。

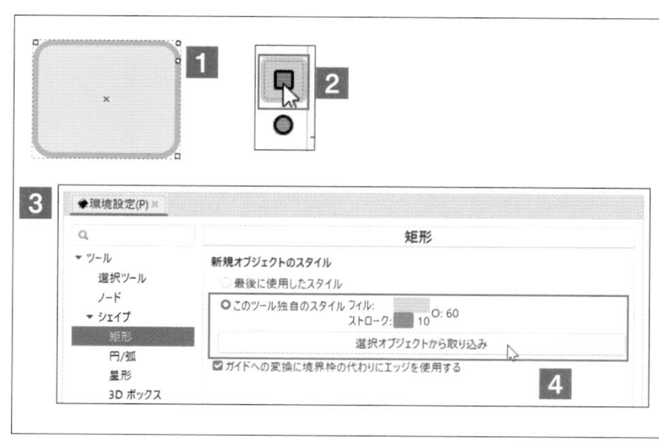

独自スタイルの設定

ツールによって常に同じカラースタイルで作成した場合は、独自スタイルを設定できます。元となるカラースタイルを適用したオブジェクトを作成して選択します1。ツールボックスで設定したいツール(ここでは矩形ツール)をダブルクリックして2、[環境設定]ダイアログを開きます3。[このツール独自のスタイル]にチェックを入れ、[選択オブジェクトから取り込み]をクリックします4。選択したオブジェクトのカラーが取り込まれ、次回の作成からは常にこのカラーが適用されます。

サイズ変更時にほかの要素も変更させるかを設定する

選択ツールでオブジェクトのサイズを変更したり、回転させたりする際、ストローク幅(線の幅)／角丸の大きさ／グラデーション／パターンも同時に変形させるかどうかを選ぶことができます。

サンプルファイル 01-03.svg

選択ツールのツールコントロールバーで設定

選択ツールを選択し、ツールコントロールバー右端の4つのボタンで設定します。

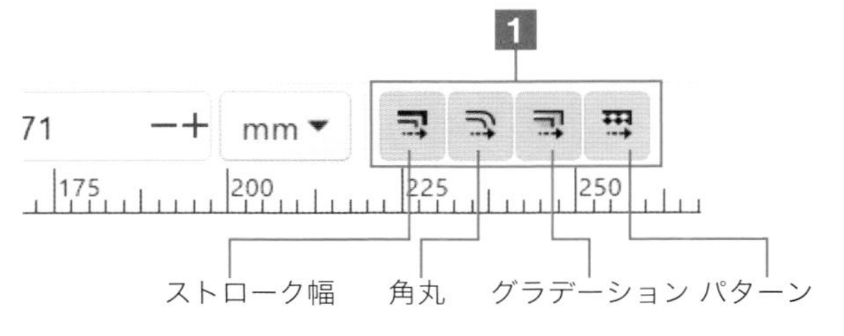

ボタンで設定してからリサイズ

オブジェクトの選択ツールを選び、ツールコントロールバー右端のボタン1で必要なものをオン／オフします。[ストローク幅] をオンにすれば2、オブジェクトは線幅をも同時に変形し、オフにすれば3線幅は元のままとなります。サンプルファイルの上の図形を使って、設定を変更して変形してみてください。

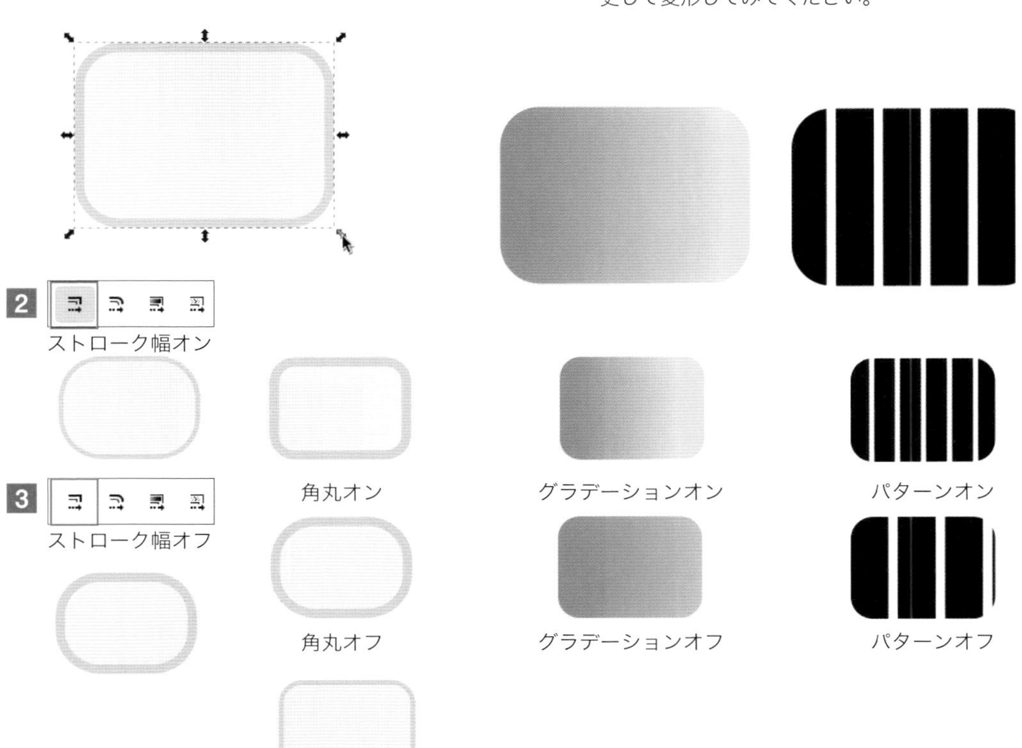

04 円/弧/扇形を作成する

円/弧ツールで、円を作成するとハンドルが表示されます。四角いハンドルはサイズ変更、丸いハンドルは扇形と弧の設定ができます。ハンドルは円/弧ツールをアクティブにすると表示されます。

円の作成

円を作成するには、円/弧ツールを選択して、ドラッグして描画します。カラーは好きな色に設定してください。

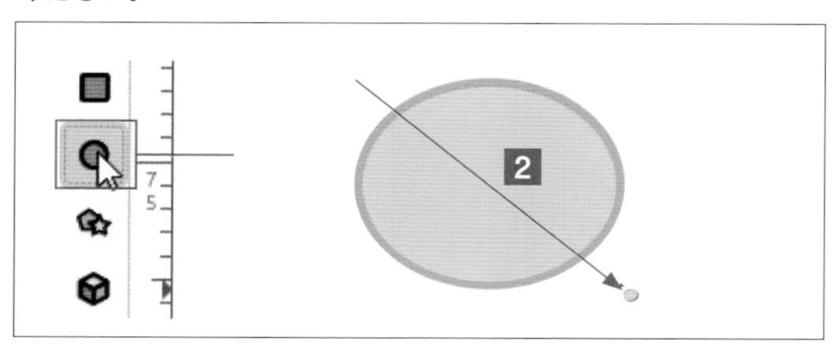

基本の円の作成

ツールボックスで円/弧ツールを選び1、ドラッグして楕円を描きます2。Shiftキーを押しながらドラッグすると開始点が円の中心になります。オブジェクトのカラーの設定は、「CHAPTER 04 カラー&パターンの設定」を参照してください。

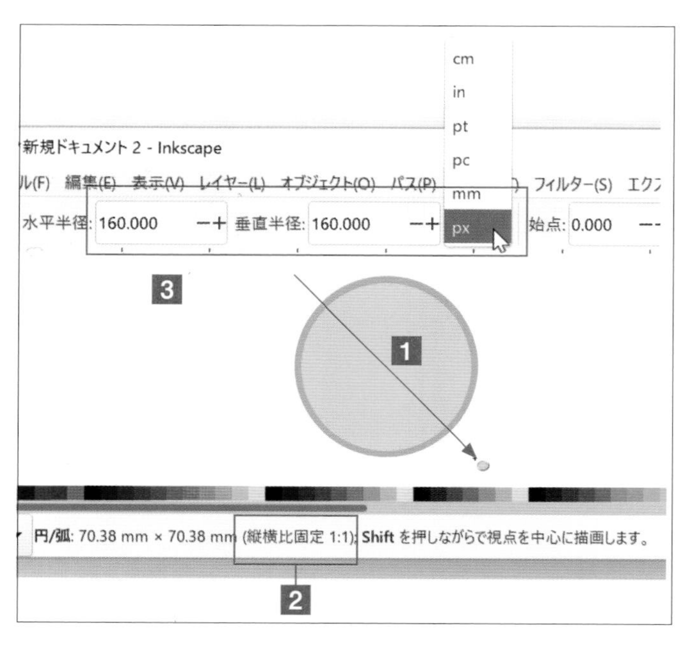

整数比/黄金比の円の作成

Ctrlキーを押しながらドラッグすると水平/垂直半径が整数比/黄金比の円を作成できます1。タスクバーで比率を確認しながら作図してください2。ツールコントロールバーで数値入力することもできます3。

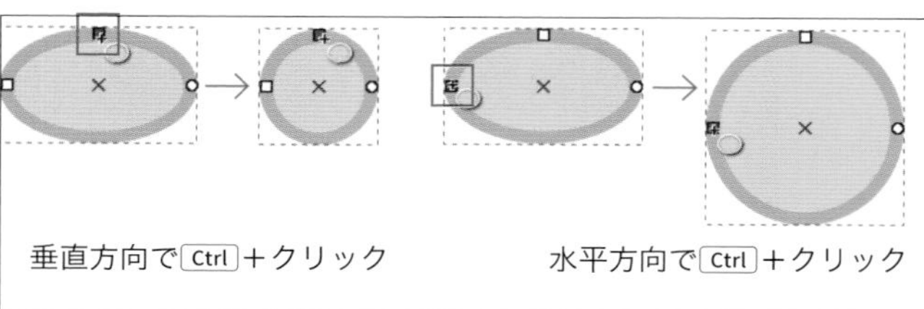
垂直方向でCtrl+クリック　水平方向でCtrl+クリック

正円に変形

楕円の四角いハンドルをCtrlキーを押しながらクリックすると正円になります。半径はクリックした側と同じになります。扇形/弧でも同様です。

円から扇形／円弧への変更と切り替え

右側の丸いハンドルをドラッグすると、扇型に変更できます。

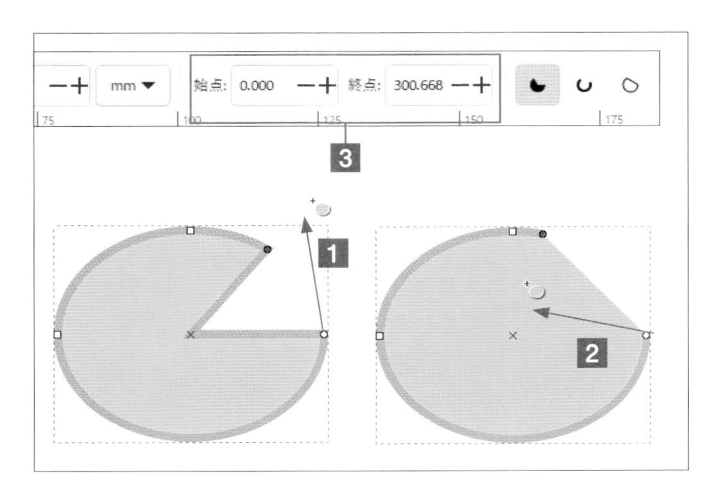

円を扇形や弧に加工

右側の丸いハンドルを円の外側になるようドラッグすると扇形になります1。円の内側になるようドラッグすると弧になります2。始点（右端）と終点（ドラッグで作成した点）をさらにドラッグしたり、角度入力で微調整することもできます3。

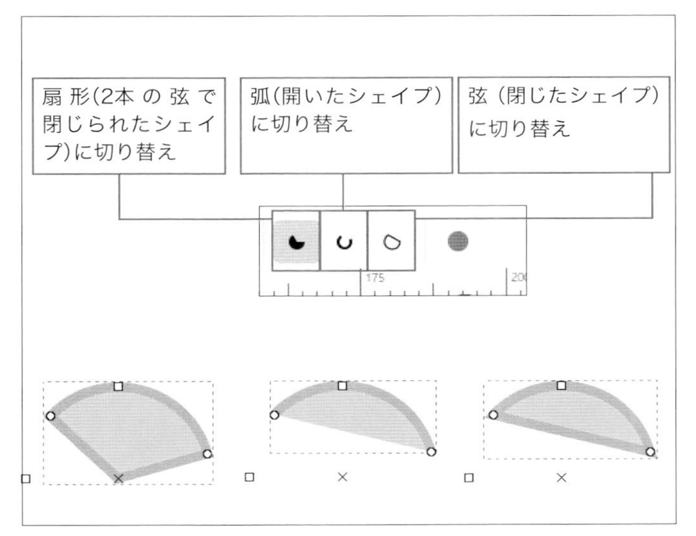

扇形／弧／閉じた弧の切り替え

扇形や弧を作成すると、ツールコントロールバー右端の切り替えボタンがアクティブになります。

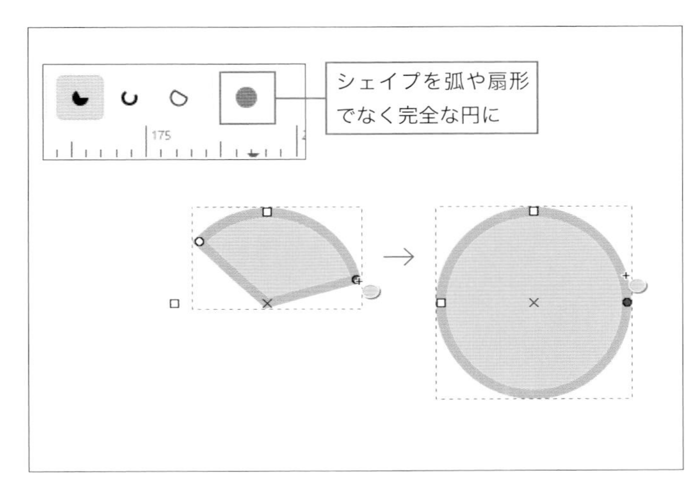

扇形や弧から円に切り替え

Shift キーを押しながら右側の丸いハンドルをクリック、またはツールコントロールバーで「シェイプを弧や扇形でなく完全な円に」をクリックします。円にすると始点と終点がリセットされ、切り替えボタンは使えなくなります。

05 星形を作成する

星形ツールは、星形を描くためのツールです。ドラッグで描画できますが、基本操作を覚えて、きれいな角度で描くことを覚えましょう。また、描画後に頂点の数を変更したり、デフォルト状態にリセットすることもできます。

星形ツールの基本操作

星形か多角形かを選択し、ドラッグしてシェイプを作成します。カラーは好きな色に設定してください。

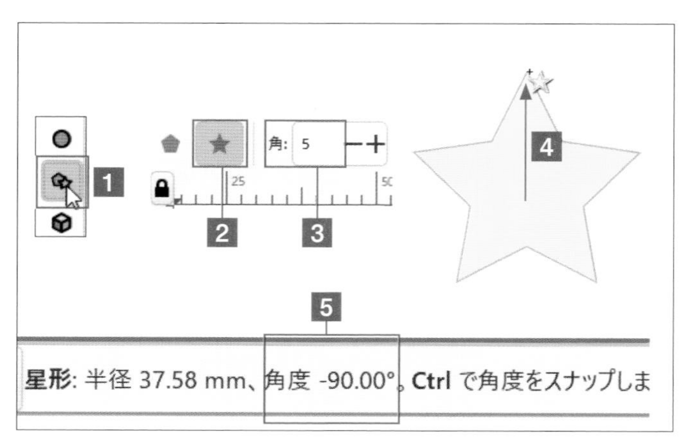

星形の作成

ツールボックスで星形ツールを選び1、ツールコントロールバーで星形を選択し2、[角] の数を設定します（ここでは「5」）3。ドラッグすれば星形が描けますが、左右対称の星形を描くには、Ctrl キーを押しながら下から上（または上から下）にドラッグします4。角度はドラッグ中にタスクバーでも確認できます。-90° のとき、ハンドルが真上になります5。

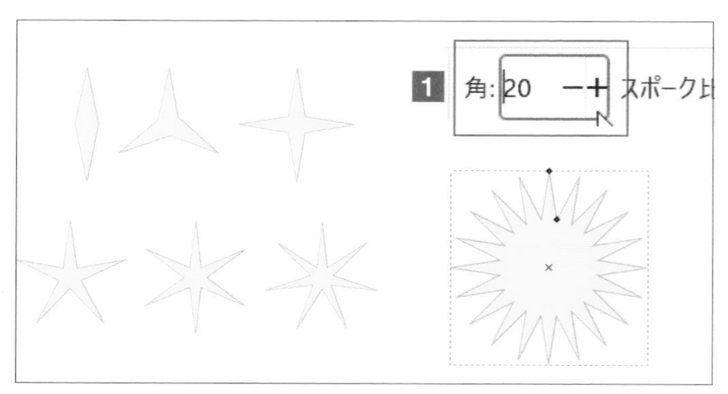

角の数を設定

ツールコントロールバーの［角］の数値を変更すると1、星形の頂点を増減できます。［角］がアクティブになっている時は、↑↓ キーでも数値を変更することができます。

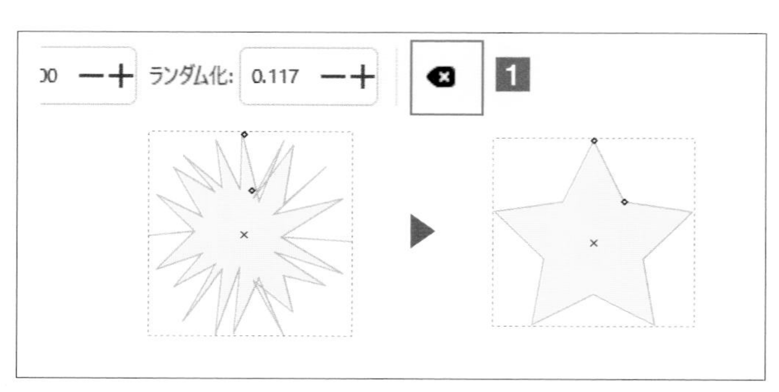

星形をリセットしたい場合

星形の頂点を変更したり、ほかの設定をしたりした場合に、ツールコントロールバー右端の［シェイプのパラメーターをデフォルトにリセット］をクリックすると1、デフォルトの星形に戻ります。戻らない場合は、一度シェイプの選択を解除し、ツールで再選択してからもう一回クリックします。

星形を変形する①

星形ツールの変形は、Inkscapeの機能の中でも特に楽しいもののひとつです。なお、星形全体の単純な拡大縮小は選択ツールで行います。

サンプルファイル 01-06.svg

スポーク比の変更

星形の内側のハンドルをドラッグすると、内側の頂点群のみをコントロールでき、少し変わった効果が出せます。

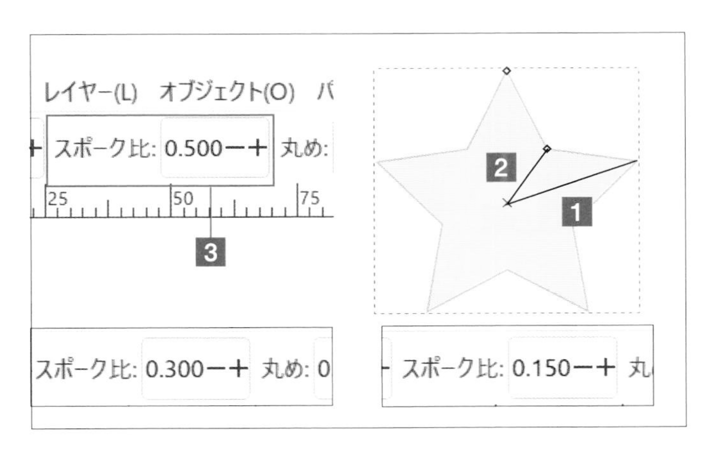

[スポーク比]とは

[スポーク比]は、星形の中心から外側の頂点までの距離（頂点半径）**1**を1とした場合の、中心から内側の頂点までの距離（基準半径）**2**の比率です。ツールコントロールバーに値が表示されています**3**。

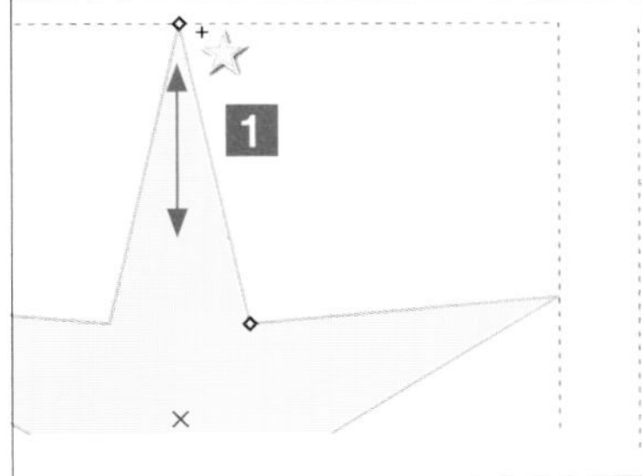

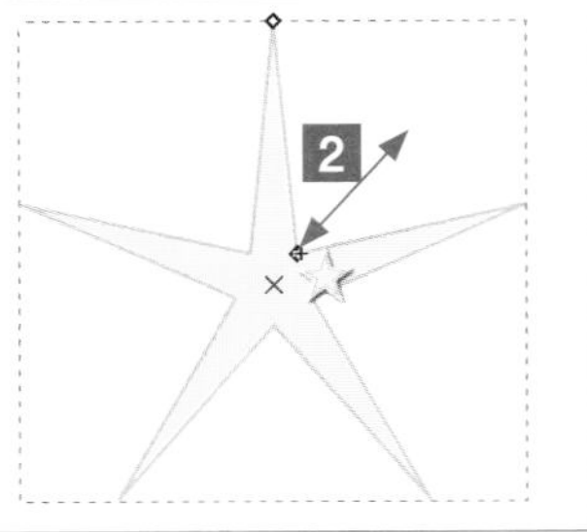

ハンドルをドラッグして変形

ハンドルをドラッグすると、星形は回転しながらスポーク比を変えて変形できます。Ctrl キーを押しながら外側**1**または内側のハンドル**2**をドラッグすると、回転させずにスポーク比を変更できます。ツールコントロールバーで数値入力することもできます。

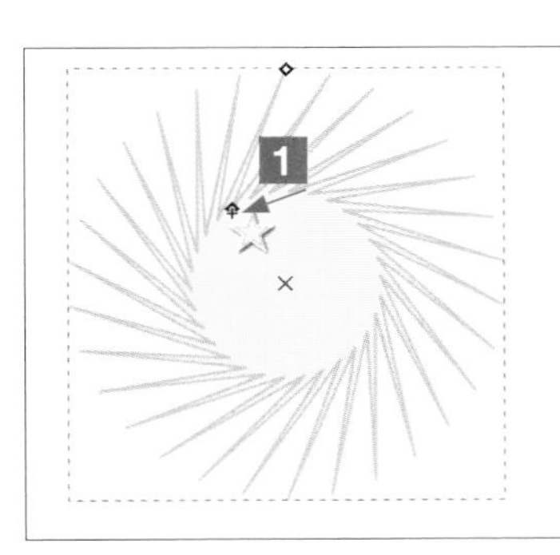

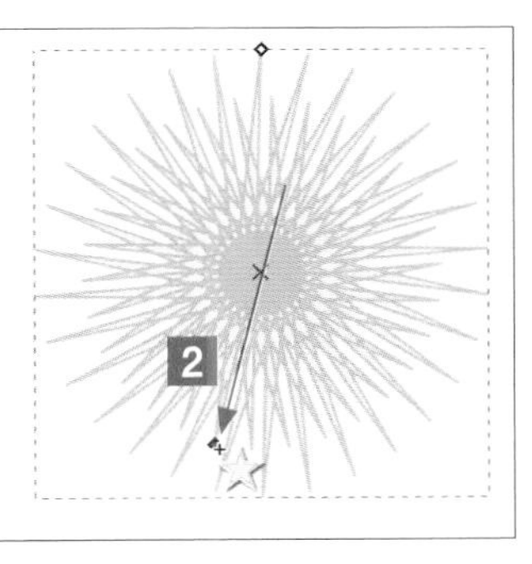

内側のハンドルで万華鏡のような変形

万華鏡のような変形は、星形の頂点を増やしておくと効果的です。左の例は「角：30」です（多すぎると動作が不安定になります）。内側のハンドルをドラッグすると、外側の頂点群は固定されたまま、内側の頂点群だけが移動します**1**。中心点を越えるようにドラッグすると、万華鏡のような複雑な変形ができます**2**。

星形を変形する②

星形の変形は、「スポーク比」以外に、角を丸めたり、角と角度をランダムに変更して、変形することもできます。設定によって、複雑な形状を作成することも可能です。

サンプルファイル 01-07.svg

角の丸め／ランダム化とキー操作

「丸め」でもいろいろな効果が出せます。また、「ランダム」を使うと、不規則な星形に変形できます。

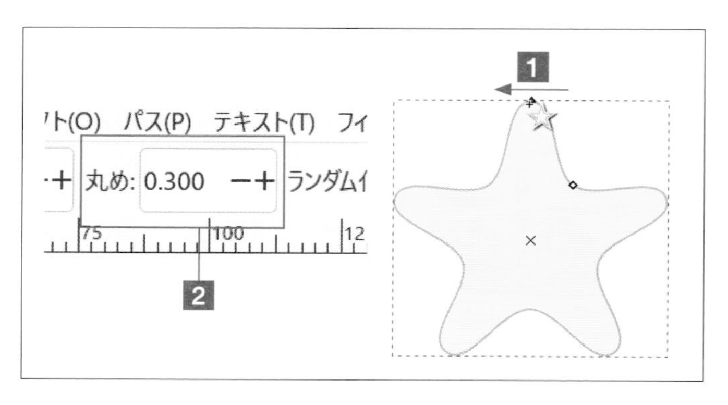

角の丸め

星形ツールで星形を作成し、Shift キーを押しながらどちらかのハンドルをドラッグすると、角を丸めることができます1。ツールコントロールバーで数値入力もできます2。元に戻したい場合は Shift キーを押しながらハンドルをクリックすると元に戻ります。数値入力で0にしても同じです。

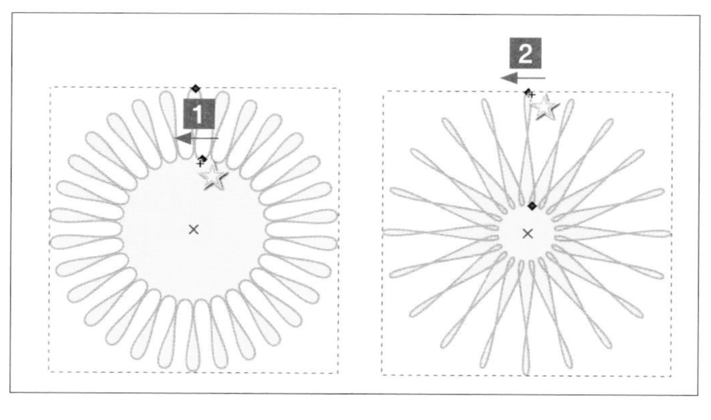

[丸め]の設定でも万華鏡のような効果

[丸め] で複雑な変形ができます。角を増やしてから使用したり1、スポーク比の変更と合わせて使用する2と効果的です。

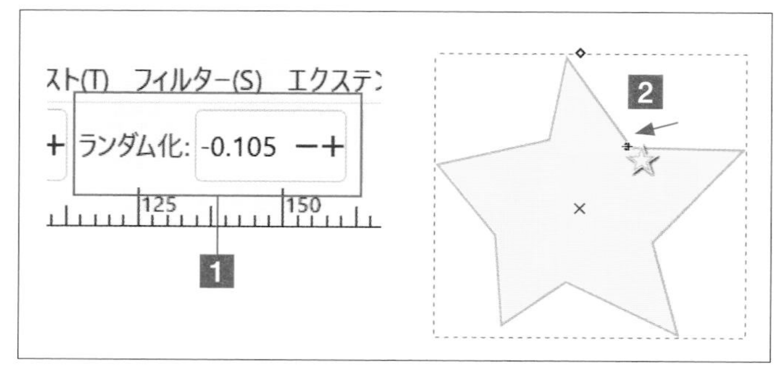

ランダム化で不規則に変形

Alt キーを押しながら、どちらかのハンドルをドラッグすると、角と角度をランダムに変形させることができます1。ツールコントロールバーで数値入力もできます2。変形後、Alt キーを押しながらハンドルをクリックすると元に戻ります。

多角形を作成する

多角形を作成するには、星形ツールを選択し、ツールコントロールバーで多角形を選択します。操作方法は、星形の作成と同じですが、「スポーク比」がなく、ハンドルがひとつだけなので操作はより単純です。「角」は3からとなります。

▶ 多角形とハンドル／キー操作

多角形をリセットすると星形に戻ります。カラーは好きな色に設定してください。

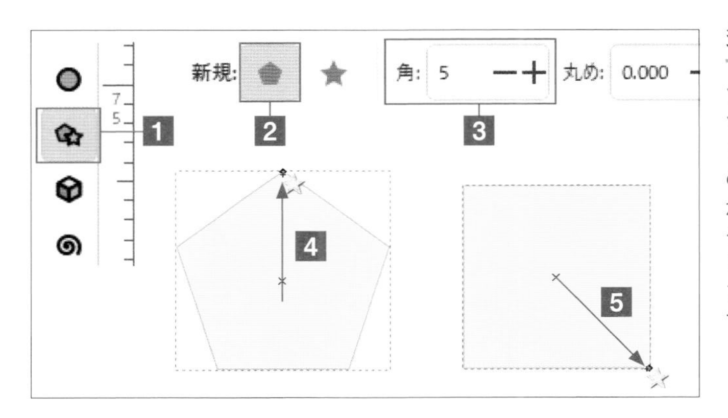

多角形の作成

ツールボックスで星形ツールを選び1、ツールコントロールバーで多角形を選択し2、角の数を設定します3。左右対称の多角形を描くには、Ctrl キーを押しながら下から上（または上から下）にドラッグします4（ハンドルが真上か真下になります）。Ctrl キーによる角度のスナップは15°ごとなので、四角形などは真上でなくても左右対称に作成できます5。

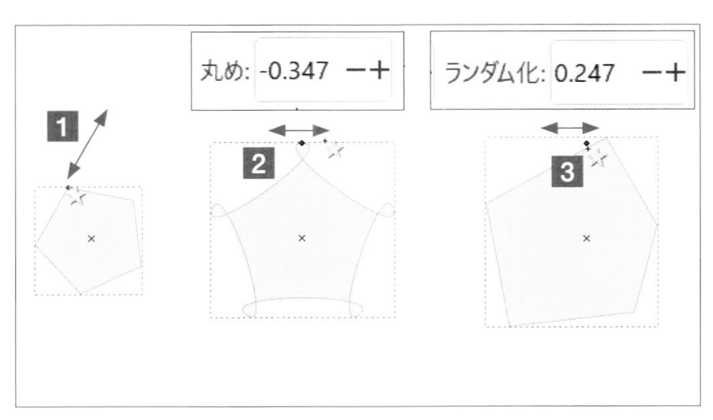

ハンドルとキー操作

星形と同じく、ハンドルのドラッグで拡大縮小と回転ができ、Ctrl ＋ドラッグで角度を制御しながら変形できます1。Shift ＋ドラッグで角を丸められ2、Shift ＋クリックで解除できます。Alt ドラッグでランダムに変形でき3、Alt ＋クリックで解除できます。［丸め］と［ランダム化］はツールコントロールバーで数値入力もできます。

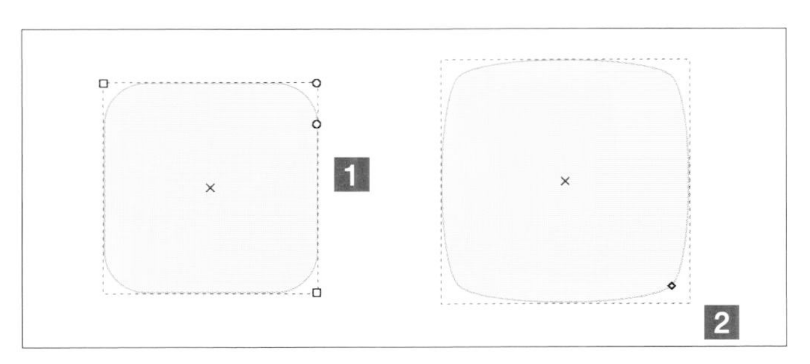

矩形ツールの四角形と星形ツールの四角形

矩形ツールでは角のみの［丸め］がありますが1、星形ツールで作成した四角形は「丸め」を適用すると全体が丸くなります2。覚えておいて使い分けるとよいでしょう。

09 3Dボックスツールで直方体を作成する

3Dボックスツールは直方体を作成するツールです。デフォルトでは二点透視のボックスが描かれます。

3Dボックスツールの基本操作をする

ドラッグするだけで、直方体を作成できます。デフォルトではキャンバスを基準に消失点が作成されます。

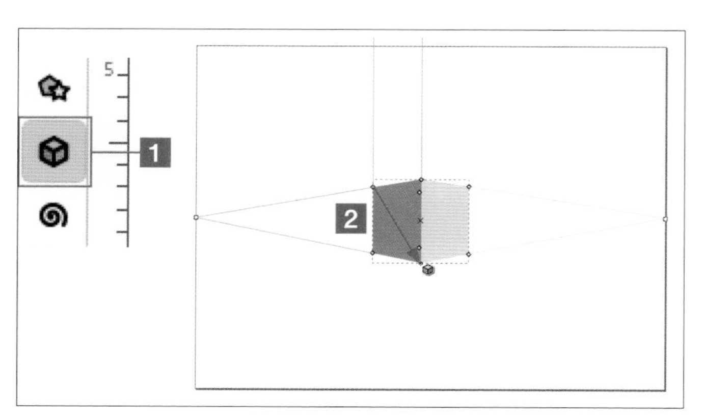

1 キャンバスの中央付近に作成する

3Dボックスツールを選び1、キャンバス全体を表示させ、中央付近でドラッグしてボックスを作成します2。消失点は、キャンバスの左右の中央となります。

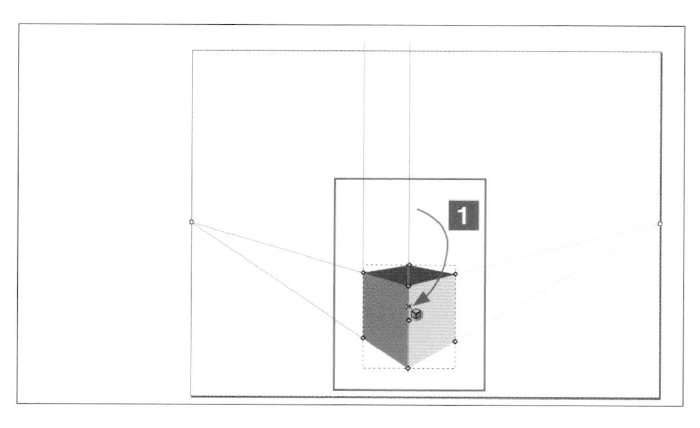

2 ×マークをドラッグして形状を調節する

ボックス中央に表示される×をドラッグすると1、ボックスを移動させて形状を調節できます。キャンバス上で上下左右に動かして必要な形状に近づけます。

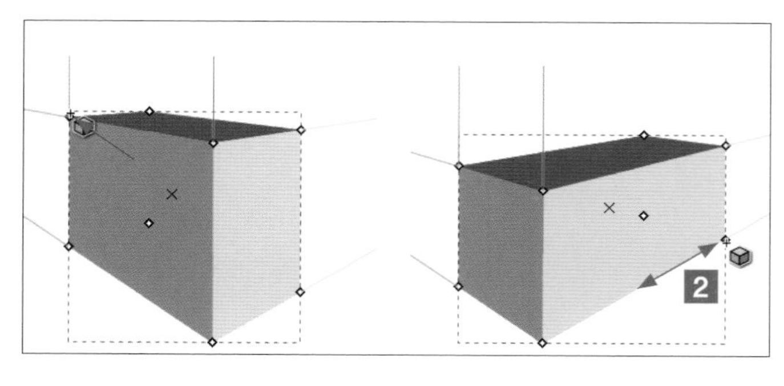

3 サイズと奥行きを調節する

左側の面に属する４つのハンドルのどれかをドラッグすると、面のサイズが変更されます1。右側（または上面）の面にあるハンドルを動かすと奥行きが変更されます（左面のサイズは固定です）2。Shift キーを押しながらドラッグすると左右の制御が逆になり、右側の面でサイズ変更、左側で奥行き変更に変わります。

三点透視の3Dボックスを作成する

3Dボックスツールで作成した3Dボックスにはリセット機能がありません(V1.2現在)。消失点の「無限」「有限」の切り替えやボックスの移動で形状が複雑になってしまった場合は、修正するよりも新規ファイルを作成してやりなおしたほうが簡単です。

▶ 消失点の無限／有限を設定する

「無限」は辺の延長線が平行で交わらない状態のことをいいます。

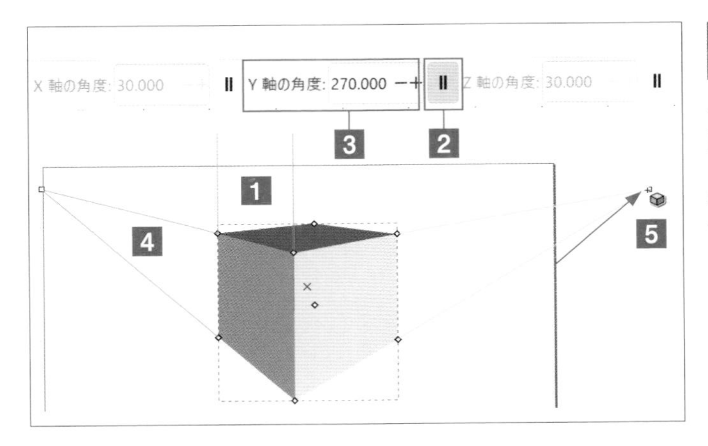

1 消失点の表示と移動をする

デフォルトではY軸の消失点のみが「無限」に設定されています1。ツールコントロールバーで「無限」がオン2、角度270° 3であることが確認できます。X軸の消失点は左側4、Z軸の消失点は右側に作成されます。表示されている消失点はドラッグして移動できます5。

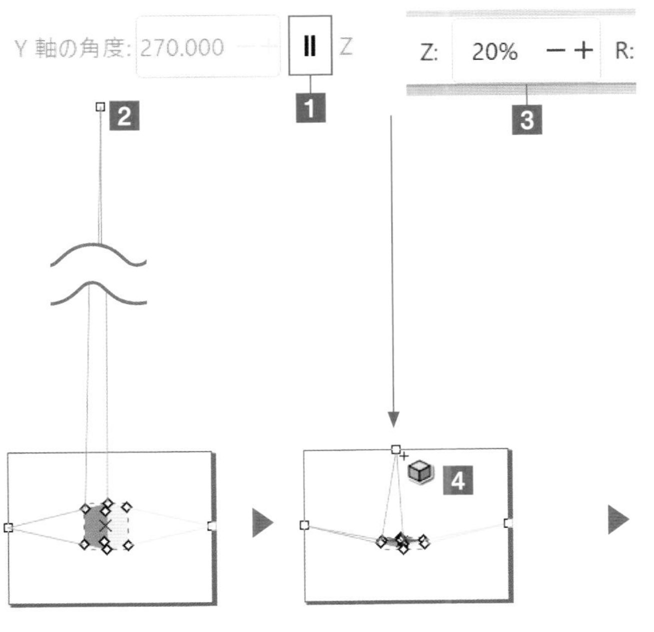

2 無限から有限へ切り替える

デフォルトのY軸の消失点の「無限」ボタンをオフにすると1、キャンバスからかなり離れたところに消失点が作成されます2。この消失点を操作するには、画面右下で表示倍率を下げて消失点を含む全体を表示させます3。ドラッグして必要な位置に配置し4、表示倍率を戻してから面のサイズを調整（P.072を参照ください）します5。

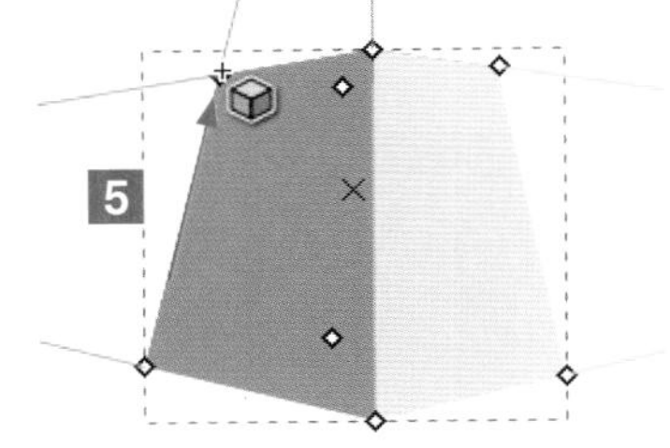

一点透視の3Dボックスを作成する

一点透視の3Dボックスを作成するには、ひとつの軸だけを残して、ふたつの軸を無限(平行)にします。例えば、Y軸に加えてX軸も無限(平行)にすると、Z軸だけを消失点とした一点透視になります。

XY面を非表示にして編集する

一点透視の 3D ボックスを作成し、ボックスの内側を表示させて編集します。

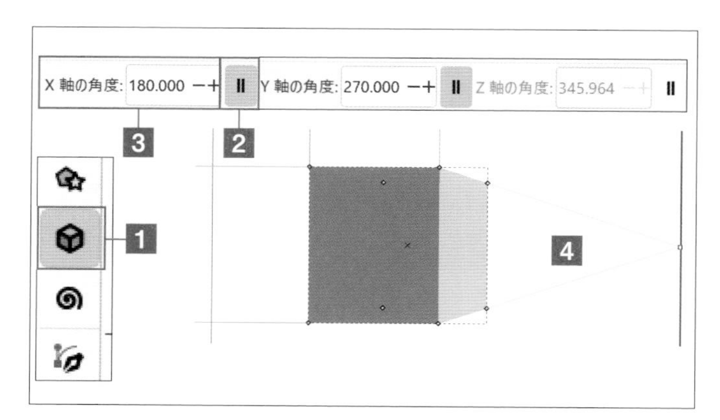

1 一点透視の消失点を設定する

3D ボックスツール1でキャンバス中央に 3D ボックスをひとつ作成し、ツールコントロールバーで X 軸の消失点の「無限」をオン2、角度を 180°に設定します3。Y 軸は「無限」オン、270°、Z 軸は「無限」オフのままです。これで Z 軸のみが有限消失点になり、ドラッグできる状態になっています4。

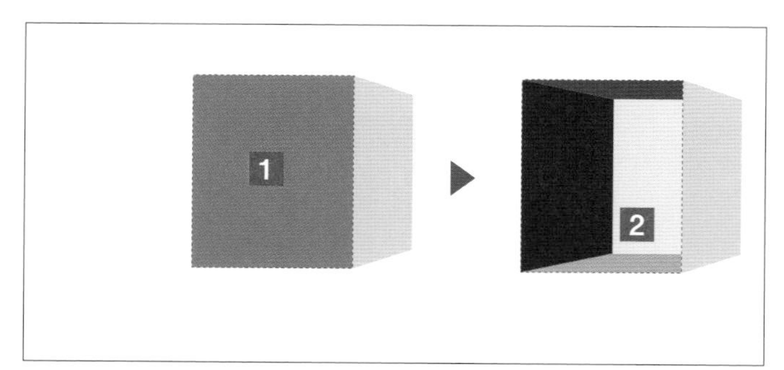

2 XY面を消す

3D ボックスツールで左側の矩形 (XY 面) を Ctrl +クリックして選択し1、Delete キーで削除します。内側が見えるようになりました2。

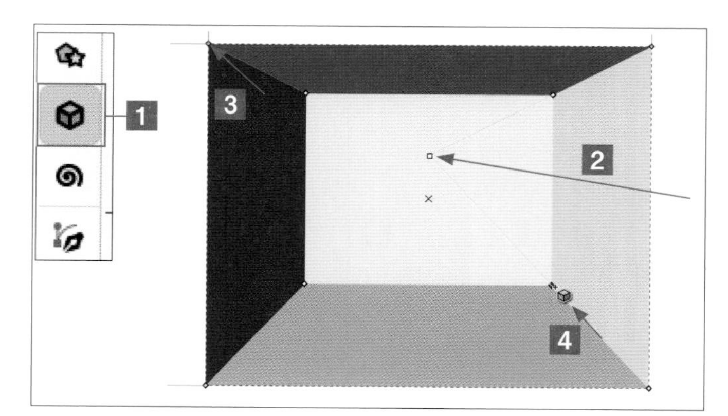

3 3Dボックスを編集する

再び 3D ボックスツール1で作成したボックスをクリックして選択し、Z 軸の消失点を内側までドラッグして調節します2。さらに XY 面のハンドル3や奥行きのハンドル4をドラッグして形状を整えます (P.072 を参照ください)。なお、ほかの 3D ボックスを描くと一点透視図になります。

12 消失点の違う3Dボックスを混在させる

3Dボックスを複数描くと、自動的に共通の消失点で作成されます。特定のボックスの消失点を移動させるには Shift ＋ドラッグしますが、この方法はボックスの数が多いとエラーが起きやすいため、下の例では選択ツールを使います。

サンプルファイル 01-12.svg

選択ツールで移動する

ほかと平行でなくなった辺は新しい消失点を持ちますが、視点の高さは変わりません。

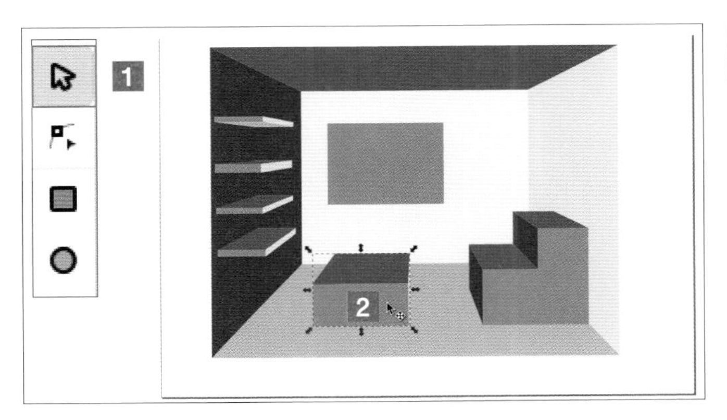

1 選択ツールで選択する

左図は3Dボックスツールで一点透視の3Dボックスを複数個描いた状態です（オブジェクトの重ね順については P.094 参照ください）消失点を共有しているボックスの消失点を変えるには、選択ツール1で選択します2。

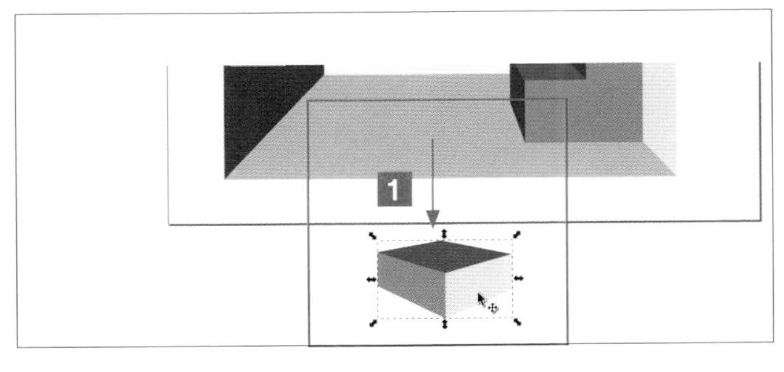

2 ドラッグして消失点共有から抜ける

少しドラッグします1。選択ツールで移動させると、デフォルトの二点透視のボックスに変わります。

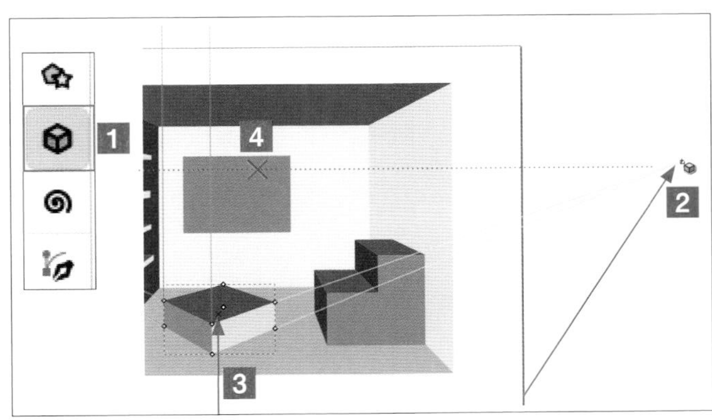

3 新しい消失点で視点の高さを維持する

再び3Dボックスツールを選択し1、消失点を移動させ2、ボックス中央の×印をドラッグして位置を調整します3。消失点は一点透視の有限消失点4と同じくらいの高さにします。必要ならガイドを作成しておくとよいでしょう。

アイソメトリック図用のグリッドを作成する

3Dボックスの移動では中央の×印がスナップされるため、通常のスナップに比べてきれいにレイアウトすることが難しくなります。複製してのレイアウトはよく使う作業なので、きっちり仕上げたい場合にはグリッドを利用するとよいでしょう。

アイソメ図用のグリッド設定

Inkscape はグリッドの角度を設定できますが、特にアイソメ図のグリッドは、ほぼデフォルトのまま利用できます。

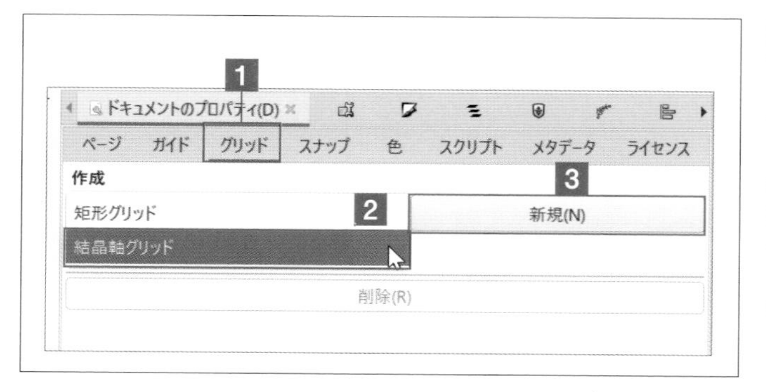

結晶軸グリッドを作成

［ファイル］メニュー→［ドキュメントのプロパティ］を選択します。［ドキュメントのプロパティ］ダイアログが表示されたら［グリッド］タブを選びます1。［矩形グリッド］のボタン右端にある▼を押し、プルダウンメニューで「結晶軸グリッド」を選び2、「新規」をクリックして3、グリッドを作成します。

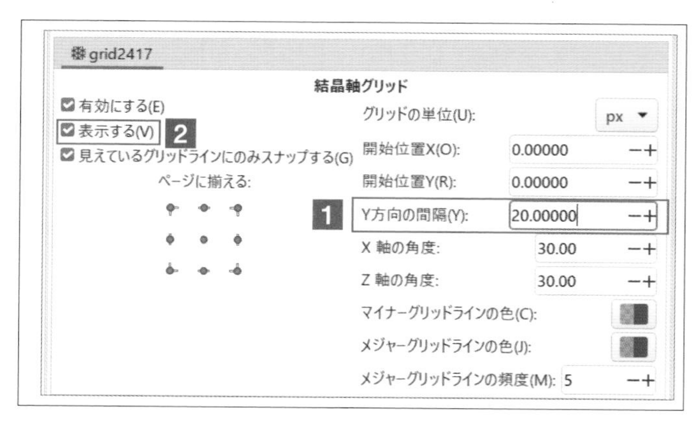

グリッドの間隔を調整

「Y 方向の間隔」で適当な数値を入れ（ここでは「20」）、キャンバスの状態を見ながら扱いやすい間隔になるよう調節します1。最後にグリッド表示を消すときはこのタブで［表示する］のチェックボックスをオフにします2。

グリッドへのスナップを有効化

ウインドウ右上のスナップコントロールバーで「スナップの有効 / 無効を切り替えます」をオンにしておきます1。バーが表示されていない場合は［表示］メニュー→［表示／非表示］→［スナップコントロールバー］にチェックを入れます。

3Dボックスで アイソメトリック図を作成する

グリッドを利用して3Dボックスを作成してみましょう。アイソメ図は複製したボックスを使うことが多いので、中央の×印も忘れずにグリッドに合わせます。サンプルには、グリッドだけ用意してあります。

サンプルファイル 01-14.svg

アイソメ図用の消失点を設定して作成する

アイソメ図は水平線に対してX軸とZ軸が30°傾いている状態です。現バージョンでは時計回り、バージョン 1.0 以前では反時計回りで角度を入力します。

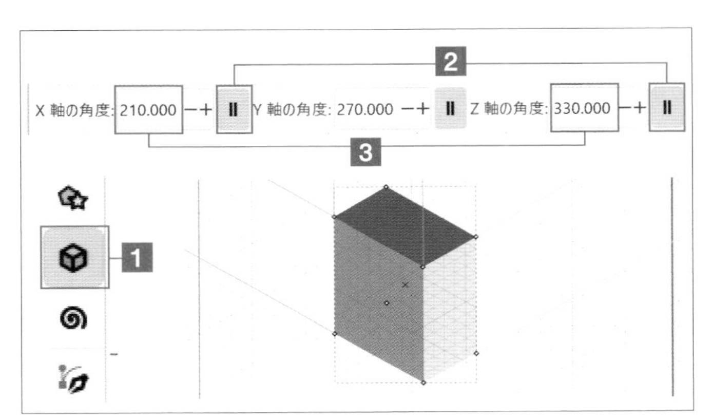

1 消失点を設定する

結晶軸グリッドを表示させ、グリッドへのスナップをオンにしておきます。3D ボックスツール1でキャンバス中央に 3D ボックスをひとつ作成し、ツールコントロールバーで XYZ すべての消失点の「無限」ボタンをオンにします2。XYZ 順に角度を 210°、270°、330° に設定します3。

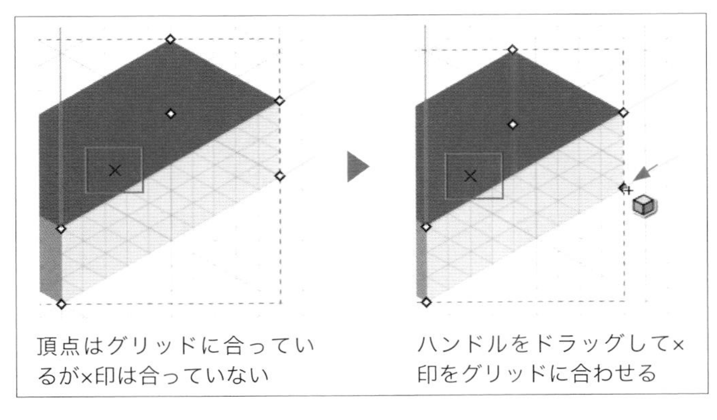

頂点はグリッドに合っているが×印は合っていない

ハンドルをドラッグして×印をグリッドに合わせる

2 グリッドに合わせて ボックスを編集する

3D ボックスツールで XY 面のハンドルと Z 軸のハンドルをドラッグして、ボックスがグリッドに合うよう編集しましょう。このとき、ボックス中央の × 印もグリッドの交点になるように注意します。ボックスではなくグリッドの間隔を変更してもよいでしょう。

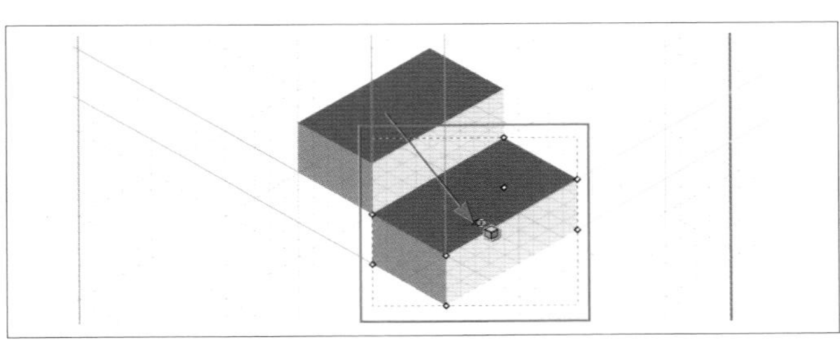

3 複製を作成して 移動する

作成したボックスを 3D ボックスツールで選択し、Ctrl + D キーで複製します(前面に複製されるので見た目は同じです)。複製の中央の × 印をドラッグして移動させ、端をぴったり合わせます。

15 3Dボックスのカラーを変更する

3Dボックスはほかのオブジェクトのようにデフォルトカラーを設定しておくことはできません。また単純にボックスを選択してカラーを変更すると全体が同色になってしまいます。面ごとに色を変更するには、面ごとに設定するか、エクステンションなどを利用します。

サンプルファイル 01-15.svg

カラー変更の種類

ここでは複数の3Dボックスのカラーを変更しています。

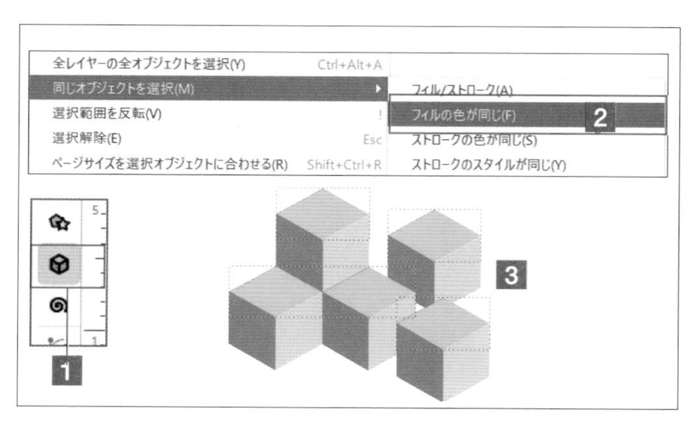

通常のカラー設定を使用する場合

3Dボックスツール1でCtrlキーを押しながら色を変えたい面をひとつ選択します。[編集]メニュー→[同じオブジェクトを選択]→[フィルの色が同じ]を選び2、同色の面をすべて選択されたことを確認して、カラーを変更します3。これを繰り返して全体のカラーを変更します。やや面倒ですが確実な方法です。カラー設定については「CHAPTER 04 カラー&パターンの設定」を参照ください。

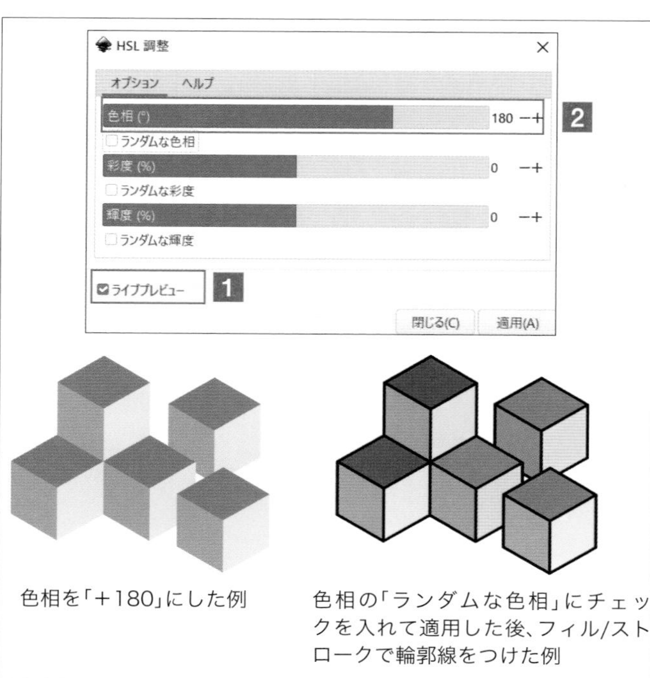

色相を「+180」にした例

色相の「ランダムな色相」にチェックを入れて適用した後、フィル/ストロークで輪郭線をつけた例

エクステンションを使用する場合

エクステンションの効果は、オブジェクトを選択しない場合、全体に適用されます。左の例では選択していません。[エクステンション]メニュー→[色]→[HSL調整]を選びます。ウィンドウで[ライブプレビュー]にチェックを入れ1、色相/彩度/輝度などを変更します2。このエクステンションではプレビューでカラーを確認しかできないので、何度かバーをクリックする位置を変えて試します(エクステンションについては「CHAPTER08 エクステンションの設定」を参照ください)。なお、エクステンションを適用した後も3Dボックスとして編集することができます。

3Dボックスをパスにして編集する

3Dボックスに通常の編集が必要な場合にはパスに変換します。矩形／円弧／星形／らせんなどのほかのオブジェクトでも同様ですが、3Dボックスはグループ化されていることと、表示されていない面があることに注意します。

サンプルファイル 01-16.svg

3Dボックスを6つの矩形パスに変換する

矩形変換しても、グループ化されているので、グループ解除もしてみます。

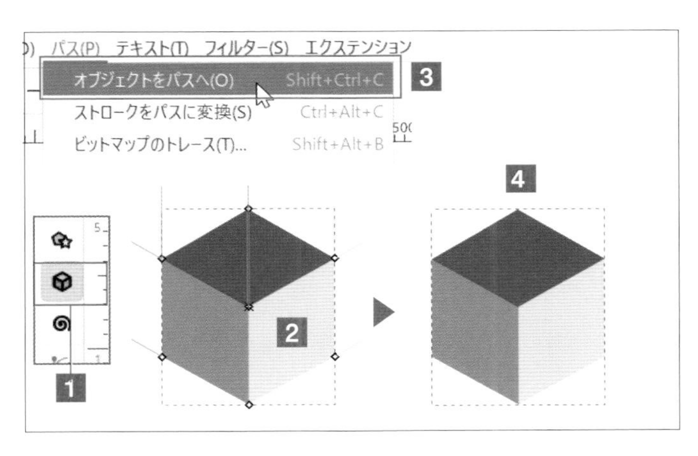

1 3Dボックスをパスに変換する

3Dボックスツール1または選択ツールで変換させたい3Dボックスをクリックして選択し2、［パス］メニュー→［オブジェクトをパスへ］を選びます3。3Dボックスツールで選択していた場合はハンドルが消えることで変換されたことがわかります4。

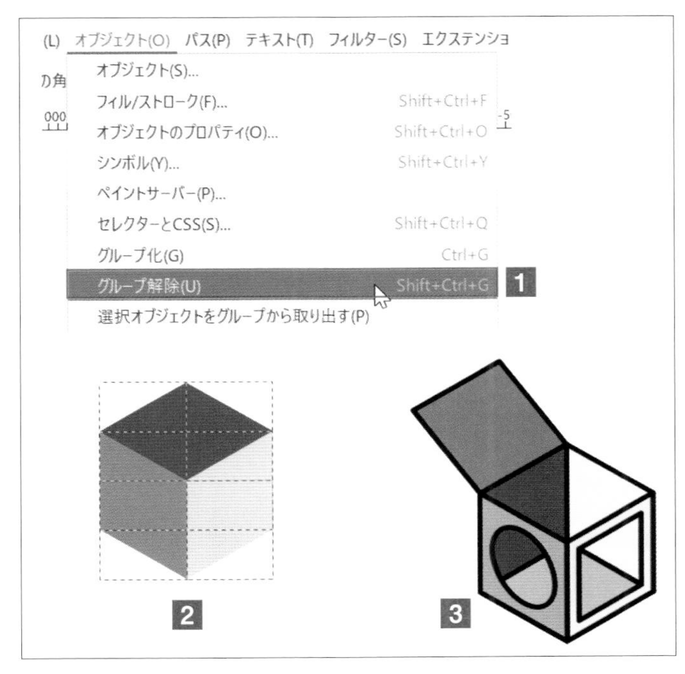

2 グループ解除して編集する

パスに変換されたボックスを選択したままで、［オブジェクト］メニュー→［グループ解除］を選びます1。複数の面が選択されていることを示す破線が表示されます2。見えている3面だけでなく、隠れている3面も選択されています。この状態であれば自由に面を移動させたり、加工することができます3。ドラッグで動きがぎこちないようであればスナップ設定を確認し、グリッドなどの不要なスナップは解除して作業します。

螺旋を作成する

螺旋は、らせんツールで作成します。ドラッグで作成した後、内側と外側のハンドルとキー操作で回転数を変更します。数値入力もできます。

回転数を変更する

デフォルトのカラー／ストロークの設定はオブジェクト共通です。また Ctrl キーで角度が抑制されるのも、ほかのオブジェクトと同じです。

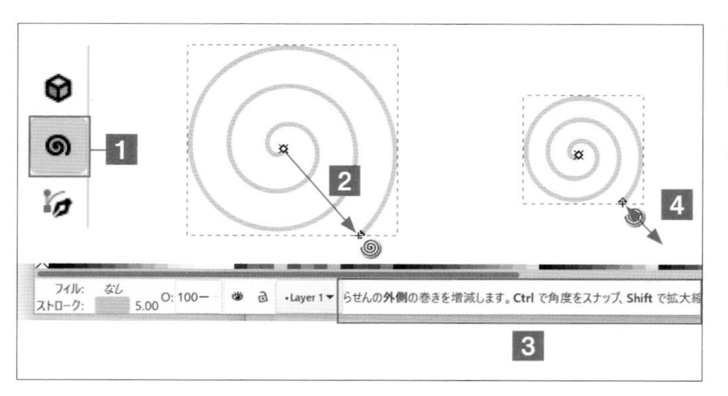

1 螺旋を描く

らせんツールを選び1、ドラッグして螺旋を描きます2。螺旋の両端のハンドルにカーソルを重ねると、ステータスバーにキー操作などが表示されるので参考にしてください3。Shift キーを押しながら外側のハンドルをドラッグすると、全体の拡大縮小ができます4。

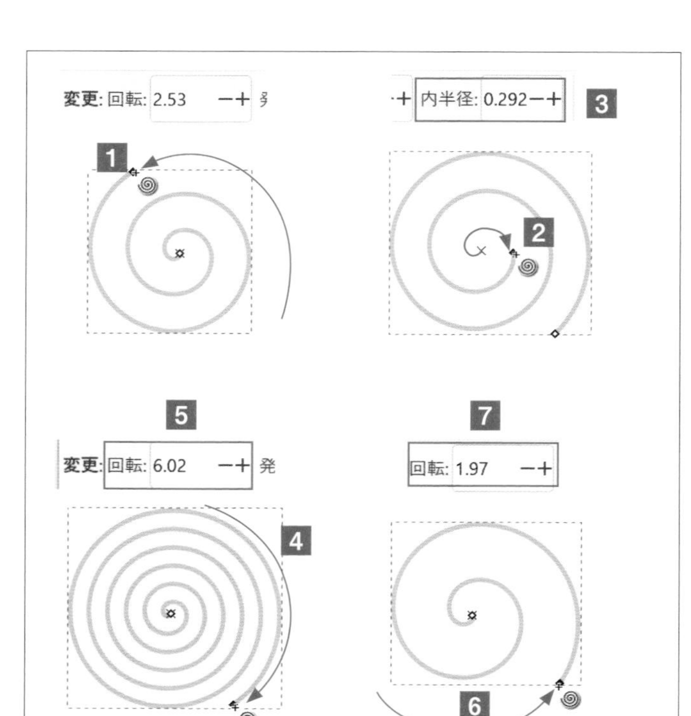

2 ドラッグで回転数／内半径を変える

螺旋の両端のハンドルをドラッグすると、線を短くしたり、延ばしたりするように回転数を変更できます1。内側のハンドルを動かすと2、「内半径」（全体の半径／内側の半径）が変わり、ツールコントロールバーにも反映されます3。Alt キーを押しながら外側のハンドルを線を延ばすようにドラッグすると4、螺旋の全体のサイズを変えずに回転数が増えます5。逆に線を縮めるようにドラッグすると6、回転数が減ります7。

螺旋を編集する

線と線の間隔が徐々に広くなる(または狭くなる)螺旋にするには、「発散」の値を変更します。また、反対方向に変更するには、オブジェクトを反転させます。

サンプルファイル 01-18.svg

巻き方の変更

螺旋の回転密度を変更するには、Alt キーで内側のハンドルをドラッグして「発散」の値を変更します。回転方向を逆にするには、オブジェクトを反転させます。

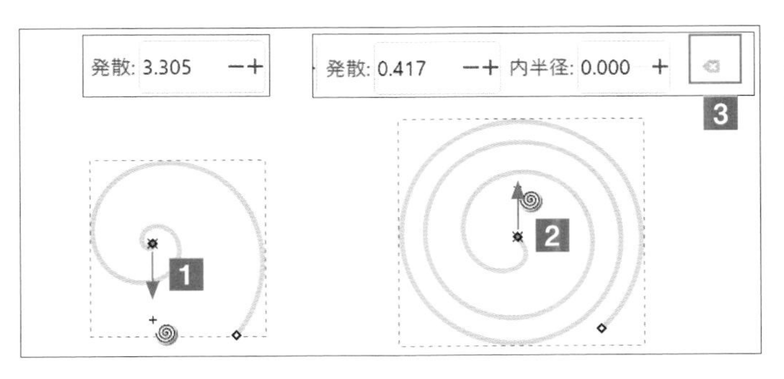

発散を変更して回転密度を変更

Alt キーを押しながら内側のハンドルをドラッグすると、線の回転密度が変わります（「1」で等間隔となります）12。意図しない変形をした場合は、ツールコントロールバーのリセットボタンをクリックするとデフォルトに戻ります3。

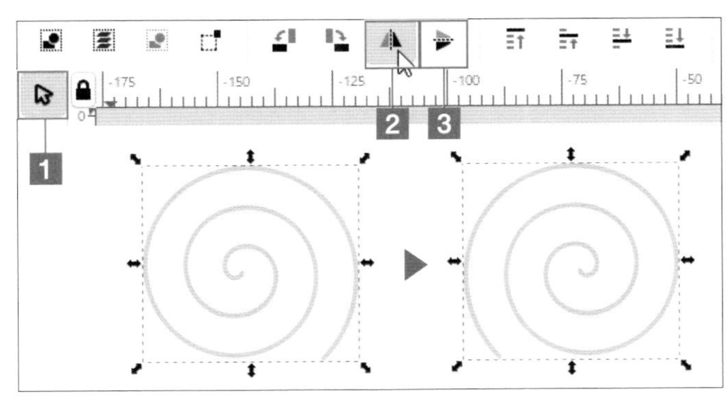

回転方向の反転

選択ツール1で螺旋をクリックし、ツールコントロールバーで［選択オブジェクトを水平方向に反転］2、または［選択オブジェクトを垂直方向に反転］3を選んで反転させます。

POINT

らせんにフィル（塗り）を適用する場合には、［フィル / ストローク］ダイアログの［フィル］の［サブパスの方向が逆向きでない限りフィルが塗られる］で交差部分を塗る設定に変更できます。

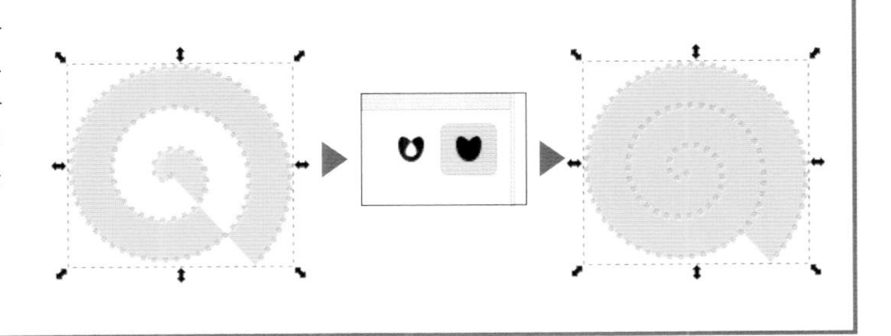

領域内を塗りつぶしたオブジェクトを作成する

バケツツールを使うと、オブジェクトの線で囲まれた部分に新しいオブジェクトを作成できます。Ctrl キーを使うと、オブジェクトのカラーを塗り潰すツールとしても機能します。

サンプルファイル 01-19.svg

▶ バケツツールでオブジェクトを作成／塗りつぶし

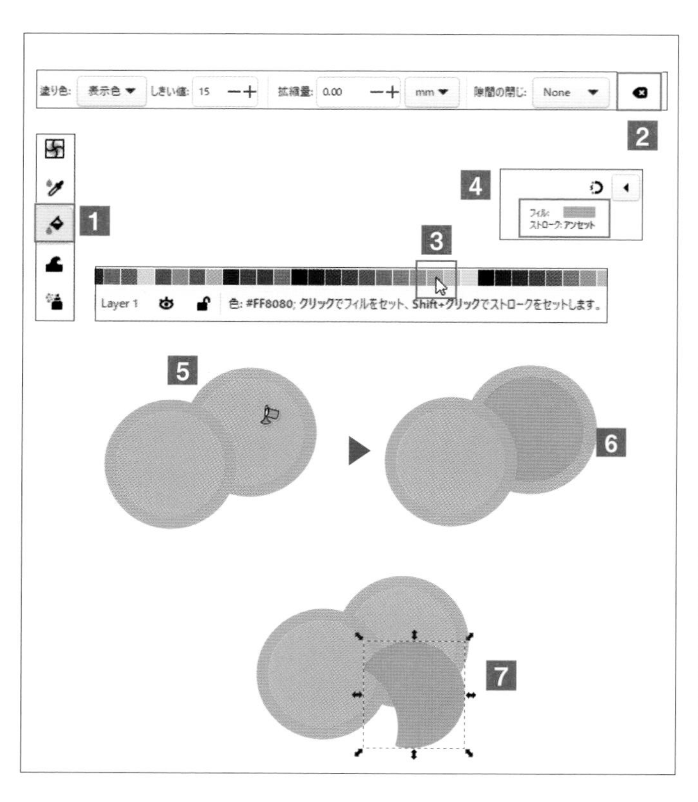

領域内をクリックして作成

バケツツールを選択します1。ツールコントロールバーで⊗をクリックして設定を初期値に戻します2。カラーパレットで、作成するオブジェクトの［フィル］や［ストローク］の色や線幅を設定します（P.064の「作成前に色を設定する」を参照ください）3。画面右上に、設定されているカラーが表示されるので確認してください4。オブジェクトのパスで閉じられている領域内をクリックすると5、指定したカラーで塗られた領域の形状のオブジェクトが作成されます6。選択ツールで移動すると、クリックしたオブジェクトのカラーが変わったのではなく、新しいオブジェクトができていることがわかります7。

POINT

作成した直後に Shift キーを押しながらほかの領域をクリックすると、結合したひとつのパスオブジェクトとして作成できます。

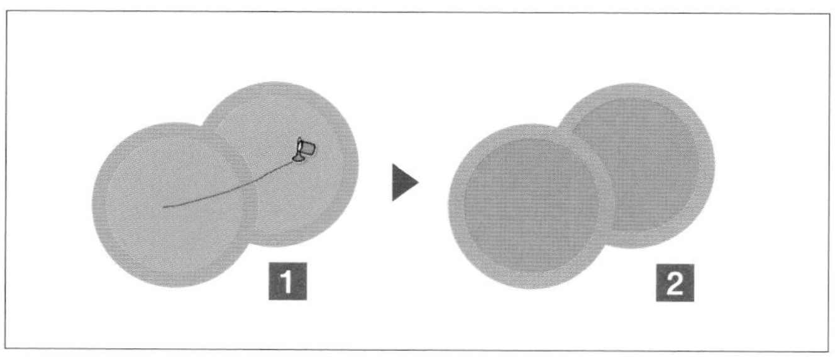

Alt ＋ドラッグで複数領域から作成

Alt キーを押しながらドラッグすると1、複数の領域から新しいオブジェクトを作成できます2。オブジェクトは、結合したパスとして、ひとつのパスオブジェクトとして扱えます。

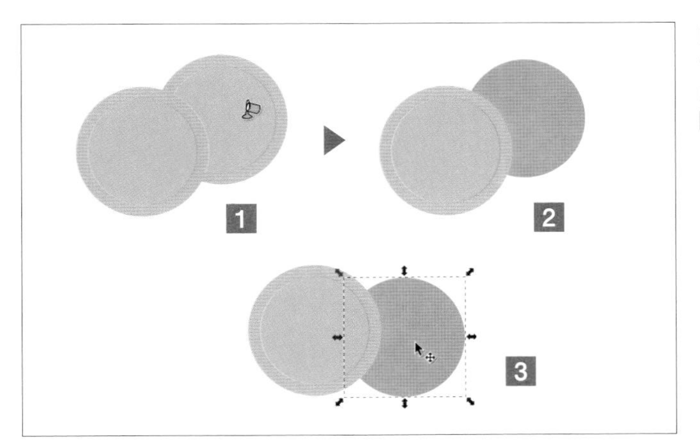

Ctrl＋クリックで塗りつぶし

Ctrl キーを押しながらクリックすると1、オブジェクトのカラーの塗りつぶしとなります2。オブジェクトを移動すると、新しいオブジェクトが作成されずに、クリックしたオブジェクトのカラーが変わっていることがわかります3。

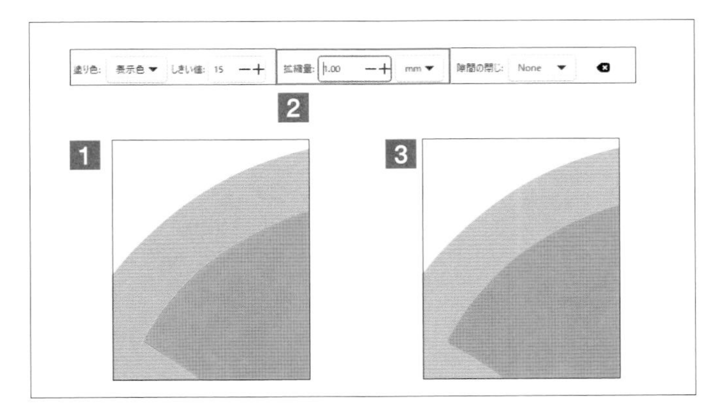

[拡縮量] で塗り幅の変更

初期設定で新しいオブジェクトを作成すると境界部分に隙間ができることがあります1。ツールコントロールバーの［拡縮量］の設定で、塗りつぶす範囲を広げたり狭めたりできます2。単位を指定して、数値指定してください。プラス値で広がり、マイナス値で狭くなります。「1.00mm」の設定で作成した結果です3。

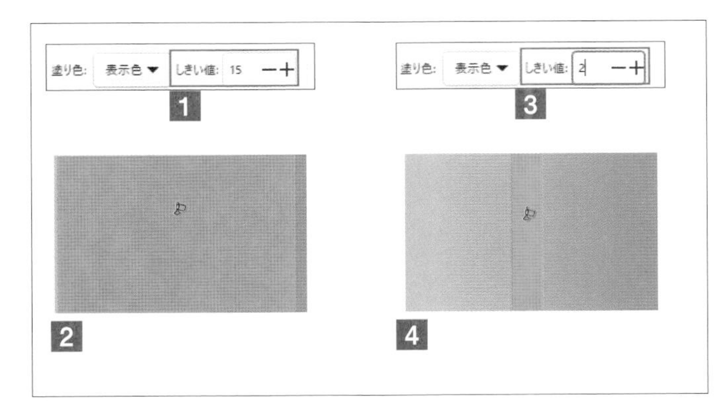

[しきい値] で作成範囲を調節

［しきい値］は、クリックした箇所からオブジェクトを作成する色の範囲を決める設定です。値が大きいと広く12、値が小さいと狭い範囲から作成されます34。

POINT

［塗り色］は、作成する基準を設定します。「赤」を選択すると、クリックした箇所に RGB の「R」チャンネルを元に［しきい値］の範囲で作成されます。

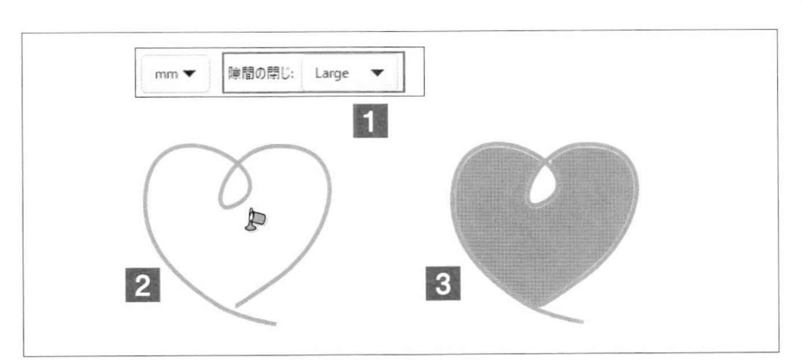

[隙間の閉じ] で閉じていない領域からオブジェクトを作成

［隙間の閉じ］に「None」以外を選択すると、閉じていない領域からオブジェクトを作成できます。隙間の大きさを選択し（ここでは「Large」）1、閉じていない領域をクリックすると2、オブジェクトが作成されます3。

20 オブジェクトをつなぐ線を作成する

コネクターツールを使うと、オブジェクトとオブジェクトをつなぐ線を作成できます。通常の線のオブジェクトと異なり、オブジェクトを移動すると連動して線が移動します。フローチャートなどの作成に便利なツールです。

サンプルファイル 01-20.svg

コネクターツールで線を作成

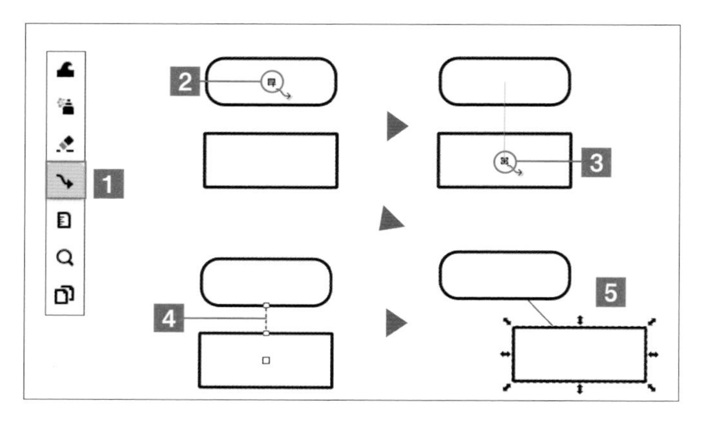

オブジェクトとオブジェクトを結ぶ基本操作

コネクターツールを選択します1。オブジェクトの中心にカーソルを移動すると赤く表示されるのでクリックします2。同様に、接続先のオブジェクトの中心にカーソルを移動し赤く表示されたらクリックします3。ふたつのオブジェクトが接続されて、オブジェクトの外側に接続線が表示されます4。オブジェクトを移動すると、線も連動して移動します5。

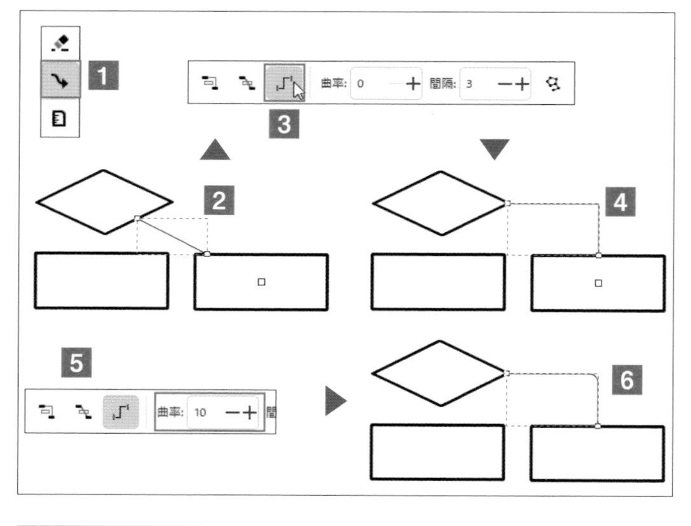

線の接続形式の変更

線の接続形式を変更できます。コネクターツールを選択し1、作成した線をクリックして選択します2。ツールコントロールバーの「」をクリックすると3、直線から角のある線に変わります4。[曲率]の値を変更（ここでは「10」）すると5、角を丸めることができます6。再度、ツールコントロールバーの「」をクリックすると、元の直線の接続に戻ります。

POINT

コネクターツールで作成した線に矢印を付けるには、[フィル / ストローク]ダイアログの[ストロークのスタイル]タブで、マーカーを適用してください。その際矢印部分がオブジェクトに食い込む場合は、[オフセット X]の値を調整してください。

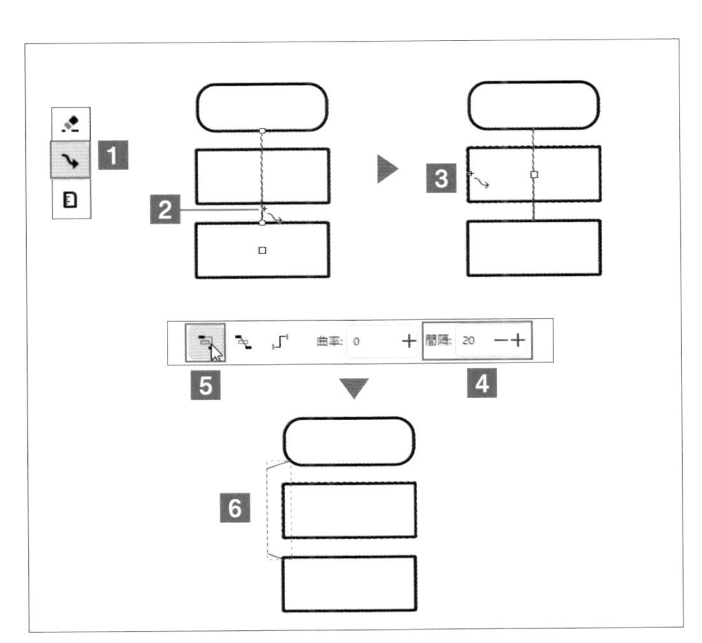

オブジェクトを迂回する線に

接続した線が、ほかのオブジェクトと重なる場合、オブジェクトを迂回するように設定できます。コネクターツールを選択し1、作成した線をクリックして選択します2。Shift キーを押しながら迂回するオブジェクトをクリックして選択します3。ツールコントロールバーの[間隔]で、線とオブジェクトの間隔を設定し(ここでは「20」)4、をクリックすると5、線がオブジェクトを迂回します6。元に戻すにはをクリックしてください。

POINT

[曲率]の値を変更すると、迂回した線の角を丸められます。

コネクターの自動配置

ツールコントロールバーのを使うと、コネクターツールでつないだオブジェクトを最適な位置に再配置できます。

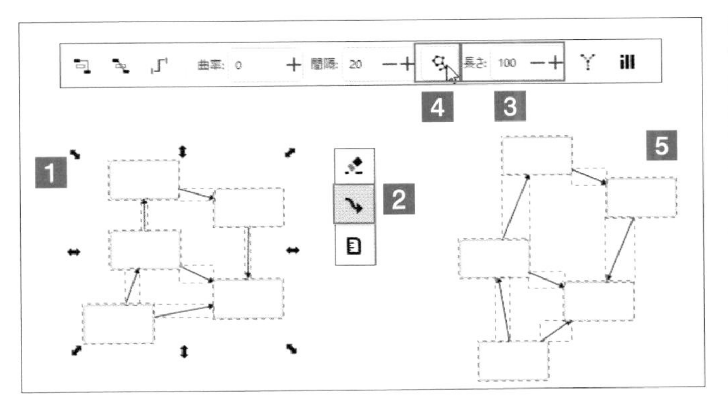

コネクターの再配置

選択ツールで再配置するオブジェクトと線を選択し1、コネクターツールを選択ます2。ツールコントロールバーの[長さ]で再配置の基準となる線の長さを設定し(ここでは「100」)3、をクリックすると4、最適な位置に再配置されます5。

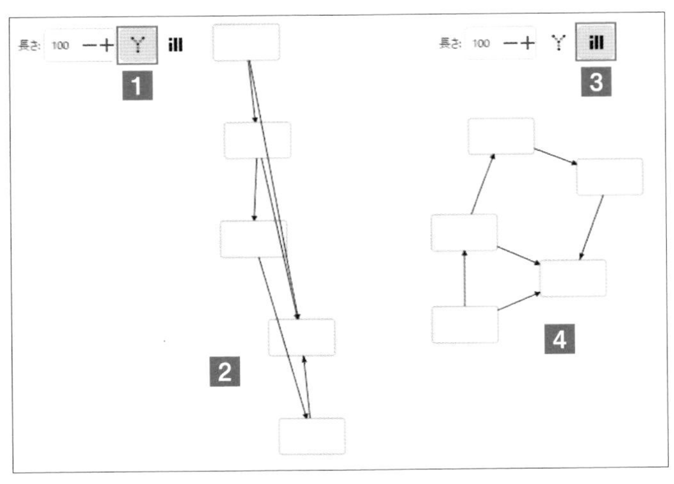

オプションの使用

オプションとして、を選択して再配置すると1、オブジェクトが矢印の下側になるように再配置されます2。を選択して再配置すると3、オブジェクトが矢印の下側になるように再配置されます4。

クリックで点(円)を作成する

ペンツールは、主に曲線を作成するのに利用するツールですが、クリックして点を打つように円形オブジェクトを作成できます。

ペンツールを設定する

ペンツールのスタイルと倍率に従ってフィルだけの小さな円（点）が作成されます。簡単に点が打てるので、覚えておくと便利です。

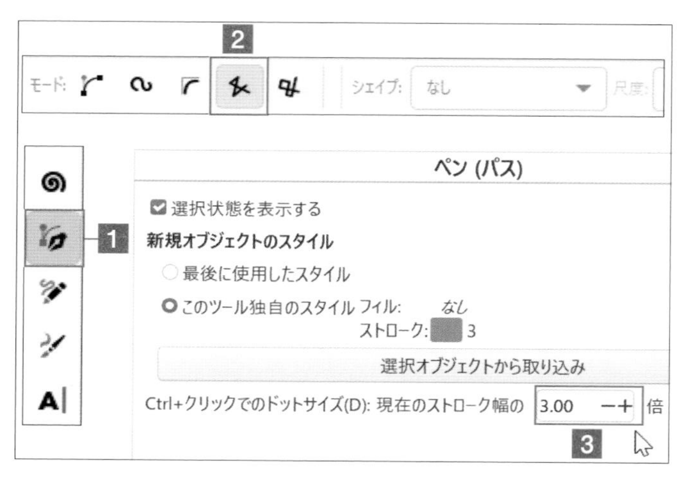

1 ペンツールを直線モードに設定する

ペンツールを選び1、ツールコントロールバーで「連続する直線セグメントを作成」をオンにします2。点の大きさを設定するには、ペンツールのアイコンをダブルクリックして［環境設定］ダイアログを表示し、スタイルとドットの倍率を指定します3。スタイルのストローク幅が「3」、Ctrl ＋クリックでのドットサイズが「3 倍」であれば、作成される円のサイズは「9」となります（作成前のカラーの設定についてはP.064 の「作成前に色を設定する」を参照ください）。

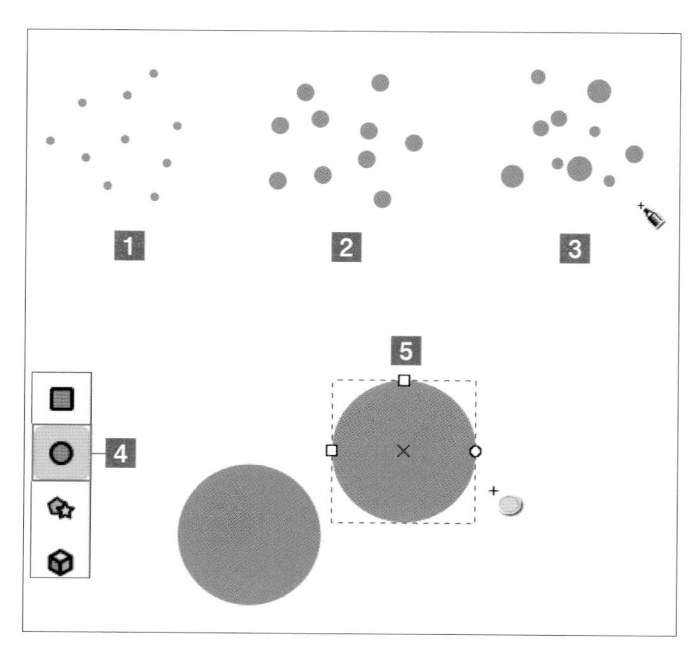

2 キー操作で点を作成する

Ctrl キーを押しながらキャンバス上でクリックします。左の例では太さ 3px のストローク幅の 3 倍のサイズです。何度かクリックすると、常に同じ大きさであることが確認できます1。Ctrl ＋ Shift キーを押しながらクリックすると、2 倍のサイズの点が作成されます2。Ctrl ＋ Alt ＋ Shift キーを押しながらクリックすると、ランダムなサイズの点が作成されます3。作成した点を拡大表示させて円／弧ツールを選択すると4、オブジェクトの円が作成されていることが確認できます5。円として編集もできます。

辺や角度の数値から三角形を作成する

エクステンションの「三角形」を使うと、数値指定して三角形を作成できます。底辺がc、右辺がa、左辺がbです。作成後は自由に拡大縮小／回転ができます。

エクステンションの「三角形」を使う

ダイアログで、辺の長さを指定します。単位は px です。

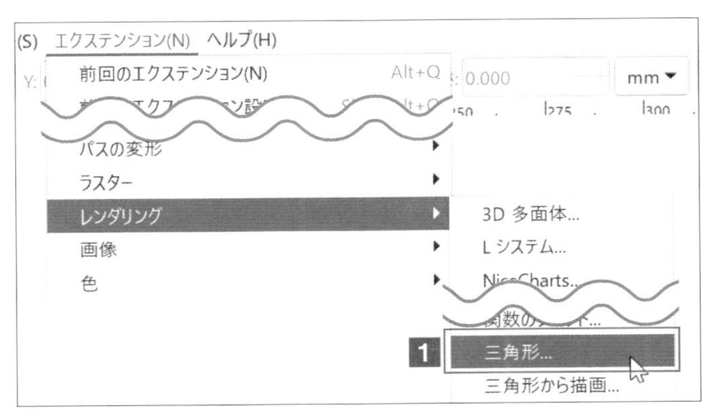

1 なにもない状態から開始する

[エクステンション] メニュー→ [レンダリング] → [三角形] を選びます1。

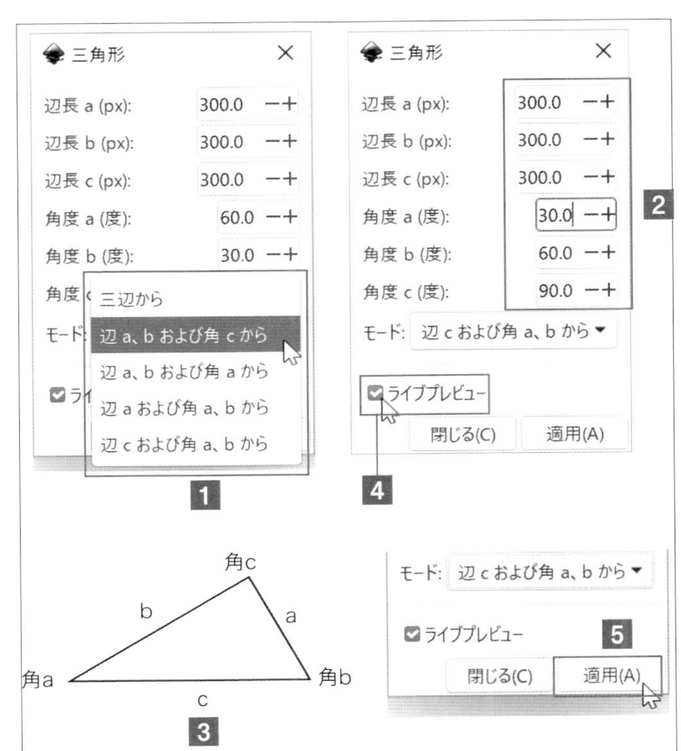

2 三角形のモードを選択する

[三角形]ダイアログが表示されたら[モード] のプルダウンメニューで必要なモードを選択し1、必要な辺の長さや角度を入力します2（選択したモードと関係ない辺と角度に入力しても無視されます）。辺と角の a、b、c は、左下の図のように設定されています3。[ライブプレビュー] にチェックを入れると4、画面中央に三角形が描画されます。三角形にならない数値を入力すると、アラートが出てプレビューできません。[適用] をクリックしてプレビューを確定します5。確定しないとプレビューも消えるので注意しましょう。最後に「閉じる」を選択して終了です。

23 三角形を元に平面図形を作成する

前ページで作成した三角形だけでなく、多角形ツールやペンツールなどで作成した三角形を元に、エクステンションでほかの図形を作図できます。

「三角形から描画」の使用

同時に複数の図形にチェックを入れて描画できます。

三角形から作図

選択ツールで三角形を選択し1、[エクステンション] メニュー→ [レンダリング] → [三角形から描画] を選びます。[三角形から描画] ダイアログで作成する図形にチェックを入れ(ここでは「外接円」)2、[ライブプレビュー] をオンにして3、結果を確認します4。よければ[適用]をクリックし5、ウィンドウを閉じます6。作成された図は、円は円オブジェクト、直線はパスになっていて、自由に編集できます7。さまざまな図形が三角形を元に作成できるので、試してみてください。

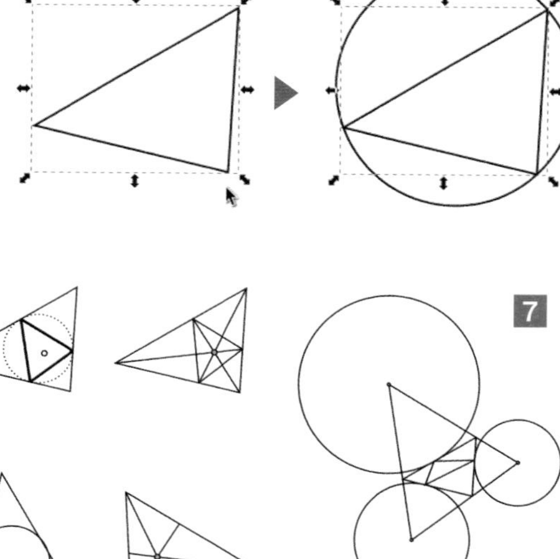

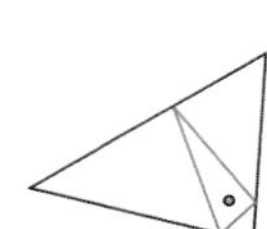
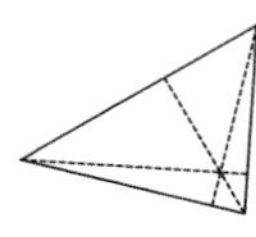
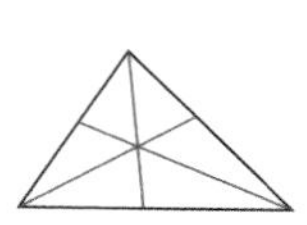
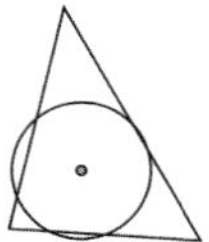
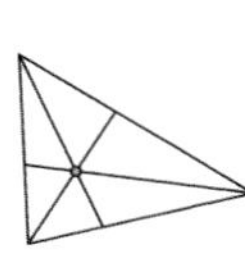

CHAPTER

02

THE PERFECT GUIDE FOR INKSCAPE

[オブジェクトの編集]

オブジェクトをドラッグで移動する

選択したオブジェクトや領域をドラッグで移動できます。Shift キーや Alt キーなどの機能キーをドラッグ時に併用すると、移動角度を制限できたり、スナップを無視するなどが可能です。使い方はステータスバーに表示されます。

サンプルファイル 02-01.svg

選択ツールでの移動と機能キー

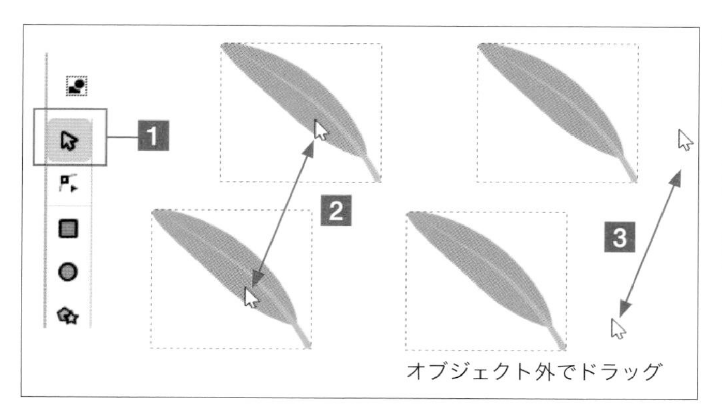

Alt キーでどこでもドラッグ可能

選択ツール1でオブジェクトをドラッグして自由に移動させることができます2。オブジェクトを選択し、Alt キーを押したままにすると、オブジェクトから離れたところでドラッグしても移動可能です3。これは、慣れるとかなり便利な機能です。

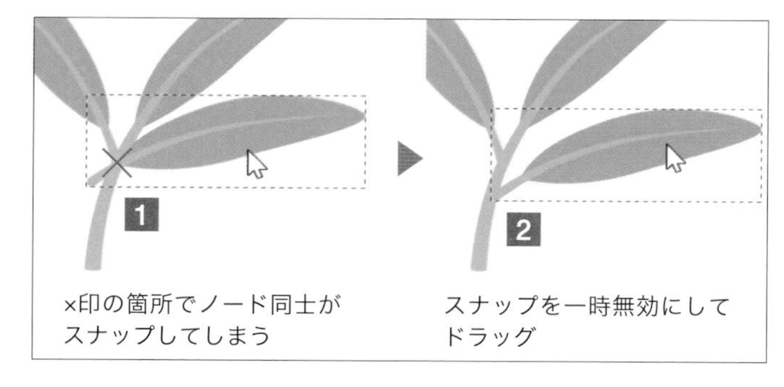

1
×印の箇所でノード同士がスナップしてしまう
2
スナップを一時無効にしてドラッグ

Shift キーでスナップを一時的に無効化

スナップ機能が有効で、オブジェクトをドラッグ中にひっかかるような動きをしたり、ほかのノードなどに引き寄せられてうまく配置できない場合は1、ドラッグ中に Shift キーを押して一時的にスナップを無効にできます2。

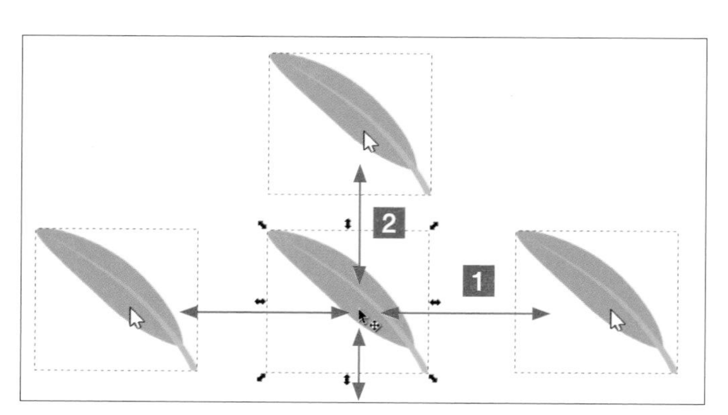

Ctrl キーで角度を制御

Ctrl キーを押しながらドラッグすると、水平1／垂直軸に沿って移動させることができます2。

02 オブジェクトを矢印キーで移動する

選択したオブジェクトは、矢印キーを押して矢印方向に移動できます。矢印キーで移動する距離は、環境設定で変更できます。

サンプルファイル 02-02.svg

矢印キーを使った移動と機能キーの組み合わせ

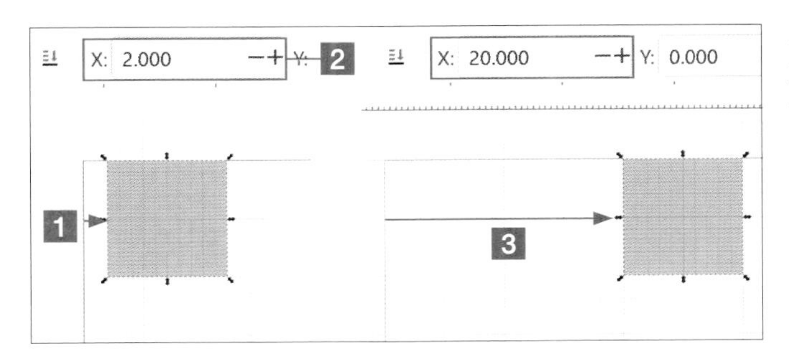

矢印キー+Shiftキーで移動距離を10倍に

オブジェクトを選択して矢印キーを押すと、デフォルトでは2px移動します1。移動した距離はツールコントロールバーのXまたはY座標で確認できます2。Shiftキーを押しながら矢印キーを押すと、10倍の距離（左の例では20px）を移動します3。

矢印キー+Altキーで見た目で1ピクセル移動

Altキーを押しながら矢印キーを押すと、1スクリーンピクセル（100%表示のとき1px）移動します1。移動距離は表示倍率に依存し、200%なら0.5px、50%なら2px移動します2。Shift+Alt+矢印キーでは10倍の距離（100%表示のとき10px）を移動します。

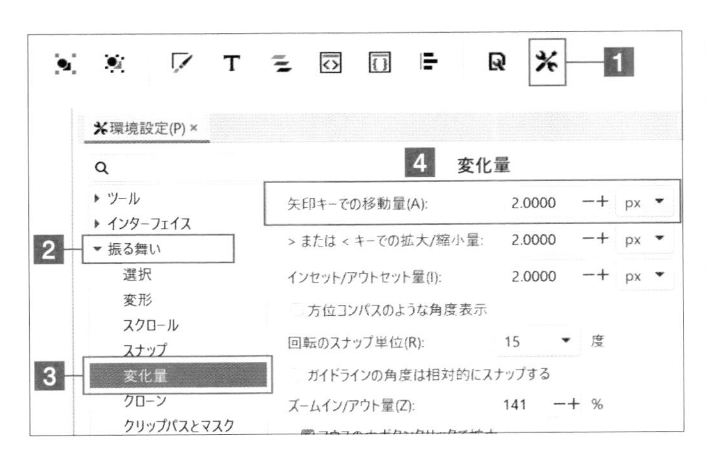

矢印キーでの移動距離の設定

矢印キーで移動する距離を変えるには、[編集] メニュー→ [環境設定] を選ぶか、またはコマンドバー右端のボタン[Inkscape全般の設定を編集] をクリックして1、[環境設定] ダイアログを表示させます。[振る舞い] 2を展開して [変化量] 3を選び、[矢印キーでの移動量] で単位を指定して数値を入力します4。

03 オブジェクトの座標値を入力して移動する

ツールコントロールバーで座標に直接数値を入力すると、その座標値にオブジェクトが移動します。バージョン1.0以降、原点はキャンバス左上端がデフォルトですが、バージョン1.0より前のInkscapeのように左下端に設定することもできます。

サンプルファイル 02-03A.svg(左上基準)、02-03B.svg(左下基準)

オブジェクトの基準点の変更

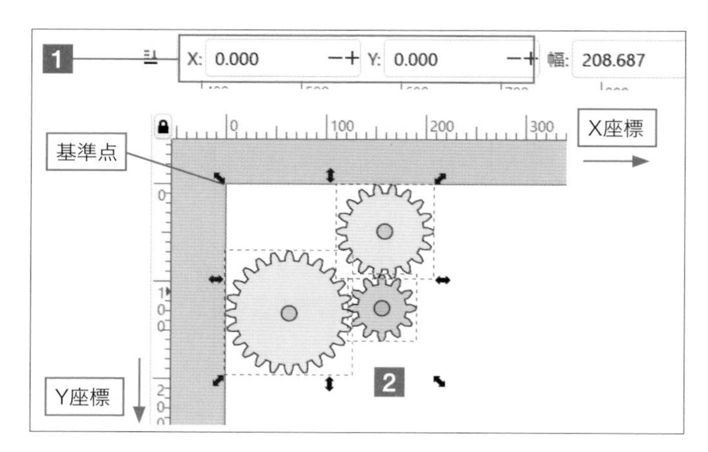

座標入力と移動

キャンバス左上端を原点として、左右がX座標、上下がY座標です。画面上端と左端のルーラー（定規）でも大まかな値を確認できます。オブジェクトを選択し、ツールコントロールバーでXとYの座標を入力すると1、選択範囲の左上端がその座標になるように移動します（左の例では、「X:0」、「Y:0」）。オブジェクトを複数選択した場合も同じです2。

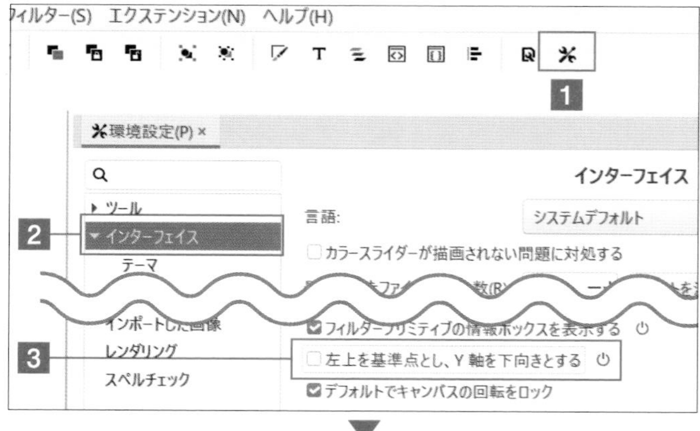

基準点を左下端にしたい場合

コマンドバー右端の環境設定アイコンをクリックして［環境設定］ダイアログを表示させ1、［インターフェイス］を選びます2。［左上を基準点とし、Y軸を下向きとする］をオフにして3、Inkscapeを再起動します。再起動後はキャンバス左下端が原点になります。再度ツールコントロールバーで座標を（「X:0」、「Y:0」）にしてみると4、オブジェクトの基準点が左下端になっていることがわかります。

04 オブジェクトを[変形]ダイアログで移動する

[変形]ダイアログの[移動]タブを使ってオブジェクトを移動できます。ツールコントロールバーでの数値入力との違いはふたつのオプションです。

サンプルファイル 02-04.svg

[相対移動]と[個別に適用]の使い方

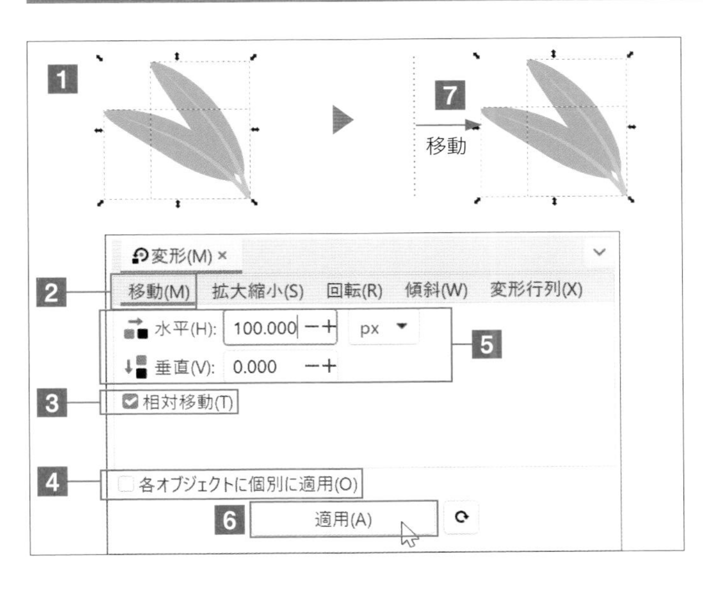

変形ダイアログで数値入力

オブジェクトを選択し1、[オブジェクト]メニュー→[変形]を選んで[変形]ダイアログを表示します。[移動]タブを選び2、移動距離だけを入力するために[相対移動]のチェックボックスをオン3、各オブジェクトに個別に適用]をオフにします4。移動する数値を入力して(ここでは[水平]に「100」)5、[適用]をクリックします6。オブジェクトが指定した数値分移動します7。

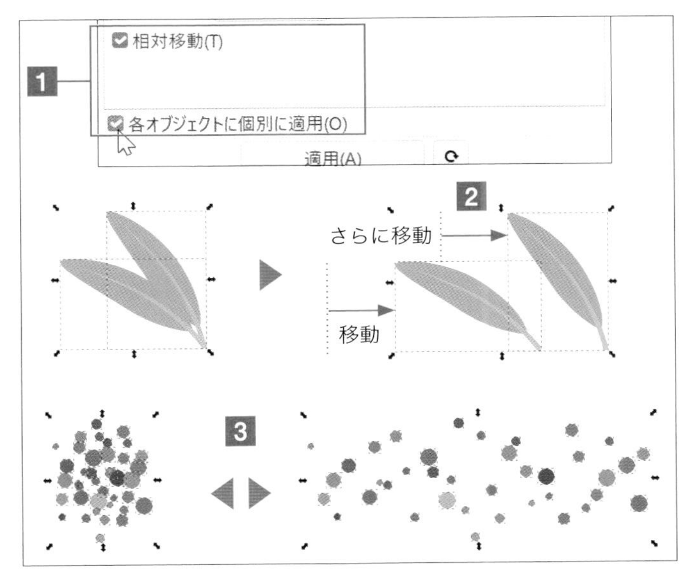

[相対移動]+[各オブジェクトに個別に適用]は拡散/凝集に便利

複数のオブジェクトを移動させる場合、[相対移動]と[各オブジェクトに個別に適用]の両方がオンになっていると1、移動した左側のオブジェクトに対する位置から、右側のオブジェクトがさらに指定距離を移動した結果になります2。通常の移動には向いていませんが、多数のオブジェクトを拡散/凝集させたい場合3などに便利です。

オブジェクトの重ね順をコントロールバーで変更する

オブジェクトの重ね順を変更するには、ツールコントロールバーの4つの重ね順のボタンを使います。よく使う場合はポップアップに表示されるショートカットキーを覚えてしまうとよいでしょう。

サンプルファイル 02-05.svg

ツールコントロールバーのボタンで重ね順を変更する

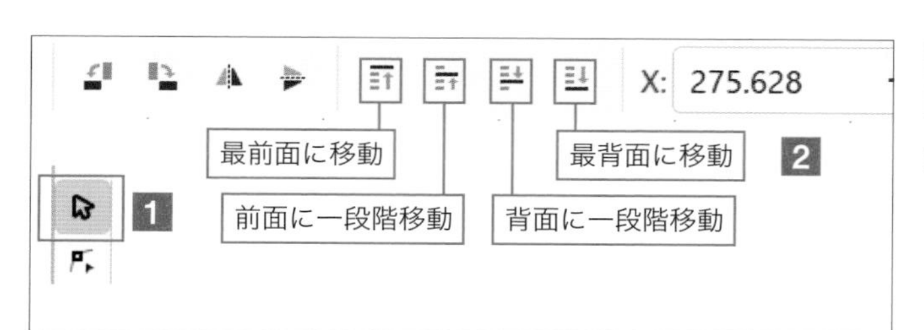

1 重ね順のアイコンを確認する

選択ツールを選択して1、ツールコントロールバーにある重ね順のボタンにカーソルを当てると2、説明が表示されます。

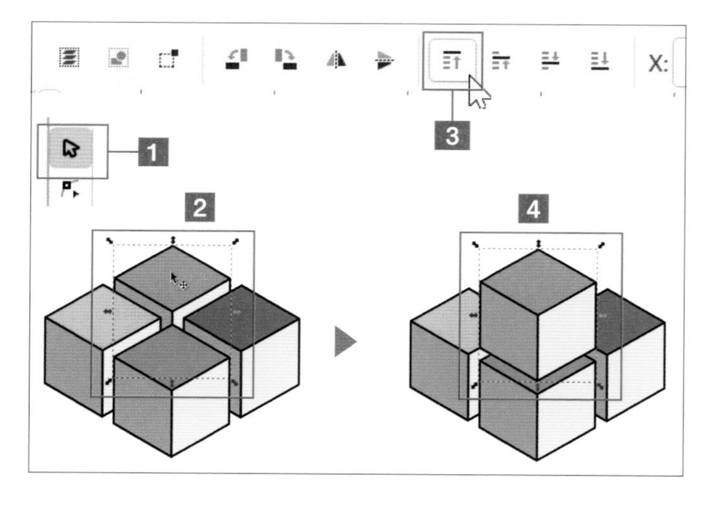

2 [最前面に移動]を使う

選択ツール1で背面にあるオブジェクトを選び2、[最前面に移動] をクリックします3。オブジェクトが最前面に移動します4。

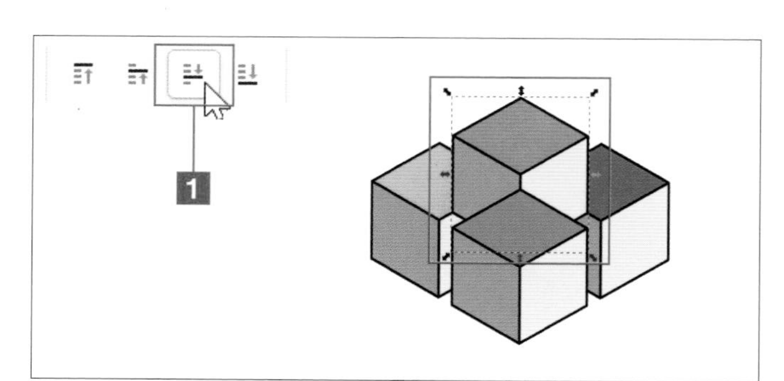

3 一段階ずつ背面に送る

最前面になったオブジェクトを選択したまま、[背面に一段階移動] を数回クリックしてみます1。ほかのオブジェクトとの重ね順がわかります。

オブジェクトの重ね順をダイアログで変更する

[レイヤーとオブジェクト]ダイアログを使って重ね順を変更できます。[レイヤーとオブジェクト]ダイアログはウインドウ下端の[現在のレイヤー]をクリックするか、メニューの[レイヤー]→[レイヤーとオブジェクト]を選ぶと表示されます。

サンプルファイル 02-06.svg

ダイアログで重ね順を利用する

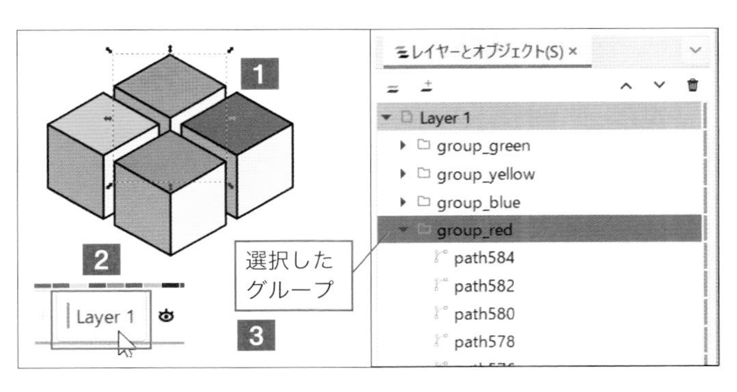

1 選択オブジェクトの重ね順を確認する

オブジェクトを選択して1、ステータスバーのレイヤー表示をクリックし2、[レイヤーとオブジェクト]ダイアログを確認します。選択した最背面のオブジェクトが一番下になっており3、最前面のオブジェクトまで重ね順通りに表示されています。

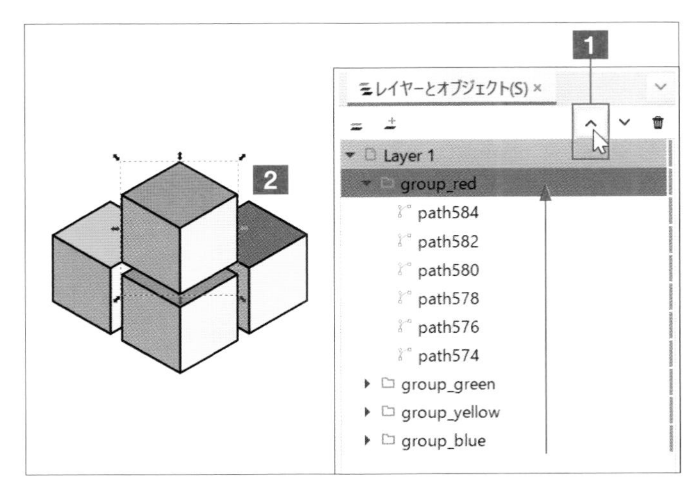

2 ダイアログのボタンで重ね順を変更する

ダイアログの右上にある[上へ移動]ボタンを数回クリックして1、上に移動させます。クリックするとダイアログと連動してキャンバス上のオブジェクトが前面に移動します2。なお、ボタンでの移動は同じ階層での移動となります。ここではLayer1直下のグループを選択しているので、同じ階層の「group_red」「group_green」「group_yellow」「group_blue」の順位だけが変わり、グループの中に入ったりはしません。

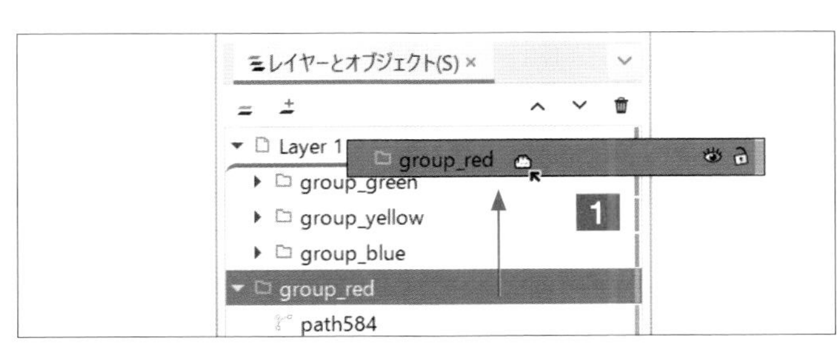

3 ドラッグで重ね順を変更する

ドラッグして一気に移動させることもできます1。移動先を示す緑のラインが下向きの⌐になるようにドラッグし、ドロップします。この方法は階層を超えるので、ほかのグループ内などに入らないよう注意してください。

ツールコントロールバーで回転／反転する

ツールコントロールバーにある回転／反転（フリップまたはミラー）のボタンを使用する方法です。よくビューアアプリで見かけるものと同様の機能です。

サンプルファイル 02-07.svg

[90°回転]と[反転]のボタンを使う

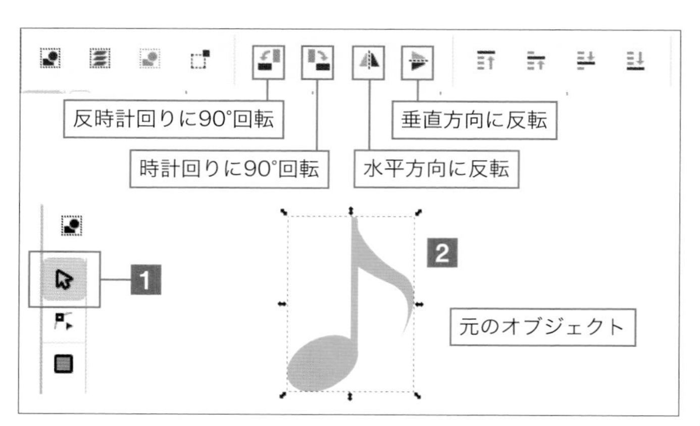

1 ボタンを使用する

選択ツール1でオブジェクトを選択し2、ツールコントロールバーにある４つの回転／反転のボタンを順にクリックしてみます。下に続く例では適用後に元に戻してからクリックしています。

CHECK

ドラッグや[変形]ダイアログの[回転] を使う方法もあります。

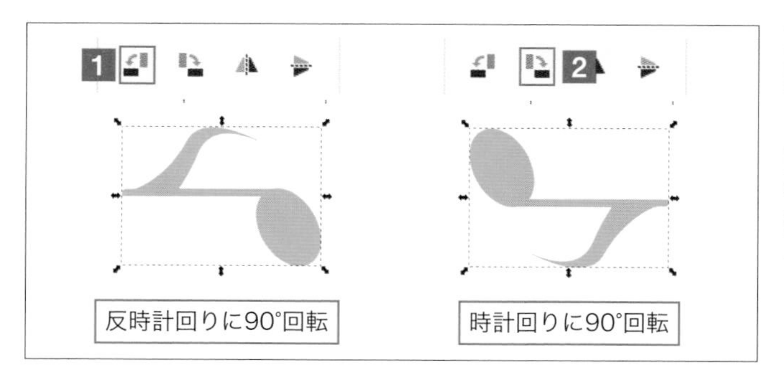

2 回転する

ツールコントロールバーの回転のボタン12をクリックするとオブジェクトが回転します。これ以外に、ドラッグや、[変形] ダイアログの [回転] を使う方法もあります。

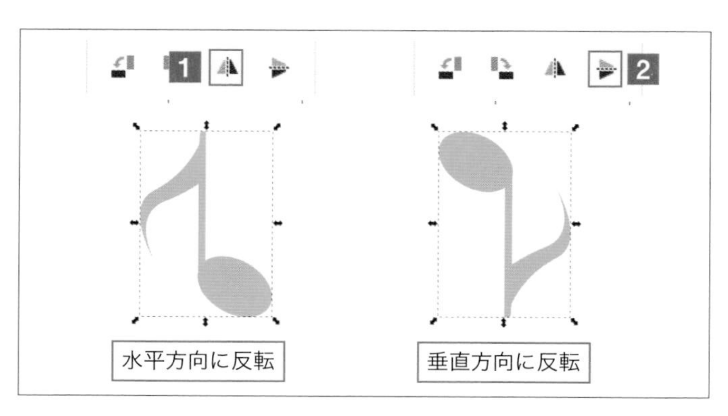

3 反転する

ツールコントロールバーの反転ボタン12をクリックするとオブジェクトが反転します。これ以外に、[オブジェクト] メニュー→ [水平に反転] または [垂直に反転] でも反転できます。ツールコントロールバーの [幅] と [高さ] や、[変形] ダイアログの [拡大縮小] で「-100%」を指定しても反転します。

オブジェクトをドラッグで回転する

選択ツールでオブジェクトを選択すると拡大／縮小のハンドルが表示されますが、その状態でもう1回クリックすると回転／傾斜のハンドルが表示され、ドラッグして回転できます。回転時に機能キーを使用して、角度を制限したり回転の中心を戻したりできます。

サンプルファイル 02-08.svg

ドラッグで回転する

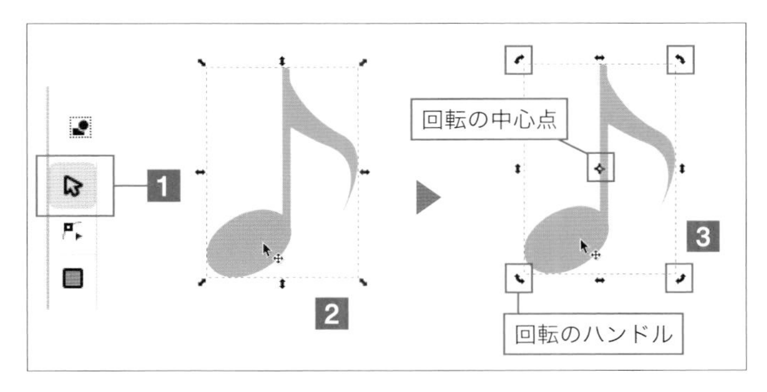

1 選択状態でクリックして回転モードにする

選択ツール1でオブジェクトを選択し2、もう一度クリックします3。回転／傾斜のハンドルと中心点が表示されます。

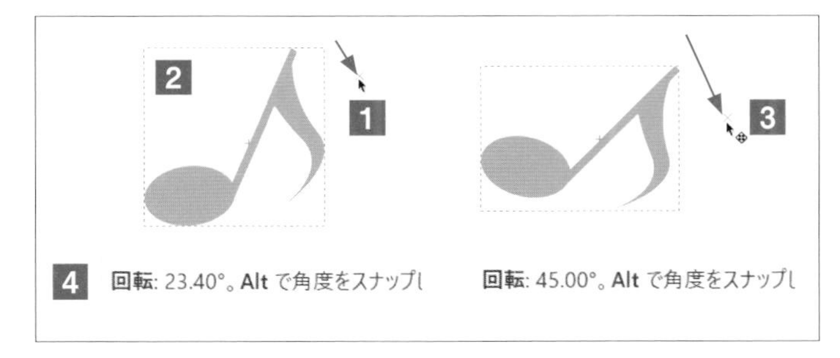

2 Alt キーで回転角度を制御する

ハンドルをドラッグすると1、オブジェクトが回転します2。Alt キーを押しながらドラッグすると3、角度が 15° 刻み（[環境設定] ダイアログで変更可能）になります。ステータスバーに回転角度が表示されます4。

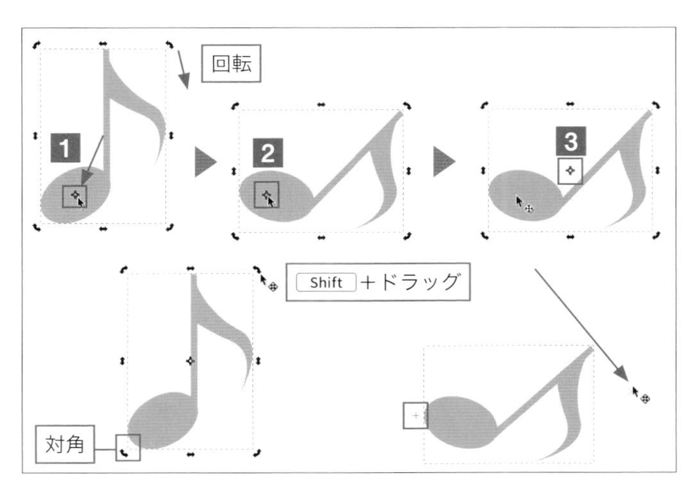

3 回転の中心の変更とリセットをする

回転の中心はドラッグで移動可能です1。移動させた中心点は、Shift キーを押しながら中心点をクリックすると2、再び選択枠の中心に移動します3。Shift キーを押しながらハンドルをドラッグすると、表示されていた中心点の位置に関係なく、ドラッグを開始した時点のハンドルの対角の位置が回転の中心になります。

オブジェクトを[変形]ダイアログで回転する

[変形]ダイアログを使用して回転する利点は、回転角度を数値入力できることと、[個別に適用]を利用できることです。ここではグループ化されていない複数のオブジェクトを回転して効果を確認してみます。

サンプルファイル 02-09.svg

[変形]ダイアログで回転する

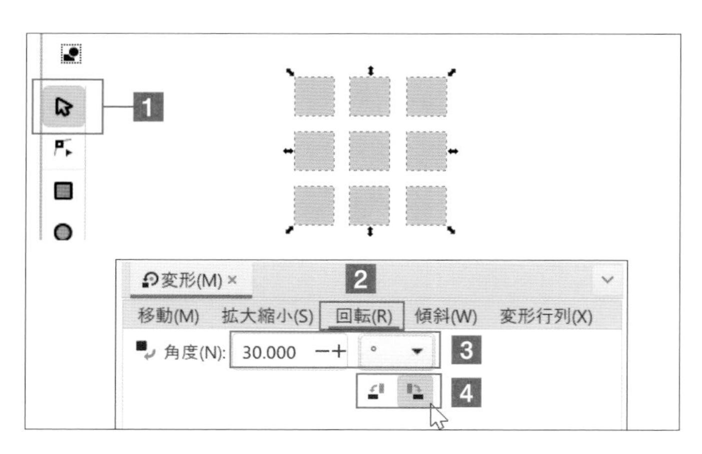

1 [変形]ダイアログの回転を使用する

選択ツール1で複数のオブジェクトを選択し、[オブジェクト] メニュー→ [変形] を選んで [変形] ダイアログを表示させます。[回転] タブを選び2、単位を選択して角度を入力し（ここでは「30」）3、[時計回り] または [反時計回り] を選びます4。

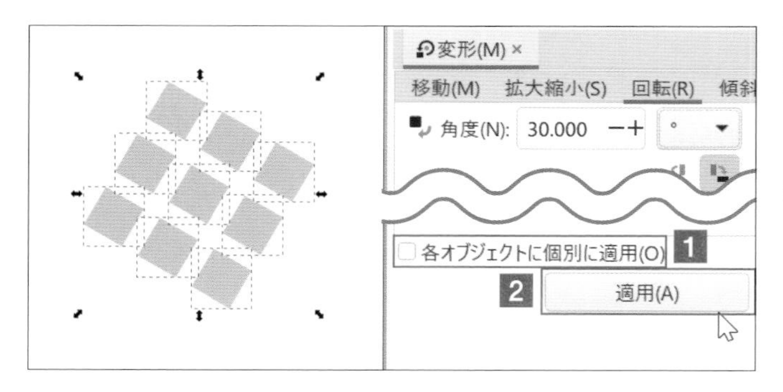

2 [個別に適用]をオフにして回転する

[各オブジェクトに個別に適用] をオフにして1、[適用] をクリックすると2、全体が元の配列を保ったまま回転します。

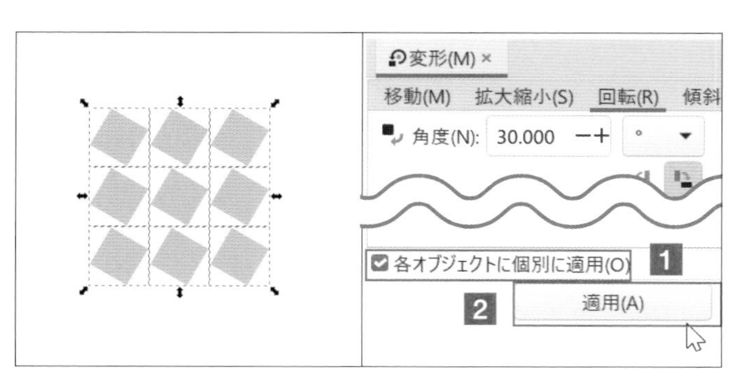

3 [個別に適用]をオンにして回転する

[各オブジェクトに個別に適用] をオンにして1、[適用] をクリックすると2、オブジェクトはそれぞれの位置で回転します。

10 オブジェクトを傾斜する

オブジェクトを2回クリックしたときの回転／傾斜モードでは、ドラッグ操作で結果を見ながら感覚的に傾斜することができます。ドラッグではなく[変形]ダイアログを使用する場合は、回転と同じく数値入力と[個別に適用]の効果が利点となります。

サンプルファイル 02-10.svg

オブジェクトの傾斜

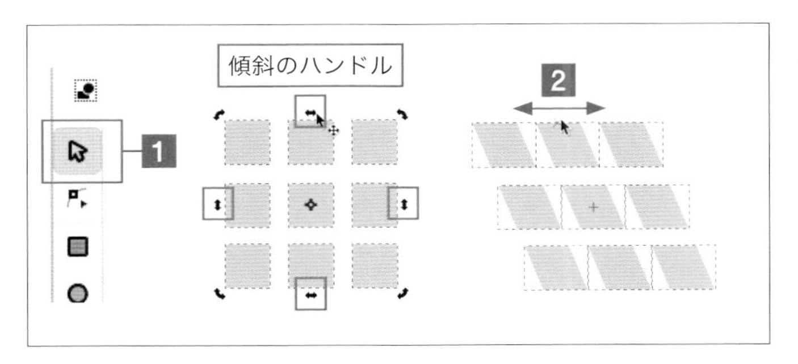

ドラッグで傾斜

選択ツール1でオブジェクトを選択し、もう1回クリックして回転／傾斜モードにします。選択領域の四辺の中央にある⇔のどれかをドラッグして2、傾斜させます。

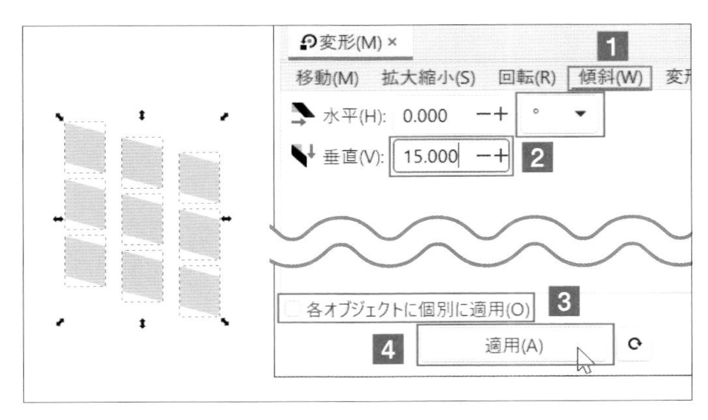

[変形] ダイアログで傾斜

[オブジェクト] メニュー→ [変形] を選んで[変形]ダイアログを表示させ、[傾斜]タブを選び1、単位を選択して角度を入力します（ここでは「15」）2。[各オブジェクトに個別に適用] をオフにして3、[適用]をクリックすると4、全体がドラッグと同じように傾斜します。

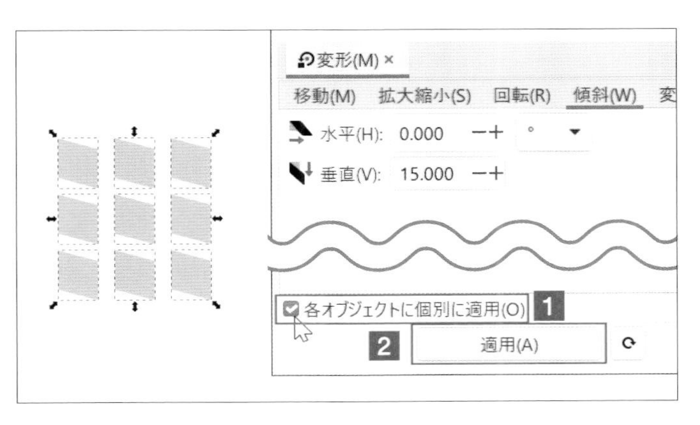

変形ダイアログの[個別に適用]を利用

[変形] ダイアログの [各オブジェクトに個別に適用] をオンにして1 [適用] をクリックすると2、オブジェクトはそれぞれの位置で傾斜します。

11 オブジェクトをロック／アンロックする

ロック／アンロックには、右クリックからのプルダウンメニュー、[レイヤーとオブジェクト]ダイアログで表示される鍵アイコンが使えます。複数のオブジェクトのアンロックには[オブジェクト]メニュー→[すべてのロックを解除]を選択する方法もあります。

サンプルファイル 02-11.svg

オブジェクトのロックとアンロック

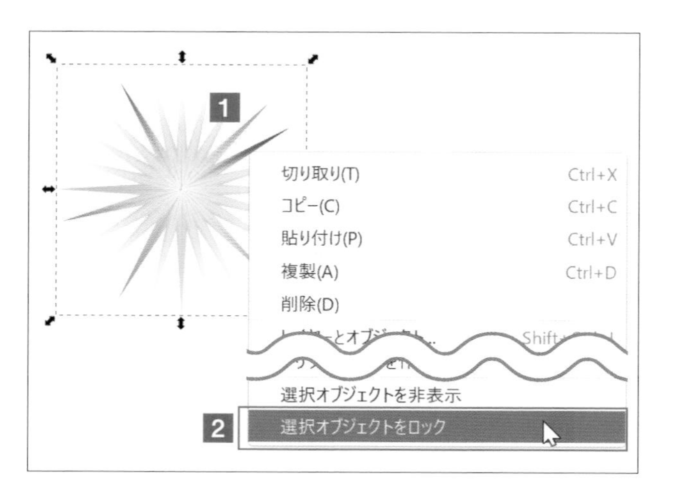

右クリックまたは[レイヤーとオブジェクト]ダイアログでロック

ロックしたいオブジェクトを右クリックし1、表示されたメニューから［選択オブジェクトをロック］を選びます2。［レイヤーとオブジェクト］ダイアログでオブジェクトにカーソルを合わせ、開いた鍵のマークをクリックしてもロックできます3。

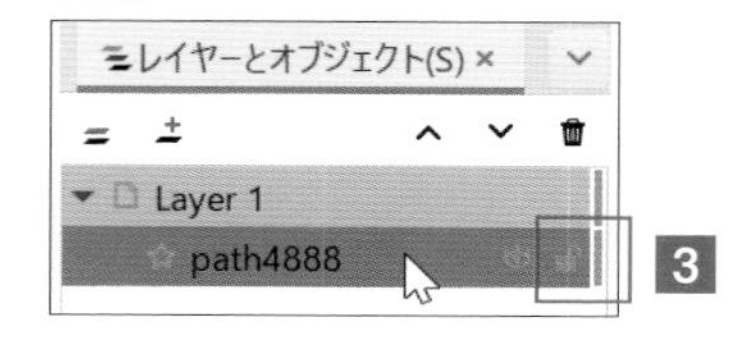

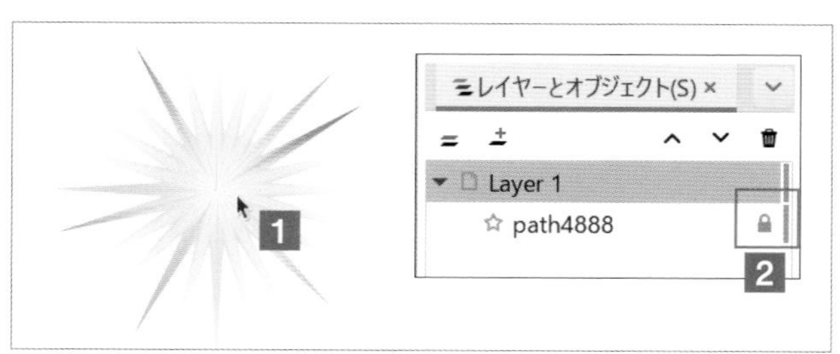

ロックされた状態の確認

ロックされたオブジェクトは選択ツールでクリックしても選択できなくなります1。［レイヤーとオブジェクト］ダイアログでは、ロックしたオブジェクトに閉じた鍵のマークが表示されます2。

アンロック

ロックされたオブジェクトの上で右クリックして1、［カーソルの下のオブジェクトをロック解除］を選びます2。［レイヤーとオブジェクト］ダイアログで閉じた鍵のマークをクリックしてもアンロックできます。また、［オブジェクト］メニュー→［すべてのロックを解除］を使うと、すべてのロックを解除できます。

オブジェクトの表示／非表示を切り替える

オブジェクトの表示／非表示には、右クリックからのプルダウンメニュー、[レイヤーとオブジェクト]ダイアログの目のアイコン、メニューコマンド[すべて表示]が使えます。右クリックで[カーソルの下のオブジェクトを表示]を選択してもできますが、非表示設定直後でないと使用は難しいです。

サンプルファイル 02-12.svg

オブジェクトの表示と非表示

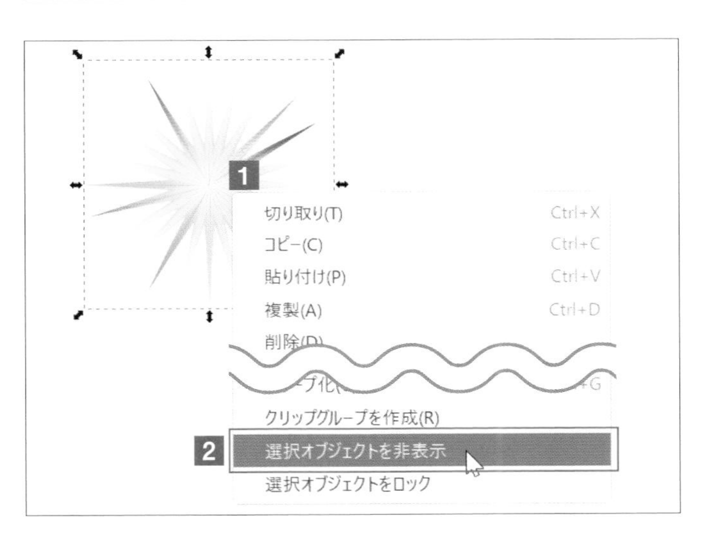

右クリックまたは[レイヤーとオブジェクト]ダイアログで非表示

非表示にしたいオブジェクトを右クリックし1、メニューから［選択オブジェクトを非表示］を選びます2。［レイヤーとオブジェクト］ダイアログでオブジェクトにカーソルを合わせ、開いた目のマークをクリックしても非表示にできます3。

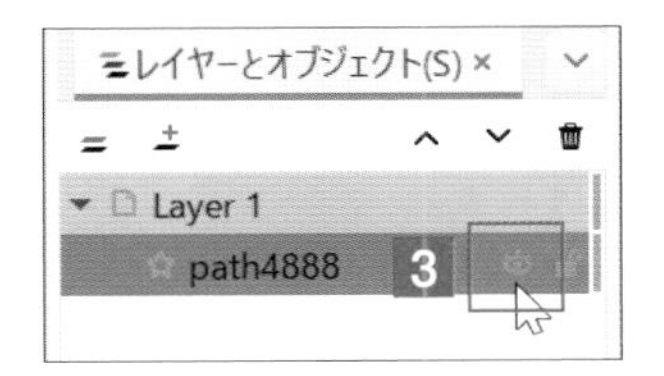

ダイアログでの非表示の確認と表示

［レイヤーとオブジェクト］ダイアログで閉じた目のマークがあれば1、非表示のオブジェクトがあることがわかります。閉じた目のマークをクリックすると開いた目のマークに変わり、オブジェクトが表示されます2。これだけで表示／非表示を切り替えることもできます。

メニューコマンドの利用

［オブジェクト］メニュー→［すべて表示］を選択すると1、非表示のオブジェクトはすべて表示されます。非表示オブジェクトが複数ある場合には便利です。

オブジェクトをドラッグで拡大／縮小する

オブジェクトを選択して角のハンドルをドラッグすると拡大縮小できます。辺上のハンドルをドラッグすると幅または高さだけを変更します。グループ化していて線幅の拡大縮小がうまくいかない場合は、いったんグループ解除するとよいでしょう。

サンプルファイル 02-13.svg

ドラッグでの拡大縮小と機能キーの使用

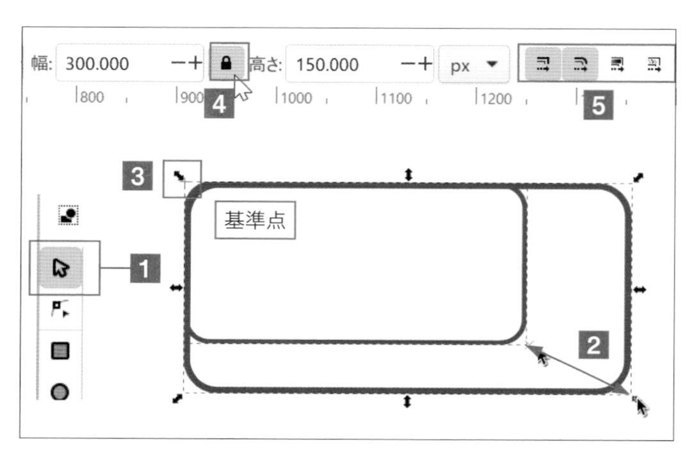

縦横比を保持して拡大縮小

選択ツール1でオブジェクトをクリックして選択し角のハンドルをドラッグすると2、拡大／縮小できます。その際 Ctrl キーを押しながらドラッグすると、縦横比を保持します。基準点はドラッグしたハンドルの対角となります3。ツールコントロールバーの［ロックをすると幅と高さの比率を維持して拡大縮小］をオンにしておくと4、Ctrl キーを押さなくても縦横比は保持されます。線幅／角丸／グラデーション／パターンも同時に拡大縮小するかどうかは、ツールコントロールバー右端のボタンで設定します5（P.065 を参照ください）。

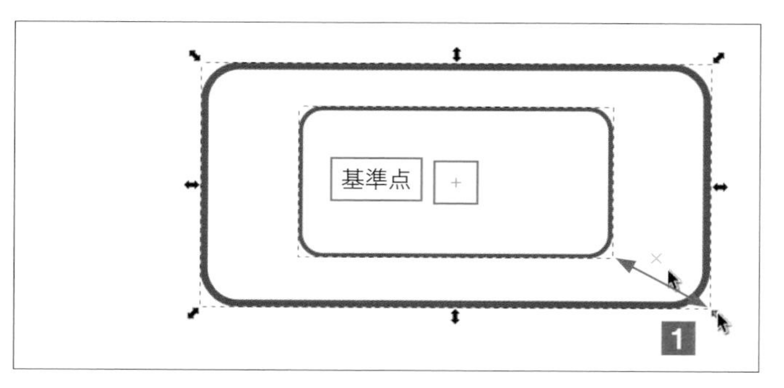

基準点を中央にして拡大縮小

Shift キーを押しながらドラッグすると1、基準点を中心にして拡大縮小できます。

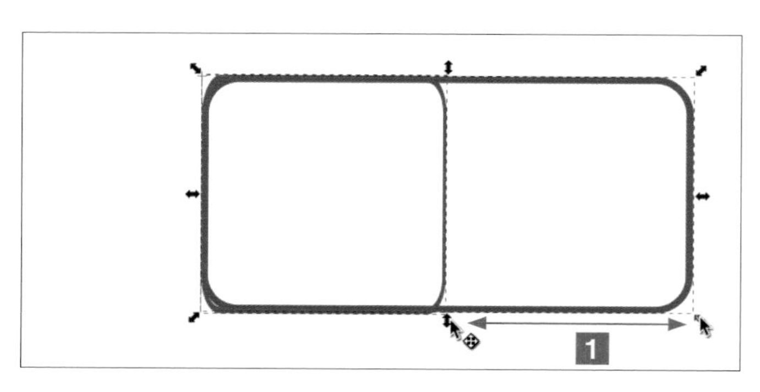

キリのよい倍率で拡大縮小

Alt キーを押しながらドラッグすると1、1/2 倍、2 倍など、キリのよい倍率で拡大縮小できます。

14 オブジェクトをツールコントロールバーで拡大／縮小する

シンプルにオブジェクトのサイズ欄の数値を変更するだけでなく、比率を入力したり、単純な演算をして拡大／縮小することもできます。

サンプルファイル 02-14.svg

比率入力と演算子の利用

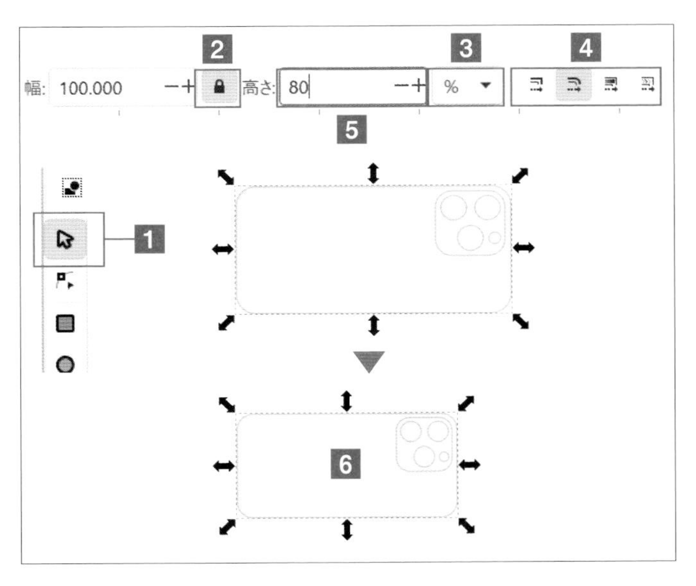

比率を入力して拡大縮小

選択ツール1でオブジェクトを選択します。縦横比を保持する場合はツールコントロールバーで縦横比のロックをオンにして2、単位に「%」を選びます3。線幅や角のオプションも必要に応じて設定しておきます4。左の例では角丸の変形だけがオンになっています。単位に%を選ぶと［幅］または［高さ］はデフォルトで「100」%になっているので、ここに数値を入力して（ここでは「80」）5、Enter キーを押すと拡大縮小できます6。変形した後は、ツールコントロールバーの表示は再び「100」%になります。

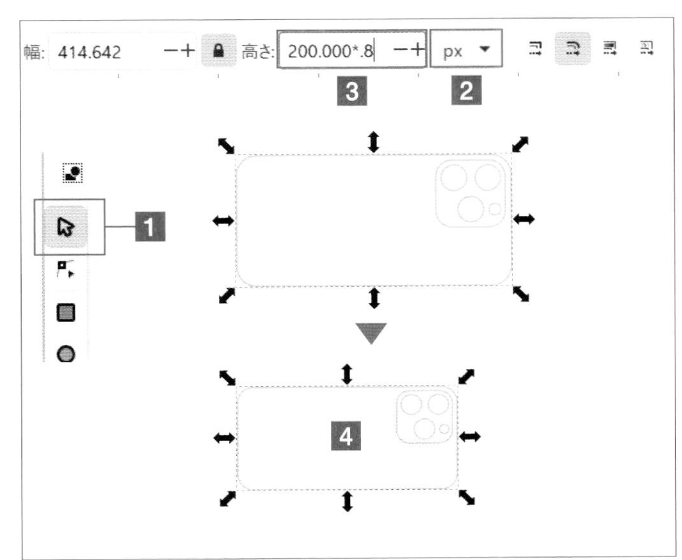

倍率を入力して拡大縮小

選択ツール1でオブジェクトを選択し、ツールコントロールバーの単位に%以外（左の例では「px」）を選び2、幅または高さに「*0.8」「/1.5」などの倍率を追加入力します（小数点の前の0は省略可）3。Enter キーを押すと拡大縮小できます4。

POINT

「*0.8」では元のサイズに0.8をかける乗算、「/1.5」では元のサイズを1.5で割る除算となります。

オブジェクトを[変形]ダイアログで拡大/縮小する

ドラッグやツールコントロールバーにない機能は[各オブジェクトに個別に適用]のみですが、ほかのタブの変形から続けて適用したい場合など、こちらのほうが使いやすいこともあるかもしれません。

サンプルファイル 02-15.svg

[変形]ダイアログで拡大/縮小する

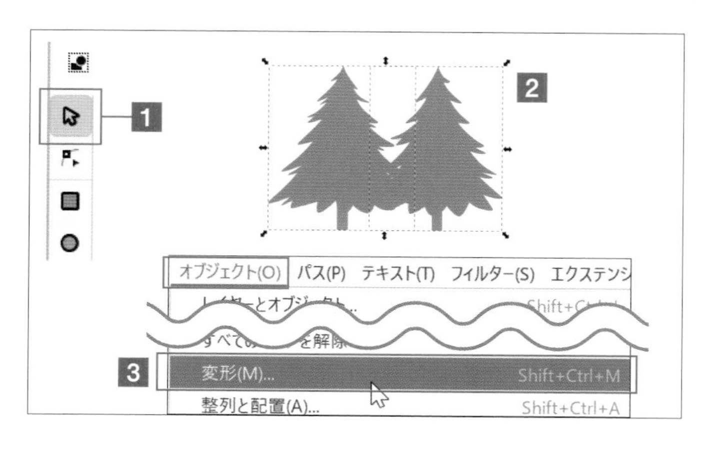

1 オブジェクトを選択し[変形]ダイアログを開く

選択ツール1で複数のオブジェクトを選択し2、[オブジェクト]メニュー→[変形]を選択します3。

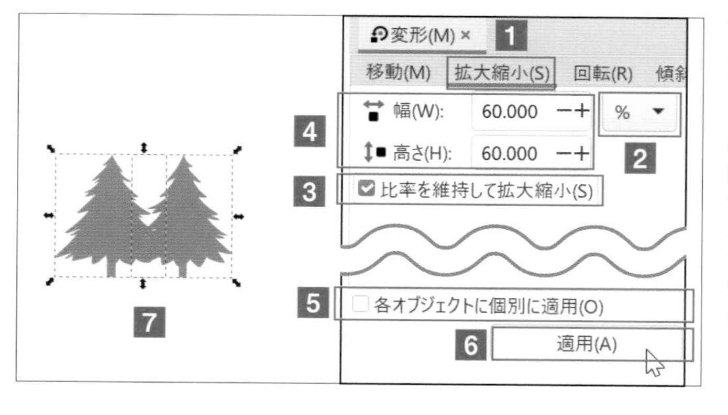

2 通常の拡大縮小をする

[変形]ダイアログで[拡大縮小]タブを選びます1。単位を指定して2、[比率を維持して拡大縮小]にチェックを入れ3、幅(と高さ)に数値を入力します4。[各オブジェクトに個別に適用]をオフにして5、[適用]をクリックすると6、変形が適用されます7。オブジェクト同士の位置関係は変わりません。

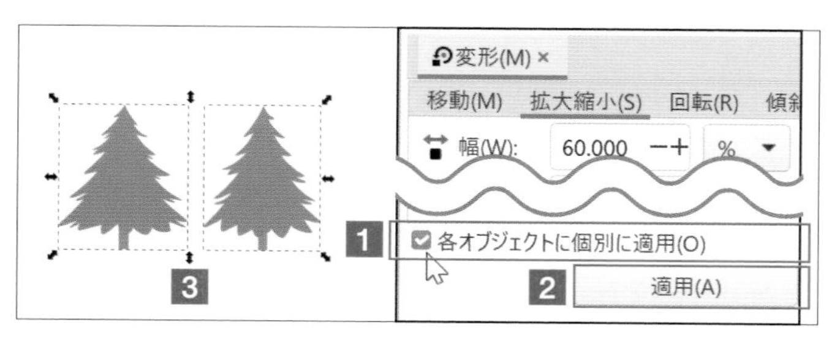

3 [個別に適用]の効果を適用する

上と同じ設定で[各オブジェクトに個別に適用]をオンにして1、[適用]をクリックすると2、個別に変形が適用されます3。

拡大縮小／移動／傾斜を変形行列で同時に行う

[変形]ダイアログの[変形行列]タブを使うと、拡大縮小／傾斜／移動を同時に行えます。オブジェクトを原点に配置してから変形しないと、座標の数値にも倍率が適用されます。[適用]の横にあるボタンをクリックすると、入力した数値はリセットされます。

サンプルファイル 02-16.svg

[変形行列]タブでの変形

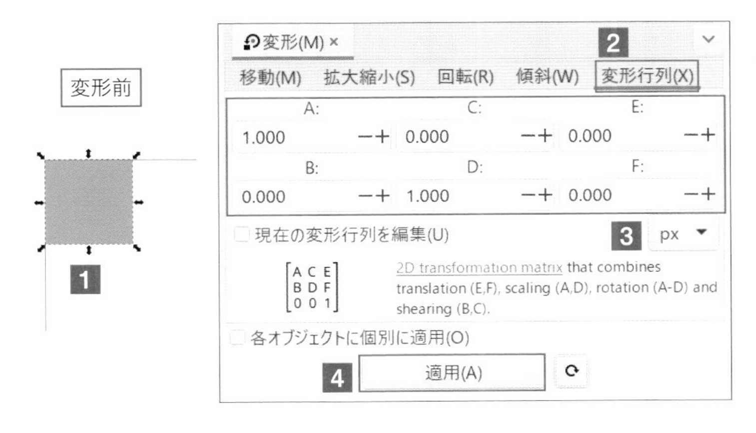

[変形行列]タブで変形

オブジェクトを選択し**1**、[変形行列]タブを選択します**2**。行列の数値を入力して**3**、[適用]をクリックすると変形します**4**。

A：X 方向の倍率（ーで反転）
B：Y 方向の傾斜
C：X 方向の傾斜
D：Y 方向の倍率（ーで反転）
E：X 方向の移動
F：Y 方向の移動

下記サンプルは、デフォルト値に対し、囲み内の数値を適用して変形した結果です。

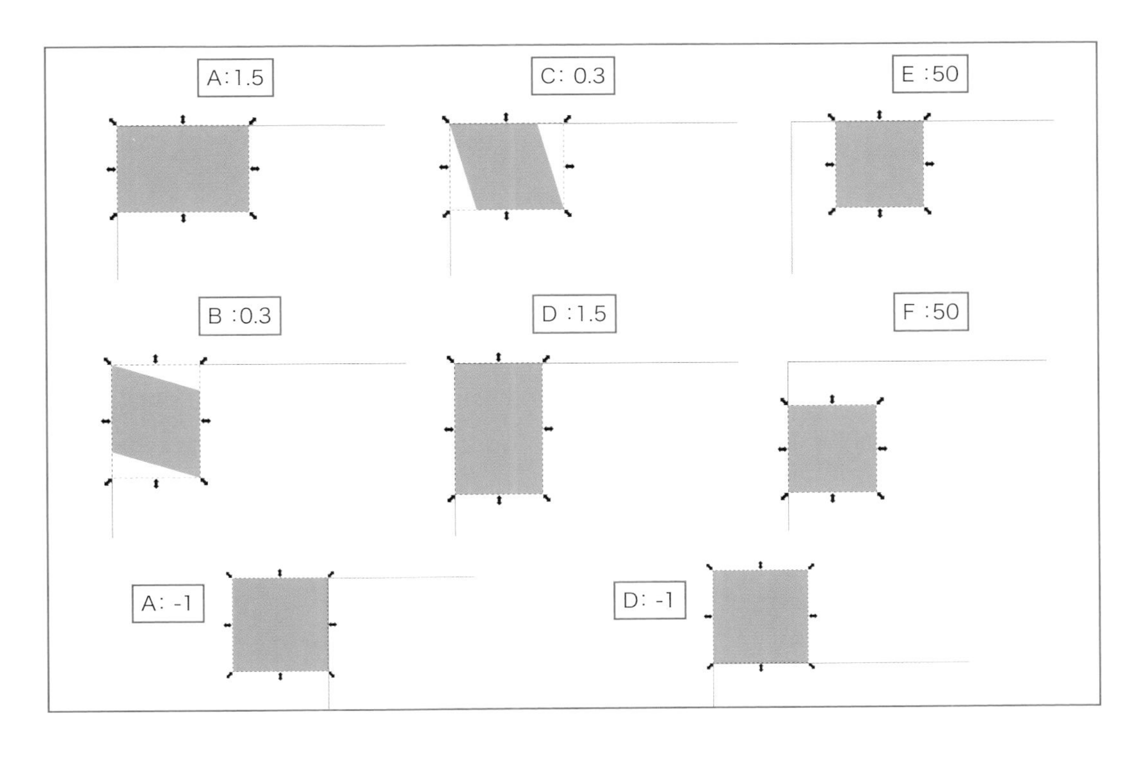

オブジェクトのハンドルをドラッグして整列／配置する

[整列と配置]ダイアログの[整列]タブにある[3回目のクリックでハンドルを整列します]は、選択したオブジェクトのハンドルが拡大／縮小モード→回転／傾斜モード→整列モードになる機能です。ハンドルを使って整列できます。

サンプルファイル 02-17.svg

整列ハンドルを使って整列する

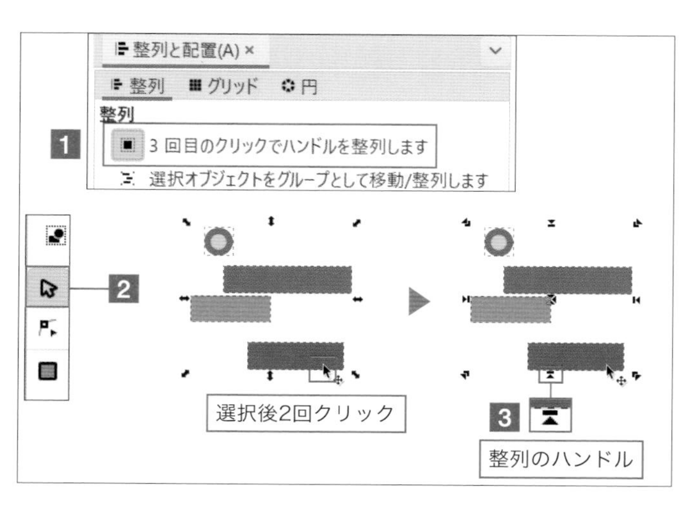

1 クリックで整列モードに入る

[整列と配置] ダイアログの [整列] タブで [3 回目のクリックでハンドルを整列します] をオンにします1。選択ツール2で複数のオブジェクトを選択し、さらに２回オブジェクト（どれでも可）をクリックし（ダブルクリックにならないように少し間隔を空けて２回クリック）、整列のハンドルを表示させます3。

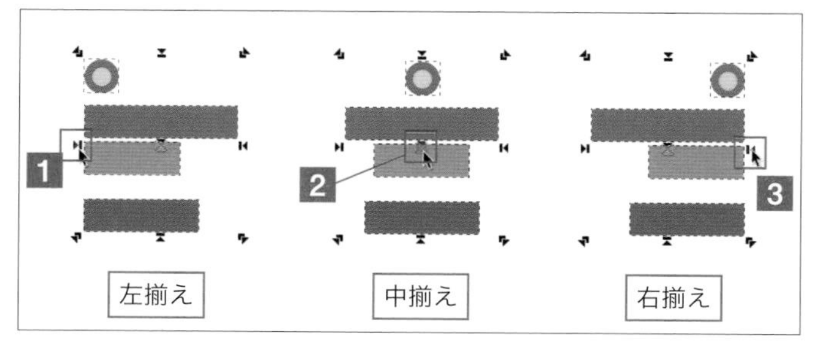

2 水平方向に整列する

左側中央のハンドルをクリックし、左揃えにします1。次に Shift キーを押しながら中央のマークをクリックして中揃えにします2。Shift キーを押さないと、垂直方向の中揃えになります。最後に右側中央のハンドルをクリックし、右揃えにします3。

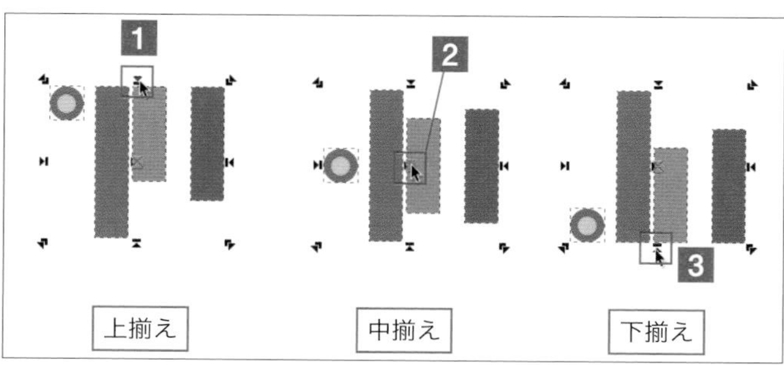

3 垂直方向に整列する

上側中央のハンドルをクリックし、上揃えにします1。次に中央のマークをクリックして中揃えにします2。最後に下側中央のハンドルをクリックし、下揃えにします3。

18 [整列と配置]ダイアログで整列／配置する

[整列と配置]ダイアログの[整列]タブにある[選択オブジェクトをグループとして移動／整列します]は、基準にしたオブジェクト以外のオブジェクトをグループとして整列させます。例では水平方向のみ扱います。

サンプルファイル 02-18.svg

オブジェクトをグループとして整列する

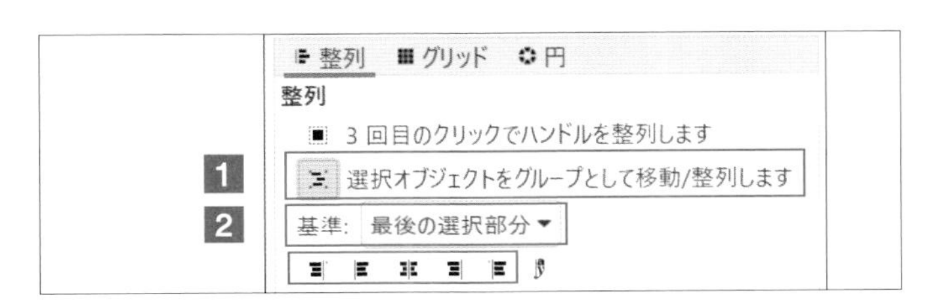

1 [整列と配置]ダイアログで設定する

[整列と配置] ダイアログの [整列] タブで [選択オブジェクトをグループとして移動／整列します] をオンにして1、基準に [最後の選択部分] を選びます2。

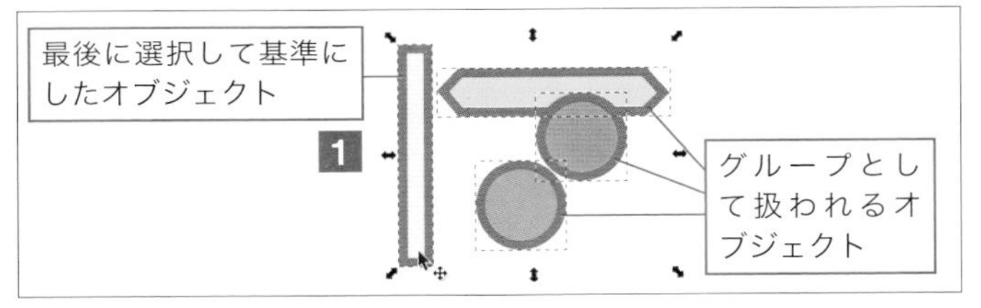

2 基準になるオブジェクトを設定する

基準に [最後の選択部分] を選んだので、整列させたいオブジェクト (左の例では右側の３つ) を選択し、最後に基準オブジェクト(グレーの四角形)を選びます1。

1

3 整列させる

[変形] ダイアログのボタンをクリックして整列させます1。下の例は５つのボタンの並びのまま適用した例です。上段が [選択オブジェクトをグループとして移動／整列します] オフ、下段がオンです。

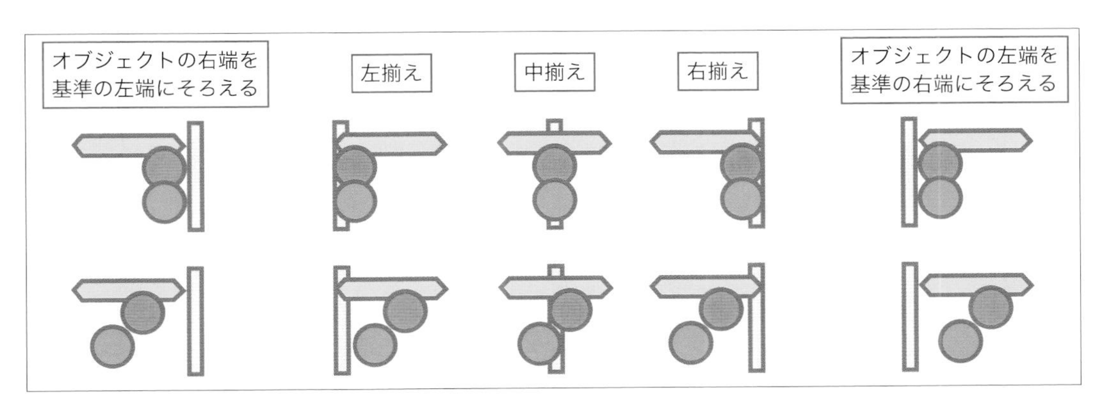

[整列と配置]ダイアログの[配置]で整列／配置する

[整列と配置]ダイアログの[配置]を使うと、オブジェクトの両端または中央を等間隔に配置できます。[配置]を使うには、3つ以上のオブジェクトを選択しておく必要があります。

サンプルファイル 02-19.svg

オブジェクトを[配置]で配置する

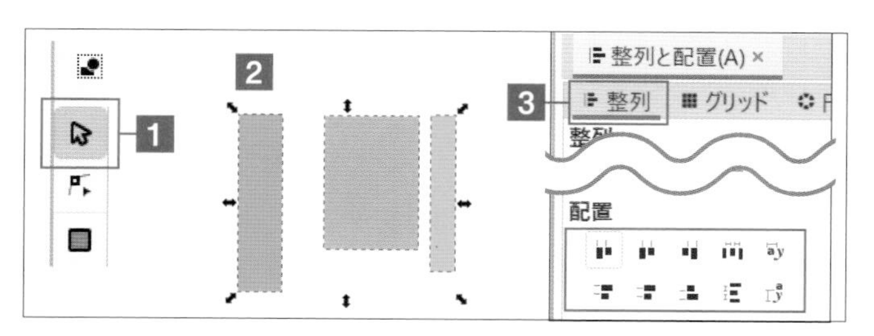

1 配置させたいオブジェクトを選択する

選択ツール1で配置させたいオブジェクトを選びます2。[整列と配置] ダイアログの [整列] タブを表示させます3。

配置

水平方向

垂直方向

2 [配置]のアイコンをクリックする

[配置] に表示されているアイコンをクリックします。下はボタンの並び通りに配置を適用させた例です。黒い三角形は基準になっている位置を示しています。

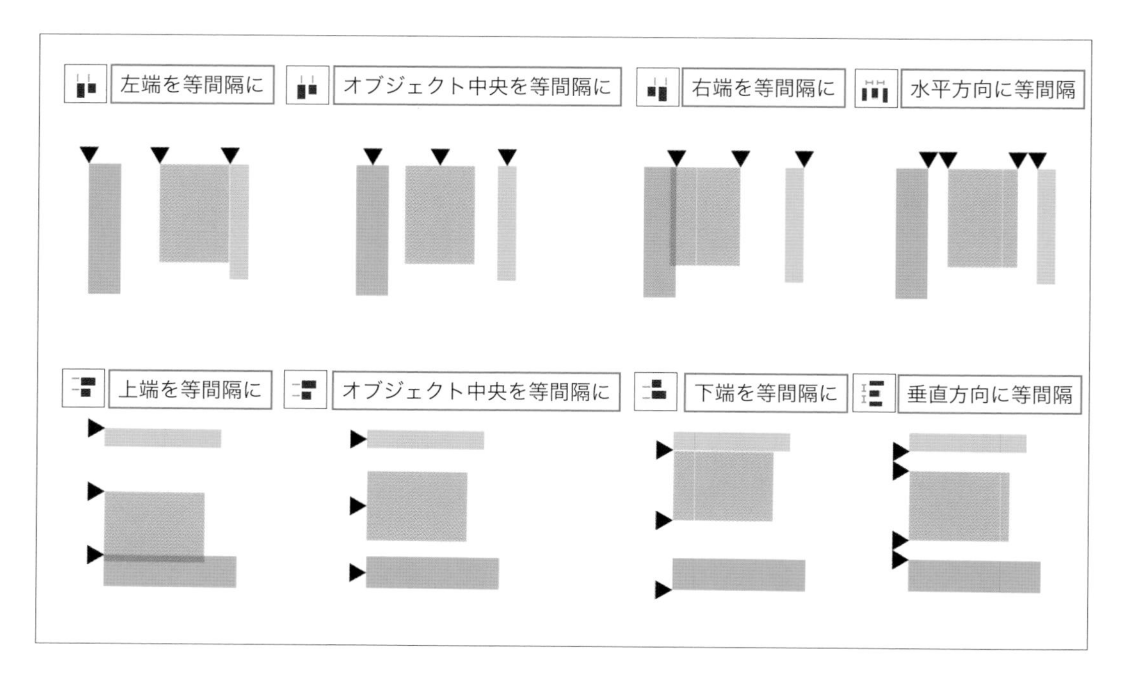

20 テキストオブジェクトを整列／配置する

[整列と配置]ダイアログの[配置]をテキストオブジェクトに適用すると、テキストのベースラインで揃えることができます。

サンプルファイル 02-20.svg

テキストを[整列と配置]ダイアログで整列／配置

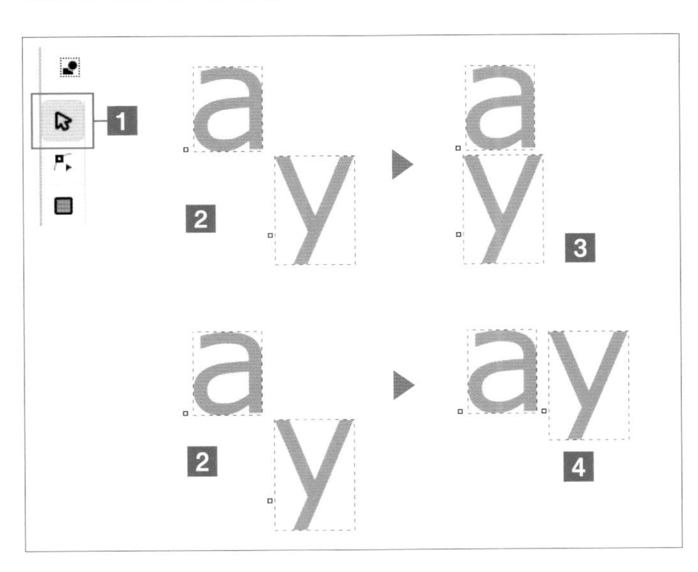

テキストの整列

選択ツール1でテキストを選択し2、整列の［テキストのベースラインアンカーを水平方向に揃える］3、または［テキストのベースラインアンカーを垂直方向に揃える］をクリックします4。

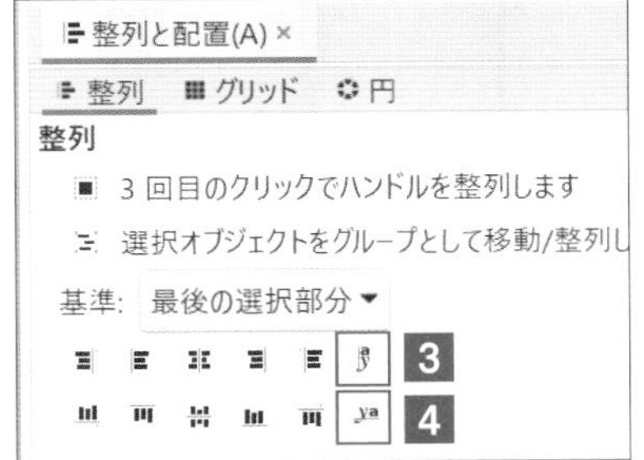

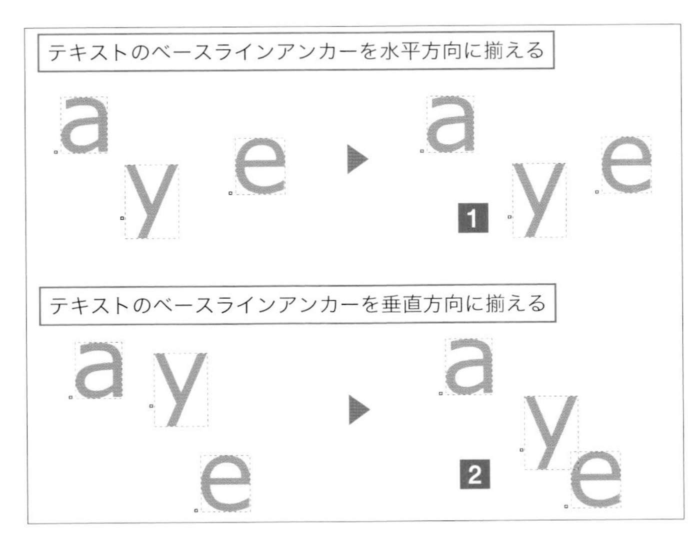

テキストの配置

[配置] のテキストのアイコンをクリックすると12、ベースラインアンカーを基準に等間隔になるようテキストが配置されます。

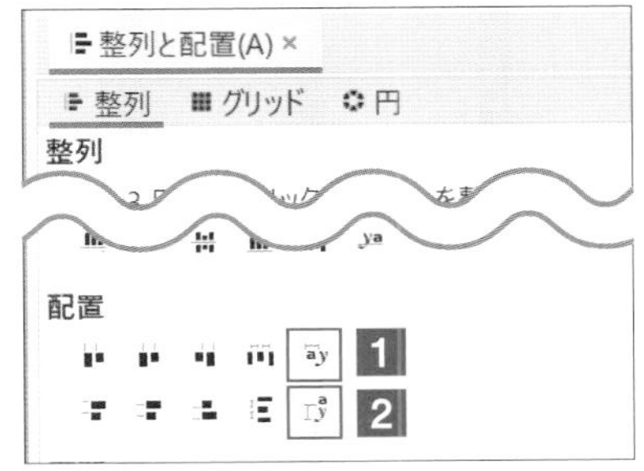

21 オブジェクトを[整列と配置]ダイアログで再配置する

[整列と配置]ダイアログの[再配置]を使うと、オブジェクトの位置を変更できます。使用頻度は高くないかもしれませんが、ユニークな機能です。

サンプルファイル 02-21A.svg、02-21B.svg、02-21C.svg、02-21D.svg

オブジェクトを[再配置]で配置

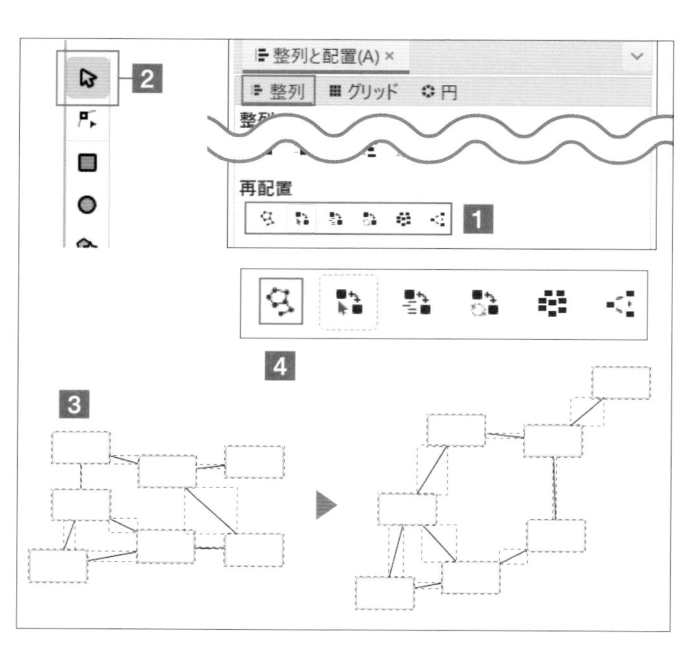

コネクターの再配置

[整列と配置]ダイアログの[整列]タブで[再配置]の位置を確認します1。選択ツールで2、コネクターツールでつないだオブジェクトを選び3、[選択したコネクターのネットワークを適切な配置に]をクリックすると4、配置が変わります。コネクターの機能は引き続き使えます。

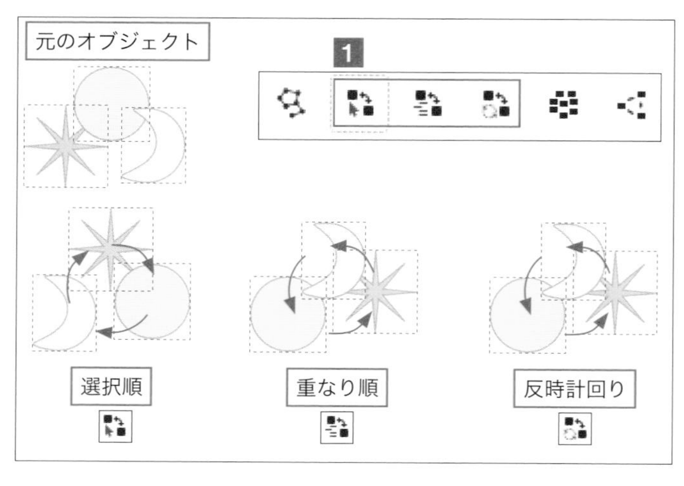

位置の入れ替え

[整列と配置]ダイアログの[整列]タブにある[再配置]の3つのアイコンをクリックすると1、選択したオブジェクトを、選択順、重なり順、配置順に従って、位置を入れ替えられます。

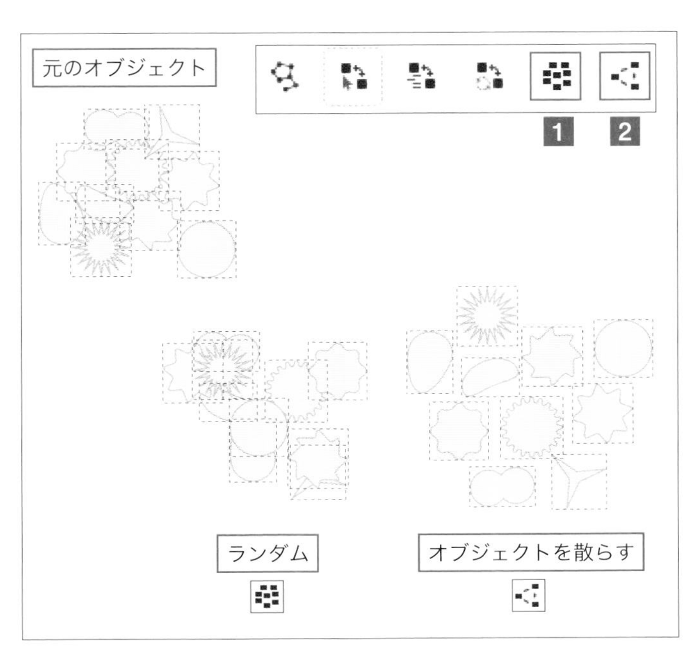

[ランダム]と[オブジェクトを散らす]

整列させたいオブジェクトを選択し、[整列と配置]ダイアログの[整列]タブで[再配置]の[ランダム]をクリックします1。選択したオブジェクトが、ランダムに再配置されます。[オブジェクトを散らす]は、オブジェクトのエッジ間を等間隔にするように再配置されます。何度もクリックして2、間隔が変化することを確認してください。※エッジ間が開いていかない場合、オブジェクトをひとつ適当に移動させ、試してください。

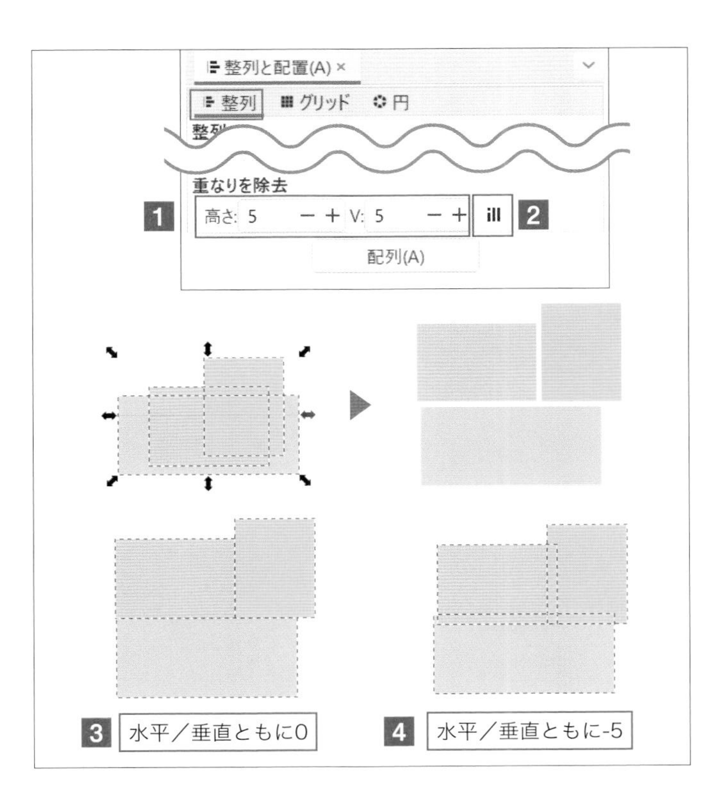

重なりを除去

[整列と配置]ダイアログの[整列]タブの[重なりを除去]は、重なっているオブジェクトの水平方向、垂直方向の間隔を指定して再配置する機能です。左側の[高さ](実際には[水平])と[V](実際には[垂直])の数値入力スペースに間隔値を入力し1、右側のをクリックします2。数値を「0」に設定すれば、オブジェクトをぴったり重ねられます3。マイナス値を設定すれば、指定した値で重ねることもできます4。なお、この機能は最初にオブジェクトが十分に重なっていないと作動しません。

オブジェクトのノードを整列／配置する

ノードの整列／配置は、オブジェクトと同じ[整列と配置]ダイアログで行えます。ノードツールを選択すると、ノード用の表示に変わります。

サンプルファイル 02-22.svg

ノードを[整列と配置]ダイアログで配置する

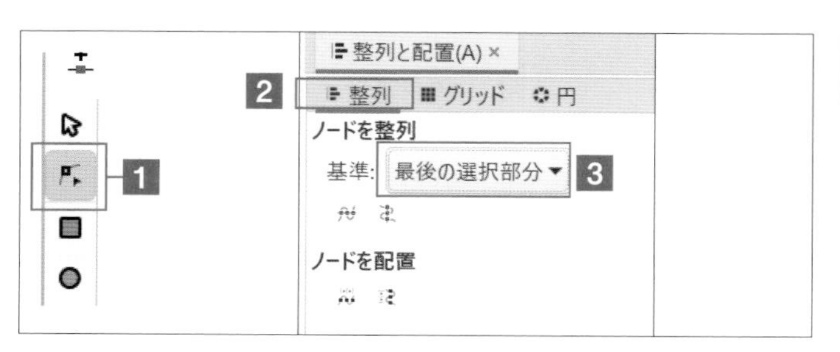

1 ノード用の整列と配置を設定する

ノードツールを選び1、[整列と配置] ダイアログの[整列]タブを表示させます2。内容がノード用に変わります。ここでは基準に[最後の選択部分]を指定します3。

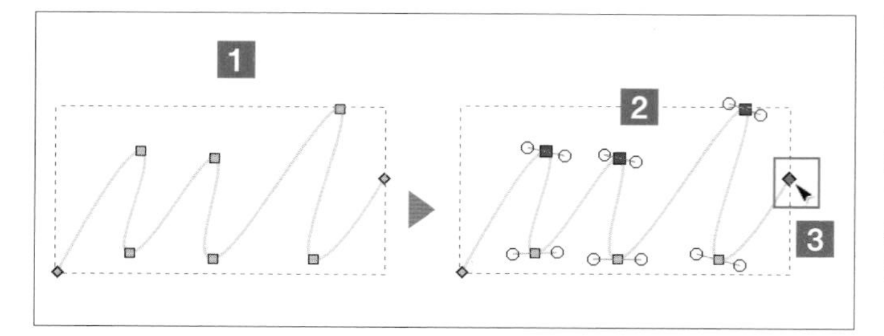

2 整列させるノードを選択する

パスをクリックしてノードを表示し1、整列させるノードを選択します2。ここでは最後に右端のノードをクリックして基準となる最後の選択部分にしています3。

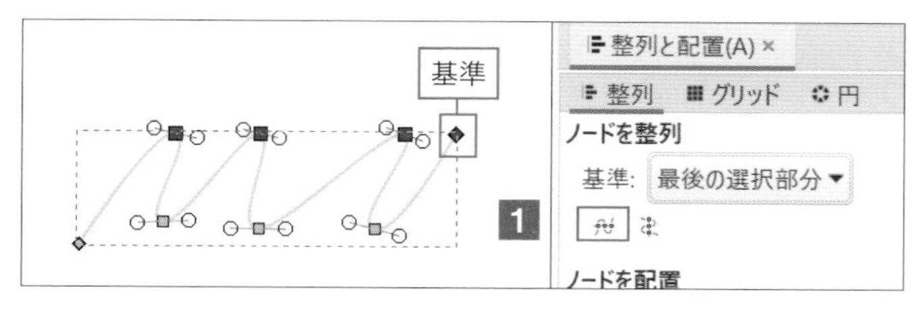

3 水平に整列する

[共通の水平線上に整列] をクリックすると1、選択したノードが水平に整列します。この場合の基準は最後にクリックしたノードです。

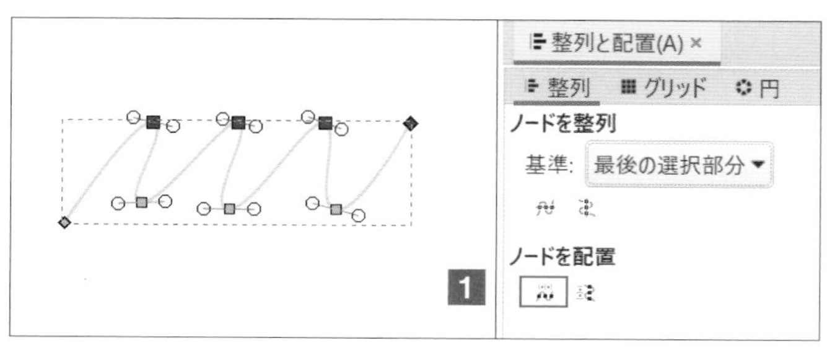

4 等間隔に配置する

続けて[水平に配置]をクリックすると1、選択したノードが等間隔に並びます。

23 オブジェクトをグリッドを利用して整列／配置する

[整列と配置]ダイアログの[グリッド]を使うと、オブジェクトを行と列で整列させられます。表計算ソフトのセルにオブジェクトをひとつずつ入れて並べるようなイメージです。

サンプルファイル 02-23.svg

[整列と配置]ダイアログの[グリッド]で配置する

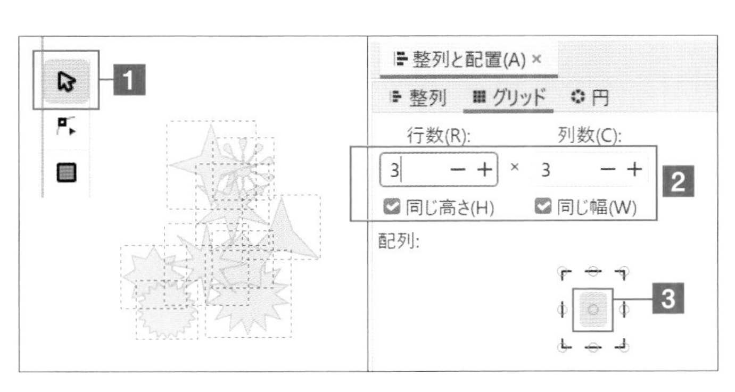

1 [グリッド]タブで行数と列数を指定する

選択ツール1でオブジェクトを選択します。[整列と配置]ダイアログの[グリッド]タブを選択し、[行数]と[列数]に数値を入力します2。オブジェクト数に合わない数値を入れた場合は自動的に補正されます。次に[配列]で中央を選択します3。これはグリッドのマス目の内部でのオブジェクトの位置となります。

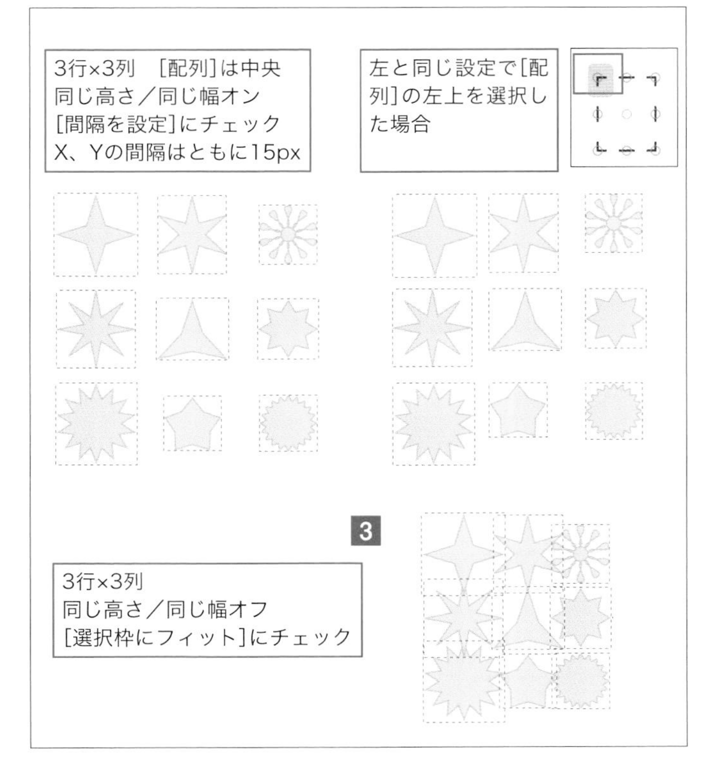

2 間隔を設定して配列する

[間隔を設定]を選んで間隔を入力し1、[配列]をクリックします2。[選択枠にフィット]を選んだ場合、オブジェクト同士が接するように配列します3。

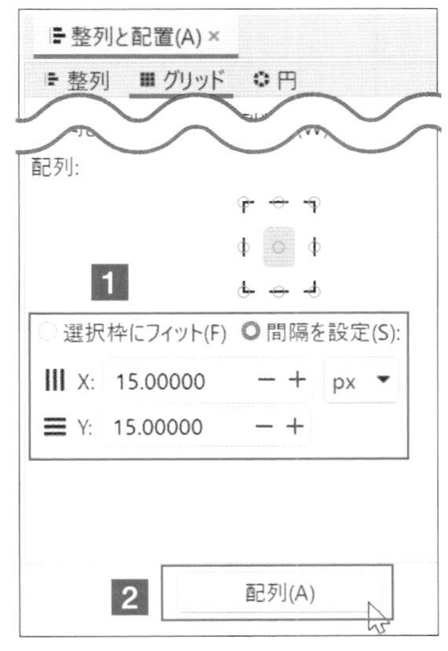

オブジェクトを円形に整列する①

[整列と配置]ダイアログの[円]タブの機能を使うと、オブジェクトを円形に並べることができます。

サンプルファイル 02-24.svg

[整列と配置]ダイアログの[円]で整列

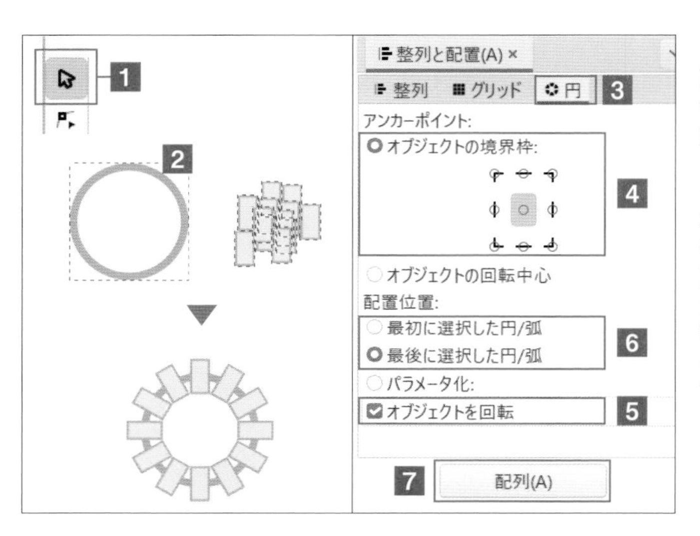

[整列と配置]の[円]タブの基本的な使い方

選択ツール1で整列させるオブジェクトと円を選びます2。[整列と配置]ダイアログの[円]タブを選択し3、[アンカーポイント]で[オブジェクトの境界枠]を選択します4。次に[オブジェクトを回転]をオンにします5。選択したオブジェクトの中に円が複数ある場合は[最後に選択した円/弧]などを選んでベースになる円を設定してから6、[配列]をクリックします7。

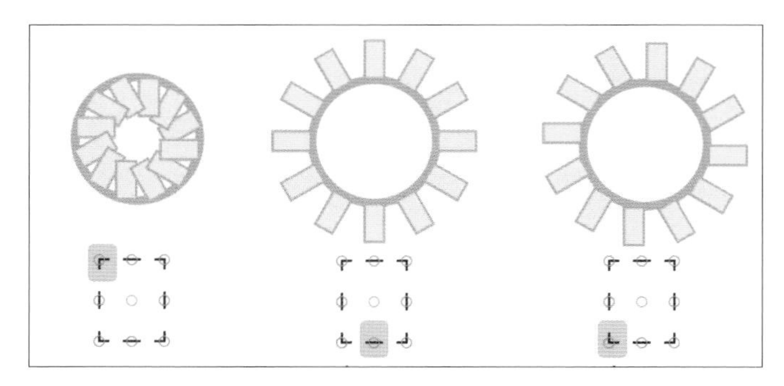

[オブジェクトの境界枠]での整列位置

[アンカーポイント]の[オブジェクトの境界枠]で、ポイントの位置を変更すると、円に対するオブジェクトの整列位置が変わります。

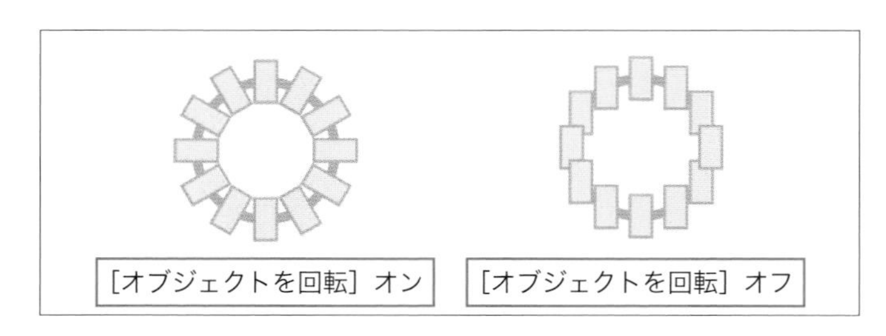

[オブジェクトを回転]のオンオフ

オブジェクトが放射状になるよう回転させたくない場合は、[オブジェクトを回転]をオフにします。

25 オブジェクトを円形に整列する②

円形に整列させるオブジェクトの形状や数などはかなり自由で、ベースは弧でも楕円でもOKです。ただしパスでなく、円オブジェクトでなければ整列されません。また、[パラメータ化]を使うと円を作成しなくても整列可能です。

サンプルファイル 02-25.svg

楕円やパラメータで円形に整列

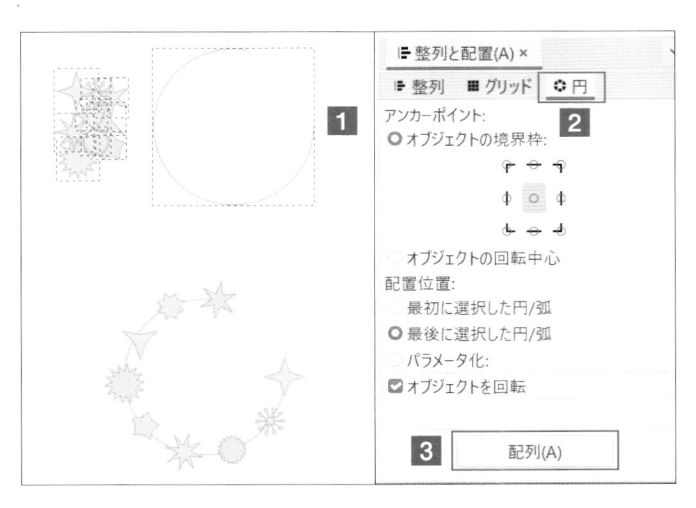

円／弧を作成して整列

[円／弧ツール]で弧を作成し、重ね順を最背面にします。整列させるオブジェクトと弧を選択して1、[整列と配置]ダイアログの[円]タブ2を選択し、[配列]をクリックします3。弧の端から端まで自動的に配置されます。設定は、P.114を参照ください。

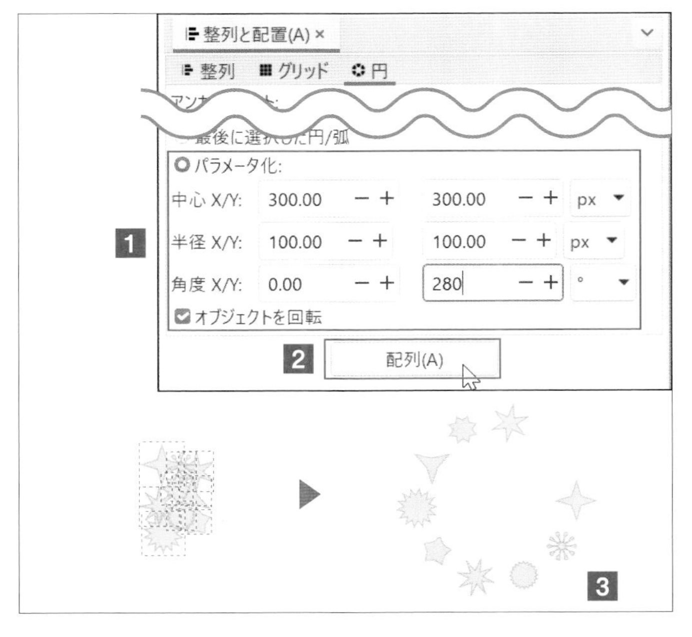

円は作成せず[パラメータ化]で整列

上の弧に近いものをパラメータ入力で設定して整列させます。[中心X/Y]に円の中心座標、[半径X/Y]に円の半径100px、[角度X/Y]を0°(3時の方向)～280°に設定します1。整列させるオブジェクトを選択し、[配列]をクリックします2。パラメータに沿って円状に整列します3。

26 オブジェクトをグループ化／グループ解除する

[グループ化]はよく使う機能です。[ファイル]メニュー→[オブジェクト]→[グループ化]、右クリックのプルダウンメニューから[グループ化]、コマンドバーのグループ化ボタン、ショートカット Ctrl ＋ G など、適用方法が何通りもあります。ここでは右クリックを紹介します。

サンプルファイル 02-26.svg

右クリックメニューでグループ化／グループ解除する

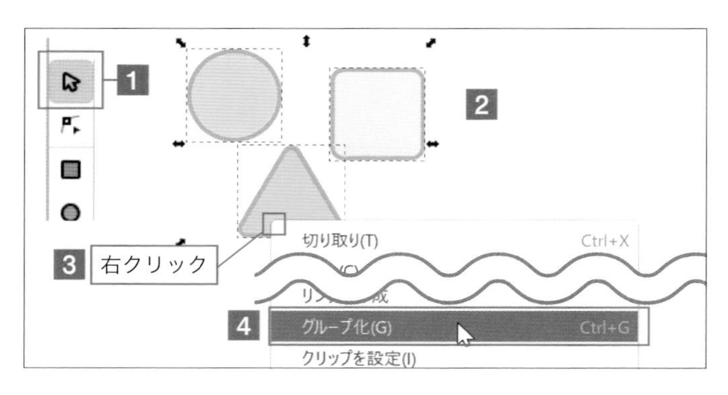

1 オブジェクトを選択して[グループ化]する

選択ツール1でグループ化したい複数のオブジェクトを選択し2、どれかひとつのオブジェクトの上で右クリックして3、プルダウンメニューから［グループ化］を選びます4。

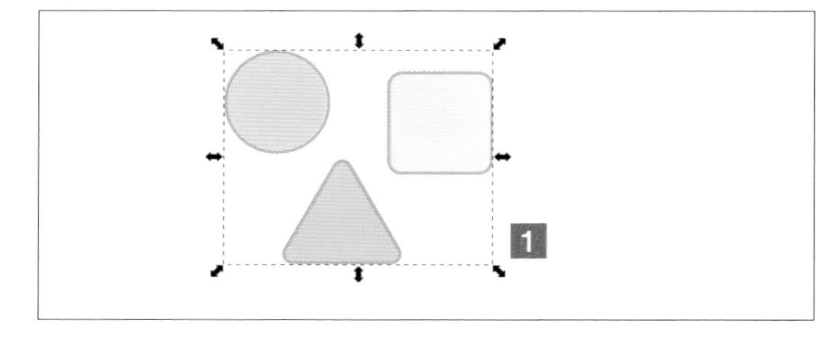

2 [グループ化]された状態を確認する

オブジェクト全体の周囲に選択範囲が表示され1、移動、拡大縮小、回転、フィル（塗りつぶし）／ストローク（線）などの設定がまとめてできるようになります。

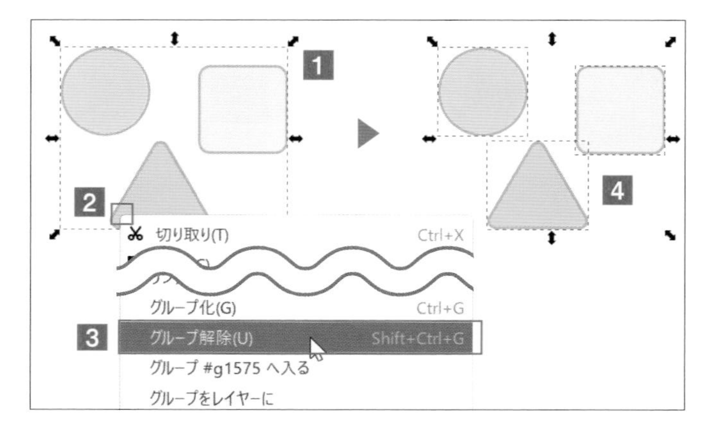

3 [グループ解除]する

グループ化されたオブジェクトを選択し1、どれかひとつのオブジェクトの上で右クリックして2、プルダウンメニューから［グループ解除］を選びます3。選択範囲がオブジェクトごとに分かれ、解除されたことがわかります4。

オブジェクトをグループから取り出す（ダイアログ使用）

［レイヤーとオブジェクト］ダイアログで、グループ化したオブジェクトの中から、特定のオブジェクトだけを取り出すことができます。［レイヤーとオブジェクト］ダイアログ内で目的のオブジェクトを見つけるのが難しい場合は、先にキャンバス上で選択しておきましょう。

サンプルファイル 02-27.svg

［レイヤーとオブジェクト］ダイアログで取り出す

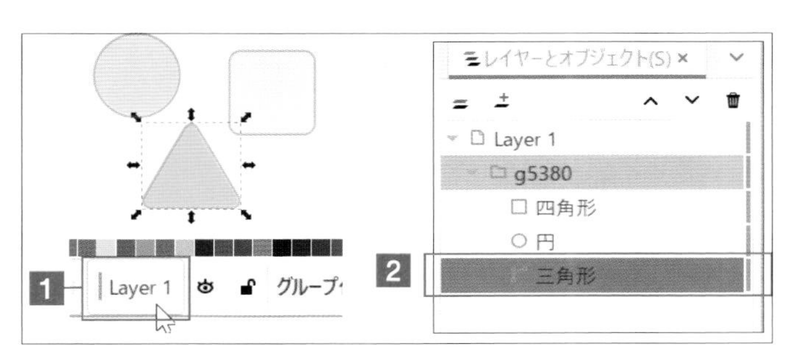

1 ［レイヤーとオブジェクト］ダイアログを確認する

ステータスバーの［現在のレイヤー］をクリックして**1**［レイヤーとオブジェクト］ダイアログを表示し、レイヤーの［三角形］をクリックして選択します**2**。オブジェクト名はわかりやすいように付け直しています。

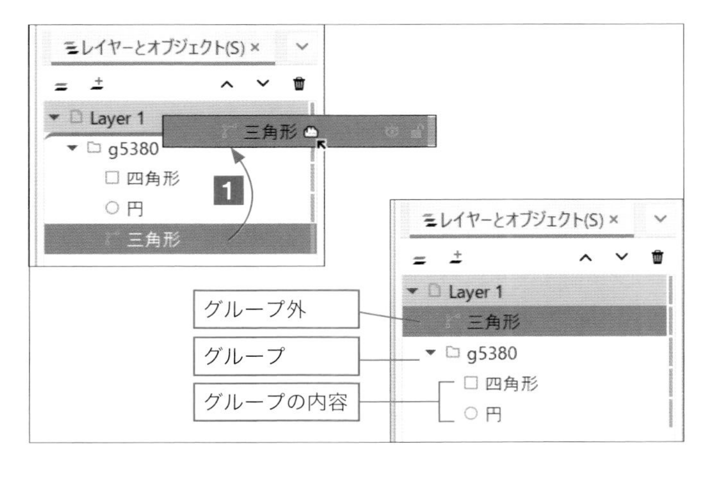

2 選択オブジェクトを取り出す

ダイアログで［三角形］をレイヤー直下にドラッグし**1**、緑色の⌐が表示されたらドロップします。三角形とグループのアイコンが同じ階層になります。なお、［三角形］の上で右クリックして［選択オブジェクトをグループから取り出す］を選んでも同じ結果になります。

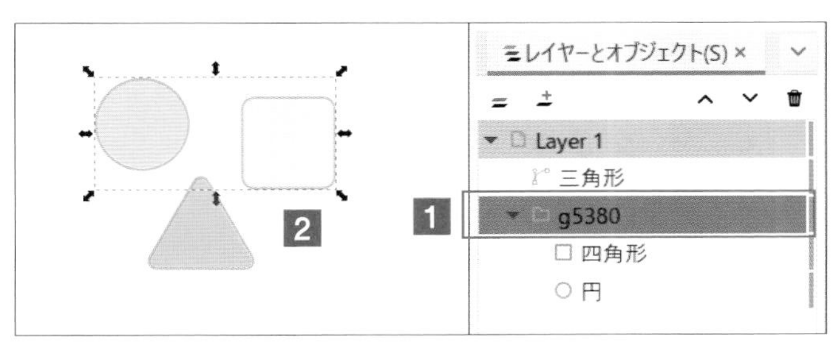

3 取り出した状態を確認する

ダイアログでグループをクリックすると**1**、取り出したオブジェクトが選択範囲に含まれないことが確認できます**2**。取り出しているのにグループの選択範囲が元のままの場合は、オブジェクトを少し移動させると更新されます。

オブジェクトをグループから取り出す(右クリックメニュー)

右クリックのプルダウンメニューを使っても、グループ化したオブジェクトの中から、特定のオブジェクトだけを取り出すことができます。

サンプルファイル 02-28.svg

右クリックメニューで取り出す

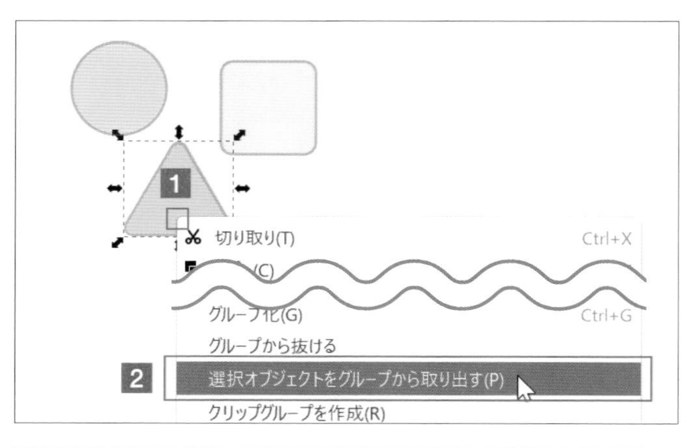

1 オブジェクトを選択して右クリックする

グループオブジェクトをダブルクリックしてグループ内に入り、グループから取り出すオブジェクトを右クリックし1、[選択オブジェクトをグループから取り出す]を選びます2。

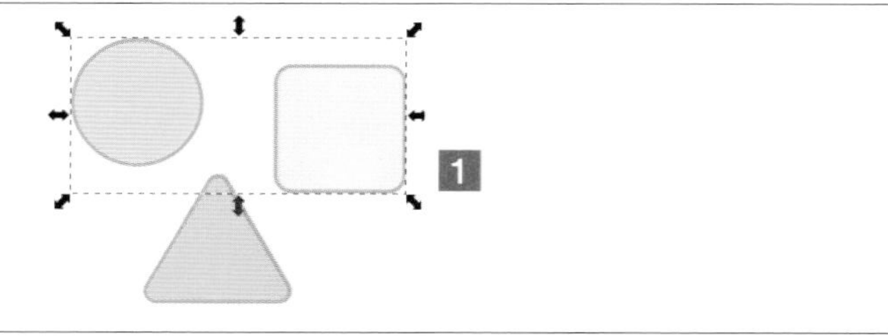

2 グループを確認する

キャンバス上のなにもない部分をクリックして通常の状態に戻します。グループを選ぶと選択範囲が表示され1、最初のオブジェクトがグループから取り出されたことがわかります(すべて選択されて表示された場合は、オブジェクトを移動してみてください)。

POINT

右図で、左のダイアログは[グループ内に入った]状態、右は通常の状態です。グループ内から出るには、[Layer1]をクリックするか、キャンバスのなにもない部分をダブルクリックします。現在グループ内かどうかはステータスバー横の[現在のレイヤー]でも確認でき、[g****]になっていればグループ内です。[グループをレイヤーに]コマンドを使ってグループをレイヤーの階層に変更している場合を除きます。

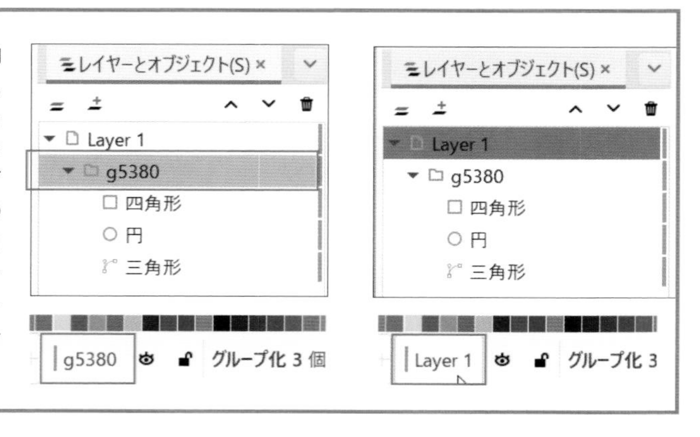

29 オブジェクトをクリップする（基本的なクリップ）

クリップは、画像やオブジェクトを切り抜きする機能です。重ね順が一番上にあるオブジェクトで画像などが切り抜かれ、切り抜いたオブジェクトは非表示になります。クリップ後に図形オブジェクトをパスに変換することはできないので、パスが必要な場合にはあらかじめ変換しておきます。

サンプルファイル 02-29.svg

クリップの基本操作

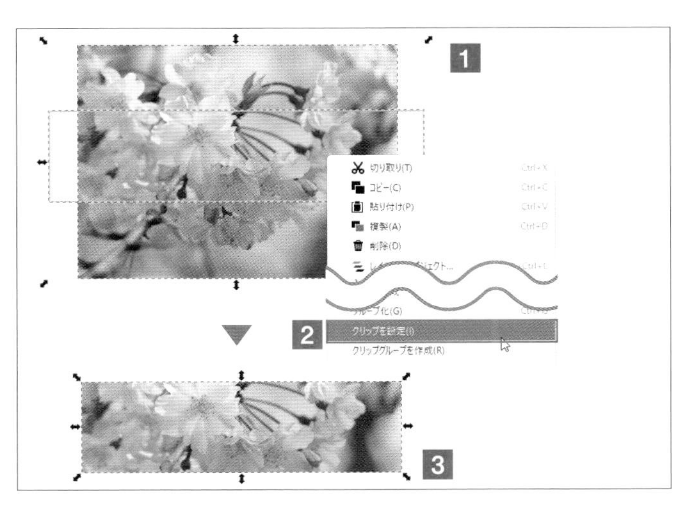

最前面のオブジェクトでクリップ

切り抜きたい画像の前面になるようにオブジェクトを配置し、画像とオブジェクトの両方を選びます1。右クリックしてプルダウンメニューから［クリップを設定］を選びます2。［オブジェクト］メニュー→［クリップ］→［クリップを設定］でも同じです。前面のオブジェクトで切り抜かれます3。

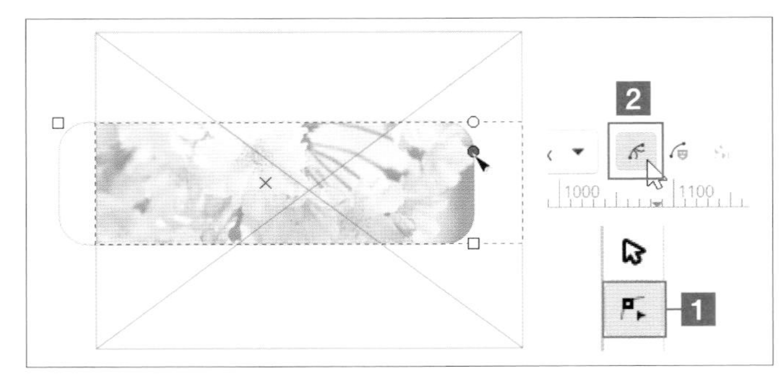

図形オブジェクトは表示モードを変えて編集

シェイプオブジェクトでクリップした場合はハンドルしか表示されないため、［表示］メニュー→［表示モード］→［アウトラインオーバーレイ］を選びます。ノードツール1を選んで、ツールコントロールバーの［オブジェクトのクリッピングパスを表示］をオンにします2。ハンドルを操作して編集し、最後に表示モードを［標準］に戻します。

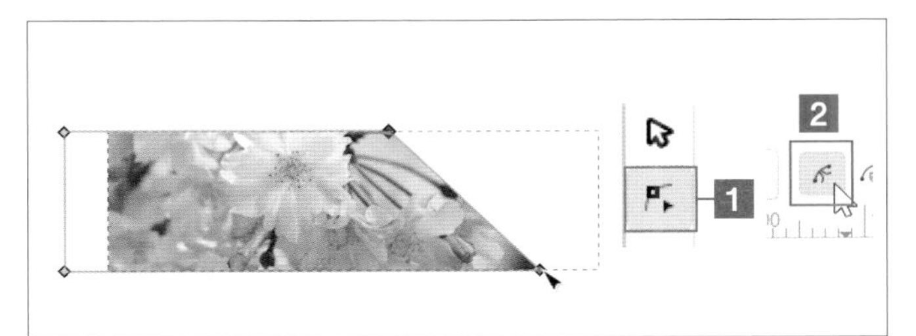

パスオブジェクトの編集

パスオブジェクトでクリップした場合は、ノードツールを選択し1、［オブジェクトのクリッピングパスを表示］をオンにすると2、パスがはっきり表示され編集できます。クリップを元に戻す場合は右クリックで［クリップを解除］を選びます。

オブジェクトをクリップする（クリップグループ）

[クリップグループ]を使うと、後からクリップする側もされる側も追加できます。なお図形オブジェクトでは問題が起きることがあるので、ここではすべてパスに変換してから作業しています。

サンプルファイル 02-30.svg

クリップグループでクリップする

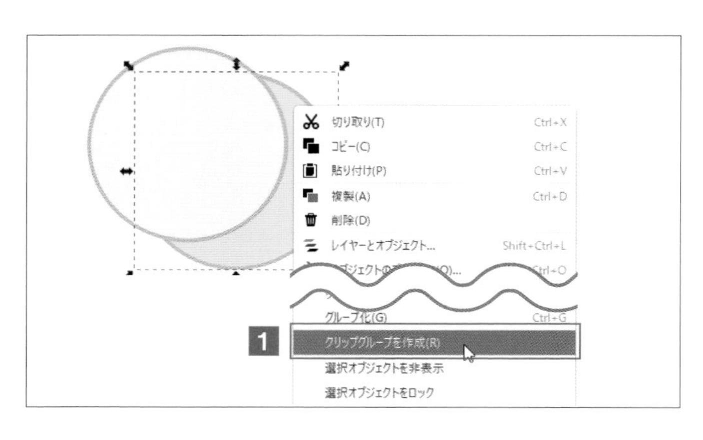

1 オブジェクトにクリップグループを設定する

ベースになるオブジェクト（シェイプではなくパスに変換したもの）を右クリックして、プルダウンメニューから［クリップグループを作成］を選びます1。続けてウィンドウ下端の［Layer 1］をクリックして［レイヤーとオブジェクト］ダイアログを表示させます2。

2 オブジェクトをクリップグループに追加する

ダイアログでクリップグループ［g *****］が作成されたことを確認します。クリップしたいオブジェクト（gray_circle）をドラッグして［g *****］の直下に移動させます1。緑色の⌐型のラインが表示されたらドロップします。グレーのサークルがクリップされました2。

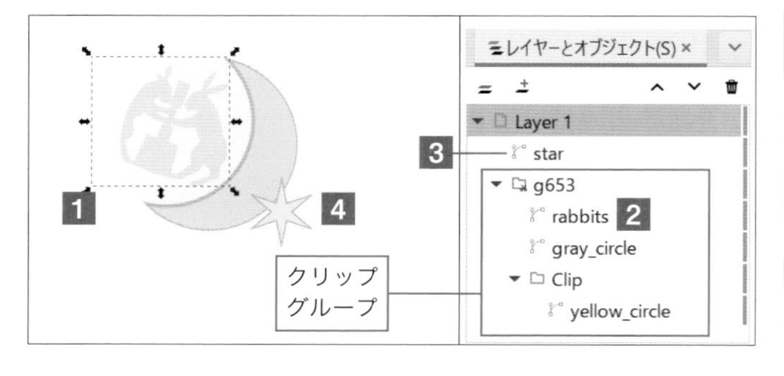

3 オブジェクトの編集と追加をする

クリップしたいオブジェクトを追加するには、手順2のようにクリップグループ内に入れます。左の例では［rabbits］は、配置場所を移動してから1、ダイアログでグループ内に入れています2。［star］3は、［Layer1］直下のままなので、クリップグループに入っておらず、位置を変えても黄色い円でクリップされません4。

31 オブジェクトをマスクする（基本的なマスク）

マスクは前面にあるオブジェクトの透明度または明度に応じて下のオブジェクトがマスクされます。透明な部分、または明度が低い（黒い）部分が表示されなくなります。制御を容易にするには、不透明度または明度のどちらかを使用するとよいでしょう。

サンプルファイル 02-31.svg

マスクの基本操作を覚える

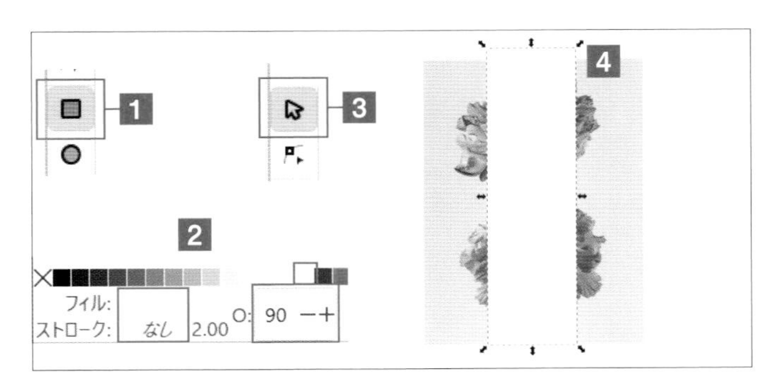

1 マスク用の白い四角形を作成する

画像を用意し、四角形を作成して1、［フィル］を「白」（例では不透明度 90%）2に設定し、選択ツール3で画像の上に配置します4。不透明度 100% では、完全に非表示となります。後でノードを編集する場合は、四角形をパスに変換（［パス］メニュー→［オブジェクトをパスへ］）しておきます。

2 画像と四角形を選んでマスクを作成する

選択ツール1で画像とマスクを両方選択します2。右クリック3でプルダウンメニューを表示させ、［マスクを設定］を選びます4。画像のうち、四角形の白い部分と重なったところだけが、不透明度に応じて若干色が薄く表示されます5。

3 マスクを編集する

標準の表示　アウトラインオーバーレイ表示

ノード選択ツールを選び1、ツールコントロールバーの［選択オブジェクトのマスクを表示］をオンにして2、マスクにした四角形を編集します3。シェイプオブジェクトの場合は、P.119 のように［表示］メニュー→［表示モード］→［アウトラインオーバーレイ］に変更すると編集しやすくなります4。

32 オブジェクトをマスクする（マスクのバリエーション）

グラデーション／パターン／カラー画像やオブジェクト／文字など、いろいろな画像がマスクに利用できます。マスクを解除したい場合は、マスクを右クリックしてプルダウンメニューから[マスクを解除]を選びます。

サンプルファイル 02-32.svg

マスクのバリエーション

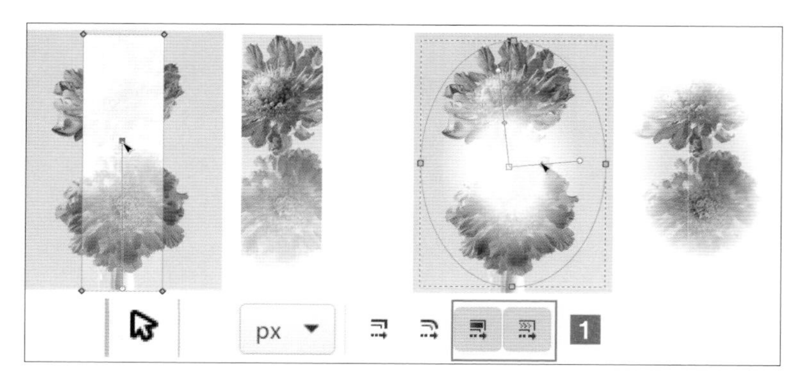

透明度でマスク

画像の前面にグラデーションで塗った図形を作成し、ノードツールを使って、透明度の設定をして、マスクにしています。マスクしたオブジェクトを移動する場合には、ツールコントロールバーでグラデーションとパターンがオブジェクトに追随するボタン1をオンにしておきます。

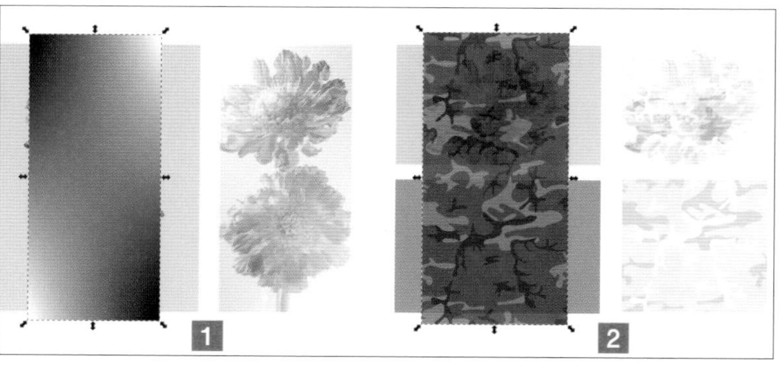

明度でマスク

左はフィルに白黒のメッシュ1、右はパターンフィルのカラー画像［カモフラージュ］2を使ったマスクです。カラー画像もマスクに使えます。また、右側はクリップした写真画像とオブジェクトのふたつを同時にマスクしています。不透明度は設定しない方が制御しやすくなります。

パターン／文字を使ってマスク

文字色が白のテキストオブジェクト（不透明度は100%）をそのままマスクに利用したり1、パターンを回転／縮小してマスクに使用することもできます2。

33 消しゴムツールでオブジェクトを消す①

消しゴムツールで[消す]場合、3つのモードがあります。軌跡のオブジェクトを削除するモード／オブジェクトを軌跡で切り取るモード／軌跡でクリップして切り抜いたように見せるモードです。

サンプルファイル 02-33.svg

消しゴムツールの3つのモード

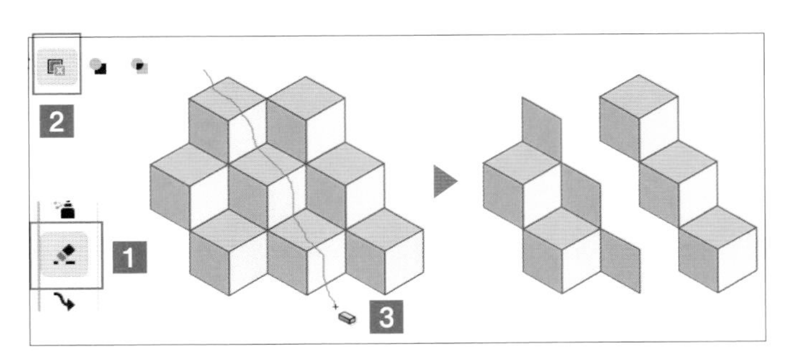

オブジェクトをまるごと削除

消しゴムツールを選び1、ツールコントロールバーのモードから［消しゴムに触れたオブジェクトを削除］をオンにします2。削除したいオブジェクトの上をドラッグすると3、オブジェクトが消えます。

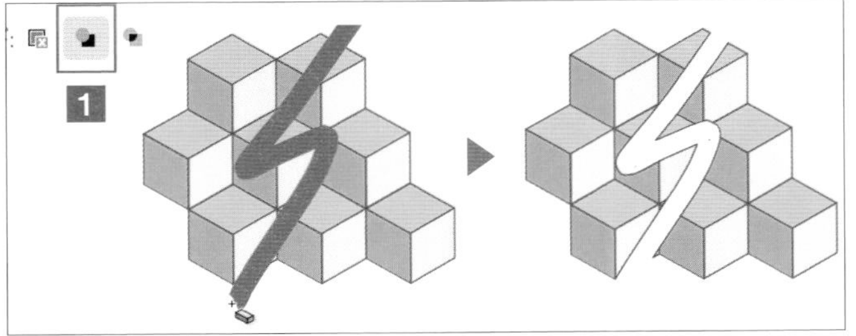

オブジェクトの切り取り

ツールコントロールバーのモードから［パスとシェイプから切り取る］をオンにして1消しゴムツールをドラッグすると、オブジェクトを軌跡で切り抜くように消します。

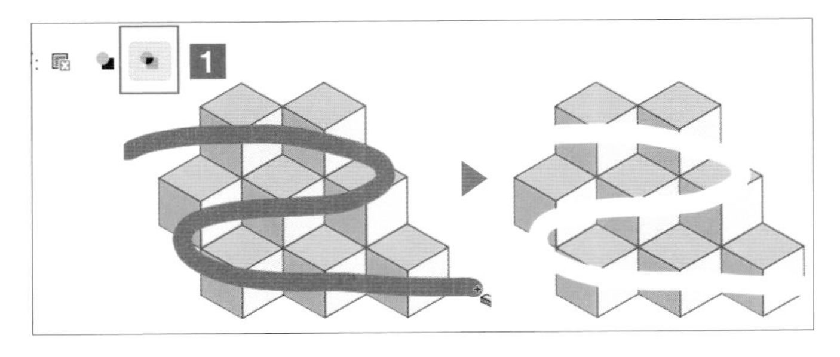

オブジェクトをクリップ

ツールコントロールバーのモードから［オブジェクトからクリップ］をオンにして1消しゴムツールをドラッグすると、オブジェクトごとにクリップが作成されて軌跡部分を隠します。

POINT

切り取った場合はオブジェクトが分断され、ストロークが設定されていれば軌跡を囲むように作成されます1。クリップした場合は一部を隠しただけなので、軌跡にストロークは表示されません2。

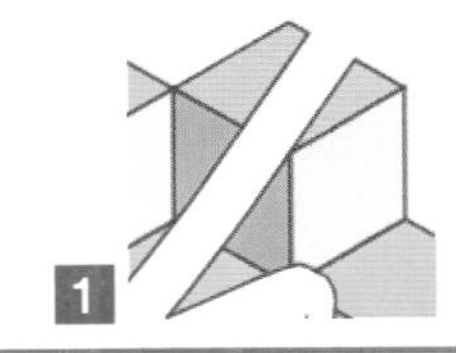

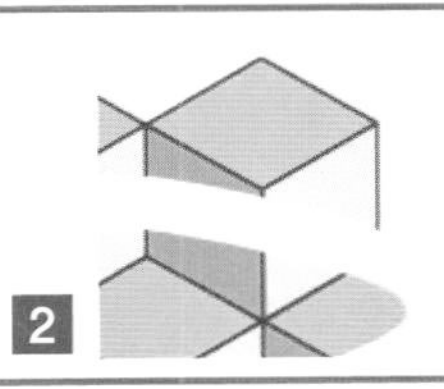

消しゴムツールでオブジェクトを消す②

消しゴムツールは、ツールコントロールバーの設定で幅などを設定できます。またマウスで線の強弱を表現する場合は速度が必要なので、後から修正したくなりますが、[オブジェクトからクリップ]モードを使うと後からある程度編集できます。

サンプルファイル 02-34.svg

消しゴムツールで消した後の編集

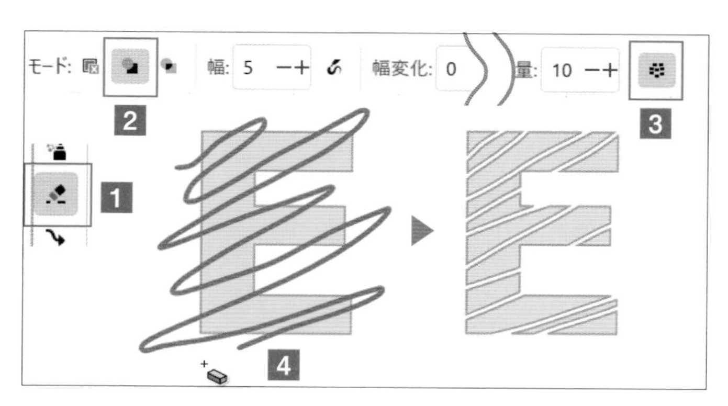

軌跡と分離の設定をしてドラッグ

オブジェクトを分断した後にパーツを編集したい場合は、消しゴムツールを選び1、ツールコントロールバーの［パスとシェイプから切り取る］モード2と［カットしたアイテムを分離］をオンにします3。幅や質量などを設定し、オブジェクトの上をドラッグします4。

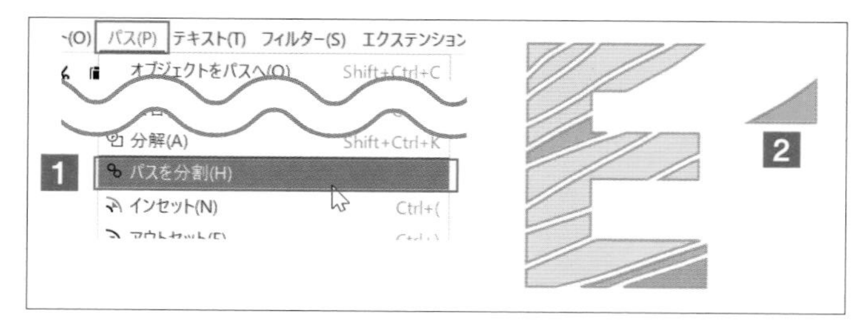

後からアイテムを分離するには

［カットしたアイテムを分離］のオンを忘れてしまった場合、オブジェクトを選択して、［パス］メニュー→［パスを分割］を選ぶと1、分断されたパーツを編集できるようになります2。

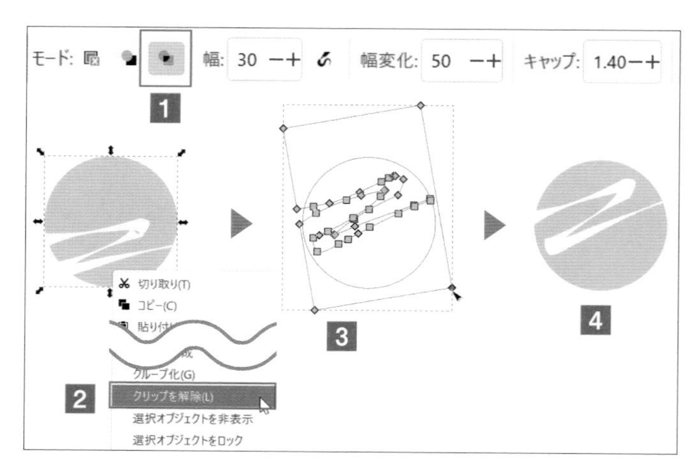

後からクリップパスの修正

［オブジェクトからクリップ］モード1で［消した］場合は、ノードツールで選択すると、クリップされたノードを修正できます。クリップ部分を回転させるなどの修正は、クリップをいったん解除してください2。パスの編集もしやすくなります(ここでは回転)3。編集後は再度クリップします4。クリップオブジェクトの編集についてはP.119を参照してください。なお、アウトラインオーバーレイモードでは右クリックからのクリップができないので、アウトラインや標準モードから適用します。

CHAPTER

03

THE PERFECT GUIDE FOR INKSCAPE

レイヤーの設定

01 レイヤーの基本

新規ファイル作成時は自動的に「Layer1」というレイヤーが作成され、アクティブになっています。そのままでも、レイヤーを消してから作業しても、特に問題はありません。また、特定のレイヤー内にオブジェクトを作成するには、そのレイヤーをアクティブにしてから作業します。

サンプルファイル 03-01A.svg、03-01B.svg

レイヤー構造の基本

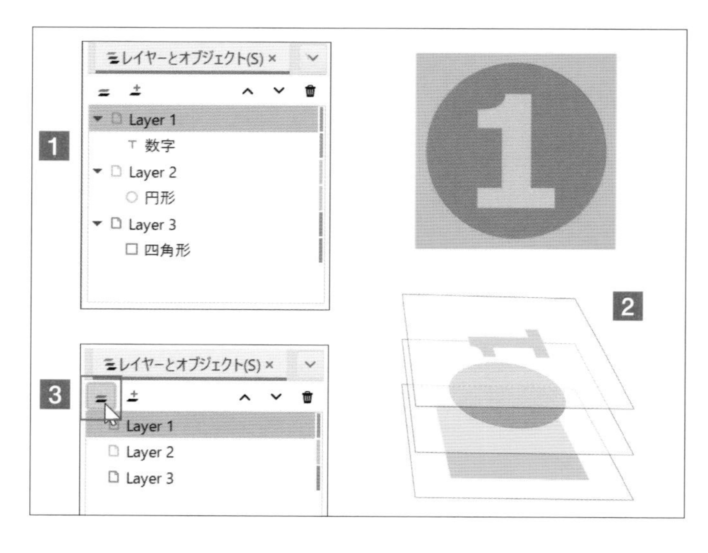

ダイアログでの表示はそのまま重ね順

レイヤーを複数作成してそれぞれにオブジェクトを配置し、［レイヤーとオブジェクト］ダイアログを確認すると1、上から下に表示された順番が、そのまま重ね順になっていることがわかります2。オブジェクトでレイヤーがわかりにくい場合は、ダイアログ左上の［レイヤーのみのビューに切り替え］をクリックします3。元に戻すには、再度クリックしてオフにします。また、レイヤー名を後から変更するときはレイヤー名をダブルクリックします。

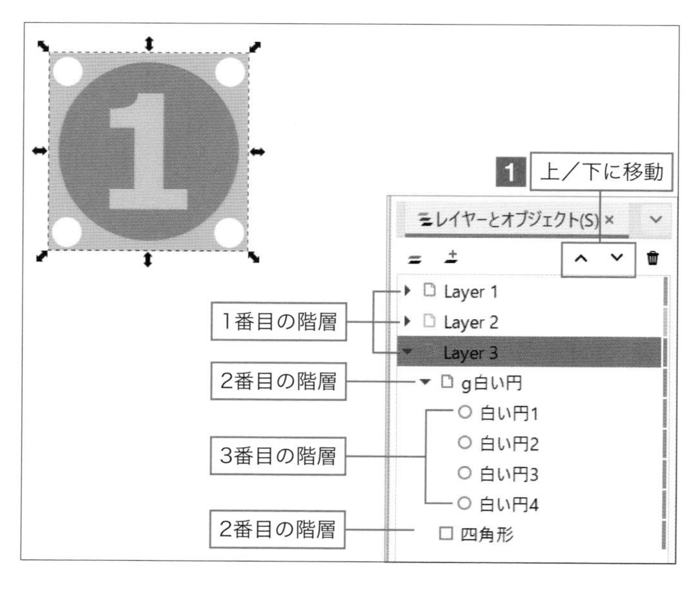

階層構造

同じ階層のレイヤー同士はダイアログ右上のボタンで重ね順を変えることができます1。またレイヤーの中にサブレイヤーやグループを作成し、階層を深くすることもできます。階層が違うものを別のレイヤーに移動させるには、重ね順の変更ではなく［別レイヤーに移動］などのコマンドや、ダイアログでのドラッグが必要です。なお、グループはレイヤーに、レイヤーはグループに変換することができます。

レイヤーを追加／削除する

レイヤーは、[レイヤーとオブジェクト]ダイアログで追加できます。レイヤー名と位置(重ね順)を設定して作成してください。どちらも後から変更できます。新規ファイルを作成して、試してみてください。

レイヤーの追加／削除

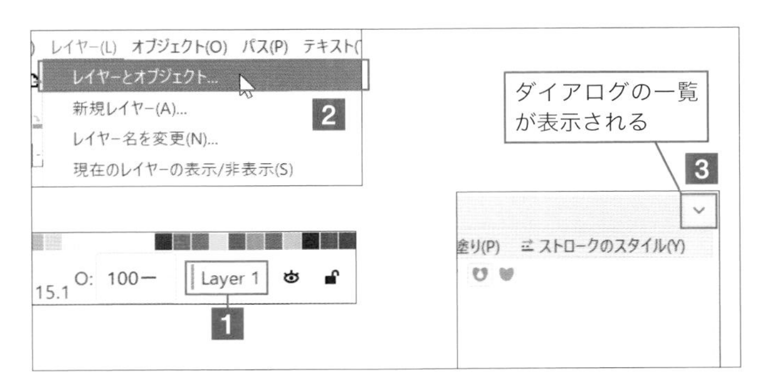

[レイヤーとオブジェクト]ダイアログを表示

ウィンドウ下端の［現在のレイヤー］をクリックするか1、または［レイヤー］メニュー→［レイヤーとオブジェクト］を選んで2、[レイヤーとオブジェクト]ダイアログを表示します。ほかのダイアログがすでに表示されている場合には、右上のボタンをクリックして3、一覧から［レイヤーとオブジェクト］を選んでも表示されます。

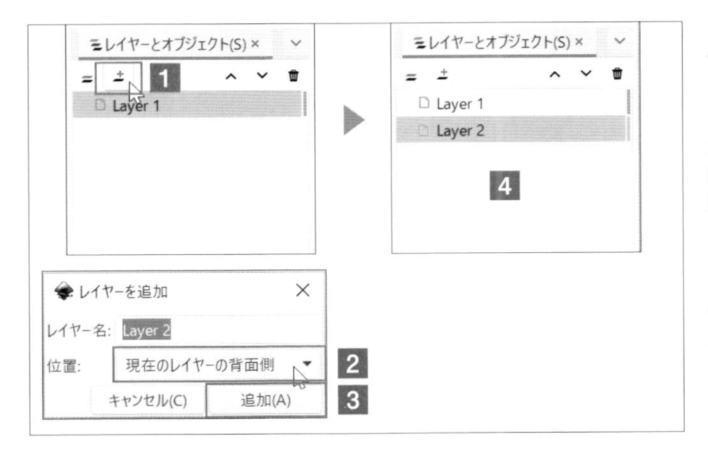

レイヤーの追加

［レイヤーとオブジェクト］ダイアログの［レイヤーを追加］ボタンをクリックするか1、または［レイヤー］メニュー→［新規レイヤー］を選びます。［レイヤーを追加］ウィンドウで必要なら［レイヤー名］を入力し、［位置］を指定して2、［追加］をクリックします3。ダイアログに新規レイヤーが表示されます4。レイヤー名部分をダブルクリックすると、レイヤー名を変更できます。

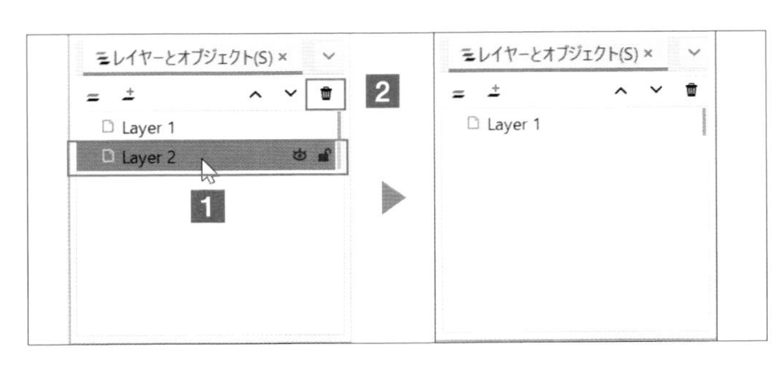

レイヤーの削除

ダイアログで削除したいレイヤーを選択し1、右上の削除ボタンをクリックするか2、または［レイヤー］メニュー→［現在のレイヤーを削除］を選びます。

03 レイヤーの表示／非表示を切り替える

オブジェクトをレイヤーに分けて作成しておくと、一時的に隠したい複数のオブジェクトがあるときに、レイヤー全体を表示／非表示にでき便利です。

サンプルファイル 03-03.svg

レイヤーの表示／非表示

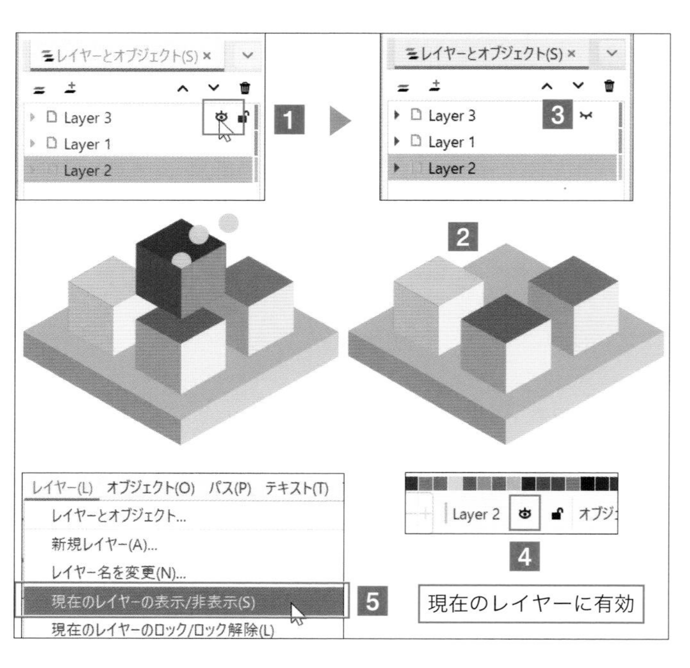

表示／非表示の基本

［レイヤーとオブジェクト］ダイアログで表示または非表示にしたいレイヤーの目のアイコンをクリックします1（レイヤーを選択していなくてもクリックできます）。レイヤーに属するオブジェクトが非表示になり2、目のアイコンは閉じた状態になります3。また、現在のレイヤーを非表示にするには、上記の方法のほかにウィンドウ下部のステータスバーの［現在のレイヤー］横にある目のアイコンをクリックするか4、［レイヤー］メニュー→［現在のレイヤーの表示／非表示］を選んで5設定できます。

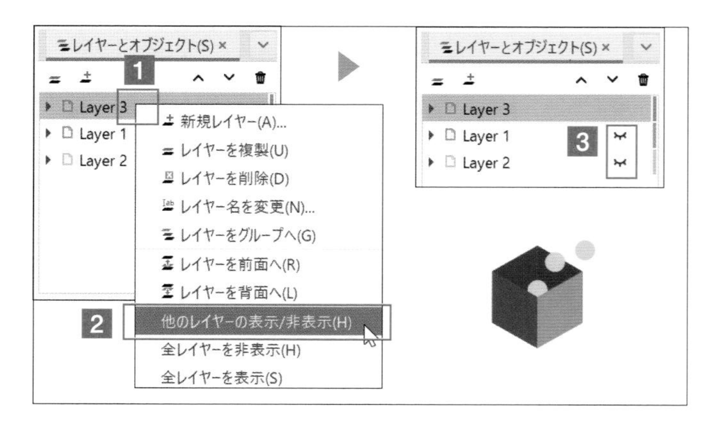

選択レイヤー以外をすべて非表示

［レイヤーとオブジェクト］ダイアログでレイヤーを右クリックして1、表示されたメニューから［他のレイヤーの表示／非表示］を選ぶと2、ほかのレイヤーを一気に非表示にすることができます3。再度［他のレイヤーの表示／非表示］を選択すると元に戻ります。

レイヤーをロック／アンロックする

オブジェクトの重なり順によって、どうしても選択してしまいやすいオブジェクトがある場合は、ロックしておくと選択できなくなり、作業がしやすくなります。レイヤーごとロックすることも、レイヤー内の一部のオブジェクトをロックすることも可能です。

サンプルファイル 03-04.svg

レイヤーのロック／アンロック

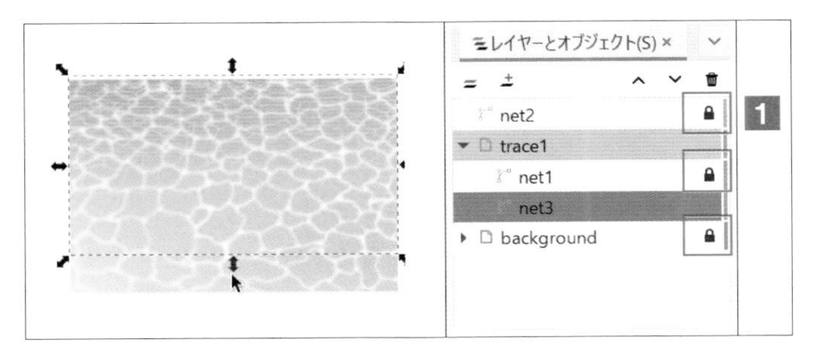

鍵のアイコンをクリック

作業の邪魔になるレイヤーや、同じレイヤー内のオブジェクトの鍵のアイコンをクリックしてロックします1。なお、非表示にしているレイヤーのオブジェクトはロックしなくても選択されません。ロックを解除するにはもう一度鍵のアイコンをクリックします。

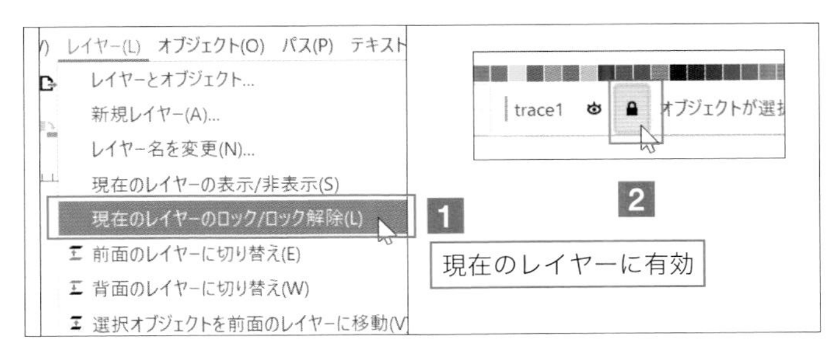

現在のレイヤーのロック

ロックの対象が現在のレイヤーだけでよい場合は、［レイヤー］メニュー→［現在のレイヤーのロック／ロック解除］1、またはステータスバーの［現在のレイヤー］横にある鍵のアイコンをクリック2してもロック／ロック解除できます。

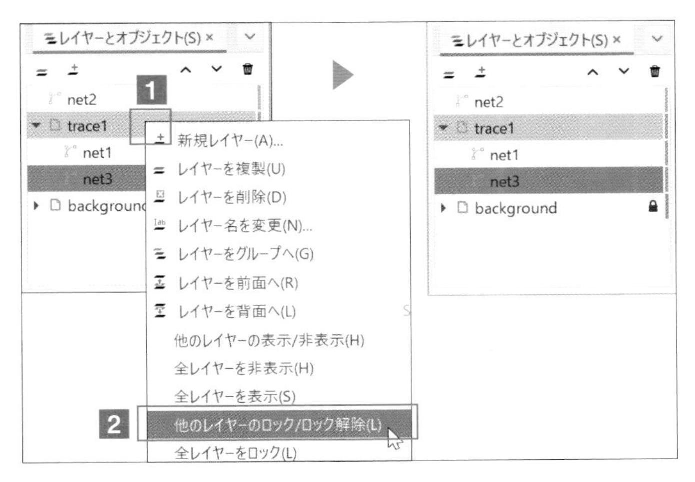

選択レイヤー以外をすべてロック

［レイヤーとオブジェクト］ダイアログでレイヤーを右クリックして1、表示されたメニューから［他のレイヤーのロック／ロック解除］を選ぶと2、ほかのレイヤーを一気にロックすることができます。再度［他のレイヤーのロック／ロック解除］を選択すると元に戻ります。※対象はレイヤーだけで、同一レイヤーのオブジェクトやレイヤー外のオブジェクトなどはロックされません。

05 選択レイヤーにオブジェクトを作成する

[レイヤーとオブジェクト]ダイアログで、レイヤーを選択してからオブジェクトを作成すると、オブジェクトは選択したレイヤー内に配置されます。

サンプルファイル 03-05.svg

レイヤーを指定してオブジェクトを作成する

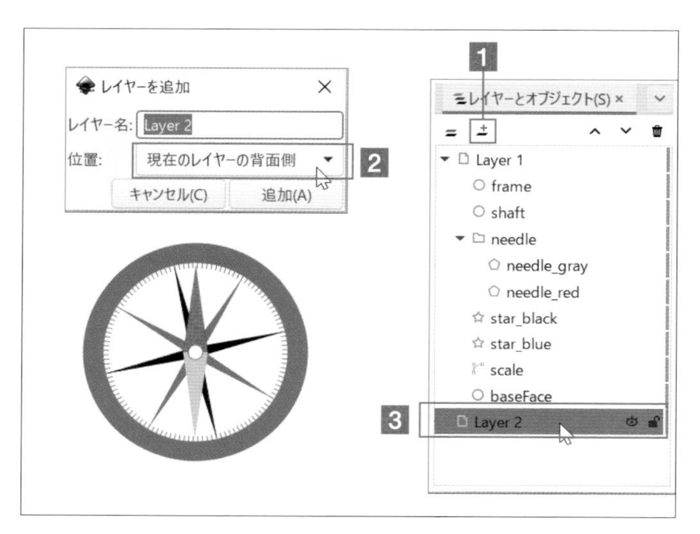

1 レイヤーを選択する

左の例は特にレイヤーを意識せずに作業した後、[レイヤーとオブジェクト] ダイアログで [レイヤーを追加] をクリックし1、[現在のレイヤーの背面側] を指定して2、作成したレイヤーを選択した状態3です。最初からあった [Layer1] と同じ階層に [Layer2] があります。

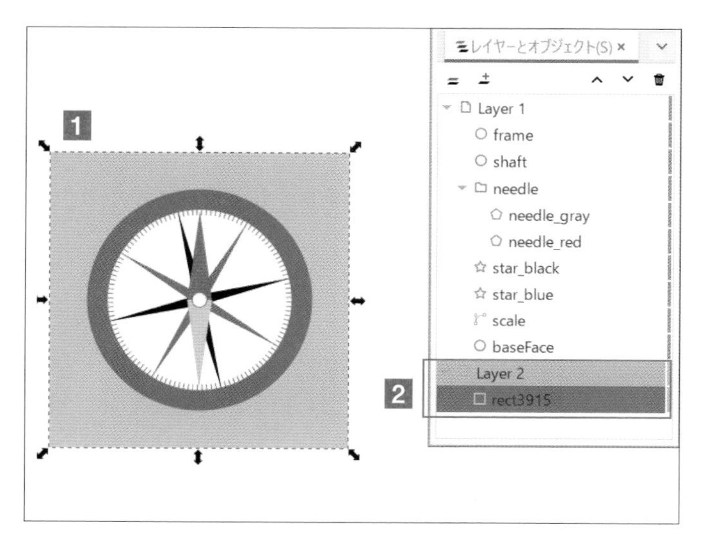

2 オブジェクトを作成する

オブジェクトを作成します1。ダイアログを見ると、選択していたレイヤーの下に配置されていることが確認できます2。

オブジェクトを別のレイヤーに移動する

階層を超えたオブジェクトの移動方法は、ダイアログでの右クリックして表示されるメニューからのコマンドと、ドラッグでの移動があります。ここではコマンドを紹介します。

サンプルファイル 03-06.svg

オブジェクトを別レイヤーに移動する

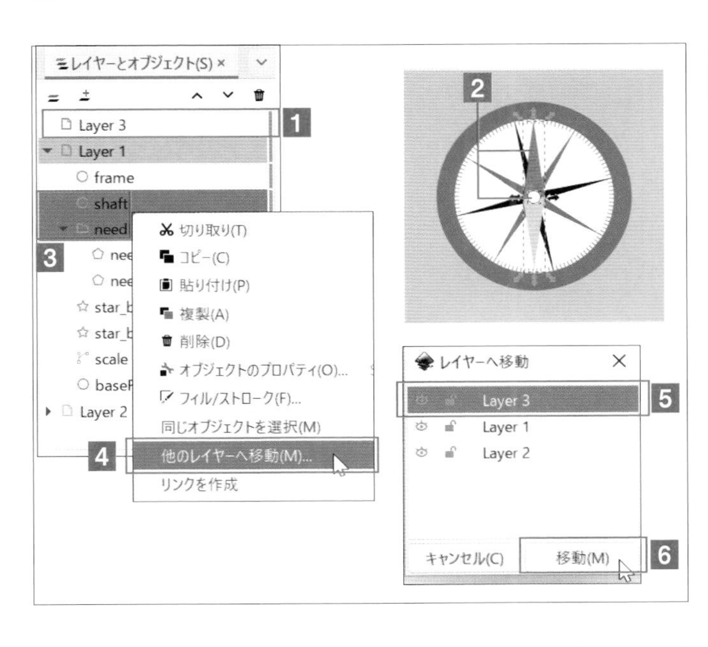

1 新規レイヤーにオブジェクトを移動する

［レイヤーとオブジェクト］ダイアログで［Layer1］の前面に新規レイヤー［Layer3］を作成しておきます1。キャンバスで磁石の針とシャフトを選択します2。［レイヤーとオブジェクト］ダイアログでは、選択したオブジェクトの名称がハイライト表示されるので3、右クリックして表示されたメニューから［他のレイヤーへ移動］を選びます4。［レイヤーへ移動］ウィンドウで移動先に［Layer3］を選び5、［移動］をクリックします6。

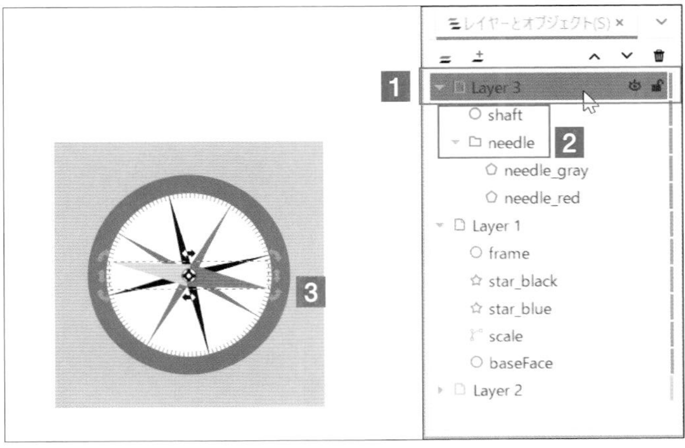

2 移動先レイヤーを確認する

［レイヤーとオブジェクト］ダイアログで移動先のレイヤーである［Layer3］を選択し1、選択したオブジェクトが移動していることを確認します2。オブジェクトは［Layer3］のオブジェクトとして編集できます(ここでは回転させている)3。

レイヤーの不透明度を設定する

レイヤーにも不透明度を設定できます。オブジェクトの不透明度設定との違いは、同じレイヤーのオブジェクト同士では半透明にならないところです。ブレンドモードも設定できます(P.160を参照してください)。

サンプルファイル 03-08.svg

不透明度を設定する

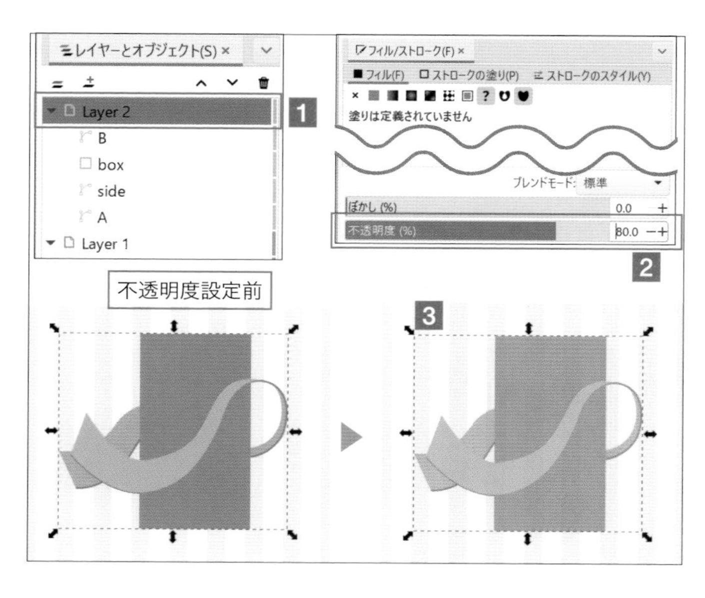

1 レイヤーを選択して透明度を設定する

［レイヤーとオブジェクト］ダイアログでオブジェクトのあるレイヤーの最上部の［Layer2］だけを選びます1。［オブジェクト］メニュー→［フィル / ストローク］を選択し、［フィル / ストローク］ダイアログを表示して［不透明度］を変更します（ここでは「80」）2。レイヤー内部のオブジェクト同士は透過せず、背面のレイヤー（縦縞模様）が見えるようになります3。

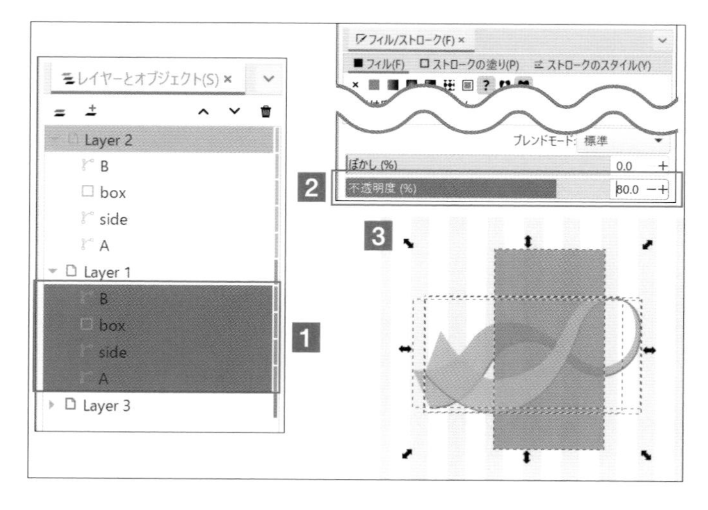

2 オブジェクトを選択して透明度を設定する

レイヤーの不透明度設定と比較するために、オブジェクトに不透明度を設定します。［レイヤーとオブジェクト］ダイアログで［Layer1］のオブジェクトだけを選び1（またはキャンバス下に配置したでオブジェクトだけを選びます)、［フィル / ストローク］ダイアログで不透明度を変更します（ここでは「80」）2。重なったオブジェクト同士が透過し、さらに背面のレイヤーも見えるようになります3。

CHAPTER

▼

04

THE PERFECT GUIDE FOR INKSCAPE

[カラー／パターンの設定]

カラーの設定方法を把握する

最初にどんな方法があるか、ざっと確認しておきましょう。なお、Inkscapeでいう「スタイル」は、おおむねフィルとストロークのカラー、アルファ、ストロークの幅や線種等と不透明度を指します。

カラー設定の方法

このほかにツール独自のスタイル設定などもあります。

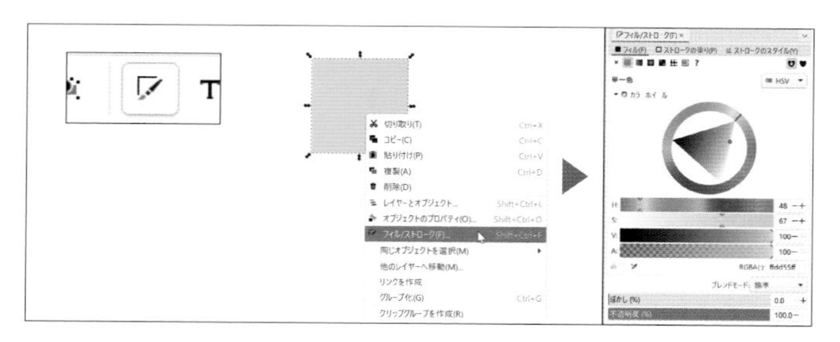

[フィル/ストローク] ダイアログで設定

オブジェクトを選択してから［フィル／ストローク］ダイアログでカラーを設定する方法です。このダイアログで不透明度やグラデーション、ストロークのスタイルなど、さまざまな設定ができます。

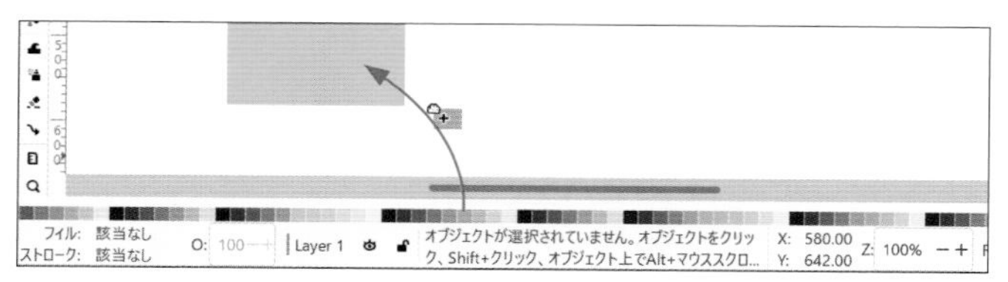

カラーパレットで設定

画面下部のカラーパレットで設定する色をクリックします。単純なカラー設定がすばやくできます。

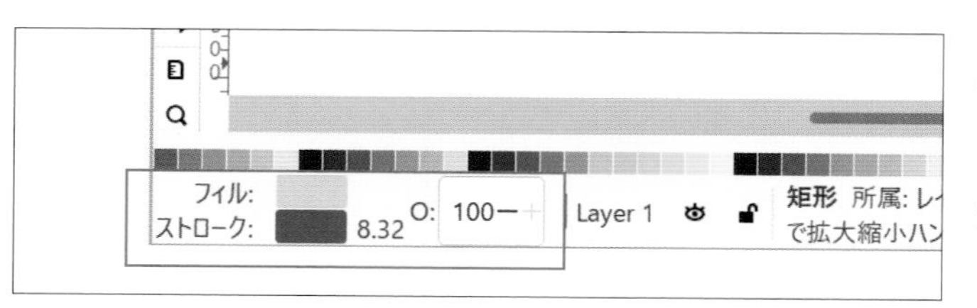

スタイルインジケーターで設定

オブジェクトを選択してから[フィル][ストローク]のボックスを使ってカラーを変更したり、メニューを出して特定のカラーを指定できます。

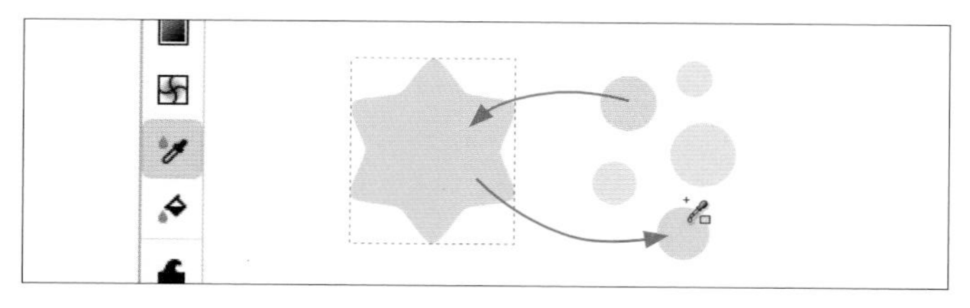

スポイトツール

画像やオブジェクトからカラーを取り込んだり、別のオブジェクトに適用します。

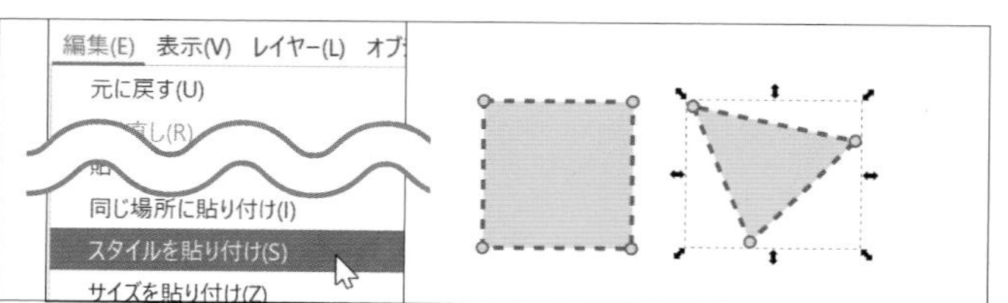

コピー&ペースト

コピー&ペーストでスタイルを別のオブジェクトに適用することができます。

フィル(塗り)のカラーを設定する(ダイアログ使用)

[フィル/ストローク]ダイアログを使ってカラーを設定方法です。カラーセレクションのスタイルやカラーホイールの表示は一度設定すれば保持されます。

サンプルファイル 04-02.svg

[フィル/ストローク]ダイアログで設定する

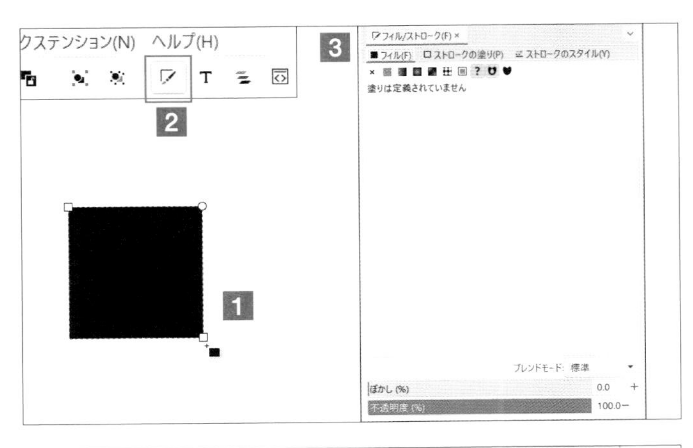

1 オブジェクトを選択してダイアログを開く

オブジェクトを選択した状態にします1。コマンドバーでアイコンをクリックして2、[フィル/ストローク]のダイアログを開きます3。なお、ダイアログの開き方はいくつもあるので、P.138を参照してください。

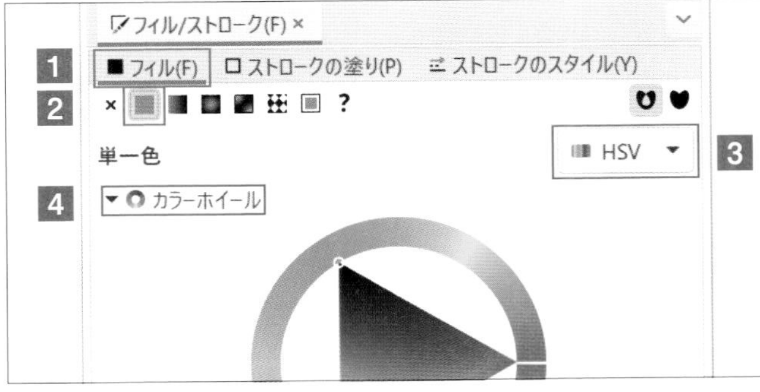

2 [フィル/ストローク]ダイアログで設定する

[フィル]タブをクリックし1、[単一色]を選びます2。カラーセレクションのスタイルを好みで指定し(ここでは「HSV」)3、必要ならカラーホイールを表示させます4。カラーセレクションのスタイルについてはP.138を参照してください。

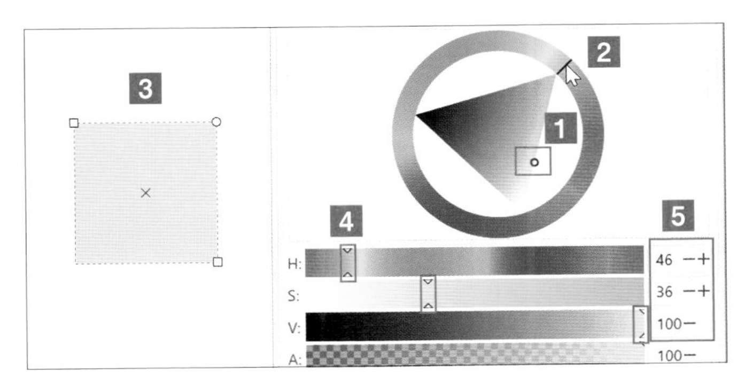

3 カラーを設定する

カラーホイールがある場合は内側の三角形にある○をドラッグして1、さらに色相をドラッグして2、オブジェクトを見ながらカラーを設定します3。ホイールがない場合はスライダーをドラッグするか4、数値を入力して設定します5。

03 フィル(塗り)のカラーを設定する(カラーパレット使用)

カラーパレットではあまり複雑な設定はできませんが、手早くいろいろなカラーを適用したい時に便利です。

サンプルファイル 04-03.svg

カラーパレットでフィルのカラーの設定

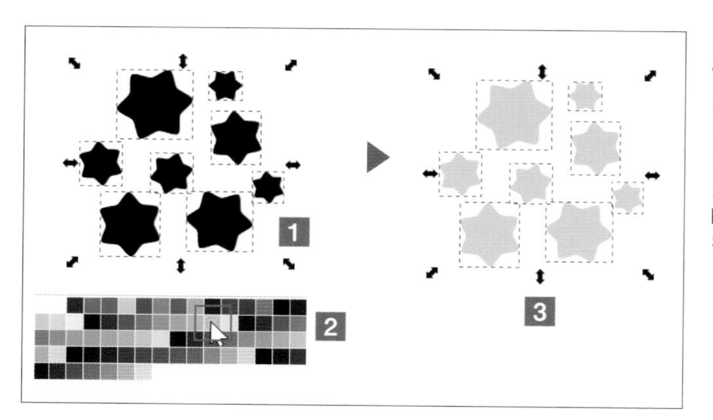

オブジェクトを選択して適用

オブジェクトを選択し1、画面下部のカラーパレットで任意のカラーをクリックして2、フィルのカラーを設定します3。カラーパレットの表示拡張についてはP.149 の「カラーパレットを設定する」を参照してください。

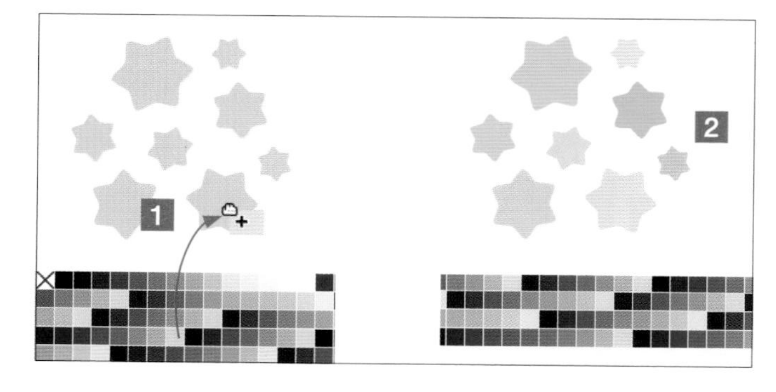

ドラッグして適用

オブジェクトを選択していない状態で、カラーパレットから適当なカラーをドラッグし、オブジェクトのフィル上にドロップしカラーを設定します1。ほかのオブジェクトにも同様に、それぞれ違うカラーをドラッグ＆ドロップしてみます2。オブジェクトの選択が不要なのですばやくカラーを設定できます。

POINT

カラーパレットの左上に表示される×をクリックすると、カラーを［なし］に設定できます。

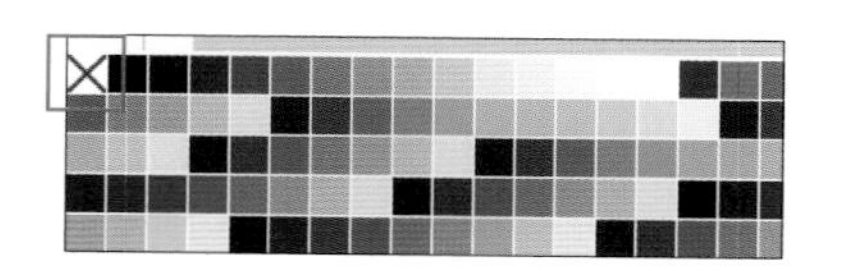

04 フィル(塗り)のカラーを変更する(スタイルインジケーター使用)

ステータスバーのスタイルインジケーターは、現在のカラーが表示されるだけでなく、設定もできます。[フィル/ストローク]ダイアログの[フィル]タブを表示させておくと、以下の操作でカラーホイールやスライダがどう動くかわかります。

サンプルファイル 04-04.svg

スタイルインジケーターでカラーの設定

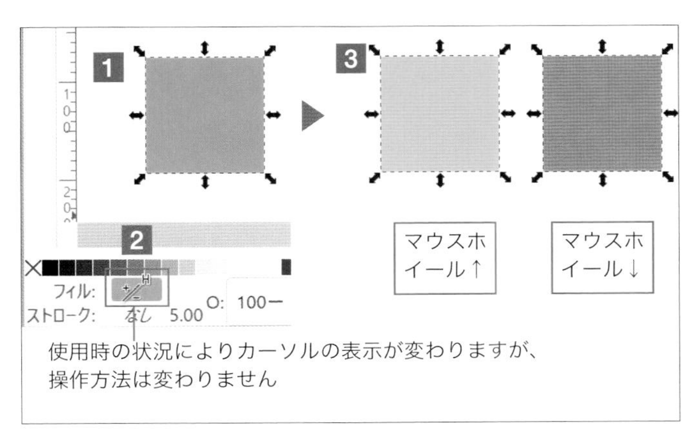

マウスホイールで色相を回転

オブジェクトを選択し1、スタイルインジケーターの［フィル］のカラーボックスにカーソルを合わせ2、マウスホイールを上下に回転させると色相が変わっていきます3。Shift キーを押しながらだと彩度、Ctrl キーを押しながらだと明度、Alt キーを押しながらだとアルファの調整となります。彩度と明るさはあまり広い範囲を動かすことには向いていません。

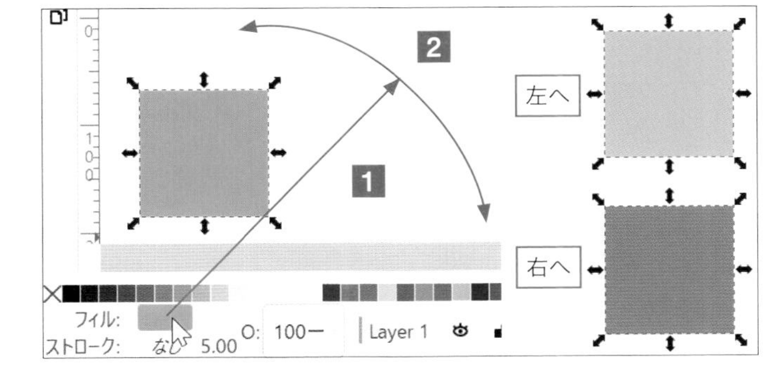

[フィル]のカラーボックスからドラッグしてカラーの調節

オブジェクトを選択し、[フィル]のカラーボックスから斜め右上にマウスをドラッグし1、続けて左右にドラッグすると2、色相が変わっていきます。Shift キーを押しながらだと彩度、Ctrl キーを押しながらだと明度、Alt キーを押しながらだと「アルファ」を変更できます（アルファについてはP.140 の「アルファと不透明度を使いわける」を参照ください）。マウスホイールの回転よりもダイナミックに彩度と明るさを変更できます。

POINT

［フィル］の表示が［なし］［アンセット］［パターン］などの場合や、グラデーションや白／黒などの場合、マウスホイールやドラッグでのカラー調整はできません。最初にカラーパレットで適当なカラーをクリックし、白黒以外の単色にしておきます。

なし　R 円形グラデーション
アンセット　L 線形グラデーション
パターン　M メッシュグラデーション

05 カラーセレクションのスタイルを選ぶ

[フィル/ストローク]ダイアログの表示方法は、[オブジェクト]メニュー→[フィル/ストローク]を選択、コマンドバーのアイコン、オブジェクトの右クリックで[フィル/ストローク]選択、インジケーターの[フィル]カラーのダブルクリックなどがあるので、使いやすい方法を選択してください。

使いやすいスタイルの選択

[フィル/ストローク] ダイアログ右の [カラーセレクションのスタイルを選択] で、使いやすい色空間を指定しておきます。なお、RGB、CMYKはカラーホイールがありません。また、[CMS]はカラープロファイルを読み込んで使用するものなので、ここでは割愛します。

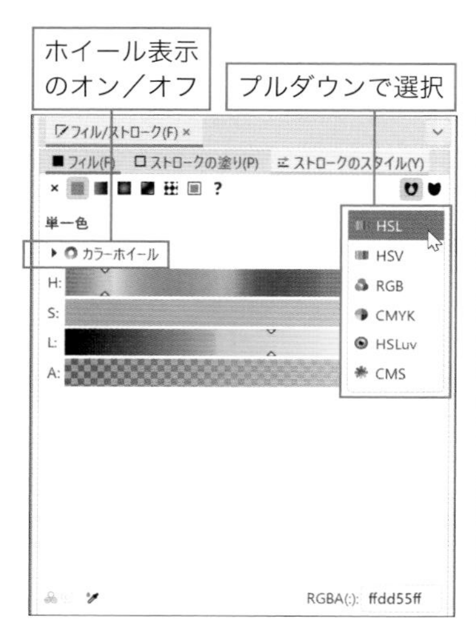

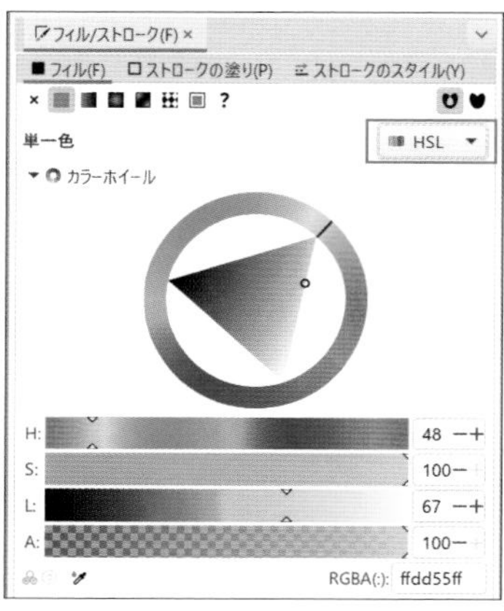
色相(Hue)、彩度(Saturation)、輝度(Lightness)

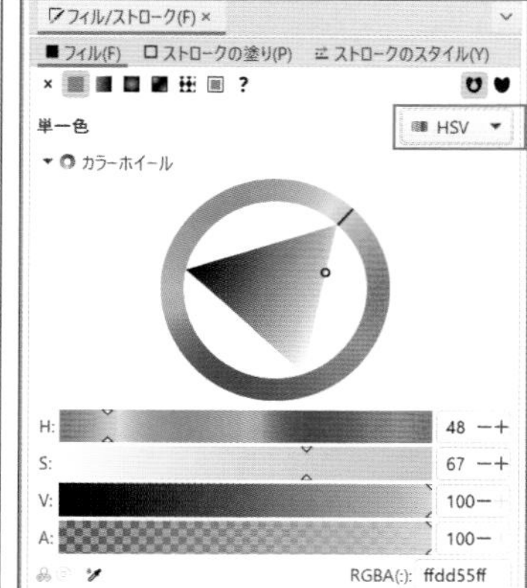
色相(Hue)、彩度(Saturation)、明度(Value)

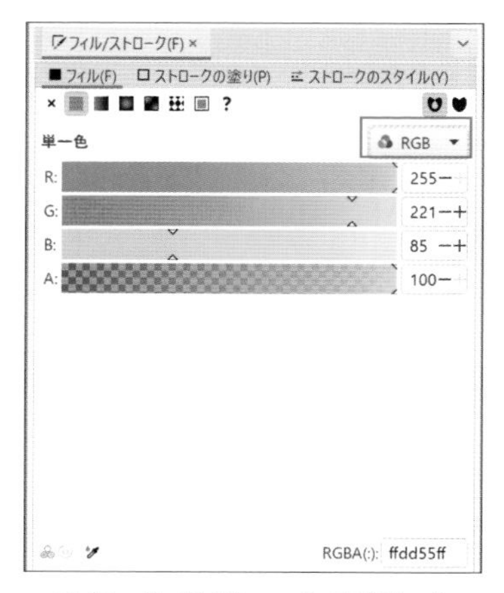
赤(Red)、緑(Green)、青(Blue)

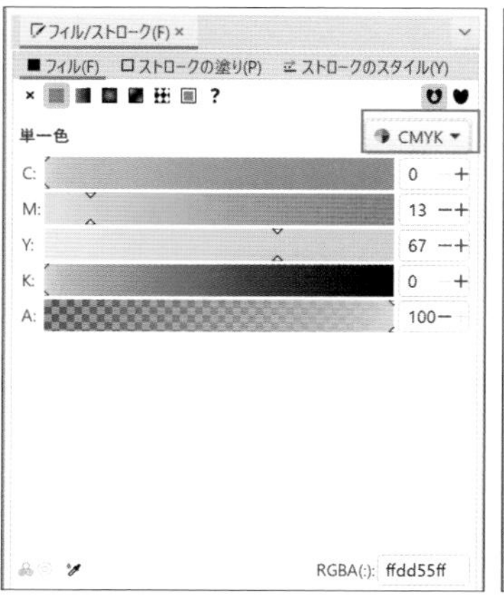
シアン(Cyan)、マゼンタ(Magenta)、イエロー (Yellow)、黒(Key plate)

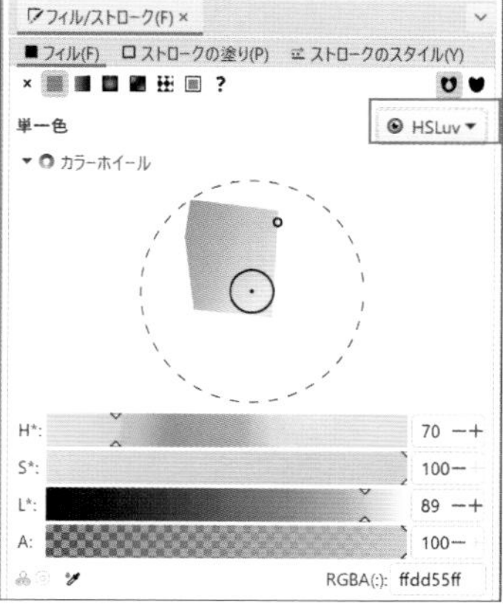
HSLよりも人間の感覚に近い色空間(uvは座標)

オブジェクトの不透明度を設定する

[フィル/ストローク]ダイアログで設定する方法と、スタイルインジケーターで数値入力する方法があります。両方を使ってみましょう。

サンプルファイル 04-06.svg

オブジェクトの不透明度の設定

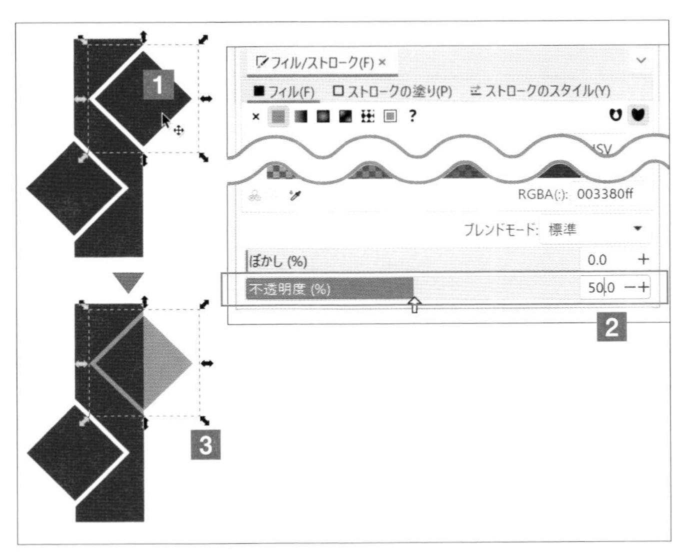

[フィル/ストローク]ダイアログで設定

上のオブジェクトを選択します1。[フィル/ストローク]ダイアログを開き、一番下にある[不透明度]のスライダをドラッグするか、数値入力します(ここでは「50」)2。不透明度が設定されます3。

POINT

ダイアログ内ならタブはどれを選択していてもかまいません。

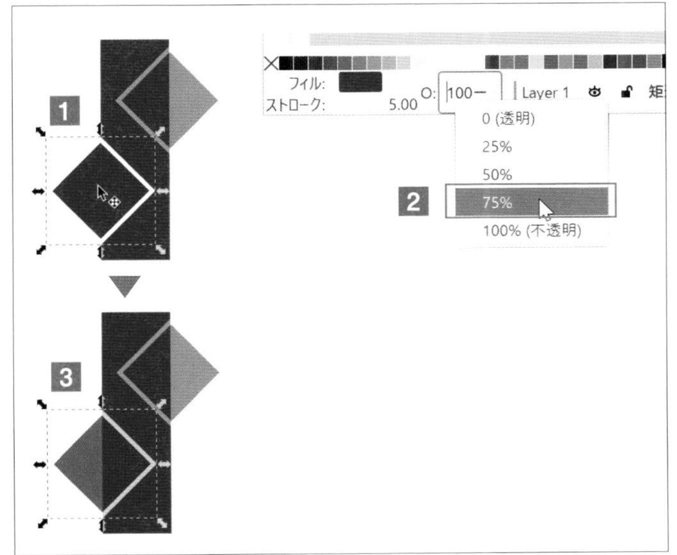

スタイルインジケータで設定

下のオブジェクトを選択し1、ステータスバーのスタイルインジケータの不透明度のボックス内で右クリックして、75%を選択します2。不透明度が設定されます3。

POINT

ボックス上にカーソルを置き、マウスホイールを上下させても変更できます。

07 アルファと不透明度を使いわける

[不透明度]は、オブジェクトの[フィル]と[ストローク]の両方に適用されます。[アルファ]も不透明度の設定ですが、[フィル]と[ストローク]に対して個別に設定できます。[不透明度]と[アルファ]は、同時に適用できるので、必要に応じて使いわけてください。

サンプルファイル 04-07.svg

不透明度とアルファを設定する

[フィル] と [ストローク] のアルファは互いに透明になるため、両方に設定すると重なりが出てしまいます。[アルファ] は [フィル] だけを透明にしたい場合に使ったほうがよいでしょう。

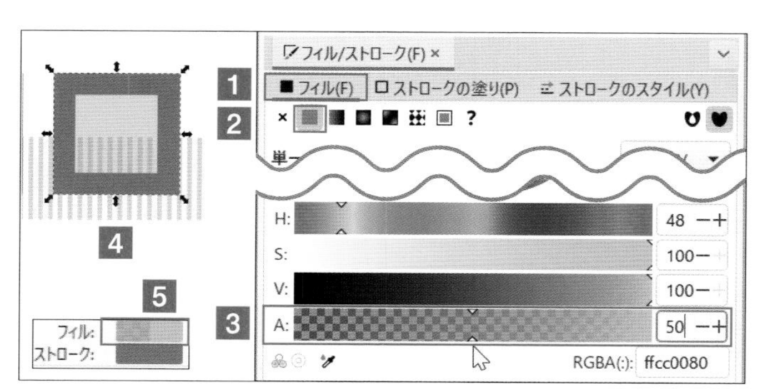

1 [フィル]のアルファを設定する

オブジェクトAを選択し、[フィル / ストローク] ダイアログで [フィル] タブを選び1、単一色を選びます2、スライダアルファチャンネル（「A」と表記）を「50」にします3。フィルだけが半透明になります4。ステータスバーのスタイルインジケーターには、右側に元の色、左側にアルファ適用後の色が表示されます5。

2 フィルとストロークのアルファを設定する

次にBを選択します。上記と同様にフィルのアルファを「50」に設定してあります。[ストロークの塗り] タブを選び1、単一色を指定して2、アルファを「50」に設定します3。フィルとストロークが重なっている部分がわかります4。

3 オブジェクト全体の不透明度を設定する

オブジェクトCを選択し、[フィル / ストローク] ダイアログの下方にあるスライダで不透明度を「50」に設定します1。全体が半透明になります2。

不透明度の設定を除去する

[アルファ]や[不透明度]を使っている場合、意図しない透明効果が残ってしまうことがあります。不透明度を元に戻す手順を覚えておきましょう。

サンプルファイル 04-08.svg

不透明度の設定を順番に解除する

グループやレイヤーを使用した場合は[レイヤーとオブジェクト]ダイアログで選択して確認しましょう。

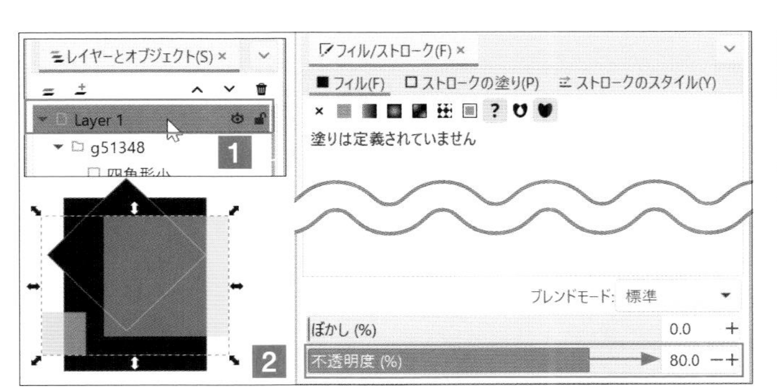

1 レイヤーの不透明度を「100」にする

[レイヤーとオブジェクト] ダイアログを表示し [Layer1] を選択します1。[フィル / ストローク]ダイアログで[不透明度]を「100」にします2。

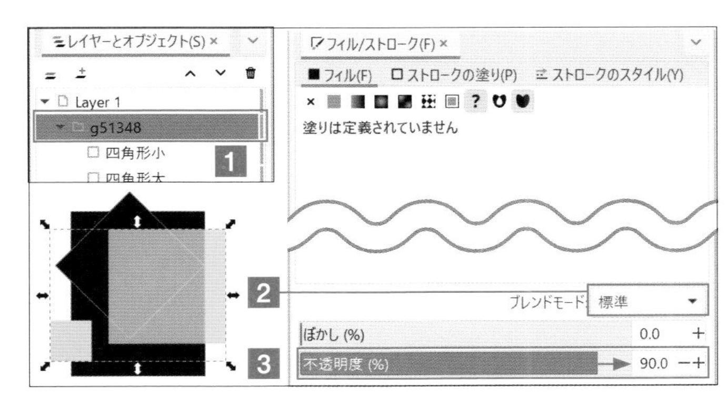

2 グループの不透明度を「100に」する

[レイヤーとオブジェクト] ダイアログで黄色い四角形のグループオブジェクトを選択し1、[フィル / ストローク] ダイアログで [ブレンドモード] を「標準」にし2、[不透明度] を「100」にします3。

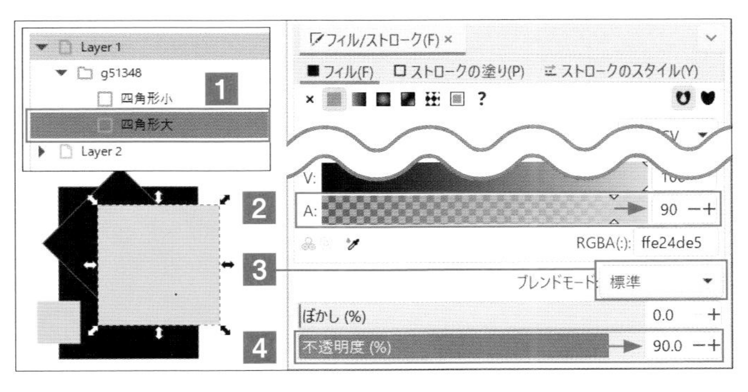

3 オブジェクトとアルファの不透明度を「100」にする

[レイヤーとオブジェクト] ダイアログで大きいほうの黄色い四角形だけを選択します1。[フィル / ストローク] ダイアログで [フィル] の [アルファ] を「100」2、[ブレンドモード] を「標準」にし3、オブジェクトの [不透明度] を「100」にします4。

オブジェクトのぼかしを設定する

[フィル/ストローク]ダイアログで単純なぼかしを設定します。

サンプルファイル 04-09.svg

[フィル/ストローク]ダイアログで設定する

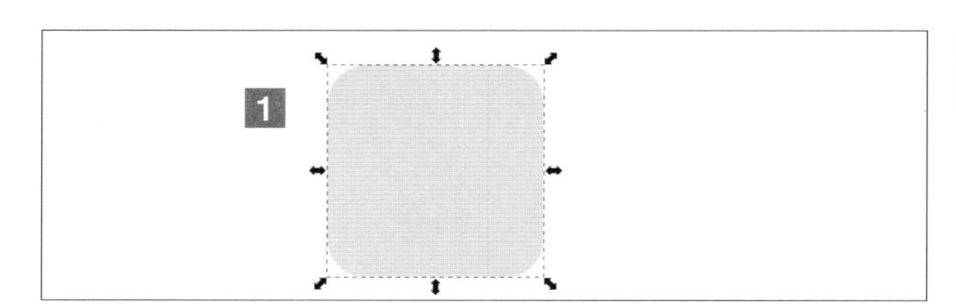

1 オブジェクトを選択する

オブジェクトを選択します1。

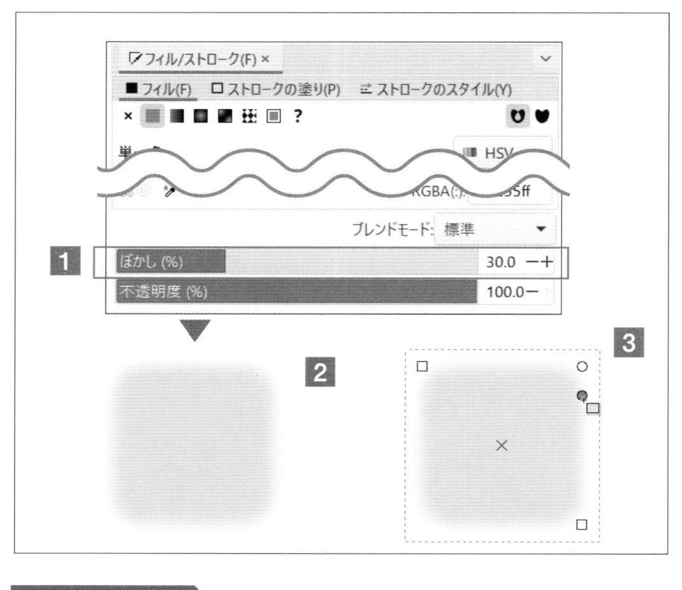

2 ぼかしを設定する

[フィル/ストローク] ダイアログの [ぼかし] で効果を見ながらスライダを動かします12。値を「0」にすればぼかしのない状態に戻ります。図形の操作はぼかしを適用したままでも行えます3。

POINT

複雑なぼかしは [フィルター] → [ぼかし] の機能を適用したほうがよいでしょう。フィルターによってはオブジェクトをパスに変換する必要があります。またエクステンションにもぼかしがありますが、画像に対してのみ有効です。

ストローク（線）のカラーと線幅を設定する（ダイアログ使用）

オブジェクトのストローク（線）には、カラーと線幅を設定できます。ストロークの設定の基本となるものです。

サンプルファイル 04-10.svg

ストロークのカラーと線幅を設定する

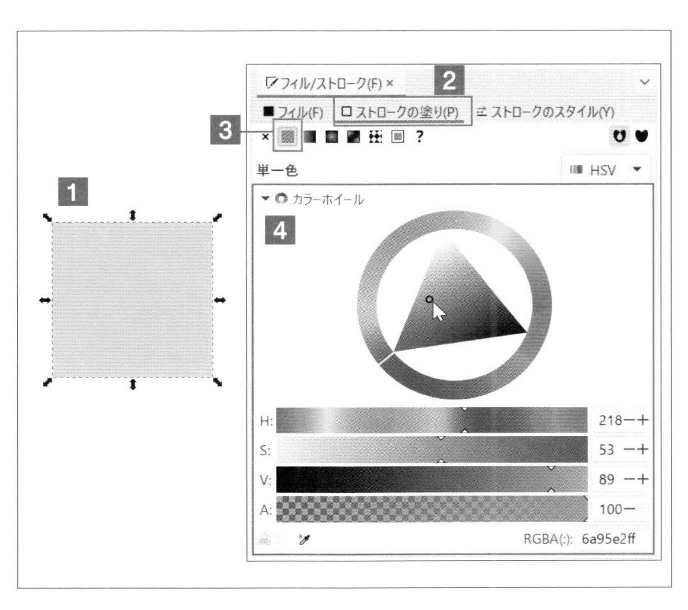

1 [ストロークの塗り] でカラーを設定する

オブジェクトを選択し1、[フィル / ストローク]ダイアログの[ストロークの塗り]タブを選択します2。[単一色] を選択し3、カラーホイールやスライダでカラーを設定します4。すでに線幅が設定されているオブジェクトでなければ、カラーを指定しただけでは線は表示されません。

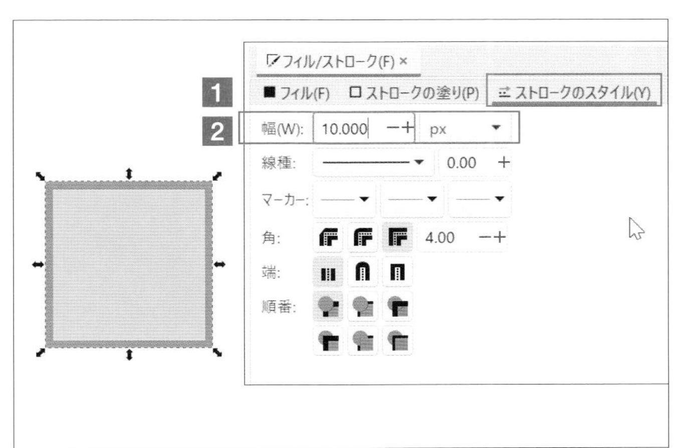

2 [ストロークのスタイル] で線幅を設定する

[ストロークのスタイル]タブを選択し1、[幅] で単位を選択してから太さを入力します（ここでは「10px」）2。

POINT

線はオブジェクトの輪郭線上（パス上）に作成されるため、オブジェクト全体のサイズが変わります。

ストローク（線）のスタイルを設定する（インジケーター使用）

ステータスバーのスタイルインジケーターでできるストロークの設定は、カラーと線幅の指定だけです。そのほかの設定はカラーボックスを1回クリックして[フィル/ストローク]ダイアログで設定してください。

サンプルファイル 04-11.svg

インジケーターを使ったストロークの設定

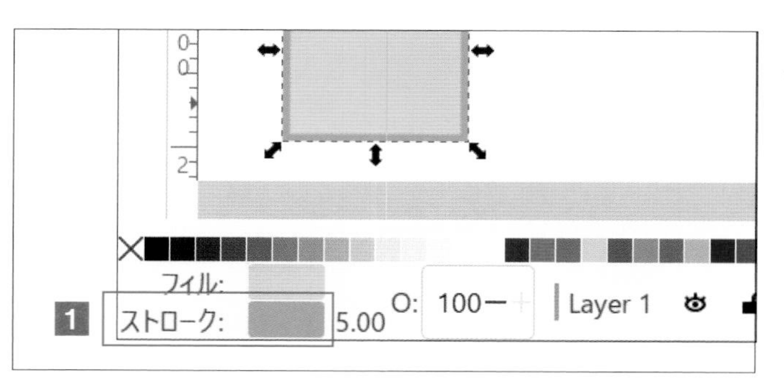

ストロークのカラー設定

スタイルインジケーターの［ストローク］のカラーボックス1を使ったカラーの設定は、フィルと同様で、マウスのカラーホイールを回転させるか、右上にドラッグして設定できます。P.137 を参照してください。

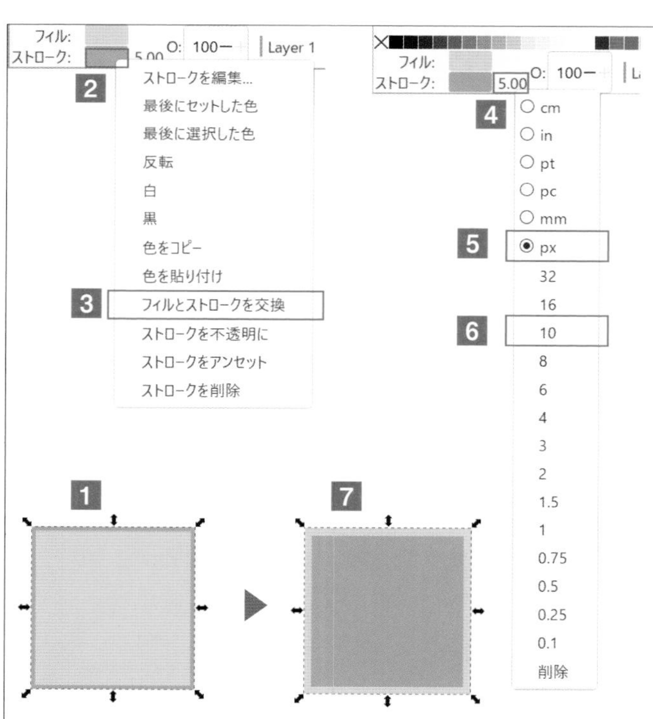

右クリックのメニューから設定

オブジェクトを選択し1、［ストローク］のカラーボックスを右クリックし2、［フィルとストロークの交換］を選びます3。また、ストローク幅の数字を右クリックして4、設定する単位にチェックを入れ（ここでは「px」）5、線幅を選びます（ここでは「10」）6。［フィル］のから一、［ストローク］のカラーと線幅が変わりました7。

POINT

数字の上にカーソルを置き、マウスホイールを上下させても幅の数値が変わります。

POINT

カラーボックス部分を中ボタンクリックすると、カラーの削除と黒がトグルで適用されます。

ストローク(線)のカラーを設定する(カラーパレット使用)

カラーパレットを使っても、[ストローク]のカラーを設定できます。[フィル]との違いを覚えて、間違えずに設定してください。

サンプルファイル 04-12.svg

カラーパレットでストロークのカラーを設定

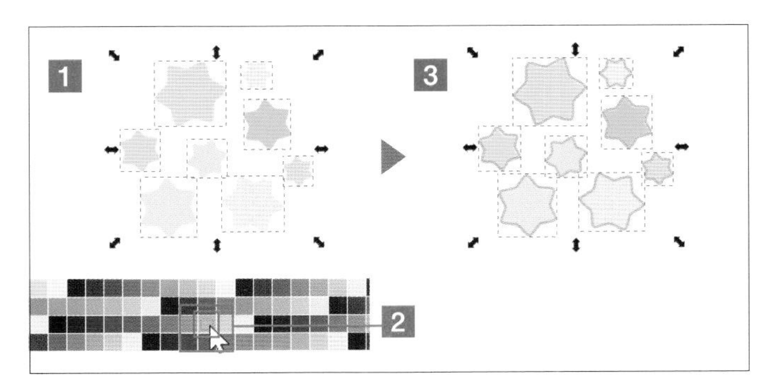

Shift キーでストロークのカラーを設定

オブジェクトを選択し1、カラーパレットで Shift キーを押しながら任意のカラーをクリックします2。[ストローク]にカラーが設定されます3。パレットの表示拡張については「P.149 の「カラーパレットを設定する」を参照してください。

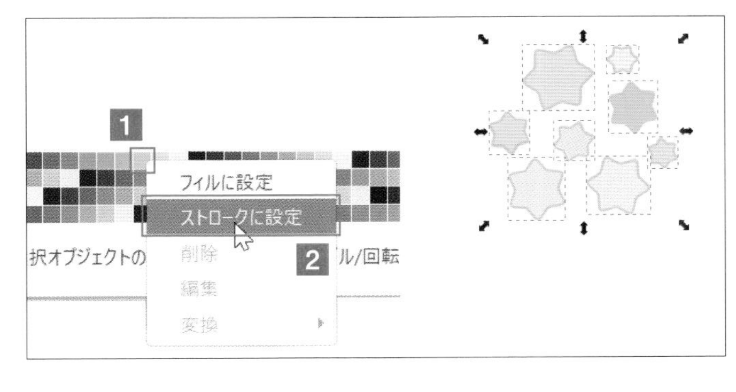

右クリックでストロークのカラーを設定

オブジェクトを選択し、カラーパレットで任意のカラーを右クリックして1、[ストロークに設定]を選びます2。

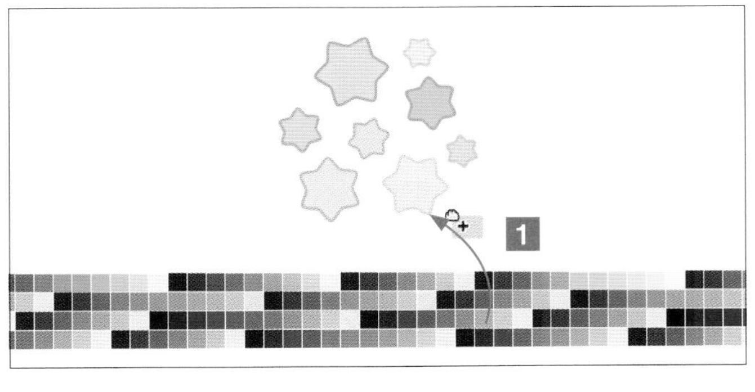

輪郭線上にカラーをドラッグ

オブジェクトが選択されていない状態で、カラーパレットから適当なカラーをドラッグし、オブジェクトの縁にドロップすると、カラーを設定できます1。ほかのオブジェクトにも同様に、それぞれ違うカラーをドラッグ＆ドロップしてみましょう。

ストローク（線）の線種を設定する

［ストローク］には、実線だけでなく破線や一点鎖線などの線種を設定できます。［フィル/ストローク］ダイアログの［ストロークのスタイル］で設定します。

サンプルファイル 04-13.svg

破線の設定

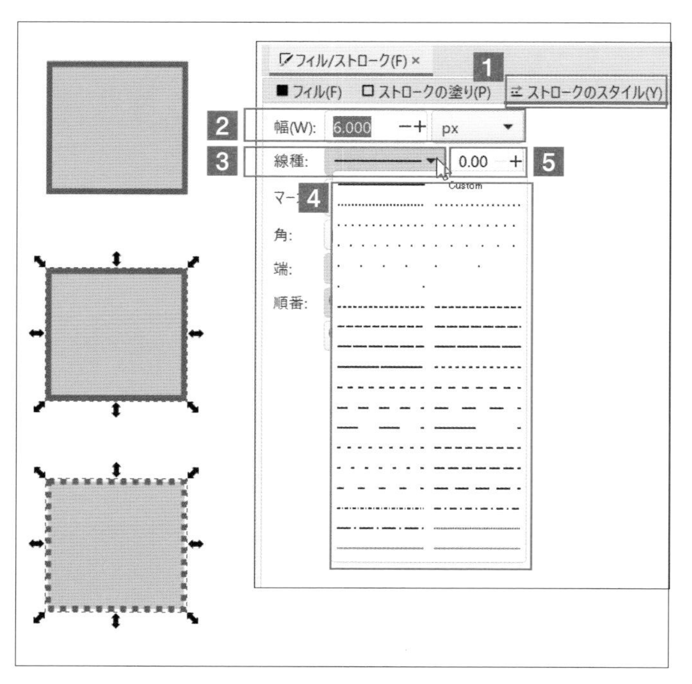

破線を選択して設定

オブジェクトを選択し、［フィル/ストローク］ダイアログの［ストロークのスタイル］タブを選択します1。［幅］を設定した後2、［線種］をクリックしてプルダウンメニューを表示させます3。一覧から線種を選ぶと適用されます4。［パターンのオフセット］5は、破線の開始位置をずらすのに使います。

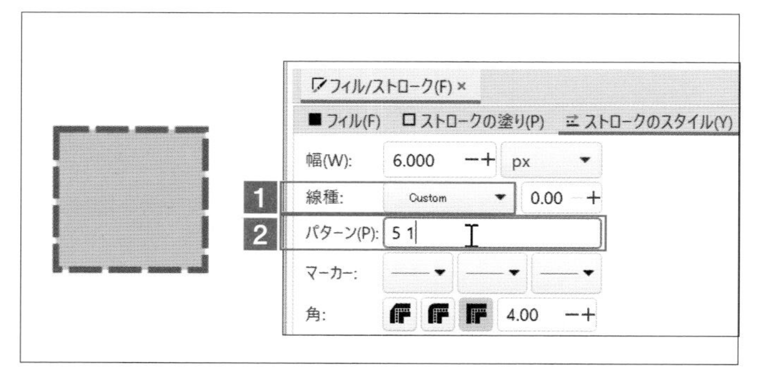

破線を数値指定

［線種］に「Custom」を選択すると1、［パターン］に数値指定して独自の破線を設定できます。「実線の長さ」「空白」「間隔の長さ」を半角文字で入力してください2。「5 1」の設定では、実線部分が「5」、破線部分が「1」の長さになります。単位は線幅に対しての倍数となります。線幅が「1mm」ならパターンの「5」は「5mm」です。［実線］のみだと間隔も同じサイズになります。「5 1 4 1」のように、実線と間隔の長さを変えた破線も設定できます。

ストローク(線)のマーカーを設定する

マーカーは、パスのノードの位置に表示する装飾のことです。矢印や切り取り線のハサミなど、さまざまなマーカーが用意されているので、用途によって適用してください。

サンプルファイル 04-14.svg

マーカーの設定と編集

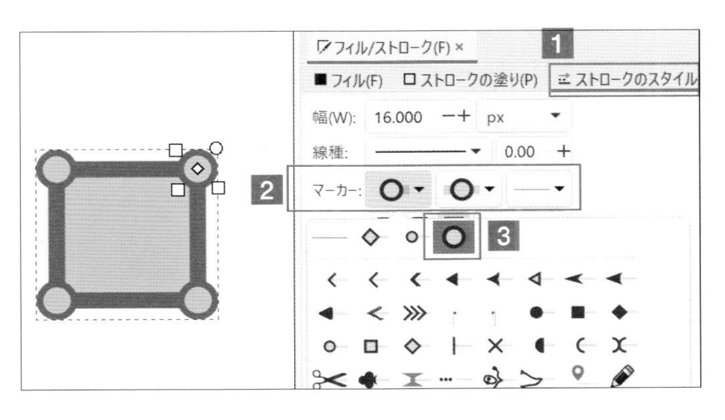

マーカーを選択

オブジェクトを選択し、[フィル/ストローク] ダイアログの [ストロークのスタイル] タブを選択します1。[マーカー] で「始点」(左端のアイコン)、「中間」(中央のアイコン)、「終点」(右端のアイコン) をクリックして2、表示されたポップアップから適用するマーカーを選択します3。閉じた形状の場合、終点は指定する必要はありません。

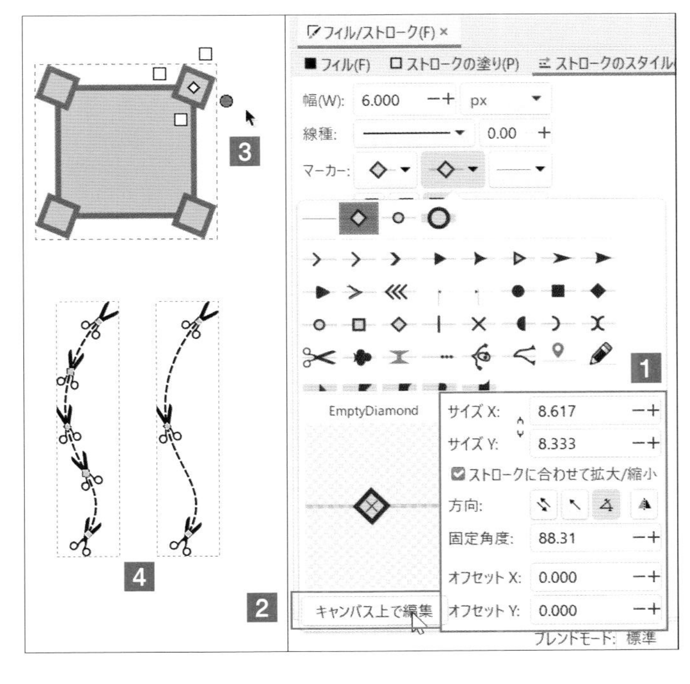

マーカーの編集

マーカーは、ポップアップで、サイズ、方向、角度、オフセット (ノードからずらす距離) なども設定できます1。マーカーは連動しているので、すべてが同時に変わります。[キャンバス上で編集] をクリックすると2、キャンバス上でマーカーを拡大縮小や回転させることができます3。中間点のマーカーはノードごとに表示されます (サンプルの左はノードが5箇所、右は3箇所あります) 4。ノードの数の調節はノードツールで行うことになります。P.178 の「ノードをクリックで追加する」を参照ください。

ストローク（線）のスタイルを設定する

ストロークには、カラーと線幅以外に、角の形状や角のつなぎ目、オープンパスの端の形状を設定できます。また、[フィル]や[マーカー]との重なり順も設定できます。

サンプルファイル 04-15.svg

[フィル/ストローク]ダイアログの設定

[フィル/ストローク] ダイアログの [ストロークのスタイル] タブで設定します。

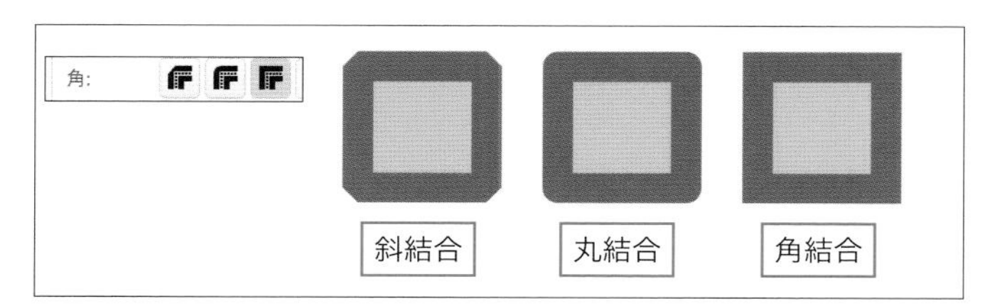

角の形状を選択

ハンドルのないシャープノードの表示方法を指定します。

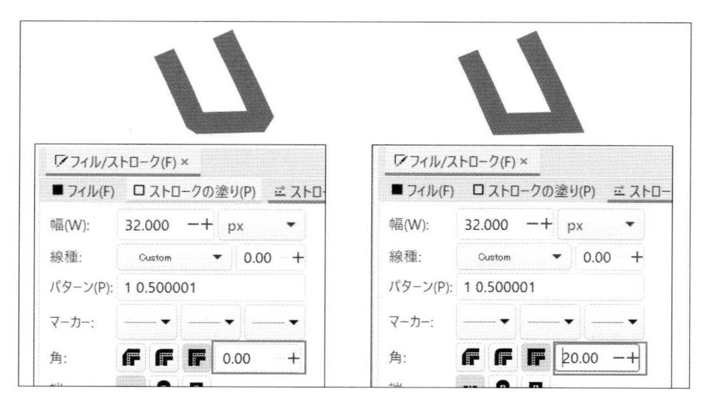

角結合の継ぎ目を設定

[継ぎ目の限界長] は「角結合」のときにアクティブになります。「角結合」では、角度によっては角部分が長くなるため、自動で「斜結合」に変えるしきい値を設定します。

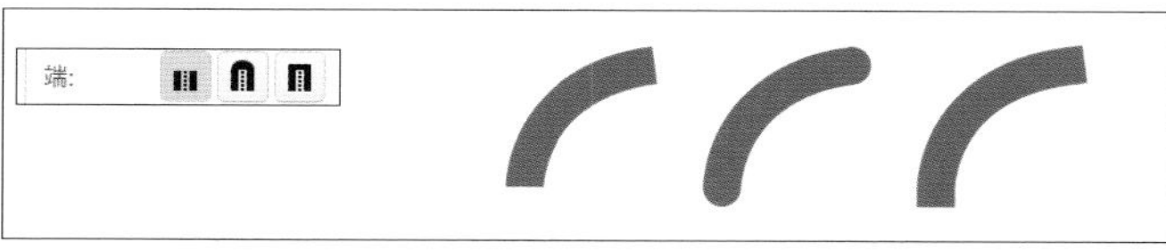

パスの端の形状

開いた形状のパスの端を指定します。

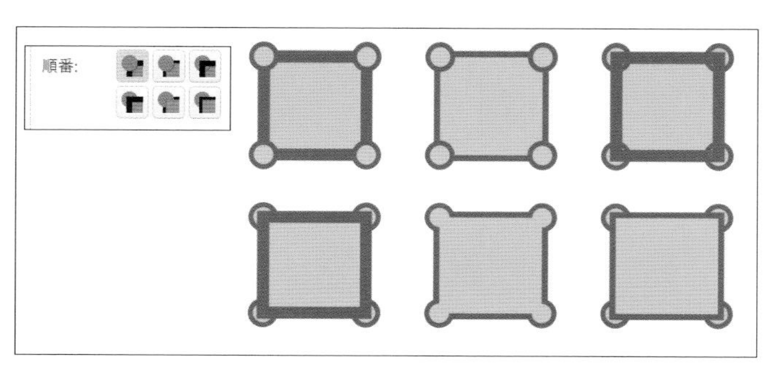

順番

マーカー、ストローク、フィルの重ね順を指定します。

カラーパレットを設定する

画面下部に表示されるカラーパレットは、[フィル]や[ストローク]のカラー設定に便利な機能です。初期状態は1行の表示ですが、行数を増やすこともできます。

パレットの設定

タイルサイズ／縦横比／枠／行などを自分の使いやすい状態にしておきましょう。

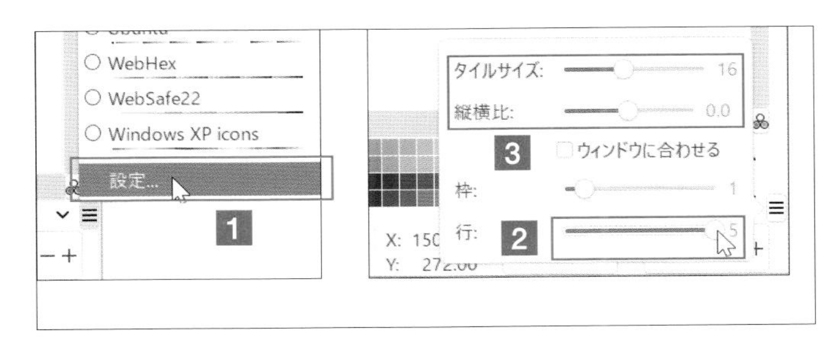

表示される行を増やす設定

パレット右端の≡ボタンをクリックしてメニューから［設定］を選びます1。ポップアップの［行］で、表示行数を設定できます（最大5まで）2。タイルサイズや縦横比は、使いやすいサイズに設定してください3。

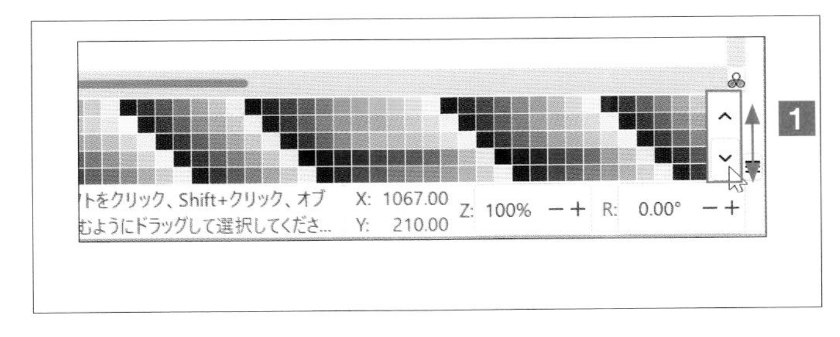

パレットの隠れた部分をスクロールで表示

行を増やしても表示しきれない部分は、パレットの右端のボタンをクリックすることで表示させます1。マウスホイールを回して表示を変えられます。

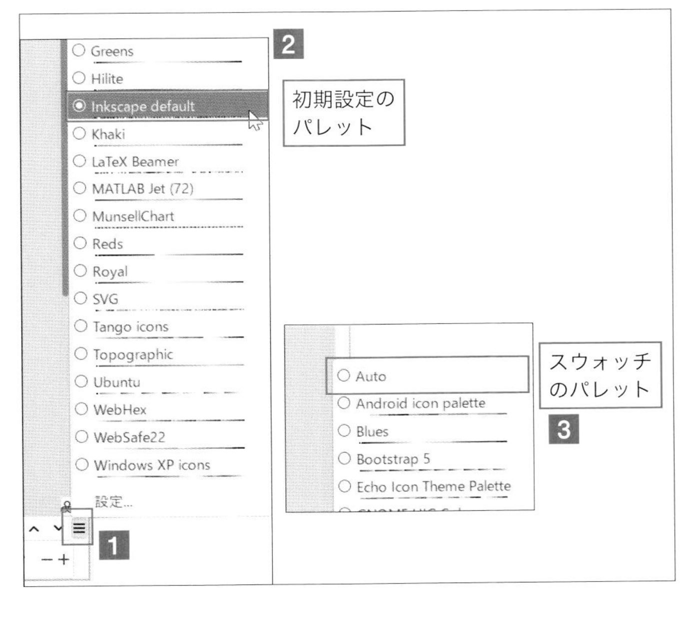

パレットの変更

パレット右端の≡ボタンをクリックすると1、パレットの一覧が表示されます2。使いたいパレットをクリックしてチェックを入れると表示が切り替わります。「Auto」は、スウォッチに登録したカラーが自動的に表示されるパレットです3。

スポイトツールで色を取り込む

選択したオブジェクトのフィル、ストロークに色を取り込みます。その色を別のオブジェクトに適用することもできます。取り込むのはオブジェクトからでも画像からでもかまいません。

サンプルファイル 04-17.svg

スポイトツールの使用

通常のクリックで取り込み、Shift キーで対象が［ストローク］、Ctrl キーでクリック先への適用となります。

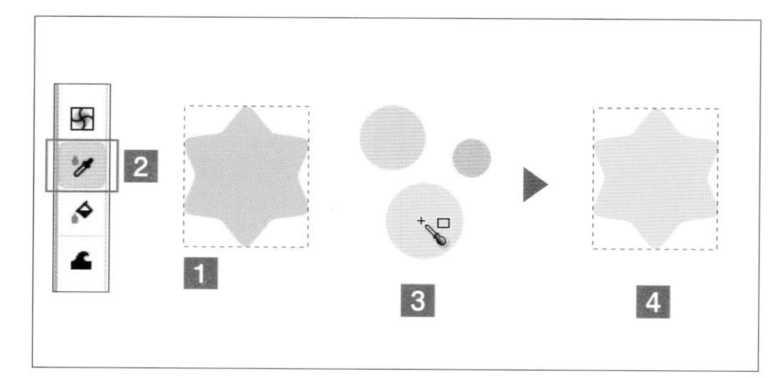

フィルのカラーを取り込み

カラーを変更したいオブジェクトを選択し1、スポイトツールを選びます2。取り込みたいカラーにカーソルを合わせると3、スポイトの横に小さな四角形が表示され、フィルに取り込むカラーを示します。クリックすると選択オブジェクトに反映されます4。

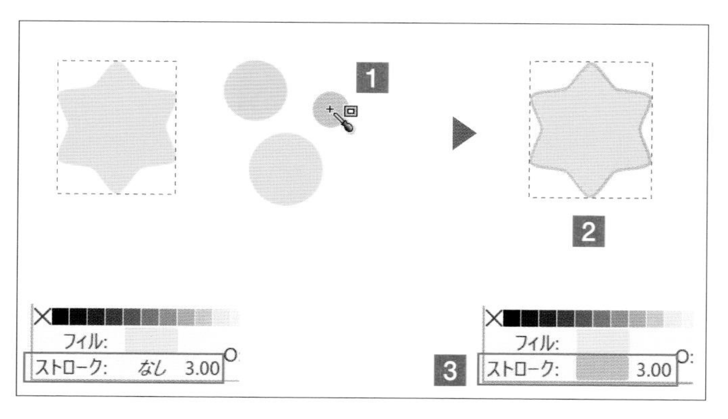

ストロークのカラーを取り込み

Shift キーを押しながらストロークとして取り込みたいカラーにカーソルを合わせると、スポイトの横に小さな四角形の輪郭が表示されます1。クリックすると選択オブジェクトに反映されます2。ストロークの幅は、元のオブジェクトに設定されていた幅になります3。

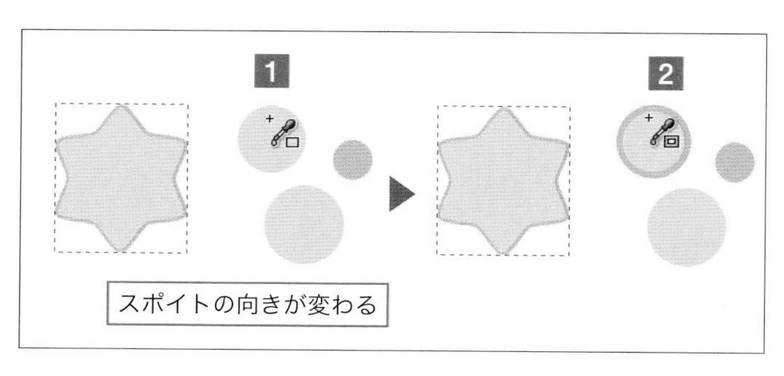

カラーを別のオブジェクトに適用

Ctrl キーを押しながら別のオブジェクトをクリックすると、選択オブジェクトのフィルのカラーが適用されます1。さらに Ctrl ＋ Shift キーを押しながらクリックすると、ストロークのカラーが適用されます2。

18 スポイトツールで平均色を取り込む

スポイトツールをドラッグすると円が表示され、その円の内側の平均色を取り込めます。

サンプルファイル 04-18.svg

スポイトツールで平均色の適用

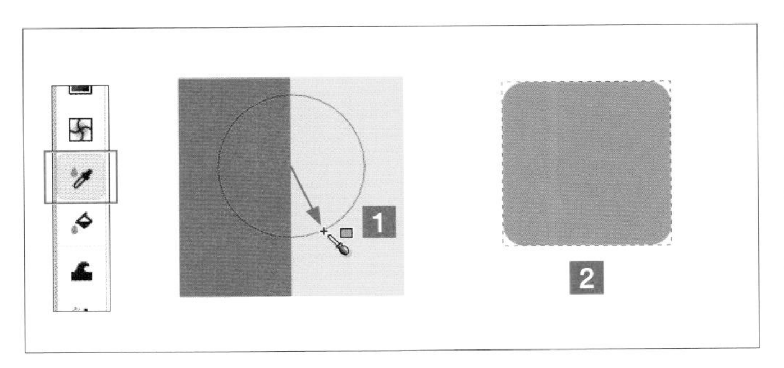

フィルのカラーの取り込み

オブジェクトを選択し（ここではオレンジの角丸長方形）、スポイトツールを選んで、カラーを取り込みたい箇所をドラッグして指定します1。円は中央から表示されます。選択したオブジェクトの［フィル］は、円内の平均色になります2。

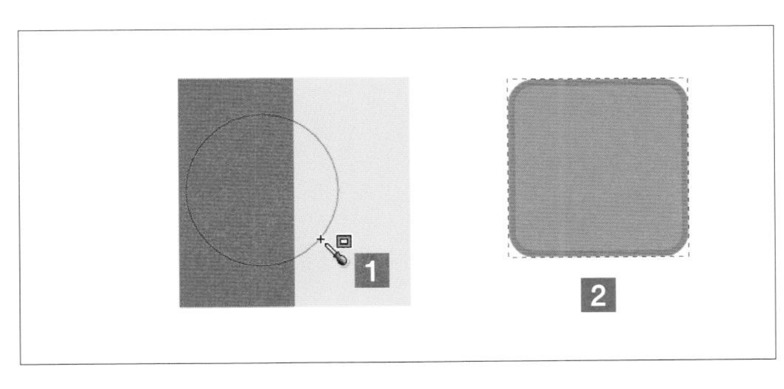

ストロークのカラーの取り込み

Shift キーを押しながらドラッグすると1、ストロークがドラッグした部分の平均色になります2。

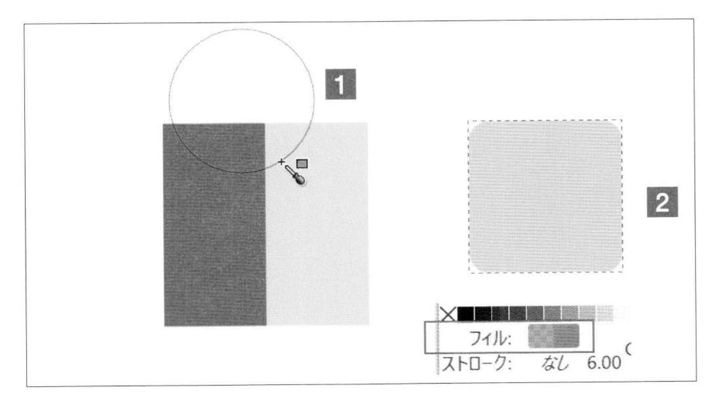

ドラッグ範囲に背景が入る場合

キャンバスのなにもない部分を含めてドラッグすると1、透明や白を含む平均色になることがあります2。カラー部分の平均色だけを取り込みたいときは、ツールコントロールバーで［採取］のみをオンにしておきます。次頁を参照してください。

19 スポイトツールで不透明度を取り込む

スポイトツールでカラーを取り込みたいオブジェクトに不透明度が適用されている場合、どのように取り込むかをツールコントロールバーの[不透明度]で指定します。

サンプルファイル 04-19.svg

スポイトツールのツールコントロールバーの設定

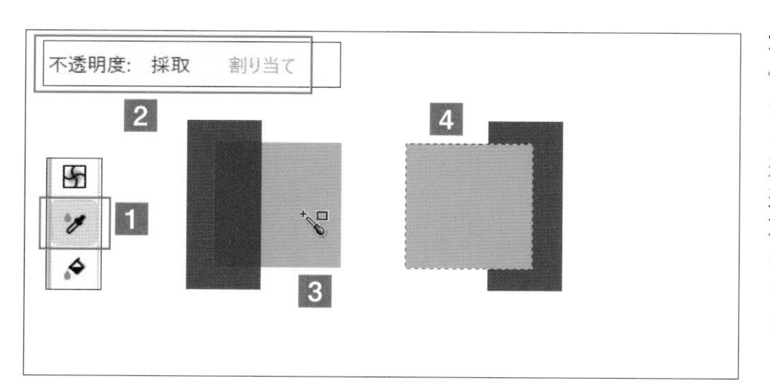

不透明度の[採取]オフ

色を適用するオブジェクトを選択し（ここでは右側の正方形）、スポイトツールを選んで1、ツールコントロールバーの［不透明度］の［採取］をオフにします2。取り込みたいオブジェクトをクリックすると3、表示されているカラーをそのまま取り込み適用します。不透明度は無視されます4。

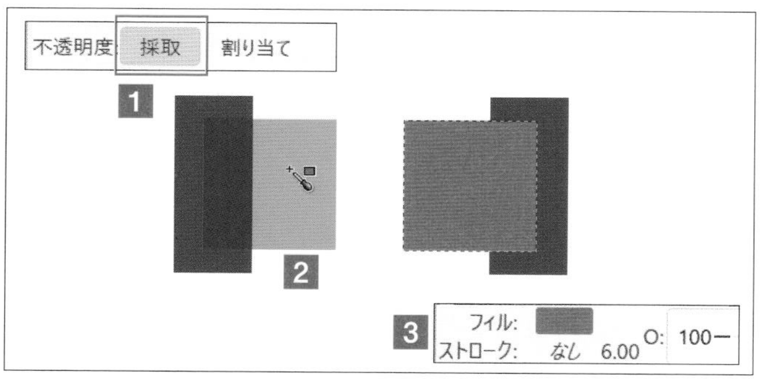

不透明度の[採取]オン

ツールコントロールバーの［不透明度］で［採取］だけをオンにして1、取り込みたいオブジェクトをクリックします2。不透明度が適用されていないカラーが取り込まれます3。

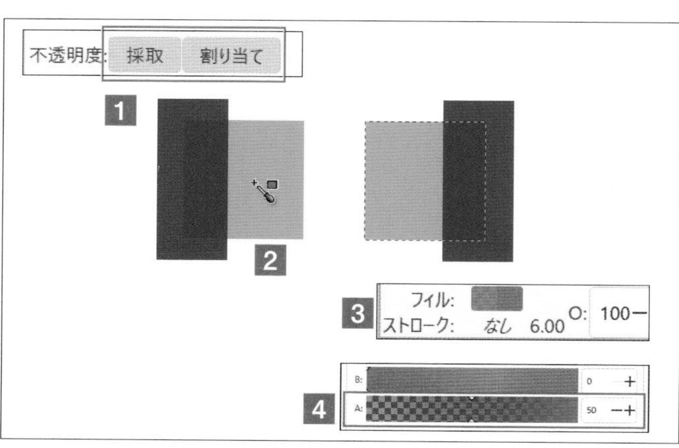

不透明度の[採取][割り当て]オン

ツールコントロールバーの［採取］と［割り当て］の両方をオンにして1、取り込みたいオブジェクトをクリックします2。カラーと透明度が取り込まれます3。透明度は、［フィル］の［アルファ］として取り込まれます4。

グラデーションツールを使う

基本的な線形グラデーションの適用方法を説明します。線形グラデーションと円形グラデーションは、ハンドルの数は違いますが設定方法はほとんど変わりません。

サンプルファイル 04-20.svg

線形グラデーションを適用する

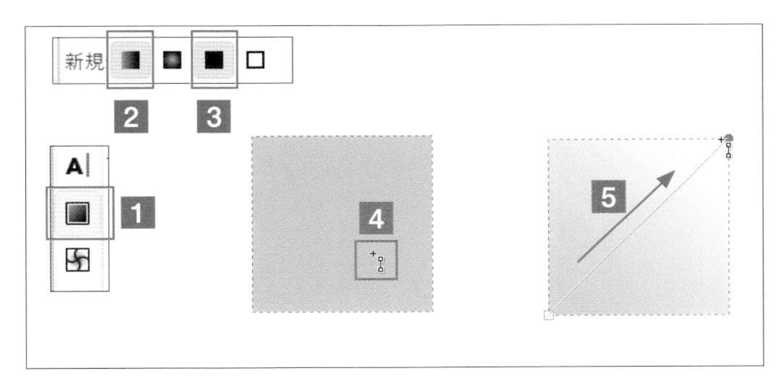

1 デフォルトで不透明度が変化する

グラデーションツールを選びます1。ツールコントロールバーで［線形］2と［フィル］3を選択して、オブジェクトをクリックします4。オブジェクト上でドラッグしてグラデーションを作成します5。［フィル］の色が徐々に不透明になるグラデーションとなります。必要なら両端のハンドルをドラッグして位置を調節します。

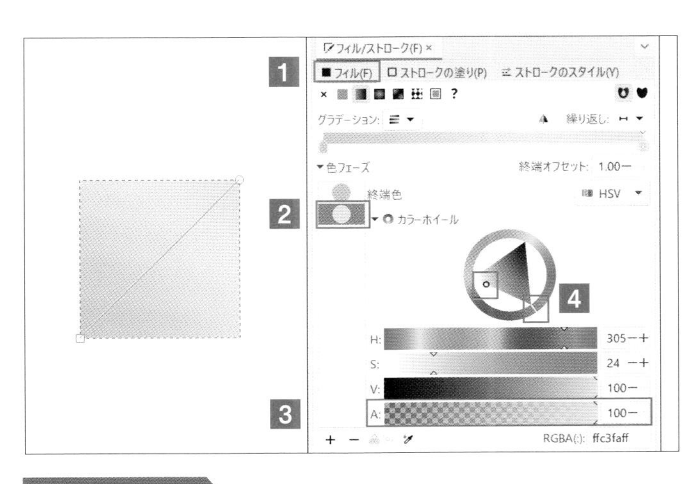

2 不透明で2色のグラデーションに変更する

［フィル / ストローク］ダイアログの［フィル］タブを表示します1。［色フェーズ］で半透明の表示になっているフェーズが選択された状態で2、［アルファ］を「100」にします3。さらにカラーを好みで調節します4。

POINT

グラデーションの繰り返しや反転はスライダの上にあるボタンで行います。繰り返しが見えない場合は始点と終点の間を狭くしてみます。

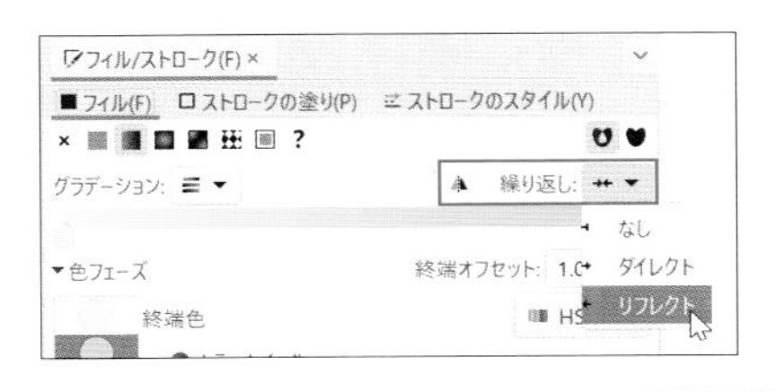

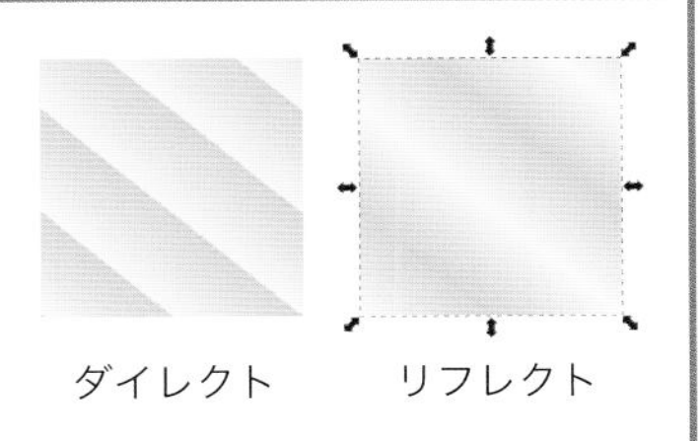

ダイレクト　リフレクト

21 グラデーションのフェーズを追加／編集する

グラデーションは、フェーズを追加して複数色のグラデーションにできます。すでに作成されたグラデーションを使って操作してみましょう。

サンプルファイル 04-21.svg

グラデーションのフェーズを編集する

対象となるオブジェクトを選択し、グラデーションツールを選択してください。

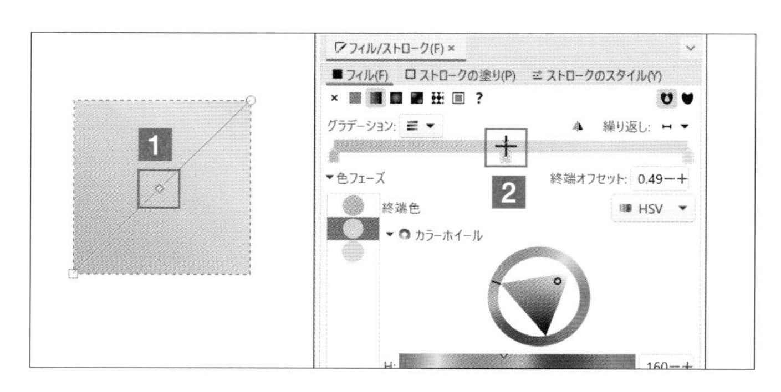

1 フェーズを追加する

グラデーションツールでハンドルをつなぐ線をダブルクリックするか1、［フィル/ストローク］ダイアログでスライダの上をダブルクリックして2、フェーズを追加します。不要なフェーズはキャンバスのハンドルでも、ダイアログのスライダでも、クリックして選択し、Delete キーを押すと削除できます。

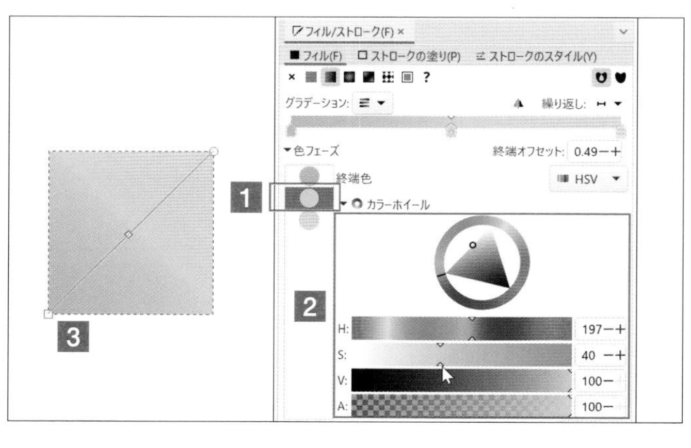

2 フェーズのカラーを変更する

追加したフェーズが選択された状態で1、カラーを調節します2。3色のグラデーションとなりました3。

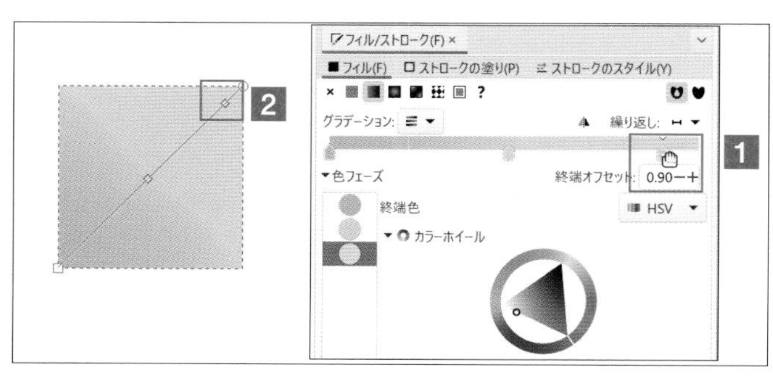

3 フェーズの位置を変更する

ダイアログのグラデーションスライダのフェーズをドラッグしてカラーの影響範囲を変えてみます。両端のフェーズも移動できます1。オブジェクトに表示されたハンドルの位置も連動して変わります2。

22 メッシュグラデーションを使う

メッシュの基本的な使用方法を紹介します。四角形、円、多角形などのオブジェクトには形状に沿ったメッシュが作成されます。メッシュ作成後もオブジェクト固有のパスのハンドルはほぼ有効ですが、操作しにくくなることがあります。

サンプルファイル 04-22.svg

メッシュグラデーションを適用する

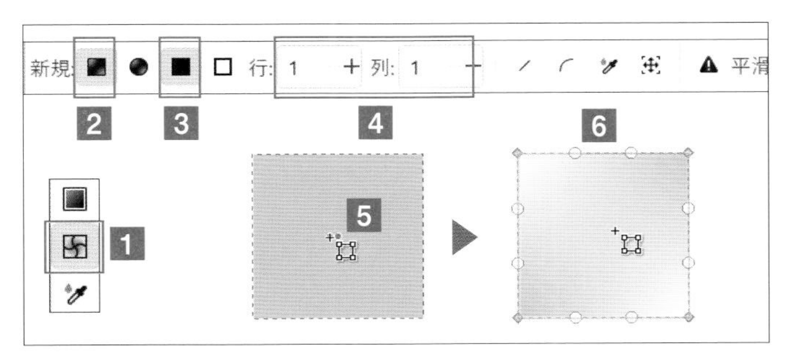

1 フィルをメッシュグラデーションにする

メッシュグラデーションツールを選択し1、ツールコントロールバーで［メッシュグラデーション］2、［フィル］を選び3、［行］と［列］を「1」にして4、オブジェクトをダブルクリックします5。メッシュグラデーションが適用され、グレーのノードとハンドルが表示されます6。

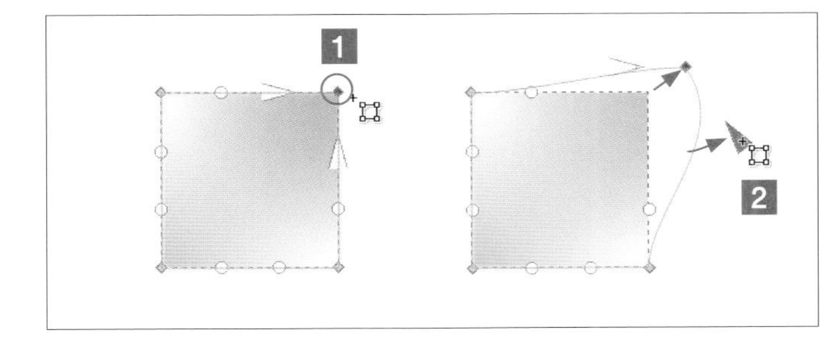

2 ノードを編集する

メッシュグラデーションツールでノードをひとつクリックして選択し、カラーパレットや［フィル／ストローク］ダイアログでカラーを変更します1。さらにハンドルをドラッグしてみると2、グラデーションはメッシュに合わせてかかりかたが変わります。また、メッシュはオブジェクトの輪郭とは別に編集されることが確認できます。

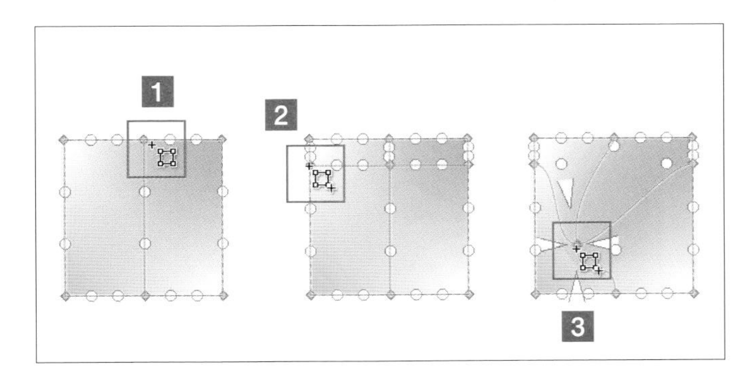

3 行／列を追加する

メッシュの辺上をダブルクリックすると12、新たにメッシュが区切られ、ノードも増えます。作成されたノードも同じようにドラッグして位置を変更できます3。また、カラーも変更できます。

23 メッシュグラデーションにカラーを取り込む

ここでは非常にざっくりとカラーを取り込みますが、メッシュをじっくり調整したい場合は少ない行と列ではじめて、少しずつノードを増やしてください。

サンプルファイル 04-23.svg

メッシュグラーデションで背面画像のカラーを取り込む

パスオブジェクトに、背面の画像のグラデーションを取り込みます。

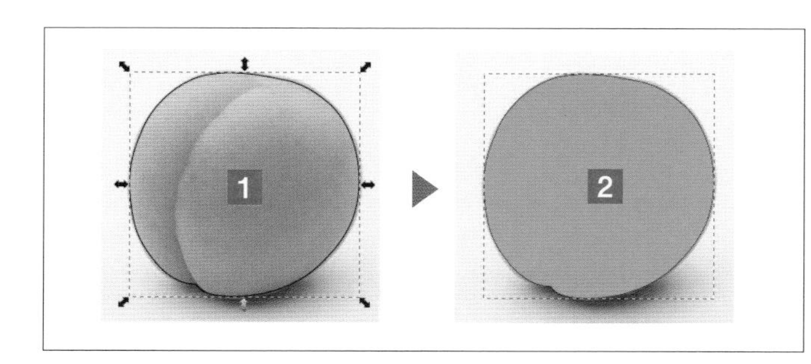

1 パスオブジェクトで形をとる

画像をインポートしてペンツールなどで輪郭となるパスオブジェクトを作成し1、適当なカラーを[フィル]に適用します2。

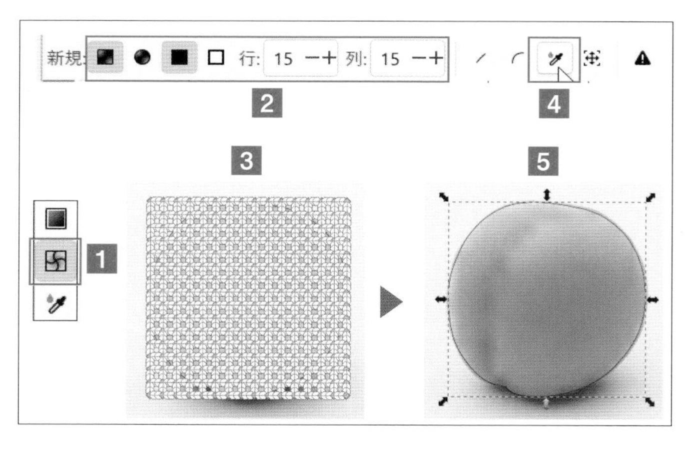

2 多めの行と列でカラーを取り込む

メッシュグラデーションツールを選び1、[メッシュグラデーションを作成][フィル]を選択し、[行]を「15」、[列]を「15」に設定して2、パスオブジェクトをダブルクリックしてグラデーションを作成します3。続けてCtrl＋Aでノードをすべて選択し、ツールコントロールバーのをクリックして下の画像のカラーを取り込み4、選択ツールを選択してメッシュの選択を解除します5。

3 確認する

[ストローク]のカラーを[なし]設定にして、パスを移動させて結果を確認します1。

メッシュグラデーションのオプション設定

メッシュグラデーションツールは、ツールコントロールバーの設定で、円錐グラデーションを作成したり、メッシュのノードの種類を変更できます。

サンプルファイル 04-24.svg

ツールコントロールバーの設定

対象となるオブジェクトを選択し、メッシュグラデーションツールを選択してください。

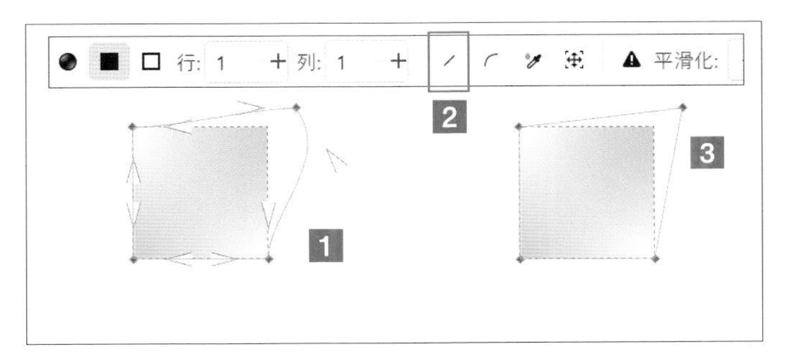

ベジエと直線の切り替え

メッシュグラデーションツールでドラッグして全体を囲むか、キーボードの Ctrl + A を押して、メッシュグラデーションのすべてのノードを選択します1。ツールコントロールバーで ⁄ をクリックして2、ベジエを直線に切り替えます3。再び ⁄ をクリックしてベジエに戻してみます。

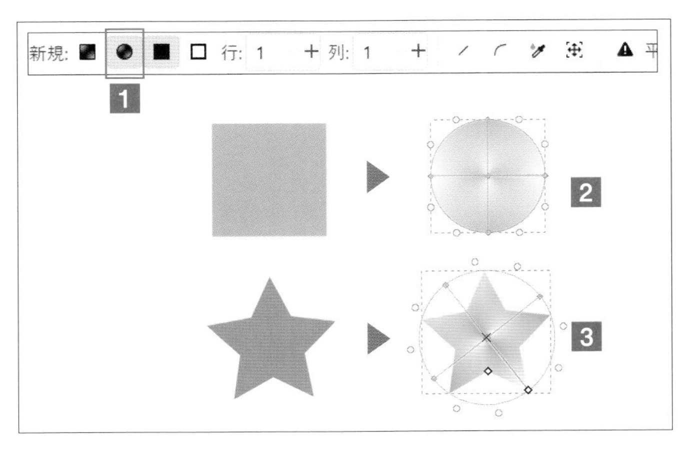

円錐グラデーション

ツールコントロールバーの円錐グラデーションは1、円錐状のグラデーションを作成できます。オブジェクトが矩形の場合、内接する円／楕円のグラデーションとなり2、円の外側はクリッピングされます。多角形で外接する円のグラデーションとなります3。

平滑化

ツールコントロールバーの[平滑化]は1、メッシュによるグラデーションのかかり方を設定します。オブジェクトの形状やメッシュの状態によってはかなり違いが出ます。

25 ペイントサーバーのパターンを適用する

[ペイントサーバー]ダイアログには、多くのパターンが用意されています。[フィル/ストローク]ダイアログでパターンを適用することもできますが、[ペイントサーバー]ダイアログのほうがパターンが表示されて使いやすいので、こちらを紹介します。

サンプルファイル 04-25.svg

パターンの適用

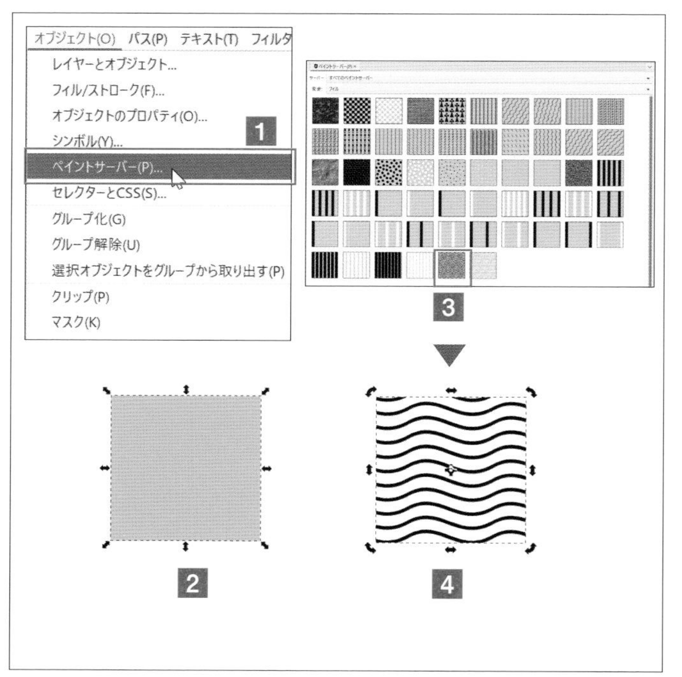

[ペイントサーバー] ダイアログで適用

[オブジェクト]メニュー→[ペイントサーバー] を選び1、[ペイントサーバ] ダイアログを表示します。オブジェクトを選択し2、[ペイントサーバ] ダイアログでパターンをクリックします（ここでは「Wavy」）3。パターンが適用されます4。

POINT

[フィル/ストローク] ダイアログの [パターン] を選択して、適用することもできます。

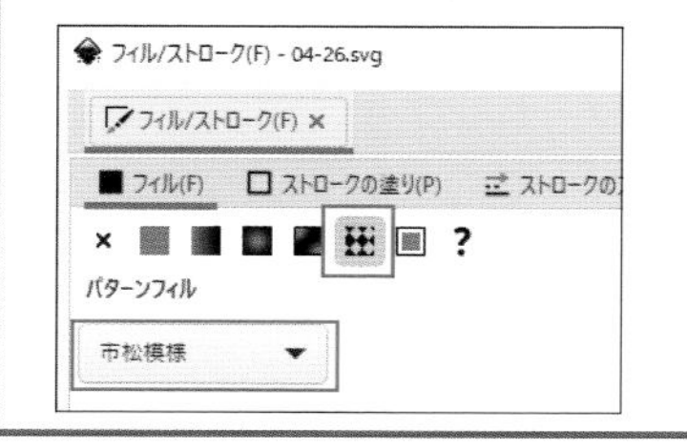

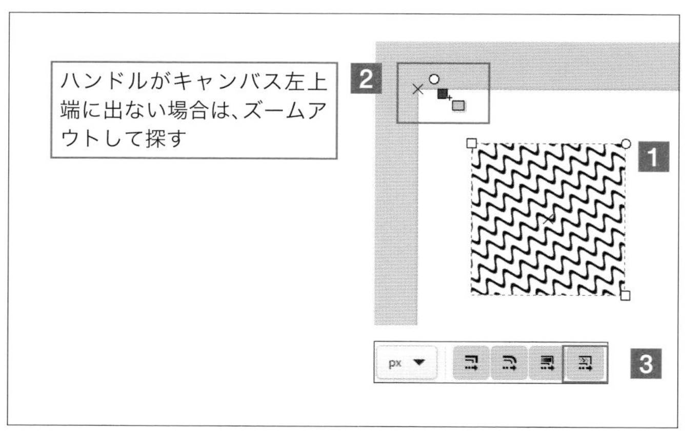

適用したパターンを調節

選択ツールでオブジェクトをダブルクリックしてノードを表示します1。キャンバス左上にパターン編集用のハンドルが表示されるので2、ドラッグしてサイズや角度を調節します。パターンを適用したオブジェクトを選択ツールで拡大／縮小や回転させる場合は、ツールコントロールバーので3、パターンも同時に変形するかしないかを設定してください。

スウォッチを利用する

よく使うカラーは、スウォッチに登録しておくと、すぐに利用できます。自動的に登録された不要なカラーはダイアログやパレットで削除できます。

サンプルファイル 04-26.svg

スウォッチの利用

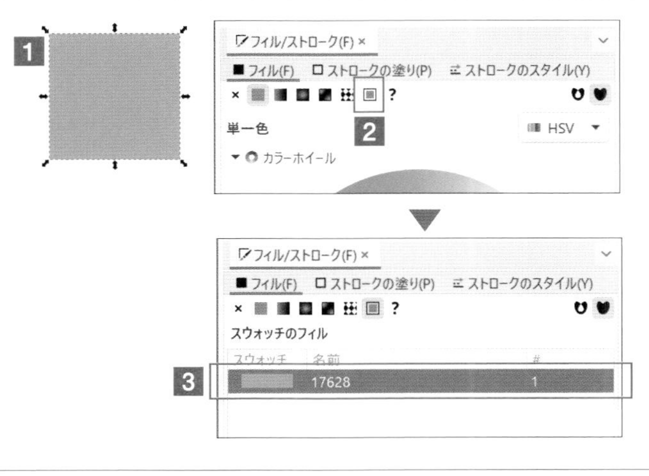

カラーの登録

保存しておきたいカラーを適用したオブジェクトを選択し1、［フィル / ストローク］ダイアログの［スウォッチ］をクリックします2。［スウォッチのフィル］に登録されます（名前の番号は利用環境で異なります）3。ほかのカラーも追加してみてください。

POINT

［ストローク］タブで登録すると、［ストローク］のカラーがスウォッチに登録されます。

スウォッチの利用

スウォッチを使うには、［スウォッチ］ダイアログ（任意のダイアログの右上のˇをクリックして1［スウォッチ］を選択して表示）を使うといいでしょう2。使い方はカラーパレットと同じで、クリックで［フィル］、Shift＋クリックで［ストローク］に適用となります。またカラーパレットの種類を［Auto］に選択すると、3カラーパレットに登録されたスウォッチが表示されます4。不要になったスウォッチは、［スウォッチ］ダイアログのスウォッチでスウォッチを右クリックし、［削除］を選択して削除できます5。

POINT

スウォッチは、登録したファイルでだけ利用できます。

27 ブレンドモードを使用する

ブレンドモードは、重なったオブジェクトの色によって、重なった部分の色を変えられます。オブジェクトを選択し、[フィル/ストローク]ダイアログの[ブレンドモード]から選択してください。

サンプルファイル 04-27.svg

ブレンドモード一覧

サンプルでは、左上の［標準］がブレンドモードの適用前状態です。複数のオブジェクトを選択してブレンドモードを適用しています。

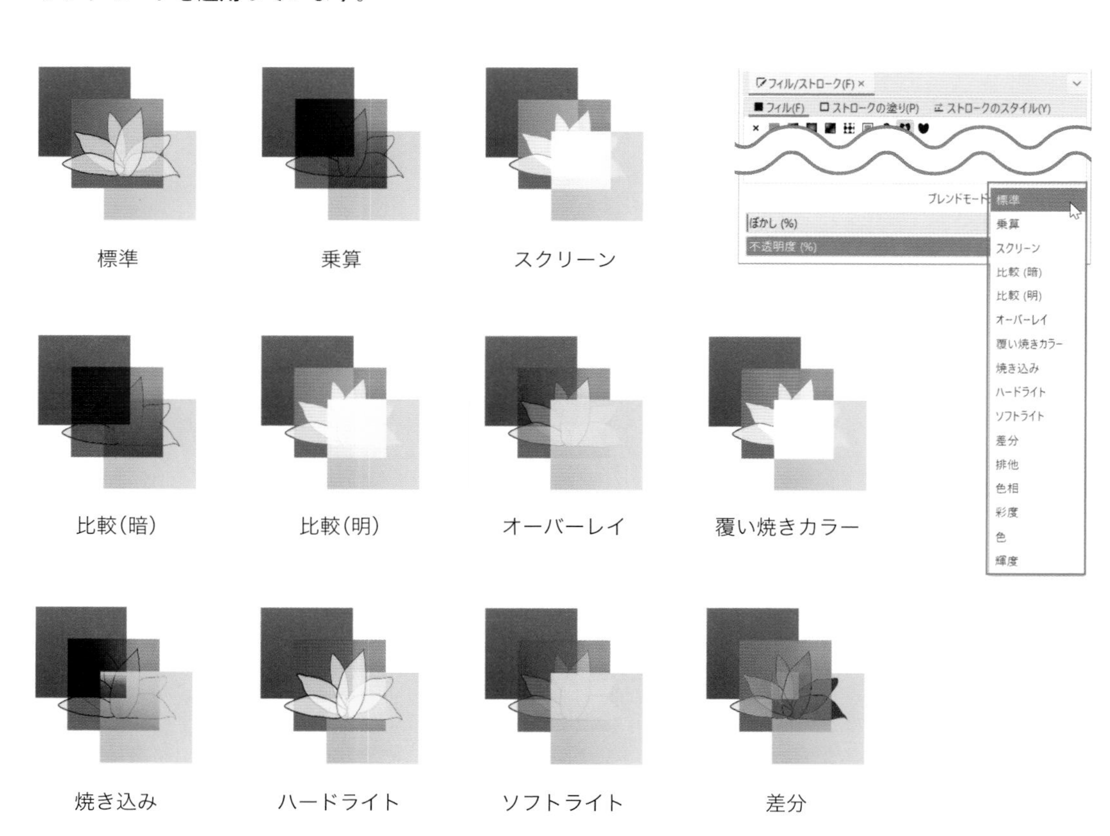

標準　乗算　スクリーン

比較(暗)　比較(明)　オーバーレイ　覆い焼きカラー

焼き込み　ハードライト　ソフトライト　差分

排他

色相

彩度

色

輝度

CHAPTER

05

THE PERFECT GUIDE FOR INKSCAPE

パスの作成と編集

パスの作成と編集ツール

パス作成の基本的なツールは、ペンツールです。ツールコントロールバーでいくつかの作成モードや、シェイプの設定などが行えます。基本的な設定について抑えておきましょう。

パス作成と編集のツール

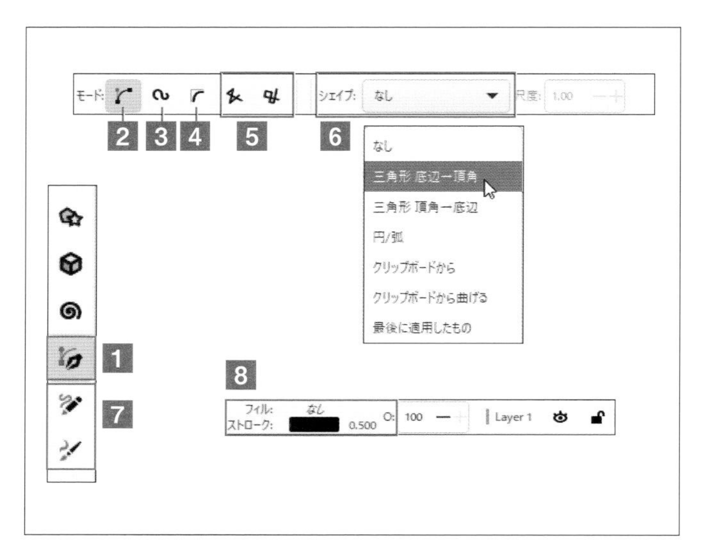

ペンツールの設定

パス作成の基本は、ペンツールです1。ペンツールを選択すると、ツールコントロールバーで作成のモードが選択できるようになります。基本となるベジエ2、スピロ3、Bスプライン4、連続線の作成モード5のどれかを選択してください。モードよって、パスの描き方が異なります（SECTION2～5を参照ください）。また、作成したパスに対して単一の線ではなく、形状を適用する［シェイプ］も設定できます6。また、手書きツールとして、鉛筆ツールやカリグラフィツールも用意されています7。ペンツールでのパス作成は、線の作成となるので、［フィル］を「なし」、［ストローク］を「黒」、［線幅］を「0.5mm」にするとわかりやすいです8。

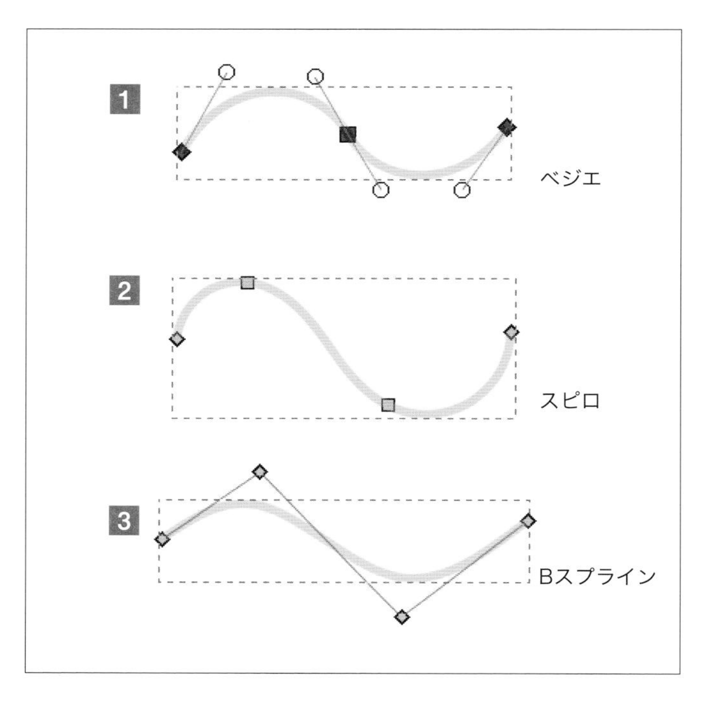

ペンツールのモード

ペンツールの各種モードは、曲線の描き方に特長があります。ベジエでは1、曲線を構成するノードとハンドルを使って作成します。もっとも基本となるモードです。スピロでは2、クリックした点を通るように曲線を作成します。Bスプラインでは、クリックした点を結んだ線が接線となるように曲線を作成します3。

POINT

矩形などのシェイプオブジェクトや、文字のテキストオブジェクトも、パスオブジェクトに変換できます。パスオブジェクトに変換すると、シェイプは編集機能が使えなくなり、文字は修正できなくなります。

パス編集とノードツール

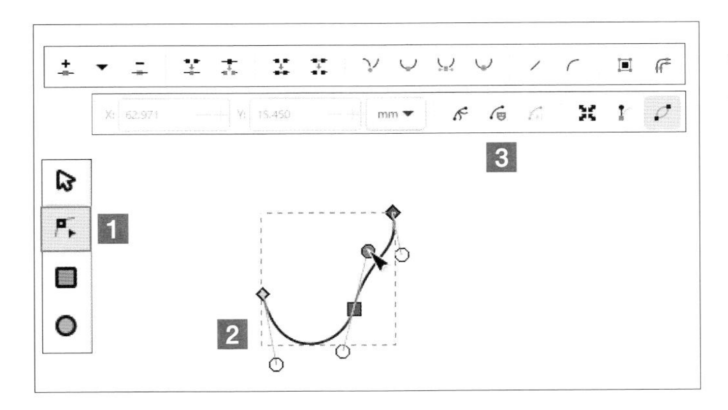

ノードツールの設定

パスオブジェクトは、ノードツールを使うと1、パスの形状を自由に編集できます2。ノードツールを選択すると、ツールコントロールバーで、ノードやセグメントを編集するための各種機能を利用できるようになります3。

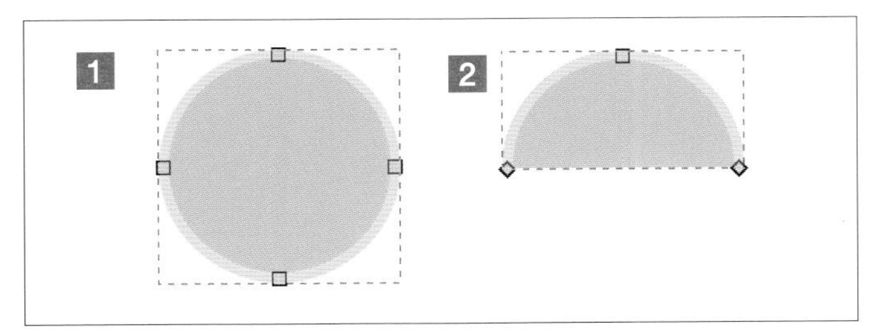

クローズパスとオープンパス

パスオブジェクトは、閉じた状態をクローズパス1、開いた状態のオープンパス2と呼びます。どちらも、パスの内部に［フィル］が、パス部分に［ストローク］の設定が適用されます。

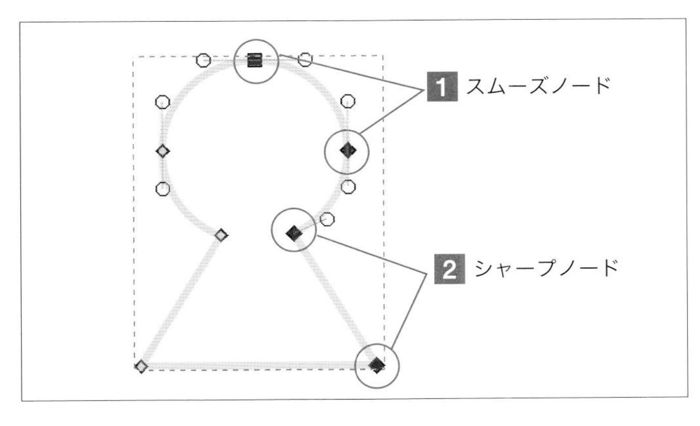

スムーズノードとシャープノード

ベジエで作成したパスオブジェクトの形状は、ノードの種類によってきまります。曲線部分のノードからは両端にハンドルが表示されます。このノードをスムーズノードといいます1。ハンドルが1本または表示されないノードは、直線の端点となるノードでシャープノードといいます2。ノードツールで、ハンドルやノードの種類を変更するなどして、自由な曲線に編集できます。

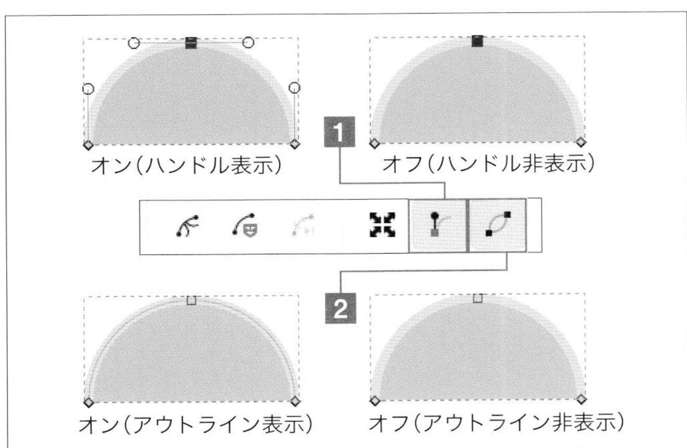

パスとハンドルの表示

ノードツールを選択した際のツールコントロールバーでは、［曲線ノードのハンドルを表示］1で、ノード選択時にハンドルを表示するかどうかを設定できます。［パスのアウトライン表示］2で、パスのアウトラインを表示するかどうかを設定できます。どちらもオンにしておくことをおすすめします。

ベジエでパスを作成する

ペンツールのベジエモードは、パス作成の基本操作と言ってよいでしょう。曲線の作成は慣れないと難しいのですが、習得すればどんな線でも自由に作成できるようになります。

▶ ベジエで連続した直線を作成する

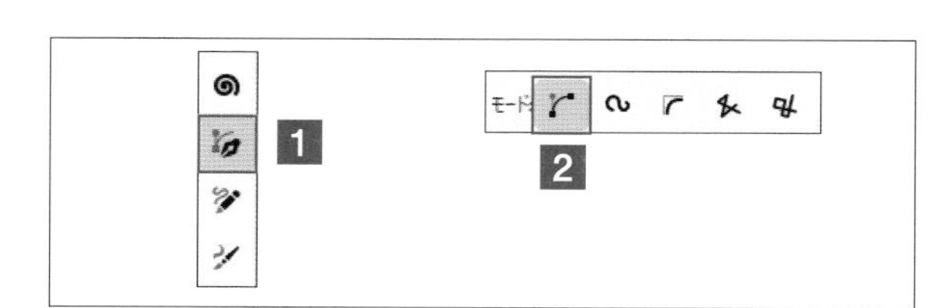

1 ペンツールを選択し［ベジエパスを作成］を選択する

ペンツールを選択し1、ツールコントロールバーで［ベジエパスを作成］を選択します2。

2 直線を作成する

パスの始点でマウスボタンをクリックします1。カーソルを移動して、直線の端点となる場所でクリックします2。同様に、次の端点までカーソルを移動してクリックします34。クリックを繰り返して、連続した直線が作成できます。Enter キーを押すか、マウスの右ボタンをクリックすると5、最後にクリックした場所までの直線のパスが作成されます6。連続線ではなく、直線を作成する場合は、2回クリックした段階で、Enter キーを押してください。

CHECK

Ctrl キーを押しながらクリックすると、角度を15°刻みに限定できます。Ctrl+Z で、ひとつ前のノードを作成した状態まで戻れます。

POINT

ダブルクリックすると、その位置に終点のノードが作成されて完了となります。

▶ ベジエで曲線を作成する

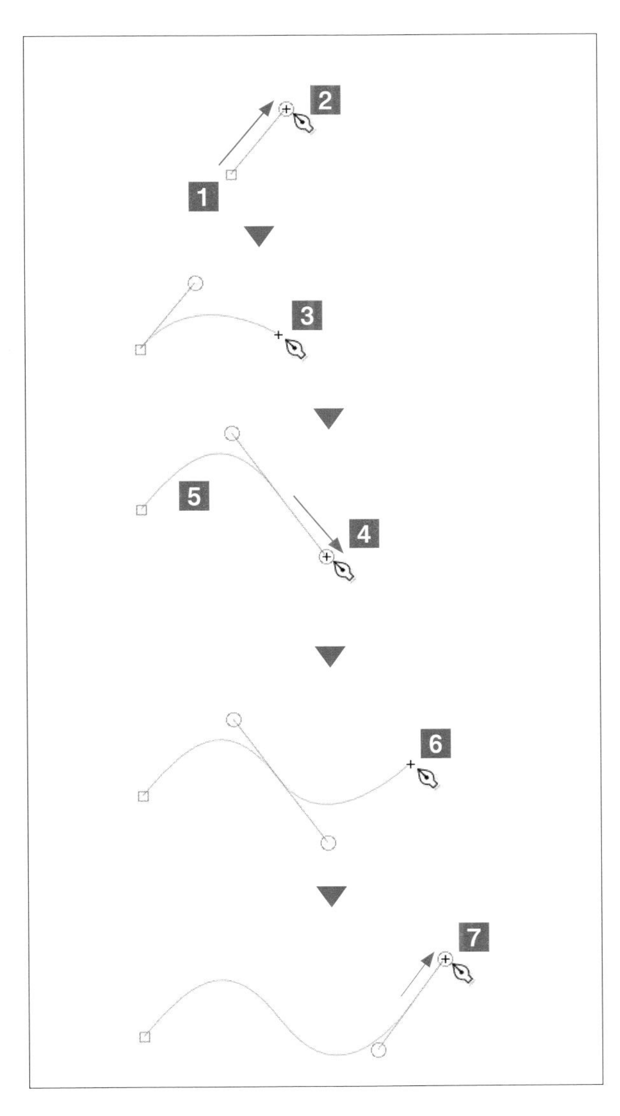

1 曲線を作成する

ペンツールを選択し、ツールコントロールバーで[ベジエパスを作成]を選択します。パスの始点でマウスボタンを押し**1**、そのままカーソルを移動するとハンドルが表示されるので適当な長さと角度でマウスボタンを放します**2**。次のノードとなる箇所までカーソルを移動してマウスボタンを押し**3**、マウスボタンを押したままカーソルを移動してハンドルの長さと角度を調整してボタンを放します**4**。赤く表示されている曲線が、実際のパスとなります**5**。同様にノードの作成箇所でマウスボタンを押し**6**、カーソルを移動してマウスボタンを放します**7**。

CHECK

ハンドルは、パスのノードにおいてカーブの角度を制御するための補助線で、実際のパスの線ではありません。

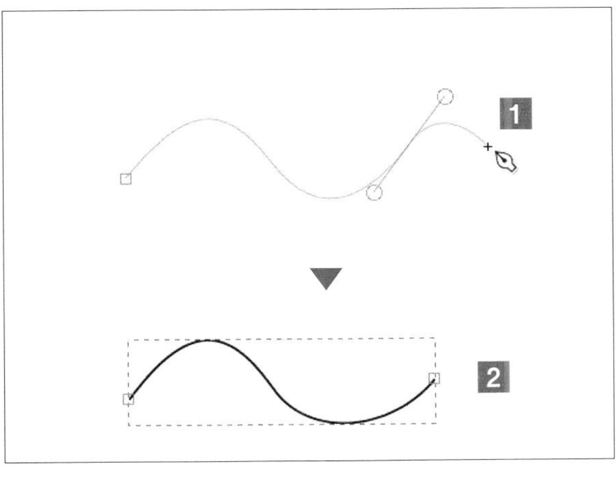

2 終了する

Enter キーを押すか、マウスの右ボタンをクリックすると**1**、最後にマウスボタンを押した箇所までのパスが作成されます**2**。

CHECK

マウスボタンを押した場所に、曲線を制御するためのノードが作成されます。

ベジエで山型の曲線を作成する

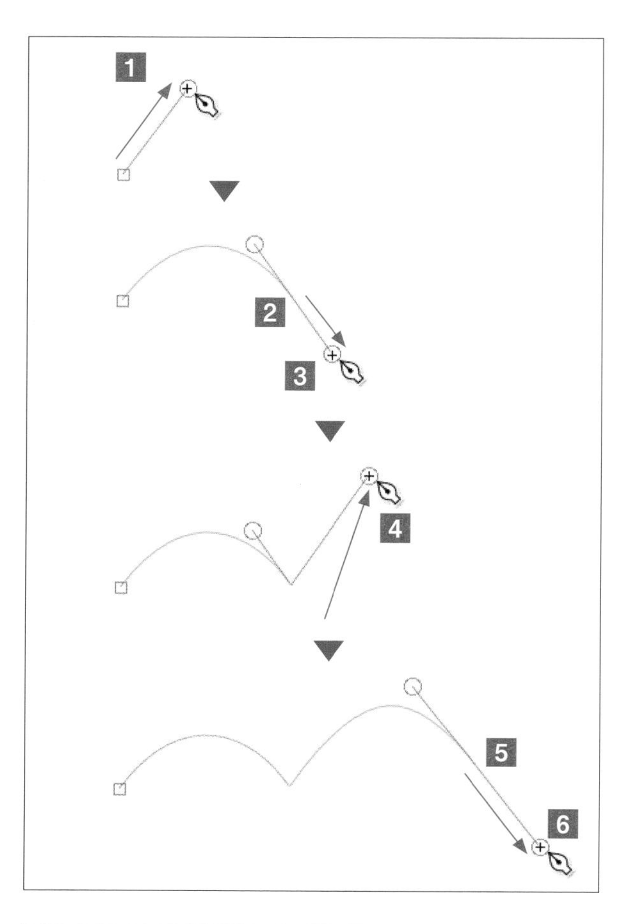

1 ハンドルの方向を変えて作成する

通常の曲線と同様に、ペンツールでパスの始点でマウスボタンを押し、そのままカーソルを移動してマウスボタンを放します1。これが始点のハンドルとなります。次のノードとなる箇所で、マウスボタンを押し2、カーソルを移動してマウスボタンは押したままハンドルの長さと角度を調整します3。マウスボタンを押したまま、Shift キーを押してマウスカーソルを移動してマウスボタンを放します。これまで一直線で連動していたハンドルが連動せずに、マウスボタンを押した場所（ノードが作成される場所）で曲がります4。曲がったハンドルが次の曲線のカーブの制御に使われます。次のノードの作成箇所でマウスボタンを押し5、カーソルを移動してマウスボタンを放します6。

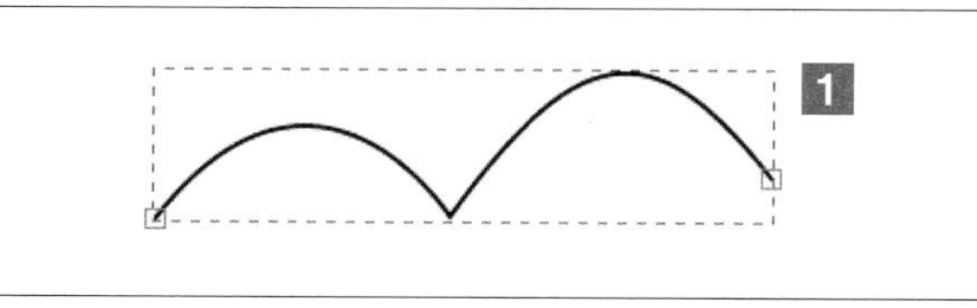

2 終了する

Enter キーを押すか、マウスの右ボタンをクリックすると、最後にマウスボタンを押した箇所までのパスが作成されます1。

POINT

閉じた図形を作成することもできます。始点にカーソルを合わせて1、ドラッグしてハンドルを作成してください2。閉じた図形となります3。クリックしてもつながりますが、直線での接続になります。

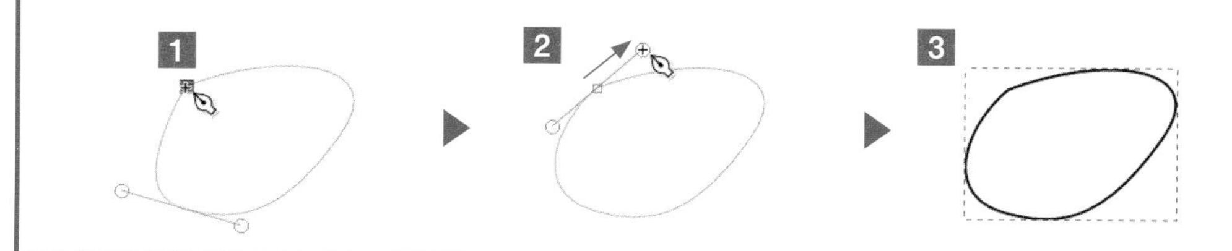

CHAPTER 05 パスの作成と編集

ベジエで直線から曲線を作成する

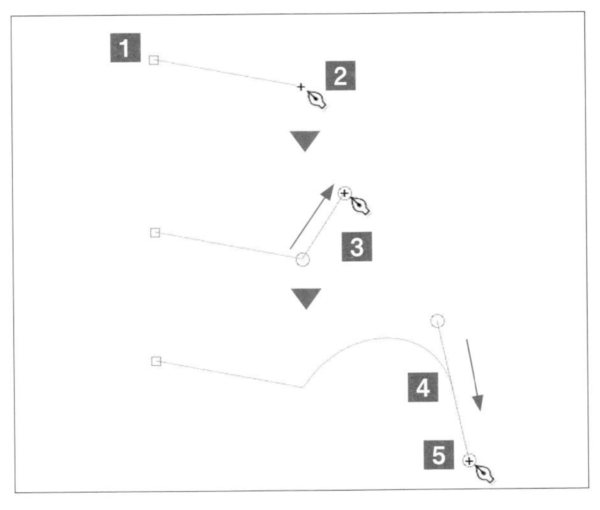

1 Shift ＋ドラッグでハンドルを作成する

始点をクリックし1、曲線にしたい場所で2、Shift キーを押しながらドラッグしてハンドルを作成します3。次のノードの作成箇所でマウスボタンを押し4、カーソルを移動してマウスボタンを放します5。

2 終了する

Enter キーを押すか、マウスの右ボタンをクリックすると、最後にマウスボタンを押した場所までのパスが作成されます1。

ベジエで曲線から直線を作成する

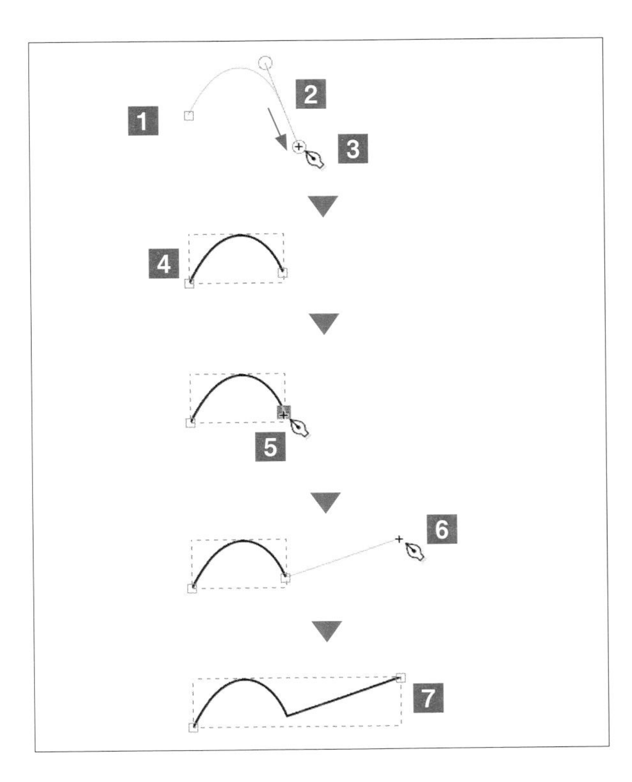

1 曲線を作成してから直線を作成する

始点でドラッグしてハンドルを作成し1、次のノードとなる箇所で、マウスボタンを押し2、カーソルを移動してマウスボタンは押したままハンドルの長さと角度を調整します3。Enter キーを押すか、マウスの右ボタンをクリックして、一度パス作成を完了します4。最後に作成したノードにカーソルを重ね、ノードが赤く表示されたらクリックします5。カーソルを移動して、直線の端点となる場所でクリックします6。Enter キーを押すか、マウスの右ボタンをクリックして、一度パス作成を完了します7。

POINT

手順3の段階で、Shift キーを押しながらハンドルを2のノードの箇所に重ねると、見た目は曲線から直線になりますが、実際には短いハンドルが残ります。

03 スピロでパスを作成する

スピロモードでは、クリックした点を通る曲線を作成できます。ドラッグ操作やハンドル操作もないので、わかりやすいのが特長です。直線の作成もできます。

スピロで曲線を作成する

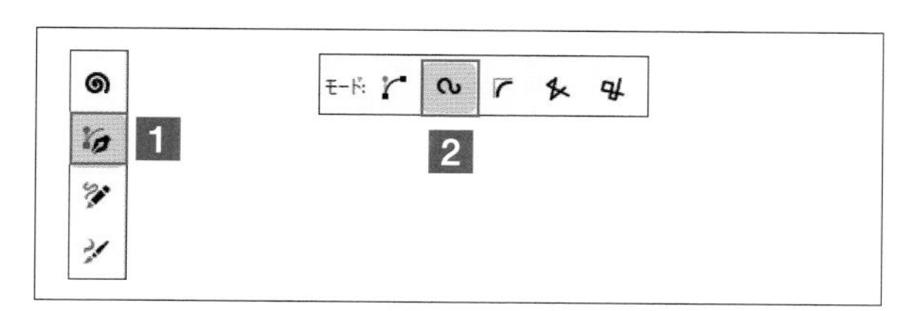

1 ペンツールを選択し［スピロパスを作成］を選択する

ペンツールを選択し1、ツールコントロールバーで［スピロパスを作成］を選択します2。

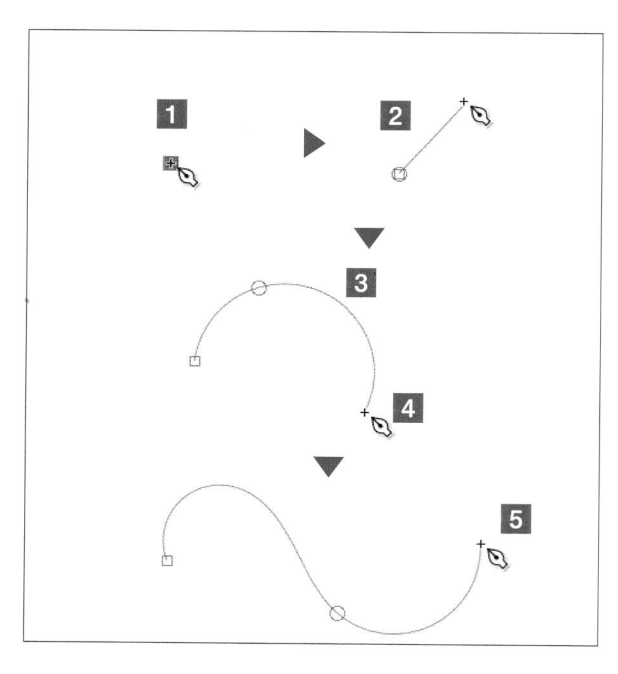

2 曲線を作成する

パスの始点でクリックします1。次に、曲線が通る位置をクリックします2。カーソルを移動すると、クリックした点を通り、カーソルを結ぶ曲線が表示されるので3、クリックします4。次の曲線の通過点をクリックします5。

CHECK

スピロモードで作成したパスは、実際には［Spiro spline］というパスエフェクトが適用されたパスとなります。そのため、ノードツールで編集できるのは、クリックした曲線の通過点の位置だけとなり、ベジエのようなハンドル操作はできません。

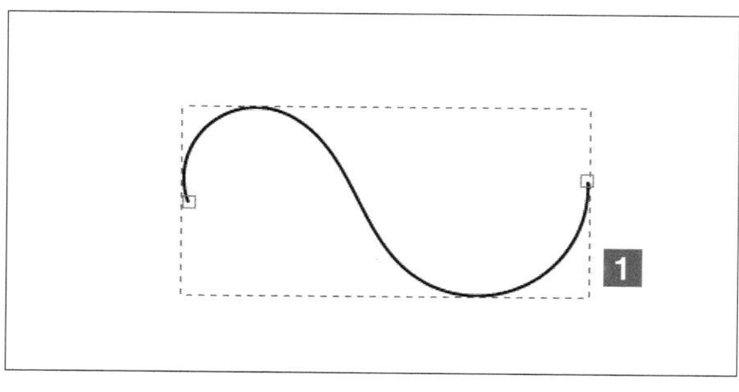

3 終了する

Enter キーを押すか、マウスの右ボタンをクリックすると、最後にクリックした場所までのパスが作成されます1。ダブルクリックすると、その位置に終点のノードが作成されて完了となります。

▶ スピロで連続した直線を作成する

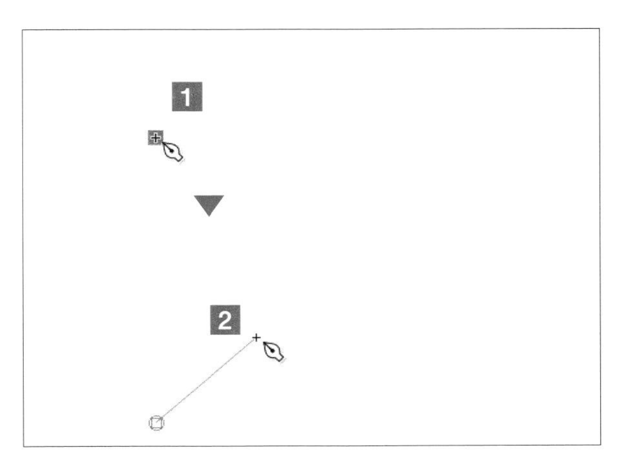

1 Shift ＋クリックで直線を作成する

ペンツールで、パスの始点でクリックします1。カーソルを移動して、直線の端点となる場所で Shift キーを押しながらクリックします2。

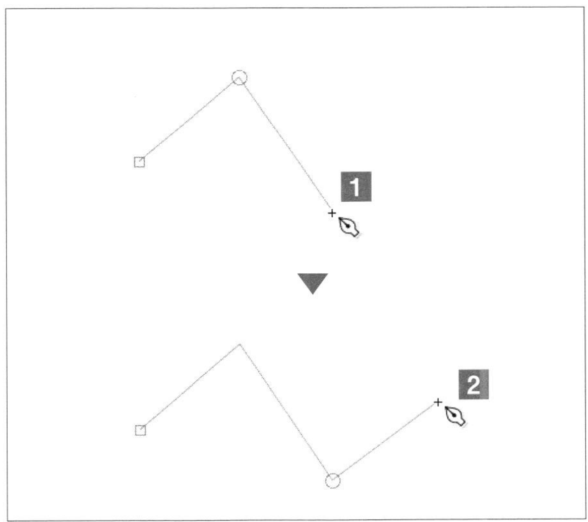

2 連続した直線にする

同様に、次の端点までカーソルを移動して Shift キーを押しながらクリックします1 2。 Shift ＋クリックを繰り返して、連続した直線が作成できます。

CHECK

Ctrl キーを押しながらクリックすると、角度を 15° 刻みに限定できます。

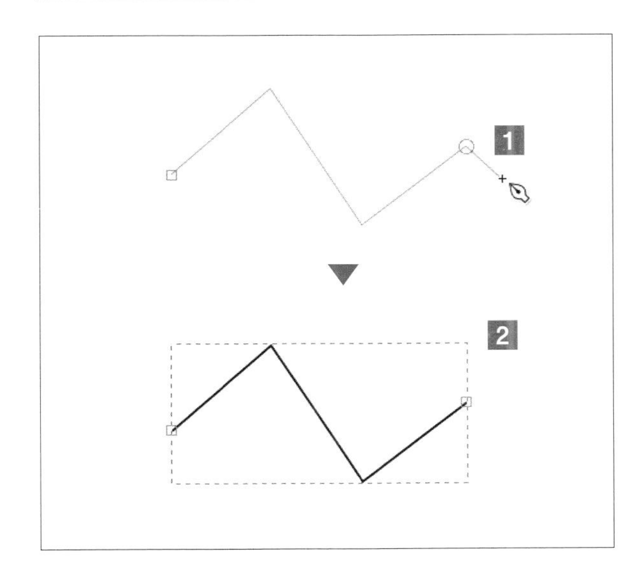

3 終了する

Enter キーを押すか、マウスの右ボタンをクリックすると1、最後にクリックした場所までの直線のパスが作成されます2。連続線ではなく、直線を作成する場合は、2 回クリックした段階で、 Enter キーを押してください。

POINT

スピロモードで作成したパスは、［パス］メニュー→［オブジェクトをパスへ］を選択すると、形状をそのままでベジエのパスに変換できます。

スピロで山型の曲線を作成する

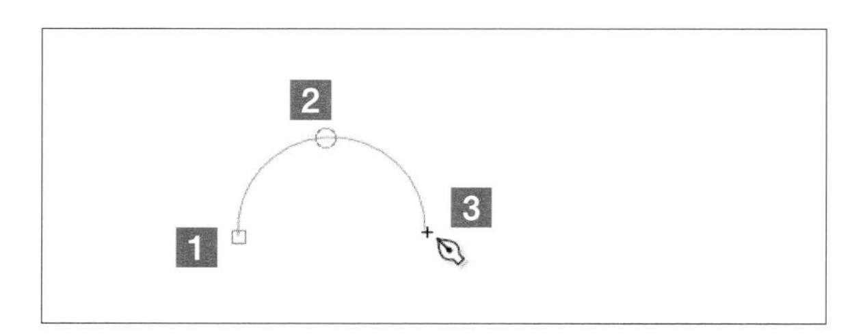

1 曲線を作成してから Shift +クリックする

通常の曲線と同様に、ペンツールでパスの始点1と通過点をクリックします2。クリックした点を通過する曲線を一度リセットするために、Shiftキーを押しながらクリックします3。

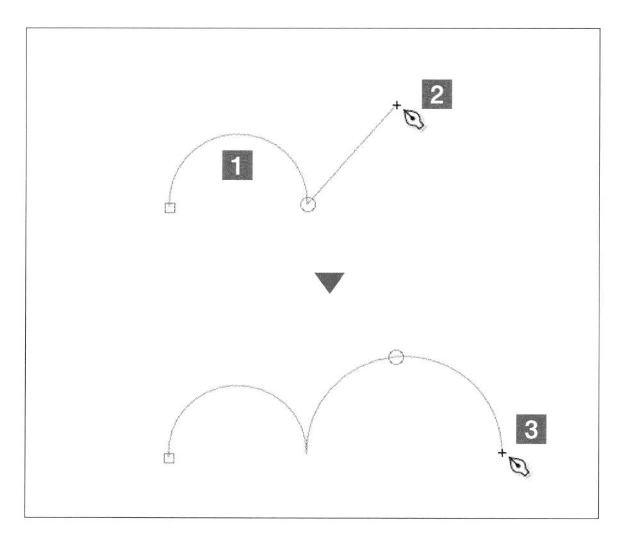

2 新しい曲線を作成する

ここまでクリックした点を通る曲線が作成され1、新しい曲線の作成が開始されるので、通過点をクリックします23。

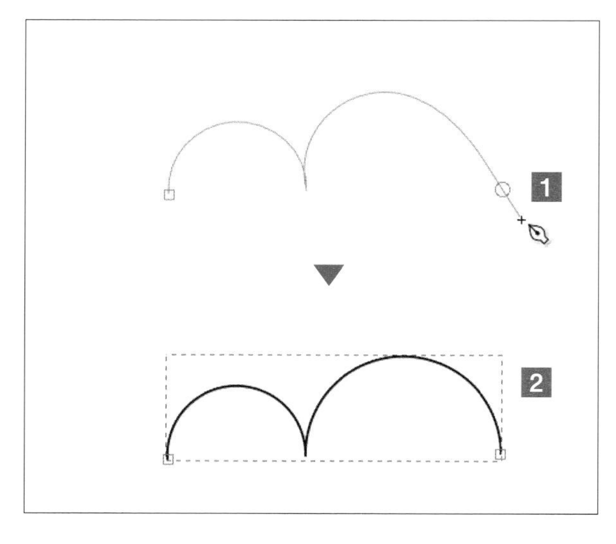

3 終了する

Enterキーを押すか、マウスの右ボタンをクリックすると1、最後にマウスボタンを押した箇所までのパスが作成されます2。

POINT

ベジエと同様に、始点をクリックすると、閉じた図形のパスを作成できます。

スピロで直線から曲線を作成する

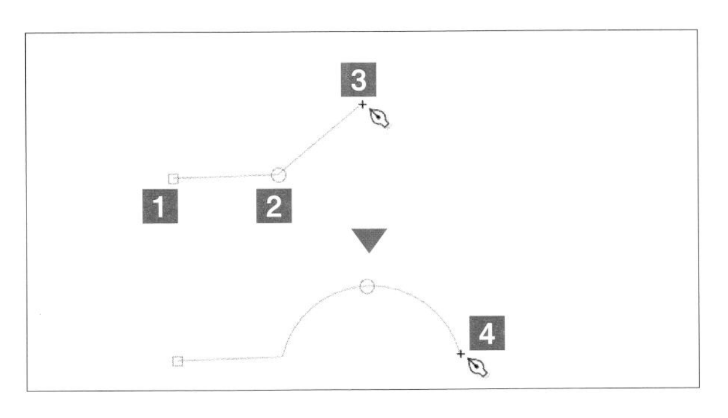

1 Shift ＋クリックで直線、クリックで曲線を作成する

始点をクリックし1、次に Shift キーを押しながらクリックして2、直線を描きます。曲線の通過する場所でクリックします34。

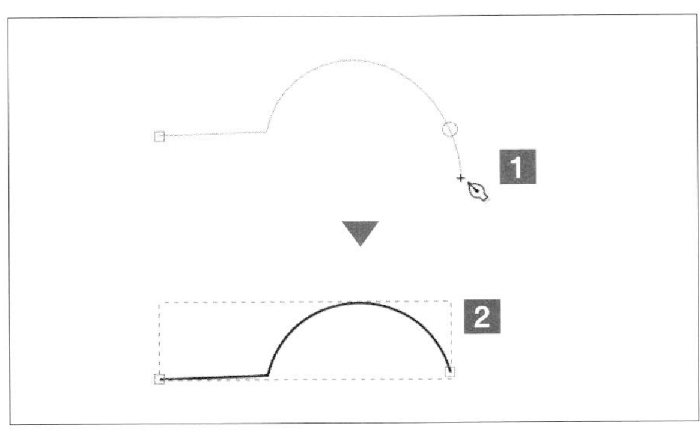

2 終了する

Enter キーを押すか、マウスの右ボタンをクリックすると1、最後にマウスボタンを押した場所までのパスが作成されます2。

スピロで曲線から直線を作成する

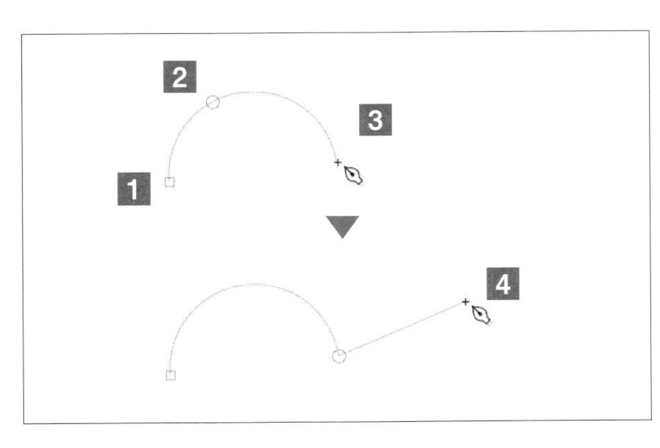

1 曲線をリセットして、Shift ＋クリックで直線を作成する

通常の曲線と同様に、ペンツールでパスの始点1と通過点をクリックします2。クリックした点を通過する曲線を一度リセットするために、Shift キーを押しながらクリックします3。ここまでクリックした点を通る曲線が作成され、新しい曲線の作成が開始されるので、次の点を Shift キーを押しながらクリックします4。

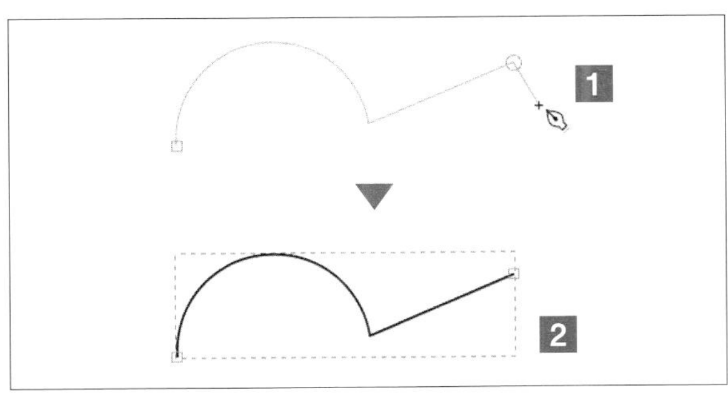

2 終了する

Enter キーを押すか、マウスの右ボタンをクリックすると1、最後にマウスボタンを押した箇所までのパスが作成されます2。

Bスプラインでパスを作成する

Bスプラインモードでは、クリックした点を結ぶ直線に接する曲線を作成できます。ドラッグ操作やハンドル操作もないので、わかりやすいのが特長です。直線の作成もできます。

▶ Bスプラインで曲線を作成する

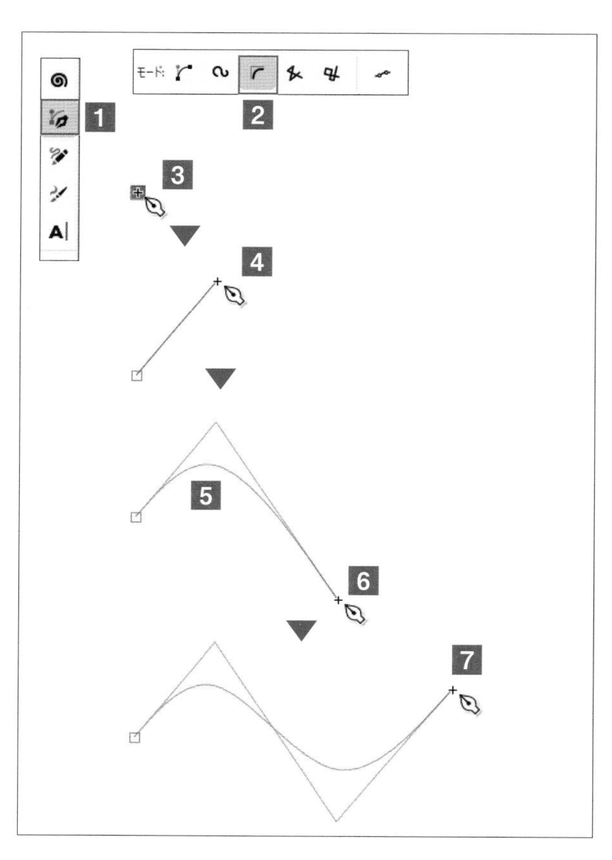

1 曲線を作成する

ペンツールを選択し1、ツールコントロールバーで［Bスプラインパスを作成］を選択します2。パスの始点でクリックします3。次に、曲線の接線の交点となる位置をクリックします4。カーソルを移動すると、クリックした点とカーソルを結ぶ線が接線となるように曲線が作成されるので5、次の交点をクリックします67。

POINT

Bスプラインモードで作成したパスは、実際には［Bスプライン］というパスエフェクトが適用されたパスとなります。そのため、ノードツールで編集できるのは、クリックした点の位置だけとなり、ベジエのようなハンドル操作はできません。

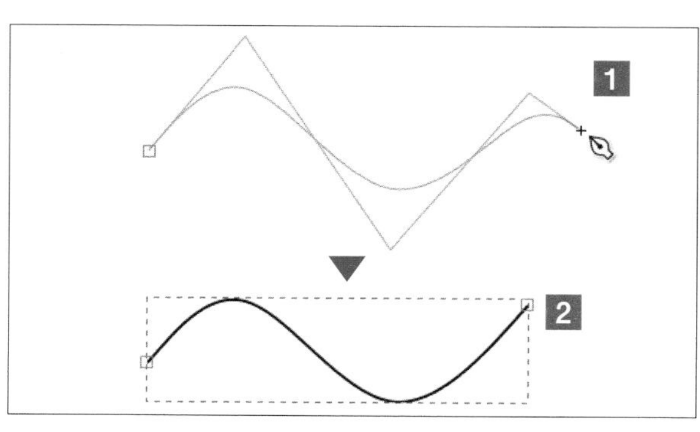

2 終了する

Enter キーを押すか、マウスの右ボタンをクリックすると1、最後にクリックした場所までの曲線のパスが作成されます2。ダブルクリックすると、その位置に終点のノードが作成されて完了となります。

▶ Bスプラインで連続した直線を作成する

1 始点をクリックする

ペンツールで、パスの始点でクリックします1。

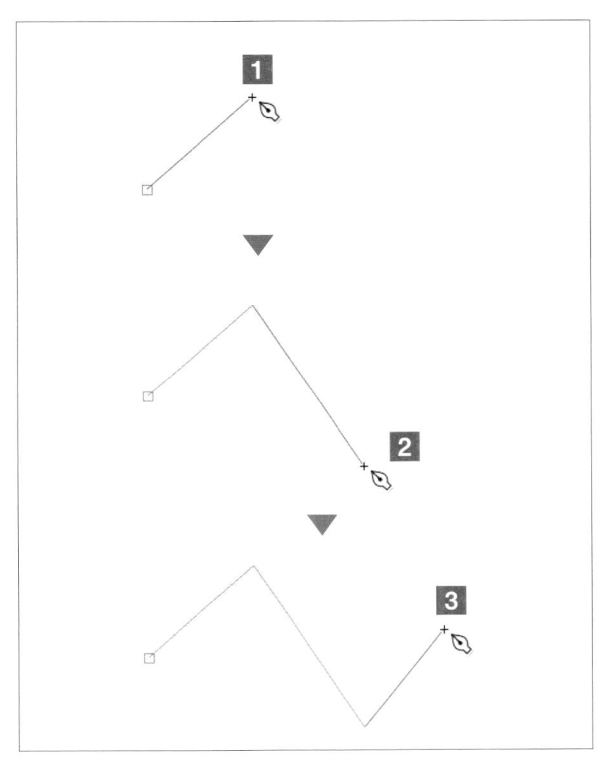

2 クリックして直線を作成する

カーソルを移動して、直線の端点となる場所で Shift キーを押しながらクリックします1。同様に、次の端点までカーソルを移動して Shift キーを押しながらクリックします23。Shift +クリックを繰り返して、連続した直線が作成できます。

CHECK

Ctrl キーを押しながらクリックすると、角度を 15°刻みに限定できます。

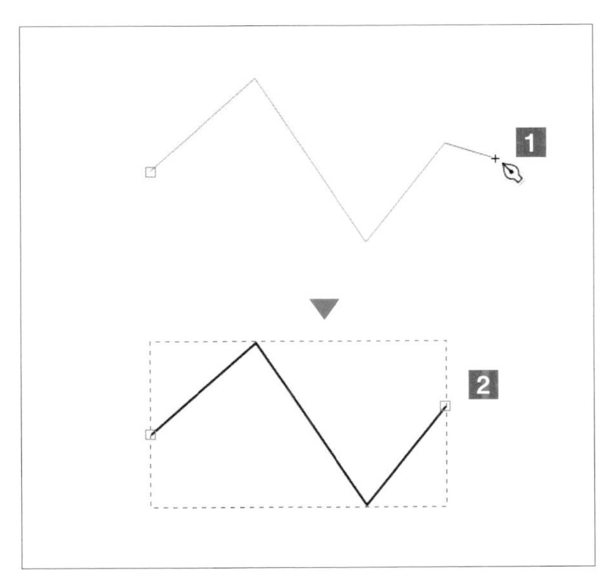

3 作成を終了する

Enter キーを押すか、マウスの右ボタンをクリックすると1、最後にクリックした場所までの直線のパスが作成されます2。連続線ではなく、直線を作成する場合は、2回クリックした段階で、Enter キーを押してください。

POINT

Bスプラインモードで作成したパスは、[パス] メニュー→ [オブジェクトをパスへ] を選択すると、形状をそのままでベジエのパスに変換できます。

▶Bスプラインで山型の曲線を作成する

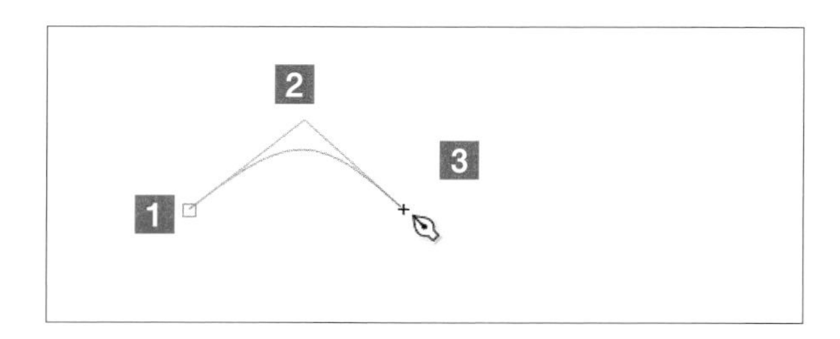

1 曲線を作成してから Shift +クリックする

通常の曲線と同様に、ペンツールでパスの始点1と、曲線の接線の交点となる位置をクリックします2。曲線を一度リセットするために、Shift キーを押しながらクリックします3。

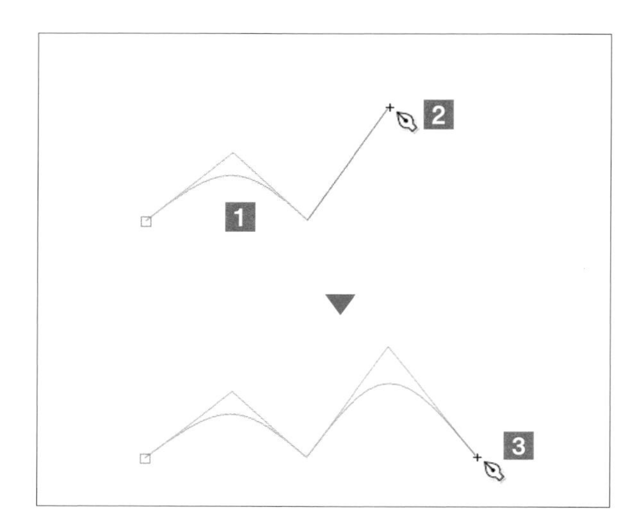

2 曲線をリセットして新しい曲線を作成する

ここまでクリックした点を接線とする曲線が作成され1、新しい曲線の作成が開始されるので、接線の交点となる位置をクリックします23。

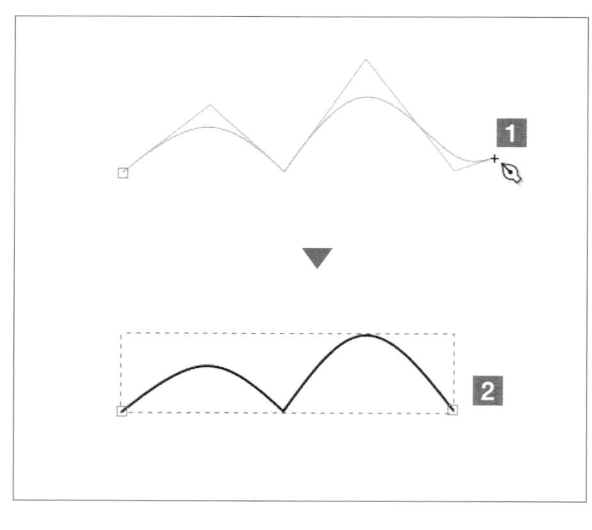

3 終了する

Enter キーを押すか、マウスの右ボタンをクリックすると1、最後にマウスボタンを押した箇所までのパスが作成されます2。

POINT

ベジエと同様に、始点をクリックすると、閉じた図形のパスを作成できます。

▶ Bスプラインで直線から曲線を作成する

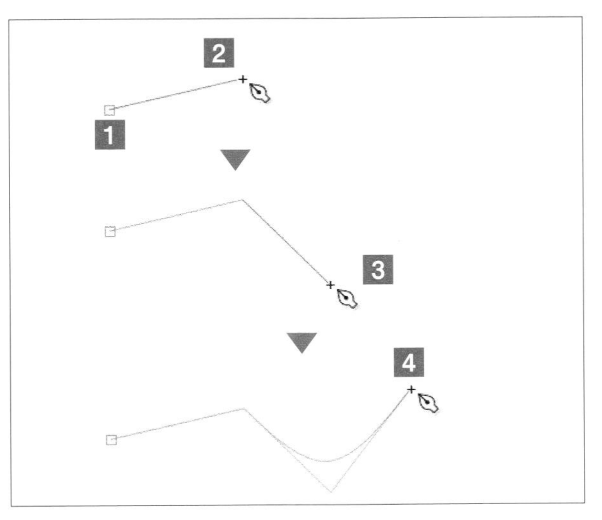

1 Shift +クリックで直線、クリックで曲線を作成する

始点をクリックし1、次に Shift キーを押しながらクリックして2、直線を描きます。曲線の接線の交点となる位置をクリックします34。

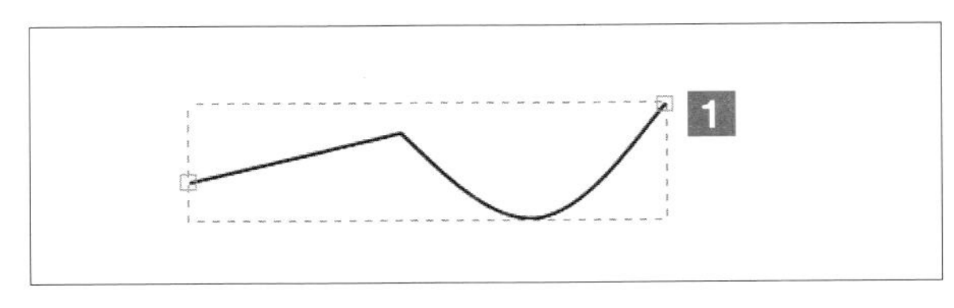

2 終了する

Enter キーを押すか、マウスの右ボタンをクリックすると、最後にマウスボタンを押した場所までのパスが作成されます1。

▶ Bスプラインで曲線から直線を作成する

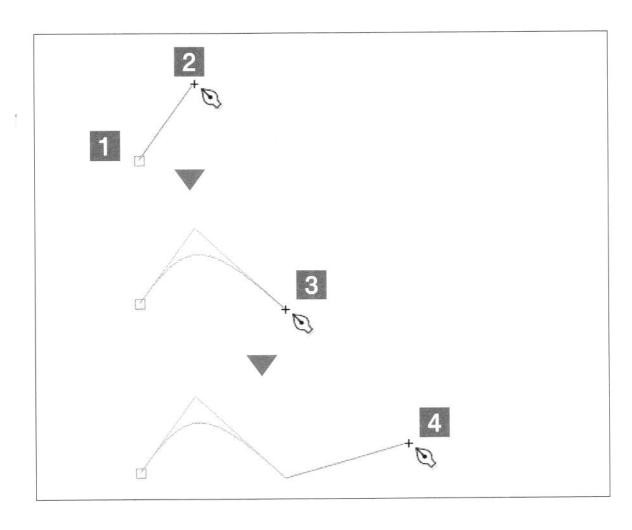

1 曲線をリセットして、Shift +クリックで直線を作成する

通常の曲線と同様に、ペンツールでパスの始点1と曲線の接線の交点となる位置をクリックします2。曲線を一度リセットするために、Shift キーを押しながらクリックします3。新しい曲線の作成が開始されるので、次の点を Shift キーを押しながらクリックします4。

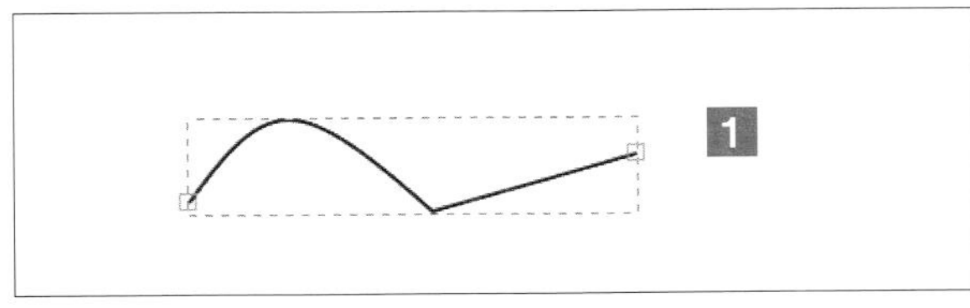

2 終了する

Enter キーを押すか、マウスの右ボタンをクリックすると、最後にマウスボタンを押した箇所までのパスが作成されます1。

05 連続した直線を作成する

ペンツールのクリックした点を通る直線を作成できます。単純な連続線だけでなく、角が直角となる連続線も作成できます。

連続線を作成

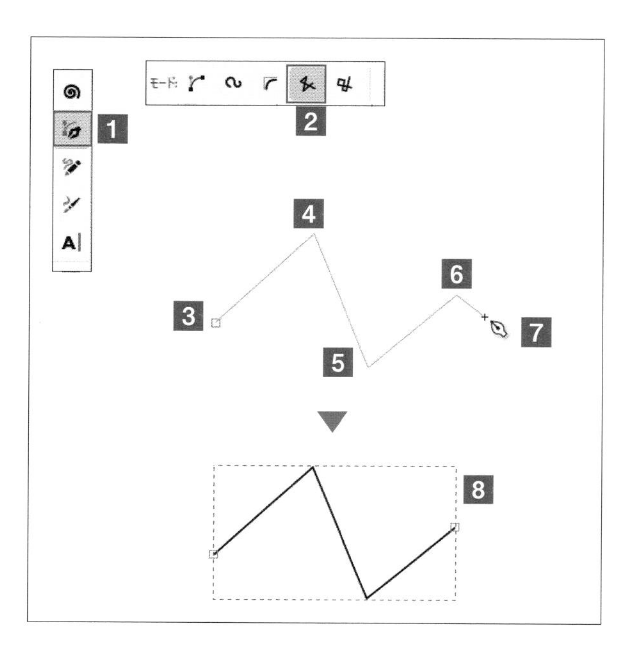

連続線を作成

ペンツールを選択し1、ツールコントロールバーで［連続する直線セグメントを作成］を選択します2。クリックした点が結ばれて連続した直線になります3456。Enter キーを押すか、マウスの右ボタンをクリックすると7、最後にクリックした場所までの直線のパスが作成されます8。

POINT

Ctrl キーを押しながらクリックすると、角度を15°刻みに限定できます。

角度が90°の連続線を作成

ペンツールを選択し1、ツールコントロールバーで［連続する近軸線の作成］を選択します2。クリックした点が結ばれて連続した直線になります3456。始めに作成した直線に対して、次の直線が90°の角度になります。Enter キーを押すか、マウスの右ボタンをクリックすると7、最後にクリックした場所までの直線のパスが作成されます8。

線にシェイプを設定して作成する

ペンツールでのパスの作成時には、線に特定の形状(シェイプ)を適用できます。また、パスに適用したシェイプは、ノードツールで簡単な修正が可能です。ここでは、「三角形 底辺→頂角」を適用して説明します。

「三角形 底辺→頂角」で作成

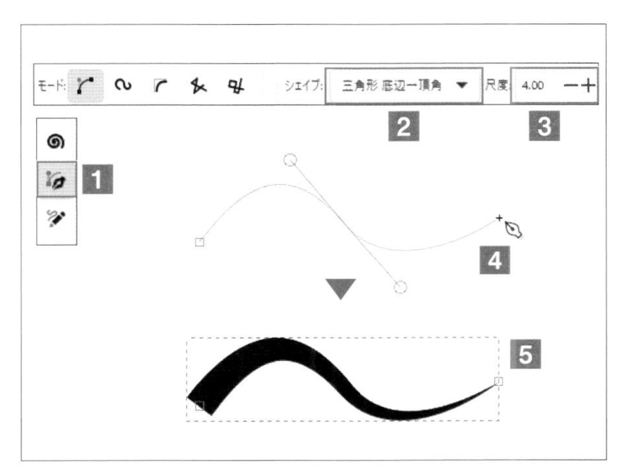

パスの作成

ペンツールを選択します1。ツールコントロールバーの［シェイプ］で［三角形 底辺→頂角］を選択し2、［尺度］でストローク幅に対してのシェイプのサイズ（ここでは「4.00」）を設定します3。数値が大きいほうがサイズが大きくなります。モードはどれでもかまいません（左図はベジエ）。パスを作成すると4、ストロークに選択したシェイプが適用されます5。

POINT

［円 / 弧］を選択すると、端点が丸く、中央で幅が最大のシェイプとなります。

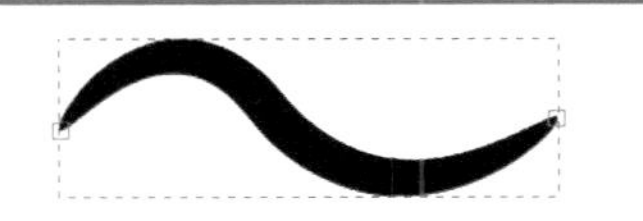

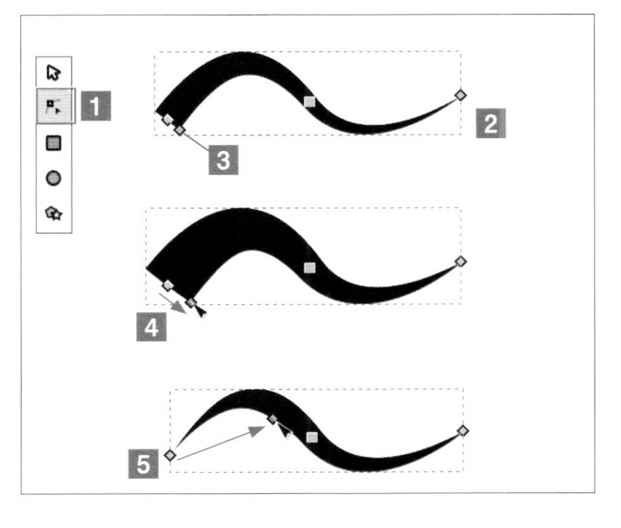

シェイプの編集

ノードツールを選択します1。シェイプを適用したパスを選択すると2、ノード以外にシェイプのコントロールポイントがパスの開始点に表示されます3。ドラッグして幅を変更できます4。［三角形 底辺→頂角］では、パスに沿ってドラッグして、開始点が頂角になるように変更できます5。

POINT

［クリップボード］または［クリップボードから］を選択すると、［編集］メニューの［コピー］でコピーしたパスオブジェクトをシェイプとして適用できます。

07 ノードをクリックで追加する

パスの編集時には、形状を修正するためにノードを追加したいことがあります。ノードは、クリック操作で自由な位置に追加できます。

サンプルファイル 05-07.svg

ノードをクリックして追加する

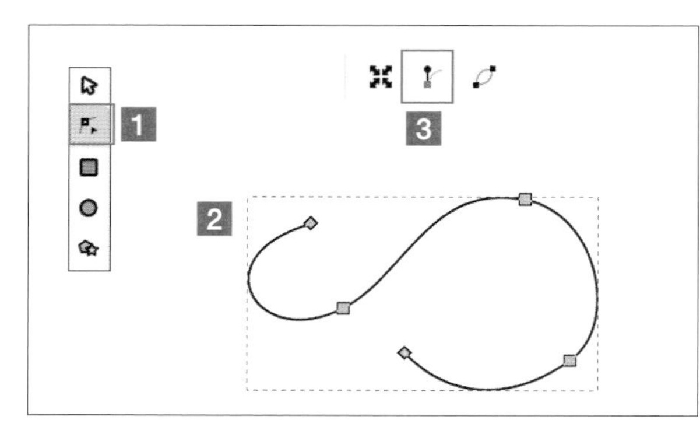

1 ノードツールでパスを選択する

ノードツールを選択し1、パスを選択します2。ハンドルの表示は、ツールコントロールバーの［選択ノードのベジエ曲線ハンドルを表示］の設定によります。ここではオフ（非表示）にしています3。

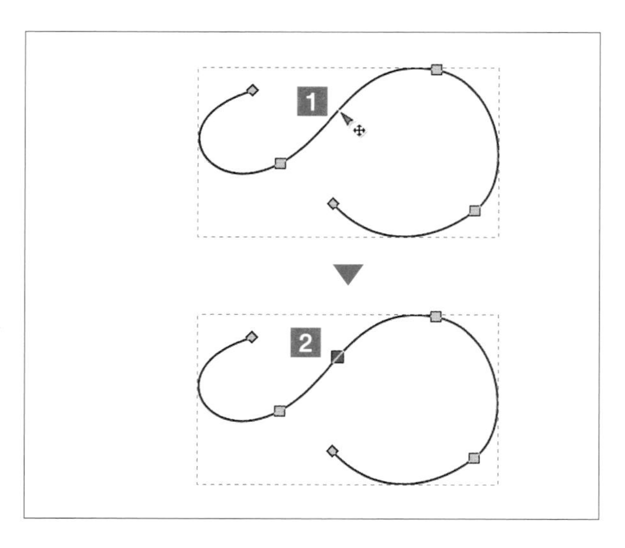

2 追加する箇所でダブルクリックする

ノードを追加する箇所でダブルクリックします1。ノードが追加されます2。

CHECK

ベジエの作成したパスでは、曲線部分に追加したノードはスムーズノードに、直線部分に追加したノードはシャープノードになります。

POINT

上記例はベジエで作成したパスですが、スピロでも追加できます。Bスプラインでは追加できません。

選択したノードの間にノードを追加する

複数のノードを追加するには、ツールコントロールバーの機能を利用すると便利です。

サンプルファイル 05-08.svg

ノードを選択して追加する

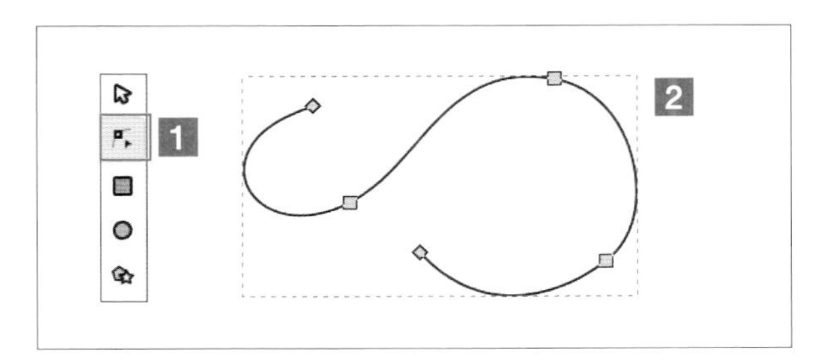

1 ノードツールでパスを選択する

ノードツールを選択し1、パスを選択します2。

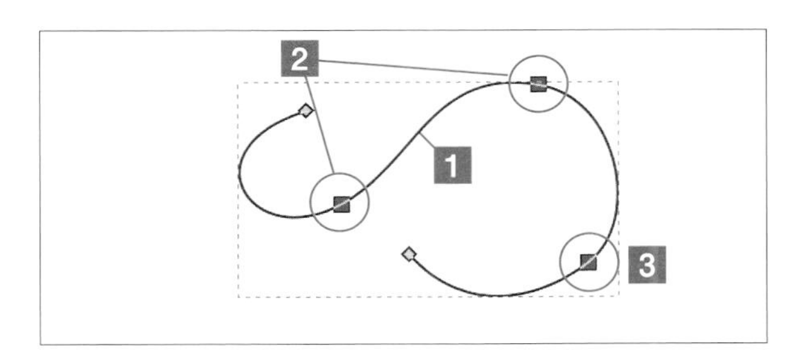

2 セグメントまたはノードをクリックする

新しいノードを追加したいセグメントをクリックして選択します1。セグメントをクリックすると、両端のノードが選択されます2。さらに、ノードを Shift キーを押しながらをクリックして追加選択します3。

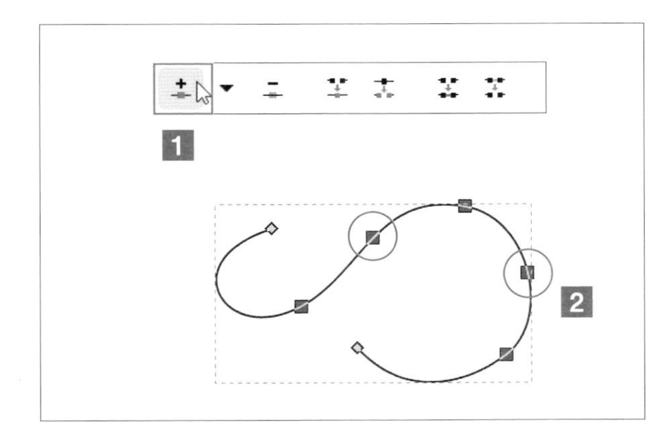

3 ツールコントロールバーで ± をクリックする

ツールコントロールバーの［新規ノードを選択セグメントに挿入］ ± をクリックします1。選択した隣り合ったノードの中間に新しいノードが追加されます2。

座標からノードを追加する

選択したノードの位置に対して、X座標の最大値または最小値（水平方向の一番左か右）、とY座標最大値または最小値（垂直方向の一番上か下）にノードを追加できます。

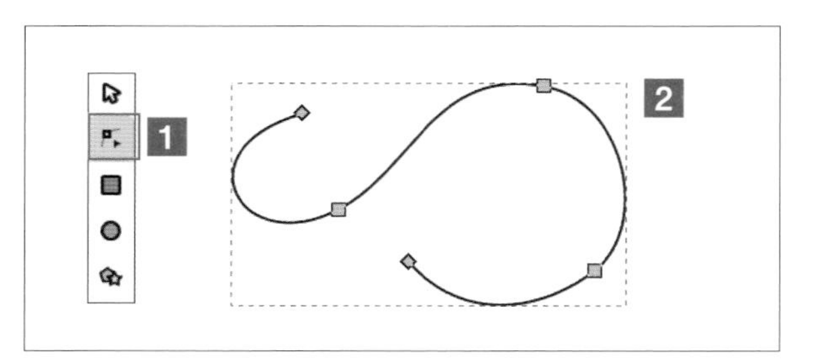

1 ノードツールでパスを選択する

ノードツールを選択し1、パスを選択します2。

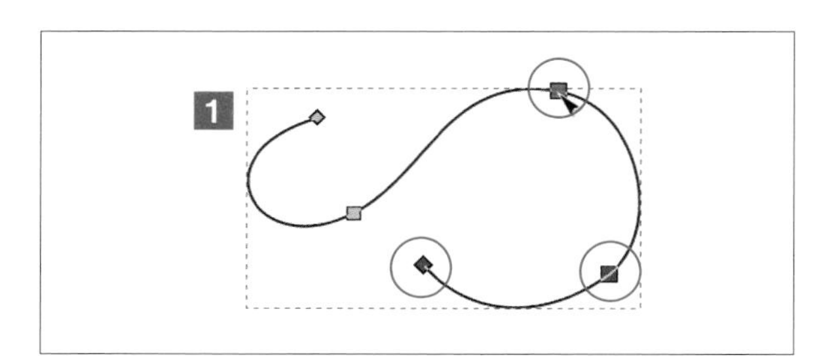

2 セグメントまたはノードを選択する

新しいノードを追加したいノードまたはセグメントクリックして、ノードを選択します（ここでは赤い○で囲んだノード）1。

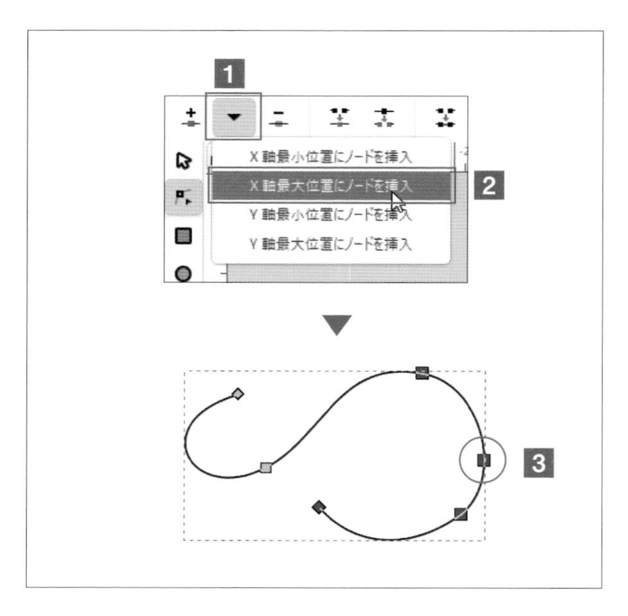

3 ツールコントロールバーで追加位置を選択する

ツールコントロールバーの［新規ノードを選択セグメントに挿入］ ▼ をクリックし1、表示されたメニューから追加位置（ここでは［X軸最大位置にノードを挿入］）を選択します2。選択した位置に新しいノードが追加されます3。

POINT

この追加方法では、メニューから選択した挿入位置に、選択したノードがすでにある場合は、ノードが追加されません。上記例では、［X軸最小値にノードを挿入］を選択しても、X軸最小値に選択したノードがあるため追加されません。

ノードを数値で複数追加する

[ノードの追加]エクステンションを使うと、数値を指定してノードを追加できます。一気に複数のノードを追加したい場合に便利な機能です。

サンプルファイル 05-09.svg

数値指定でノードを追加する

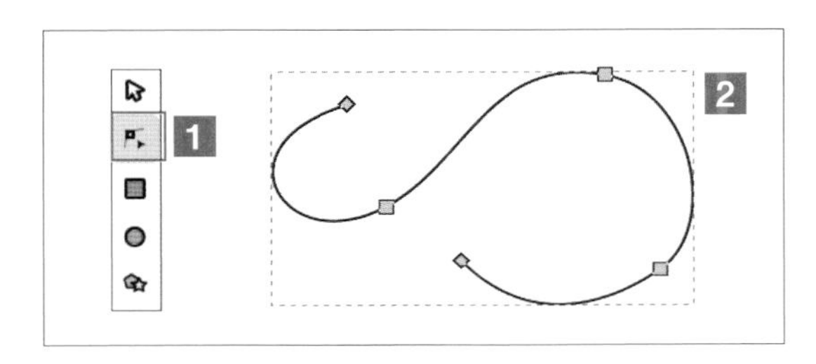

1 ノードツールでパスを選択する

ノードツールを選択し1、パスを選択します2。

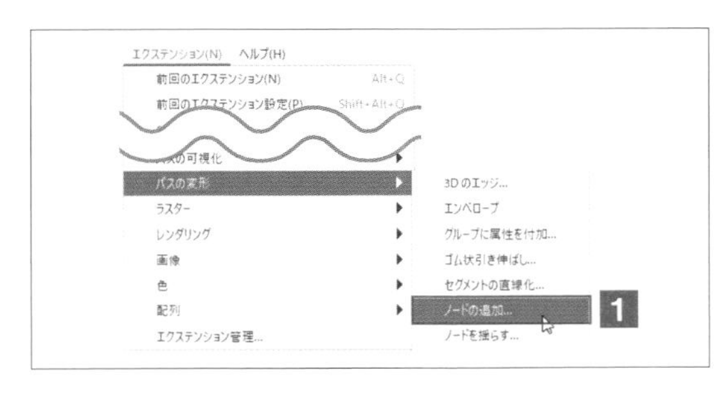

2 [ノードの追加]を選択する

[エクステンション]メニュー→[パスの変形]→[ノードの追加]を選択します1。

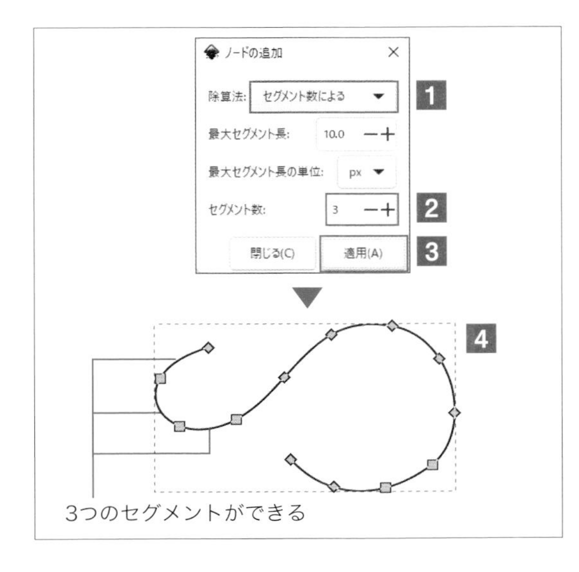

3つのセグメントができる

3 追加方法と数を設定する

[ノードの追加]ウィンドウが表示されるので、[除算方法]に「セグメント数による」を選択します1。[セグメント数]で作成するセグメントの数(ここでは「3」)を設定します2。ほかの設定は無視してください。[適用]をクリックすると3、選択したパスの個々のセグメントが指定したセグメント数(設定例は「3」)に等分割されるようにノードが追加されます4。

CHECK

[最大セグメント長による]を選択すると、[最大セグメント長]で指定した長さ以内で最大長のセグメントが等間隔で作成されるようにノードが追加されます。

10 ノードを削除する

パス内のノードは、削除できます。ツールコントロールバーの機能を使う方法と、Delete キーを押す方法がありますが、削除結果が異なります。

サンプルファイル 05-10.svg

ノードの削除

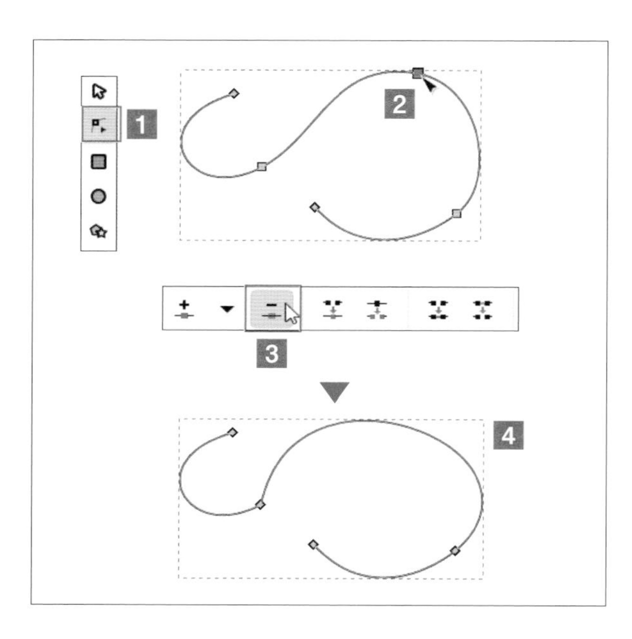

ツールコントロールバーで削除

ノードツールを選択し1、パスを選択して削除するノードを選択します2。ツールコントロールバーの［選択したノードを削除］をクリックします3。パスの形状が保持されるように、ノードが削除されます4。

POINT

ノードを Ctrl キーと Alt キーを押しながらクリックしても、同様に削除できます。

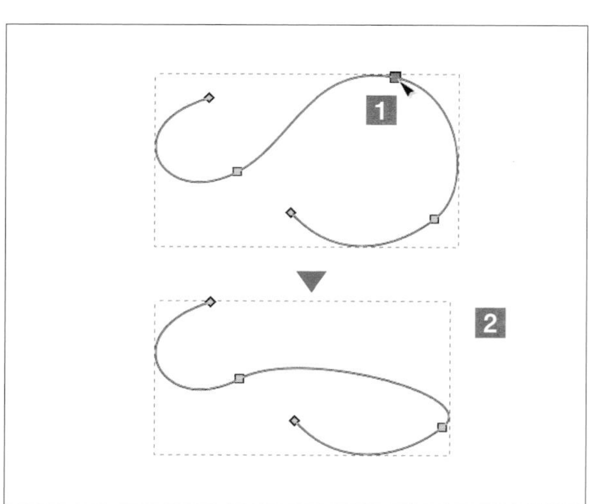

Delete キーで削除

ノードツールで削除するノードを選択します1。Delete キーを押すと、ノードが削除されます2。

POINT

Delete キーを押しての削除では、削除したノードの両端のノードのハンドルが保持された状態で削除されます。

11 セグメントを削除する

パス内のセグメントは、削除できます。ツールコントロールバーの機能を使うとセグメント部分だけを削除できます。Delete キーを押すと、パスはつながった状態でセグメントが削除されます。

サンプルファイル 05-11.svg

セグメントの削除

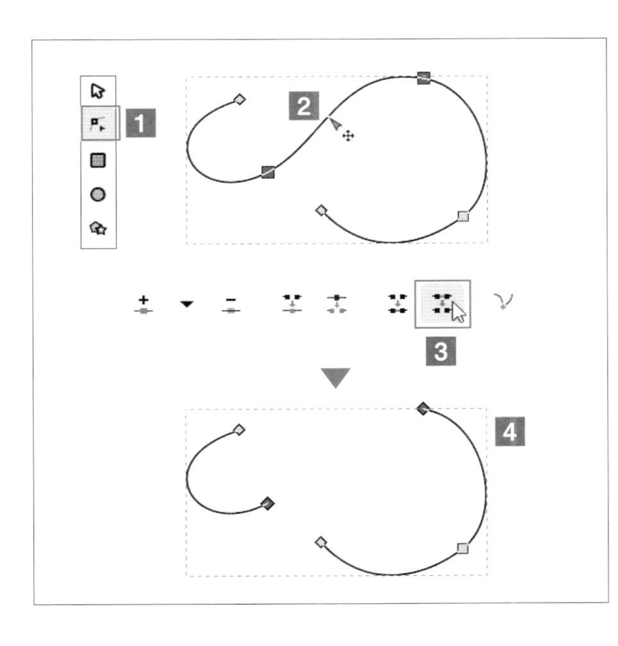

ツールコントロールバーで削除

ノードツールを選択し1、パスを選択して削除するセグメントを選択します2。ツールコントロールバーの［2個の非端点ノード間のセグメントを削除］をクリックします3。選択したセグメント部分だけが削除されます4。

POINT

残ったパスはふたつになりますが、結合したパスとして、ひとつのパスオブジェクトとして扱えます。個別のオブジェクトにするには、［パス］メニュー→［分解］を選択してください。

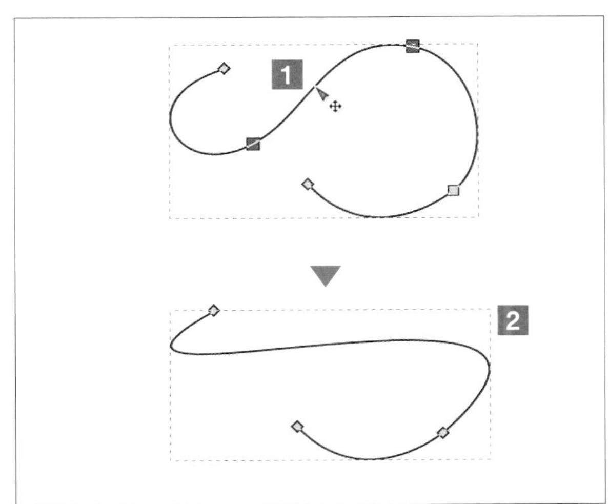

Delete キーで削除

ノードツールで削除するセグメントを選択します1。Delete キーを押すと、セグメントとその両端のノードが削除されます2。パスはつながった状態となります。

POINT

使用している環境や設定によっては、左図と同じ形状にならない場合があります。

12 端点ノードを重ねて連結する

ふたつのパスの端点のノードを重ねて連結し、ひとつのパスにできます。

サンプルファイル 05-12.svg

ノードを連結する

パスの端点を重ねて連結します。

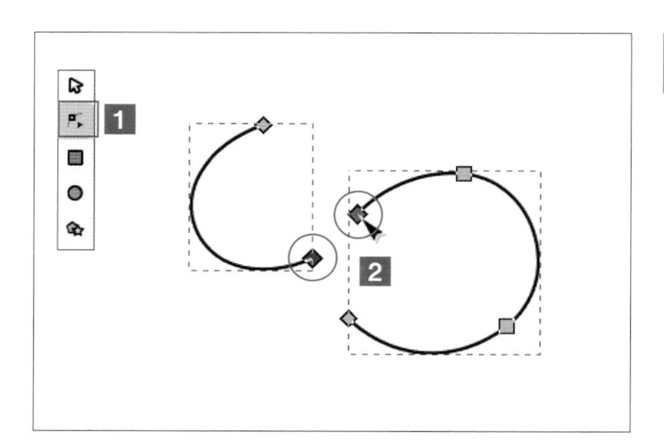

1 ノードツールで連結するノードを選択する

ノードツールを選択し1、連結するノードを選択します2。

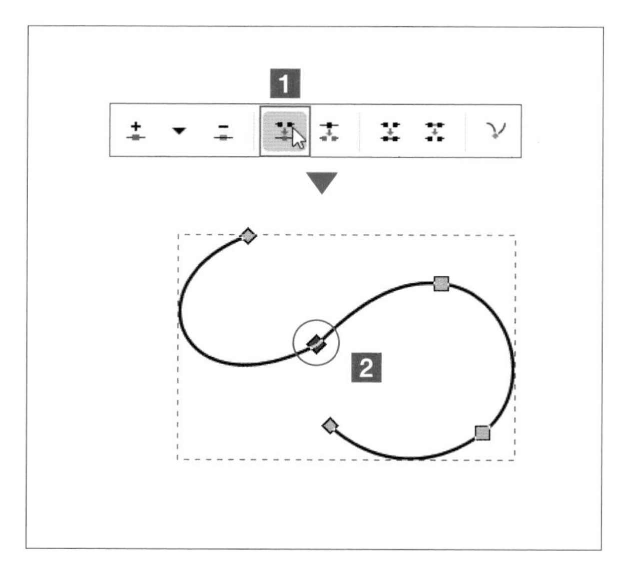

2 ツールコントロールバーで連結する

ツールコントロールバーの［選択した端点ノードを連結］をクリックします1。選択したノードの中間点で連結します2。

13 端点ノードをセグメントで連結する

ふたつのパスの端点のノードを直線セグメントで連結し、ひとつのパスにできます。

サンプルファイル 05-13.svg

ノードを連結する

パスの端点を直線て連結します。

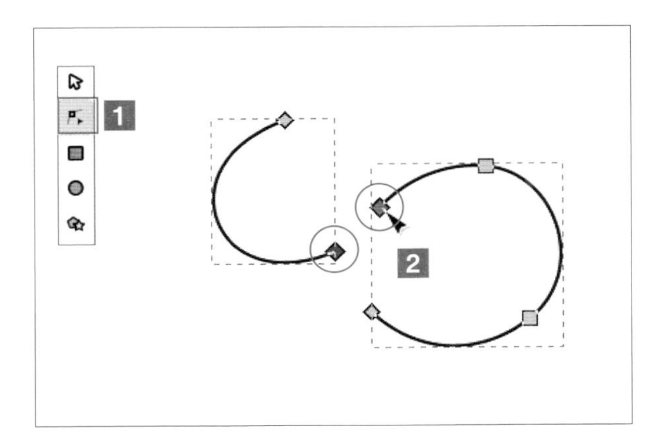

1 ノードツールで連結するノードを選択する

ノードツールを選択し1、連結するノードを選択します2。

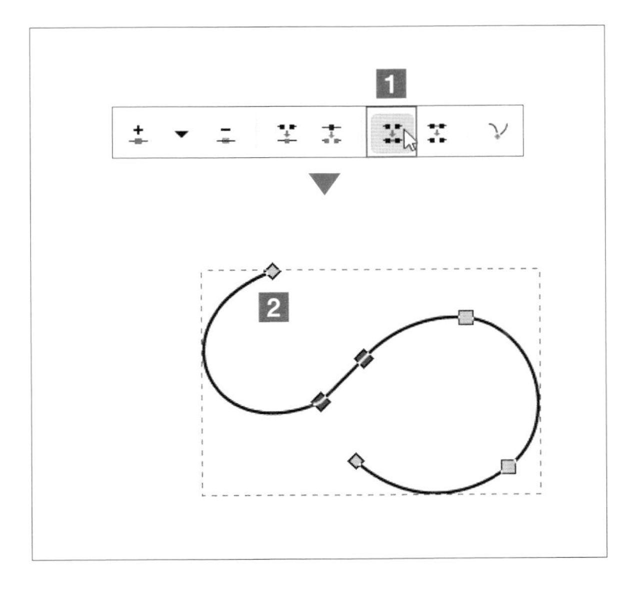

2 ツールコントロールバーで連結する

ツールコントロールバーの［選択した端点ノード同士を新しいセグメントで連結］をクリックします1。選択したノードが直線で連結されます2。

ノードでパスを切断する

クリックしたノードで、パスを切断し、ふたつのパスとして扱うことができます。

サンプルファイル 05-14.svg

パスを切断する

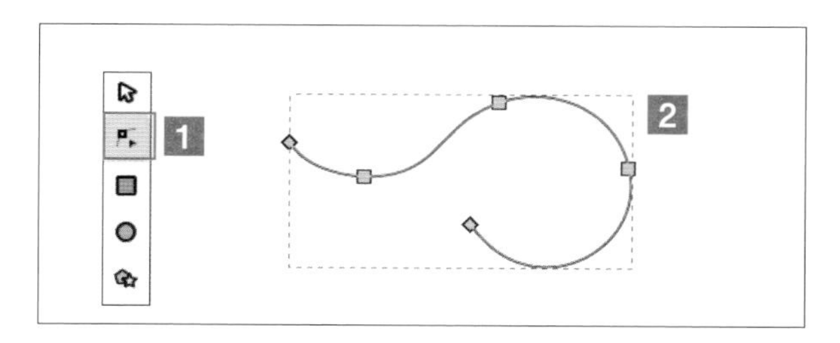

1 ノードツールで連結するノードを選択する

ノードツールを選択し1、切断するパスを選択します2。

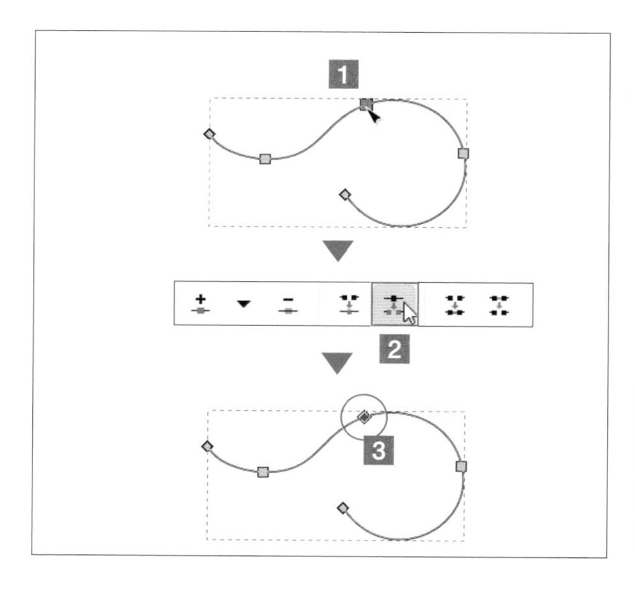

2 ツールコントロールバーで切断する

切断する位置のノードを選択し1、ツールコントロールバーの［選択ノードでパスを切断］をクリックします2。クリックした位置で、ノードが切断されます3。ノードは完全に重なっているので、切断されているかは見た目ではわかりません。

CHECK

切断したパスはふたつになりますが、結合したパスとして、ひとつのパスオブジェクトとして扱えます。個別のオブジェクトにするには、［パス］メニュー→［分解］を選択してください。

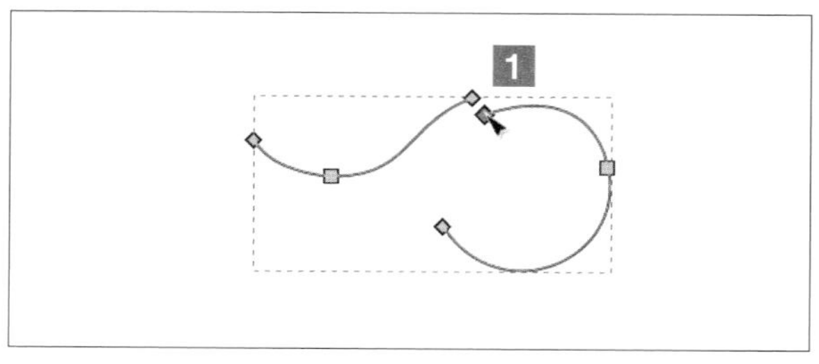

3 移動して確認する

切断したノードをドラッグして移動すると1、パスが切断されていることがわかります。

15 曲線をハンドルで調節する

ノードツールを使うと、パスのハンドルをドラッグして曲線を調節できます。ここではベジエで作成したパスの調節方法を説明します。

サンプルファイル 05-15.svg

ハンドルをドラッグして調節する

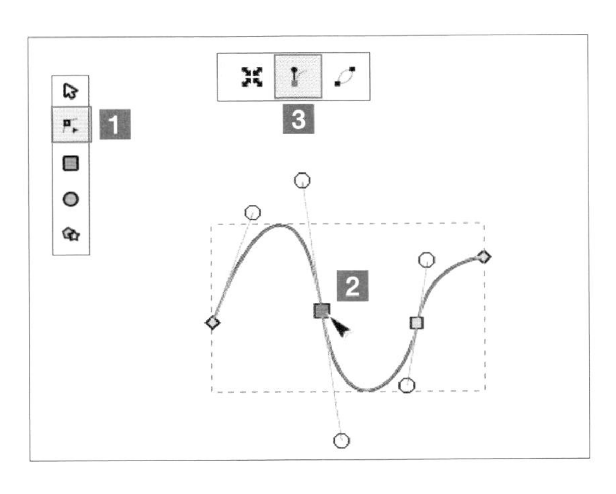

1 ノードツールでノードを選択する

ノードツールを選択します1。パスを選択し、曲線を調節する端点のノードを選択します2。ハンドルが表示されない場合は、ツールコントロールバーの［選択ノードのベジエ曲線ハンドルを表示］をオンにします3。

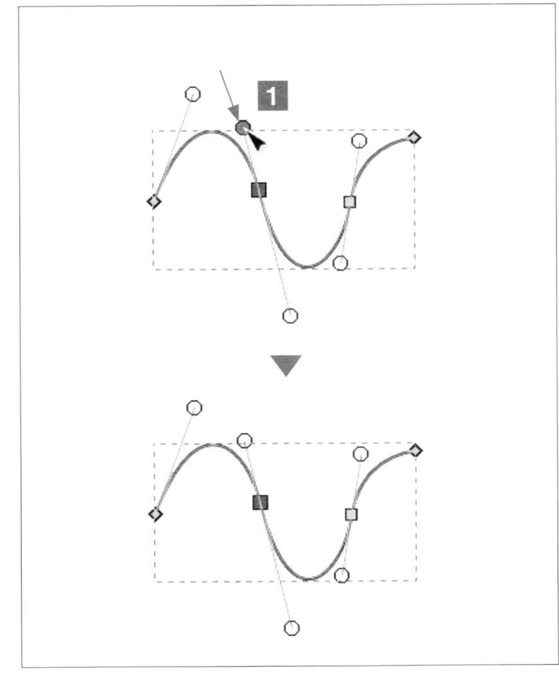

2 ノードをドラッグする

ノードから表示されたハンドルのコントロールポイントをドラッグして曲線を調節します1。

CHECK

Alt キーを押しながらドラッグするとハンドルの長さを固定できます。ハンドルのコントロールポイントを Ctrl キーを押しながらクリックすると、ポイントが削除され、片側だけのハンドルとなります。

POINT

スピロで作成したパスは、曲線の通過するノードの位置を変更して調節します。Bスプラインで作成したパスは、曲線の元となるクリックした点の位置を変更して調節します。

曲線をドラッグで調節する

ベジエで作成したパスの曲線は、曲線セグメントをドラッグして調節できます。

サンプルファイル 05-16.svg

セグメントをドラッグして調節する

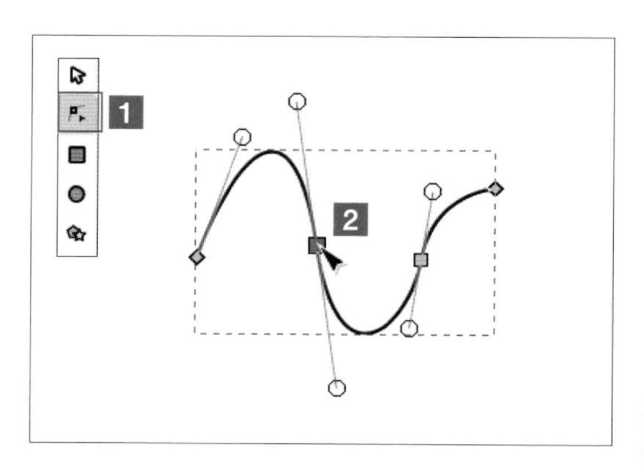

1 ノードツールでノードを選択する

ノードツールを選択します1。変化がわかりやすいようにノードを選択してハンドルを表示しています2（通常は必要ありません）。

CHECK

スムーズノードのハンドルは、連動して動きます。片側のハンドルだけを動かすには、シャープノードに変更してください。

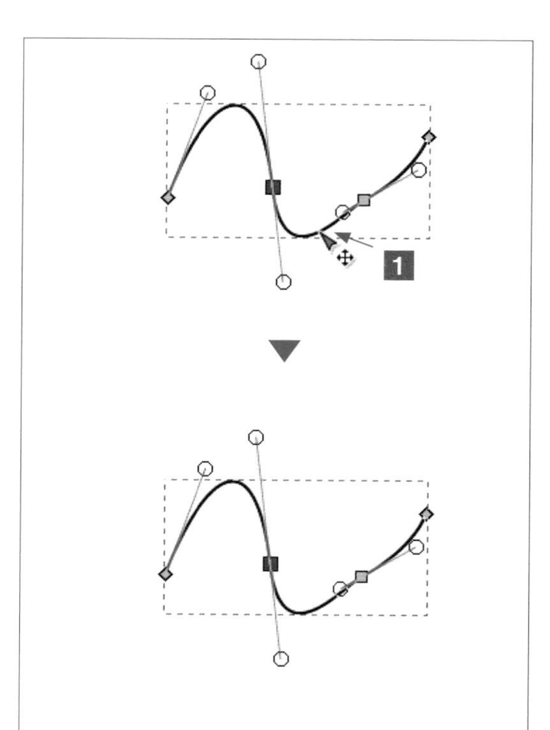

2 セグメントをドラッグする

曲線を調節するセグメントをドラッグします1。曲線の形状に応じて、セグメント両端のノードのハンドルの長さや角度も変わります。

POINT

スピロ、Bスプラインで作成したパスは、曲線セグメントでの調節はできません。

17 ノードやセグメントの形状を変更する

ベジエで作成したパスは、変形の自由度が高いのが特長です。ノードツールには、ノードの種類やセグメントの形状を変更するための機能が用意されています。必要に応じて使ってください。

サンプルファイル 05-17.svg

ノードの種類を変更

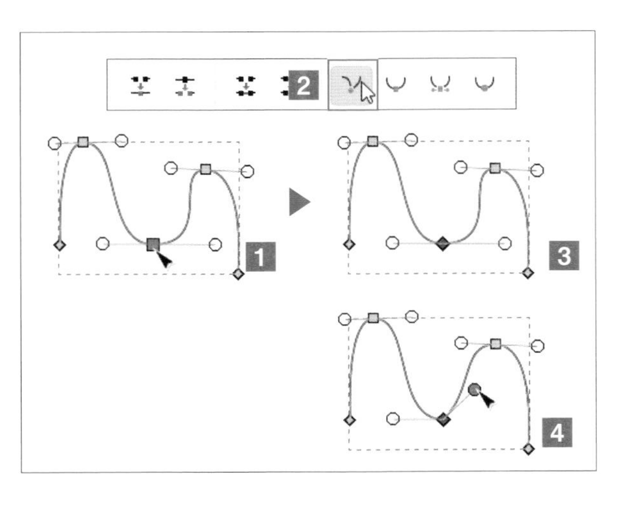

スムーズノードからシャープノードに変更

ノードツールで、スムーズノードのノードを選択します1。ツールコントロールバーの をクリックすると2、ハンドルの連動しないシャープノードに変わります3。ノードの形状は◇です。どちらかのハンドルをドラッグすると、連動しないのがわかります4。

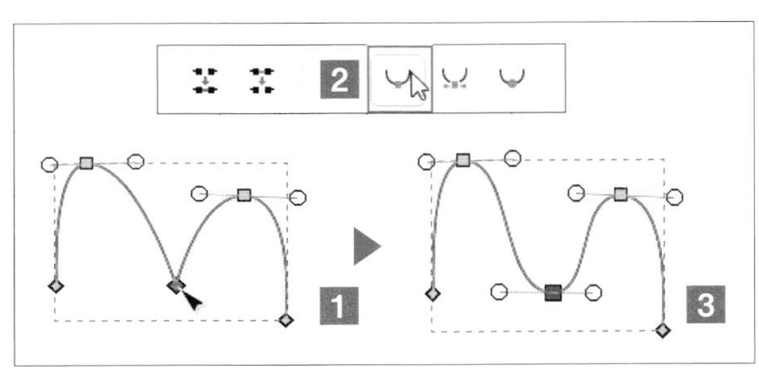

シャープノードからスムーズノードに変更

ノードツールで、シャープノードのノードを選択します1。ツールコントロールバーの をクリックすると2、ハンドルの連動するスムーズノードに変わり、ハンドルが表示されます3。ノードの形状は□です。

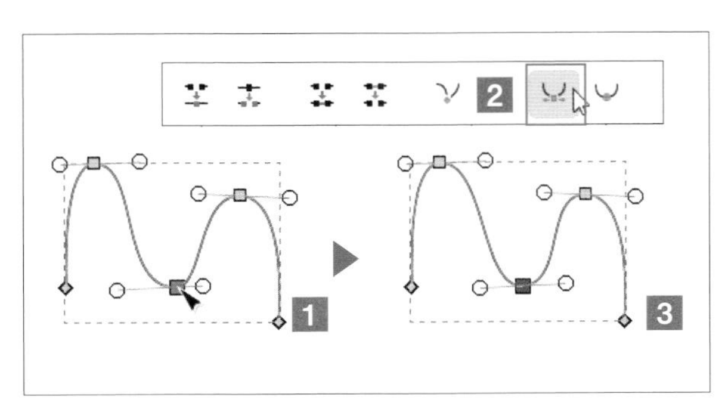

ノードを対称ノードに設定

ノードツールで、ノードを選択します1。ツールコントロールバーの をクリックすると2、左右の長さが同じハンドルのスムーズノード（対称ノード）に変わります3。対称ノードは、ツールコントロールバーの をクリックして通常のスムーズノードにするまで、常にハンドルの長さが同じなる特殊なノードです。ノードの形状は通常のスムーズノードと同じ□です。

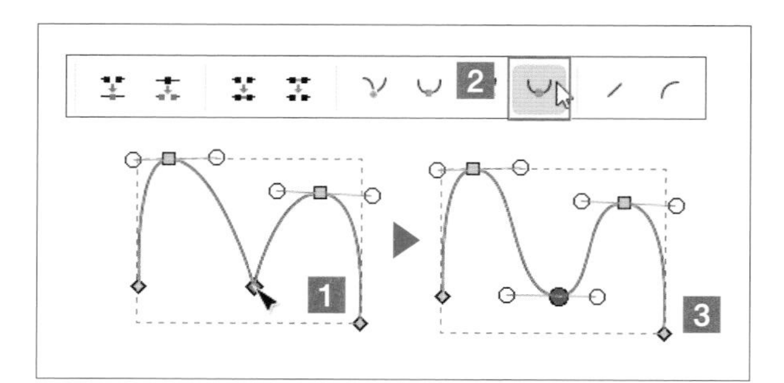

ノードを自動スムーズノードに設定

ノードツールで、ノードを選択します1。ツールコントロールバーのをクリックすると2、自動スムーズノードに変わります3。ノードの形状は○です。

POINT

自動スムーズノードにしたノードは、ドラッグして移動すると、パス形状がスムーズになるようにハンドルの角度や長さが自動調節される特殊なノードです。ハンドル操作を行うと、通常のスムーズノードに戻ります。

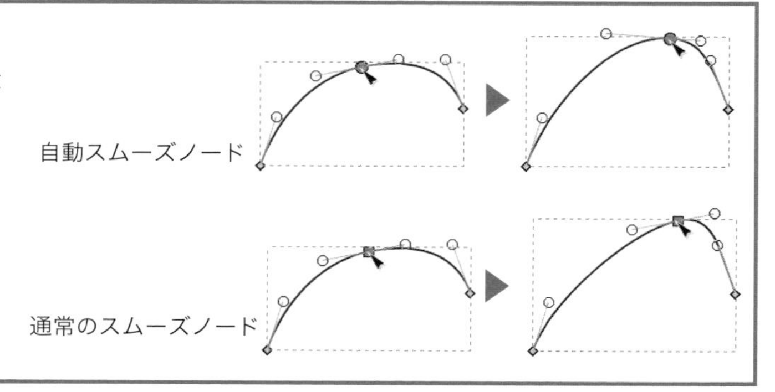

▶ セグメントの形状を変更

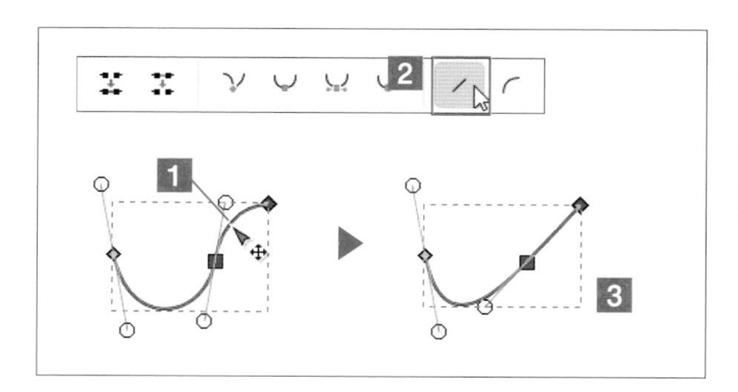

直線セグメントに変更

ノードツールでパスを選択し、曲線セグメントを選択します1。ツールコントロールバーのをクリックすると2、セグメントが直線に変わります3。

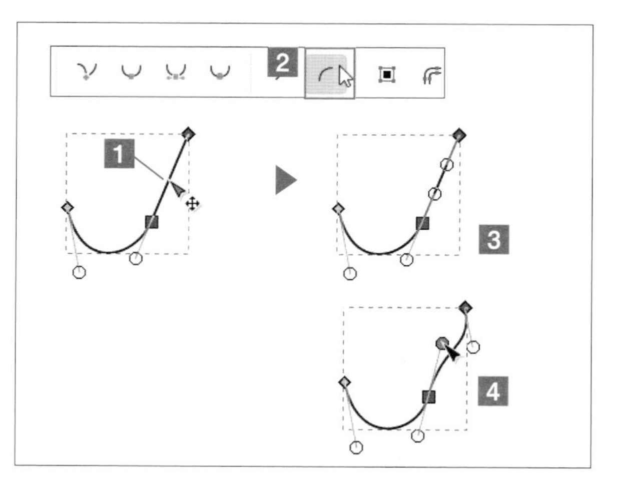

曲線セグメントに変更

ノードツールでパスを選択し、直線セグメントを選択します1。ツールコントロールバーのをクリックすると2、曲線セグメントに変わり、両端のノードからハンドルが表示されスムーズノードになります34。

選択ツールとノードツールを使い分ける

パスの編集において、選択ツールとノードツールの違いを覚えておきましょう。

サンプルファイル 05-18.svg

選択ツールとノードツール

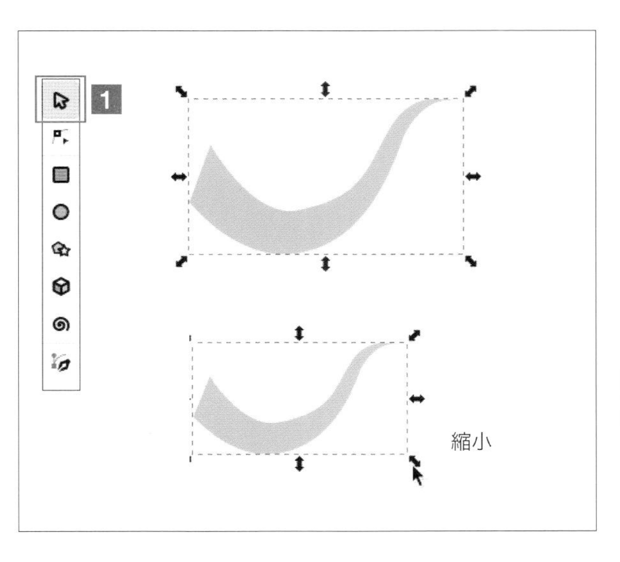

選択ツールの使用

選択ツール1を使用するケースは、パスオブジェクト全体を選択して扱いたい場合です。オブジェクトを移動したり、拡大／縮小や回転などのオブジェクト全体の変形したりする操作などでは選択ツールを利用します。

POINT

ノードツールのような変形操作はできません。

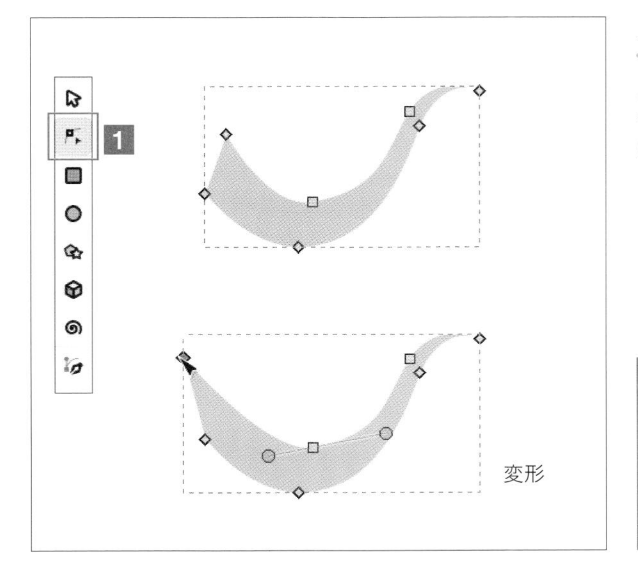

ノードツールの使用

ノードツール1は、パスオブジェクトのノードやセグメントを操作して、パスの形状を変更するときに使用するのが主な目的です。

POINT

選択ツール、ノードツール、どちらのツールを使っても、フィルやストロークの色、ストローク幅、不透明度は設定できます。

19 鉛筆ツールでフリーハンドの線を作成する

鉛筆ツールを使うと、フリーハンドでパスを作成できます。筆圧感知タブレットにも対応しており、より自然な手書きのパスを作成できます。

サンプルファイル 05-19.svg

鉛筆ツールで作成

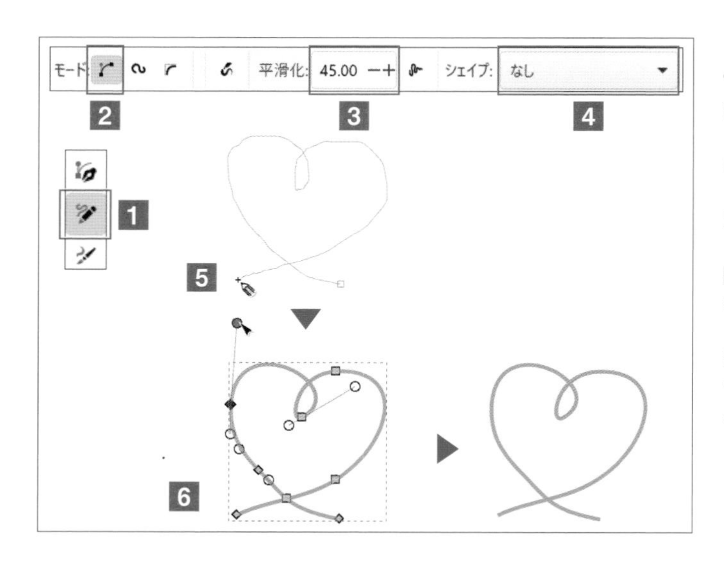

ドラッグで作成

鉛筆ツールを選択します1。ツールコントロールバーで、モードを選択し（通常はベジエを選択）2、筆圧感知タブレットを使う場合は をクリックします。[平滑化] はパスの滑らかさで、「40～50」くらいに設定します（ここでは「45.00」）3。数値が小さい方が軌跡に忠実な線となりますが、作成されるノードの数も多くなります。必要であればシェイプを選択して（ここでは [なし]）4、ドラッグして作成します5。修正はノードツールで行います6。

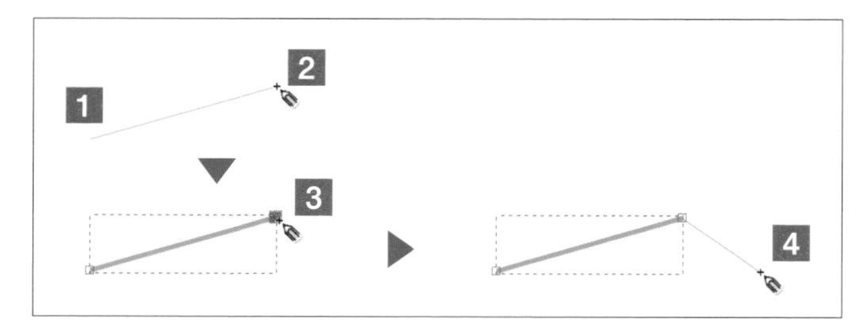

直線を作成

直線を作成することもできます。始点でクリックし1、終点でクリックしてください2。さらに線を繋げて作成するには、カーソルを始点か終点に重ねて、赤くなった状態でクリックし3、次の終点をクリックします4。単に繋げていくだけなら、ダブルクリックで続けて描けます。

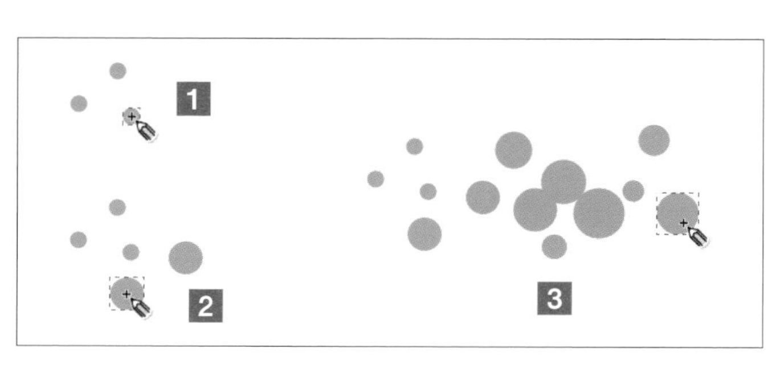

点（円）を作成

ペンツールと同様に（P.086を参照ください）、鉛筆ツールでも点をうつことができます。Ctrl キーを押しながらクリックすると1、ツールの [環境設定] ダイアログで指定した大きさで点が作成できます。Ctrl + Shift でその倍のサイズ2、Ctrl + Alt + Shift でランダムサイズになります3。

フリーハンドの線をなめらかにする

鉛筆ツールで作成したパスは、[平滑化]の設定にもよりますが、たくさんのノードが作成されます。[パス]メニューの[簡略化]を使うと、ノードの数を減らして、パスを滑らかにできます。

サンプルファイル 05-20.svg

[簡略化]の使用

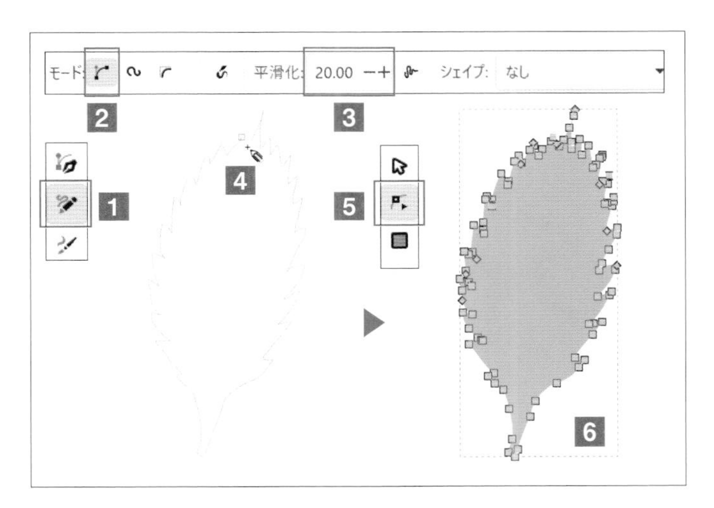

ノードの多いパスの作成

鉛筆ツールを選択し1、ツールコントロールバーのモードでベジエを選択します2。[平滑化] の数値が大きいと細部を描いても残らないため、「20」くらいに設定します(ここでは「20」)3。ドラッグして作成し4、修正のためノードツールを選択します5。[平滑化] の数値が小さいために、ドラッグに対して忠実なパスになりますが、ノード数が多くなります6。

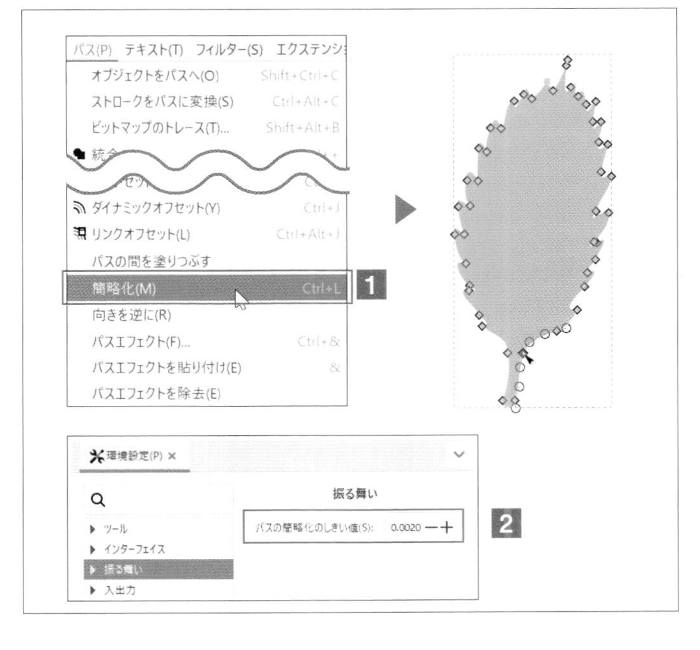

簡略化を適用

ノードが多すぎると修正しづらいため、ノードを減らします。[パス] メニュー→[簡略化] を選びます1。ノードが減った状態で作業できます。簡略化の閾値は [環境設定] の [振る舞い] で設定できます2。数値を大きくするほど、パスは簡略化されます。

21 カリグラフィツールで個性的な線を作成する

カリグラフィーツールを使うと、ドラッグで手書き風の個性的な線を描けます。作成したパスは、アウトライン化されたパスになるため、ストローク幅などの後からの修正はできません。

サンプルファイル 05-21.svg

カリグラフィーツールで作成

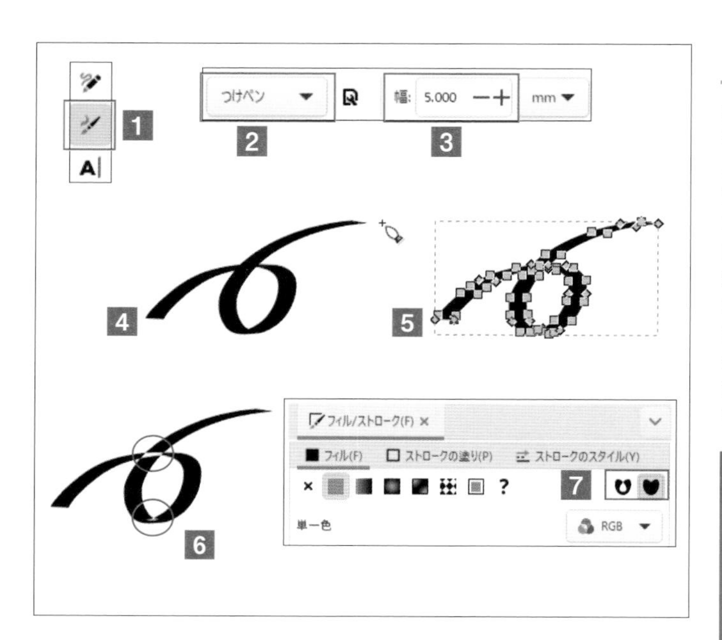

ドラッグで作成

カリグラフィツールを選択すると1、ツールオプションバーに数多くのオプションが表示されます。慣れないうちはプリセットを選択し（ここでは「つけペン」）2、[幅] だけ変更して（ここでは[5.000]）3、作成するとよいでしょう。鉛筆ツールと同様に、ドラッグして作成します4。パスはドラッグした形状のパスとなります5。パスの交差部分が白抜きになる場合は6、[フィル / ストローク] ダイアログの「フィル / ルール」の設定を変更してください7。

POINT

作成したパスの上で、Shift キー押しながらドラッグを開始すると、パスに線を追加できます。

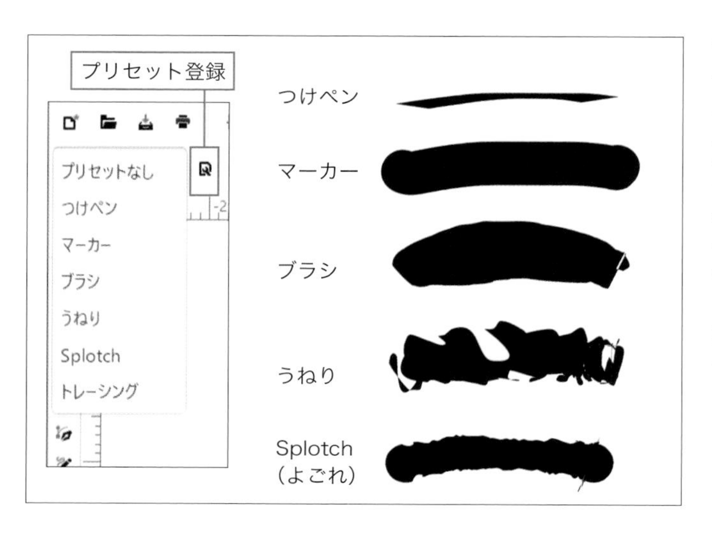

プリセットの使用

カリグラフィツールのツールコントロールバーは設定数が多く、左端にいくつかを組み合わせたプリセットが用意されています。プリセットを選択した後、固有の設定を変更した時点で指定したプリセットではなくなるので、表示は [プリセットなし] に変わります。自分がよく使う組み合わせは、[プリセット登録] アイコンをクリックして保存しておくことができます。

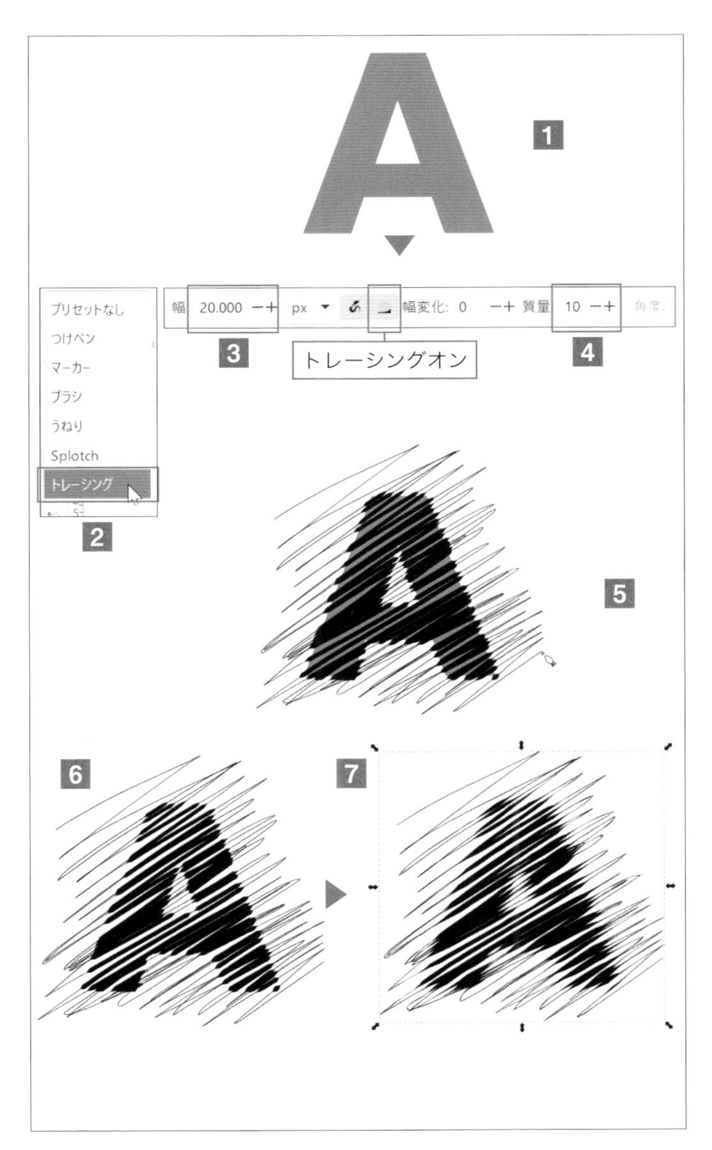

トレーシングの使い方

銅版画のような効果が出せる機能です。通常はオフにしてください。使用例で説明します。不透明度を下げてロックした黒い図形などを下絵として用意します1。プリセットから［トレーシング］を選び2、［幅］を「20px」3、［質量］を「10」4に変更します。［フィル］を「黒」、［ストローク］を幅「1px」の「黒」にして、文字の上を何度も横切るように線を描きます5。描き終えたら下絵を非表示にすると6、線の太さで明度を表現していることがわかります。例では縁がはっきりしすぎているので、最後にメニューの［パス］→［簡略化］を選んでいます7。

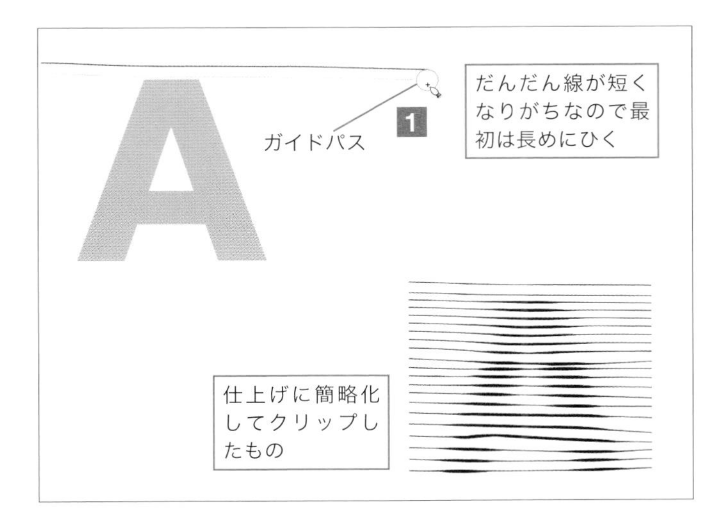

ガイドパスの使い方

もっと銅版画に近づけたい場合は、ガイドパスを使います。1本の線をひいたら一度選択ツールを選択してから、再びカリグラフィツールに戻って、Ctrl キーを押しながら選択していた線にカーソルを近づけます。灰色の円（ガイドパス）が出たら、最初の線に沿うようにドラッグします1。円がグリーンならガイド（直前に作成したオブジェクト）に沿っているサインです。あとは Ctrl キーを押したままにして次の線を描いていきます。

複数のパスを統合する

[パス]メニューの[統合]を使うと、複数のパスを統合してひとつのパスにできます。

サンプルファイル 05-22.svg

[パス]メニューの[統合]を使う

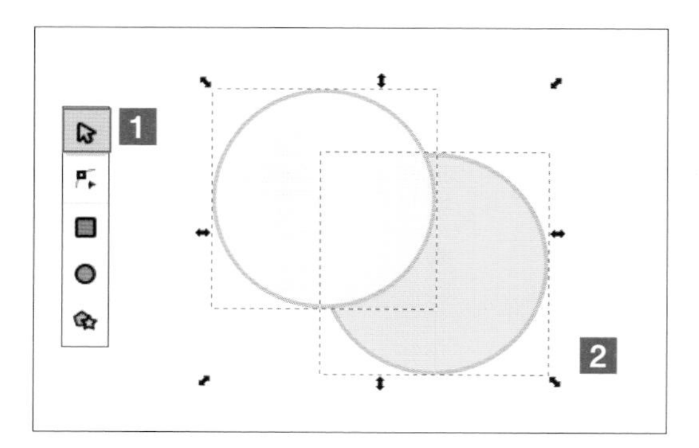

1 選択ツールで選択する

選択ツールを選択します1。統合する複数のオブジェクトを選択します2。

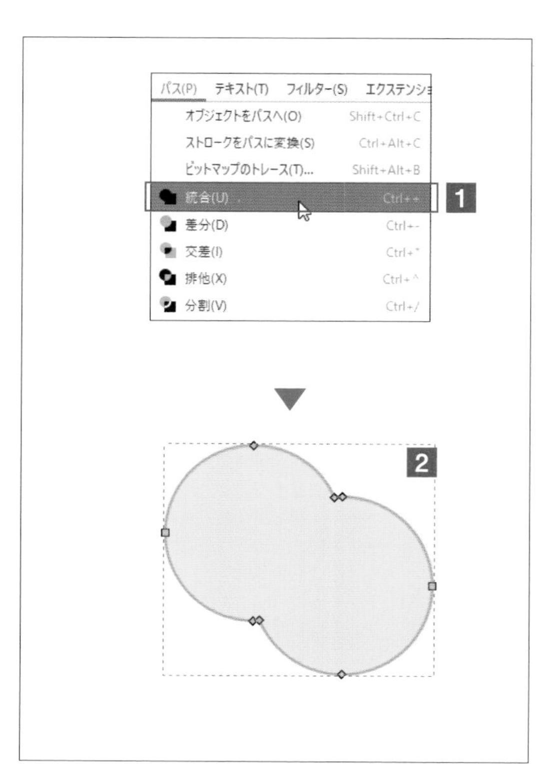

2 [パス]メニュー→[統合]を選択する

[パス] メニュー→ [統合] を選択します1。重なった全体の形状のひとつのパスオブジェクトとなります。ノードツールで選択すると、ひとつのパスになっていることがわかります2。

CHECK

最背面にあるオブジェクトに統合されます。そのため、フィルやストロークの色などは、最背面のオブジェクトの設定となります。

POINT

シェイプオブジェクトでも統合できます。ただしシェイプとしての属性は失われ、統合されたパスオブジェクトとなります。

前面のパスで背面のパスを切り抜く

[パス]メニューの[差分]を使うと、重なった複数のパスから前面の重なった部分を削除したパスを作成できます。

サンプルファイル 05-23.svg

[パス]メニューの[差分]を使う

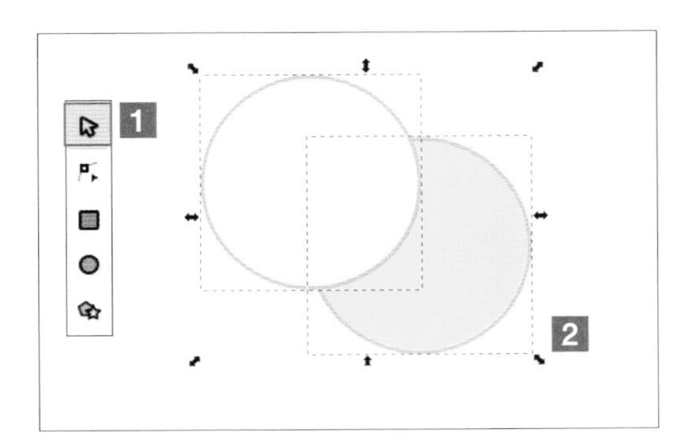

1 選択ツールで選択する

選択ツールを選択します1。重なる複数のオブジェクトを選択します2。

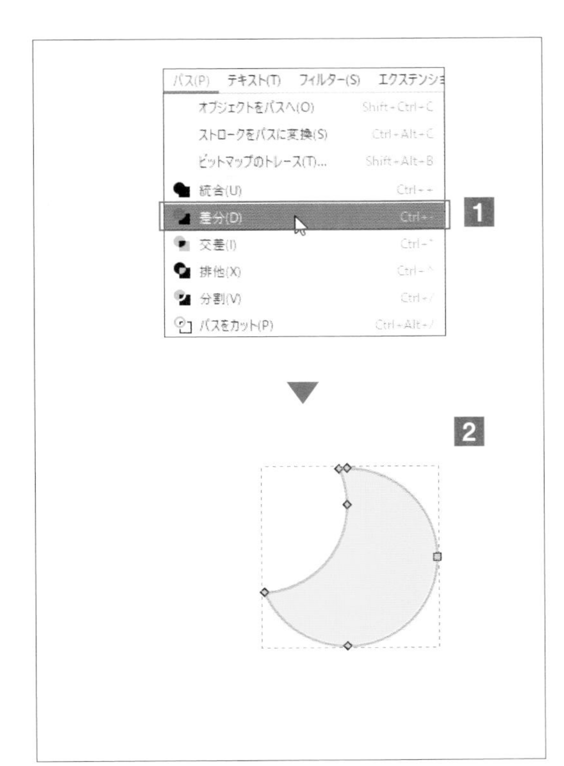

2 [パス]メニュー→[差分]を選択する

[パス] メニュー→ [差分] を選択します1。前面に重なった部分が最背面のオブジェクトから削除されたひとつのパスオブジェクトとなります。ノードツールで選択すると、削除された形状のパスになっていることがわかります2。

CHECK

フィルやストロークの色などは、最背面のオブジェクトの設定となります。

POINT

シェイプオブジェクトにも適用できます。ただしシェイプとしての属性は失われ、統合されたパスオブジェクトとなります。

24 重なった部分の形状のパスを作成する

[パス]メニューの[交差]を使うと、重なったオブジェクトの交差部分の形状のパスを作成できます。

サンプルファイル 05-24.svg

[パス]メニューの[交差]を使う

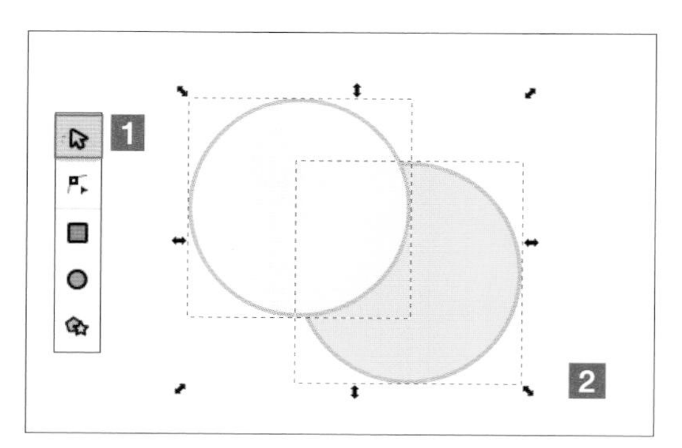

1 選択ツールで選択する

選択ツールを選択します1。重なる複数のオブジェクトを選択します2。

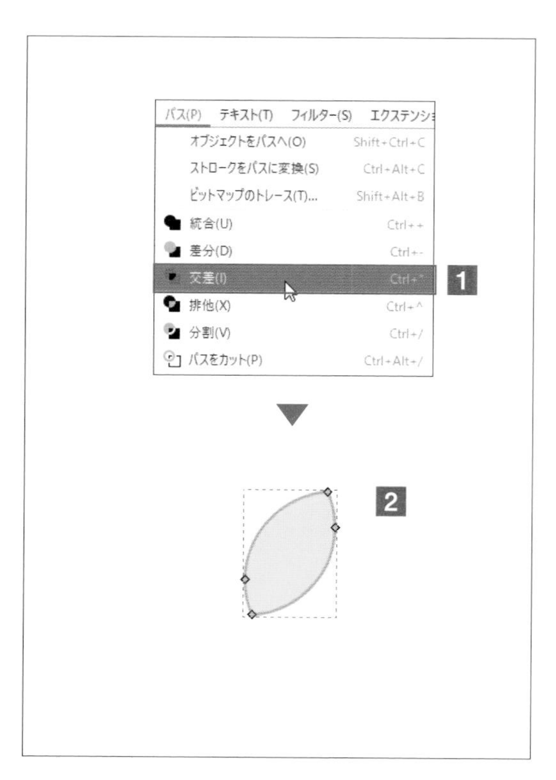

2 [パス]メニュー→[交差]を選択する

[パス] メニュー→ [交差] を選択します1。重なった部分のオブジェクトとなります。ノードツールで選択すると、重なった部分の形状のパスになっていることがわかります2。

CHECK

フィルやストロークの色などは、最背面のオブジェクトの設定となります。

POINT

シェイプオブジェクトにも適用できます。ただしシェイプとしての属性は失われ、統合されたパスオブジェクトとなります。

パスに穴を空ける

[パス]メニューの[排他]を使うと、重なった複数のパスの重なった部分をくり抜いたパスを作成できます。

サンプルファイル 05-25.svg

[パス]メニューの[排他]を使う

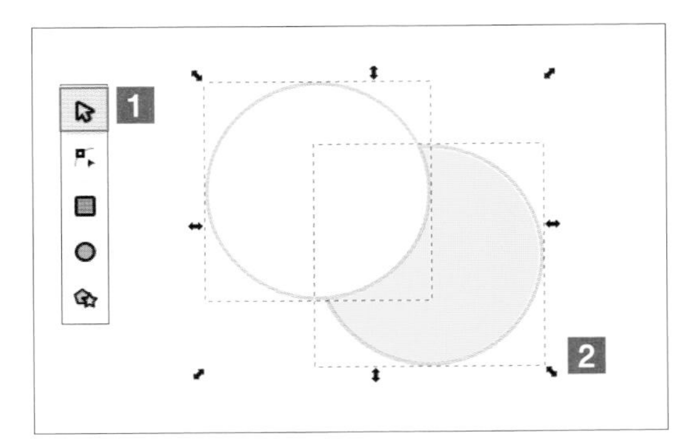

1 選択ツールで選択する

選択ツールを選択します1。重なる複数のオブジェクトを選択します2。

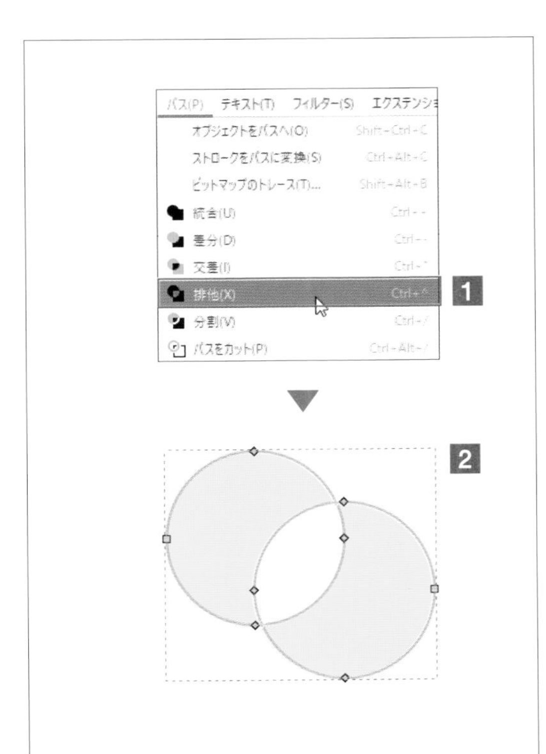

2 [パス]メニュー→[排他]を選択する

[パス] メニュー→ [排他] を選択します1。オブジェクトの重なった部分がくり抜かれた（穴の空いた）ひとつのパスオブジェクトとなります。ノードツールで選択すると、削除された形状のパスになっていることがわかります2。

CHECK

最背面にあるオブジェクトに統合されます。そのため、フィルやストロークの色などは、最背面のオブジェクトの設定となります。

POINT

シェイプオブジェクトでも統合できます。ただしシェイプとしての属性は失われ、統合されたパスオブジェクトとなります。

重なった部分でパスを分割する

[パス]メニューの[分割]を使うと、オブジェクトの重なった部分で最背面のオブジェクトを分割します。

サンプルファイル 05-26.svg

[パス]メニューの[分割]を使う

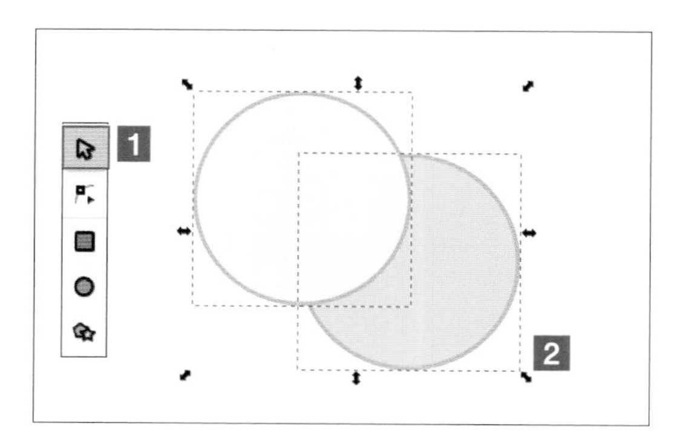

1 選択ツールで選択する

選択ツールを選択します1。重なる複数のオブジェクトを選択します2。

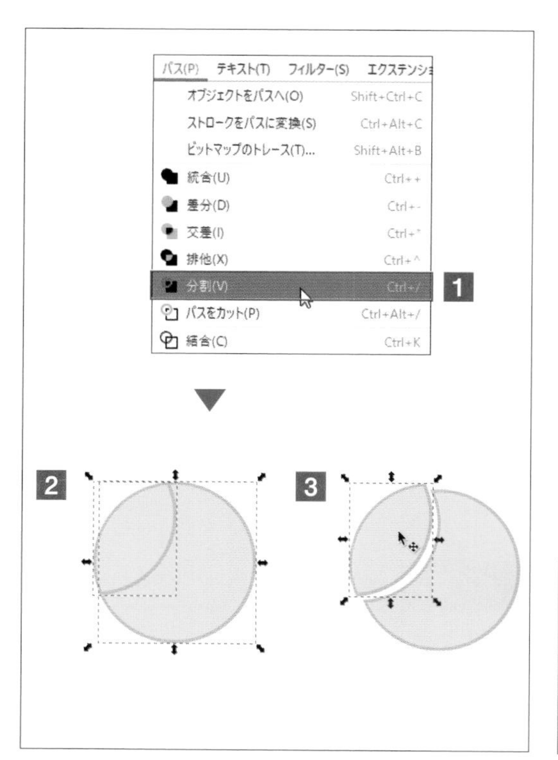

2 [パス]メニュー→[分割]を選択する

[パス] メニュー→ [分割] を選択します1。最背面のオブジェクトが、重なった部分で分割されます2。選択ツールで移動すると、個々のオブジェクトに分割されているのがわかります3。

CHECK

フィルやストロークの色などは、最背面のオブジェクトの設定となります。

POINT

シェイプオブジェクトにも適用できます。ただしシェイプとしての属性は失われ、統合されたパスオブジェクトとなります。

パスをカットする

[パス]メニューの[カット]を使うと、オブジェクトの重なった部分で最背面のオブジェクトを分割します。[分割]と異なり、フィルの設定はなくなります。

サンプルファイル 05-27.svg

[パス]メニューの[パスをカット]を使う

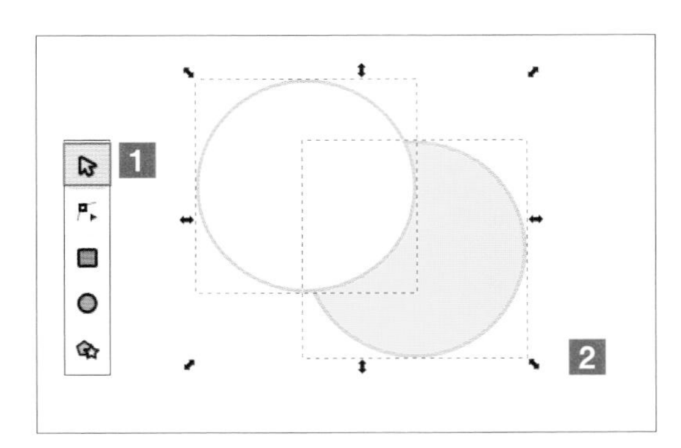

1 選択ツールで選択する

選択ツールを選択します1。重なる複数のオブジェクトを選択します2。

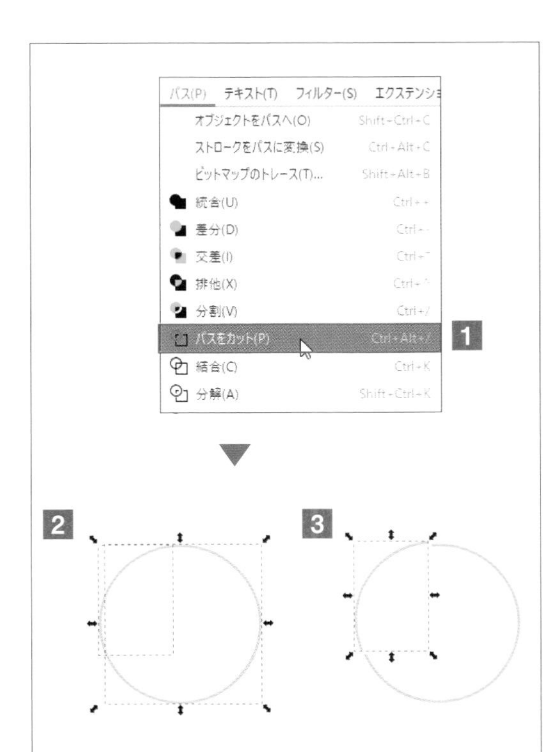

2 [パス]メニュー→[パスをカット]を選択する

[パス] メニュー→ [パスをカット] を選択します1。最背面のオブジェクトが、重なった部分で分割されます2。選択ツールで移動すると、個々のオブジェクトに分割されているのがわかります3。

CHECK

ストロークの色は、最背面のオブジェクトの設定となります。フィルは「なし」になります。

POINT

シェイプオブジェクトでも統合できます。ただしシェイプとしての属性は失われ、統合されたパスオブジェクトとなります。

[結合]でパスに穴を空ける

[パス]メニューの[結合]を使うと、複数のオブジェクトをひとつのパスオブジェクトに結合できます。[統合]とは異なり、[分解]して元に戻せます。結合したパスは、重なった部分が穴の空いた状態になります。

サンプルファイル 05-28.svg

パスを結合する

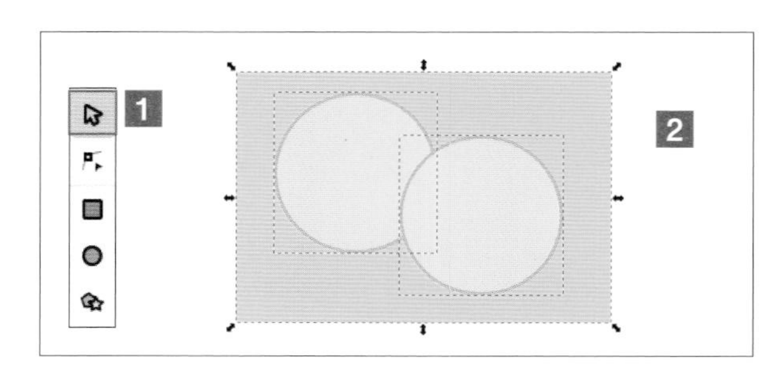

1 選択ツールで選択する

選択ツールを選択します1。重なった複数のオブジェクトを選択します2。

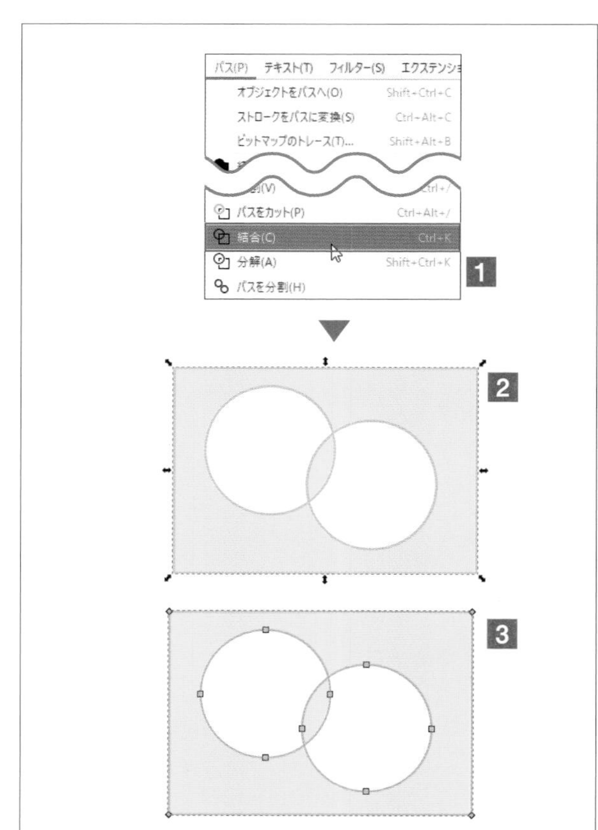

2 [パス]メニュー→[結合]を選択する

[パス] メニュー→ [結合] を選択します1。選択したオブジェクトがひとつに結合され、重なった部分は穴の空いた状態になります2。ノードツールで選択すると、元のオブジェクトのノードの状態がわかります3。

CHECK

オブジェクトの[フィル]や[ストローク]は、最前面のオブジェクトの属性となります。

POINT

穴が空かない場合は、[フィル / ストローク] ダイアログの [フィル / ルール] を設定を変更してみてください。

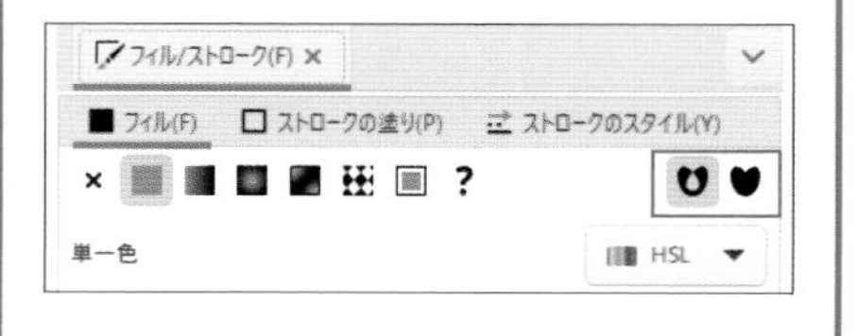

パスを分解する

結合したパスオブジェクトを分解して、元のオブジェクトに戻します。

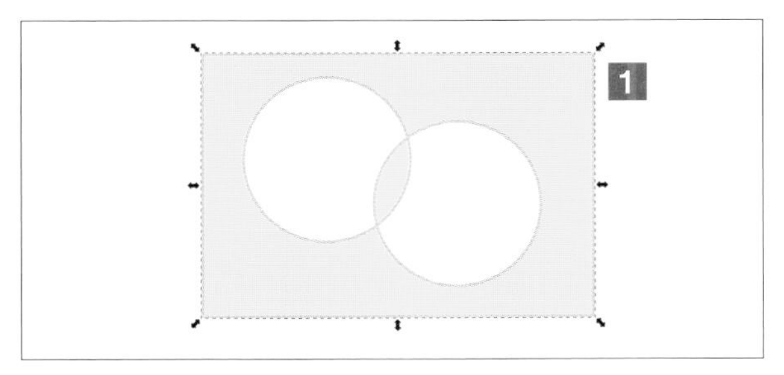

1 選択ツールで選択する

選択ツールで結合パスのオブジェクトを選択します1。

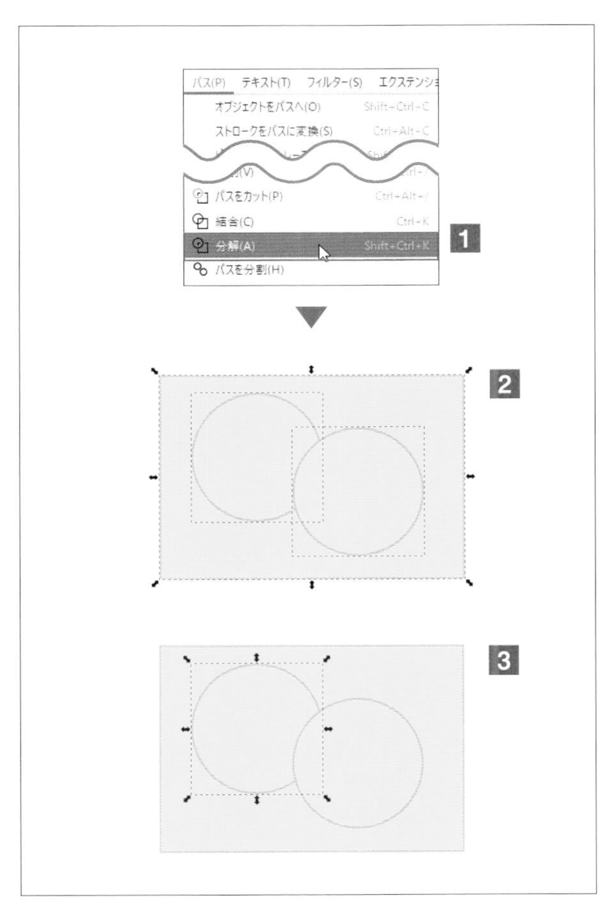

2 [パス]メニュー→[分解]を選択する

[パス] メニュー→ [分解] を選択します1。選択した結合オブジェクトが分解され、個々のオブジェクトになります2。選択すると、個々のオブジェクトに分かれていることがわかります3。

CHECK

[フィル] や [ストローク] の設定は、分解前の設定となります。

POINT

テキストオブジェクトに対し [パス] メニューの [結合] を使うと、テキストをアウトラインパスのデータに変換できます。このとき、文字ごとに結合パスが作成され、「D」や「g」などは穴が空いた状態になります。この状態で、[パス] メニューの [分解] を使うと、「D」や「g」などの穴の空いた文字は、すべて個別に分解されてしまい穴がふさがった状態となります。[パス] メニューの [パスを分解] を使って分解すると、穴の空いた状態で文字ごとのオブジェクトに分解できます。

オブジェクトをひとまわり小さく(大きく)する

[パス]メニューの[インセット]を使うと、オブジェクトをひとまわり小さくできます。[アウトセット]では大きくできます。

サンプルファイル 05-29.svg

[パス]メニューの[インセット]を使う

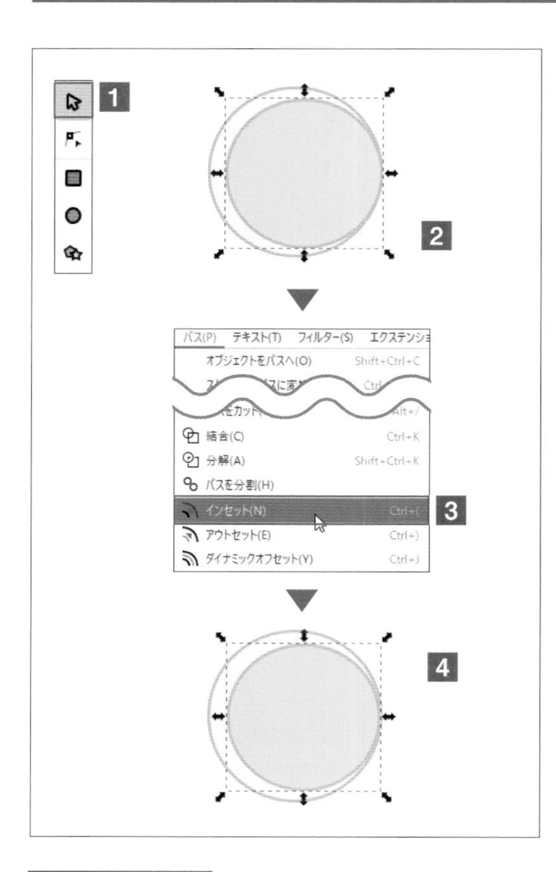

1 [インセット]でオブジェクトを小さくする

選択ツールを選択します1。オブジェクトを選択し(ここでは前面の黄色のオブジェクト)2、[パス]メニュー→[インセット]を選択します3。オブジェクトがひとまわり小さくなります4。大きくする場合は[アウトセット]を選択してください。

CHECK

インセット/アウトセットの量は、[環境設定]ダイアログの[変化量]で設定できます。

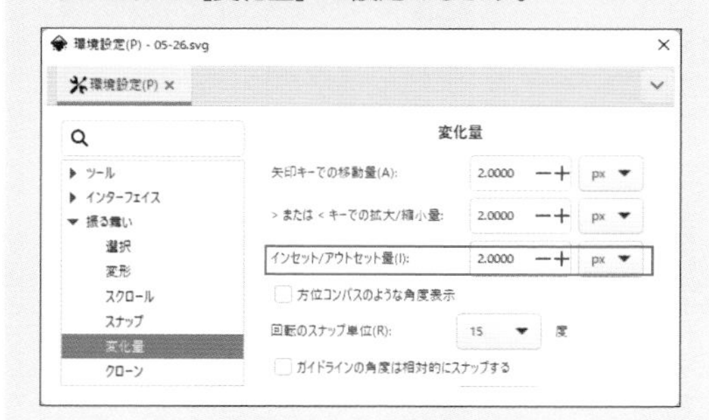

POINT

インセット/アウトセットは、オブジェクトのノードの位置を内側または外側に移動させて大きさを変更します。そのため、元のオブジェクトの形状を保持した状態で大きさを変更できます。

インセットで小さくしたパス

拡大縮小で小さくしたパス

ドラッグ操作でオフセットする

[パス]メニューの[ダイナミックオフセット]を使うと、ドラッグ操作でオブジェクトをオフセットして大きくまたは小さくできます。

サンプルファイル 05-30.svg

[パス]メニューの[ダイナミックオフセット]を使用する

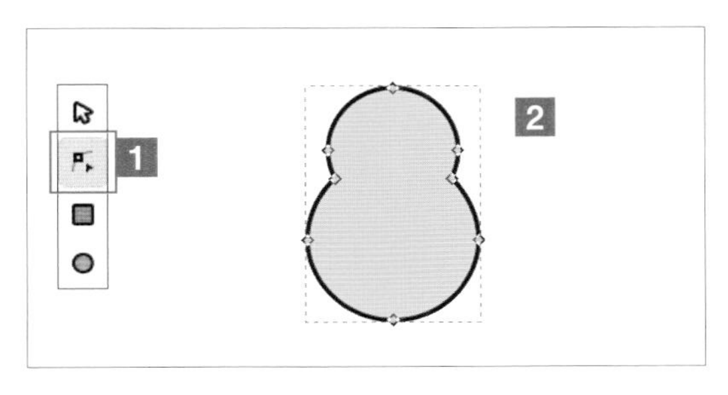

1 ノードツールでオブジェクトを選択する

ノードツールを選択し1、オブジェクトを選択します2。

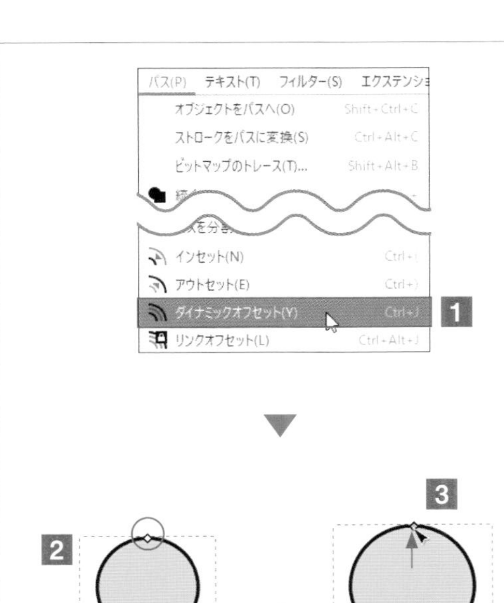

2 [パス]メニュー→[ダイナミックオフセット]を選択する

[パス]メニュー→[ダイナミックオフセット]を選択します1。オブジェクトの上部にオフセット用のハンドル◇が表示されるので2、ドラッグして大きく（または小さく）します3。

POINT

[ダイナミックオフセット]を適用したオブジェクトは、変形後でもノードツールで選択するとオフセット用のハンドルが表示され、何度でもオフセットをやり直せます。ただし、パスのノードは表示されません。ノードを操作して変形するには、[パス]メニュー→[統合]を選択してください。ダイナミックオフセットの適用が解除され、通常のパスに戻ります。

31 元オブジェクトと連動するオフセットしたパスを作成する

[パス]メニューの[リンクオフセット]を使うと、元オブジェクトと連動するオフセットパスを作成できます。元オブジェクトの形状が変わると、オフセットパスも変形します。

サンプルファイル 05-31.svg

[パス]メニューの[リンクオフセット]を使う

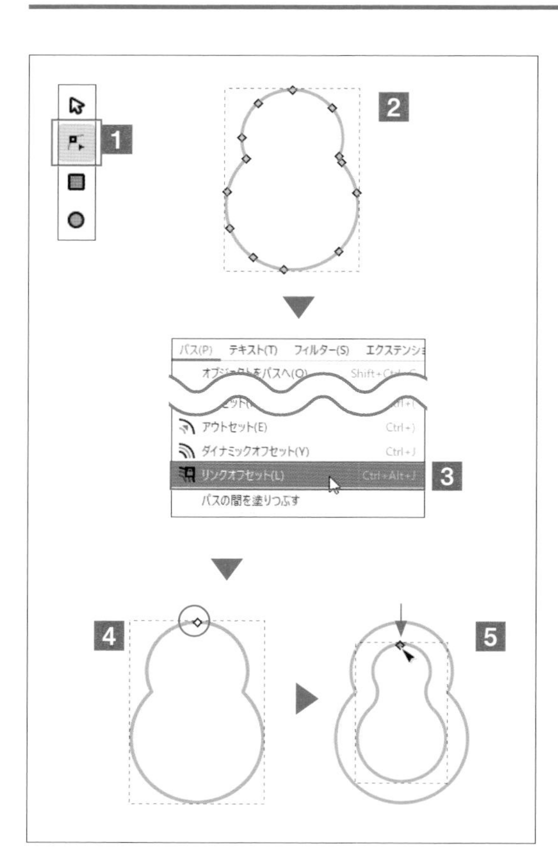

1 [リンクオフセット]でリンクオフセットパスを作成する

ノードツールを選択します1。オブジェクトを選択し2、[パス] メニュー→ [リンクオフセット] を選択します3。オブジェクトの上部にオフセット用のハンドル◇が表示されるので4、ドラッグしてひとまわり小さく（または大きく）します5。元のオブジェクトはそのままで、リンクしたオフセットオブジェクトが作成されます。

CHECK

[リンクオフセット] で作成したオフセットパスは、ノードツールで選択するとオフセット用のハンドルが表示され、何度でもオフセットをやり直せます。ただし、パスのノードは表示されません。ノードを操作して変形するには、[パス] メニュー→ [統合] を選択してください。リンクオフセットの適用が解除され、通常のパスとして扱えるようになります。

POINT

リンクオフセットでは、元のオブジェクトを選択ツールで選択して回転などの変形をすると、オフセットパスも連動して変形します。

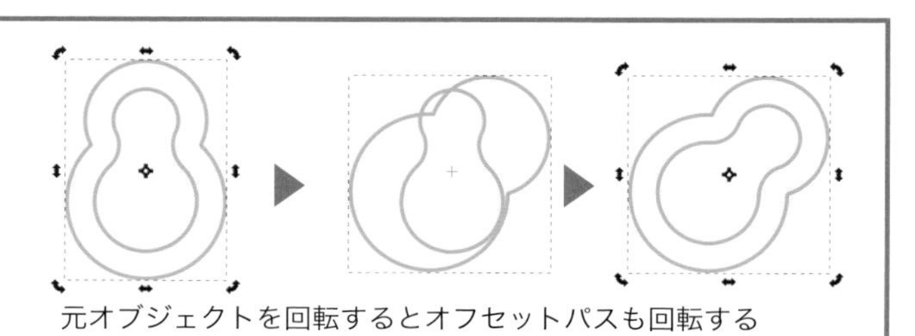

元オブジェクトを回転するとオフセットパスも回転する

32 パスの向きを逆にする

[パス]メニューの[向きを逆に]を使うと、パスの始点と終点を入れ替えて向きを逆にできます。矢印などを適用したパスに利用すると便利です。

サンプルファイル 05-32.svg

[パス]メニューの[向きを逆に]を使う

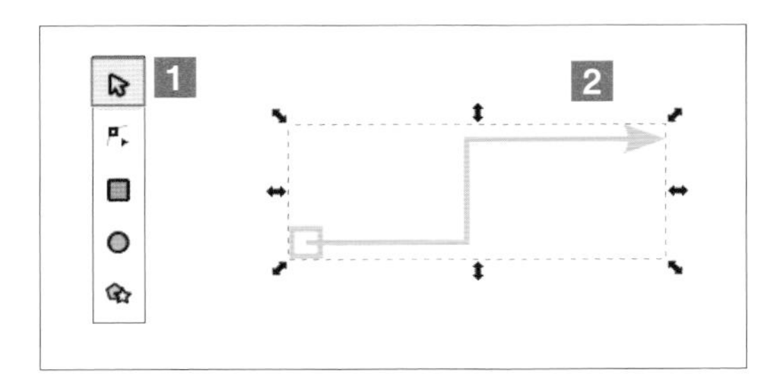

1 選択ツールで選択する

ノードツールを選択し1、オブジェクトを選択します2。

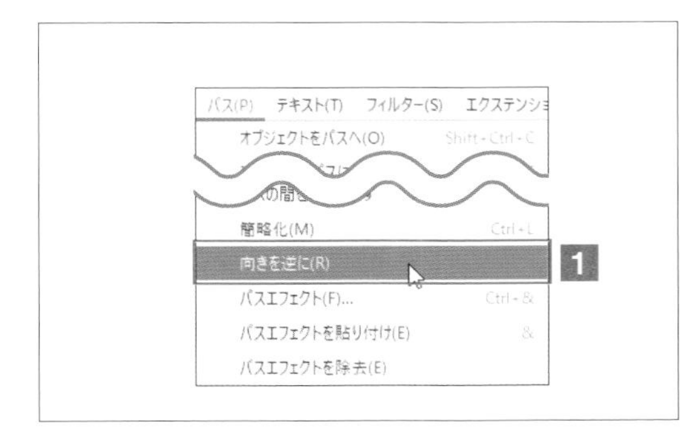

2 [パス]メニュー→[向きを逆に]を選択する

[パス] メニュー→ [向きを逆に] を選択します1。

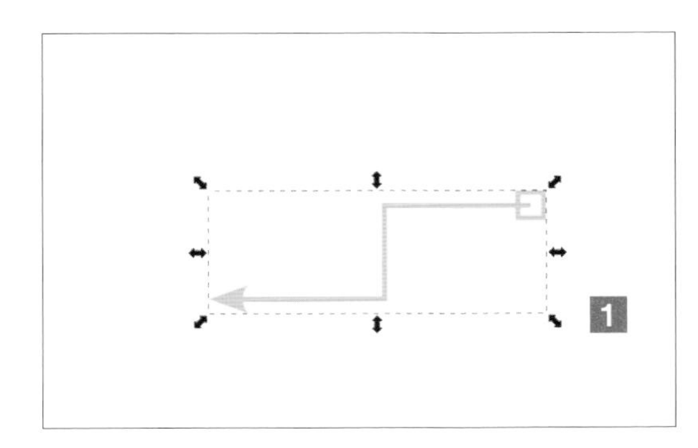

3 パスの向きが逆になる

パスの向きが逆になり、適用していた矢印マーカーが逆になります1。

33 パスの間を塗りつぶす

[パス]メニューの[パスの間を塗りつぶす]を使うと、ふたつのパスの間を塗りつぶせます。ふたつのパスと塗りつぶし部分は、ひとつのオブジェクトとして扱えます。

サンプルファイル 05-33.svg

[パス]メニューの[パスの間を塗りつぶす]を使う

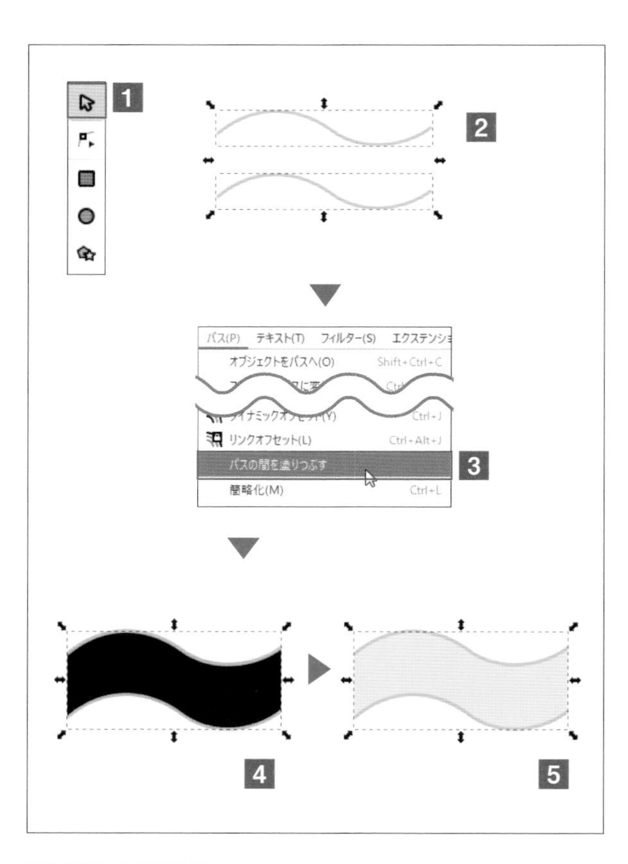

1 [パスの間を塗りつぶす]でパス間を塗りつぶす

選択ツールを選択します1。間を塗りつぶすふたつのパスオブジェクトを選択し2、[パス] メニュー→ [パスの間を塗りつぶす] を選択します3。パスの間がブラックで塗りつぶされます4。そのまま [フィル] の色を指定して変更できます5。

CHECK

選択ツールで塗りつぶした部分を選択すると、ドラッグして移動でき、パスも連動して移動します。[フィル] や [ストローク] の色は、塗りつぶした部分に適用されます。

POINT

[パス] メニュー→ [統合] を選択すると、塗りつぶした部分を独立したパスとして扱えるようになります。

POINT

選択ツールやノードツールで元のパス部分をクリックすると、選択できて、編集も可能です。パスの形状を変形すると、間の塗りつぶし範囲も連動して変わります。

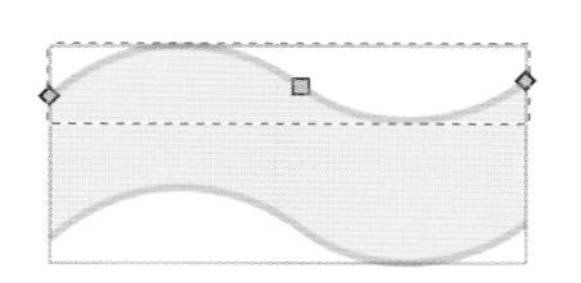

34 シェイプオブジェクトを パスに変換する

矩形や星形などのシェイプツールで作成したシェイプオブジェクトを、ノードを操作して編集するには、シェイプオブジェクトをパスオブジェクトに変換します。

サンプルファイル 05-34.svg

▶ [パス]メニューの[オブジェクトをパスへ]を使う

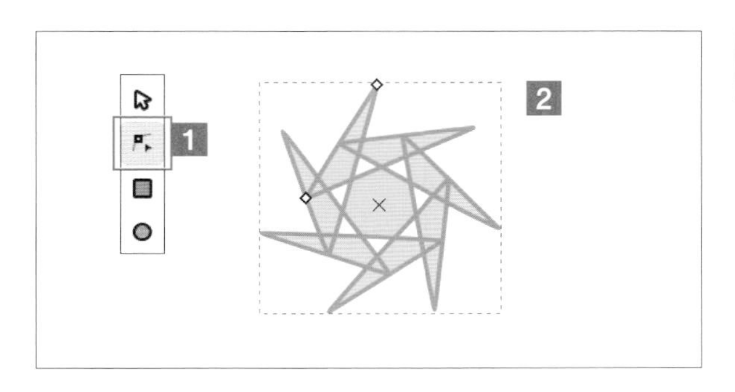

1 オブジェクトを選択する

ノードツールを選択し1、パスオブジェクトに変換するオブジェクト選択します2。

2 [オブジェクトをパスへ]を選択する

[パス] メニュー→ [オブジェクトをパスへ] を選択します1。

CHECK

ツールコントロールバーの をクリックしてもかまいません。

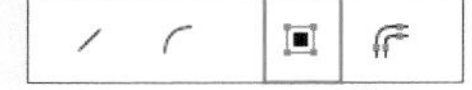

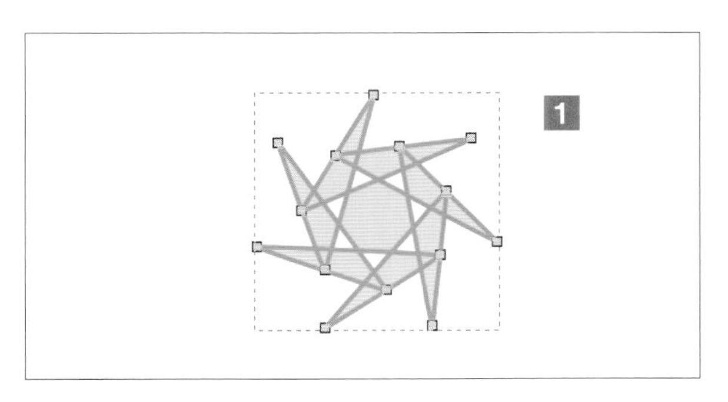

3 パスオブジェクトに変換された

パスオブジェクトに変換されました。ノードが表示されパスオブジェクトになったことわかります1。

POINT

テキストオブジェクトも、パスオブジェクトに変換できます。

35 ストロークの形状でパスに変換する

[パス]メニューの[ストロークをパスに変換]を使うと、ストロークの形状のパスオブジェクトに変換できます。シェイプを適用して作成したパスや、ストローク幅を広く設定したパスから、その形状のオブジェクトを作成する際に便利です。

サンプルファイル 05-35.svg

[パス]メニューの[ストロークをパスに変換]を使用する

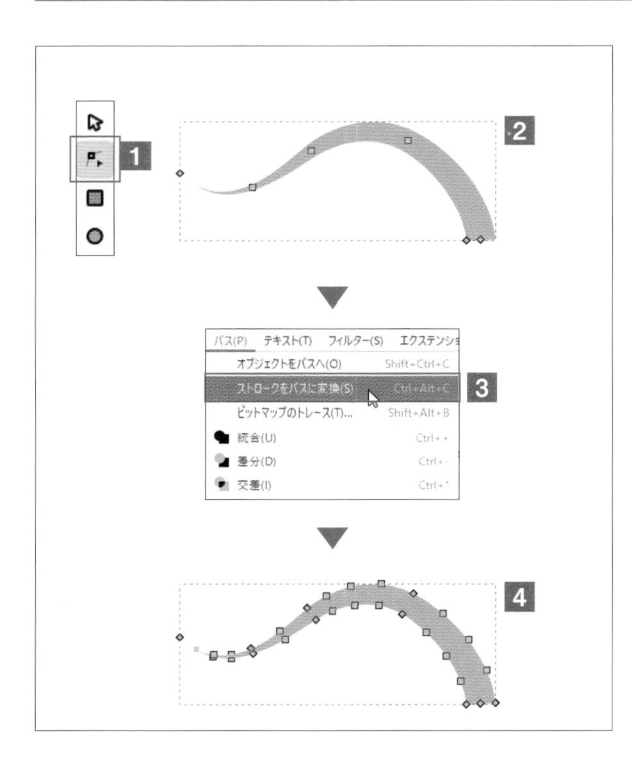

1 シェイプを適用して作成したパスを変換する

ノードツールを選択し1、オブジェクトを選択します2。[パス] メニュー→ [ストロークをパスに変換] を選択します3。ストロークの形状のパスオブジェクトに変換されるので、一度選択を解除してから再度ノードツールで選択して確認してください4。

CHECK

選択ツールで選択した状態でも変換できます。

CHECK

ツールコントロールバーの をクリックしてもかまいません。

POINT

[フィル] も [ストローク] も設定されているオブジェクトに適用すると、[フィル] の形状と、[ストローク] の形状の、ふたつの独立したパスオブジェクトに変換されます。

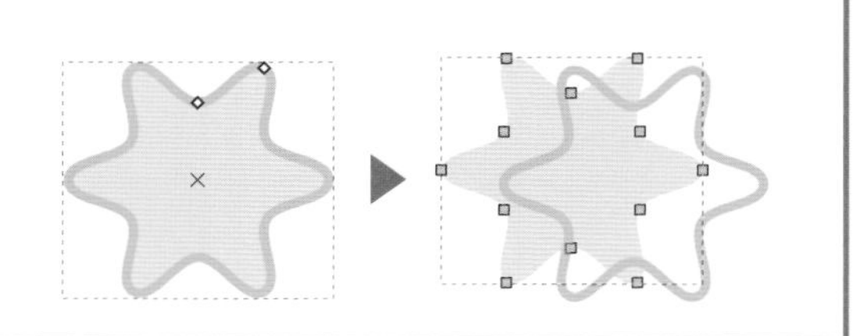

パスエフェクトを理解する

パスエフェクトは、パスオブジェクトに対して適用する効果のことで、単純なパスを複雑に変形したように見せる機能です。「ライブパスエフェクト」(LPE)とも呼ばれます。

サンプルファイル 05-36.svg

パスエフェクトをオン／オフする

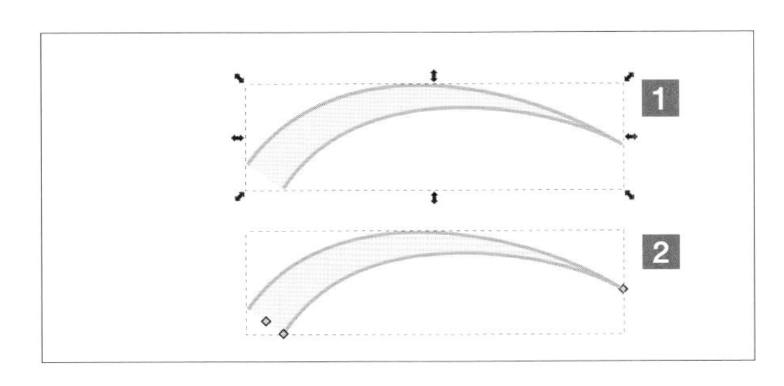

1 パスエフェクトの適用されたパスを選択する

サンプルは、シェイプの［三角形 底辺→頂角］を選択して作成したパスです1。ノードツールで選択すると、パスのノードと、コントロールポイントが表示されます2。

2 ［パスエフェクト］ダイアログで確認する

［パス］メニュー→［パスエフェクト］を選択して［パスエフェクト］ダイアログを表示します1。パスを選択すると、ダイアログ上部に［Power stroke］と表示されます2。これが、パスに適用されているパスエフェクトの種類です。表示されている［Power stroke］を選択するとダイアログ下部には、パスエフェクトの設定が表示され、設定を変更してエフェクトの調整が可能です3。また、ひとつのパスには複数のパスエフェクトを適用でき、＋で追加、－で選択したエフェクトを削除できます4。

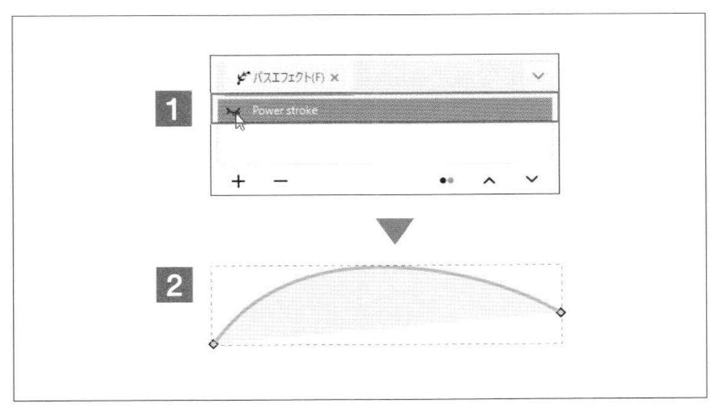

3 エフェクトのオン／オフを切り替える

ダイアログに表示されたエフェクト名の左に表示された目のアイコンをクリックすると、閉じた目の表示になります1。同時に、パスに適用されていた［三角形 底辺→頂角］のシェイプが解除され、通常のパスに戻ります2。再度目をアイコンをクリックして有効にできます。パスエフェクトは、パスの形状は変えずに見た目だけを変える効果があり、適用のオン／オフを切り替えられるのが特徴です。

パスエフェクトを適用する

ひとつのオブジェクトに対して複数のパスエフェクトを適用できます。パスエフェクトは、[パスエフェクト]ダイアログで管理できます。

サンプルファイル 05-37.svg

パスエフェクトを適用する

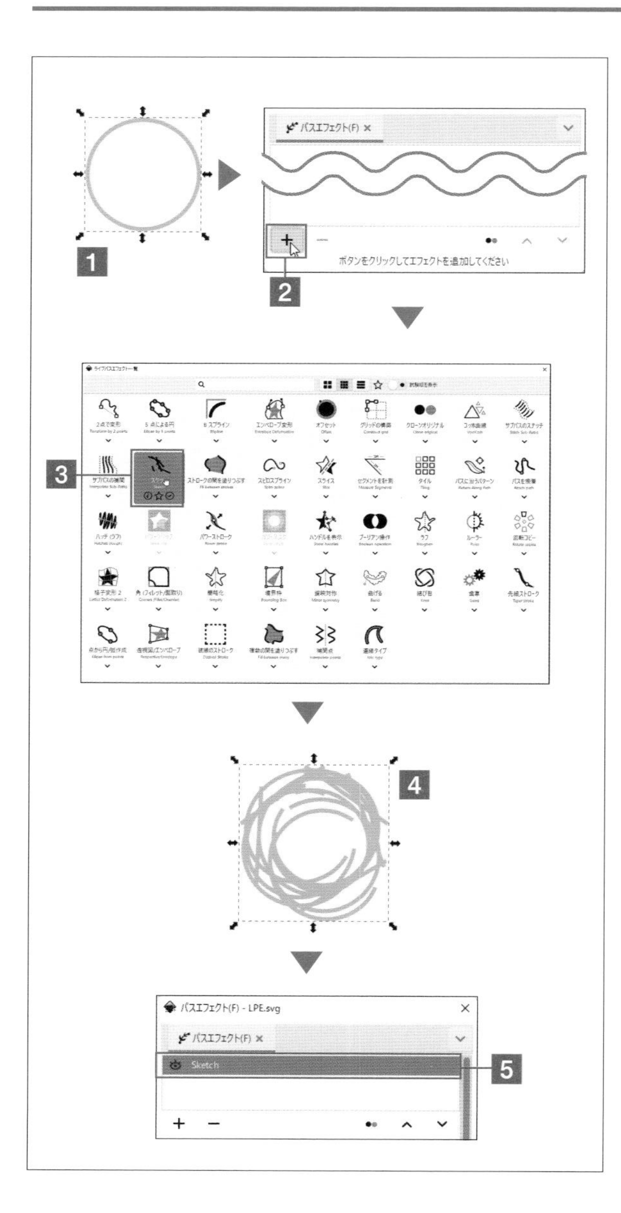

1 パスエフェクト[スケッチ]を適用する

オブジェクトを選択します1。パス］メニュー→［パスエフェクト］を選択して［パスエフェクト］ダイアログを表示し、+をクリックします2。[ライブパスエフェクト一覧]ウィンドウが開くので、適用するパスエフェクト（ここでは「スケッチ」）をクリックして選択します3。パスに[スケッチ]パスエフェクトが適用され4、［パスエフェクト］ダイアログには、適用した［Sketch］が表示されます5。

CHECK

［ライブパスエフェクト一覧］ウィンドウで、パスエフェクトの下に表示される⌄をクリックしⓘにカーソルを重ねると、概要を表示できます。

POINT

［スケッチ］は、選択したオブジェクトに直接適用されるパスエフェクトですが、いくつかの手順や条件が必要なパスエフェクトもあります。

ふたつめのパスエフェクトを適用する

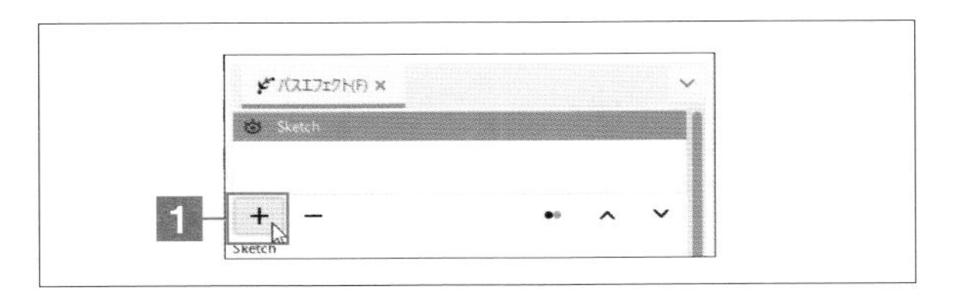

1 ［パスエフェクト］ダイアログで＋をクリックする

オブジェクトを選択した状態で、［パスエフェクト］ダイアログを表示し、＋をクリックします1。

2 パスエフェクト［回転コピー］を追加適用する

［ライブパスエフェクト一覧］ウィンドウが開くので、追加適用するパスエフェクト（ここでは「回転コピー」）をクリックして選択します1。パスに［回転コピー］が適用され2、［パスエフェクト］ダイアログには、適用した［Rotate copies］が表示されます3。複数のパスエフェクトを適用した場合、［パスエフェクト］ダイアログの表示順にパスに適用されるので、∧∨をクリックして適用順を変更できます4。複数のパスエフェクトを適用しても、［パスエフェクト］ダイアログ下部での設定の変更や、目のアイコンをクリックしての有効／無効は利用できます。

POINT

パスエフェクトを適用したオブジェクトを選択して、［編集］メニュー→［コピー］でコピーした後、ほかのオブジェクトを選択して［パス］メニュー→［パスエフェクトを貼り付け］を選択すると、コピーしたオブジェクトに適用しているパスエフェクトを、選択したオブジェクトに適用できます。

パスエフェクトを解除する

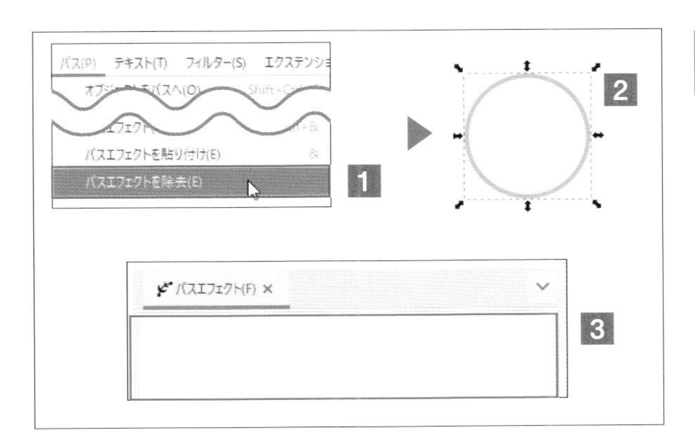

1 ［パスエフェクトを除去］で解除する

オブジェクトを選択した状態で、［パス］メニュー→［パスエフェクトを除去］を選択します1。適用したパスエフェクトがすべて除去され元のパスに戻ります2。［パスエフェクト］ダイアログも、空欄になります3。

パスエフェクト一覧

Inkscapeには、数多くのパスエフェクトが用意されています。[パスエフェクト]ダイアログで設定を調整できる機能も多いので、すべてを詳細に説明できませんが、概要を一覧で紹介します。

サンプルファイル 05-38.svg

パスエフェクト紹介

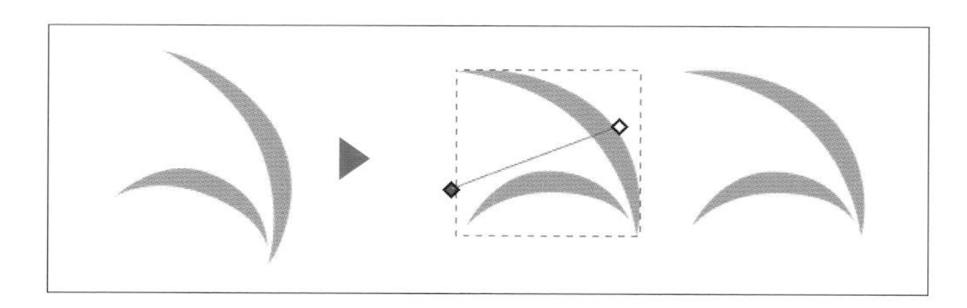

2点で変形

ノード表示で、変形基準の2点をドラッグして、変形します。

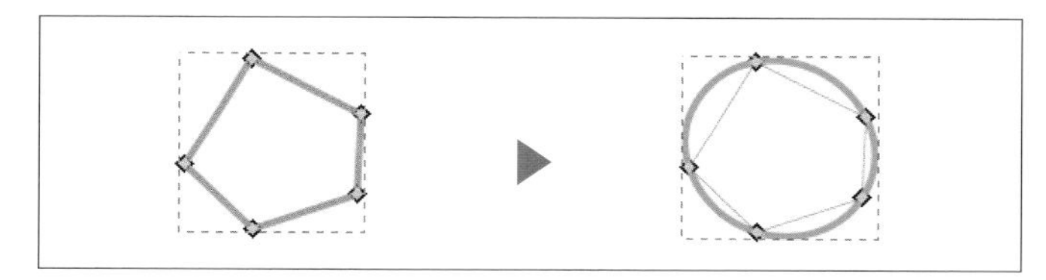

5点による円

5つのノードを持つパスから円を作成します。

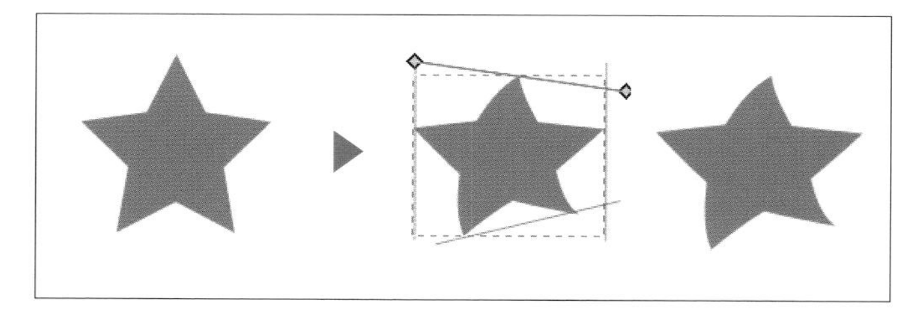

エンベロープ変形

上下左右の曲げるパスを設定してパスを変形します。

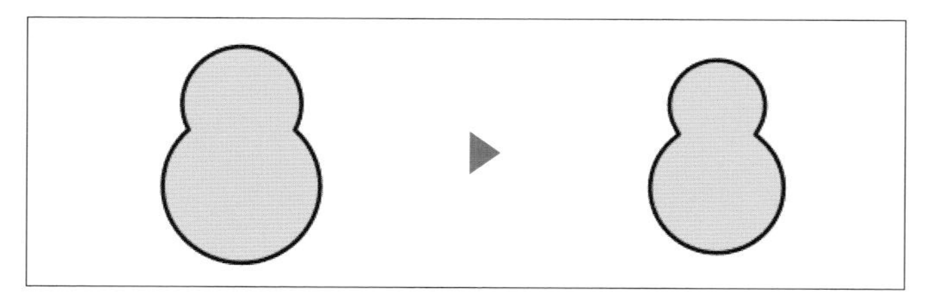

オフセット

ダイアログの［オフセット］で指定した距離だけオフセットします。

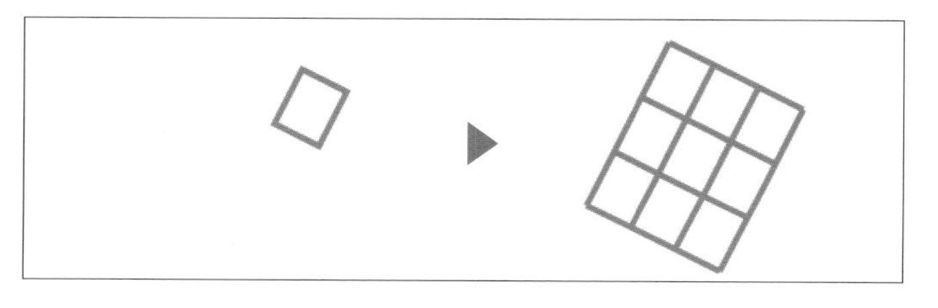

グリッドの構築

パスを作成し、それを元にグリッドを作成します。ダイアログでグリッド数を変更できます。

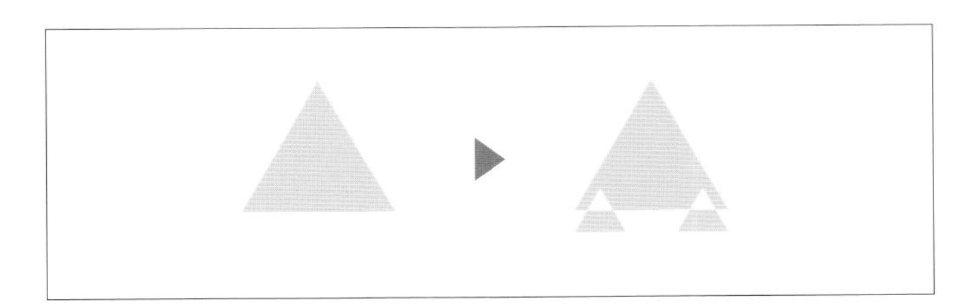

コッホ曲線

選択したパスに対して、小さなパスを指定した数だけ作成します。コッホ曲線を作成することもできます。

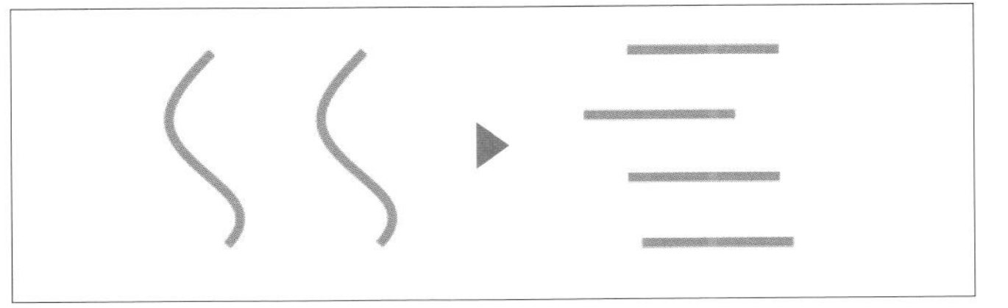

サブパスのスケッチ

結合したパスの間に、スケッチパスを作成します。

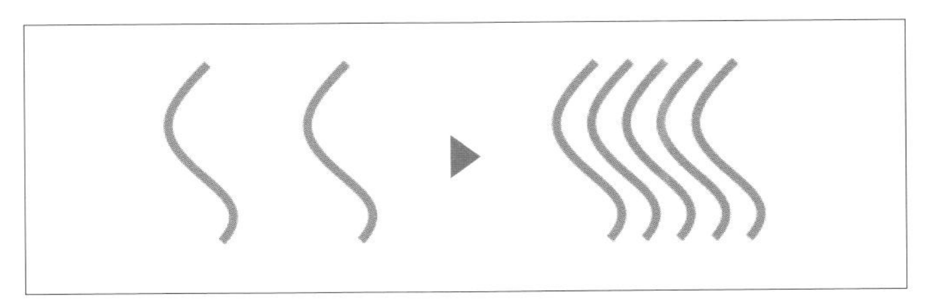

サブパスの補間

結合したパスの間にパスを作成します。

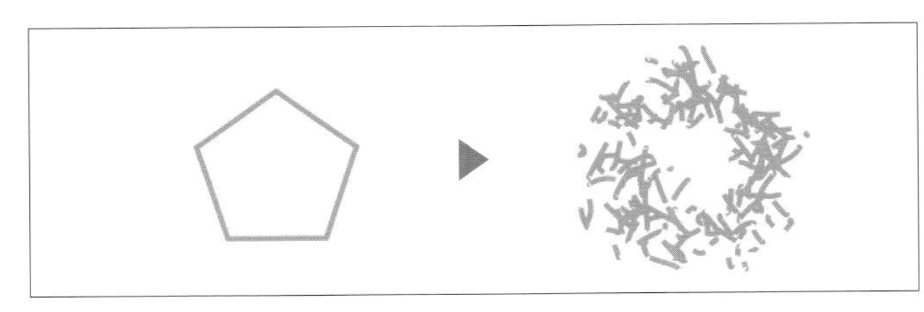

スケッチ

パスにそって短いラインを作成します。

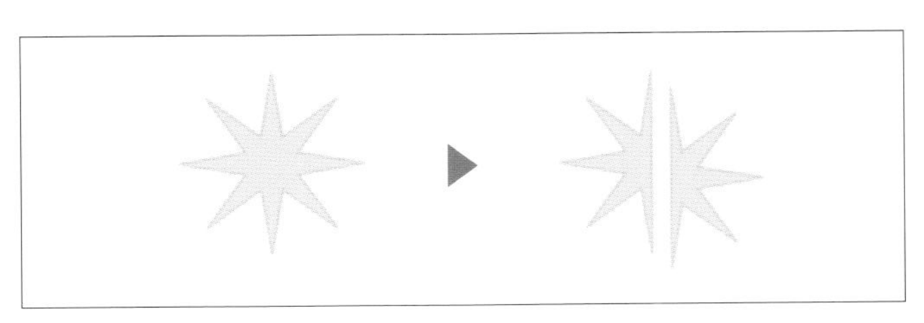

スライス

指定したラインでふたつのパスに分割します。ダイアログで［変形を許可］をオンにすると、選択ツールでの移動が可能になります。

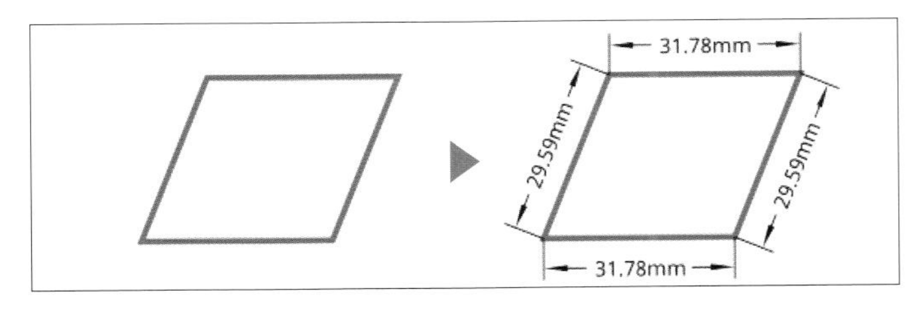

セグメントを計測

パスのノード間に寸法線を追加します。

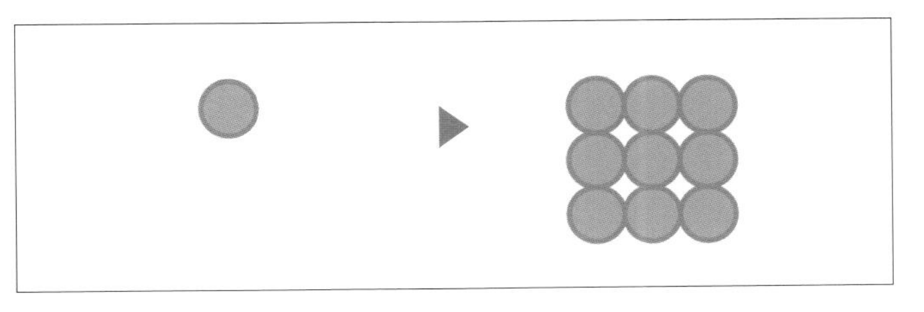

タイル

選択したパスを、タイル状にコピーします。

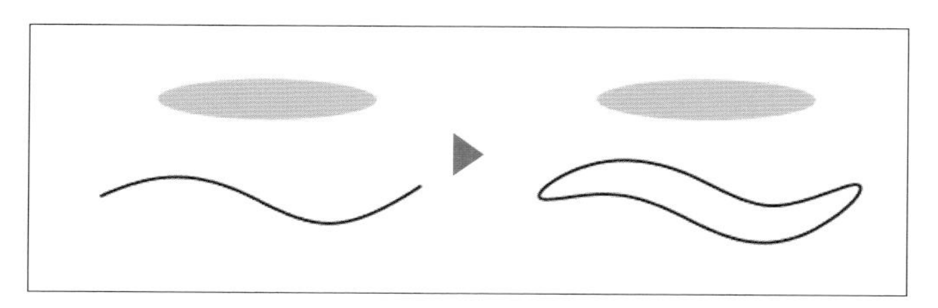

パスに沿うパターン

パターンパス（楕円）をクリップボードにコピーし、パス（波線）を選択して適用します。ダイアログで［クリップボードのパスへリンク］をクリックするとパターンがパスに沿って配置されます。

パスを接着

パス（黄色）をクリップボードにコピーし、パス（ピンク）を選択して適用します。接着する側（始点パスまたは終点パス）の［クリップボードのパスへリンク］をクリックすると、パスが接着します。

ハッチ(ラフ)

パスの形状に、ラフな線で塗りつぶします。

パワーストローク

パスの形状を変更します。ノードを表示すると、制御点が表示されるので、ドラッグして形状を調節できます。

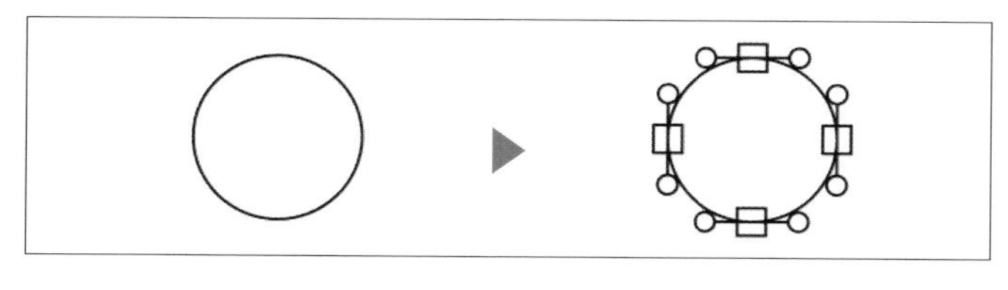

ハンドルを表示

選択したパスのハンドルを表示します。解除すると、ストロークの色はブラックになります。

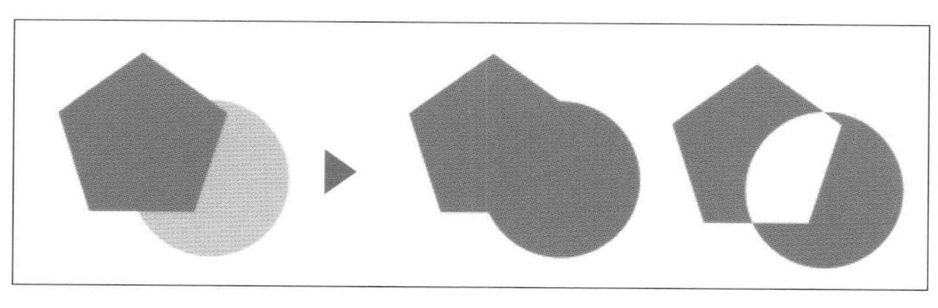

ブーリアン操作

［パス］メニュー→［統合］などの変形をパスエフェクトで行います。背面パスとなるオブジェクトをコピーしてから前面パスに適用し、ダイアログで［アイテムへリンク］をクリックしてください。

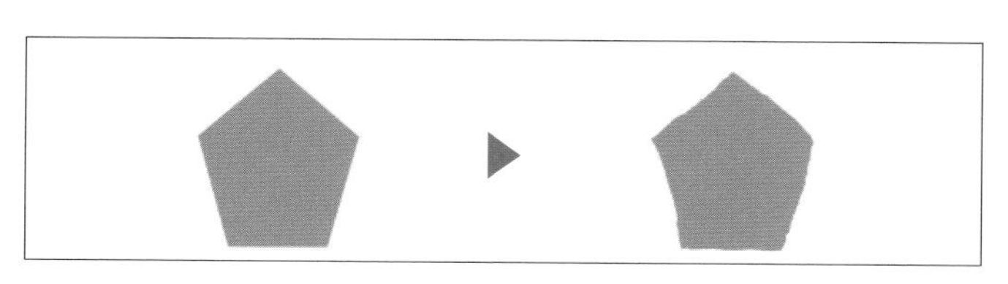

ラフ

パスをラフに変形します。

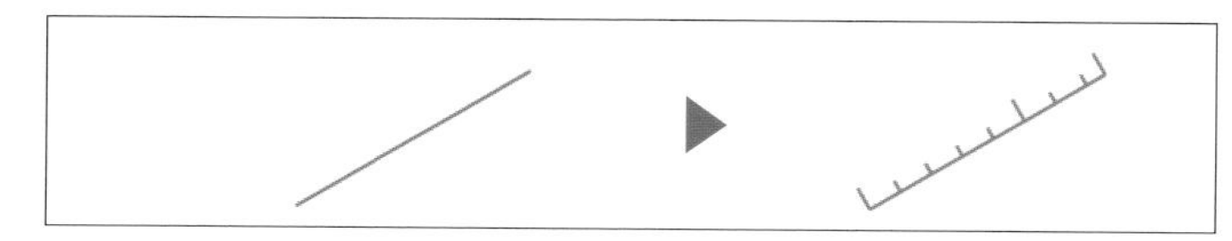

ルーラー

パスに目盛りを追加します。

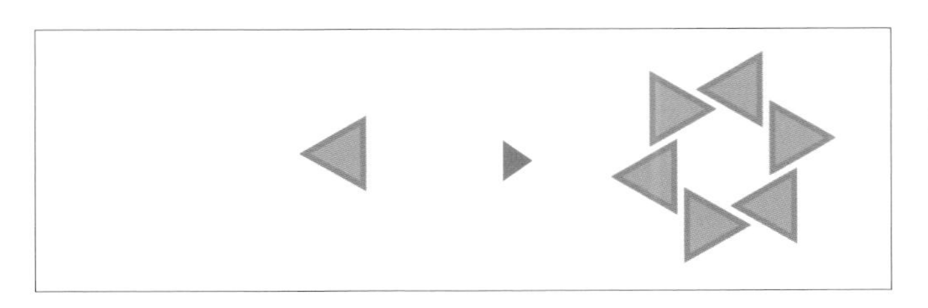

回転コピー

選択したパスを回転させたコピーを作成します。ダイアログで、[開始位置] や [コピー数] を調節してください。

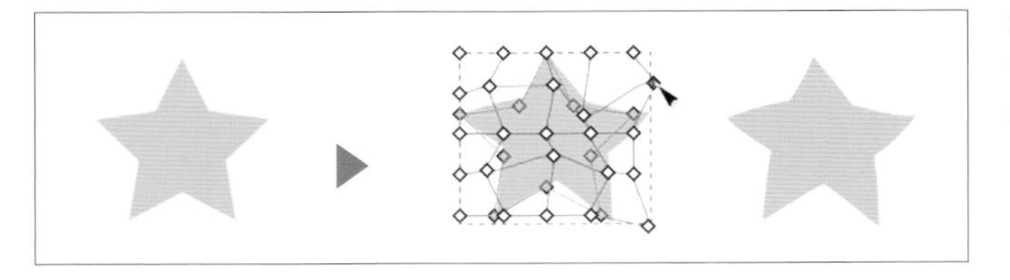

格子変形2

適用したパスをノード表示すると、グリッドが表示されるので、グリッドのノード（白抜きの◇）を移動して変形します。

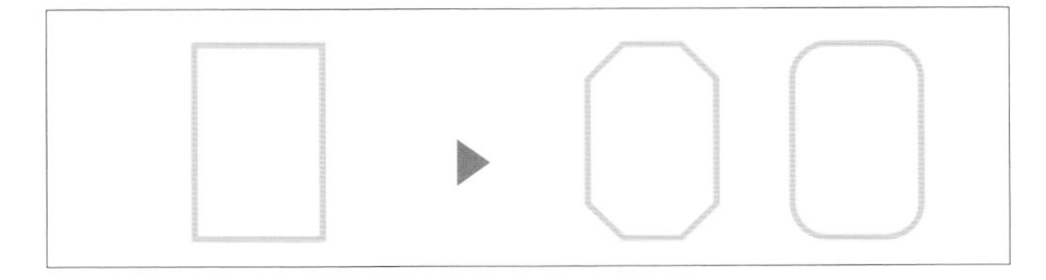

角(フィレット/面取り)

選択したパスの角をフィレット（丸める）または面取り（直線で切る）します。

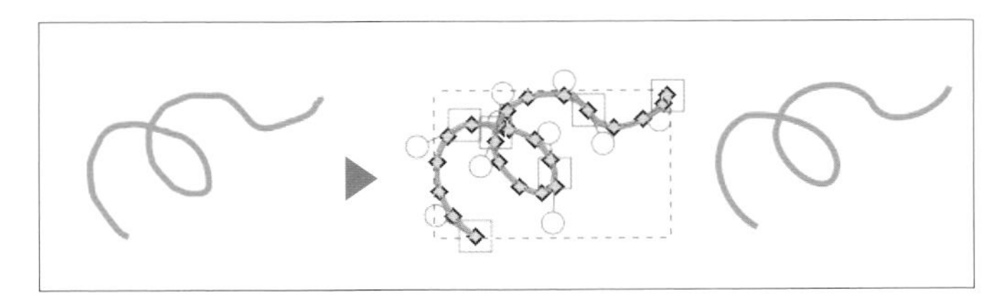

簡略化

パスのノードを減らして簡略化します。[おおよそのしきい値] の値を大きくすると、簡略化が進みます。

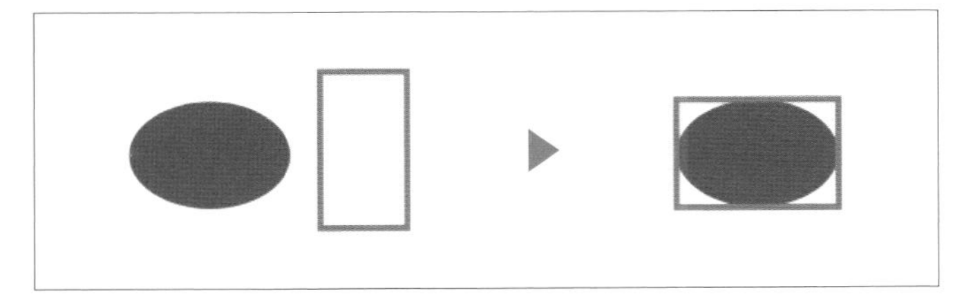

境界枠

枠で囲むパス（青の楕円）をクリップボードにコピーし、枠となるパス（緑の矩形）を選択して適用します。ダイアログで[クリップボードのパスへリンク] をクリックすると、境界枠として配置されます。

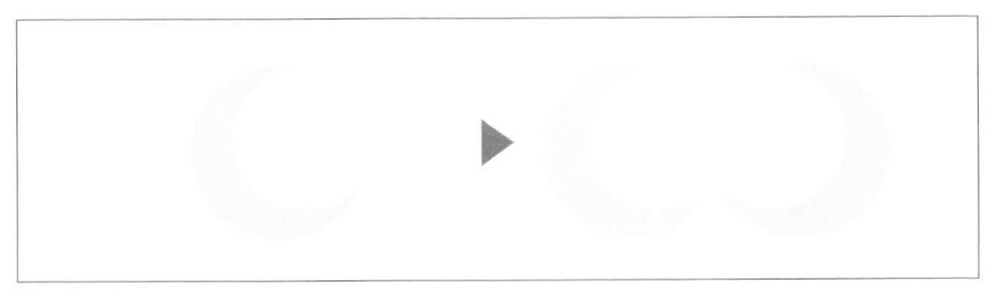

鏡映対称

パスの、ミラー反転したコピーを作成します。ダイアログで対称軸を調節できます。

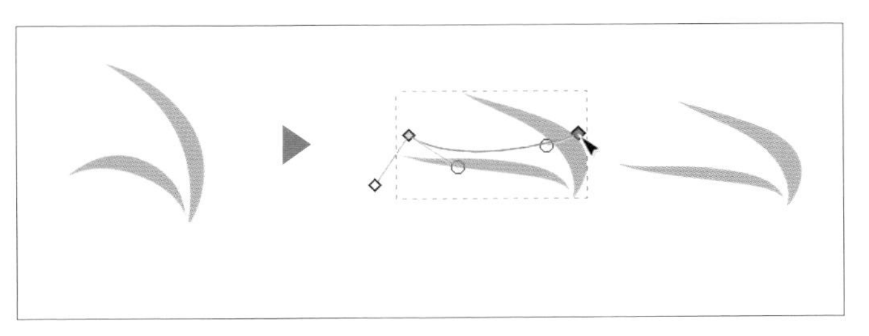

曲げる

パスを曲げるように変形します。ダイアログの [曲げるパス] で [キャンバス上で編集] をクリックし、曲げるパスを調節して変形します。

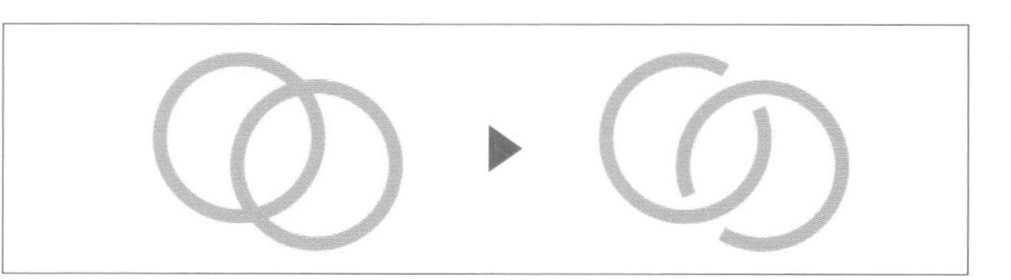

結び目

グループ化したパスに適用すると、交差部分が結び目のように処理された状態になります。

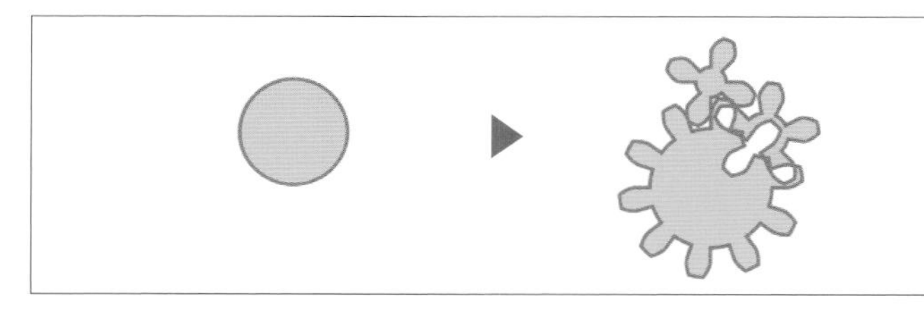

歯車

選択したパスから歯車を生成します。オープンパスに適用するとひとつの歯車になります。

先細ストローク

パスの先端が先細になるストロークに変形します。

点から円/弧作成

パスのノードから円／楕円を作成します。

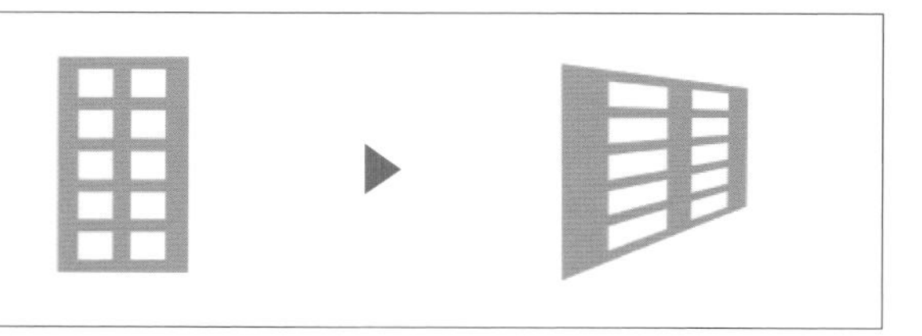

透視図/エンベロープ

オブジェクトを奥行きのある状態に変形します。

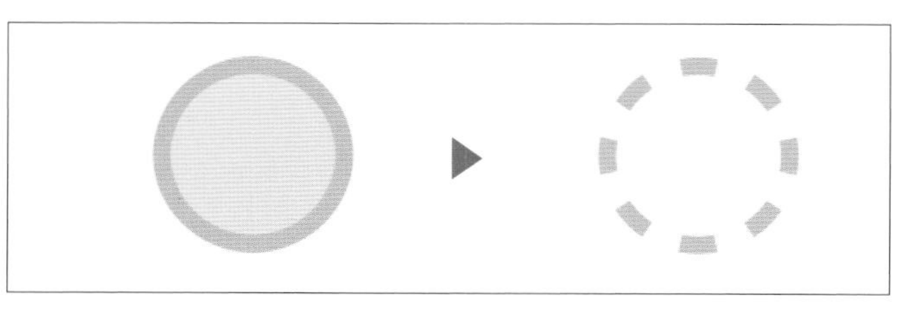

破線のストローク

ノードとノードの間に、ダイアログの［ダッシュ数］で指定した数の点線を作成します。

補間点

シャープノード→スムーズノードのようにノードの種類を変更してパスを変形します。

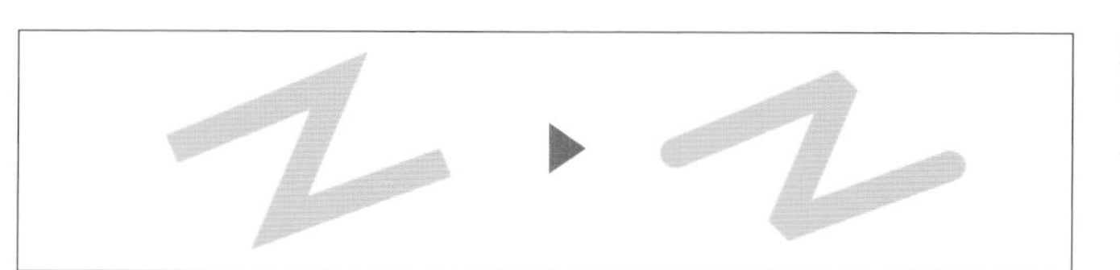

連結タイプ

パスの角と端の形状をパスエフェクトとして変形します。

CHAPTER

06

THE PERFECT GUIDE FOR INKSCAPE

テキストの作成と編集

01 テキストを入力する

Inkscapeでは、テキストの入力に、指定した位置から入力する通常テキストと、テキストエリアを指定した流し込みテキストの2種類があります。

通常テキストに文字入力する

通常テキストは、クリックした位置から入力するテキストオブジェクトのことです。改行しなければ、1行の長いテキストオブジェクトとなります。

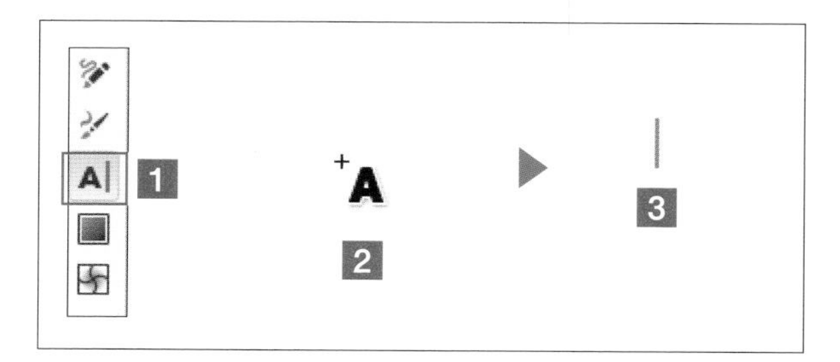

1 基点をクリックする

ツールボックスでテキストツールを選択します1。ページ上で、テキストを入力したい位置でクリックします2。クリックしたマウスカーソルの＋の位置に、カーソルが点滅してテキスト入力できる状態になります3。

Inkscapeはフリーの 1

2 文字を入力する

文字を入力します1。テキストの周囲には、点線のテキストボックスが表示されます。

1
Inkscapeはフリーの
ドローイングアプリです。

3 改行して続ける

Enter キーを押すと、改行できます1。

Inkscapeはフリーの
ドローイングアプリです。
1 Esc キー

4 Esc キーを押して終了する

Esc キーを押すと、文字入力が終了します1。

流し込みテキストに文字入力する

流し込みテキストは、テキストフレームを作成して文字入力するテキストオブジェクトのことです。

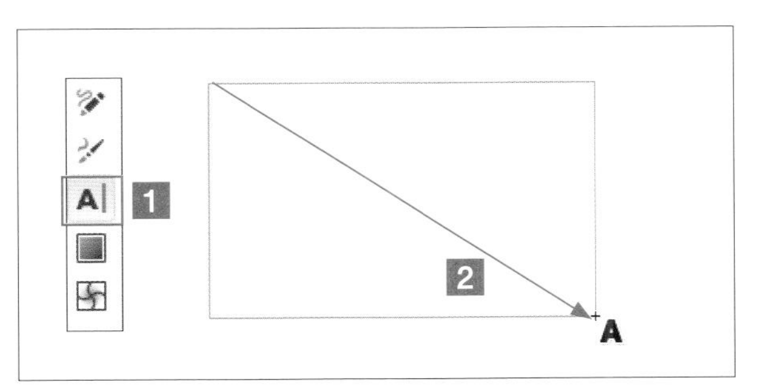
1
2
A

1 ドラッグしてテキストフレームを作成する

ツールボックスでテキストツールを選択します1。ページ上で、ドラッグしてテキストフレームを作成します2。テキストフレームは、青い線で表示されます。サイズは後から変更できます。

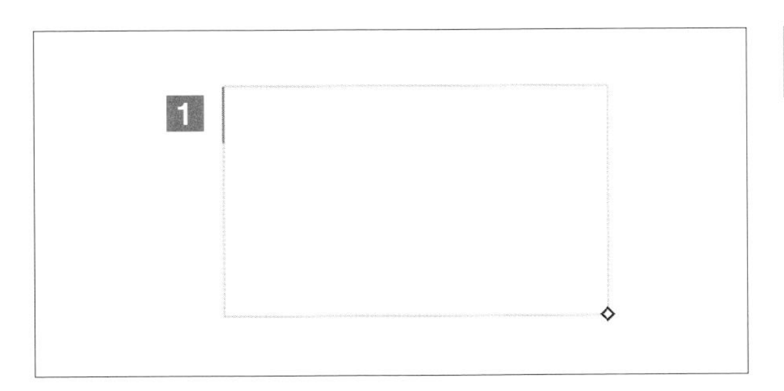
1

2 カーソルが点滅する

テキストフレーム内でカーソルが点滅し、文字を入力できる状態になります1。

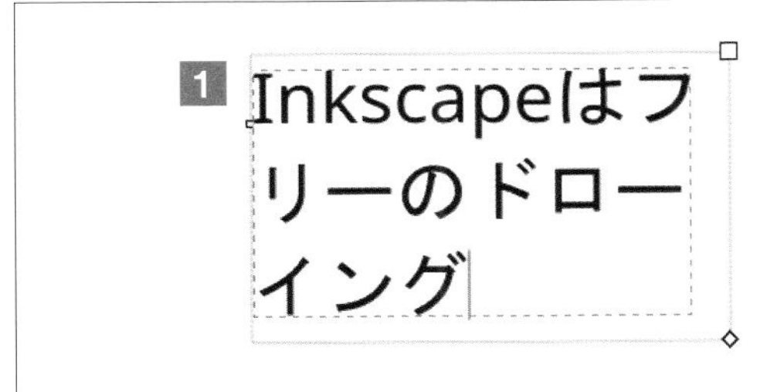
1
Inkscapeはフリーのドローイング

3 文字を入力する

文字を入力します。テキストフレーム内で、自動で改行します1。Enter キーを押すと、新しい段落に変わります。

1
Inkscapeはフリーのドローイングアプリ

4 文字が入りきらないと赤で表示される

テキストフレーム内に文字が入りきらない場合は、フレームの色が赤で表示されます1。Esc キーを押すと、文字入力が終了します。入りきらない文字は、表示されないだけで残っています。フレームを拡大すると表示されます。

POINT

標準テキストも流し込みテキストも、文字色は、初期設定では直前に使用した［フィル］（塗りつぶし）と［ストローク］（線）の設定が適用されます。

文字を選択して修正する

テキストオブジェクトに入力した文字は、いつでも修正できます。ここでは、テキストオブジェクトの一部の文字を選択して、ほかの文字に修正します。

サンプルファイル 06-02.svg

テキストツールで修正する

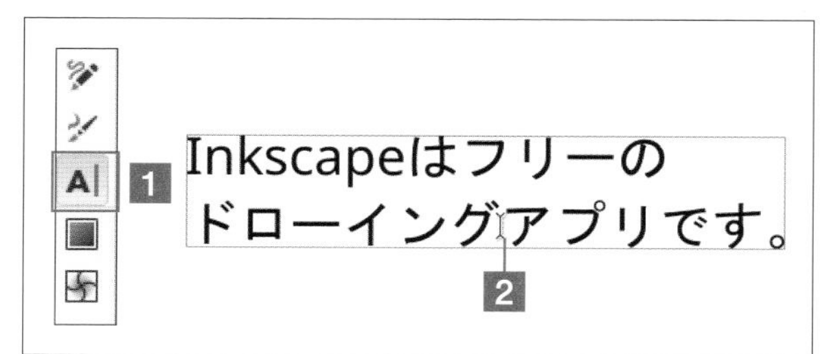
1
Inkscapeはフリーの
ドローイングアプリです。
2

1 基点をクリックする

ツールボックスでテキストツールを選択します1。テキストオブジェクトをクリックします2。

2 カーソルが点滅する

クリックした位置でカーソルが点滅します。文字を入力します1。このまま、文字を追加したり削除したりできます。

3 修正箇所を選択する

テキストオブジェクトを選択した状態で、文字上をドラッグすると文字が選択されハイライト表示されます1。Shift キーを押しながら矢印キーを押しても選択できます。

CHECK

テキストオブジェクトの選択は、文字修正以外に、フォントやフォントサイズなどを設定するための基本となります。

4 修正文字を入力する

文字を入力すると、選択した文字が置換されて入力されます1。

フォントを設定する

テキストオブジェクトの文字のフォント(書体)は、文字ごとに設定できます。

サンプルファイル 06-03.svg

フォントの設定

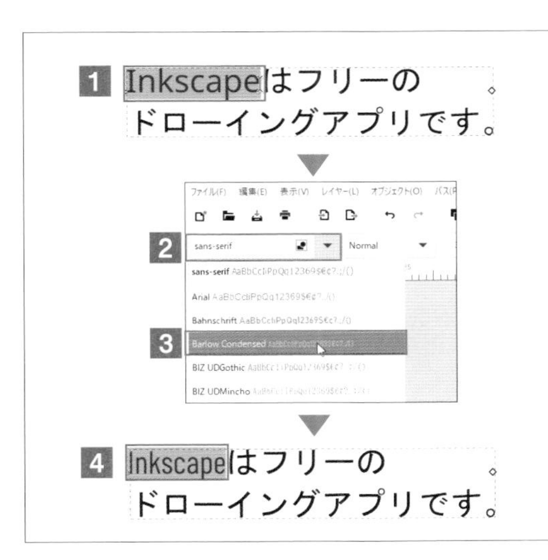

一部の文字を選択して設定

テキストツールで、フォントを設定する文字を選択します1。ツールコントロールバーの左に現在のフォント名が表示されるので2、▼をクリックしてフォントを選択します(ここでは[Barlow Condensed])3。フォントが変更されます4。

POINT

[テキストとフォント]ダイアログでも設定できます。[テキストとフォント]ダイアログは、[テキスト]メニュー→[テキストとフォント]で表示できます。

テキストオブジェクト全体に設定

選択ツールを選択し、テキストオブジェクトを選択します1。[テキストとフォント]ダイアログを表示し、[フォント]からフォントを選択し(ここでは[Yu Mincho][Normal])2、[適用]をクリックします3。選択したオブジェクトのフォントがすべて変更されます4。

POINT

欧文フォントを選択すると、欧文部分だけが変更されます。

フォントスタイルを設定する

フォントは、太字／斜体字などのフォントスタイルを持っていることがあります。フォントスタイルは、文字ごとに設定できます。

サンプルファイル 06-04.svg

フォントスタイルの設定

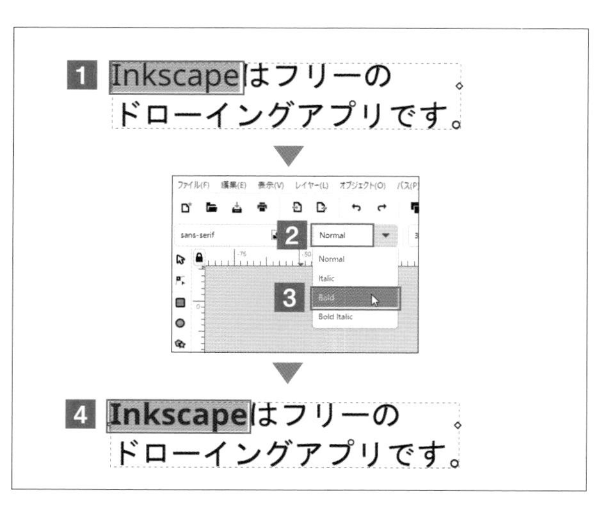

一部の文字を選択して設定

テキストツールで、フォントスタイルを設定する文字を選択します1。ツールコントロールバーのフォント名の右側にフォントスタイル名が表示されるので2、▼をクリックしてフォントスタイルを選択します（ここでは［Bold］）3。フォントスタイルが変更されます4。

POINT

［テキストとフォント］ダイアログでも設定できます。［テキストとフォント］ダイアログは、［テキスト］メニュー→［テキストとフォント］で表示できます。

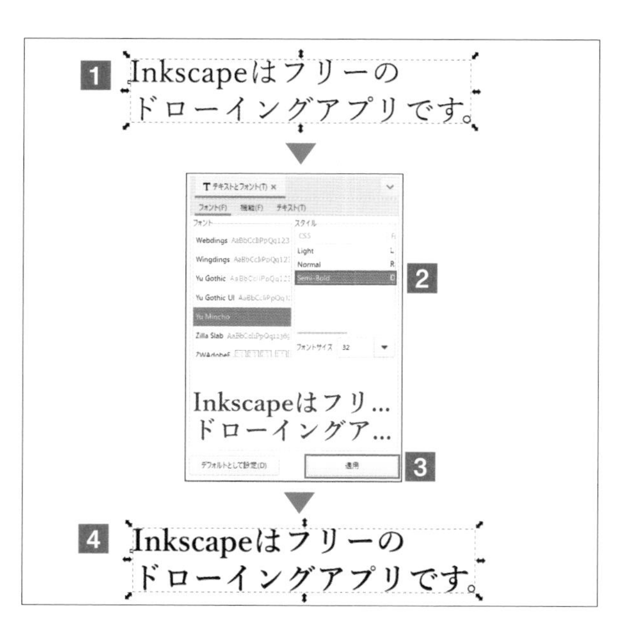

テキストオブジェクト全体に設定

選択ツールを選択し、テキストオブジェクトを選択します1。［テキストとフォント］ダイアログを表示し、［スタイル］からフォントスタイルを選択し（ここでは［Semi-Bold］）2、［適用］をクリックします3。選択したオブジェクトのフォントスタイルがすべて変更されます4。

05 フォントサイズを設定する

フォントサイズ(文字のサイズ)は、文字ごとに設定できます。

サンプルファイル 06-05.svg

フォントサイズの設定

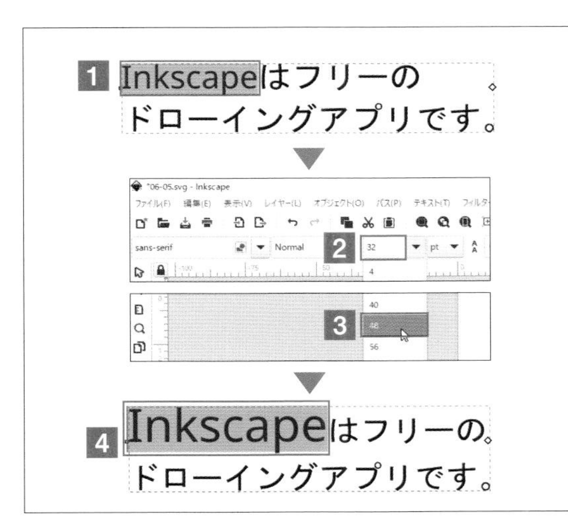
1 Inkscapeはフリーの
ドローイングアプリです。
2
3
4 Inkscapeはフリーの
ドローイングアプリです。

一部の文字を選択して設定

テキストツールで、サイズを設定する文字を選択します1。ツールコントロールバーに現在のフォントサイズが表示されるので2、▼をクリックしてサイズを選択します(ここでは[48])3。フォントサイズが変更されます4。

POINT

リストに表示されないフォントサイズに設定する場合は、直接数値を入力してください。また、フォントサイズ表示の右に現在の設定単位が表示されるので、クリックして単位を変更できます。

1 Inkscapeはフリーの
ドローイングアプリです。
2
Inkscape...
ドローイ...
3
4 Inkscapeはフリーの
ドローイングアプリです。

テキストオブジェクト全体に設定

選択ツールを選択し、テキストオブジェクトを選択します1。[テキストとフォント]ダイアログを表示し、[フォントサイズ]からフォントサイズを選択します(ここでは[48])2。直接数値を入力することもできます。[適用]をクリックすると3、選択したオブジェクトのフォントサイズがすべて変更されます4。

POINT

[テキストとフォント]ダイアログは、[テキスト]メニュー→[テキストとフォント]で表示できます。

06 テキストボックスのサイズを調節する

テキストボックスのサイズを変更して、改行位置を変更できます。

サンプルファイル 06-06.svg

テキストボックスのサイズを変更

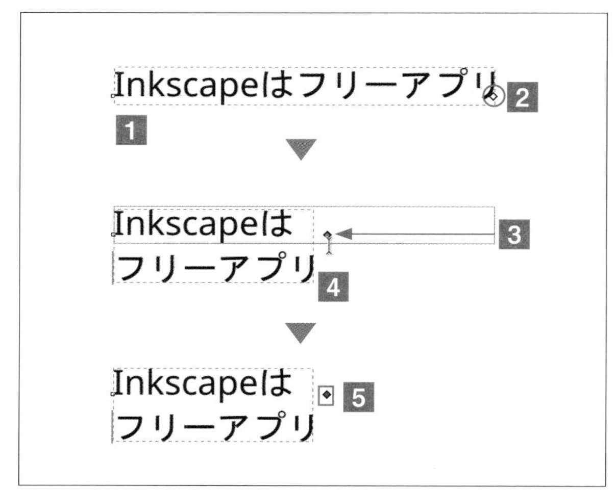

標準テキストの設定

テキストツールで、標準テキストオブジェクトを選択します1。右下に表示された◇2をドラッグすると3、テキストボックスのサイズが変更でき、サイズに合わせて文字が自動で改行されます4。ボックスの◇は青く表示されます5。

POINT

青く表示された◇を Ctrl キーを押しながらクリックすると、元の1行の状態に戻ります。

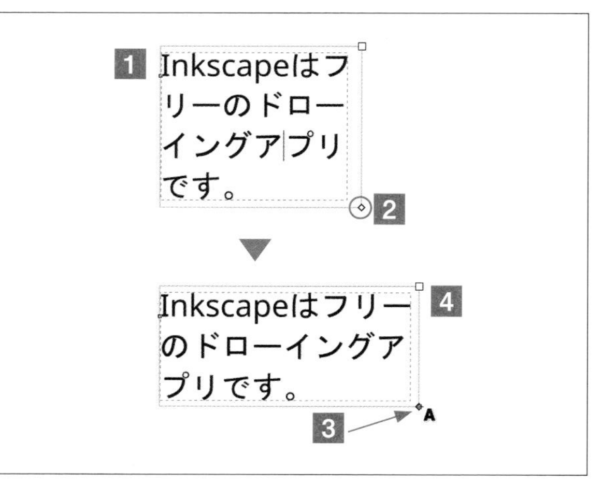

流し込みテキストの設定

選択ツールを選択し、テキストオブジェクトを選択します1。テキストフレームの右下に表示された◇2をドラッグすると3、テキストボックスのサイズが変更でき、サイズに合わせて文字が自動で改行されます4。

POINT

選択ツールで選択してサイズを変更すると、テキストオブジェクト内の文字の幅も変わってしまうのでご注意ください。

Inkscapeはフリーアプリ

Inkscapeはフリーアプリ

07 テキストの色を変更する

テキストの色は、文字ごとに設定できます。

サンプルファイル 06-07svg

テキストの文字色を変更

2

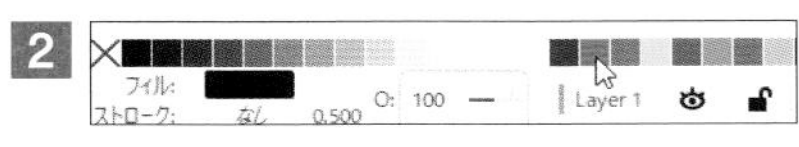

一部の文字の色を変更

テキストツールで、色を変更する文字を選択します1。画面下のパレットなどから、フィルの色を設定します2。選択した文字の色が変わります3。選択を解除して、色を確認します4。

POINT

テキストの色は、［フィル / ストローク］ダイアログや、［スウォッチ］ダイアログでも設定できます。

オブジェクト内のすべて文字の色を変更

選択ツールでテキストオブジェクトを選択して、フィルの色を設定すると、全ての文字の色が変更されます1。

ストロークの色を設定

テキストには、ストロークの色や幅も設定できます1。ストロークの色は、文字の周囲（アウトライン）に設定されます2。テキストの色には、不透明度を設定することもできます3。

08 横組み／縦組みを変更する

横組みのテキストを縦組みに変更できます。縦組みのテキストオブジェクトでは、欧文文字の表示を回転することもできます。

サンプルファイル 06-08.svg

ツールコントロールバーで設定

横組みを縦組みに変更

テキストツールで、テキストオブジェクトを選択します1。ツールコントロールバーの［文章の方向］をクリックして、縦組みを選択します（ここでは、列が右から左へ流れる中央のアイコンをクリック）2。テキストオブジェクトが、縦組みに変わります3。

POINT

横組みに戻すには、同じ手順で一番上のアイコンを選択してください。

縦組み中の欧文文字の横表示を縦表示に変更

テキストツールで、縦組みのテキストオブジェクトを選択します1。ツールコントロールバーの[縦書きテキストのテキスト（グリフ）の基点］をクリックして、中央のアイコンを選択します2。テキストオブジェクト内の欧文文字が回転して縦に表示されます3。

POINT

作例のように、欧文文字を縦で表示すると、文字量が多いと文字間隔が広がり間延びしてしまい、見た目がよくありません。どうしても縦にしたい場合は、全角文字で入力し直すことをおすすめします。

行揃えを変更する

流し込みテキストオブジェクトでは、初期設定ではテキストフレーム内の文字は、左揃えになっています。ツールコントロールバーで、行揃えを設定できます。

サンプルファイル 06-09.svg

ツールコントロールバーで設定する

1
Inkscapeは、すぐれた
フリーのドローイング
アプリです。

1 テキストオブジェクトを選択する

テキストツールで、テキストオブジェクトを選択します1。

1
2
Inkscapeは、すぐれた
フリーのドローイング
アプリです。
Inkscapeは、すぐれた
フリーのドローイング
アプリです。

2 行の揃え位置を選択する

ツールコントロールバーの［テキストの割り付け］をクリックして、行の揃え位置を選択します1。テキストの行揃えが変わります2。

POINT

一番下の均等揃えは、日本語フォントでは有効になりません。和文フォントであれば、テキストボックスの幅に単語間隔が広がって表示されます。

This book serves as
both a textbook and a
reference for using
Inkscape to produce
high-quality.
This book serves as
both a textbook and a
reference for using
Inkscape to produce
high-quality.
This book serves as
both a textbook and a
reference for using
Inkscape to produce
high-quality.
This book serves as
both a textbook and a
reference for using
Inkscape to produce
high-quality.

10 行送り（行間値）を変更する

複数行のあるテキストでは、行送りを変更して行間隔を変更できます。一部の行だけを変更することもできます。

サンプルファイル 06-10.svg

ベースラインの間隔で設定

行間値を変更

テキストツールで、テキストオブジェクトを選択します1。ツールコントロールバーの［ベースラインの間隔］で、行間値を設定します（ここでは「2」）2。テキストオブジェクト全体の行間隔が変わります3。テキストの一部を選択して変更すると、選択した行とその前行の間隔が変わります4。

POINT

ベースラインは、右図の青線（欧文文字の「x」の下端）となります。
間隔は、設定行から上行までの間隔となります。

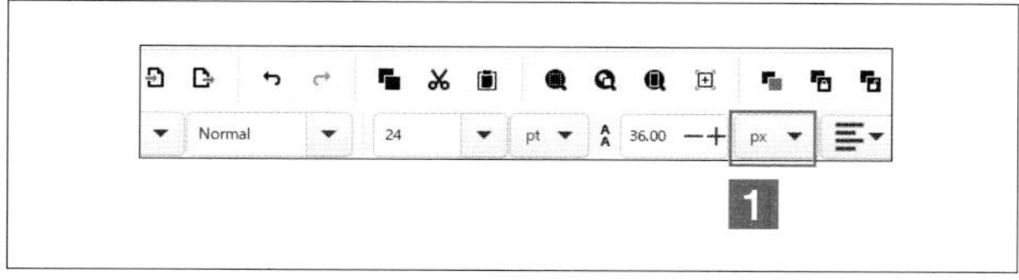

単位を変更

ツールコントロールバーの［ベースラインの間隔］の右側には、設定単位である「lines」（「行」）が表示されています1。単位を変更することも可能です。

POINT

Inkscapeの行間の初期値は、［lines］の「1.25」倍です。これは、文字サイズの1.25倍の行間隔となります。執筆時点（2022年8月）では、［ベースラインの間隔］の表示が「0」ですが、実際には「1.25」の設定になっています。単位を変更すると設定値「0」が設定され行が詰まって表示されるので、値を入力して変更してください。

上付き文字／下付き文字を作成する

選択したテキストを、上付き文字や下付き文字にできます。

サンプルファイル 06-11.svg

ツールコントロールバーで設定

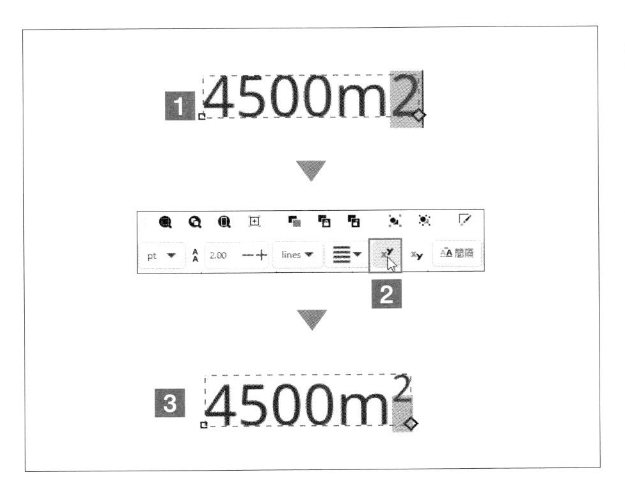

上付き文字の作成

テキストツールで、上付き文字にする文字を選択します1。ツールコントロールバーの［上付き］をクリックします2。選択した文字が上付き文字に変わります3。上付き文字を解除するには、再度ツールコントロールバーの［上付き］をクリックしてください。

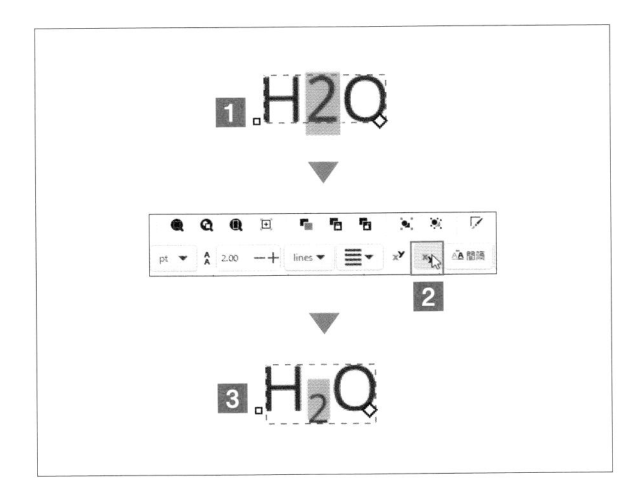

下付き文字の作成

テキストツールで、下付き文字にする文字を選択します1。ツールコントロールバーの［下付き］をクリックします2。選択した文字が下付き文字に変わります3。下付き文字を解除するには、再度ツールコントロールバーの［下付き］をクリックしてください。

文字間隔を変更する

文字間隔の変更は、選択した文字やテキスト全体を変更する[文字間隔]と、特定の文字と文字の間の間隔を設定する[カーニング]のふたつの方法があります。

サンプルファイル 06-12.svg

文字間隔を設定

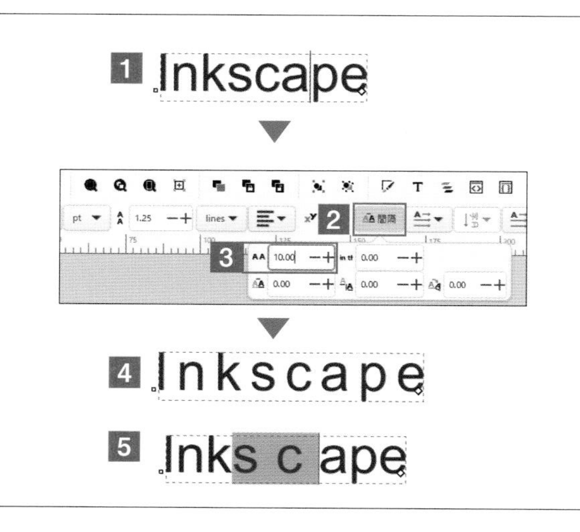

文字間隔で変更

テキストツールで、テキストオブジェクトを選択します1。ツールコントロールバーの 間隔 をクリックし2、表示されたポップアップの［文字間隔］で文字間隔を設定します（ここでは「10」）3。テキストオブジェクト全体の文字間隔が変わります4。マイナス値を設定すると、文字間隔は狭くなります。テキストの一部を選択して変更すると、選択した文字の後ろの間隔が変わります5。

POINT

［文字間隔］の単位は「px」です。指定した値が文字の後ろの間隔となります。

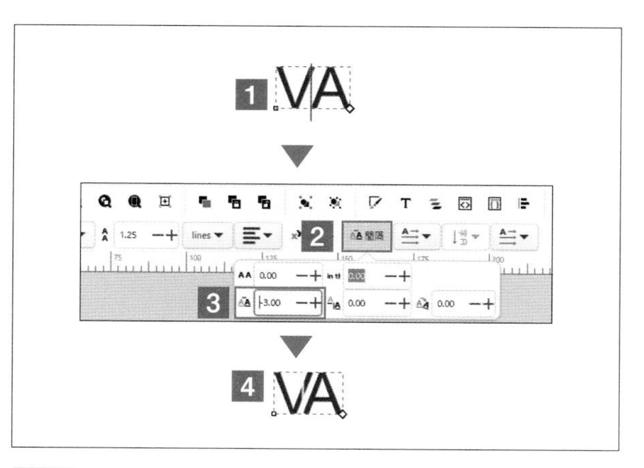

水平カーニングで変更

テキストツールで、文字間隔を設定したい文字と文字の間にカーソルを挿入します1。ツールコントロールバーの 間隔 をクリックし2、表示されたポップアップの［水平カーニング］で文字間隔を設定します（ここでは「-3」）3。マイナス値を設定すると、文字間隔は狭くなります。カーソルを置いた箇所の文字間隔が変わります4。

POINT

［水平カーニング］の単位は「px」です。

POINT

［テキスト］メニュー→［手動カーニングの除去］を選択すると、［水平カーニング］による文字間隔が元に戻ります。［垂直カーニング］［文字の回転］も元に戻るのでご注意ください。

13 一部のテキストを垂直方向に移動する

テキストの一部分を上に上げたり、下に下げたりできます。

サンプルファイル 06-13.svg

垂直カーニングで設定

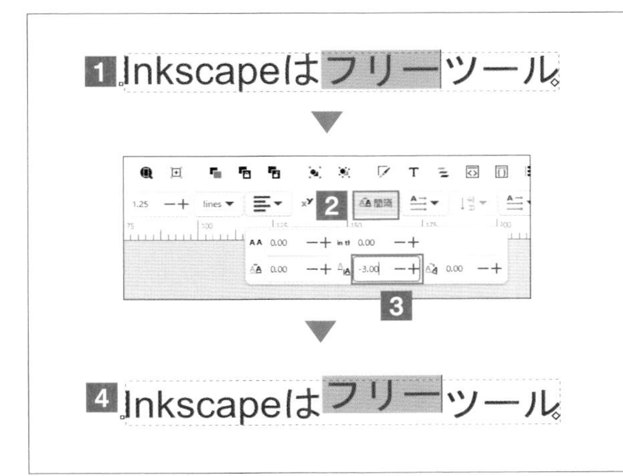

上に移動

テキストツールで、設定したい文字を選択します1。ツールコントロールバーの 間隔 をクリックし2、表示されたポップアップの［垂直カーニング］で移動距離をマイナス値で設定します（ここでは「-3」）3。選択した文字が移動します4。

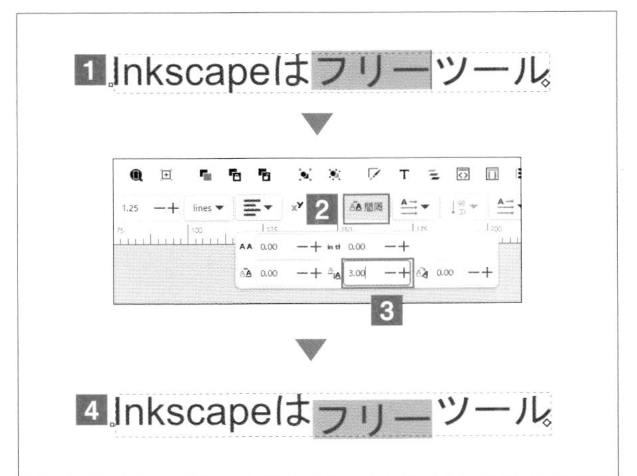

下に移動

テキストツールで、設定したい文字を選択します1。ツールコントロールバーの 間隔 をクリックし2、表示されたポップアップの［垂直カーニング］で移動距離をプラス値で設定します（ここでは「3」）3。選択した文字が移動します4。

POINT

［テキスト］メニュー→［手動カーニングの除去］を選択すると、文字は元の位置に戻ります。［水平カーニング］［文字の回転］も元に戻るのでご注意ください。

14 一部の文字を回転させる

テキストオブジェクト内の、選択した文字を回転させることができます。

サンプルファイル 06-14.svg

文字を回転させる

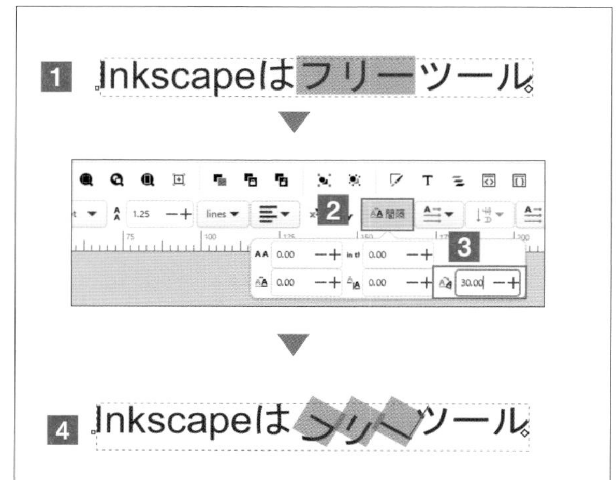

1 文字を回転させる

テキストツールで、文字を選択します1。ツールコントロールバーの をクリックし2、表示されたポップアップの［文字の回転］で回転角度設定します（ここでは「30」）3。選択した文字が指定した角度で回転します4。

CHECK

プラス値で時計回り、マイナス値で反時計回りとなります。

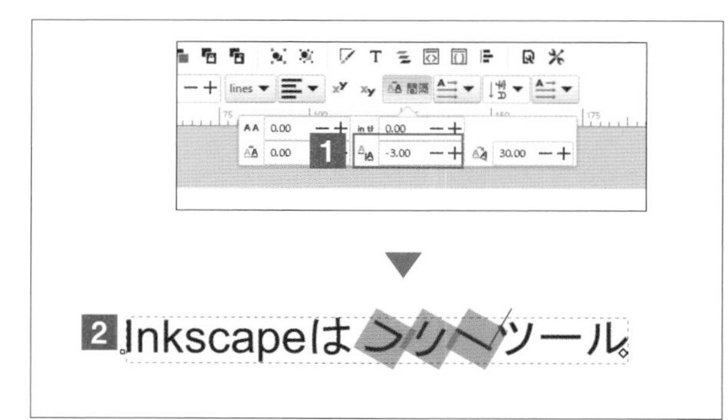

2 位置を調整する

文字を回転させると、垂直方向の位置が変わるので、［垂直カーニング］の設定を変更し（ここでは「-3」）1、位置を調整しておきましょう2。

POINT

［テキスト］メニュー→［手動カーニングの除去］を選択すると、文字は元に戻ります。［文字の回転］や［垂直カーニング］以外に［水平カーニング］の設定も元に戻るのでご注意ください。

テキストの水平比率／垂直比率を変える

テキストの文字を細長くしたり、平たくするには、テキストオブジェクトごと変形します。文字単位での設定はできません。

サンプルファイル 06-15.svg

文字の水平比率と垂直比率を変更

変形ダイアログで設定

選択ツールで、テキストオブジェクトを選択します1。［変形］ダイアログを開き、［拡大縮小］を選択します2。［幅］（または高さ）に比率を入力し（ここでは「80」「100」）3、［適用］をクリックします4。テキストオブジェクト全体の比率が変わります5。

POINT

［変形］ダイアログは、［オブジェクト］メニュー→［変形］で表示できます。

ドラッグして変更

選択ツールで、テキストオブジェクトを選択します1。バウンディングボックスの左右中央のハンドルをドラッグして変形します2。

POINT

どのハンドルをドラッグしても変形できますが、文字の高さを保持する場合は左右中央、文字の幅を保持する場合は上下中央のハンドルをドラッグしてください。

16 オブジェクトにテキストを流し込む

選択したオブジェクトの内部に、文字を流し込むことができます。流し込んだテキストを、元の状態に戻すこともできます。

サンプルファイル 06-16.svg

テキストを流し込む

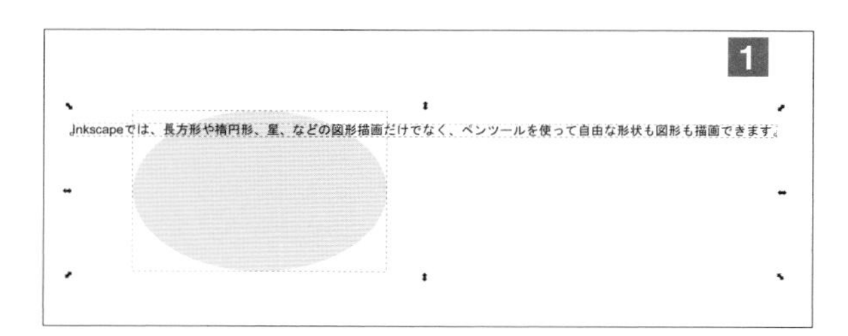

1 選択ツールで選択する

選択ツールで、テキストオブジェクトと流し込む図形オブジェクトを一緒に選択します1。

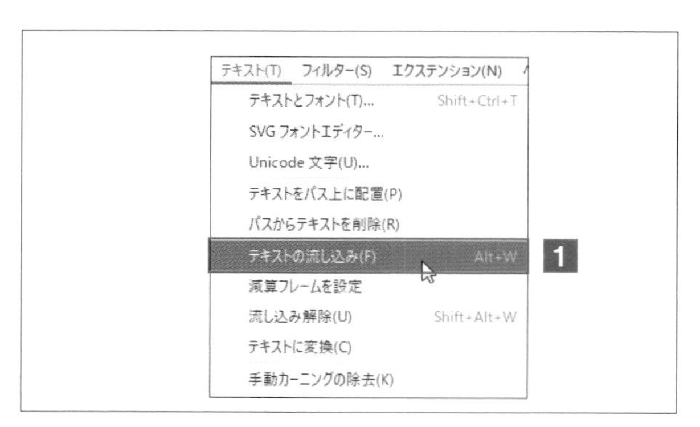

2 ［テキストの流し込み］を選択する

［テキスト］メニュー→［テキストの流し込み］を選択します1。

CHECK

テキストオブジェクトが図形オブジェクトよりも前面にある状態で実行してください。

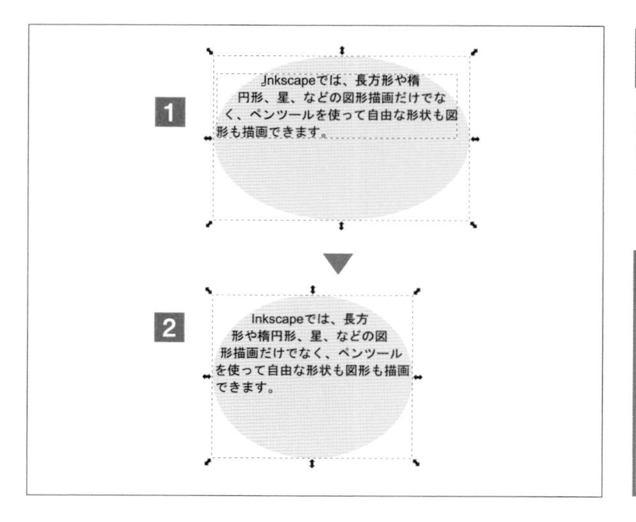

3 テキストが流れ込む

図形オブジェクトの形状に沿って文字が流し込まれます1。図形オブジェクトだけを選択して変形すると、図形に合わせて文字が回り込むのがわかります2。

POINT

選択ツールで、テキストを流し込んだオブジェクトのテキストオブジェクトだけを選択し、［テキスト］メニュー→［流し込み解除］を選択すると流し込みを解除できます。

17 テキストを図形に回り込ませる

図形に流し込んだテキストに対して、図形を回り込むように設定できます。

サンプルファイル 06-17.svg

減算フレームを利用して回り込ませる

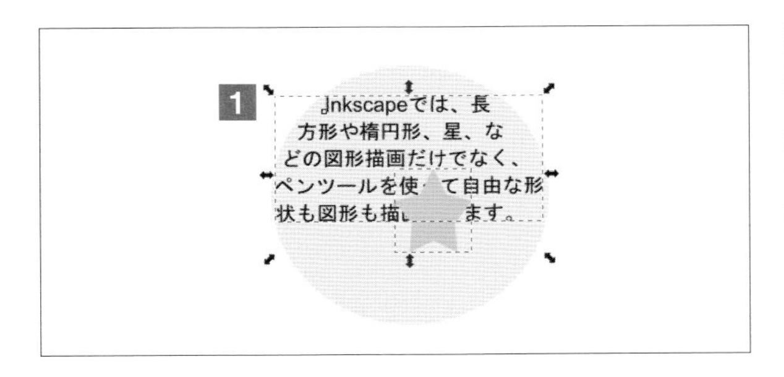

1 流し込みテキストと図形オブジェクトを選択する

図形に流し込んだテキストオブジェクトの前面に図形オブジェクト（左図では黄色の星）を作成し、選択ツールでテキストオブジェクトと図形オブジェクト（黄色の星）を選択します1。

テキスト(T)　フィルター(S)　エクステンション(N)
テキストとフォント(T)...　Shift+Ctrl+T
SVG フォントエディター...
Unicode 文字(U)...
テキストをパス上に配置(P)
パスからテキストを削除(R)
テキストの流し込み(F)　Alt+W
1 減算フレームを設定
流し込み解除(U)　Shift+Alt+W

2 ［減算フレームを設定］を選択する

［テキスト］メニュー→［減算フレームを設定］を選択します1。

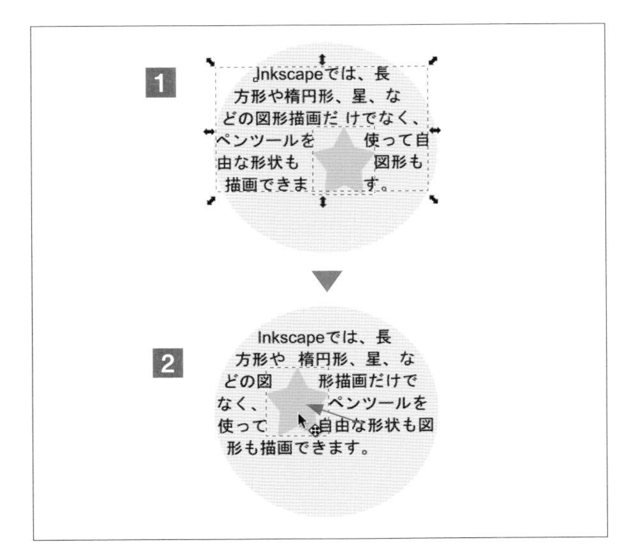

3 テキストが図形を回り込む

テキストが図形オブジェクトの形状を回り込むように流れます1。選択ツールで、図形オブジェクトを移動すると、文字も図形に合わせて回り込みます2。

POINT

［減算フレームを設定］を適用したオブジェクトは解除できません。Ctrl＋Dキーで複製すると、適用されていない状態のオブジェクトを複製できます。

テキストをパスに沿わせる

テキストをパス上に配置することができます。開始位置の変更なども可能です。

サンプルファイル 06-18.svg

テキストをパス上に配置／解除する

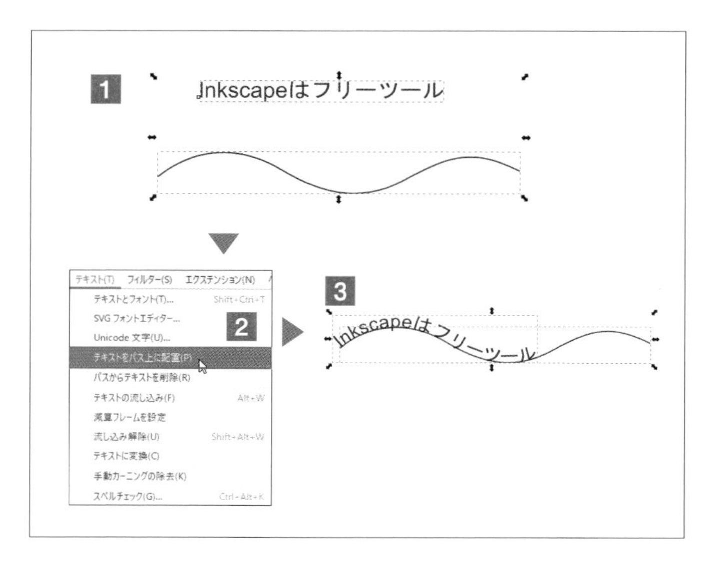

1 テキストをパス上に配置する

選択ツールで、テキストオブジェクトとパスオブジェクトを一緒に選択します1。［テキスト］メニュー→［テキストをパス上に配置］を選択します2。パスの形状に沿って文字が流し込まれます3。

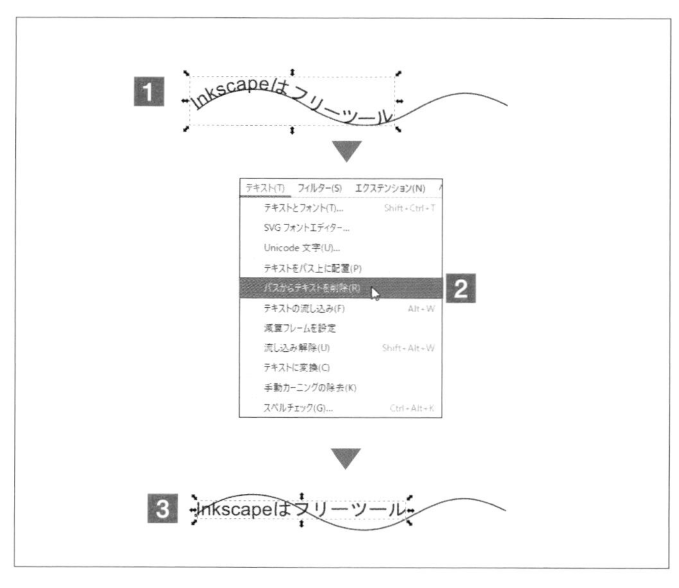

2 テキスト配置を解除する

選択ツールで、パス上に配置したオブジェクトのテキストオブジェクトだけを選択します1。[テキスト]メニュー→[パスからテキストを削除] を選択します2。パス上に配置したテキストが、通常のテキストオブジェクトに戻ります3。

パス上に配置したテキストを編集

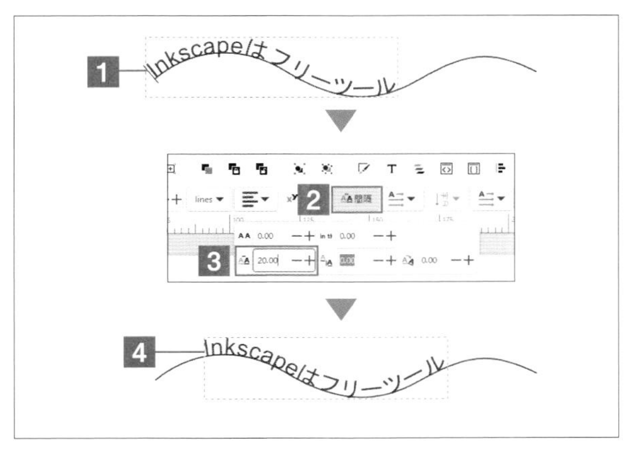

テキストの開始位置を変更

テキストツールで、パス上に配置したテキストオブジェクトを選択し、カーソルを開始位置に移動します**1**。ツールコントロールバーの 間隔 をクリックし**2**、表示されたポップアップの［水平カーニング］でパスの端点からの位置を指定します**3**。指定した位置が開始位置となります**4**。

POINT

［垂直カーニング］を使うと、テキストとパスの距離を設定できます。

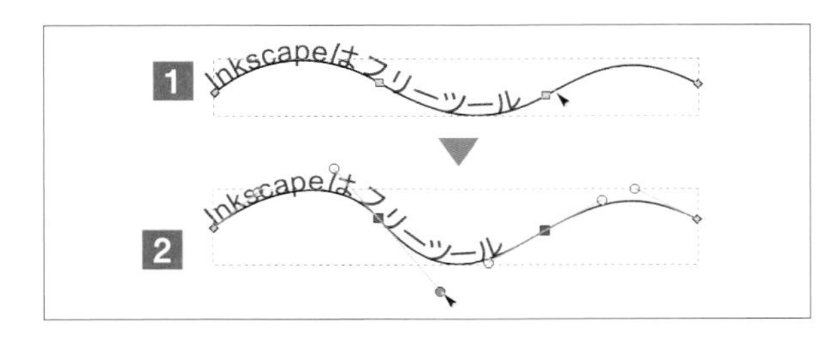

パスの形状を変更

ノードツールで、パスをクリックして選択します**1**。ノードやハンドルをドラッグして変形すると、テキストもパスの形状に合わせて流れます**2**。

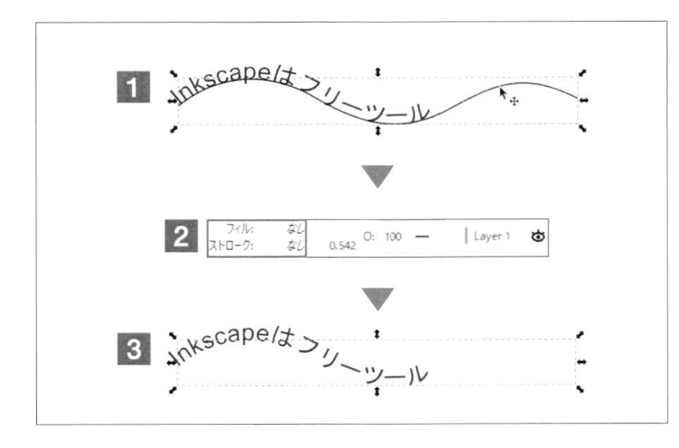

パスの色を非表示に

選択ツールで、パスをクリックして選択します**1**。パスの色を［フィル］も［ストローク］も「なし」に設定します**2**。パスが非表示になりました**3**。パスオブジェクトはそのまま残っているので、ノードツールで変形することも可能です。

POINT

文字の色は、テキストツールで文字を選択して設定できます。

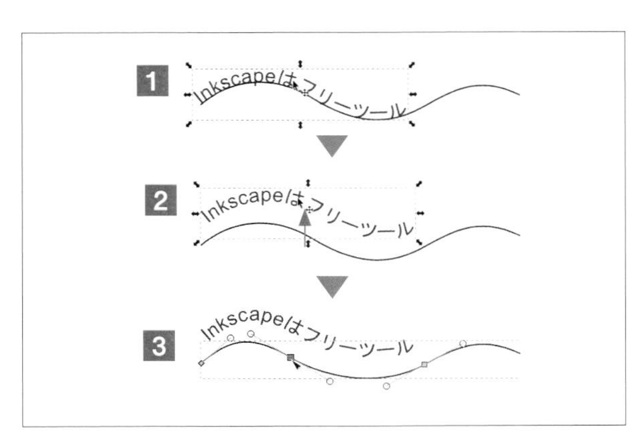

パスからテキストを離して配置

選択ツールで、パス上に配置したテキストオブジェクトを選択します**1**。ドラッグすると、パスから離れた場所に配置できます**2**。パスとのリンクは解除されていないので、パスを変形するとテキストもパスの形状に流れます**3**。

テキストをパスに変換する

テキストオブジェクトをパスに変換すると、文字の形状のパスとなります。テキストの編集はできなくなるのでご注意ください。

サンプルファイル 06-19.svg

テキストをパスに変換する

1 テキストオブジェクトを選択する

選択ツールで、パスに変換するテキストオブジェクトを選択します1。

2 [オブジェクトをパスへ]を選択する

[パス] メニュー→ [オブジェクトをパスへ] を選択します1。

3 パスに変換された

見た目は変わりませんが、テキストオブジェクトからパスオブジェクトに変換されました。パスオブジェクトは、グループ化されているので、Ctrlキーを押しながら文字をクリックすると、その文字だけを選択できます1。また、ノードツールで文字を選択すると、ノードが表示されます2。ノードやハンドルをドラッグして、文字の形状を編集することも可能です。

CHAPTER

07

フィルターの設定

01 フィルターの基本

フィルターは、パスエフェクトと同様に、オブジェクトの外観を変える機能です。パスエフェクトは、パスオブジェクトが対象ですが、フィルターは、どんなオブジェクトにも適用できます。配置した画像オブジェクトやテキストオブジェクトでも大丈夫です。

サンプルファイル 07-01.svg

フィルターとは

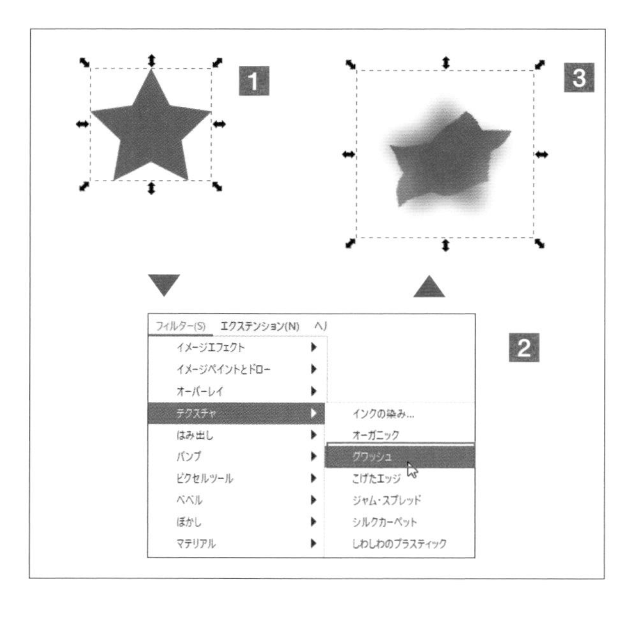

フィルタ適用の基本

対象となるオブジェクトを選択し1、[フィルター] メニューから、適用するフィルタ（ここでは［グワッシュ］）を選択します2。オブジェクトにフィルターが適用され、見た目が変わります3。適用したフィルターを除去すれば、元のオブジェクトに戻せます。

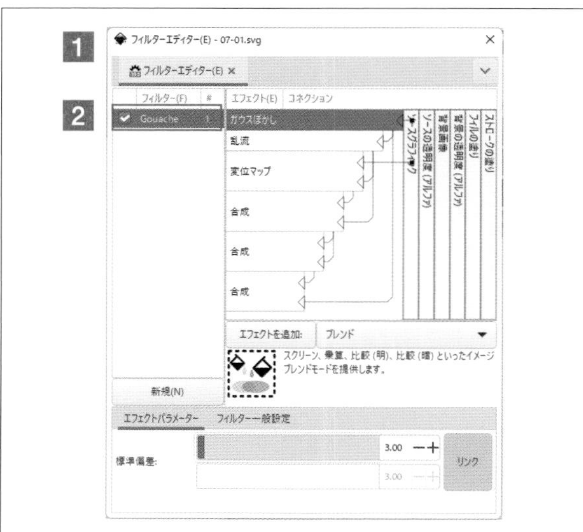

[フィルターエディター] ダイアログでフィルターを管理

[フィルター] メニュー→[フィルターエディター] を選択すると、[フィルターエディター] ダイアログが表示されます1。このダイアログで、開いているドキュメントに適用されているフィルターがすべて表示され2、オブジェクトごとの適用のオンオフ、適用の数値設定などを管理できます。

POINT

複数のオブジェクトを選択して、フィルターを適用すると、オブジェクトごとに個別のフィルターが表示されます。

フィルターを適用する

フィルターは、[フィルター]メニューから機能を選択して適用します。機能によっては設定ウィンドウが表示されるものがあります。また、複数のフィルターを適用することができます。

サンプルファイル 07-02.svg

ふたつのフィルターを適用する

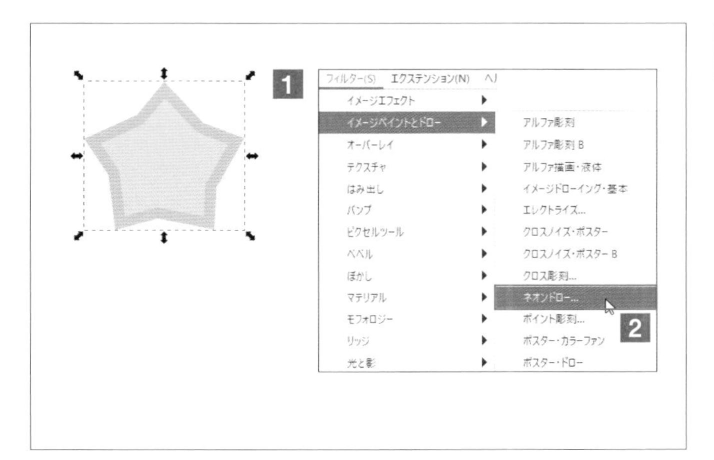

1 適用するフィルターを選択する

オブジェクトを選択し1、[フィルター]メニューから適用するフィルター（ここでは［ネオンドロー］）を選択します2。

CHECK

［フィルター］メニューのフィルター名の末尾に「...」が表示されるフィルターは、設定ウィンドウが表示されます。

2 設定ウィンドウで設定し[適用]をクリックする

［ネオンドロー］ウィンドウが表示されます1。［ライブプレビュー］にチェックを入れると2、オブジェクトの見た目がフィルターを適用した状態でプレビュー表示されます3。必要に応じて、プレビューを見ながら設定値を変更してください4。今回はそのまま変更せずに、［適用］をクリックし5、［閉じる］をクリックしてウィンドウを閉じます6。

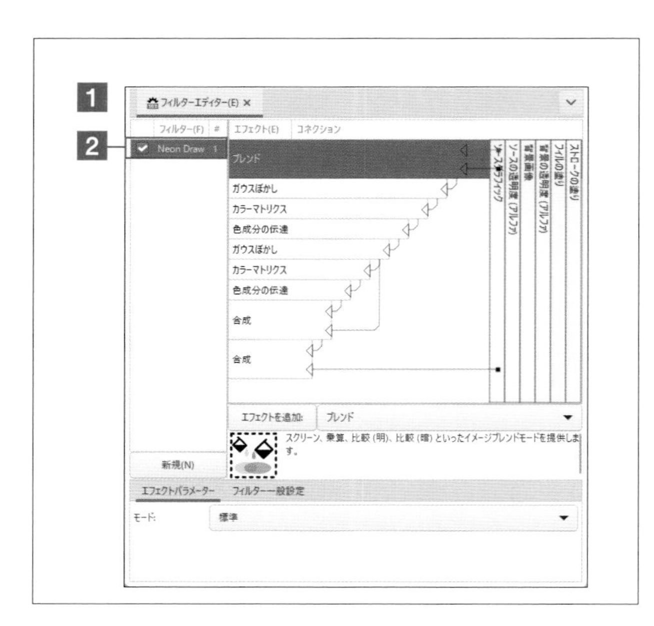

3 [フィルターエディター]ダイアログで確認する

[フィルター] メニュー→ [フィルターエディター] を選択し、[フィルターエディター] ダイアログを表示します**1**。[フィルター] 欄に、適用したフィルターが表示されます**2**。

CHECK

名称左のチェックは、選択したオブジェクトにそのフィルターが適用されていると表示され、名称右の数字はフィルターを適用しているオブジェクトの数となります。

4 ふたつ目のフィルターを適用する

オブジェクトを選択した状態で、[フィルター] メニューから適用するフィルター（ここでは[はかなさ]）を選択します**1**。このフィルターは、設定ウィンドウが表示されずに、すぐに適用されます**2**。

CHECK

ひとつのオブジェクトに複数のフィルターを適用できます。

5 [フィルターエディター]ダイアログで再確認する

[フィルターエディター] ダイアログで、ふたつ目のフィルターを適用しても、フィルター名は追加されないことを確認してください**1**。ただし [エフェクト] 欄には、追加されたフィルターのエフェクト（オブジェクトの見た目を変える効果の要素）が追加されます**2**。

POINT

[フィルターエディター] ダイアログの詳細は、P.246 の「フィルターエディターを使う」を参照ください。

フィルターを除去する

オブジェクトに適用したフィルターは、除去して元の見た目に戻せます。

サンプルファイル 07-03.svg

フィルターを除去して元に戻す

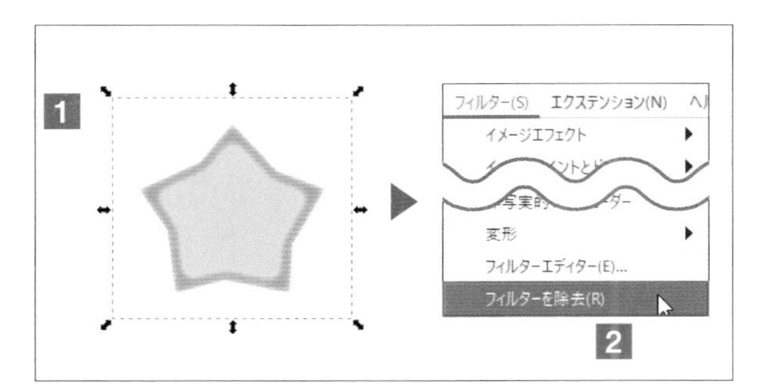

1 フィルターを除去]を選択する

フィルターを除去するオブジェクトを選択し1、[フィルター] メニュー→ [フィルターを除去] を選択します2。

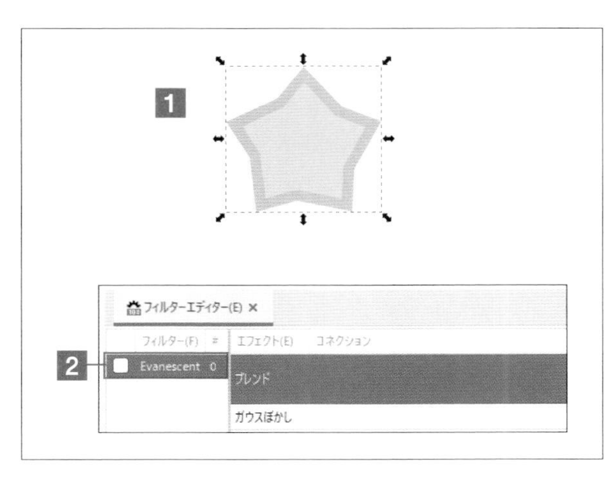

2 フィルターが除去される

フィルターが除去されて、オブジェクトが元の見た目に戻ります1。[フィルターエディター] ダイアログを見ると、フィルター名左のチェックがなくなりますが、フィルターはそのまま残ります2。再度チェックを入れると、フィルターが適用されます。

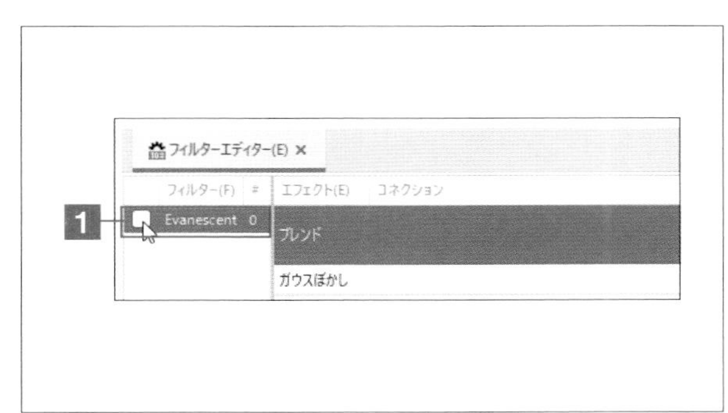

3 [フィルターエディター] ダイアログで除去する

[フィルター] メニュー→ [フィルターの除去] を選択せず、フィルターを除去するオブジェクトを選択した状態で、[フィルターエディター] ダイアログで適用されているフィルター名左のチェックをクリックして、チェックオフにしても、フィルターを除去できます1。

フィルターエディターを使う

[フィルターエディター]ダイアログを使うと、フィルター適用のオンオフや、フィルターによる変形の設定を変更できます。

サンプルファイル 07-04.svg

[フィルターエディター]ダイアログを使用

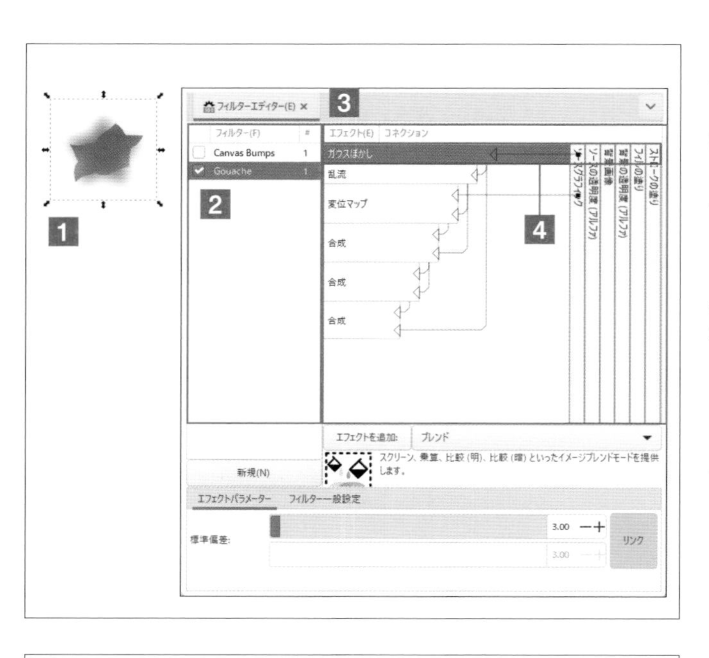

エフェクトの表示

フィルターを適用したオブジェクトを選択します1。[フィルター] メニュー→[フィルターエディター] を選択し、[フィルターエディター] ダイアログを表示します。[フィルター] 欄では、適用されているフィルターが選択されており2、[エフェクト] 欄に、このフィルターを構成しているエフェクトがすべて表示されます3。各エフェクトの矢印は、オブジェクトの何にエフェクトがかかっているかを示しており、矢印の先端から右にドラッグして変更できます4。また、エフェクトは上から順に適用され、ドラッグして順番を変更できます。

適用するフィルターの変更

オブジェクトを選択した状態で、フィルター名称左のチェックボックスをクリックしてチェックを入れると1、適用するフィルターを変更できます2。

POINT

エフェクトとは、オブジェクトの見た目を変える効果のことで、フィルターはエフェクトの組み合わせでできています。

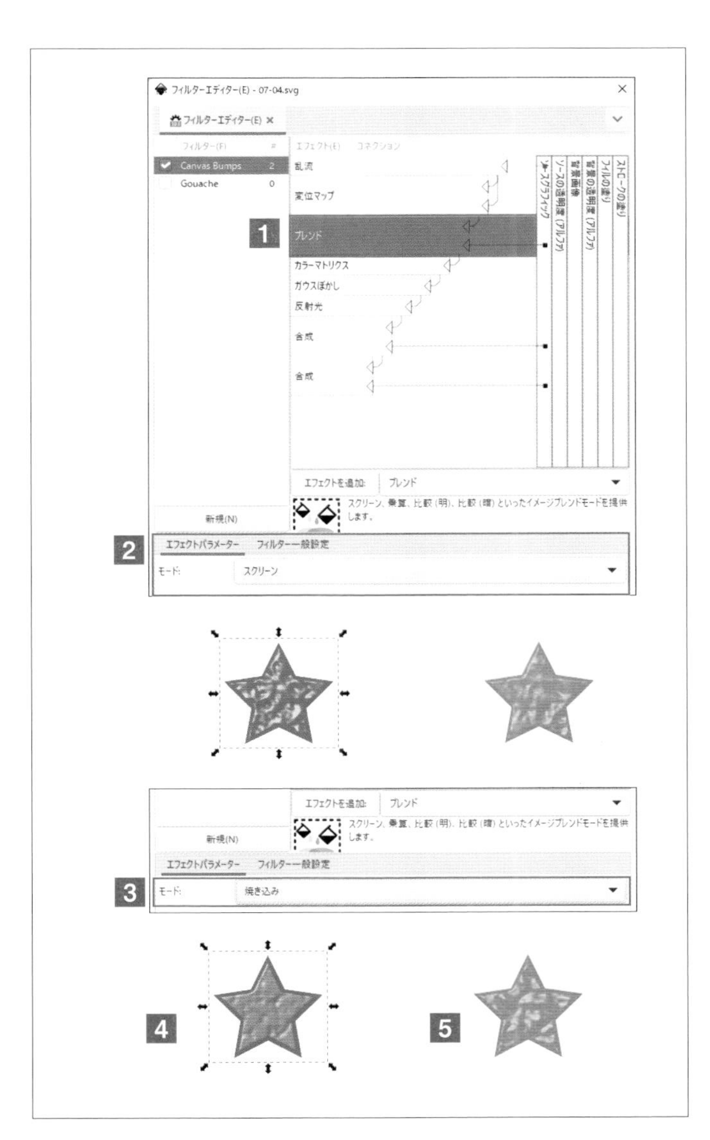

エフェクトパラメータの設定

ダイアログ下部の［エフェクトパラメーター］には、選択しているフィルターのエフェクト（左図では［ブレンド］）**1**の設定が表示されます**2**。パラメーターを変更すると（ここでは［焼き込み］）**3**、フィルターのかかり具合を変更できます**4**。フィルターの内容が変更されるので、選択していないオブジェクトでも、そのフィルターを適用しているオブジェクトの見た目も変わります**5**。

POINT

フィルターはエフェクトの組み合わせなので、自分でオリジナルのフィルターを作成できます。［新規］をクリックして新しいフィルターを作成し、［エフェクトを追加］の右に表示されたリストから追加するエフェクトを選択して［エフェクトを追加］をクリックしてください。

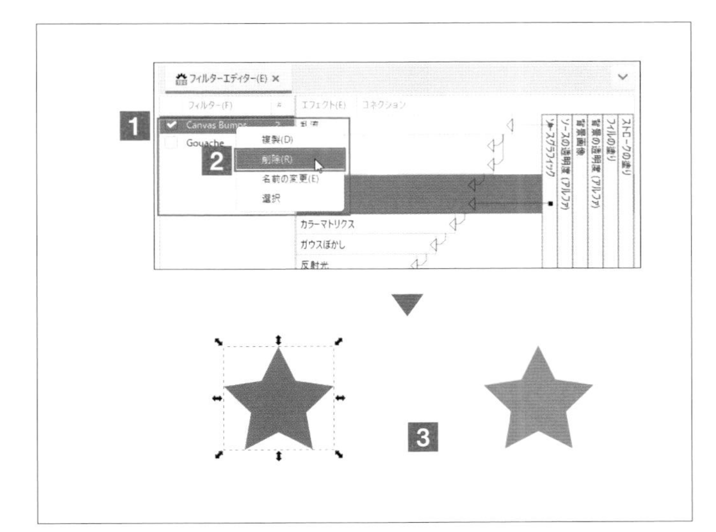

フィルタの削除や名称変更

［フィルター］欄に表示されているフィルターを右クリックすると、メニューが表示されます**1**。［削除］を選択すると**2**、フィルターが削除され、オブジェクトに適用されていたフィルターも除去されて元に戻ります**3**。

POINT

エフェクトパラメーターを変更した場合は、名称を変更するとよいでしょう。

05 フィルター一覧

Inkscapeには、数多くのフィルターが用意されています。どのような変化をもたらすかを一覧にしたので、フィルター利用の参考にしてください。

サンプルファイル 07-05.svg

[イメージエフェクト]メニュー

元画像

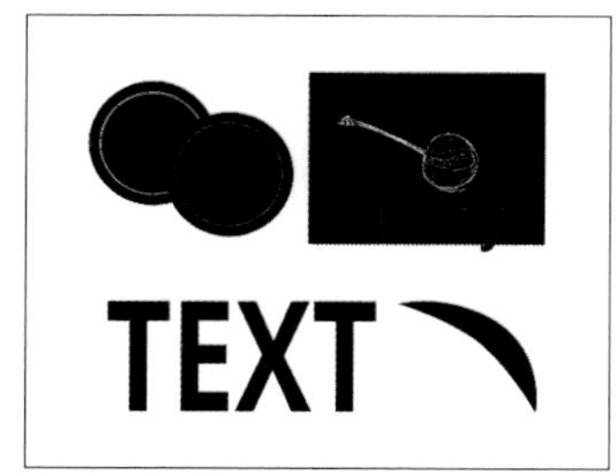

エッジ検出

シャープ

シャープ(もっと)

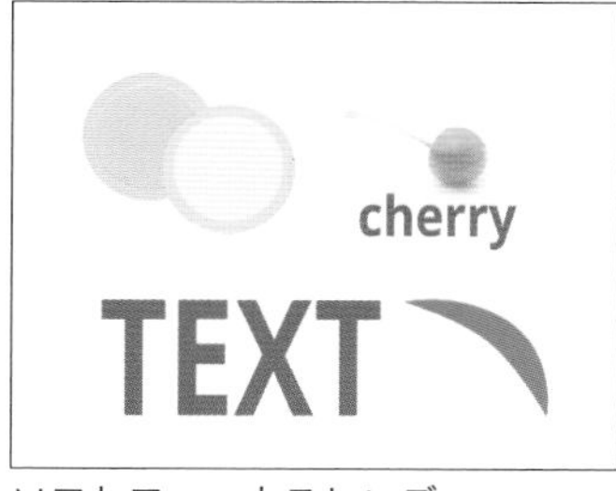

ソフトフォーカスレンズ

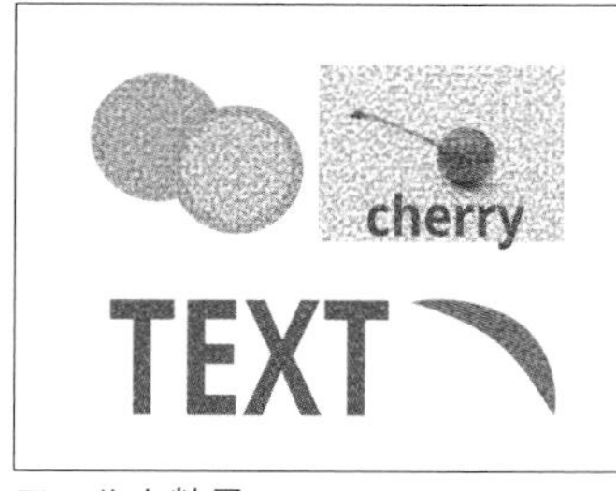

フィルム粒子

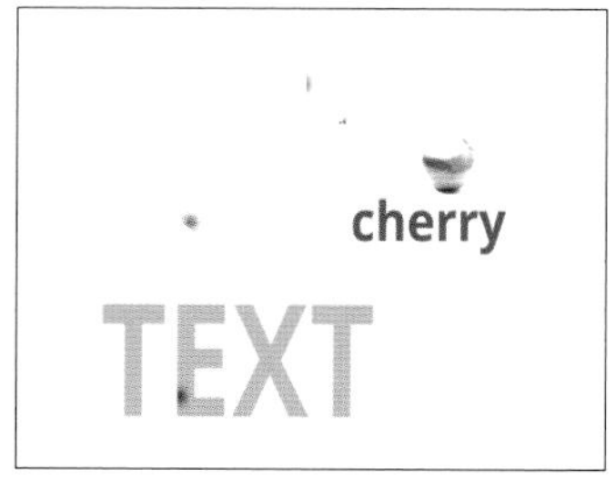

劣化

POINT

一覧の作例は、「元画像」のすべてのオブジェクトを選択して、フィルターを適用しています。フィルターによっては、設定ウィンドウが表示されますが、フィルターの効果がわかりやすいように設定調整している場合もあります。

[イメージペイントとドロー]メニュー

元画像

アルファ彫刻

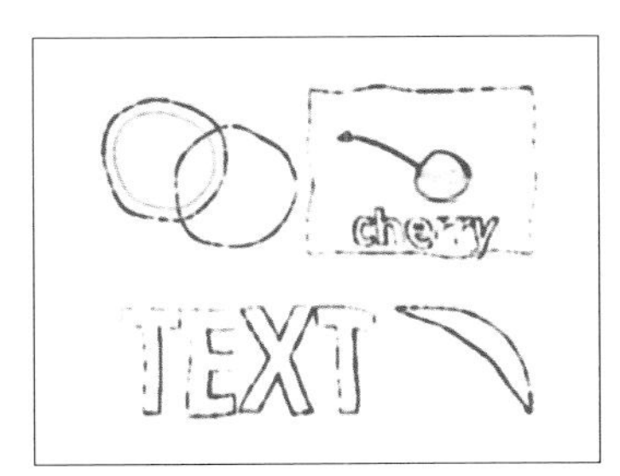
アルファ彫刻B

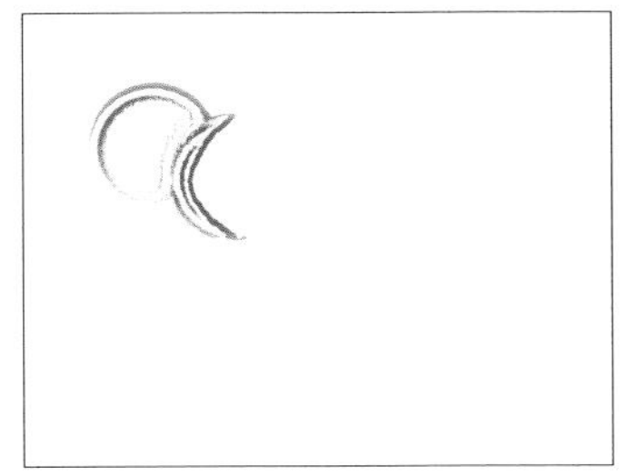
アルファ描画・液体

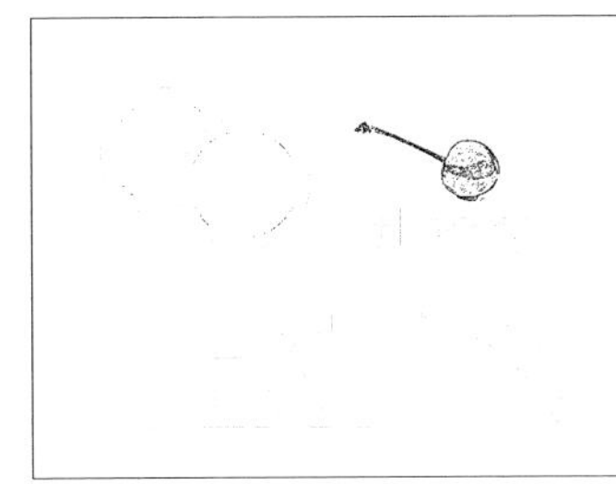
イメージドローイング・基本

エレクトライズ

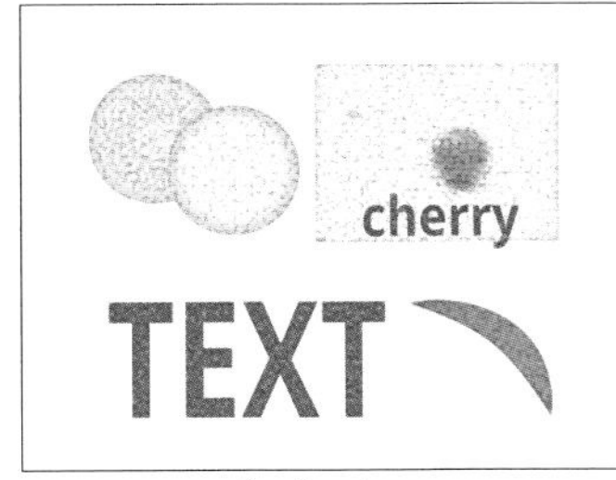

クロスノイズ・ポスター

クロスノイズ・ポスターB

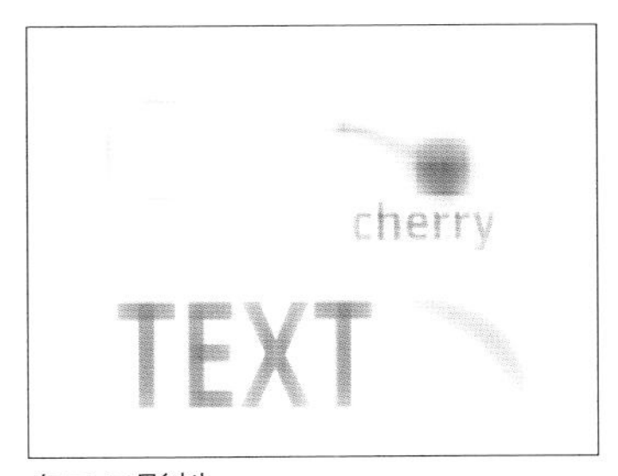

クロス彫刻

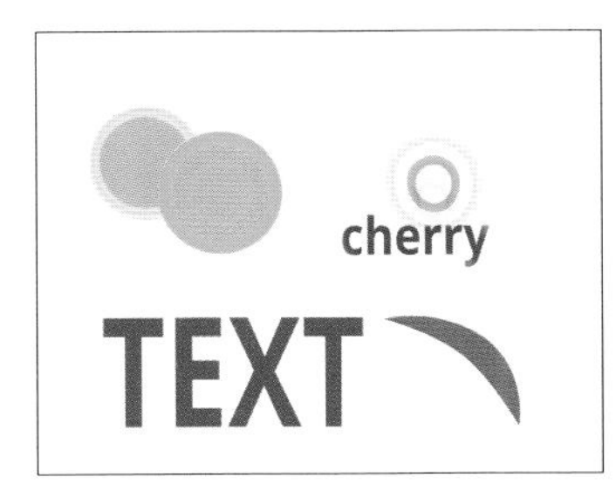

ネオンドロー

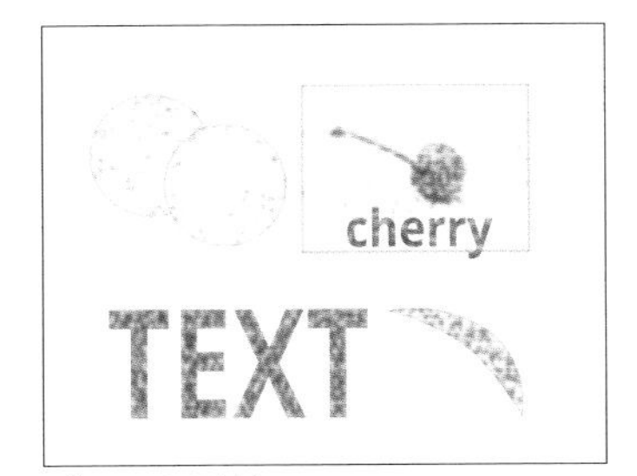

ポイント彫刻

ポスター・カラーファン

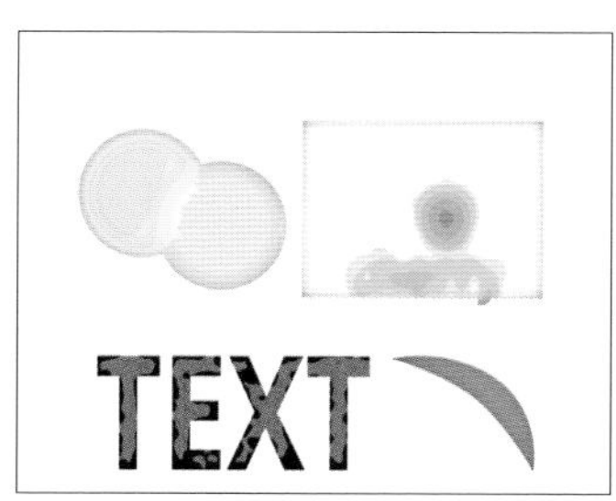

ポスター・ドロー

ポスター・ペイント

ポスター・ラフ

ポスタライズ・基本

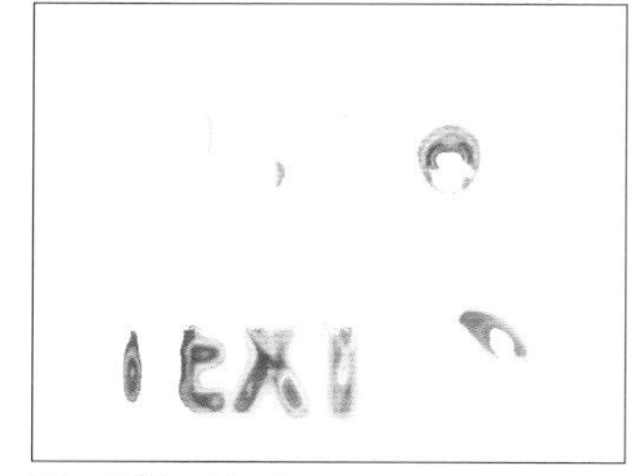

マーブルインク

リキッド描画

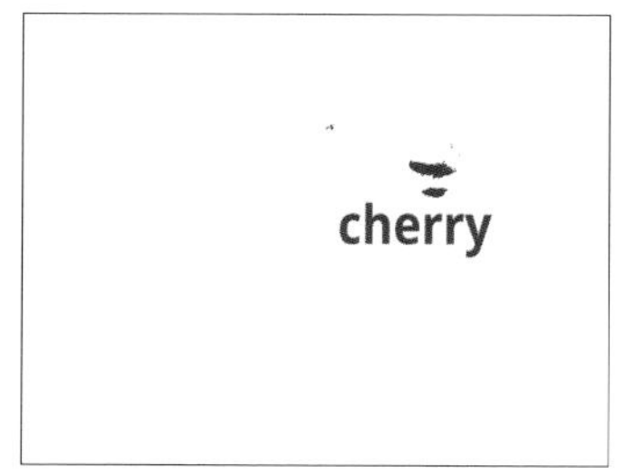

リトグラフ

鉛筆

古ハガキ

光の輪郭

青写真

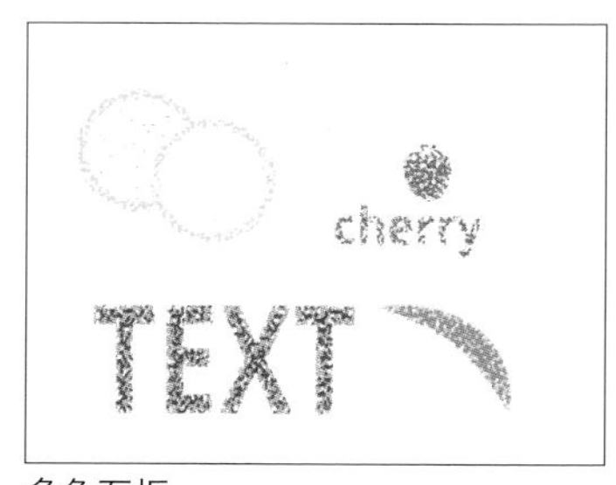

多色石板

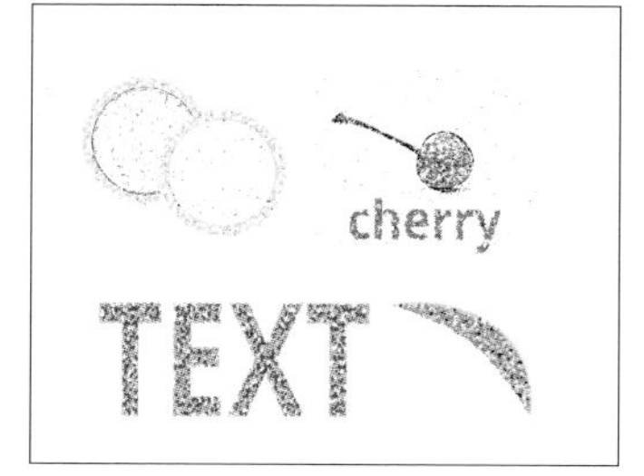

多色石板・代替

描画

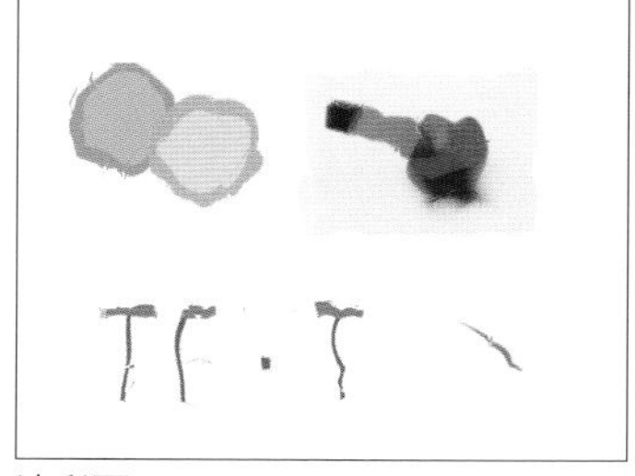

油彩画

[オーバーレイ]メニュー

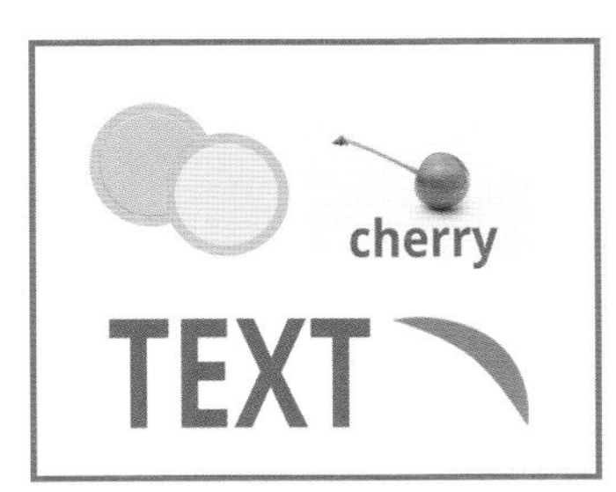

元画像

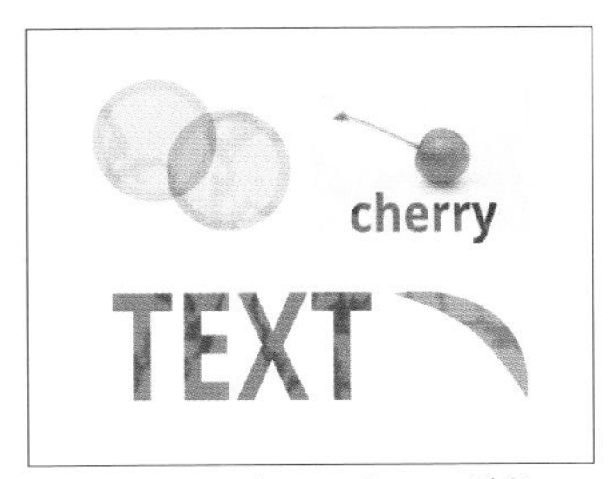

アルファモノクローム・ひび割れ

アルファ乱流

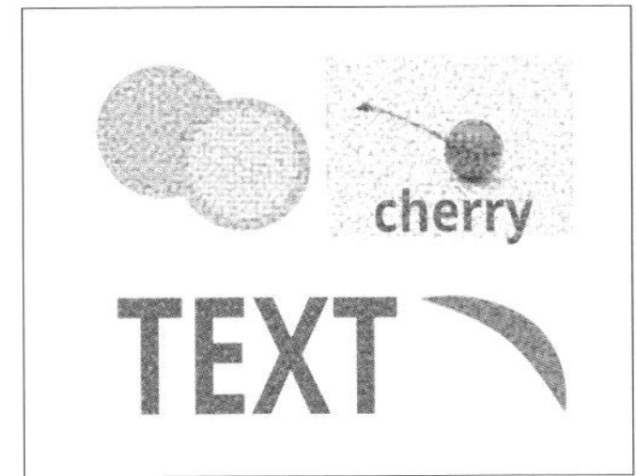

クロスノイズ

クロスノイズB

ゴム印

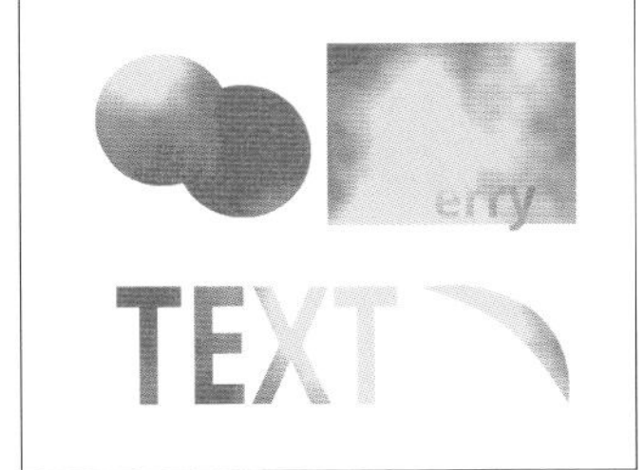
シルエット・マーブル

スイスチーズ

スコットランド

スペックル

ゼブラ

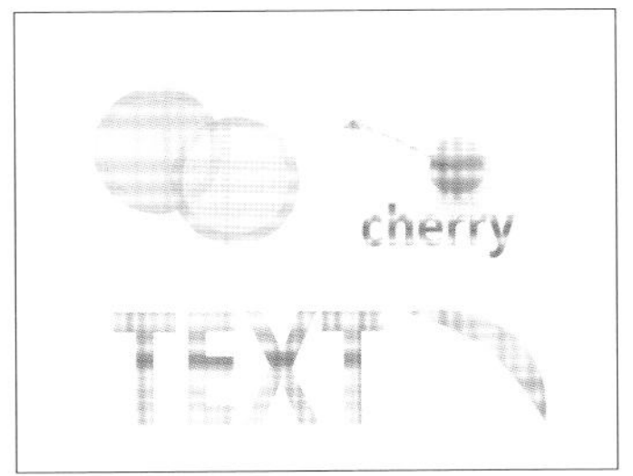

タータン

タータン・スマート

デュオトーン・乱流

虎の毛皮

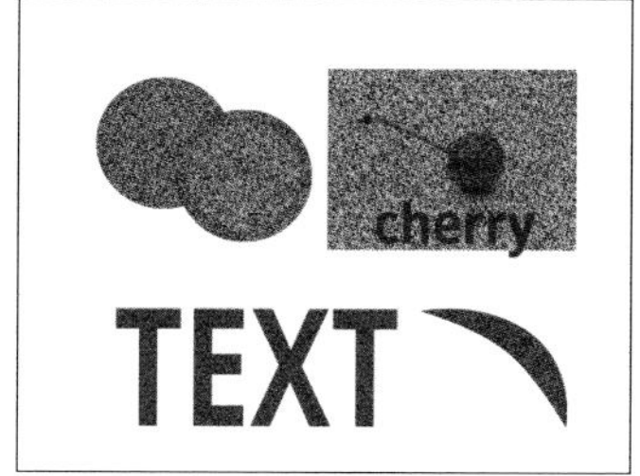

ノイズフィル

ピープル

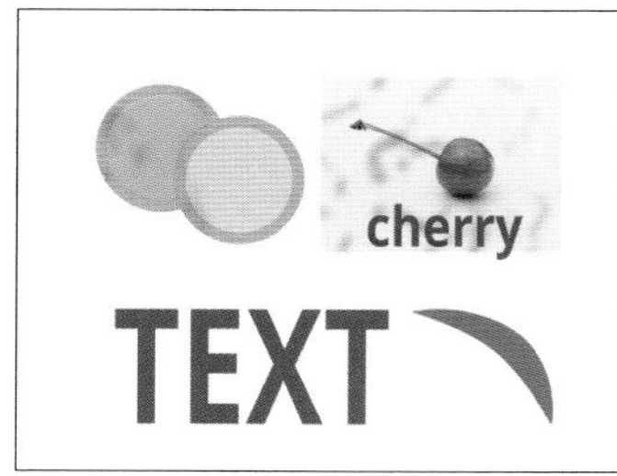

ブルーチーズ

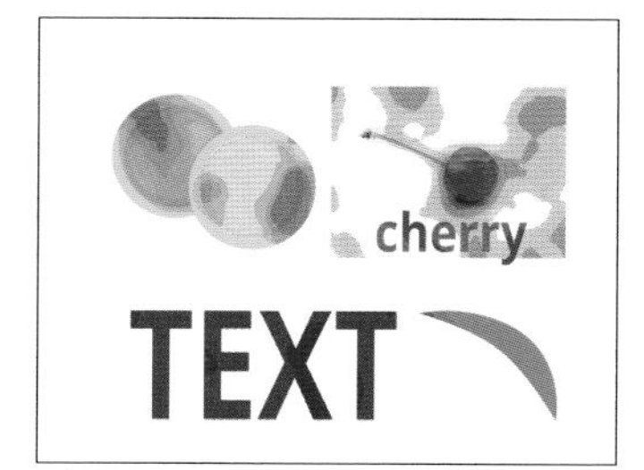

ポスター・乱流

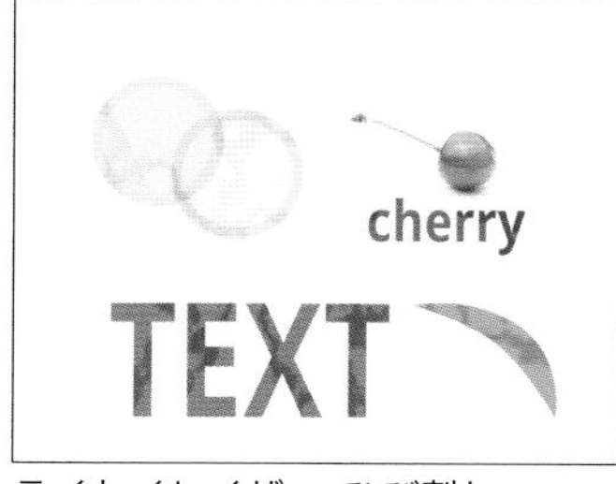

ライトイレイザー・ひび割れ

雲

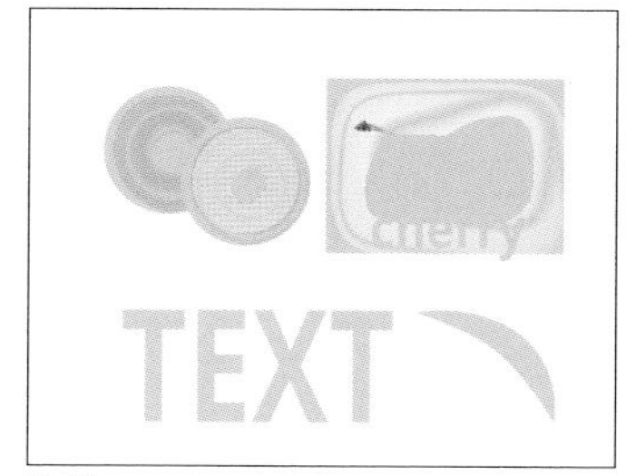

液体

快楽の園

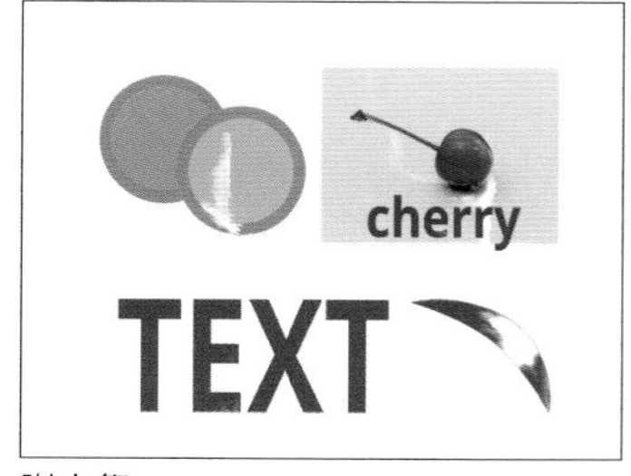

謝肉祭

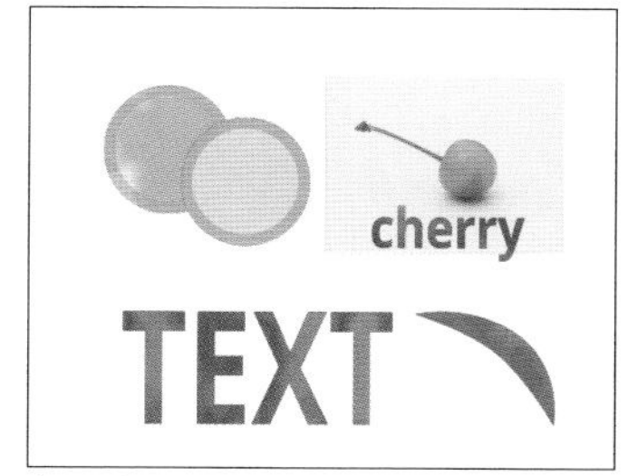

色可変な乱流

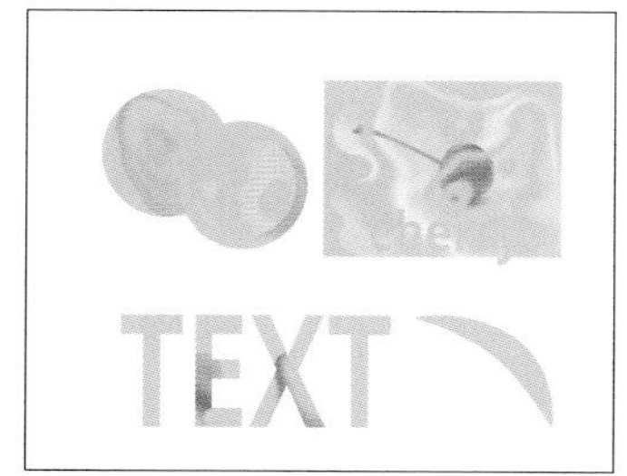

震える液体

霜

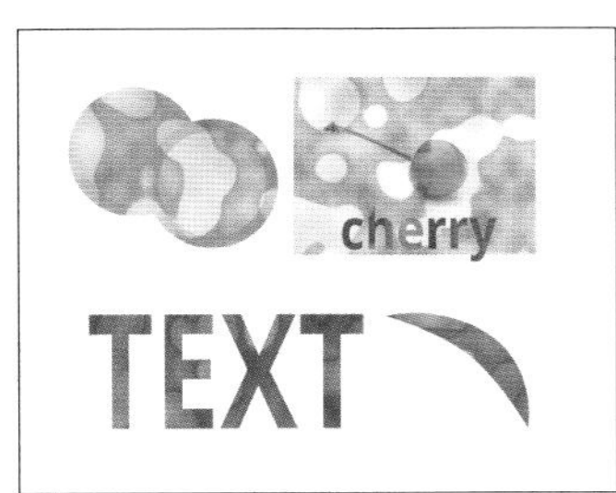

増殖細胞

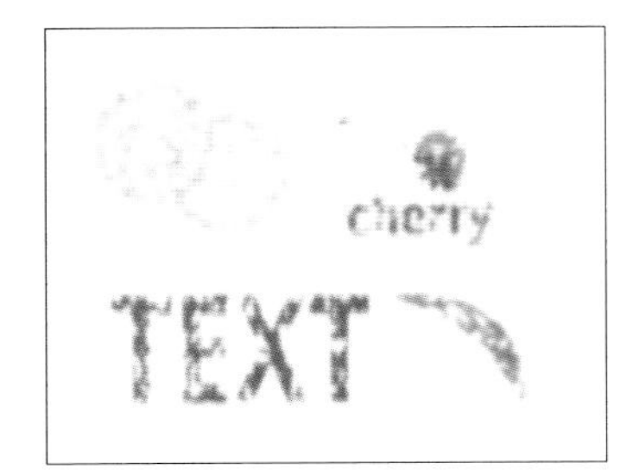

透明化キャンパス

透明化ドット

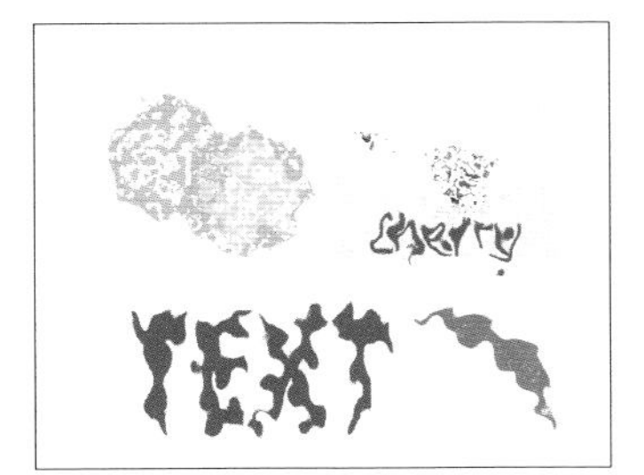

透明化ラフ

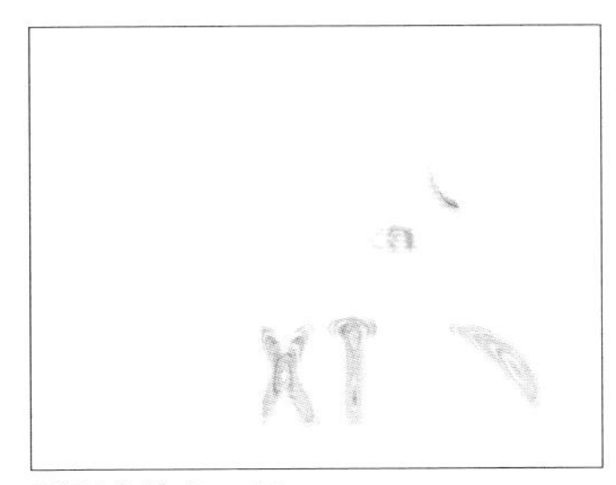
透明化塗りつけ

液状タータン

油膜

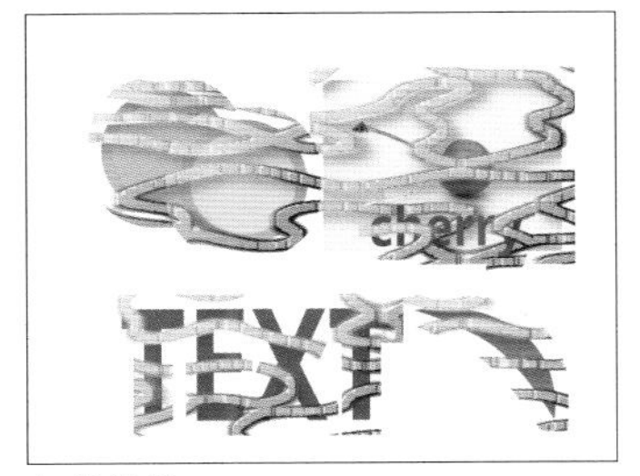
有刺鉄線

[テクスチャ]メニュー

元画像

インクの染み

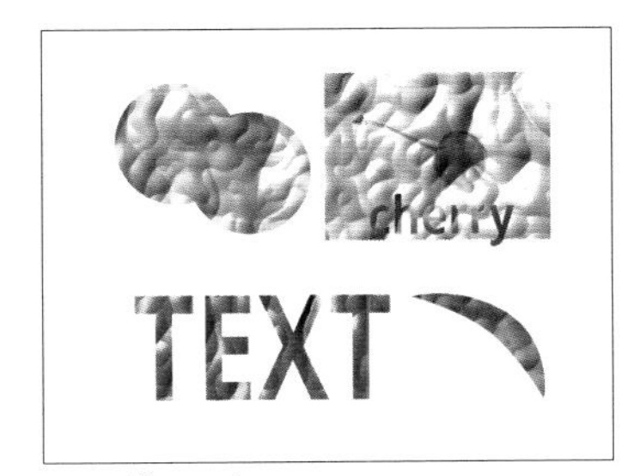

オーガニック

グワッシュ

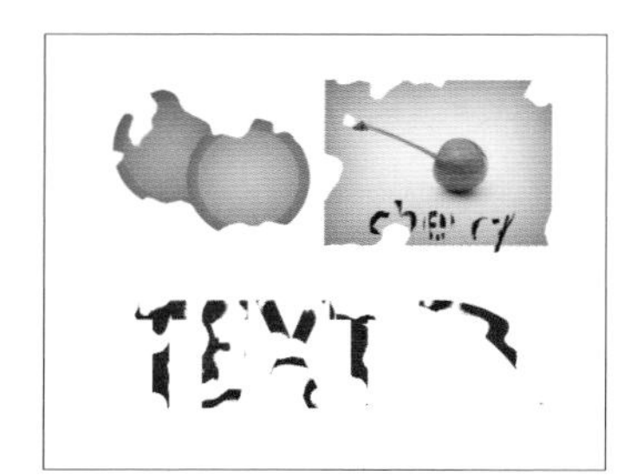
こげたエッジ

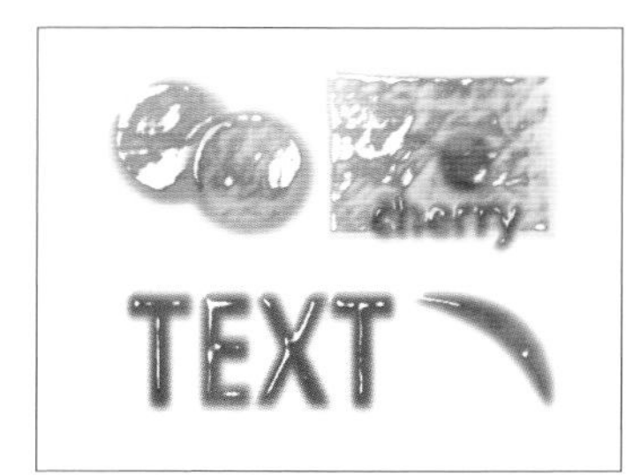

ジャム・スプレッド

シルクカーペット

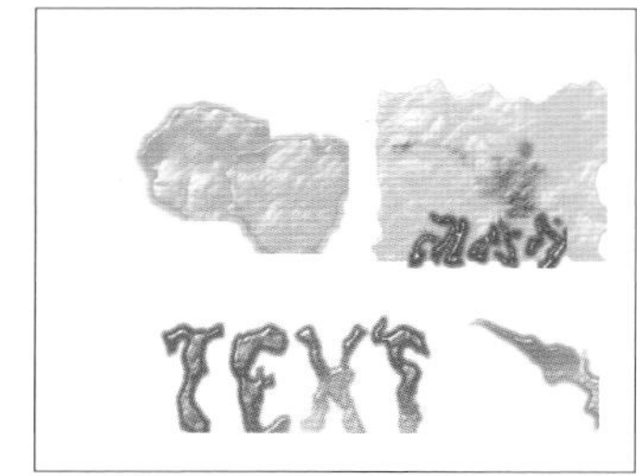
しわしわのプラスティック

ひび割れたガラス

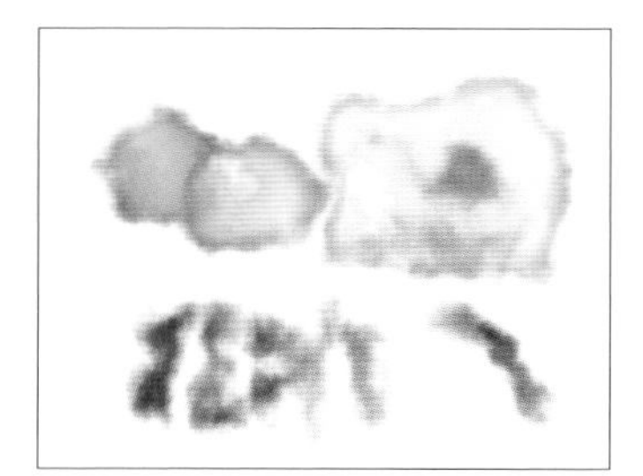
フェルト

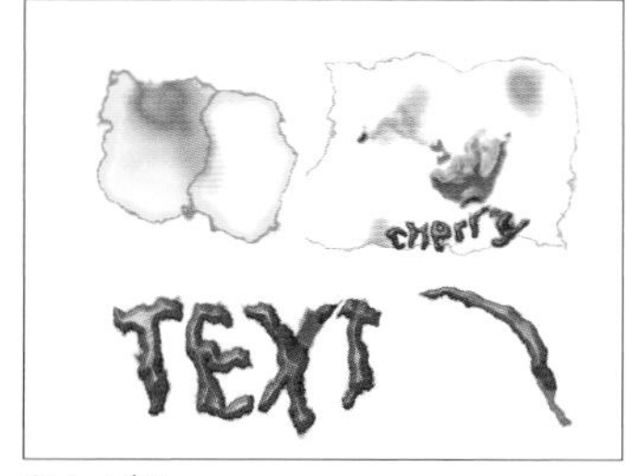

むしばみ

ラフとつや

ラフペーパー

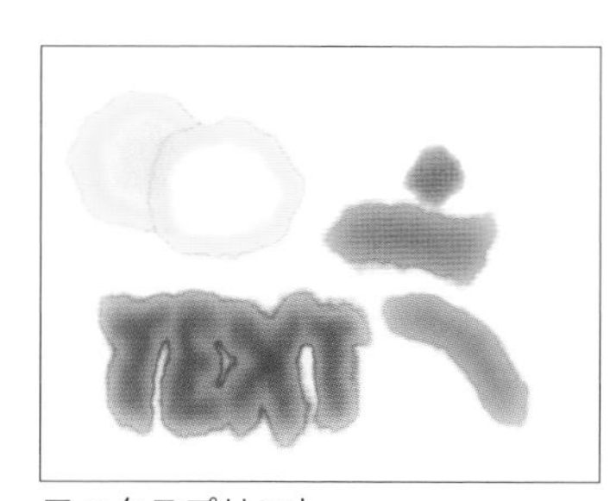
ワックスプリント

吸い取り紙

樹皮

水彩画

水墨画

石壁

淡い虹

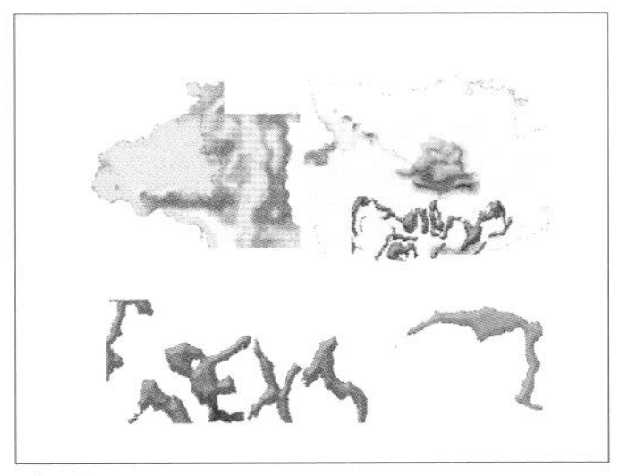
破裂

溶けた虹

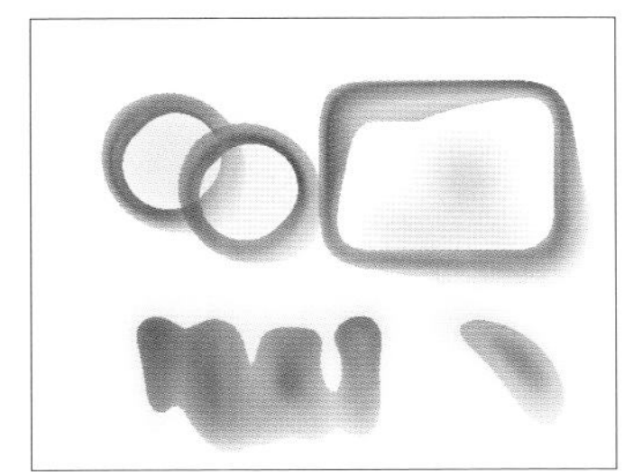
歪んだ虹

[はみ出し]メニュー

元画像

インクのにじみ

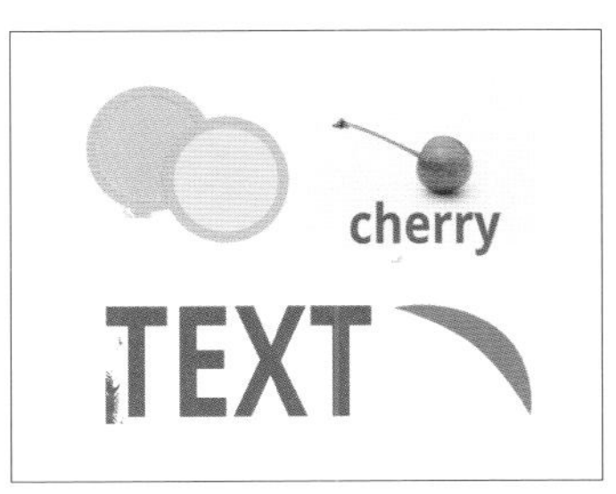

したたり

チューインガム

炎

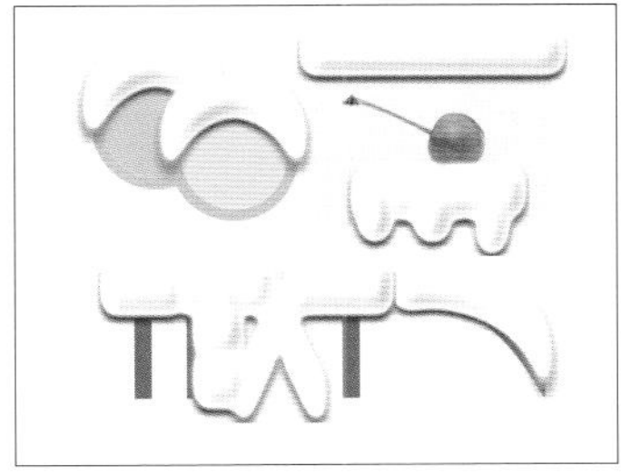
冠雪

[バンプ]メニュー

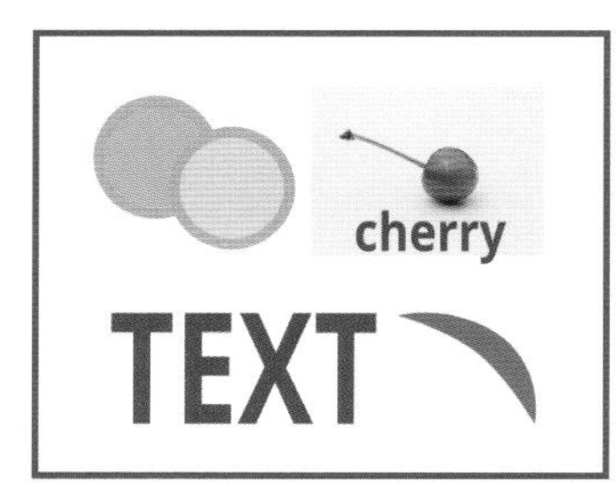

元画像

HSLバンプ・アルファ

アルミホイル

エンボスレザー

キャンバスバンプ

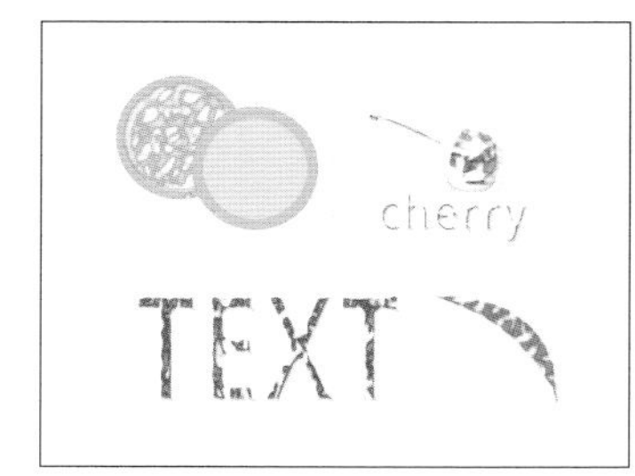

キャンバスバンプ・アルファ

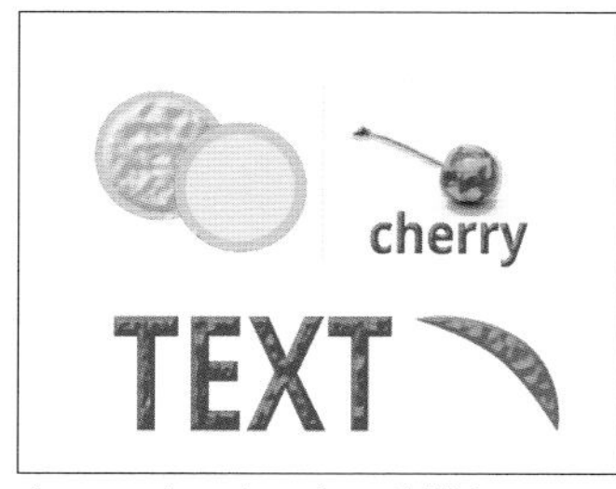

キャンバスバンプ・つや消し

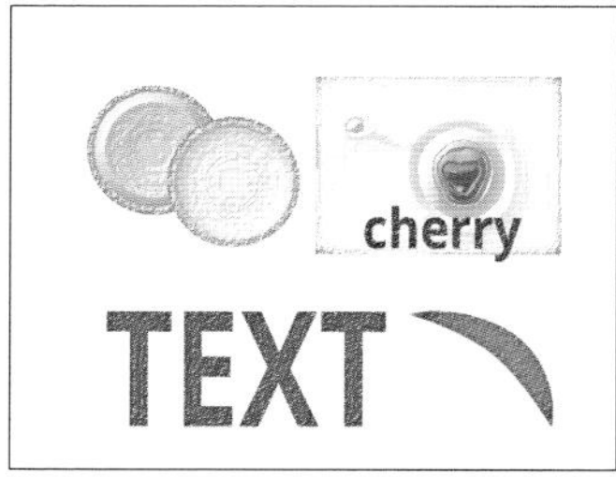

しっくい

しっくい・色付き

しわしわのニス

ゼリーバンプ

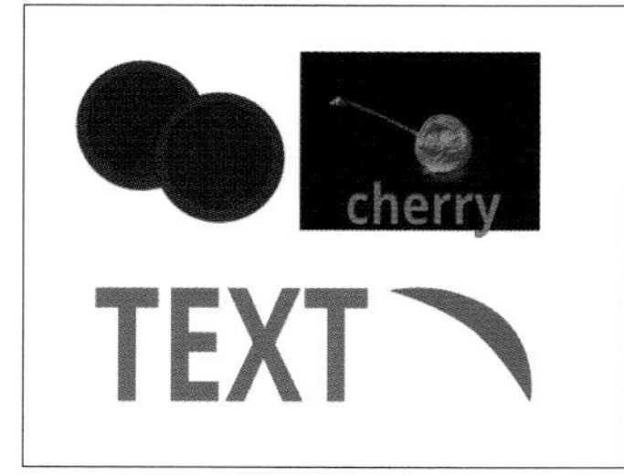

ダークエンボス

バンプ

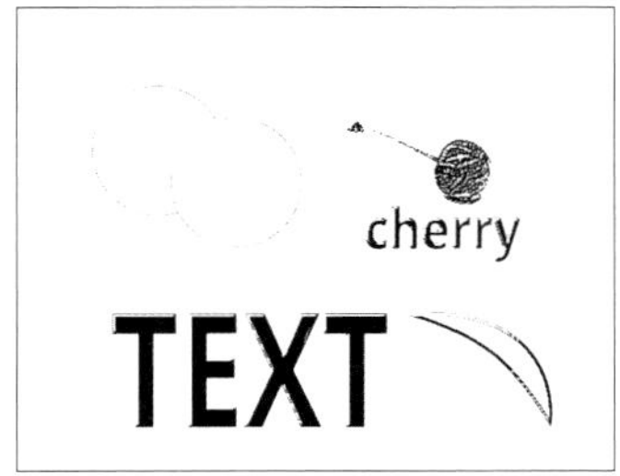

バンプ彫刻

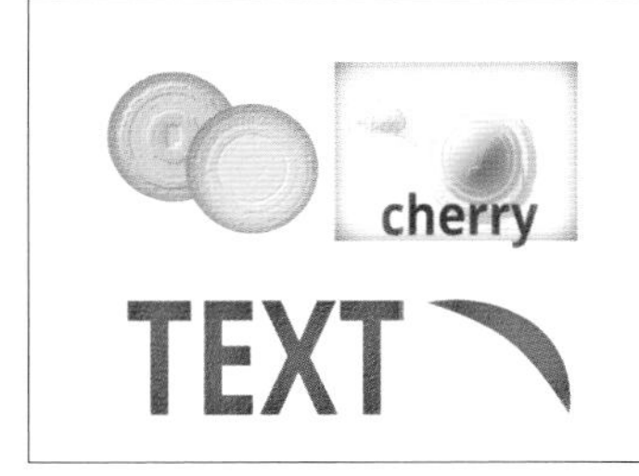

プラスティシン

プラスティファイ

ベルベットバンプ

ラフなキャンパス画

ワックスバンプ

亜麻生地のキャンバス

基本拡散バンプ

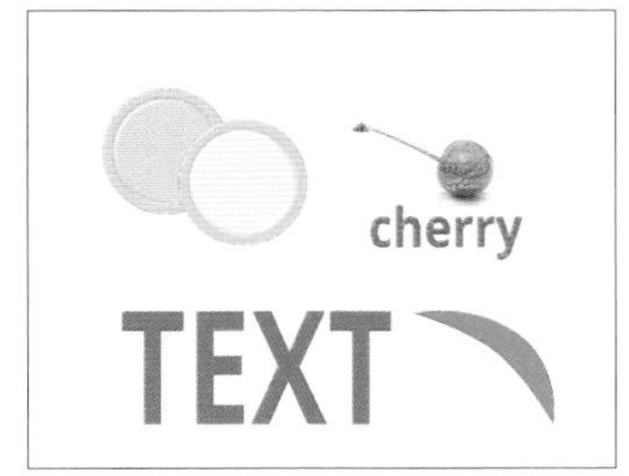

基本二光源バンプ

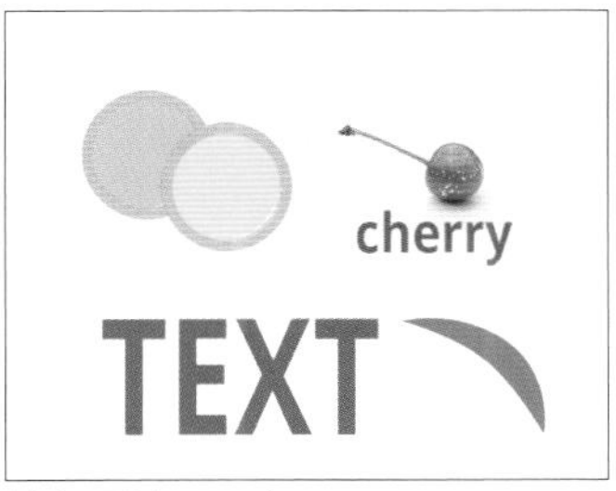

基本反射バンプ

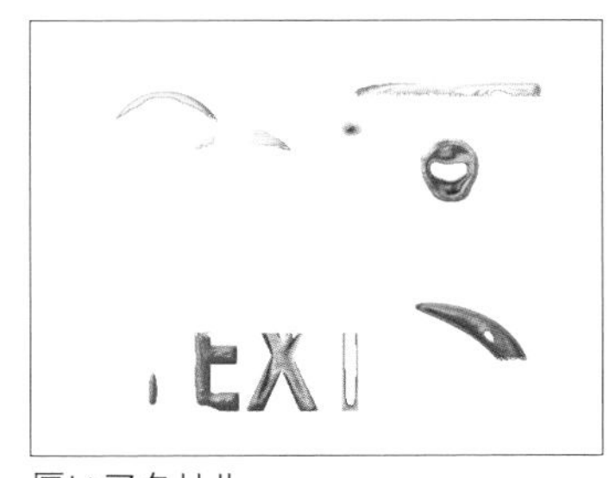

厚いアクリル

厚塗り

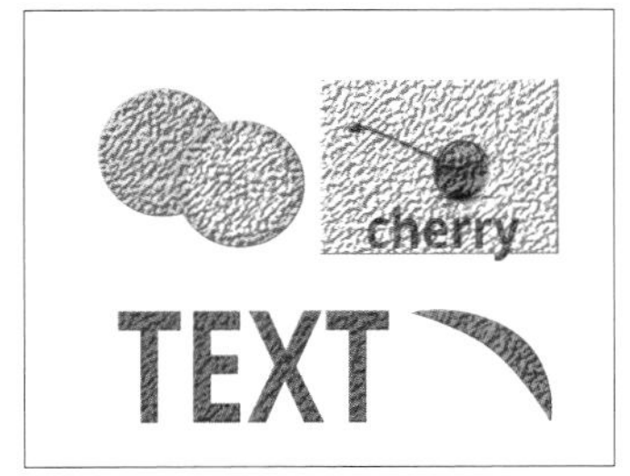

紙バンプ

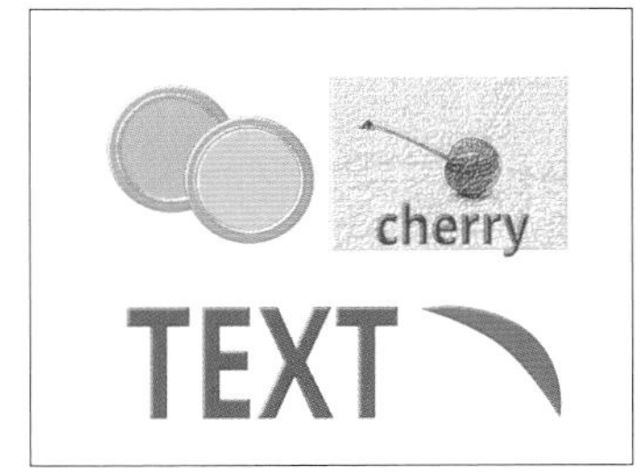

畳み込みバンプ

凸版印刷

泡状バンプ

泡状バンプ・アルファ

泡状バンプ・つや消し

[ピクセルツール]メニュー

元画像

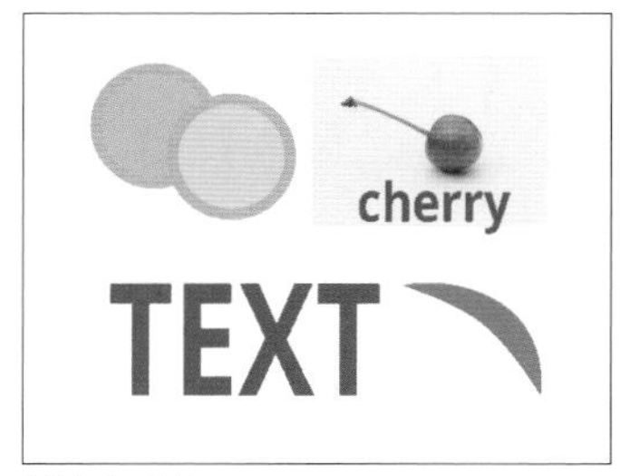

ピクセル化

[ベベル]メニュー

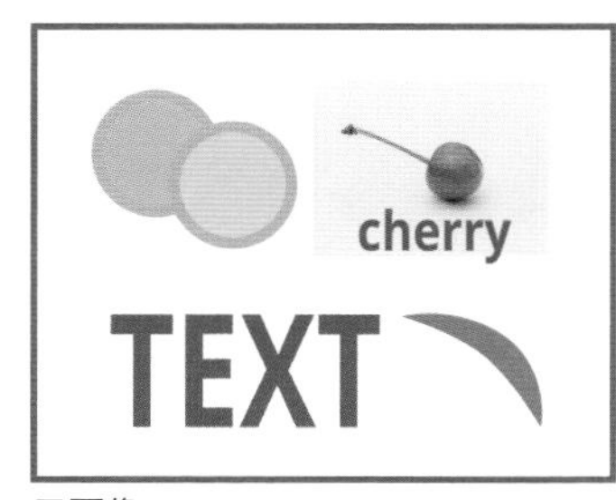

元画像

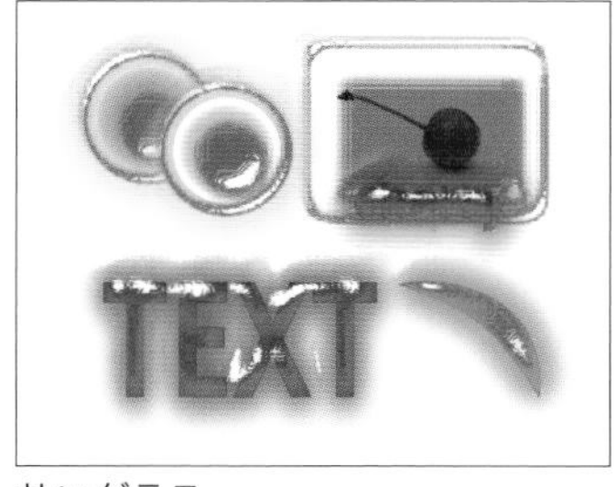

サングラス

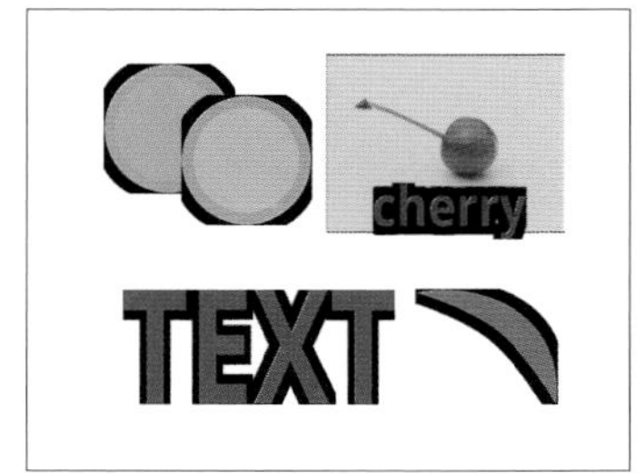

ジグソーピース

ステンドグラス

スマートゼリー

つや消しゼリー

つや消しベベル

ネオン

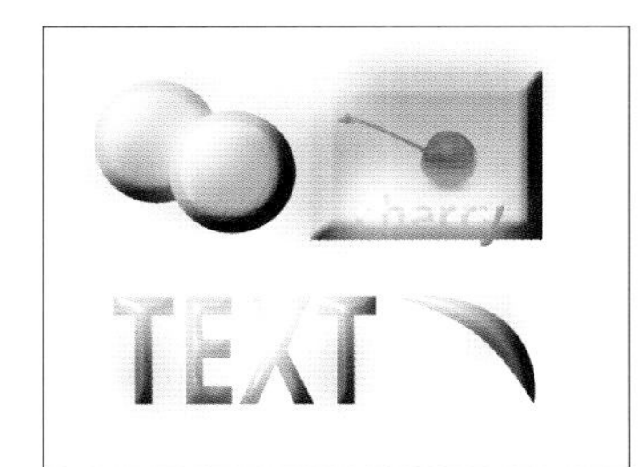

ブルーム

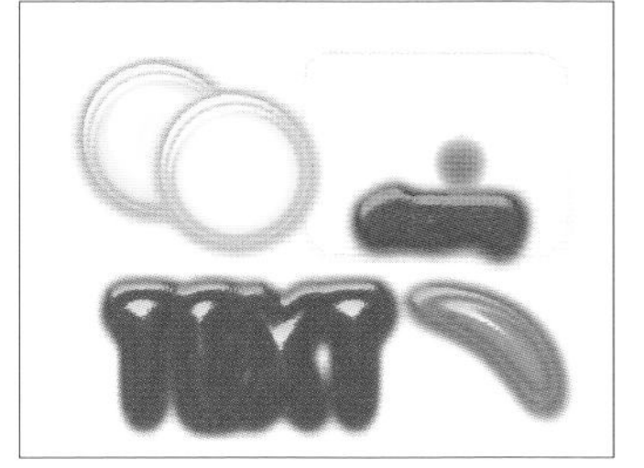
プレスした銅

ボタン

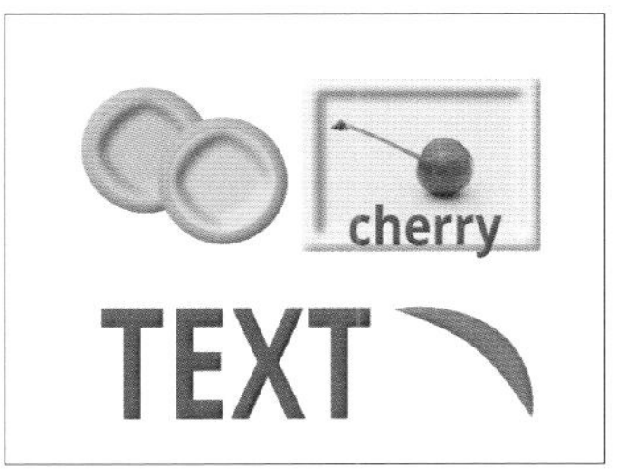

リッジ枠

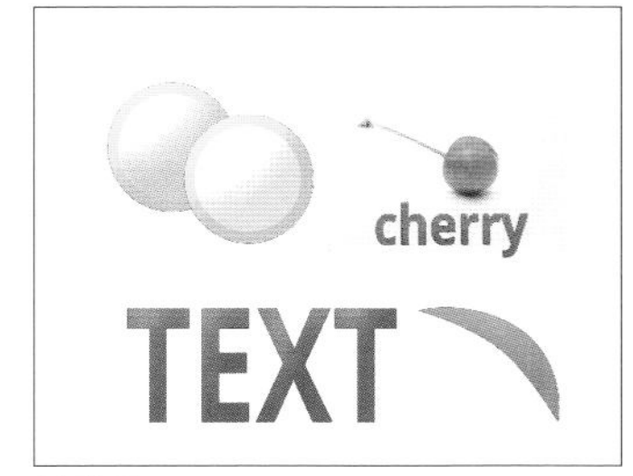

拡散光

輝く金属

光る金属

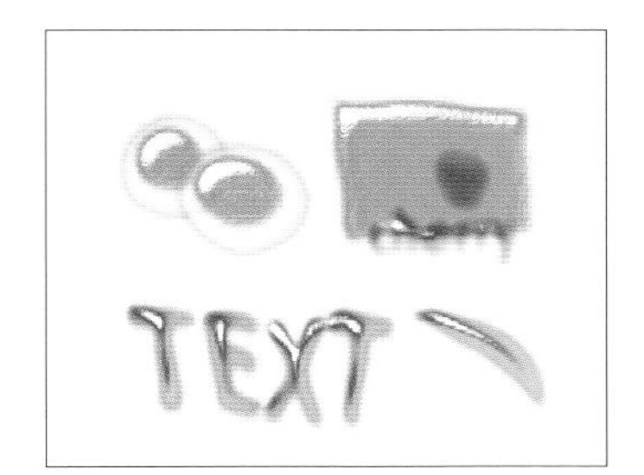

脂肪油

盛り上げた枠

鋳金

電子顕微鏡

濃い色のプラスティック

半透明

反射光

複合照明

溶けたゼリー

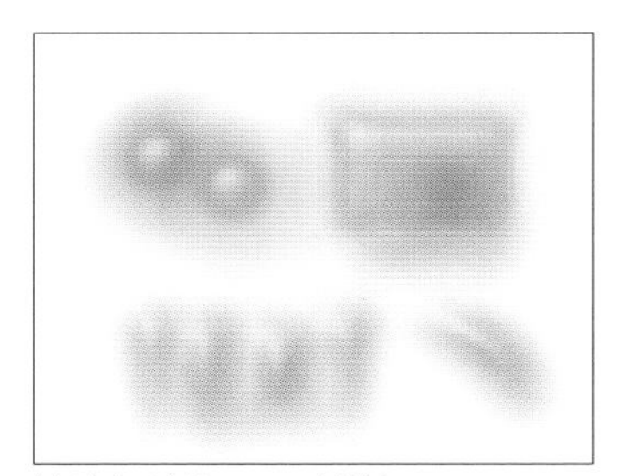

溶けたゼリー・つや消し

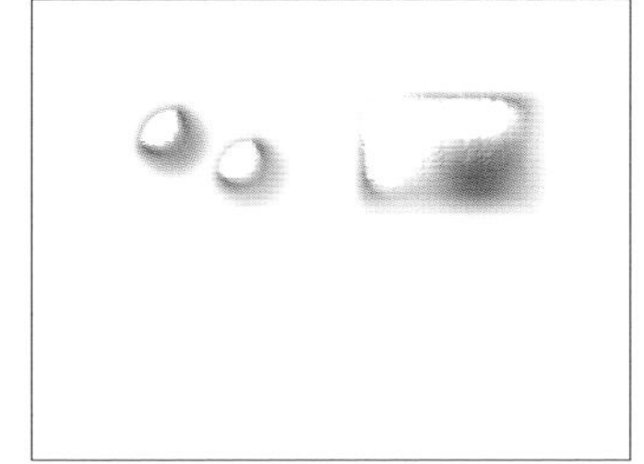

溶けた金属

[ぼかし]メニュー

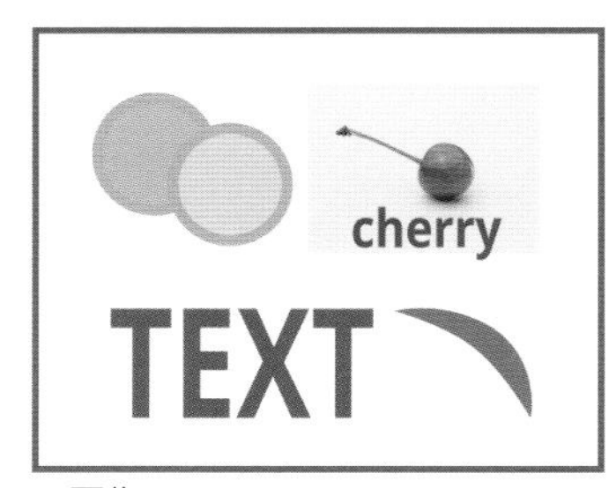

元画像

エッジをきれいに

クロスぼかし

はかなさ

ピンボケ

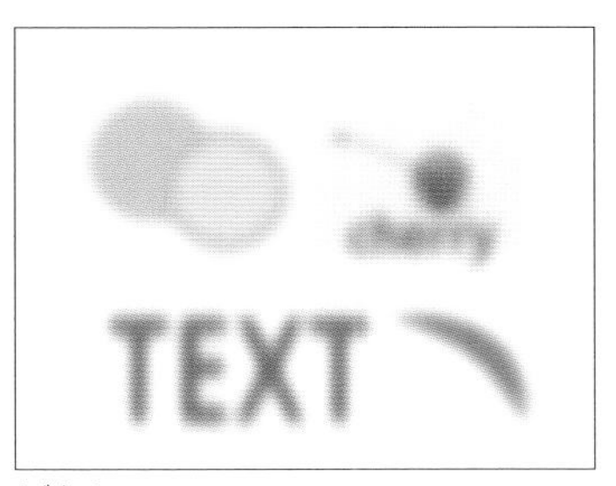

ぼかし

ぼかし二倍

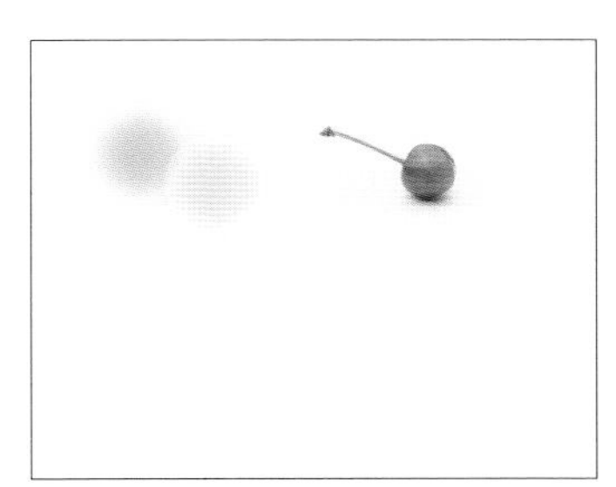
羽毛

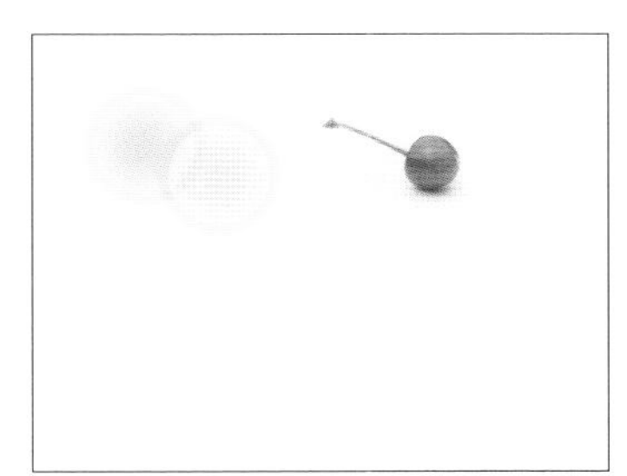
幻影

[マテリアル]メニュー

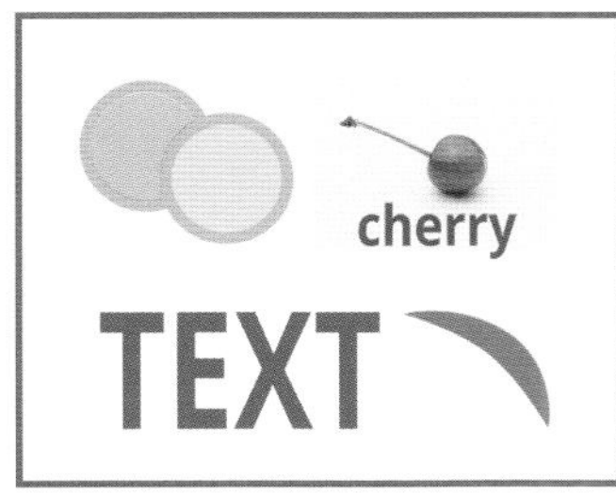

元画像

3Dウッド

3Dマーブル

3D真珠貝

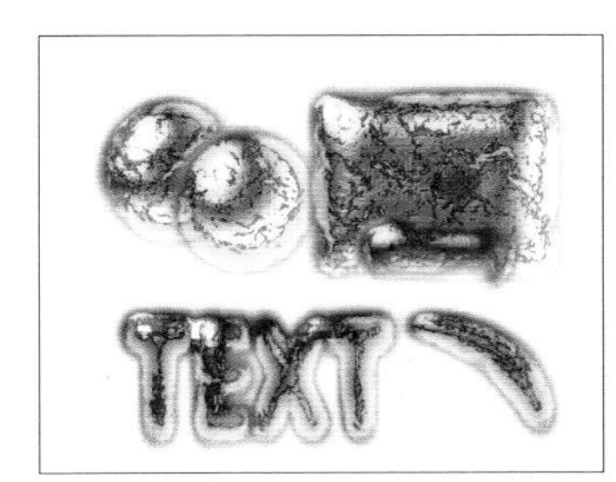
エナメルジュエリー

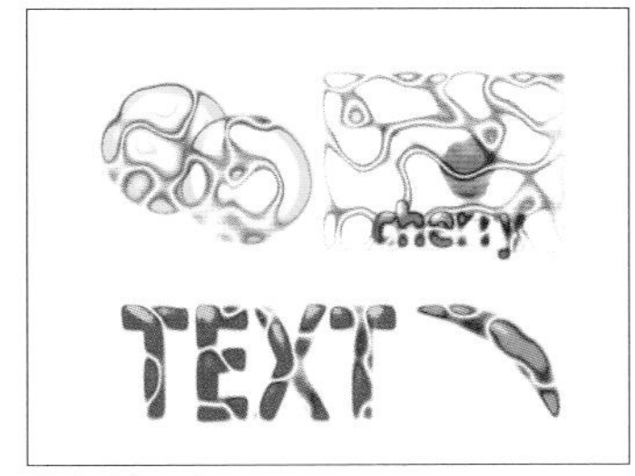
トカゲの皮

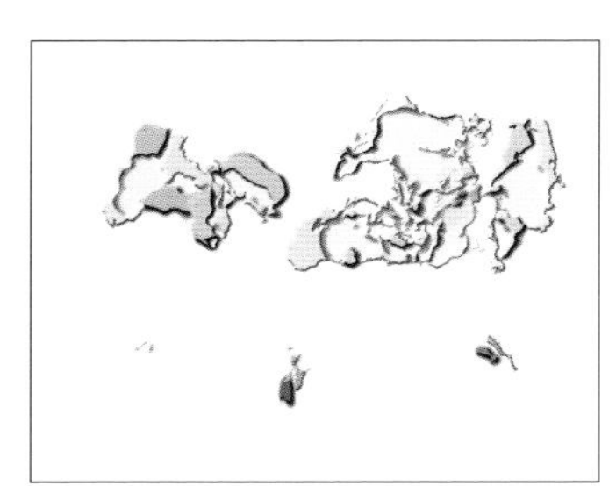
はがす

ヒョウ柄

割れた溶岩

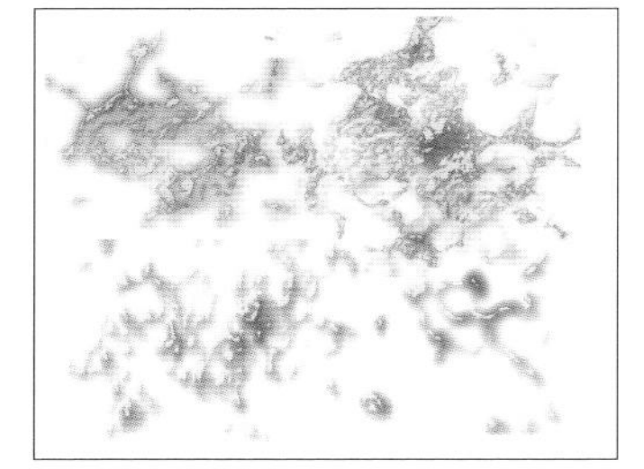
金の跳ね飛ばし

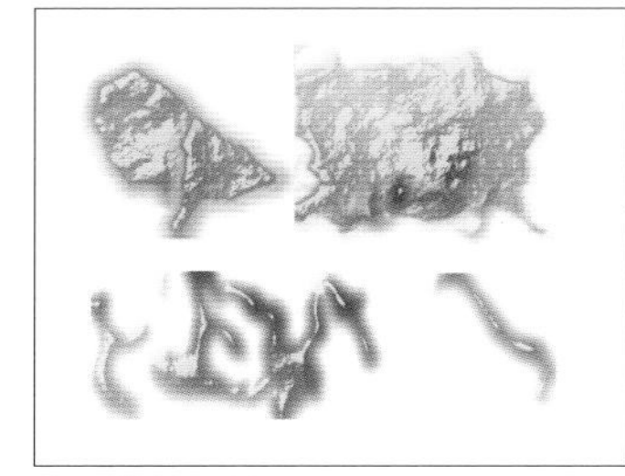
金の塗りつけ

金属塗装

軟らかい金属

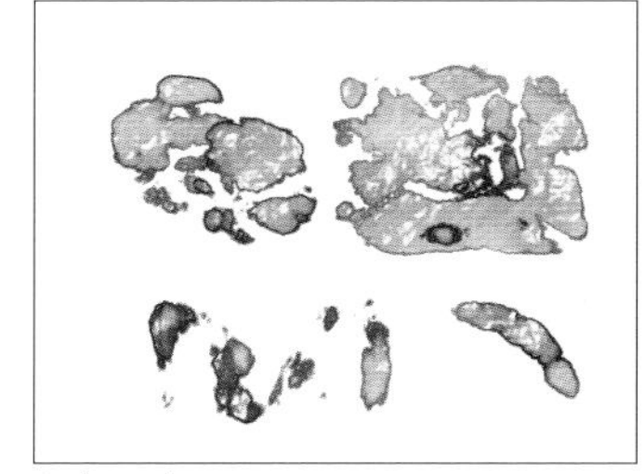
虹色の蜜ろう

腐食した金属

[モフォロジー]メニュー

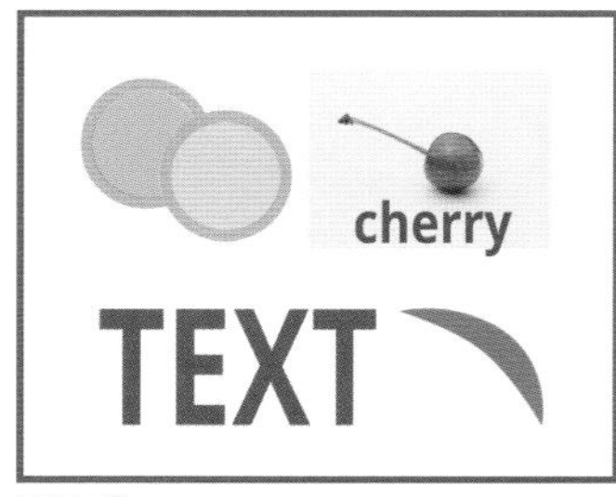

元画像

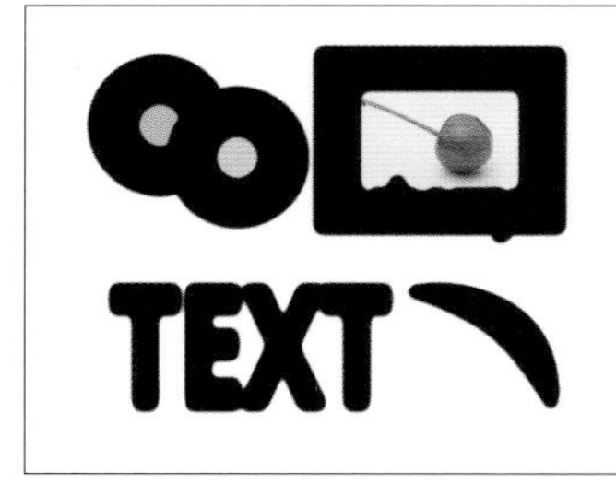

アウトライン

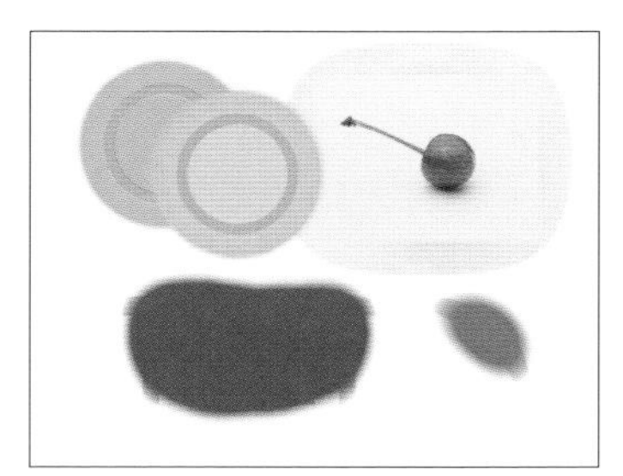
クロススムーズ

ブラックホール

ポスタライズぼかし

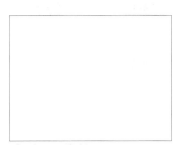

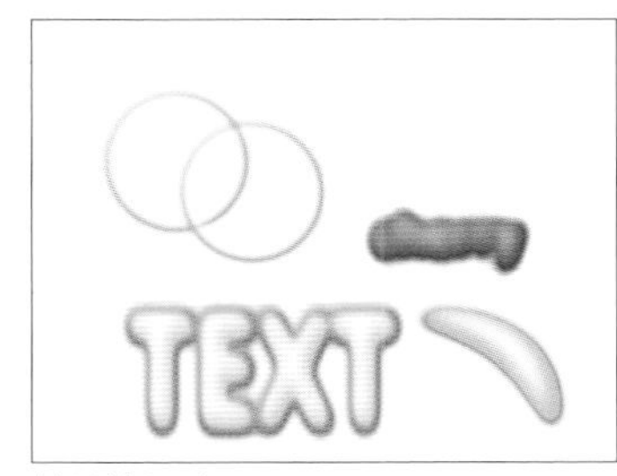
外は涼しく

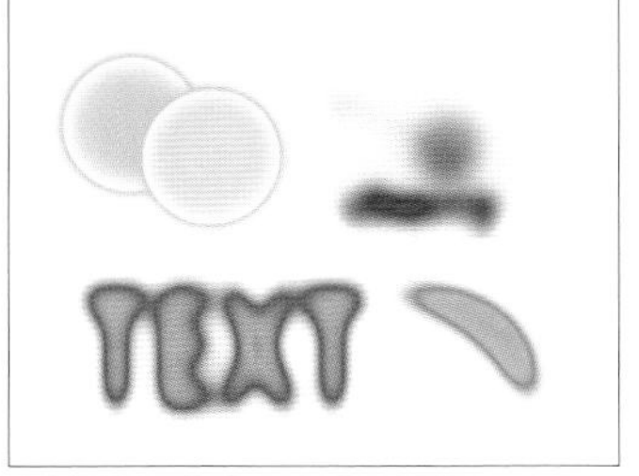
中は暖かく

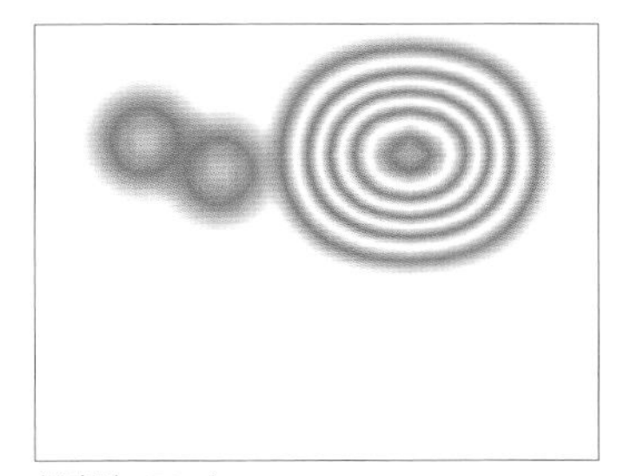
輪郭加工・台

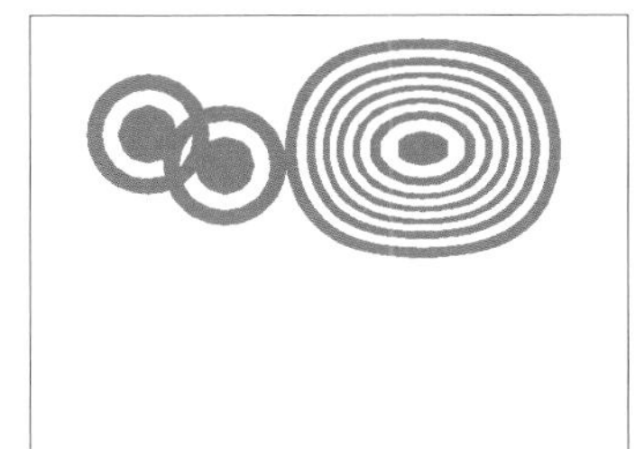
輪郭加工・段

[リッジ]メニュー

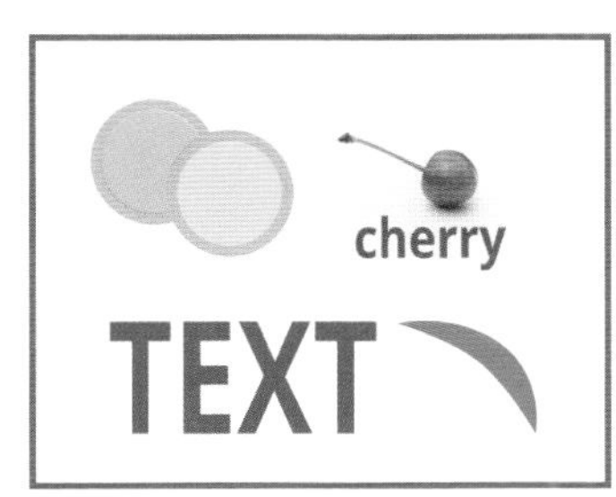

元画像

つや消しリッジ

ドラジェ

金属のリッジ

屈折するジェルA

屈折するジェルB

光る泡

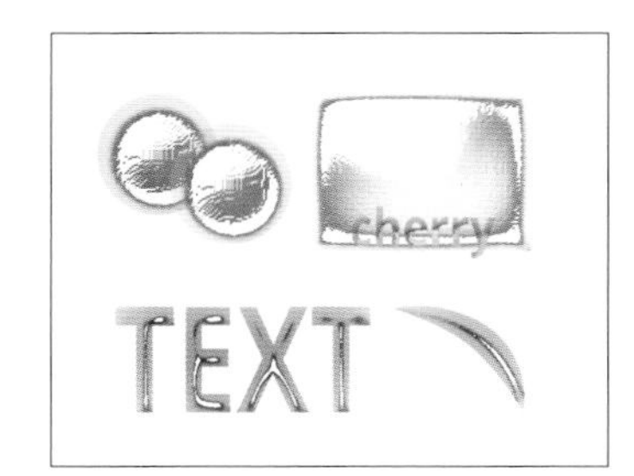

薄い皮膜

［光と影］メニュー

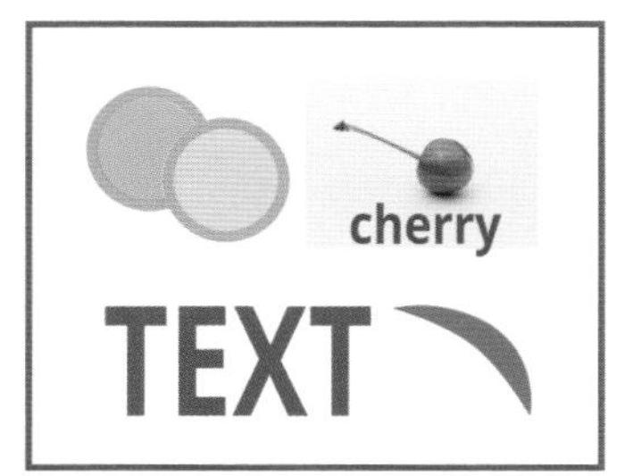

元画像

インセット

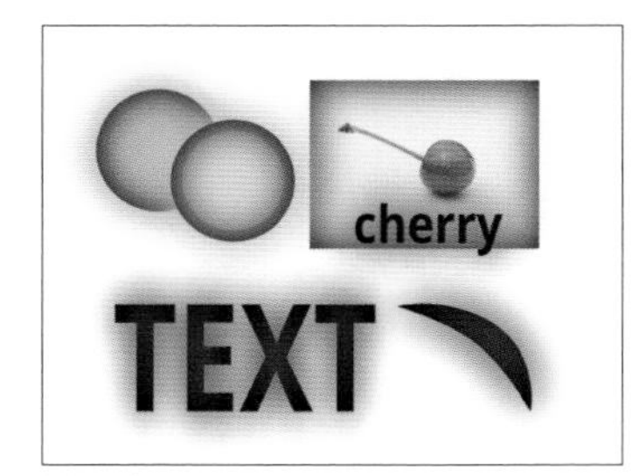

闇と光

影を落とす

切り抜き発光

内と外

浮上

[散乱]メニュー

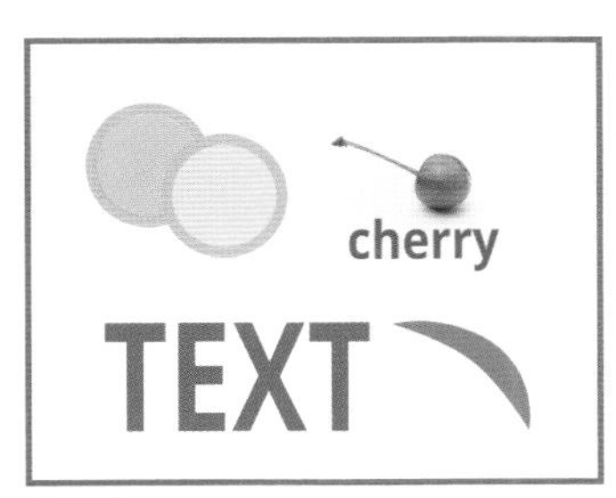

元画像

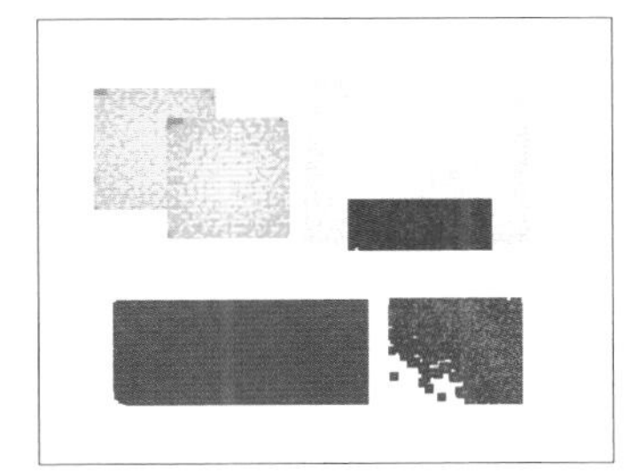
エアスプレー

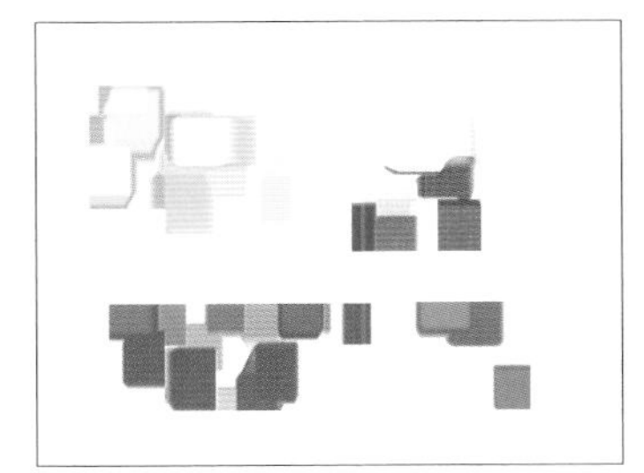
キューブ

点描画法

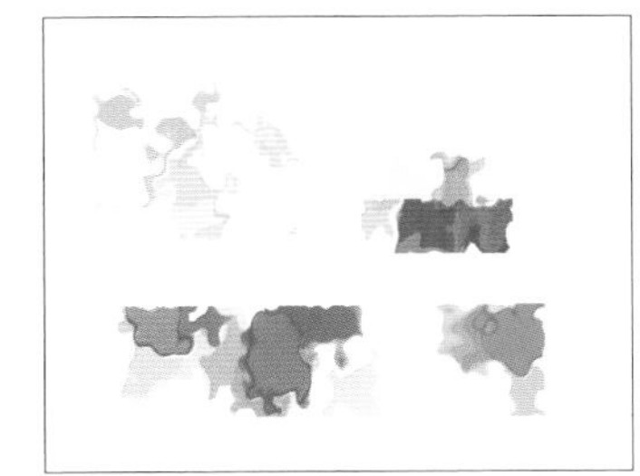
葉っぱ

[色]メニュー

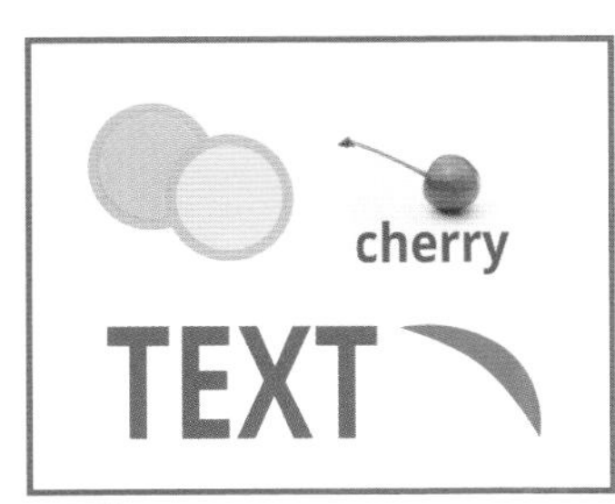

元画像

CMYの微調整

CMYをシミュレート

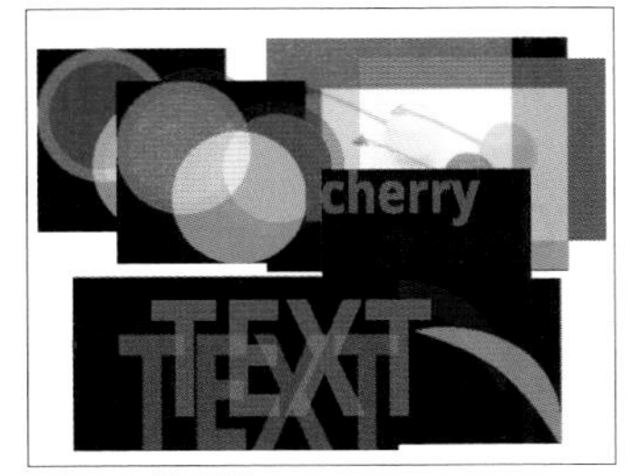

RGBの微調整

カラーシフト

カラー化

クアドリトーンファンタジー

グレースケール

シンプルブレンド

ソフトカラー

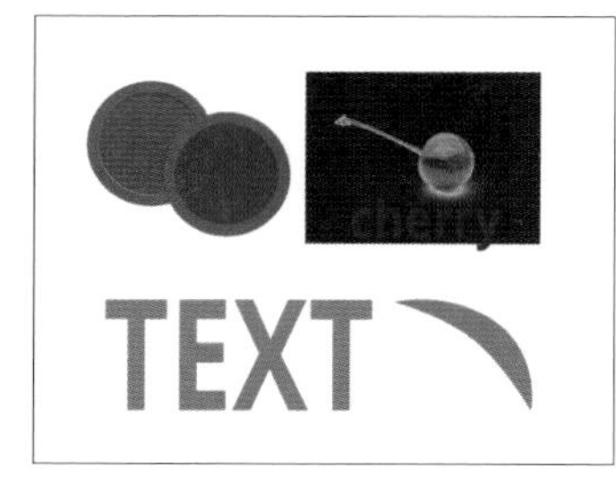

ソラライズ

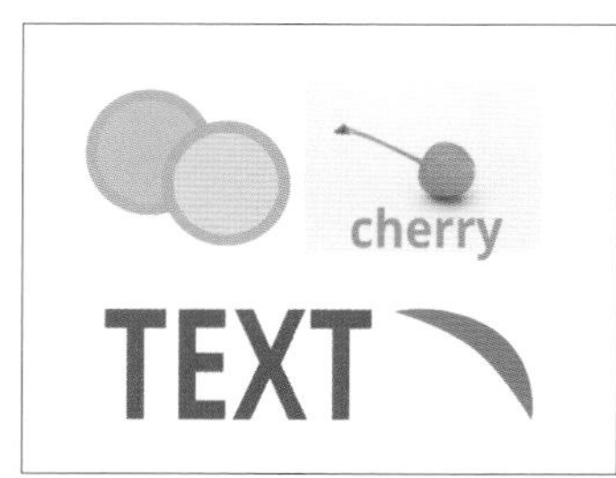

チャンネルに色塗り

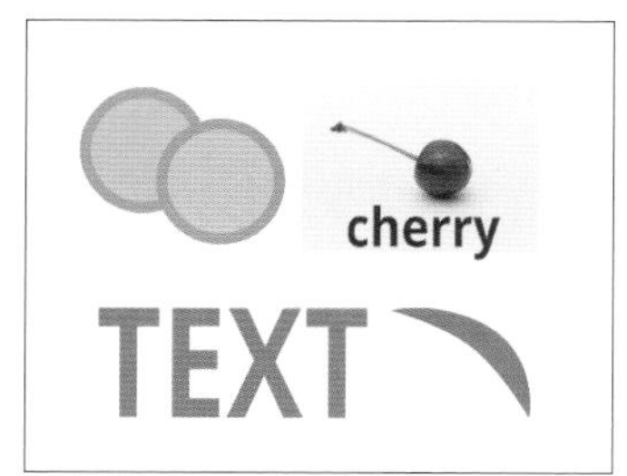

チャンネルに着色

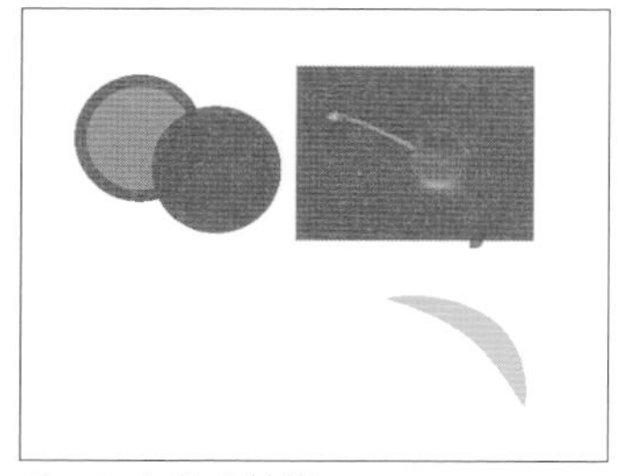
チャンネルの抽出

デュオクローム

トライクローム

トライトーン

ブリリャンス

蛍光

黒い光

照明

色覚異常

色成分の伝達

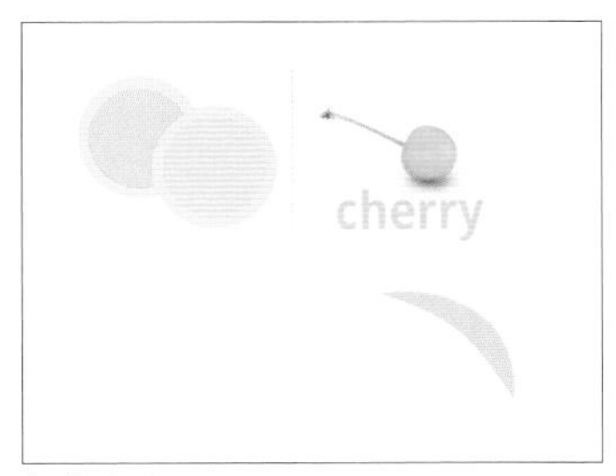

色相を白へ

白か黒へフェード

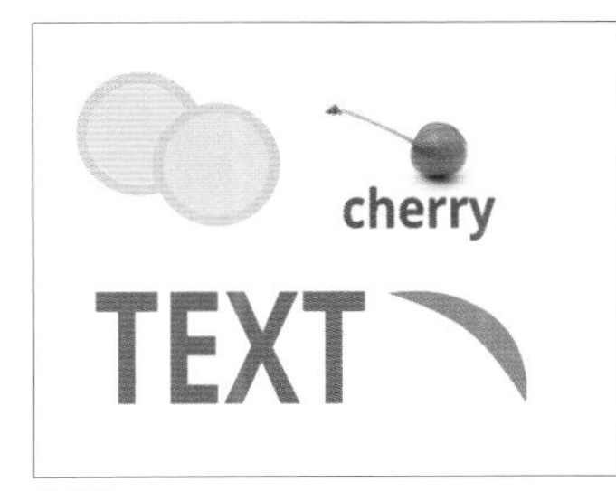

反転

補色とブレンド

明度コントラスト

[塗りつぶしと透明化]メニュー

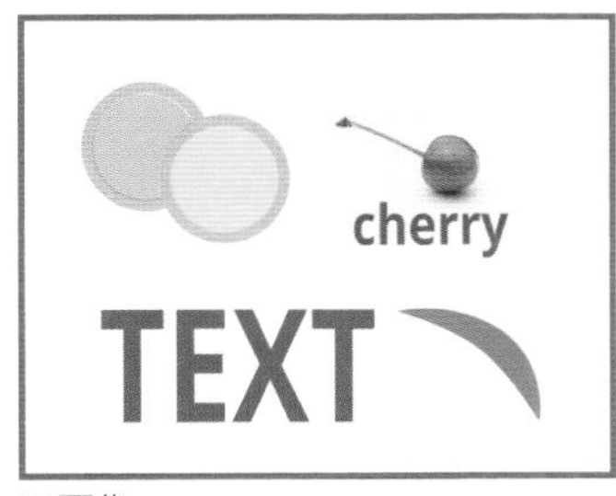

元画像

シルエット

チャンネルの透明化

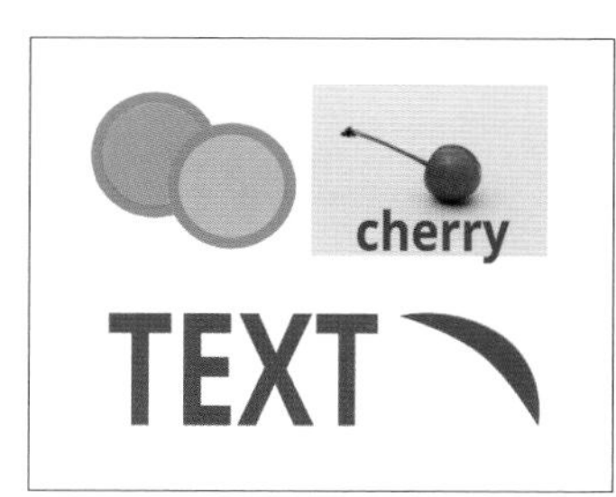

ブレンド

ポスタライズライトイレイザー

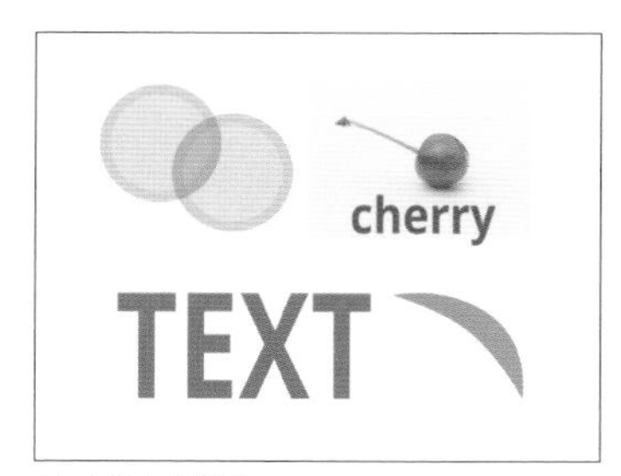

モノクロ透明

ライトイレイザー

高速切り取り

彩度マップ

透明部分の追い出し

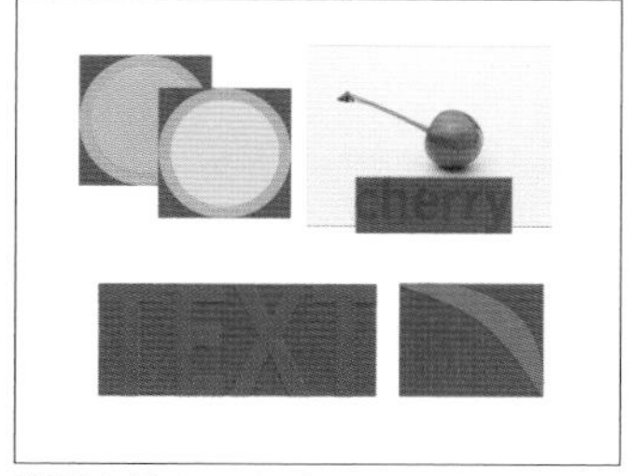
背景を塗りつぶす

不透明度

[非写実的3Dシューダー]メニュー

元画像

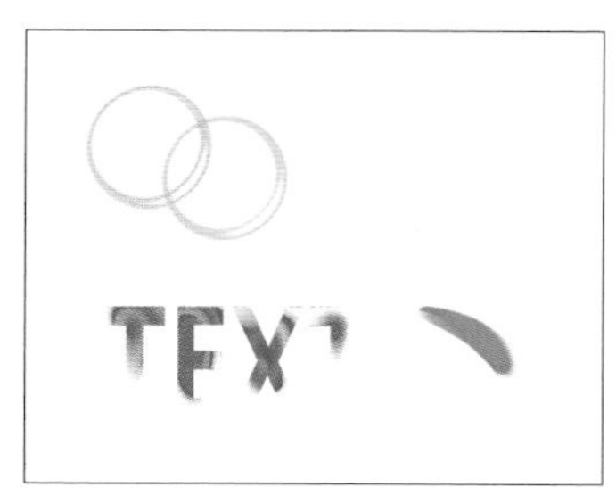
アルミニウム

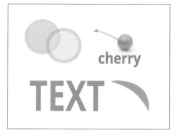
アルミニウムエンボス

エンボスシェーダー

クローム

クロームエンボス

コミック

コミック・クリーム

コミック・ドラフト

コミック・フェード

シャープデコ

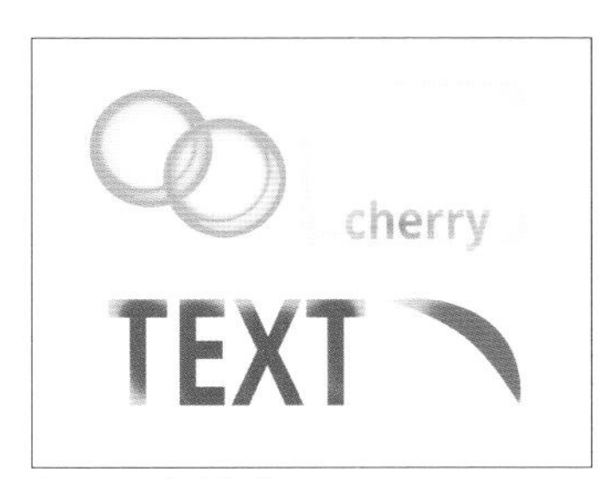

シャープメタル

ディープクローム

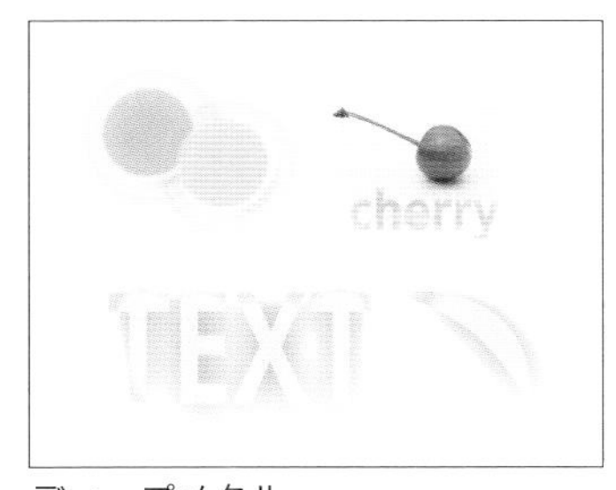

ディープメタル

ブラシ画

ミルクガラス

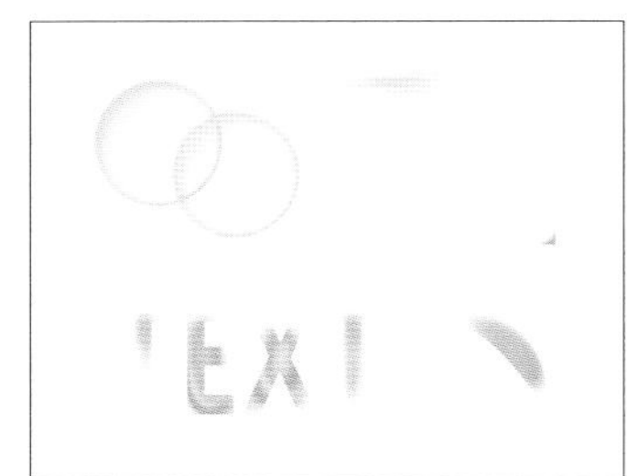
屈折するガラス

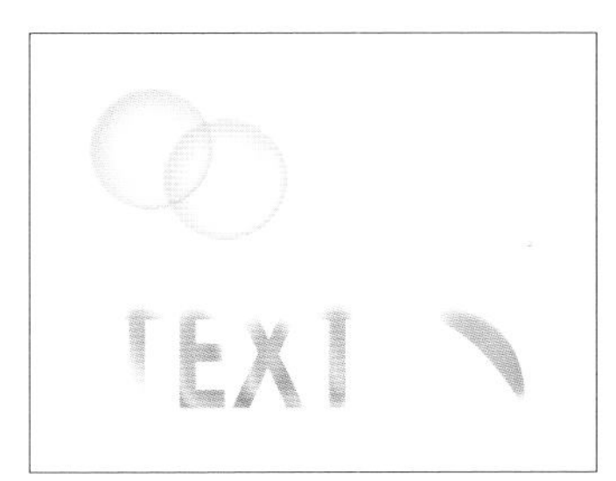
曇りガラス

磨いた金属

輪郭エンボス

[変形]メニュー

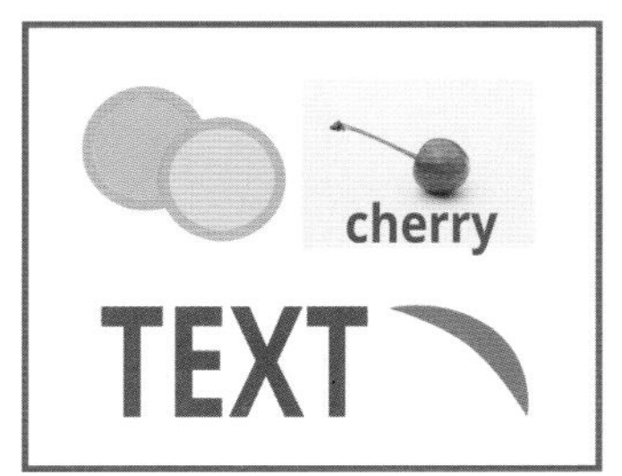

元画像

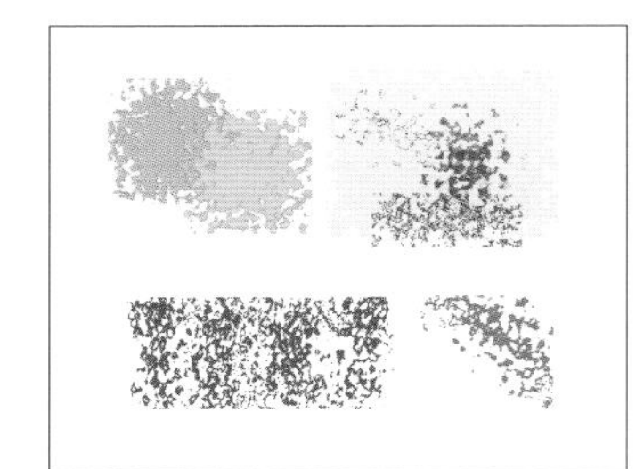

チョークとスポンジ

ピクセル塗りつけ

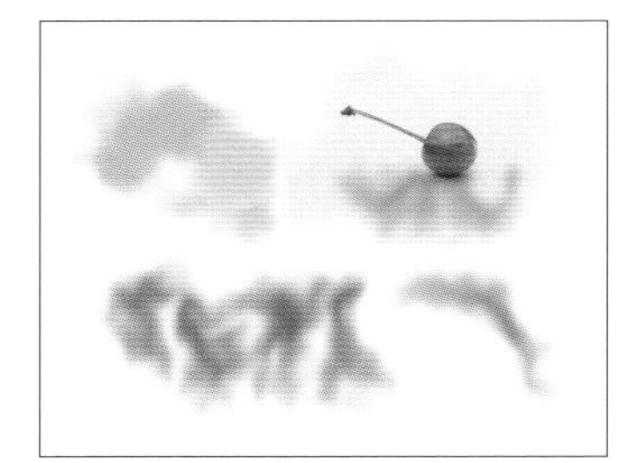

フェルトフェザー

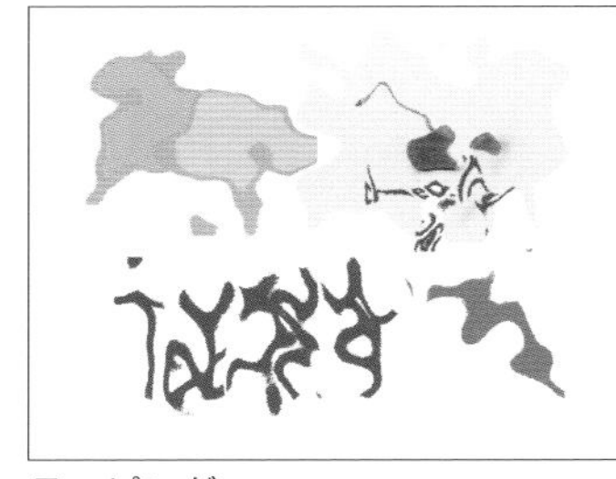

ラッピング

ラフ

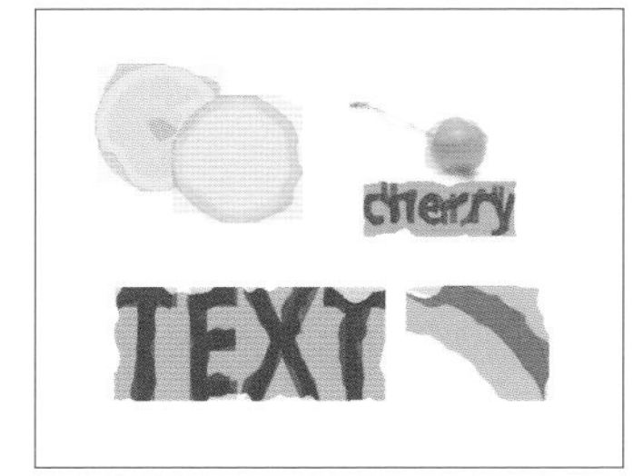

ラフと拡張

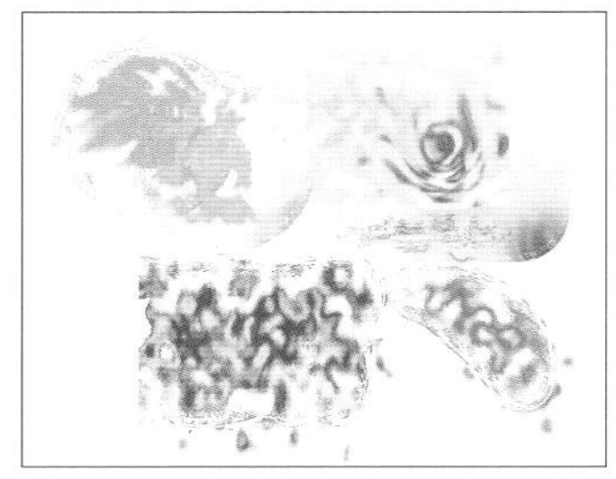

渦

内側をラフに

波紋

破れたエッジ

CHAPTER

▼

08

[エクステンションの設定]

エクステンション（拡張機能）の基本

エクステンションとは、複雑な図形を作成したり、既存のオブジェクトを変形するなどのユニークな機能の集まりです。工作機械用のGcode変換ツールやスライド作成ツールなどもありますが、本書では通常のデザイン制作の範囲内にあるものを中心に紹介します。

エクステンション使用時の基本とポイント

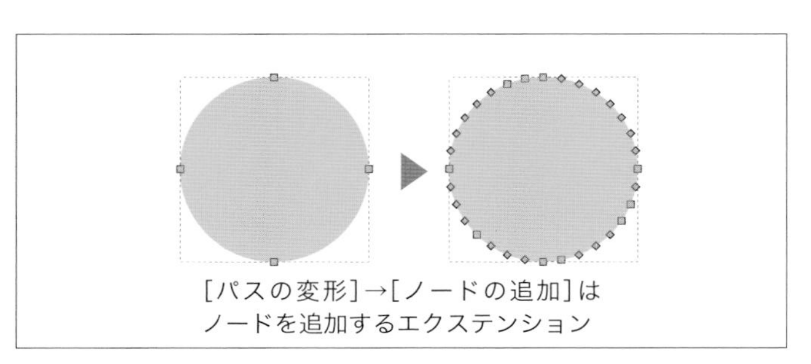
[パスの変形]→[ノードの追加]は
ノードを追加するエクステンション

よく使いそうなものをチェック

エクステンションは数が多く、使用するケースがかなり限られるものも多いですが、存在を知っておくと便利な機能もあります。本書での紹介画像をざっと見ておくとよいでしょう。

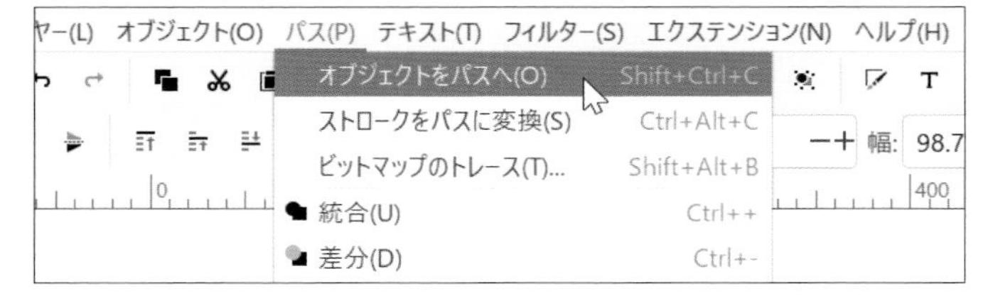

パスで作動するもの

パスオブジェクトでないと作動しないエクステンションが多数あります。シェイプオブジェクトである必要がなければ、あらかじめ変換しておいたほうが簡単です。

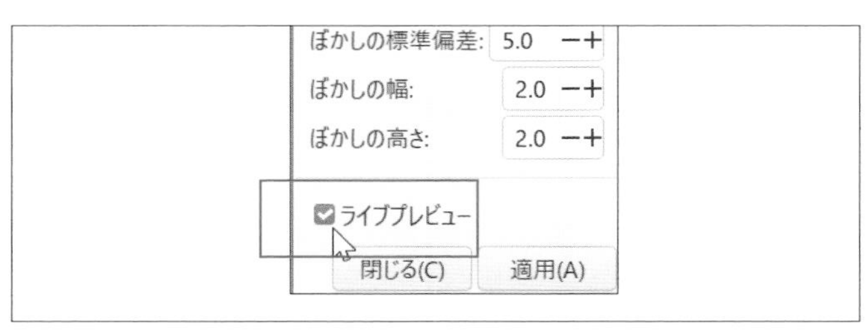

確定した場合

パスエフェクトやフィルターのように後からオフにしたり微調整したりはできません。ライブプレビューを活用し、結果を確認したら［適用］で確定します。

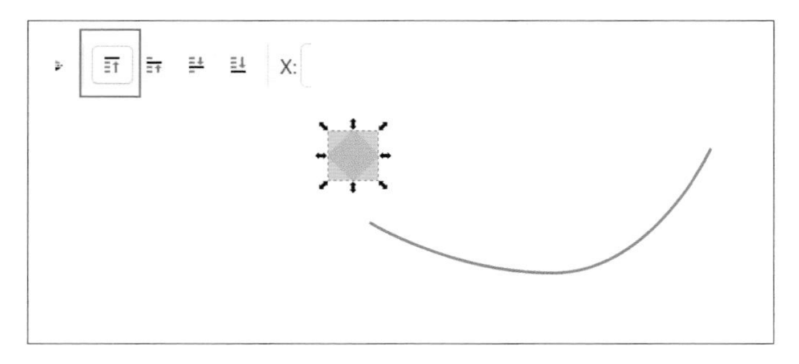

重ね順や選択順を利用

片方のパスを使ってもう片方のパスやグループを加工するようなエクステンションの場合、役割は重ね順や選択順で指定します。

エクステンションを適用する

エクステンションの適用方法はそれぞれ異なりますが、おおきな流れは同じです。ここでは[パスから生成]→[パスに沿うパターン]を使用しての操作手順を解説します。

サンプルファイル 08-02.svg

エクステンションの基本操作を覚える

1 使用するパスオブジェクトを準備する

オブジェクトを作成してパスに変換し、グループ化しています1。スケルトンパス（軌跡になるパス）を作成します2。1のオブジェクト（パスに沿わせるオブジェクト）を選択してターゲットの重ね順を最前面にします3。

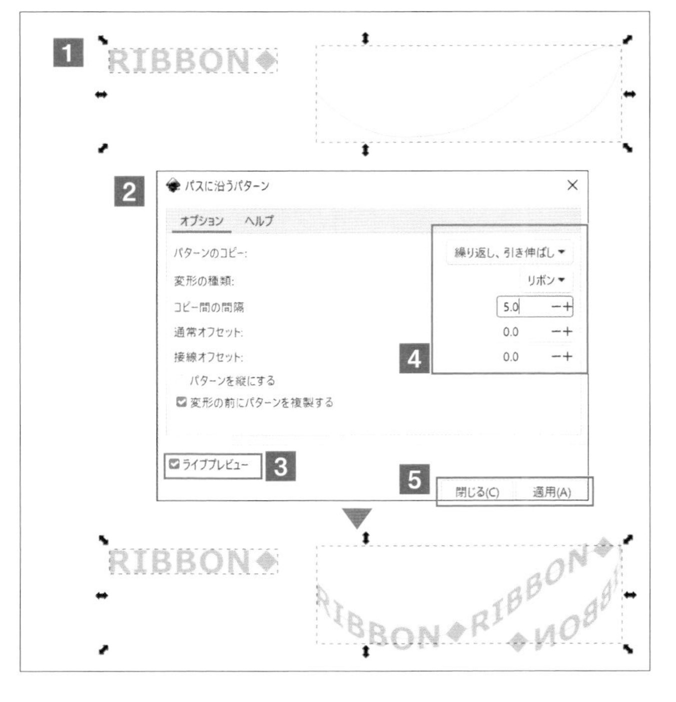

2 ダイアログでプレビューする

ふたつのパスを選択します1。［エクステンション］メニューから適用するエクステンションを選びます。ここでは［パスから生成］→［パスに沿うパターン］を選択します。ウィンドウが表示されるので2、ライブプレビューにチェックを入れます3。エクステンションの結果がプレビュー表示されるので、見ながらパラメータを設定します4。最後に［適用］をクリックして変形を確定させ、［閉じる］をクリックしてウィンドウを閉じます5。

CHECK

エクステンションによってはダイアログが出ない場合や、キャンバス上の見た目が変わらない場合があります。

3 仕上げる

必要に応じて不要なパスオブジェクトを削除や、微調整します。ここでは、スケルトンパスオブジェクトを削除しています。

エクステンションを追加する

エクステンションは、オンラインパッケージをインストールして追加できます。オンライン上の紹介ページを参照して、納得がいく場合のみインストールします。

パッケージの追加

［エクステンション］メニュー → ［エクステンション管理］を選択し、［Install Package］タブを選ぶと1、インストール可能なパッケージが表示されます。興味のあるものを選択し、左下の［Details and Comments］2をクリックするとブラウザに説明が表示されるので、必要なら右下の［Install Package］3をクリックしてインストールします。

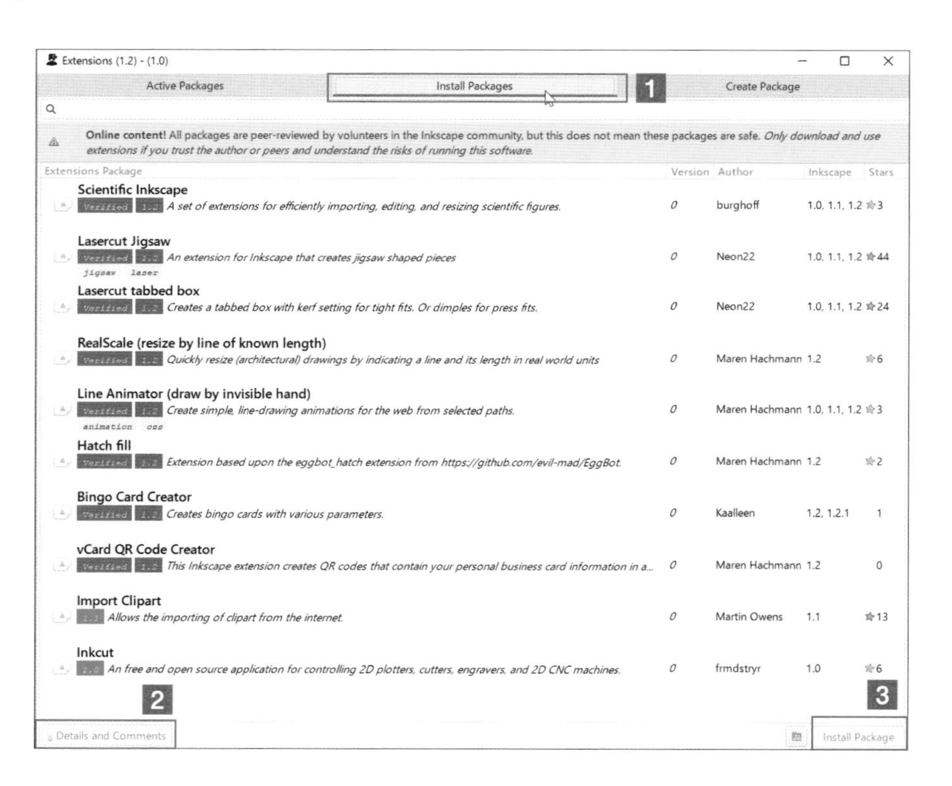

POINT

エラーで上記画面が表示されない場合は、Inkscapeのホームページを開き、［ダウンロード］から［アドオン］を選択してください。エクステンションの説明ページで、エクステンション名の右側の⇩ボタンをクリックするとダウンロードできます。ダウンロードしたエクステンションファイルは解凍します。［環境設定］ダイアログの［システム］を表示し、［ユーザーエクステンション］の［開く］をクリックして、表示されたフォルダに解凍したフォルダごと入れてください。

[テキスト]のエクステンション

[エクステンション]メニューの[テキスト]では、テキストに関するエクステンションを実行できます。各エクステンションの機能を紹介します。

サンプルファイル 08-04.svg

テキスト関連のエクステンションの概要

Hersheyテキスト

工作機械用の刻印フォントですが、通常のテキストに適用して使うこともできます。ユーティリティで書体見本を作成できます。手書き風の味のある書体です。適用したテキストは、アウトラインパスになり編集できなくなります。元のテキストをコピーして使うといいでしょう。

Lorem ipsum

ダミーテキストで文章の流し込み見本を作成します。

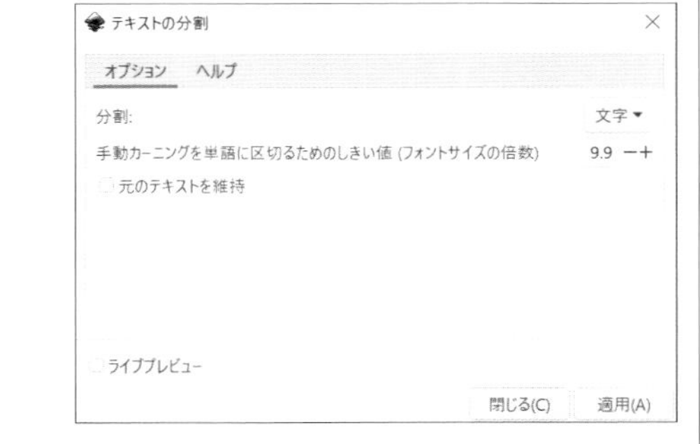

SPLIT TEXT

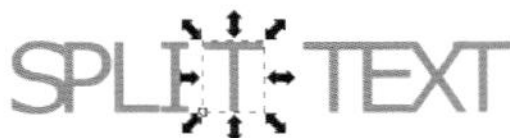

テキストの分割

流し込みタイプのテキストを、行／単語／文字単位でバラバラに分割します。分割後もテキストとして編集できます。

Replace font　Replace font
Replace font ▶ Replace font

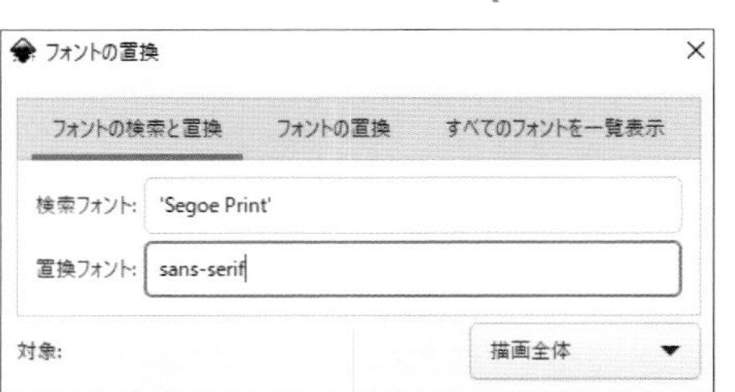

フォントの置換

フォントを検索して指定フォントで置き換えます。フォント名を入力するのは大変なので、[すべてのフォントを一覧表示]タブで一度［適用］をクリックし、一覧のフォント名から該当するものをコピーして、[フォントの検索と置換]タブに戻ってペーストします。

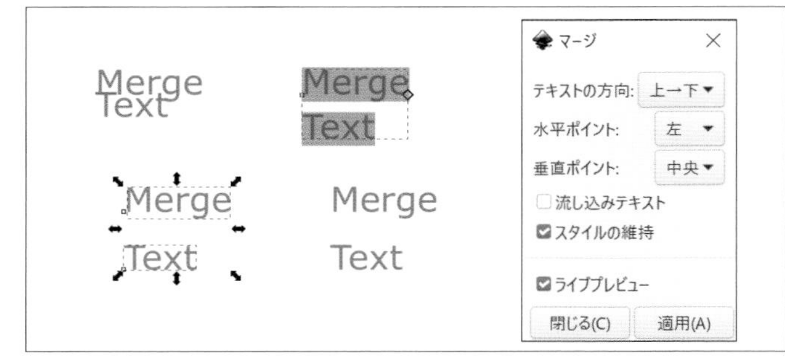

マージ

選択したふたつのテキストオブジェクトを接続します。行間などは後から修正してください。

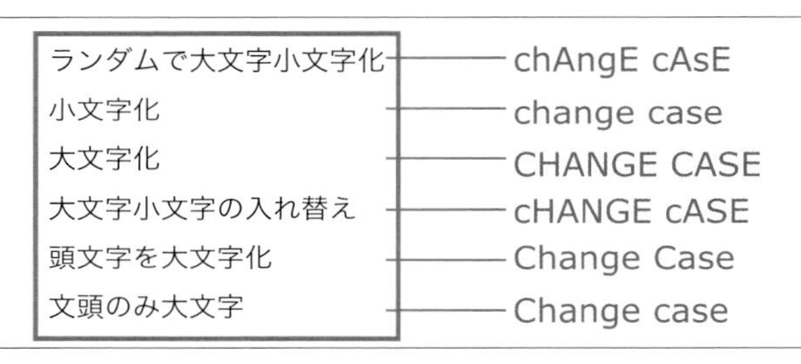

大文字小文字

選択したテキストの大文字／小文字を変更します。ダイアログはありません。

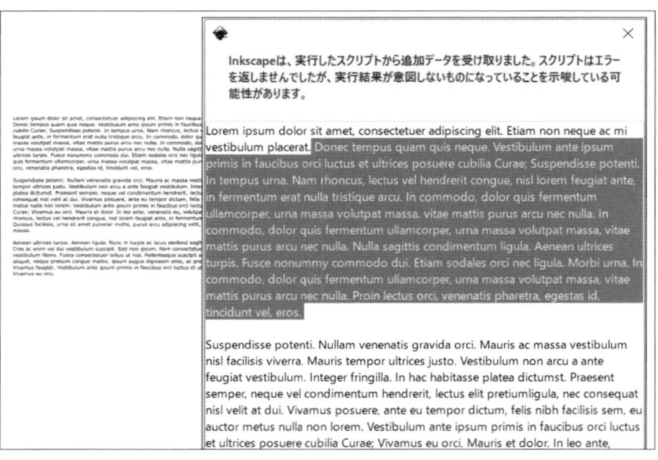

抽出

選択したテキストオブジェクトから、テキストを抽出します。[ライブプレビュー]にチェックを入れると、テキストの文章が表示されます。

Convert to Braille

点字に変換

選択したテキストを点字に変換します。

[パスから生成]のエクステンション

[エクステンション]メニューの[パスから生成]では、パスオブジェクトから新しいオブジェクトを作成するエクステンションを実行できます。各エクステンションの機能を紹介します。

サンプルファイル 08-05.svg

[パスから生成]のエクステンションの概要

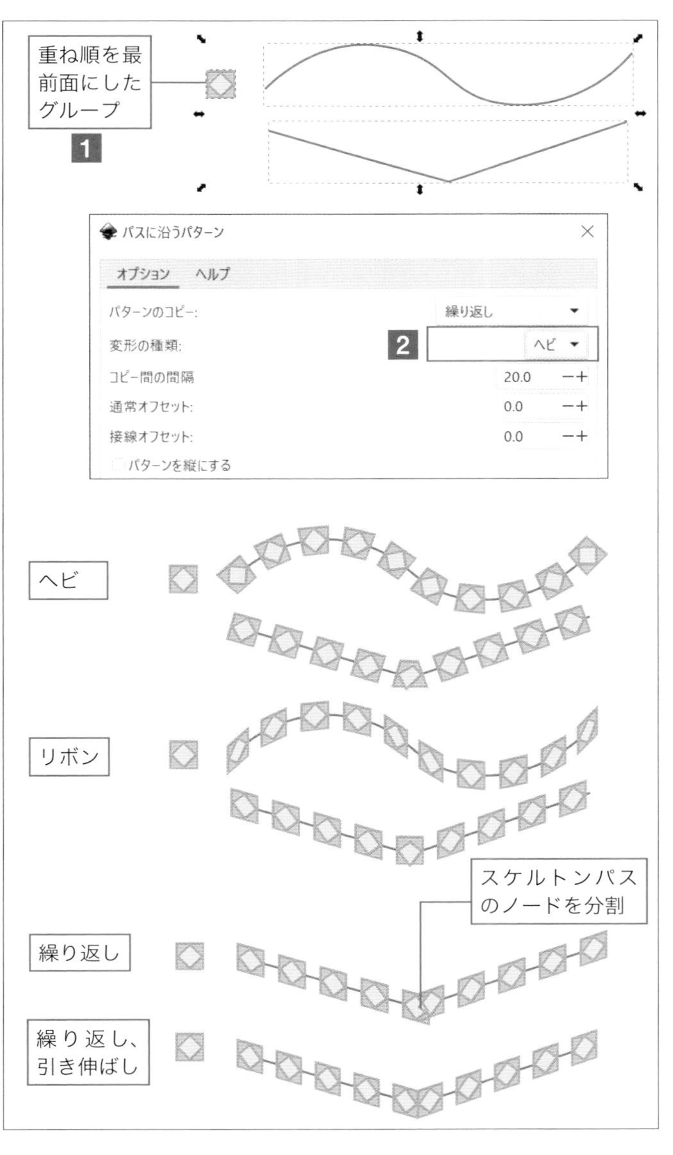

パスに沿うパターン

パスに沿ってパスをコピーするエクステンションです。コピー元（パターン）にするパスオブジェクトやグループオブジェクトは重ね順を最前面にしてから実行してください（重ね順についてはP.094の「オブジェクトの重ね順をコントロールバーで変更する」を参照ください）1。軸にするパス（スケルトンパス）は複数選択できます。[パスに沿うパターン]ウィンドウの[変形の種類]でパスの向きに沿って並べるか、キャンバスに対して垂直に並べるかを選びます2。このエクステンションではパターンが変形しますが、直線が曲線になることはありません。

POINT

角で変形がうまくいかなかった場合は、その角で軸のパスを切断し、[パターンのコピー]を[繰り返し]から[繰り返し、引き伸ばし]に変更すると歪みを回避できます。同じカテゴリの別エクステンション[散乱]を利用したり、パスエフェクトの[パスに沿うパターン]を利用する方法もあります。

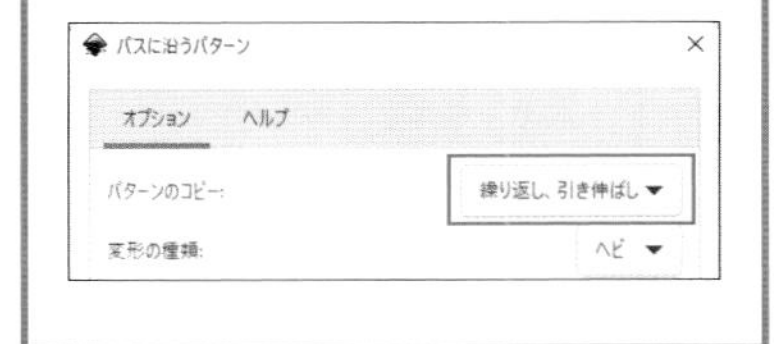

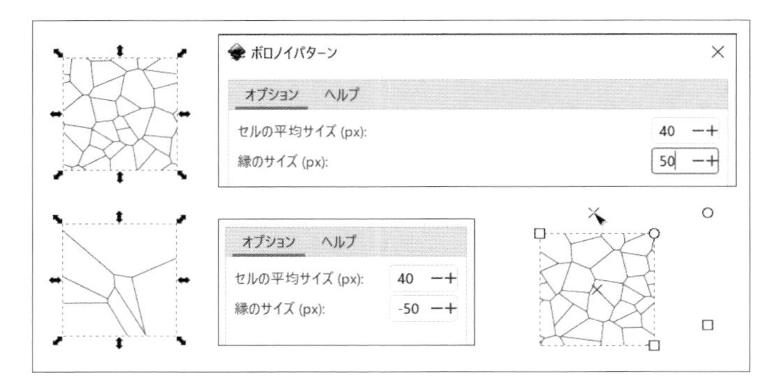

ボロノイパターン

選択したオブジェクトにボロノイ図のパターンを適用します。シェイプオブジェクトでも適用できます。[縁のサイズ] はセルよりも大きくすると、滑らかなパターンになります。負の値にすると、輪郭近くのセルが大きくなります。また一度作成したボロノイパターンは登録され、通常のパターンと同様にフィルとして選択して移動や回転、拡大縮小などの編集ができます。

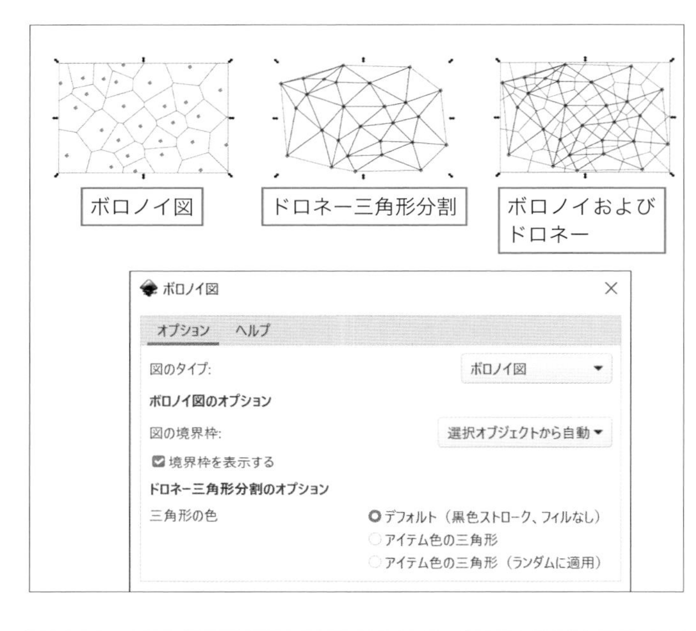

ボロノイ図

点などの複数のオブジェクトを作成し、選択して適用します。[図のタイプ] では「ボロノイ図」、「ドロネー三角形分割」、「ボロノイ図とドロネー三角形分割」の３つから選択します。図の境界枠の表示／非表示を選び、表示位置も指定します。

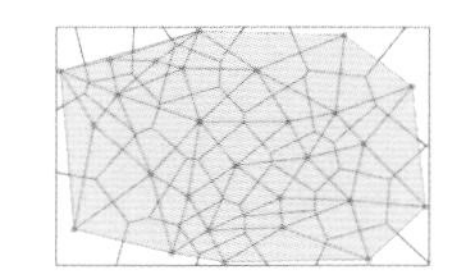

三角形の色をアイテム色にして後からスタイルを調節

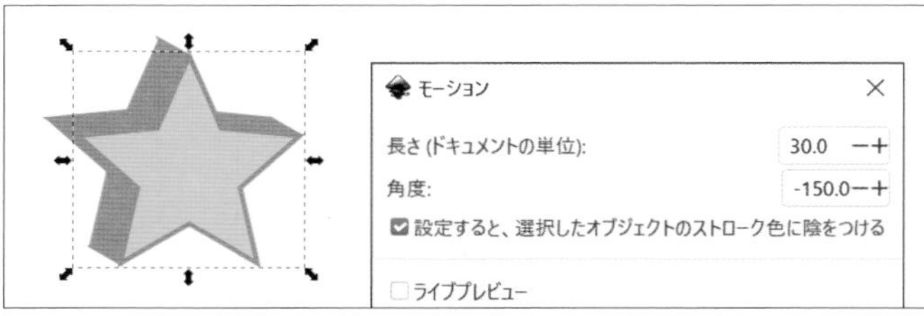

モーション

パスのコピーを元のオブジェクトの背後に作成し、対応するノードを線で接続します。コピーするオブジェクトの距離と角度を指定できます。ストロークに影をつける設定をオンにすると、左の例のように塗りつぶされます。

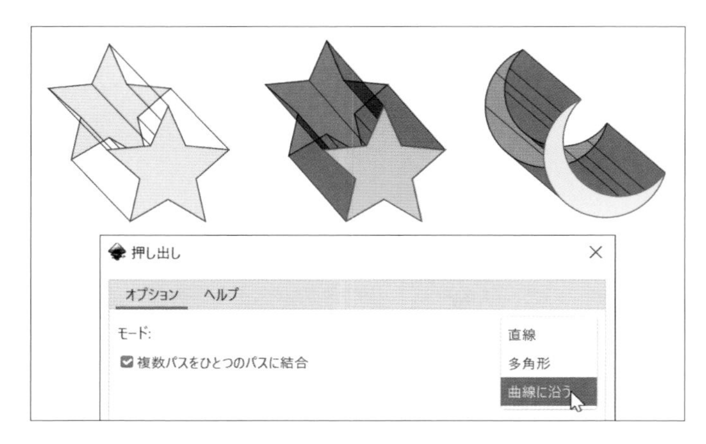

押し出し

選択したふたつのパスオブジェクトの対応するノードをつなぐように直線や面を作成します。元のパスの形状が曲線をふくむ場合は［モード］で「曲線に沿う」を選択します。なお、右端の例はノードを追加してから適用しています。

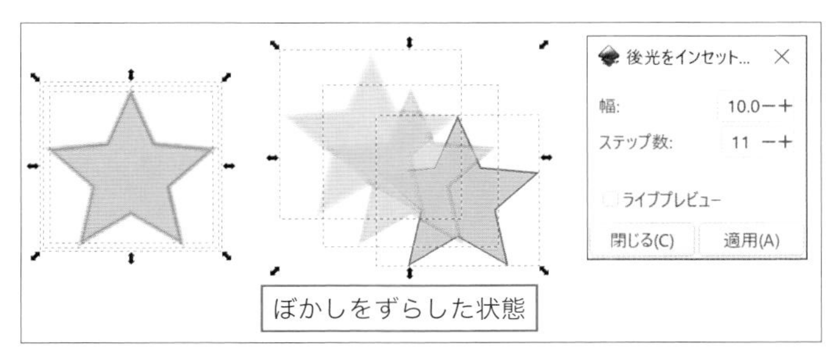

後光をインセット／アウトセット

不透明度とサイズを変えたコピーを重ねて作成して、ぼかしを表現します。[ステップ数] と同じ数のパスのグループがふたつできます。

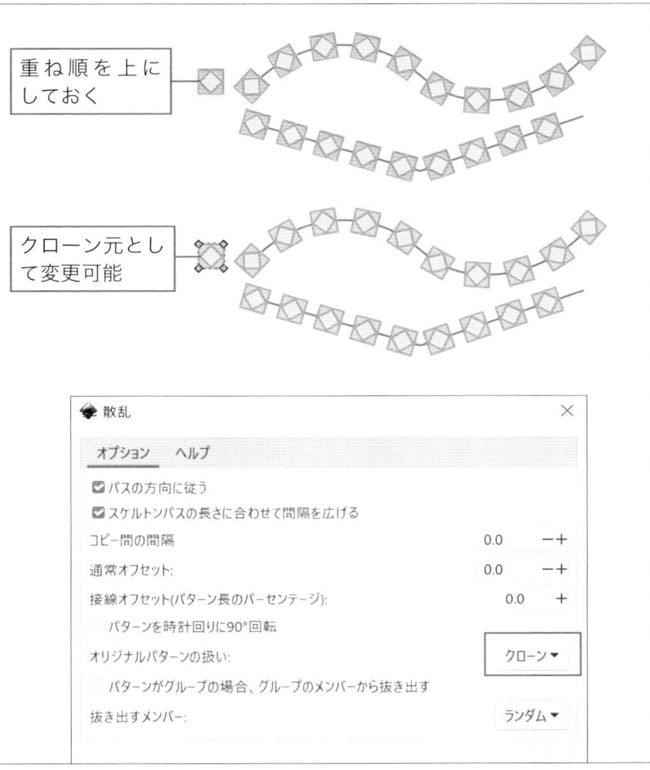

散乱

[パスに沿うパターン]と似た機能ですが、[オリジナルパターンの扱い] を [クローン] にしておくと、パス上にはクローンが作成され、後から一括でスタイル変更ができます。なお、パターンは変形しません。

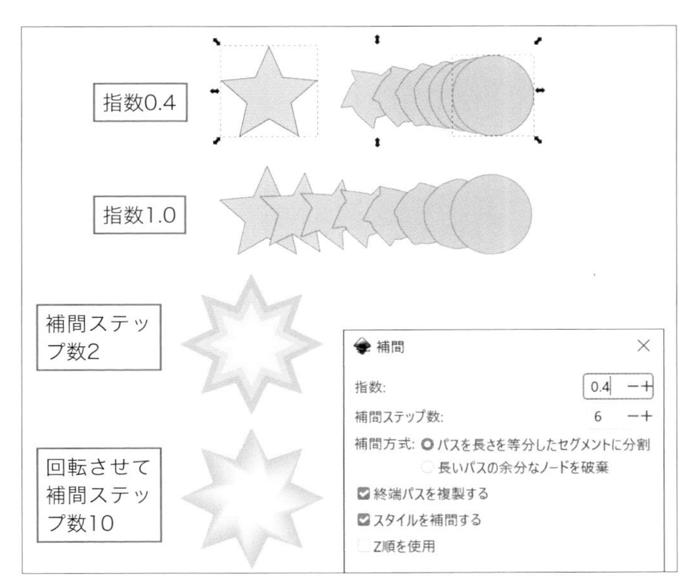

補間

ふたつのパスオブジェクトの間を補間するパスオブジェクトを描画します。 オプションには、補間パス間の間隔を制御する [指数]、いくつのパスオブジェクトを作成するかを決める[補間ステップ数]が、主な設定です。ほかにも [補間方式]、元のパスを複製するかどうかの指定、スタイルも補間するかどうか、重ね順を使うかなどがあります。

[パスの可視化]のエクステンション

[エクステンション]メニューの[パスの可視化]では、パスのノードやハンドルを可視化したり、寸法のテキストを作成するエクステンションを実行できます。各エクステンションの機能を紹介します。

サンプルファイル 08-06.svg

[パスの可視化]のエクステンションの概要

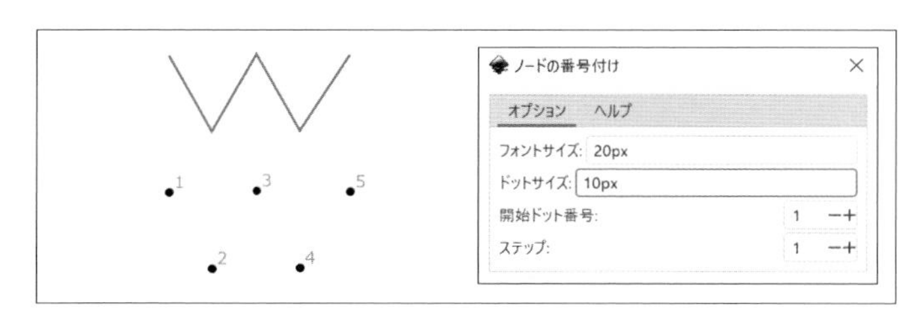

ノードの番号付け

選択したパスオブジェクトのノードに番号をつけます。

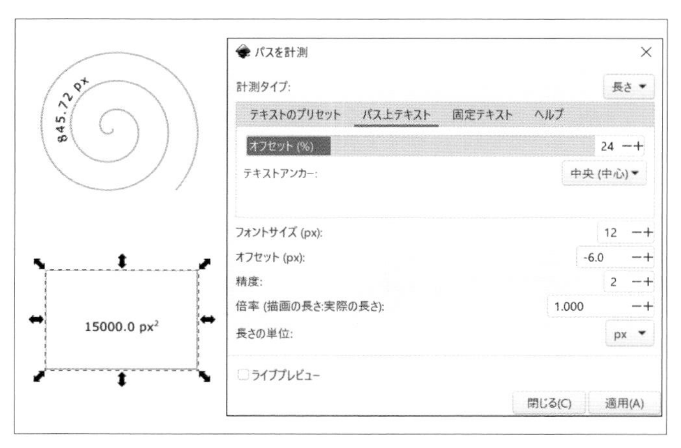

パスの計測

選択したオブジェクトのパスの長さや、閉じたパス内の面積を表示するテキストを作成します。テキストのサイズや位置を設定できます。

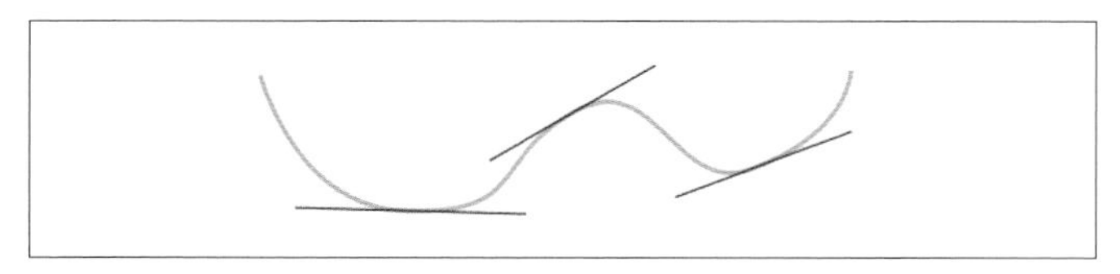

ハンドルを描く

パスのノードに表示されるハンドルをラインで描き出します。ダイアログはありません。

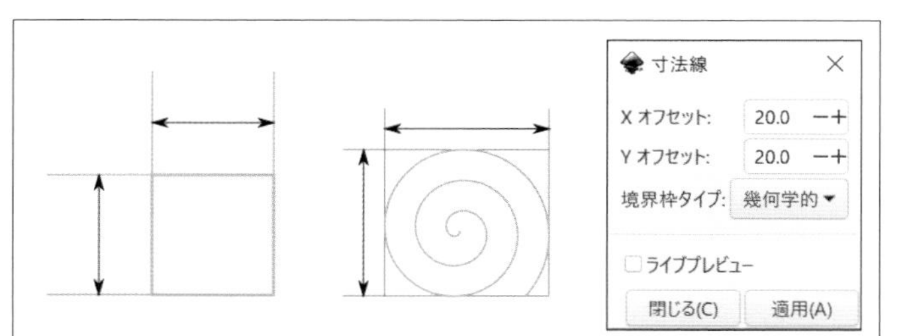

寸法線

選択したオブジェクトに、CAD のような寸法を示す矢印と引き出し線を作成します。

[パスの変形]のエクステンション

[エクステンション]メニューの[パスの変形]では、パスオブジェクトを変形するを実行できます。動作が不安定なものもありますが、使い勝手のよいものもあります。

サンプルファイル 08-07.svg

[パスの変形]のエクステンションの概要

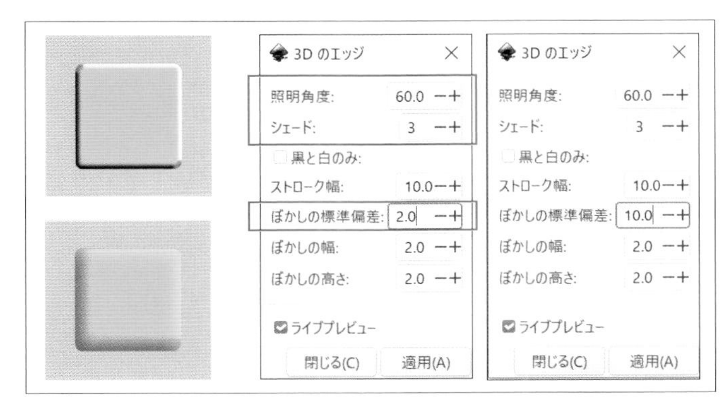

3Dのエッジ

パスオブジェクトの上に、凹凸を表現するエッジを作成します。[照明角度][シェード][ぼかしの標準偏差]以外の数値は変更しても影響がありません。

POINT

影が反転したように作成されるときは、[パス]メニュー→[向きを逆に]を適用してやり直します。

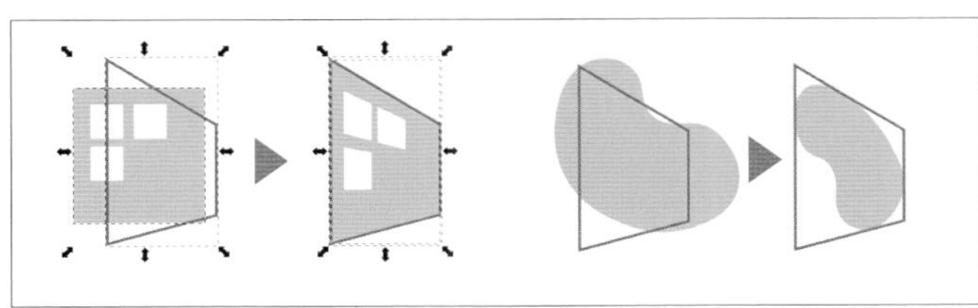

エンベロープ

パスオブジェクトをふたつ選択して適用します。ダイアログはありません。なおグループを使用すると変形しないことがあります。

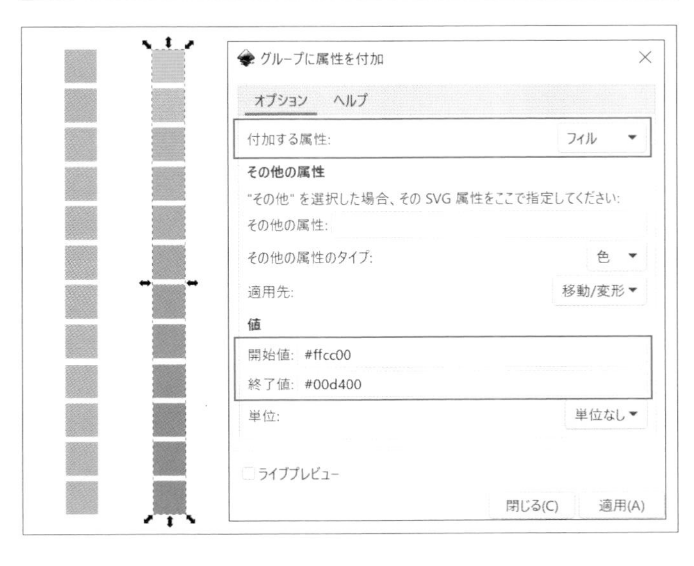

グループに属性を付加

パスのグループを作成し、付加する属性を選んで、開始値と終了値を入力します。作例では、[フィル]に同じカラーを適用したグループオブジェクトに対して、カラーの属性を変化させています。

POINT

オブジェクトのパスの数が多すぎると作動しません。またカラーと不透明度以外はうまく作動しないことがあります。

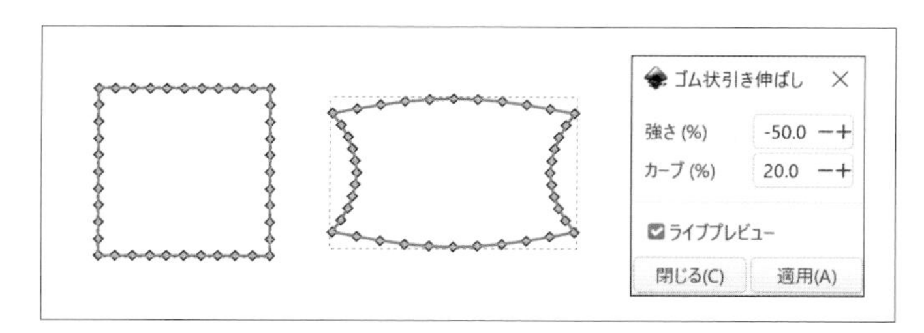

ゴム状引き伸ばし

パスオブジェクトをゴム状に引き延ばします、ノード数が多くないと効果がわかりにくいです。[強さ] は＋で上下方向、－で左右方向への伸びになります。[カーブ] は＋で上下方向が膨らんで左右が凹み、－で逆になります。

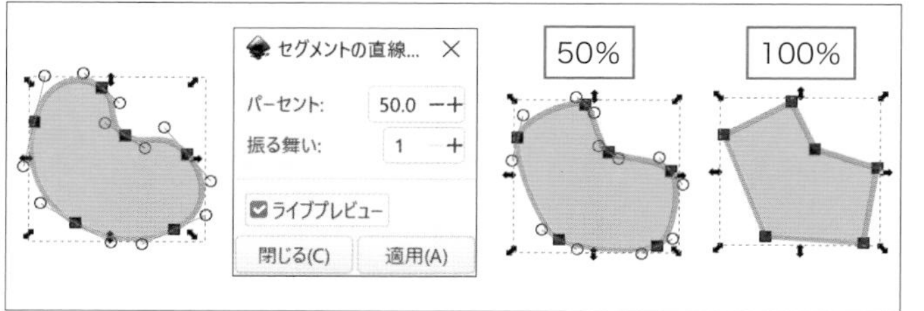

セグメントの直線化

曲線セグメントを直線にします。[パーセント] は曲率を減らす矯正量を指定します。「100」で完全に直線になります。[振る舞い] は矯正時のハンドルの変化のしかたで、1 か 2 かを選びます。どちらも見た目はあまり変わりません。

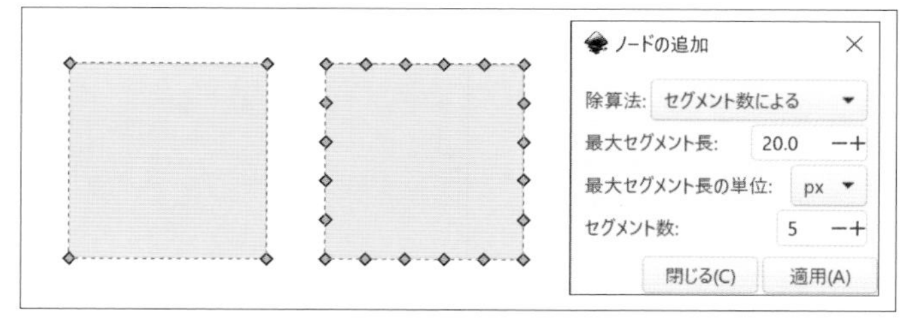

ノードの追加

ひとつのセグメントがいくつに分割されるかを指定するか、セグメントの最大の長さを設定して、ノードを増やします。詳細は P.181 の「ノードを数値で複数追加する」を参照ください。

ノードを揺らす

ノードやノードのハンドルをランダムに移動させ、パスの形状をラフに変形します。

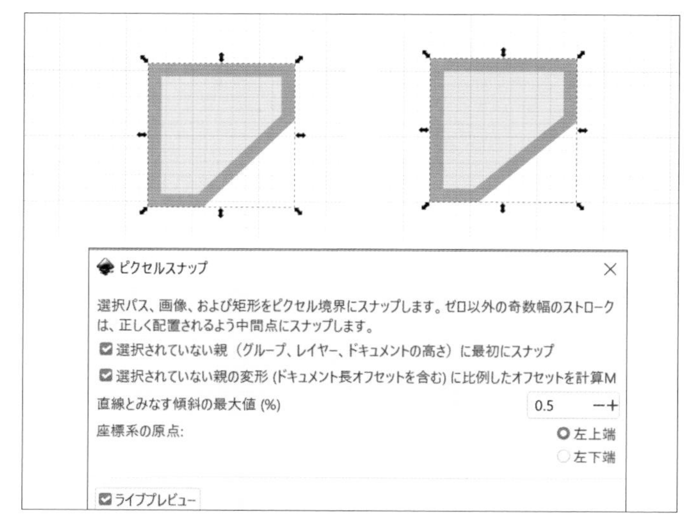

ピクセルスナップ

パスをピクセルグリッドに合わせて調整します。元のサイズが整数 px でなかった場合は、端数をなくすようにサイズも変化します。四角形のオブジェクトでも作動します。PNG などのビットマップ画像を出力した際に、直線部分がぼけるのを防ぎます。

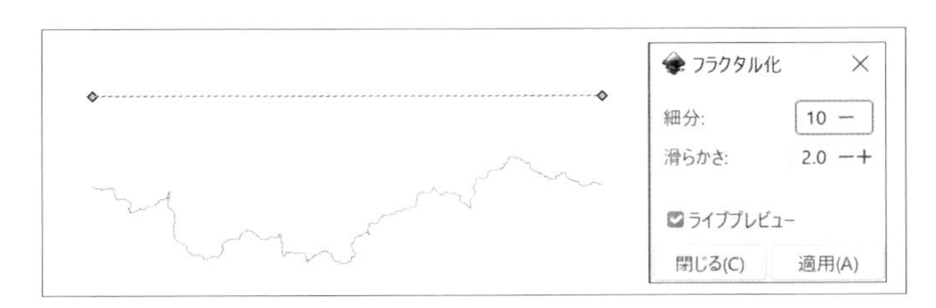

フラクタル化

線分の中点にノードを追加してパスに対して垂直に移動（距離はランダム）し、これを［細分］で指定された回数繰り返します。

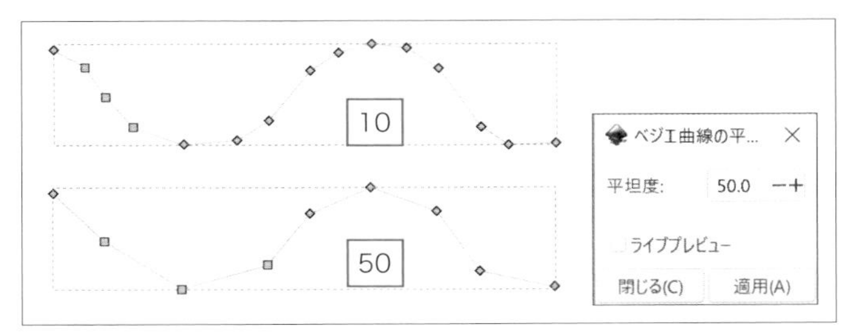

ベジエ曲線の平坦化

ベジエ曲線を直線の集まりに変換します。［平坦度］が小さいほどノードとセグメントが多くなります。

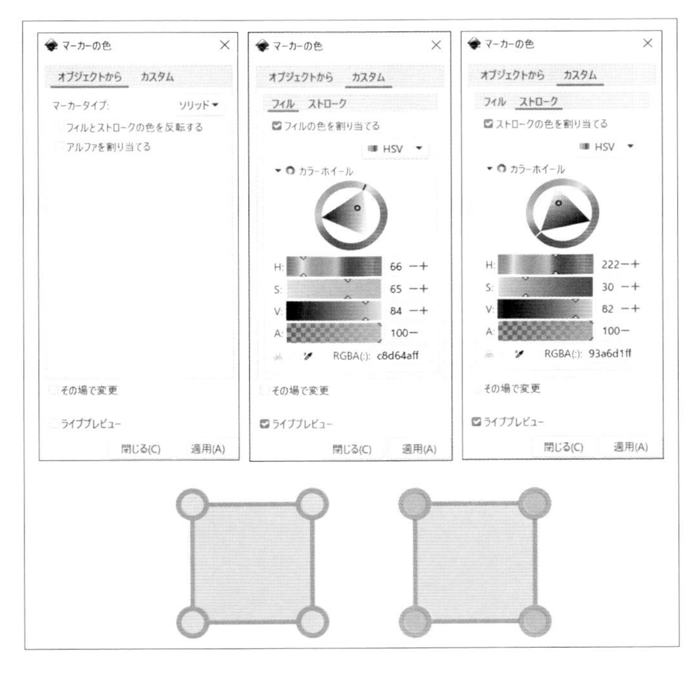

マーカーの色

マーカーのカラーを自由に変更します。［カスタム］タブの［フィル］と［ストローク］でそれぞれカラーを設定し、適用します。

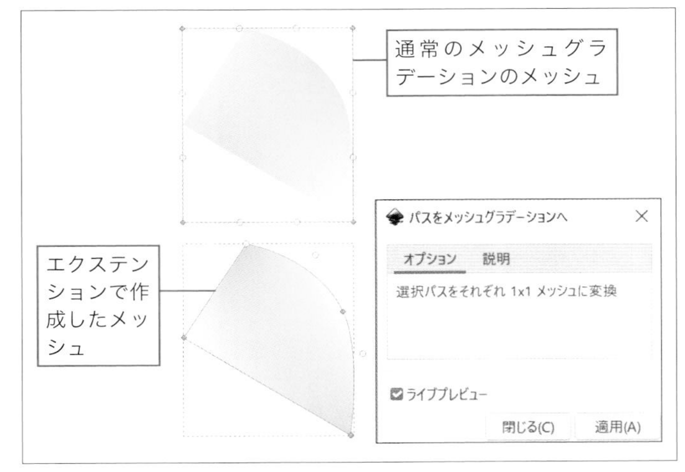

パスをメッシュグラデーションへ

通常のメッシュグラデーションは矩形のメッシュをパスでクリップしたように作成されますが、このコマンドを使うとパスに沿った形でメッシュが作成されます。４つのノードを持つ閉じたパスでのみ作動します。

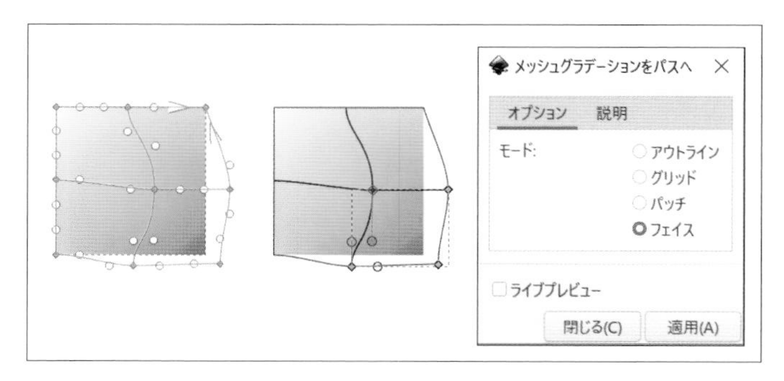

メッシュグラデーションをパスへ

メッシュグラデーションらかパスを作成します。[アウトライン] で輪郭、[グリッド] で縦横のライン、[パッチ] で閉じていないライン、[フェイス] でマス目ごとに閉じた四角形を作成します。

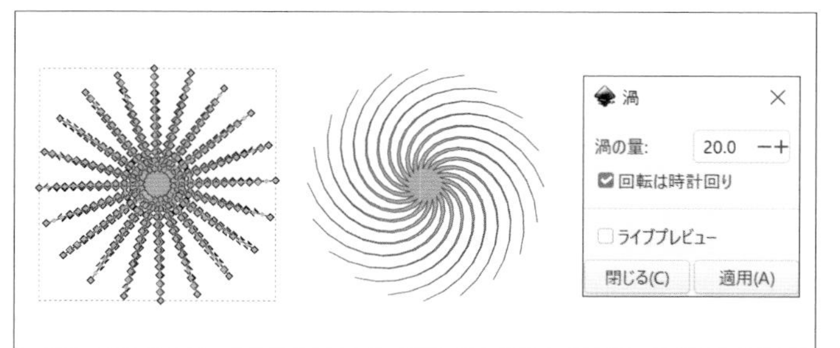

渦

パスを渦状に変形します。ビューの中心が渦の中心になるため、パスを選択してから [表示] メニュー→ [ズーム] → [選択部分にズーム] を選び、ビューをオブジェクトの中心に配置してから適用します。

```
<rect
    style="fill:#c6e9af;stroke:
#6f8a91;stroke-width:6;stroke-
linecap:square;stop-color:#000000"
    id="rect9119"
    width="160"
    height="155"
    x="553"
    y="252" />
```

```
<path
    d="M 553 252 L 713 252 L
713 407 L 553 407 Z"
    style="fill:#c6e9af;stroke:
#6f8a91;stroke-width:6;stroke-
linecap:square;stop-color:#000000"
    id="rect9119" />
```

絶対座標に変換

SVG での図形オブジェクト（rect や ellipse など）の記述を path に変換します。キャンバスでの見た目は変わりません。

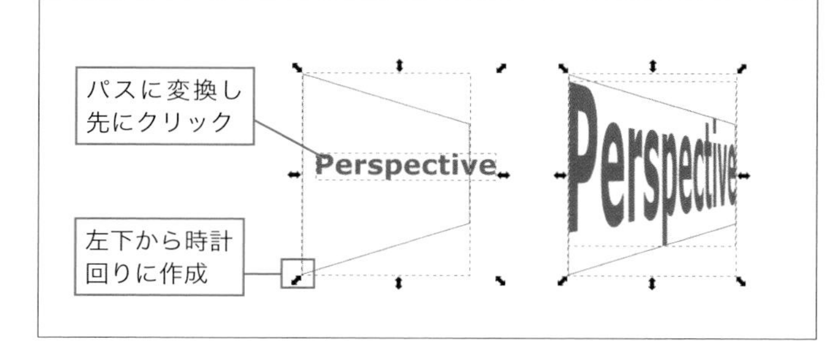

透視図

先に選択したオブジェクトを、後から選択したパスの形状に変形します。変形するオブジェクトやテキストはパスに変換し、複数のパスの場合はグループにしておきます。変形は、パスの作成ノード順になるので、後から選択する四角形は、左下から時計回りに作成してください。

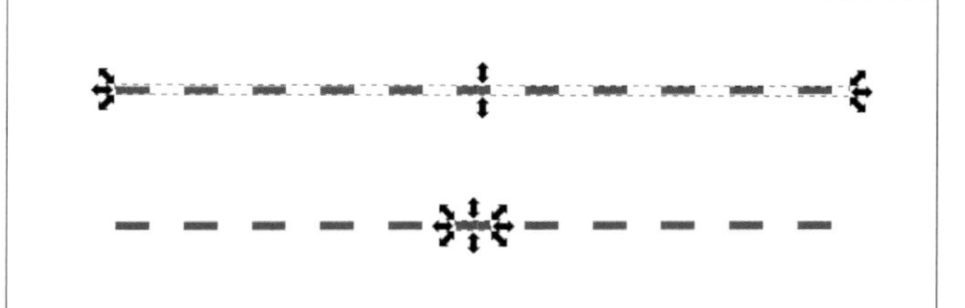

破線に変換

破線を線のグループに変換します。

SECTION 08

[ラスター]のエクステンション

[エクステンション]メニューの[ラスター]では、ビットマップ画像を加工します。フィルターと違ってやり直しがきかないので注意してください。

サンプルファイル 08-08.svg

[ラスター]のエクステンションの一覧

元画像

HSB調整

アンシャープマスク

イコライズ

エッジ

エンハンス

エンボス

ガウスぼかし

カラーマップの循環

カラー化

コントラスト

シェード

シャープ

ソラライズ

チャンネル

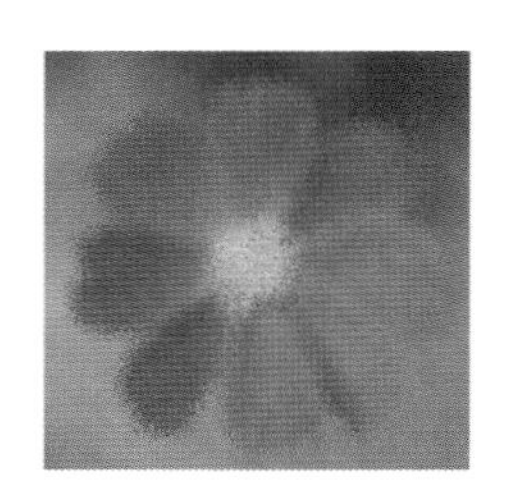
ディザー

ネガ

ノイズの追加

ノイズの低減

ぼかし

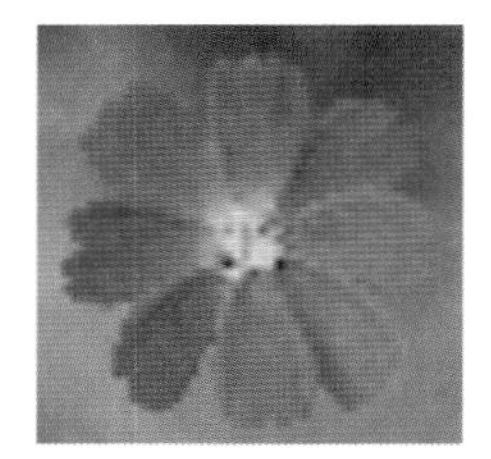
リサンプル

レベル(チャンネル)

レベル

渦

色の中央値

正規化

切り落とし

適応しきい値

内破

波

不透明度

木炭画

油絵

隆起

輪郭以外をぼかす

[レンダリング]のエクステンション

[エクステンション]メニューの[レンダリング]では、パスなどの描画をする必要はなく、パラメータを入力してオブジェクトを作成します。

サンプルファイル 08-09A.svg、08-09B1.svg/08-09B2.svg(ガイドクリエイター)、08-09C.svg(グリッド3種類)、08-09D.svg(無線綴じカバーテンプレート)

[レンダリング]のエクステンションの概要

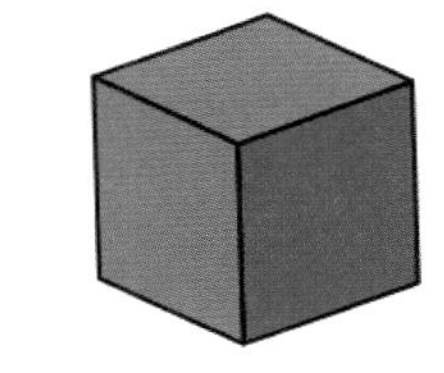

立方体

3D多面体

オブジェクトの種類1、回転軸の角度2などを設定して適用します。ライブプレビューをチェックして、設定を変更しながら作成してみてください。

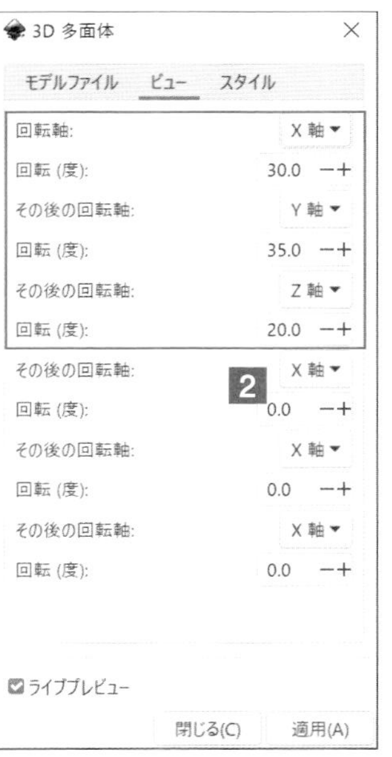

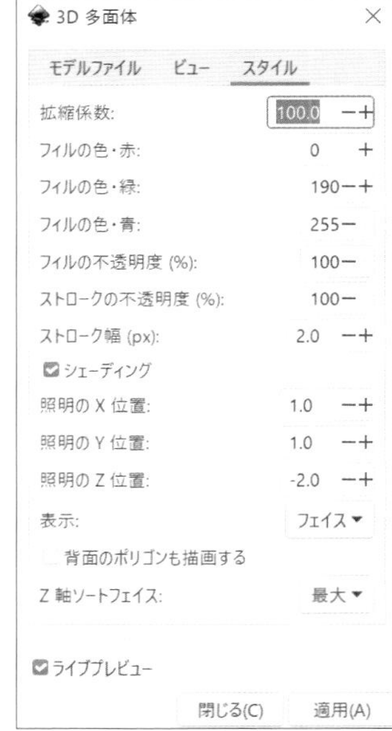

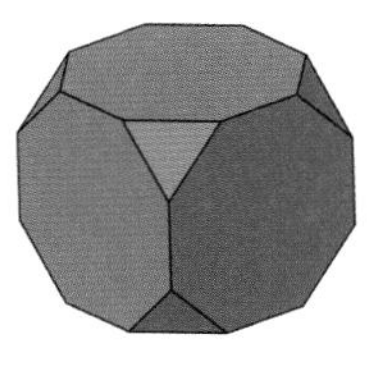

切頂立方体

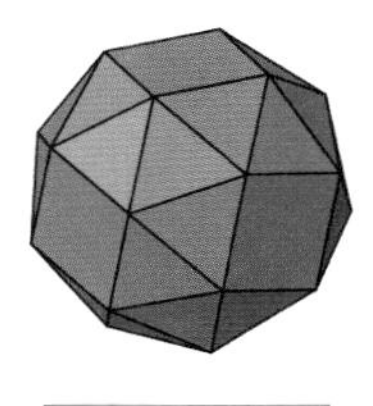

ねじれ立方体

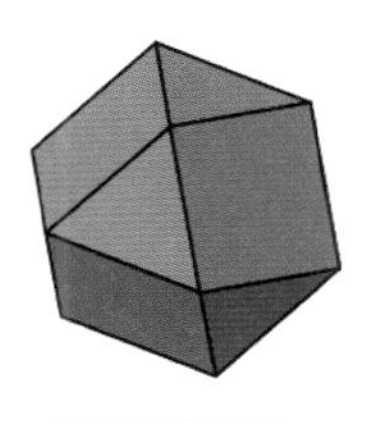

立方8面体

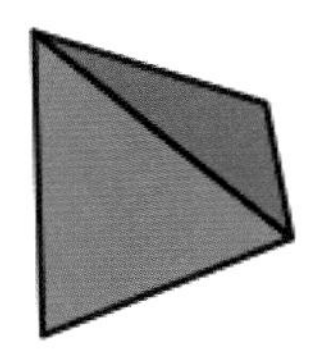

4面体

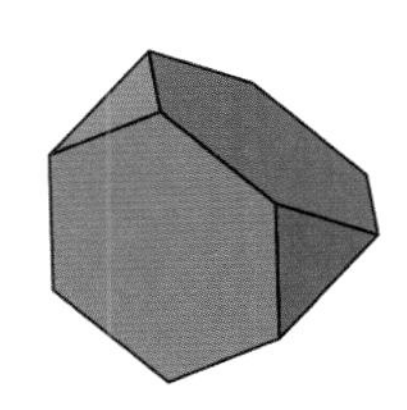

切頂4面体

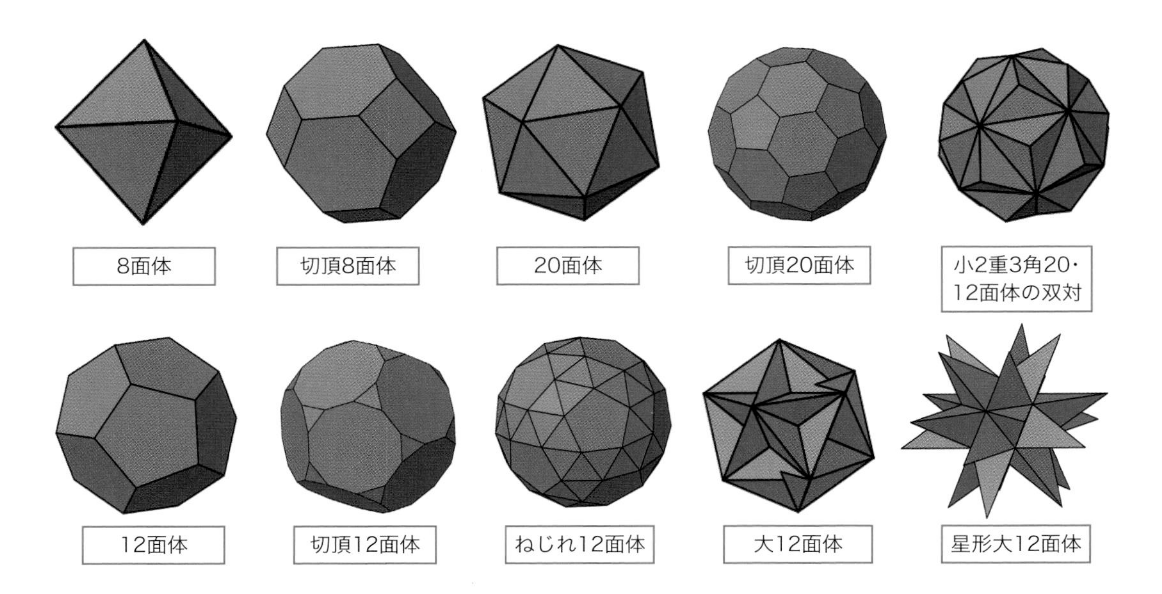

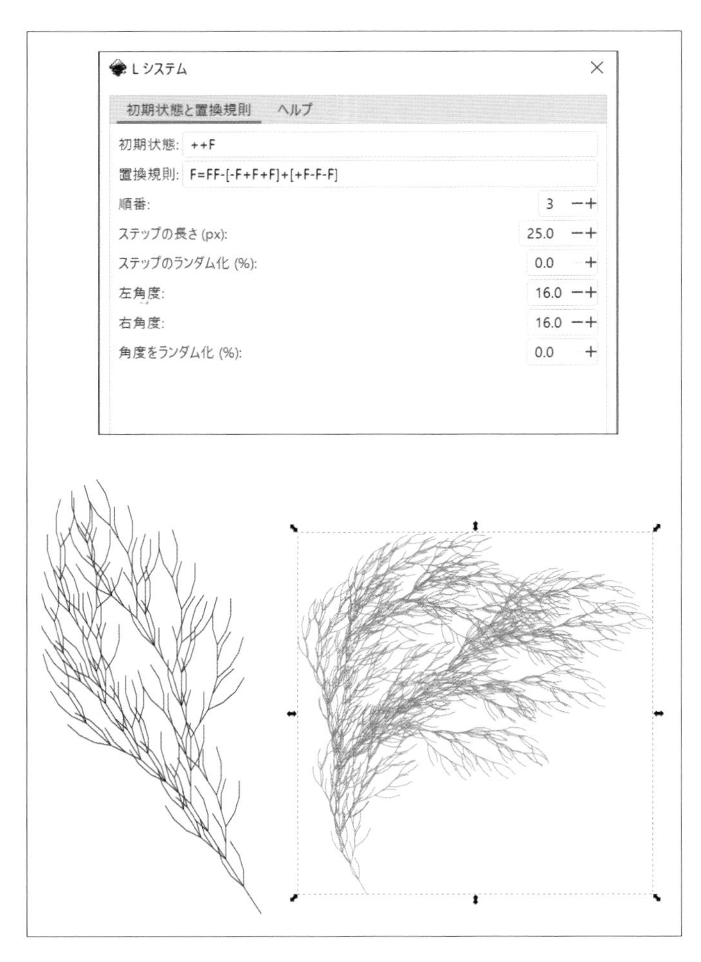

Lシステム

Lシステムは植物など自然物の構造を表現できるアルゴリズムです。初期設定の値を少し変えたり、検索して別の置換規則を入力してもよいでしょう。作成したパスはスタイルを自由に変更できます。

NiceCharts

棒グラフ、円グラフ、積み上げ棒グラフなどが作成できます。例では直接入力を選択していますが、CSV ファイルを読み込むこともできます。

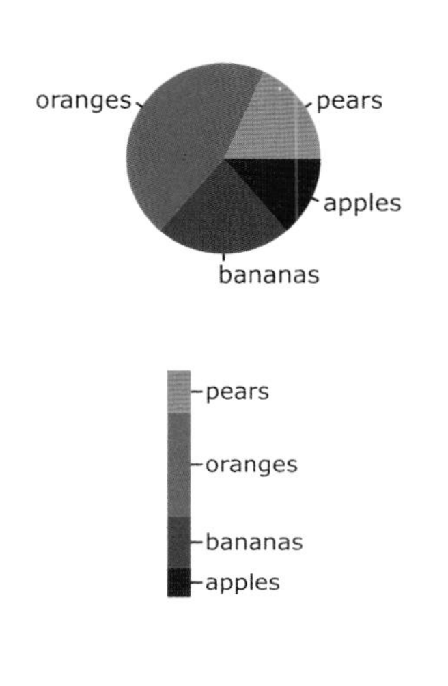

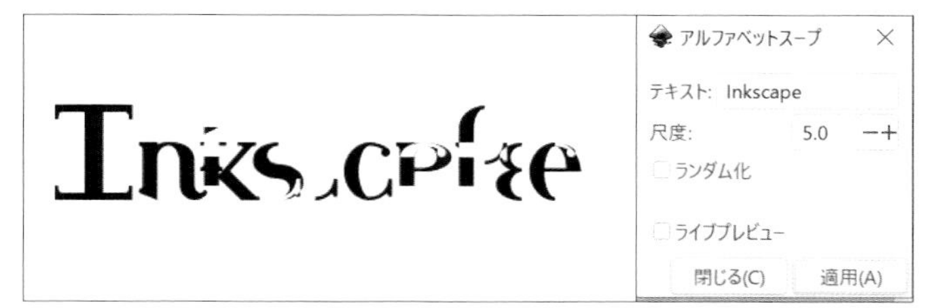

アルファベットスープ

短いテキストを加工します。

ガイドクリエーター

ガイドを作成します。使いやすいプリセットが用意されています。

カレンダー

西暦を指定してカレンダーを作成します。

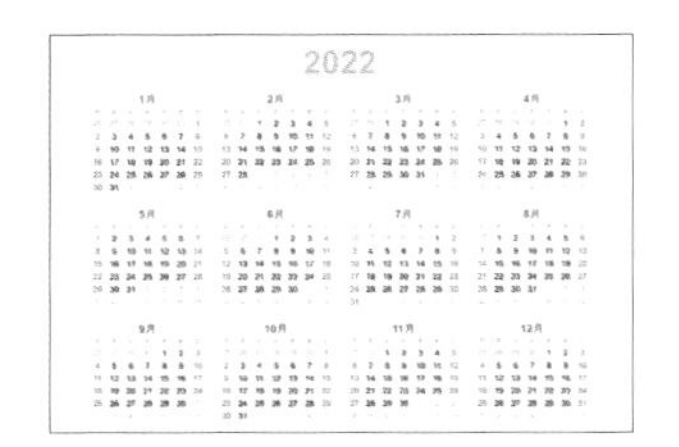

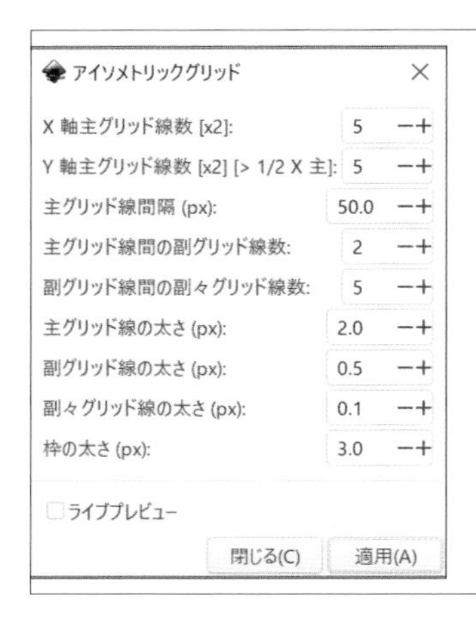

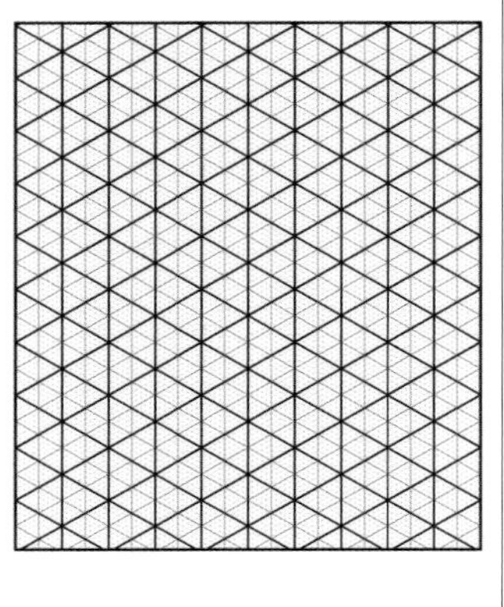

グリッド-アイソメトリックグリッド

デフォルトのグリッドよりも細かい指定ができます。

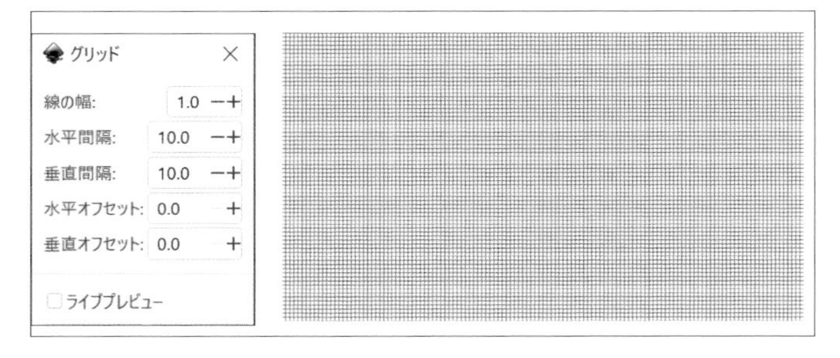

グリッド-グリッド

グリッドを作成します。オフセット可能です。

グリッド-デカルトグリッド

対数を使ったグリッドを作成します。

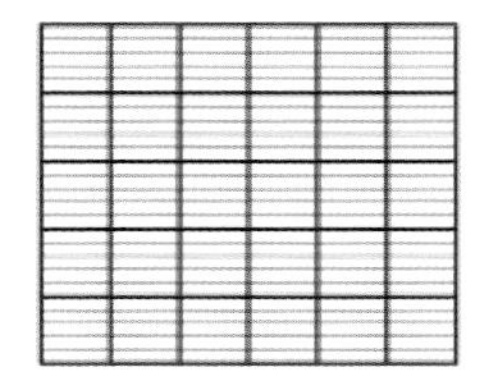

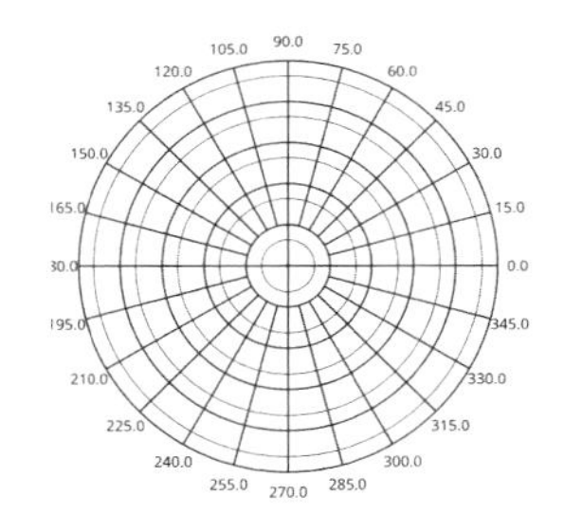

グリッド-円形グリッド

円形のグリッドを作成します。かなり細かい設定ができます。

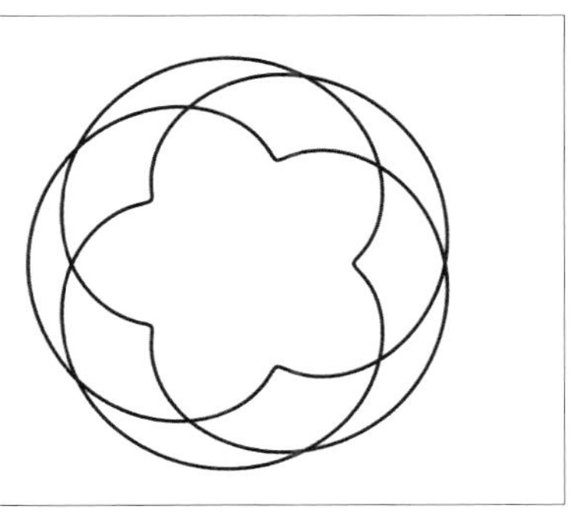

スピログラフ

玩具のスピログラフ定規を使って描いたような図形が作成できます。

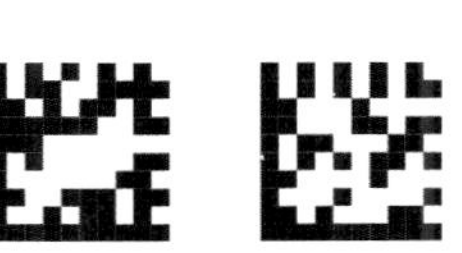

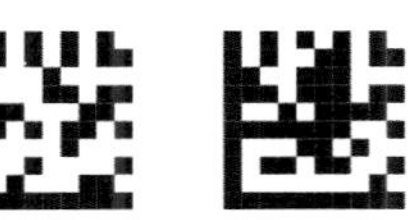

バーコード-DataMatrix

主に米国で普及しているバーコードです。

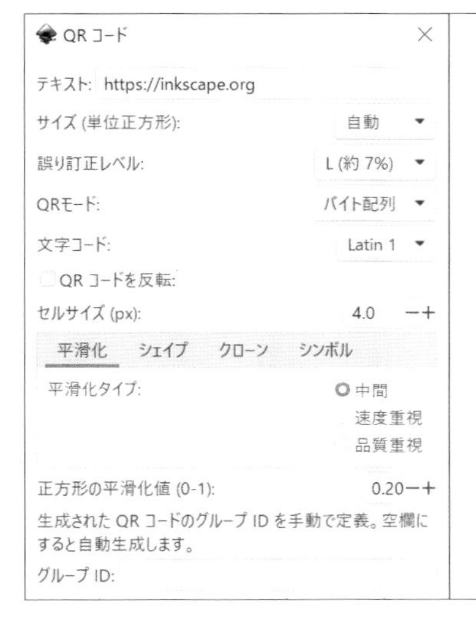

バーコード-QRコード

QR コードを作成します。

バーコード-一次元

もっとも普及しているバーコードです。タイプが選択できます。

パラメトリック曲線

選択した矩形オブジェクトに、パラメトリック曲線による図形を作成します。

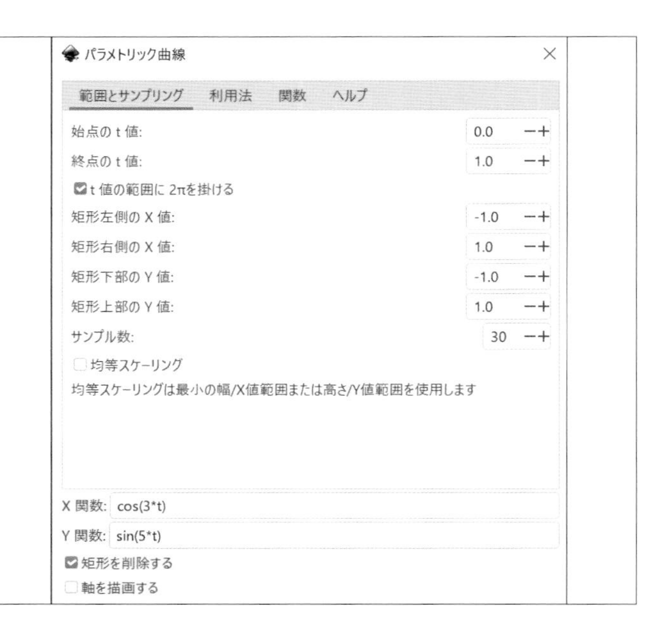

フレーム

選択したオブジェクトに対して、フレームを作成します。フレームの色や形状は、[フレーム] ウィンドウで設定できます。

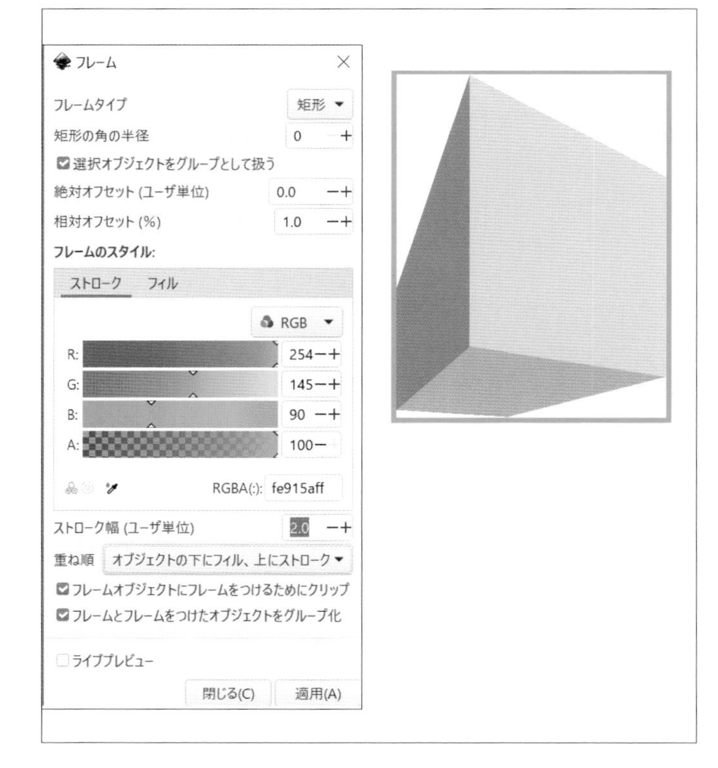

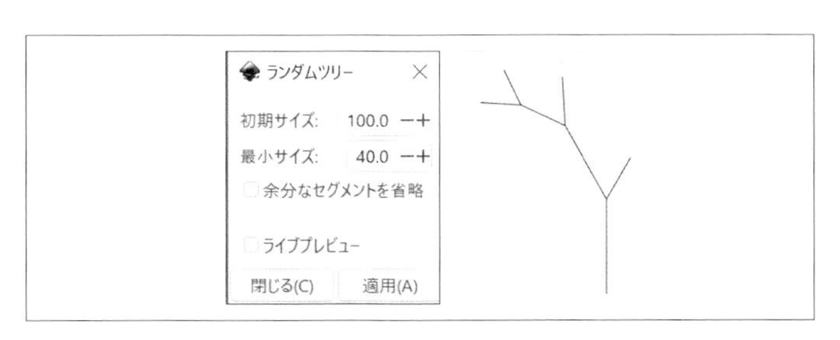

ランダムツリー

木の枝の図形を作成します。[初期サイズ]で幹の高さ、[最小サイズ]で枝の最小サイズを指定します。

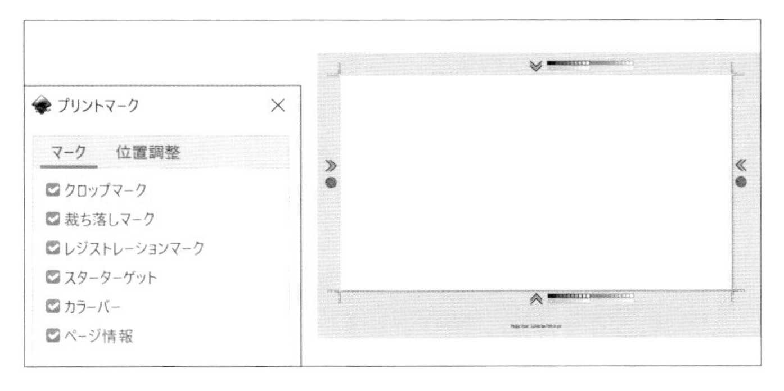

レイアウト-プリントマーク

商用印刷に利用するプリントマーク（トンボ）を作成します。詳細はP.340の「プリントマークを設定する」を参照ください。

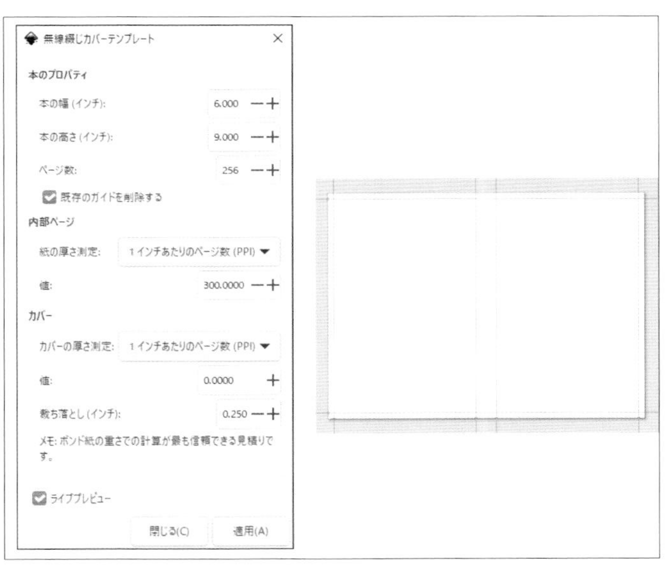

レイアウト-無線綴じカバーテンプレート

無線綴じの本のカバーを作成するためのテンプレートを作成します。本の幅と高さを指定し、ページ数と紙の厚さで背表紙部分の厚さを計算します。キャンバスサイズも自動で変わります。単位がインチなので、実用的ではありません。

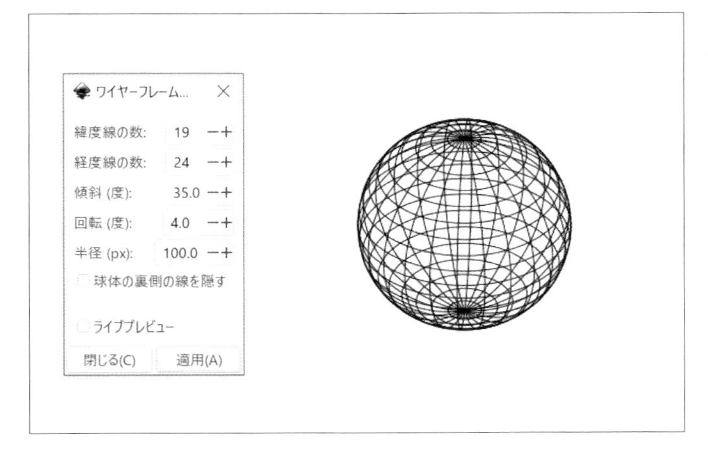

ワイヤーフレーム球体

ワイヤーフレームの球体のオブジェクトを作成します。

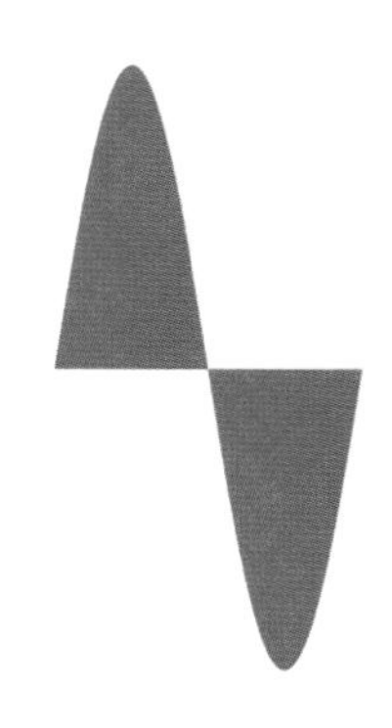

関数のプロット

選択した矩形オブジェクトに、指定した関数からオブジェクトを作成します。

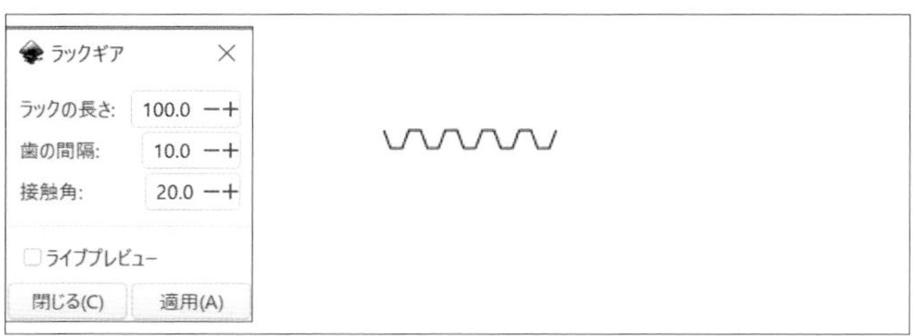

歯車-ラックギア

指定した数値で、ラックギアを作成します。

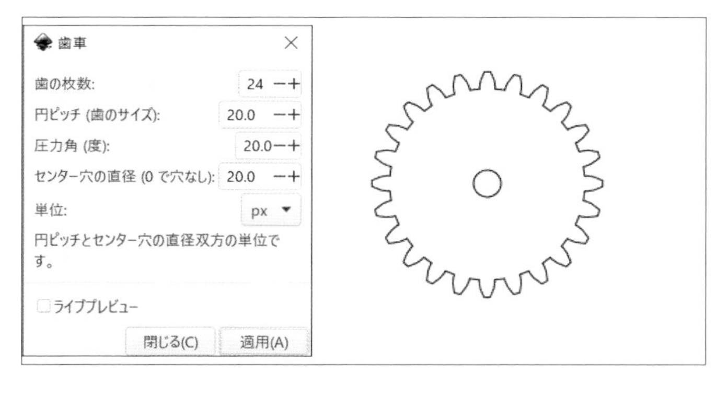

歯車-歯車

指定した数値で、歯車を作成します。

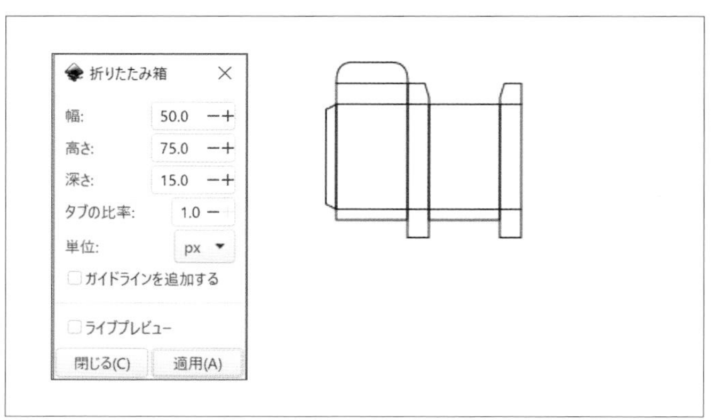

折りたたみ箱

指定したサイズで、折りたたみ箱の展開図を作成します。

※「三角形」は P.087、「三角形から描画」は P.088 を参照ください。

[画像]のエクステンション

[エクステンション]メニューの[画像]では、画像をファイルに埋め込む、指定ディレクトリに取り出すなどが可能です。操作しても見た目は変わりません。

サンプルファイル 08-10.svg

[画像]のエクステンションの概要

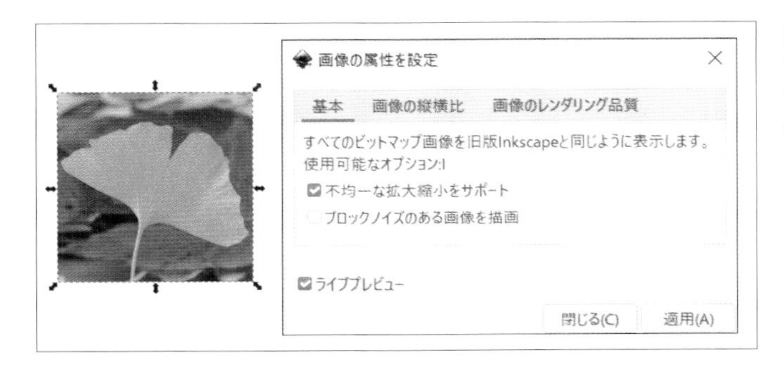

画像の属性を設定

ブラウザに表示させる場合のオプションを設定します。

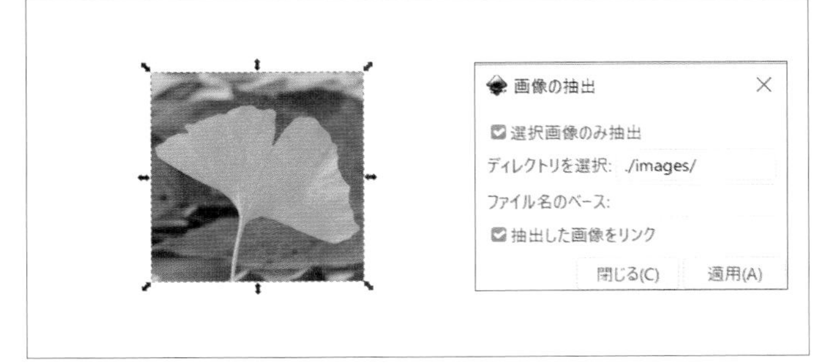

画像の抽出

画像を指定した場所に移動させ、リンクを設定できます。

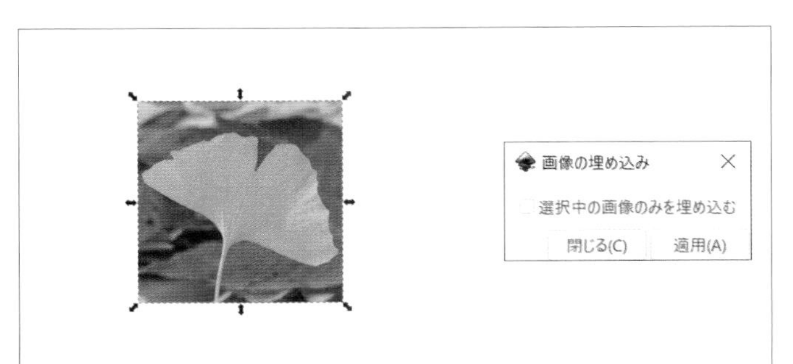

画像の埋め込み

画像をファイルに埋め込みます。

[色]のエクステンション

[エクステンション]メニューの[色]では、オブジェクトやパスに適用して、色を変更するエクステンションを実行できます。

サンプルファイル 08-11.svg

[色]のエクステンションの一覧

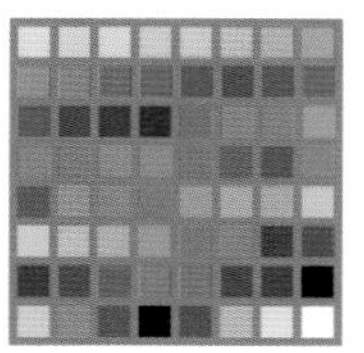
元画像

HSL調整

RGB値の回転

67: #000000
2: #01b2a8
2: #8c4801
1: #808080
1: #ffec61
1: #faef01
1: #fff100
1: #fed900
1: #fdd100
1: #fabd00
1: #f5a100
1: #f28d01
1: #ee7700
1: #ea611d
1: #e7340c
1: #e71a3b
1: #d70b30
1: #c0104e
1: #ae1587
1: #d50080
1: #b71688

カスタム

グレースケール

ネガ

ランダム化

すべての色を一覧表示

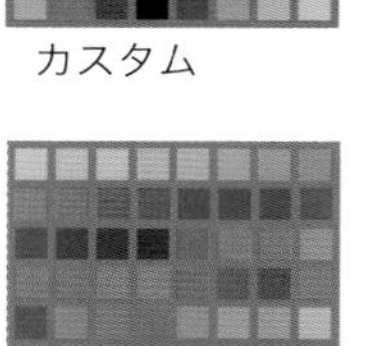
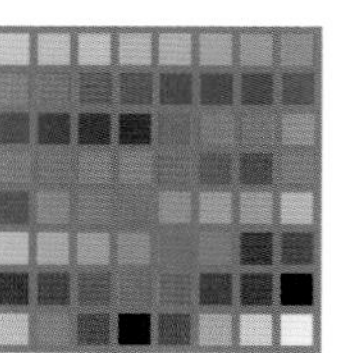
暗く

彩度を除去

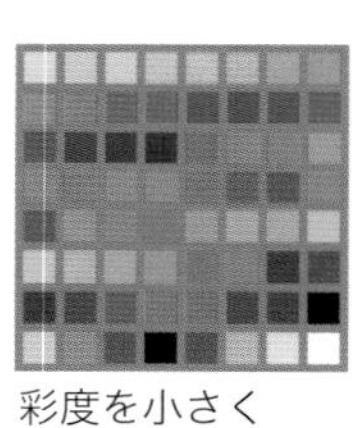
彩度を小さく

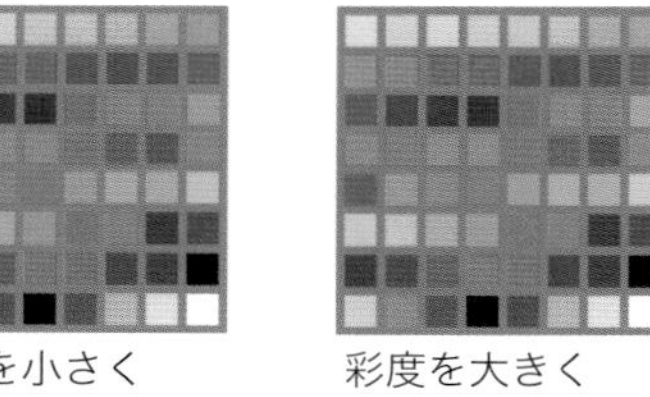
彩度を大きく

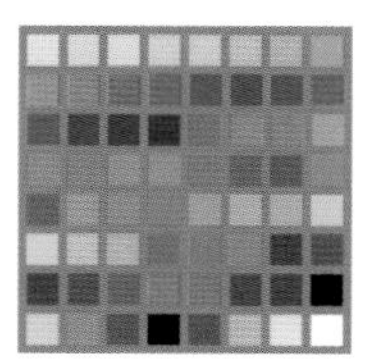
色の置き換え

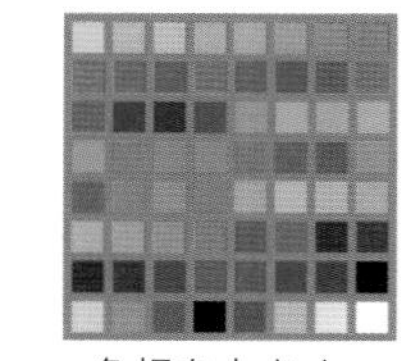
色相を小さく

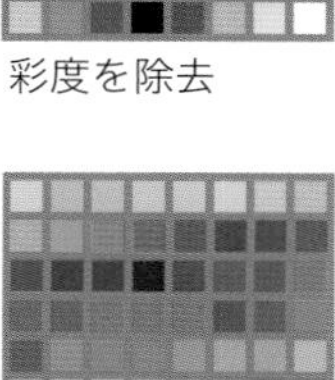
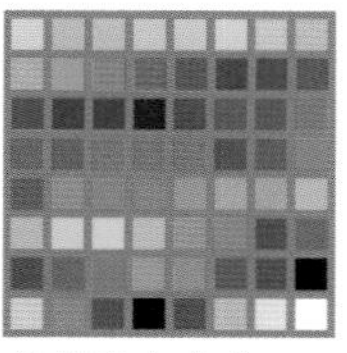
色相を大きく

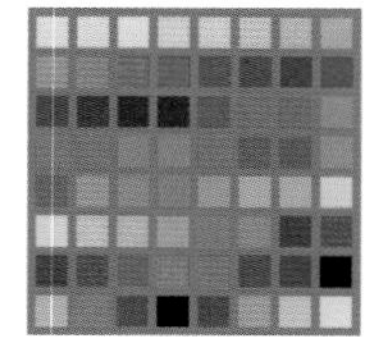
青色成分を除去

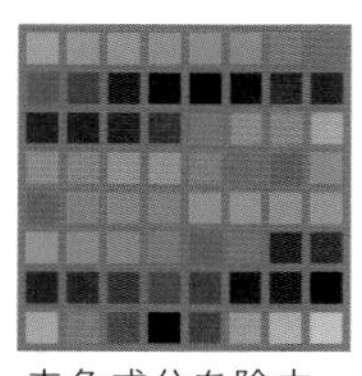
赤色成分を除去

白と黒

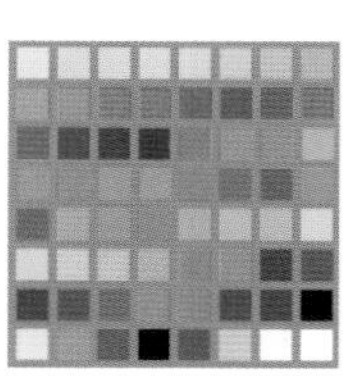
明るく

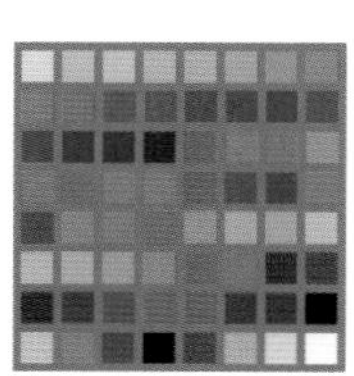
明度を小さく

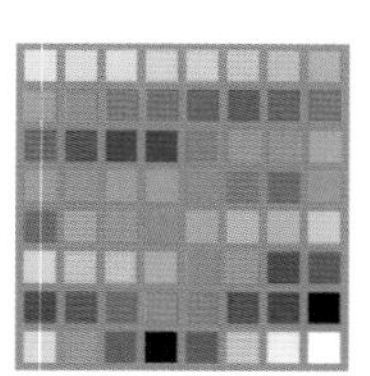
明度を大きく

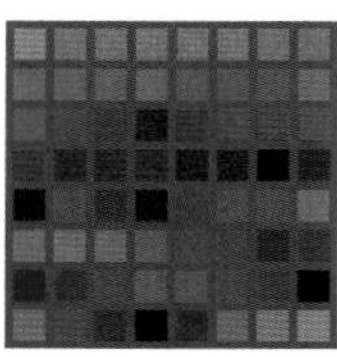
緑色成分を除去

[配列]のエクステンション

[エクステンション]メニューの[配列]では、オブジェクトの重ね順とグループ解除に関するエクステンションを実行できます。

サンプルファイル 08-12.svg

[配列]のエクステンションの概要

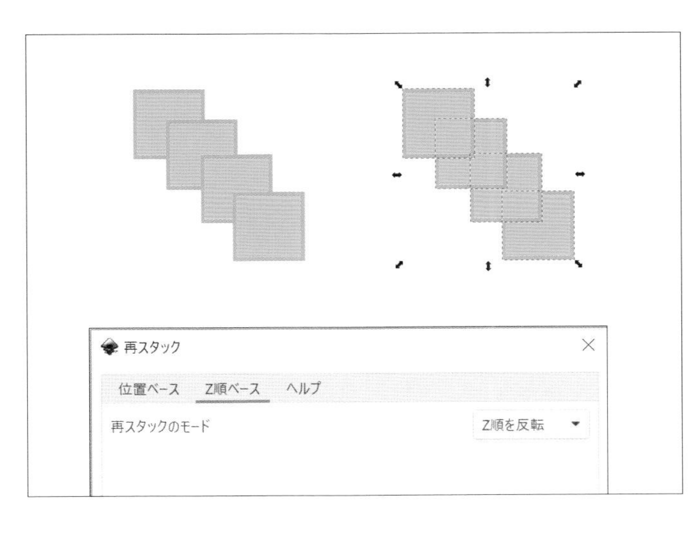

再スタック

重ね順（Z 順）を逆転させたり、ランダムに変更させます。

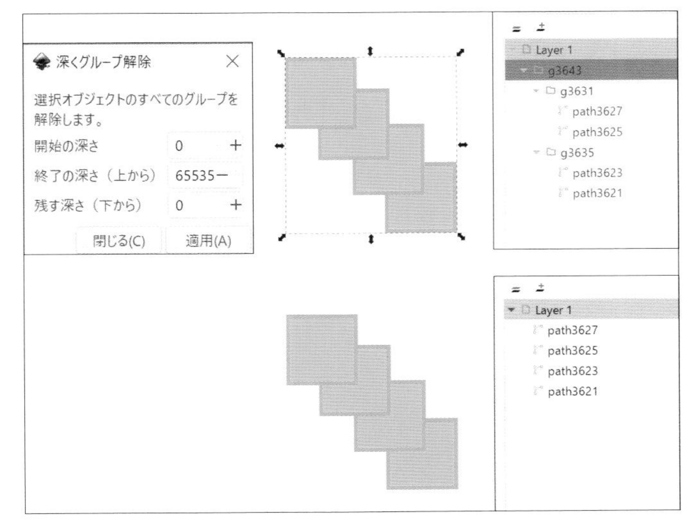

深くグループ解除

何層もグループ化されているオブジェクトを完全にグループ解除します。

SECTION 13

そのほかのエクステンション

本章で紹介できなかったエクステンションとして、工作機械での出力用、スライド作成用、Web用などの7項目があります。簡単に紹介します。

そのほかのエクステンション

代表的なダイアログを紹介します。

Gcodetools

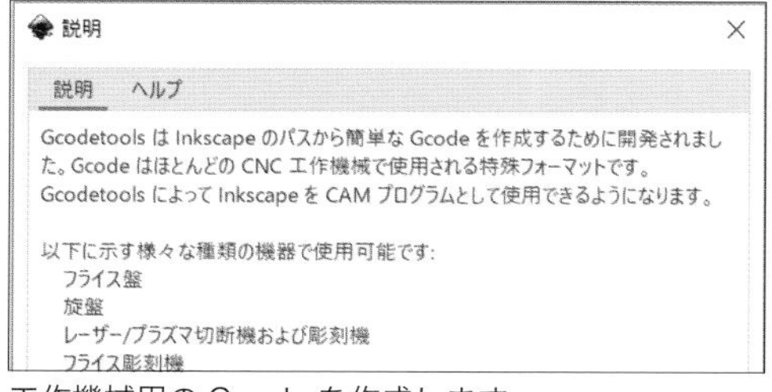

工作機械用の Gcode を作成します。

JessyInk

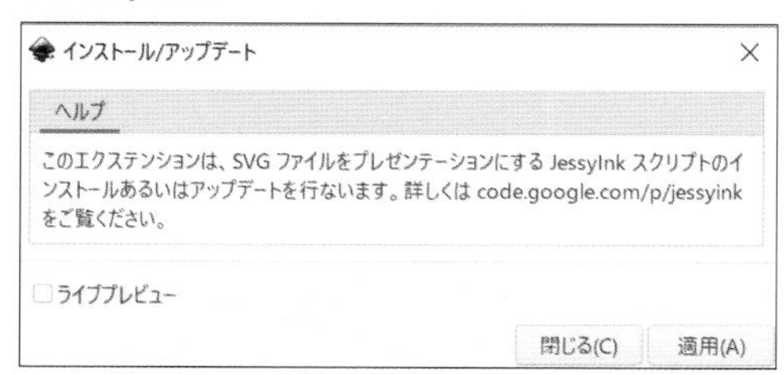

Java スクリプトで効果をつけられるプレゼンテーション用スライドを作成します。

ウェブ

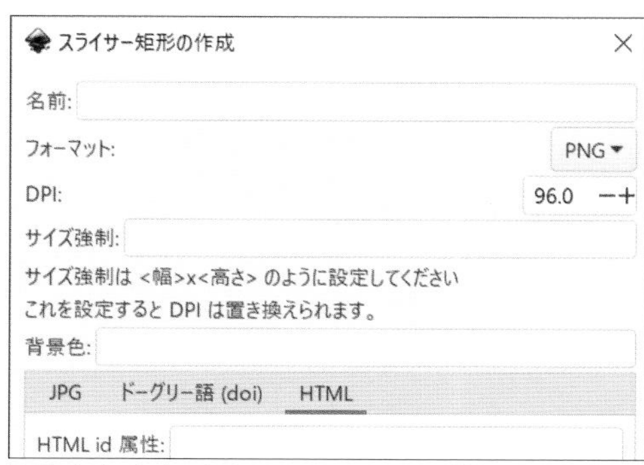

画像やオブジェクトに HTML 用の属性をつけます。

エクスポート

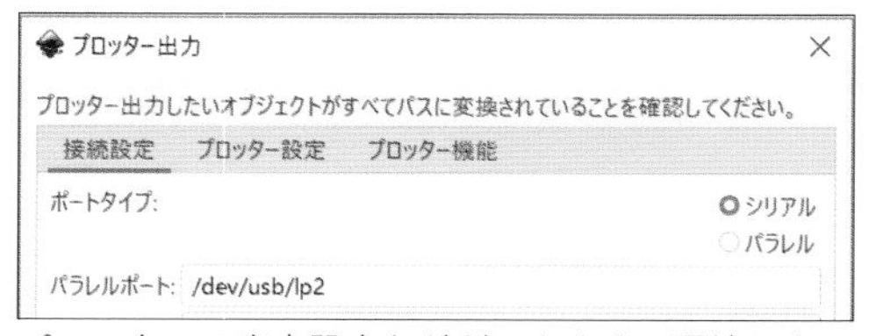

プロッターの出力設定などができます。環境によって動作が不安定なものもあります。

スタイルシート

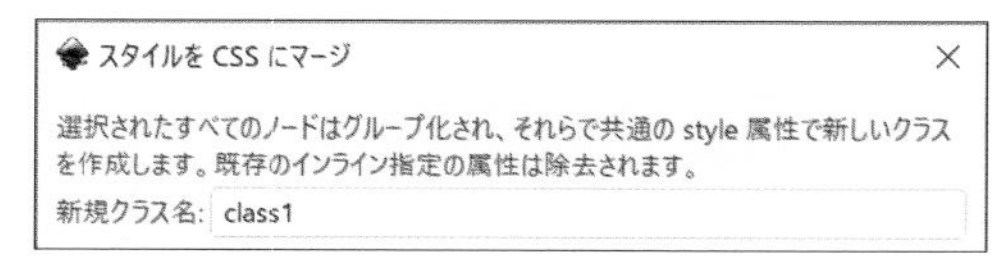

CSS 用のクラスを作成します。

タイポグラフィ

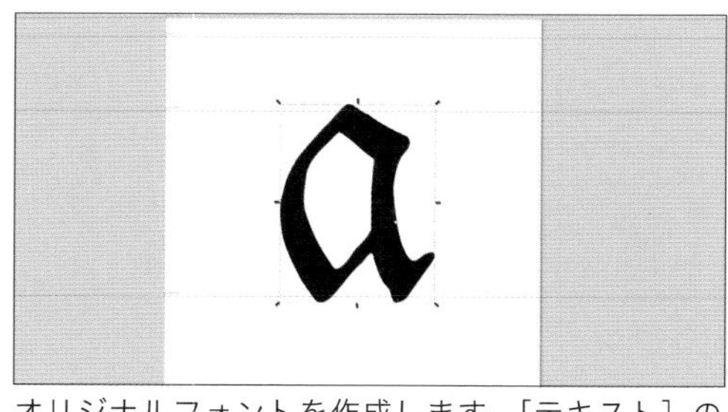

オリジナルフォントを作成します。[テキスト]の[SVG フォントエディター]と同様の機能です。

ドキュメント

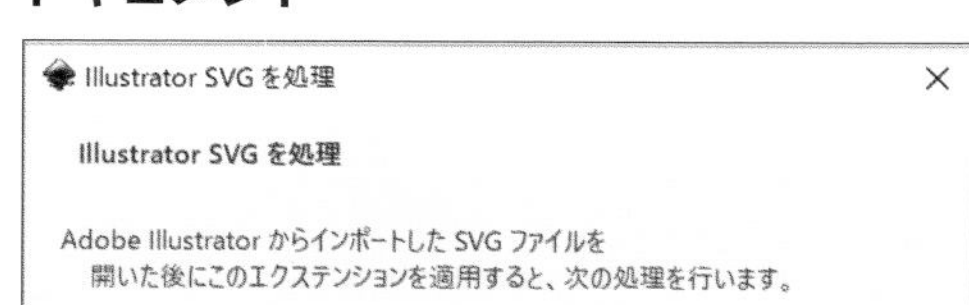

工作機械用の解像度設定や Illustrator ファイルのインポート補助をします。

CHAPTER

▼

09

THE PERFECT GUIDE FOR INKSCAPE

特殊な操作

クローンの基本

クローンは、オブジェクトの特殊なコピーです。オリジナルのオブジェクトとリンクしており、オリジナルを変形したり、カラーを変更すると、クローンも連動して変わります。同じオブジェクトをたくさんレイアウトするのに便利な機能です。

サンプルファイル 09-01.svg

クローンについて

クローンとオリジナルの見分け方

左図では左がオリジナル1、右がクローンです2。クローンを選択すると、ステータスバーには「クローン」と表示されます3。また、[レイヤーとオブジェクト] ダイアログを表示すると、クローンのオブジェクトは、アイコンがで表示されます4。

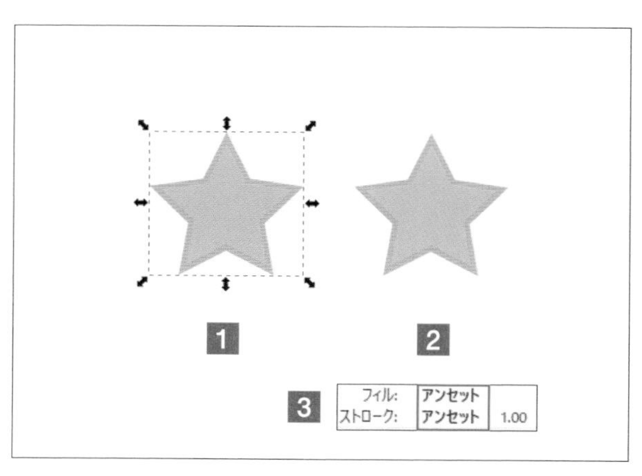

オリジナルとクローンのカラーの連動

オリジナルオブジェクトの [フィル] (塗りつぶし) や [ストローク] (線) のカラーを変更すると1、連動してクローンのカラーも変わります2。クローンの [フィル] や [ストローク] は、「アンセット」となります3。

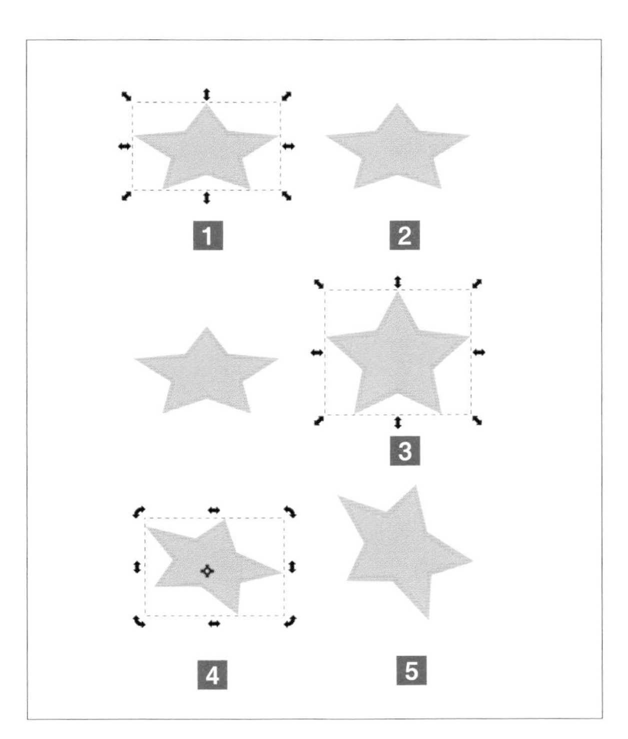

オリジナルとクローンの形状の連動

オリジナルオブジェクトを変形すると1、連動してクローンの形状変わります2。ただし、クローンを個別に変形することは可能です3。クローンを変形しても、オリジナルオブジェクトとのリンクは保持されているので、クローンの変形後にオリジナルを変形しても4、その変形は、変形後のクローンに反映されます5。

POINT

クローンは、ノードツールを使っての変形はできません。変形ツールを使った変形のみになります。

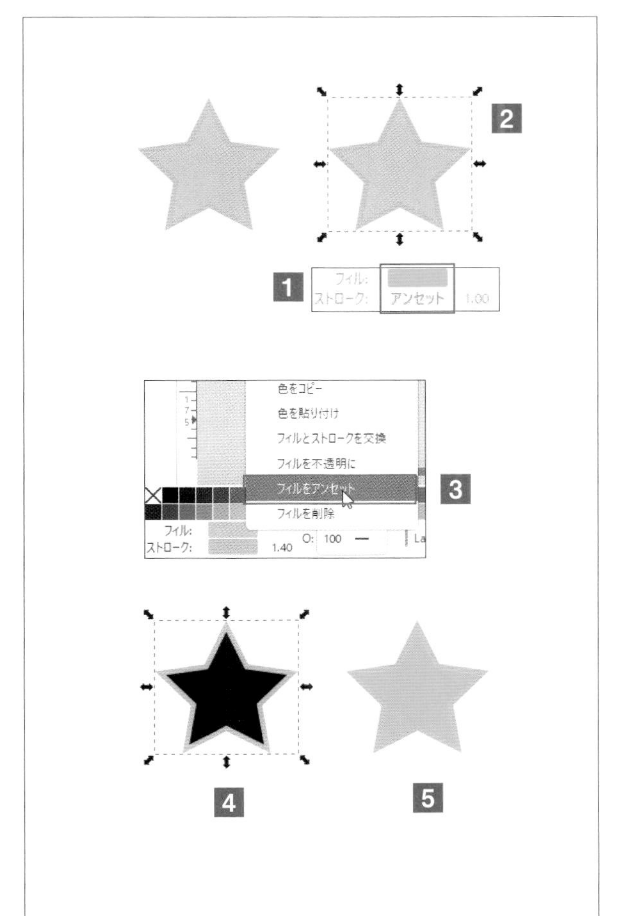

クローンのカラー

クローンに［フィル］や［ストローク］のカラーを設定しても1、見た目はオリジナルのカラーが優先されて変わりません2。ただし、オリジナルの［フィル］や［ストローク］のカラーを「アンセット」に設定すると（ここではステータスバーの［フィル］を右クリックし､表示されたメニューから［フィルをアンセット］を選択）3、オリジナルの［フィル］が「アンセット」でブラック表示になり4、クローンのカラーは、クローンに設定されたカラーとなります5。

POINT

オリジナルの［フィル］と［ストローク］のどちらも｢アンセット｣にすれば､クローンにカラーを設定することも可能です。

クローンを作成する

クローンは、[編集]メニュー→[クローン]→[クローンを作成]を選択して作成します。

サンプルファイル 09-02.svg

クローンを作成する

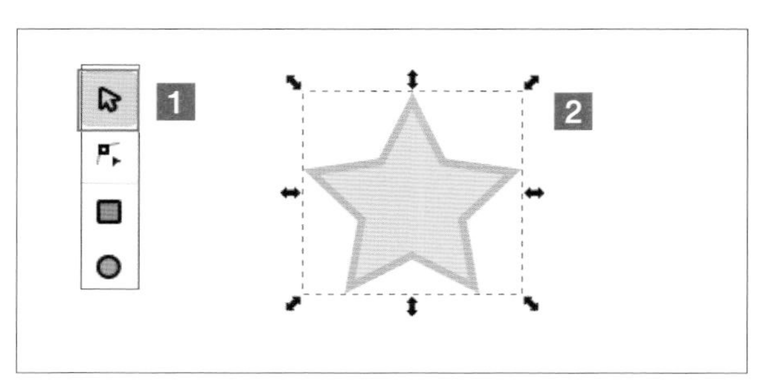

1 選択ツールでオブジェクトを選択する

選択ツールを選択し1、クローンを作成するオブジェクトを選択します2。

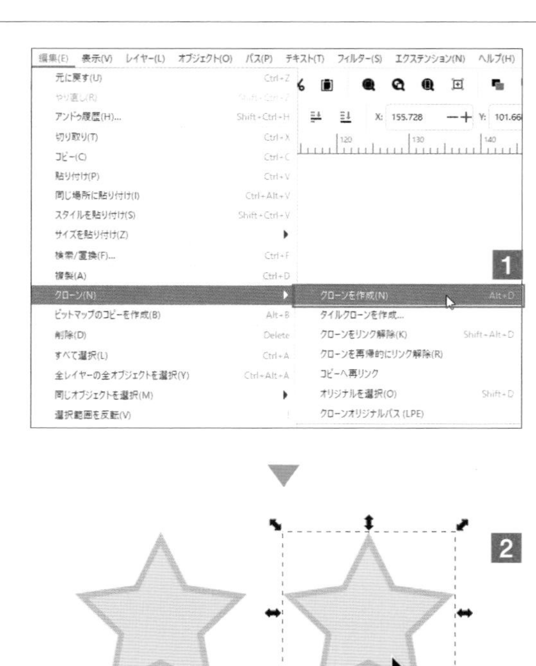

2 [クローンを作成]を選択する

[編集] メニュー→ [クローン] → [クローンを作成] を選択します1。作成したクローンは、オリジナルオブジェクトの前面に作成されるので、ドラッグして位置を変更してください2。ステータスバーで「クローン」と表示されていることを確認するといいでしょう3。

CHECK

クローンはいくつでも作成できます。この手順でオリジナルから作成しても構いませんが、クローンをたくさん作成するには、作成したクローンを [編集] メニュー→ [複製] (Ctrl + D) などで複製すると簡単です。

POINT

クローンのクローンを作成することもできます。

クローンのオリジナルを探す

クローンを作成すると、どのオブジェクトがクローンの元であるオリジナルオブジェクトであるかわからなくなります。オリジナルの探し方を覚えておきましょう。

サンプルファイル 09-03.svg

クローンのオリジナルを選択する

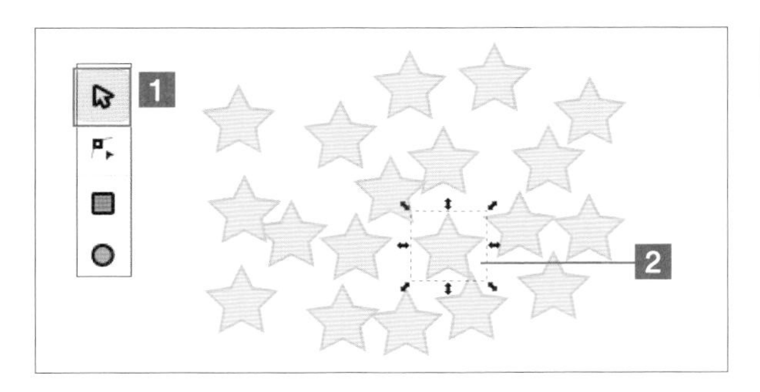

1 選択ツールでクローンを選択する

選択ツールを選択し1、クローンを選択します2。

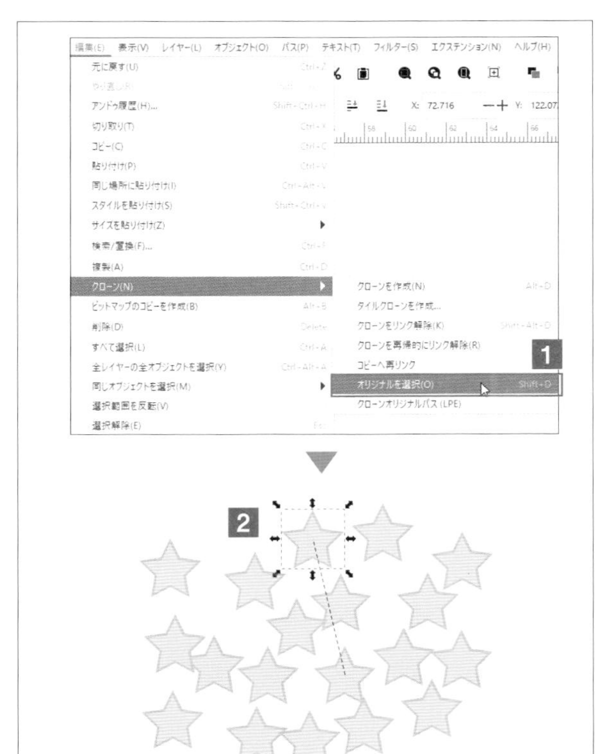

2 ［オリジナルを選択］を選択する

［編集］メニュー→［クローン］→［オリジナルを選択］を選択します1。クローンからオリジナルが点線が表示され、オリジナルのオブジェクトが選択されます2。

CHECK

［オリジナルを選択］のキーボードショートカットは、Shift ＋ D です。よく使うので覚えておきましょう。

クローンとオリジナルのリンクを解除する

クローンは、オリジナルのオブジェクトとリンクを解除して、独立したオブジェクトにすることもできます。

サンプルファイル 09-04.svg

クローンのリンクを解除する

1 選択ツールでクローンを選択する

選択ツールを選択し1、クローンを選択します2。

2 ［クローンをリンク解除］を選択する

［編集］メニュー→［クローン］→［クローンをリンク解除］を選択します1。リンクが解除されたことを確認するために、オリジナルの［フィル］のカラーを変えてみます2。リンクを解除したオブジェクトは、カラーがそのままになり3、ほかのクローンはカラーが変わります4。

CHECK

オリジナルのオブジェクトを削除すると、クローンはすべて通常のオブジェクトとなります。

グループ化したクローンのリンク解除

クローンをグループ化している場合、[編集] メニュー→ [クローン] → [クローンをリンク解除] ではクローンはリンク解除できません。[クローンを再帰的にリンク解除]を使ってリンク解除してください。

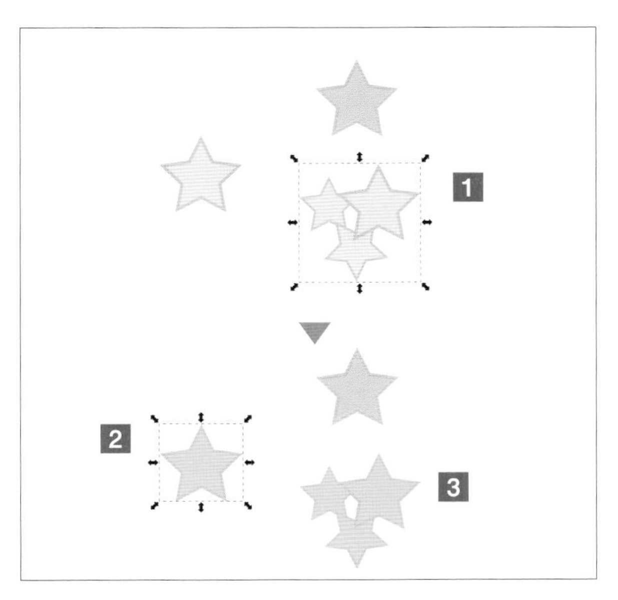

1 [クローンをリンク解除]を試してみる

選択ツールで、グループ化したクローンを選択します1。[編集] メニュー→ [クローン] → [クローンをリンク解除] を選択した後に、オリジナルの [フィル] のカラーを変えてみます2。オリジナルと連動してカラーが変わり、クローンのリンクが解除されていないことがわかります3。

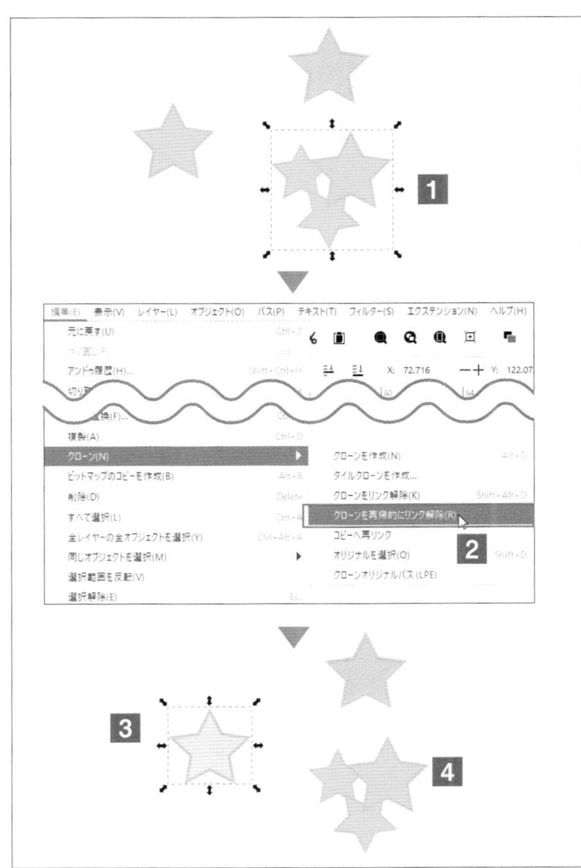

2 [クローンを再帰的にリンク解除]を選択する

グループ化したクローンを選択し1、今度は [編集] メニュー→ [クローン] → [クローンを再帰的にリンク解除] を選択します2。リンクが解除されたことを確認するために、オリジナルのオブジェクトの [フィル] のカラーを変えてみます3。今度はリンクを解除したグループ化したオブジェクトのカラーそのままになり、リンクが解除されたことがわかります4。

CHECK

グループ内のオブジェクトを個別に選択して [クローンをリンク解除] を適用すると、グループ化されたまま個別にリンクを解除できます。

クローンのリンク先を変更する

クローンのリンク先を、ほかのオブジェクトに変更できます。

サンプルファイル 09-05.svg

クローンのリンクを解除する

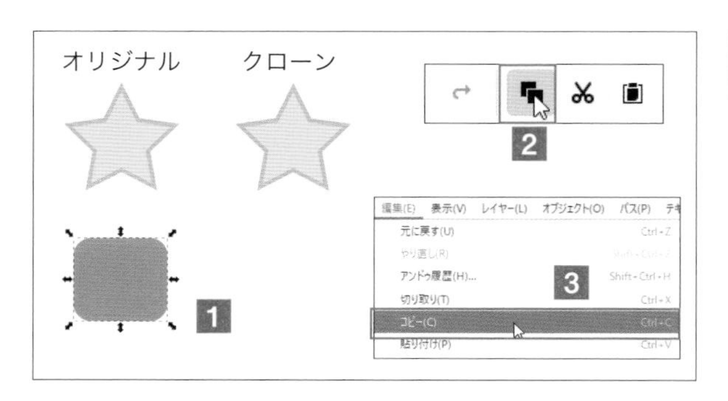

1 選択ツールでオブジェクトを選択する

選択ツールで、新しいリンク先となるオブジェクトを選択します1。ツールコントロールバーのをクリックする2か、[編集] メニューの [コピー] を選択し3、クリップボードにコピーします。

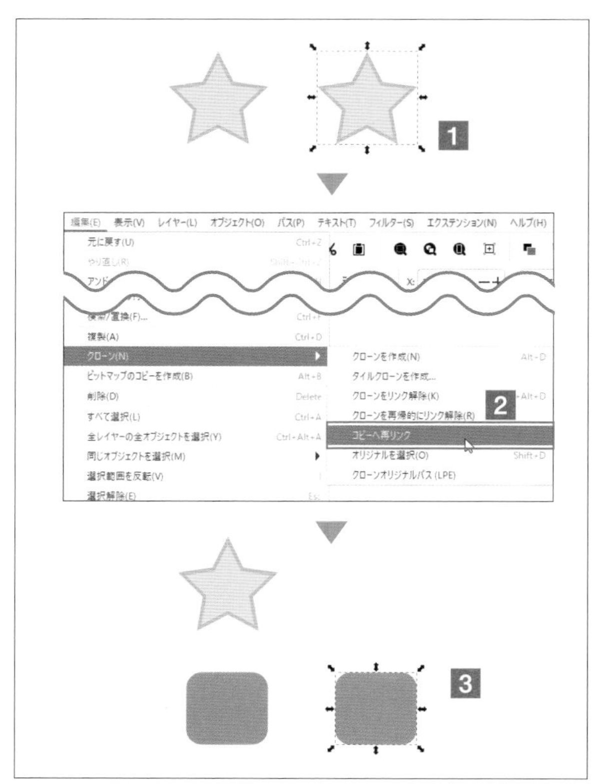

2 [コピーへ再リンク]を選択する

クローンを選択し1、[編集] メニュー→ [クローン] → [コピーへ再リンク] を選択します2。クリップボードにコピーしていたオブジェクトをリンク先としたクローンに変わります3。

水平／垂直のタイルクローンを作成する

タイルクローンは、オリジナルのオブジェクトを水平／垂直方向にタイル状に複数のクローンを作成する機能です。

サンプルファイル 09-06.svg

個数を指定して作成する

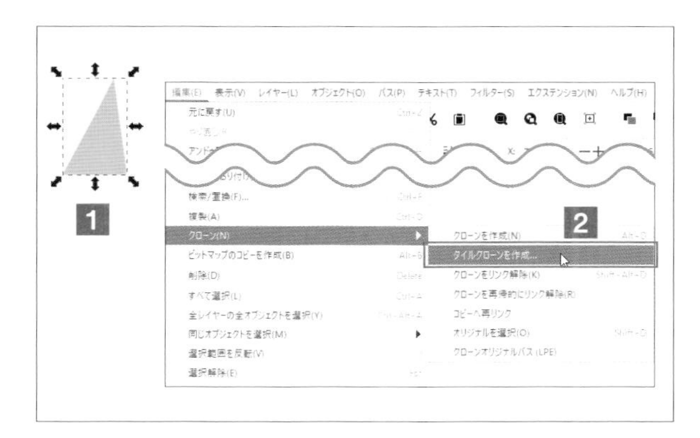

1 [タイルクローンを作成]を選択する

選択ツールで、オブジェクトを選択します1。[編集] メニュー→ [クローン] → [タイルクローンを作成] を選択します2。

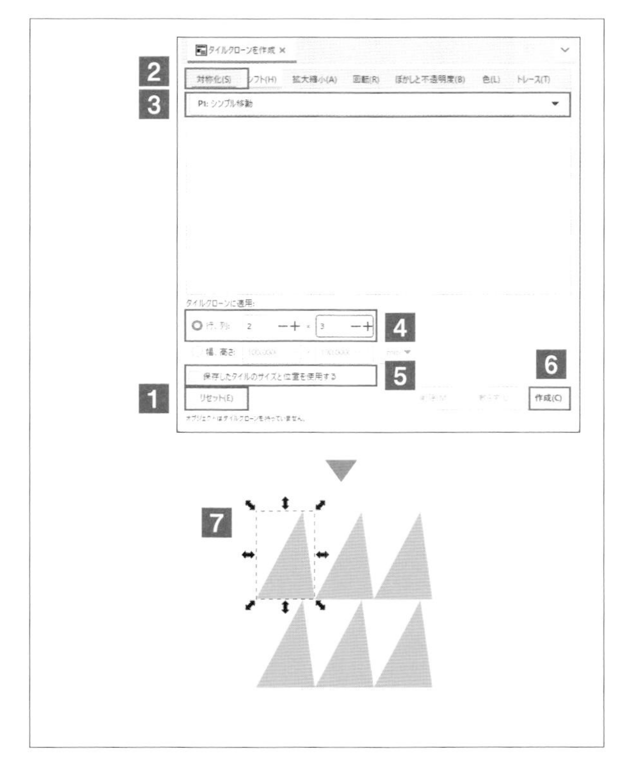

2 [タイルクローンを作成]ダイアログで設定して作成する

[タイルクローンを作成] ダイアログが表示されるので、[リセット] をクリックして設定を初期化します1。[対称化] タブをクリックし2、上部のメニューから、タイルの作成パターンを選択します3。ここでは「P1: シンプル移動」を選択していますが、たくさんの種類があるので試してみてください。[タイルクローンに適用] の [行、列] を選択し、行数（横方向の個数）と列数（縦方向の個数）を指定します（ここでは「2」×「3」）4。[保存したタイルのサイズと位置を使用する] はチェックを外し5、[作成] をクリックすると6、タイルクローンが作成されます7。

CHECK

タイルクローンは、オリジナルのオブジェクトの前面にも作成されます。

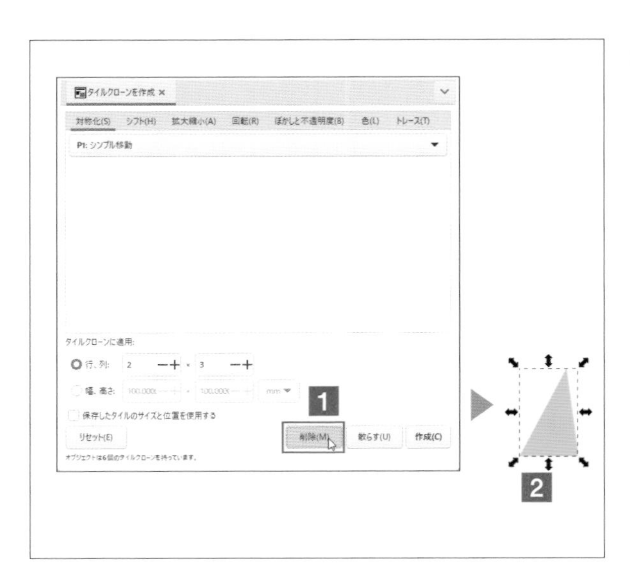

3 タイルクローンを削除する

オリジナルオブジェクトが選択された状態で、[タイルクローンを作成] ダイアログの [削除] をクリックすると1、タイルクローンが削除され、オリジナルだけが残ります2。

CHECK

[保存したタイルのサイズと位置を使用する] をチェックすると、直前に適用したタイルのサイズと位置にクローンが作成されます。オリジナルオブジェクトのサイズを変更した後、同じ位置にクローンを作成する場合はチェックしてください。

サイズを指定して作成する

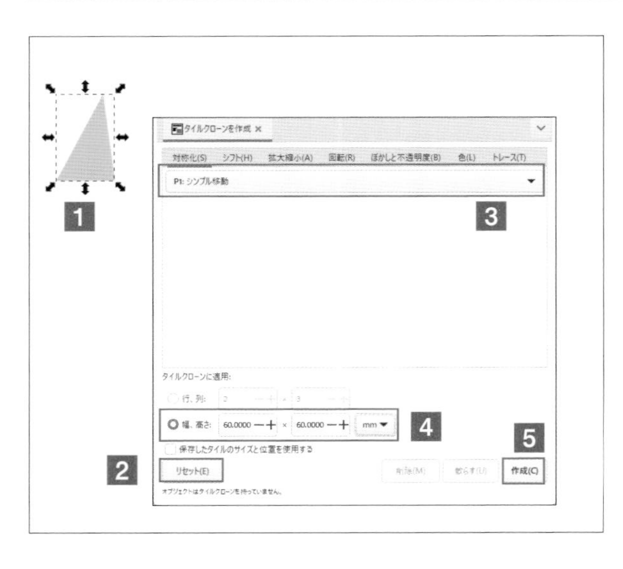

1 [タイルクローンを作成] ダイアログで設定して作成する

選択ツールで、オブジェクトを選択します1。[タイルクローンを作成] ダイアログで、[リセット] をクリックして設定を初期化します2。上部のメニューから、タイルの作成パターンを選択します(ここでは「P1: シンプル移動」を選択)3。[タイルクローンに適用] の [幅、高さ] を選択し、単位を指定してから、作成後のタイルクローン全体のサイズを指定します(ここでは幅も高さも「60」)4。[作成] をクリックします5。

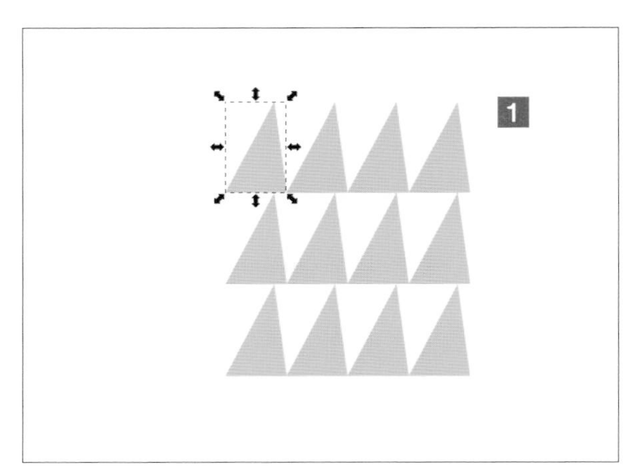

2 タイルクローンが作成される

全体が指定したサイズになるようにタイルクローンが作成されます1。

CHECK

厳密に指定したサイズになるわけではありません。多少の誤差があります。

隙間のあるタイルクローンを作成する

タイルクローンのクローンとクローンの間に隙間を作るには、[タイルクローンを作成]ダイアログの[シフト]で、隙間となる移動量を指定して作成します。

サンプルファイル 09-07.svg

隙間を指定して作成する

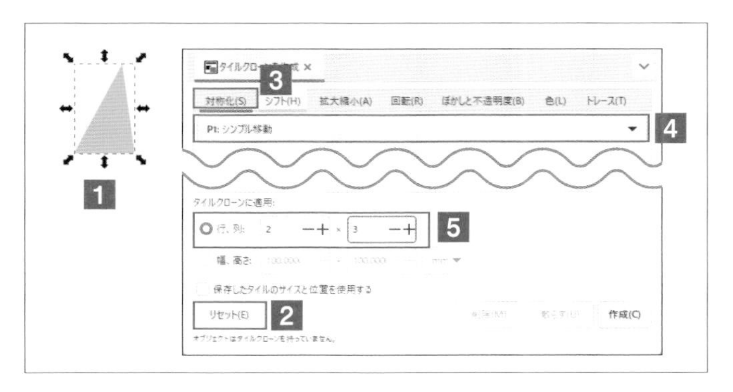

1 [対称化]を設定する

選択ツールで、オブジェクトを選択します1。[タイルクローンを作成] ダイアログの [リセット] をクリックして設定を初期化し2、[対称化] タブをクリックし3、上部のメニューから、タイルの作成パターンを選択します（ここでは「P1: シンプル移動」を選択）4。[タイルクローンに適用] の [行、列] を選択し行数と列数を指定します（ここでは「2」×「3」）5。

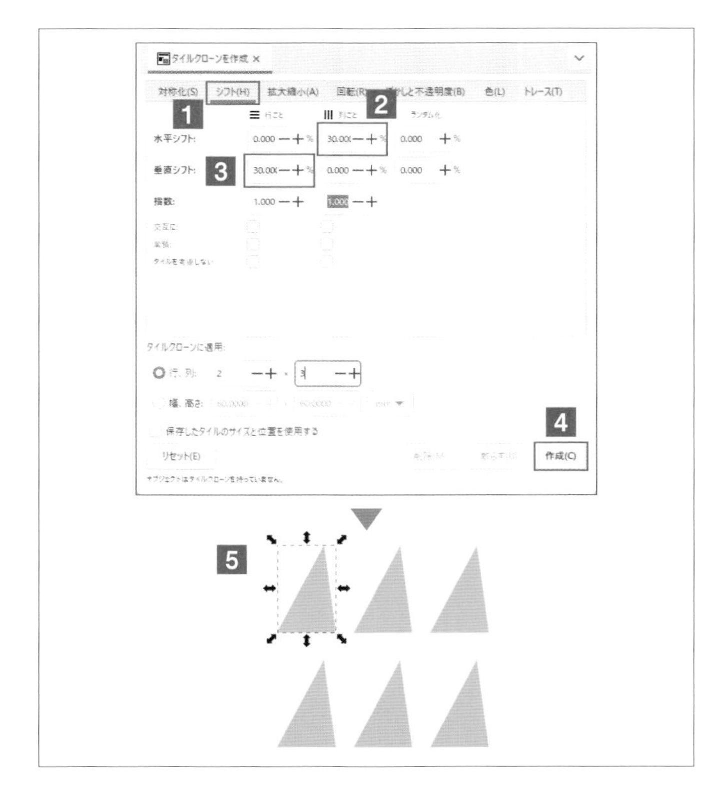

2 [シフト]の設定をして作成する

[シフト] タブをクリックします1。[水平シフト] の [列ごと] に、横方向の隙間量を入力します（ここでは「30」）2。オリジナルオブジェクトの幅に対する割合で指定してください。同様に、[垂直シフト] の [行ごと] に縦方向の隙間量を入力します（ここでは「30」）3。[作成] をクリックすると4、指定した隙間のタイルクローンが作成されます5。

CHECK

[指数] を「1」以上にすると、隙間が徐々に大きくなるタイルクローンを作成できます（下図は [列ごと] を「1.4」に設定）。

08 拡大するタイルクローンを作成する

[タイルクローンを作成]ダイアログの[拡大縮小]の設定で、徐々に拡大するタイルクローンを作成できます。

サンプルファイル 09-08.svg

徐々に拡大するタイルクローンを作成する

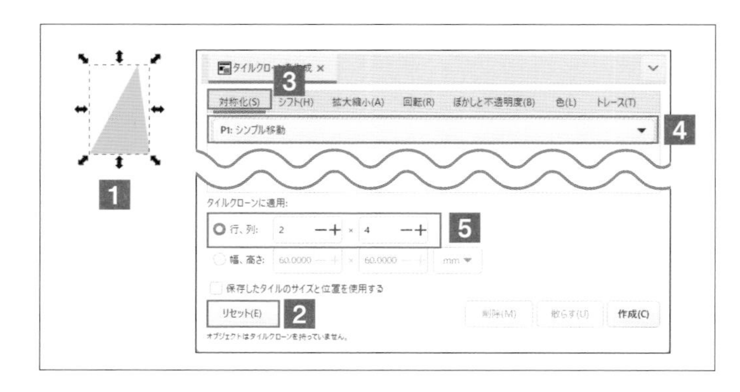

1 [対称化]を設定する

選択ツールで、オブジェクトを選択します1。[タイルクローンを作成] ダイアログの [リセット] をクリックして設定を初期化します2。[対称化] タブをクリックし3、上部のメニューから、タイルの作成パターンを選択します（ここでは「P1: シンプル移動」を選択）4。[タイルクローンに適用] の [行、列] を選択し行数と列数を指定します（ここでは「2」×「4」）5。

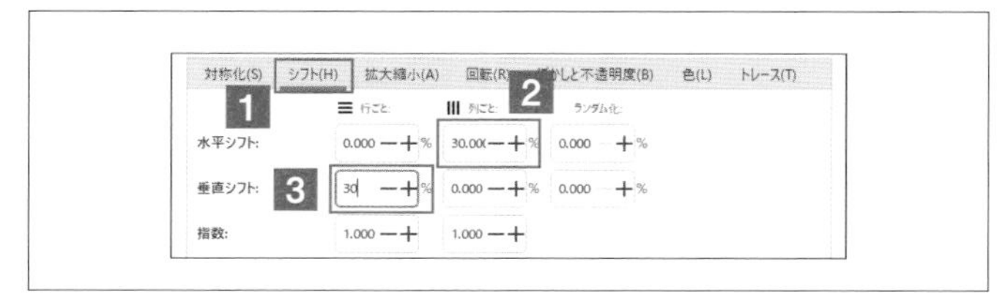

2 [シフト]で隙間を設定する

[シフト] タブをクリックします1。[水平シフト] の [列ごと] に、横方向の隙間量を入力します（ここでは「30」）2。[垂直シフト] の [行ごと] に縦方向の隙間量を入力します（ここでは「30」）3。

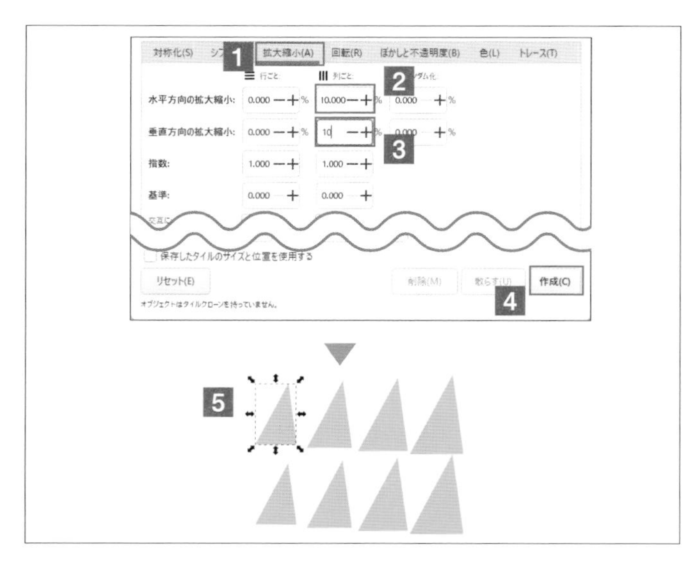

3 [拡大縮小]の設定をして作成する

[拡大縮小]タブをクリックします1。[水平方向の拡大縮小] の [列ごと] に、横方向の拡大量（ここでは「10」）を入力します2。[垂直方向の拡大縮小] の [列ごと] に縦方向の拡大量（ここでは「10」）を入力します3。[作成] をクリックすると4、列ごとに水平、垂直方向に10%ずつ拡大するタイルクローンが作成されます5。

09 円形のタイルクローンを作成する

[タイルクローンを作成]ダイアログの設定で、オリジナルオブジェクトを円形に配列するタイルクローンを作成できます。

サンプルファイル 09-09.svg

円形タイルクローンを作成する

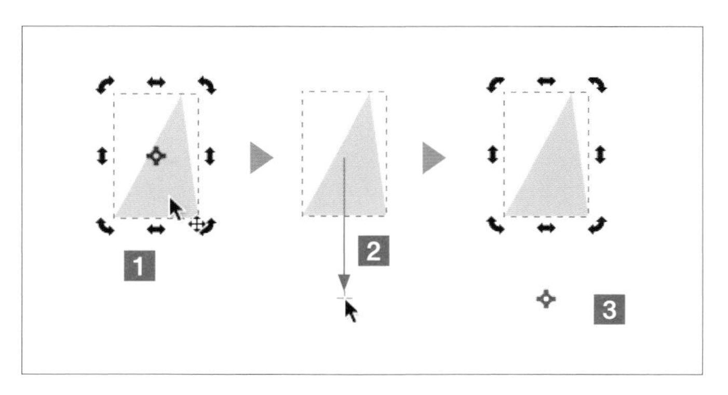

1 回転の中心を設定する

選択ツールで、オブジェクトを選択し、再度クリックして回転ハンドルを表示します1。中心をドラッグして位置を移動します2。ここが、タイルクローンの回転の中心となります3。

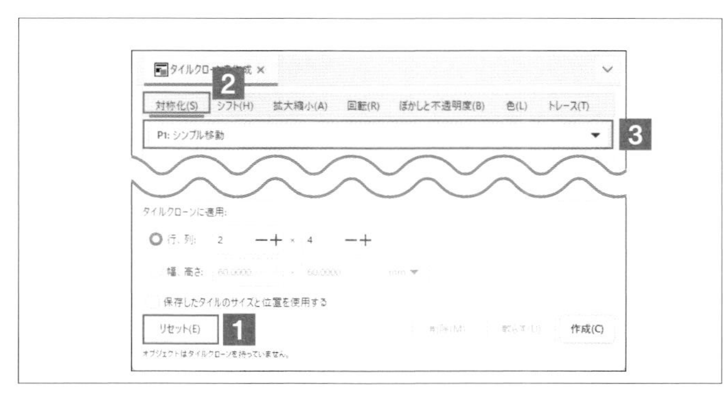

2 [対称化]を設定する

[タイルクローンを作成] ダイアログの[リセット] をクリックして設定を初期化します1。[対称化] タブをクリックし2、上部のメニューから、タイルの作成パターンに「P1: シンプル移動」を選択します3。

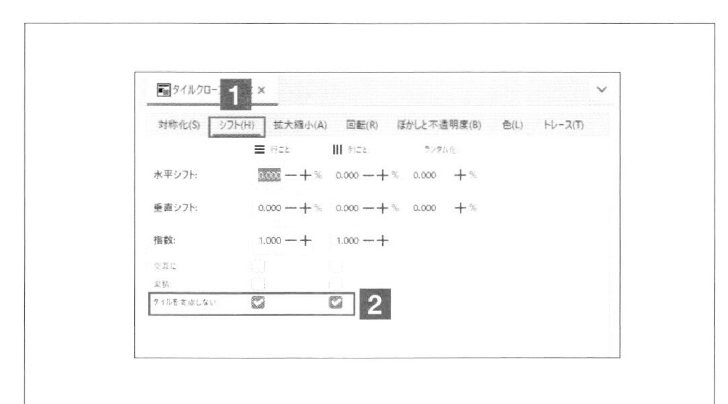

3 [シフト]の設定をする

[シフト] タブをクリックします1。[タイルを考慮しない] の [行ごと] [列ごと] のどちらにもチェックを入れます2。

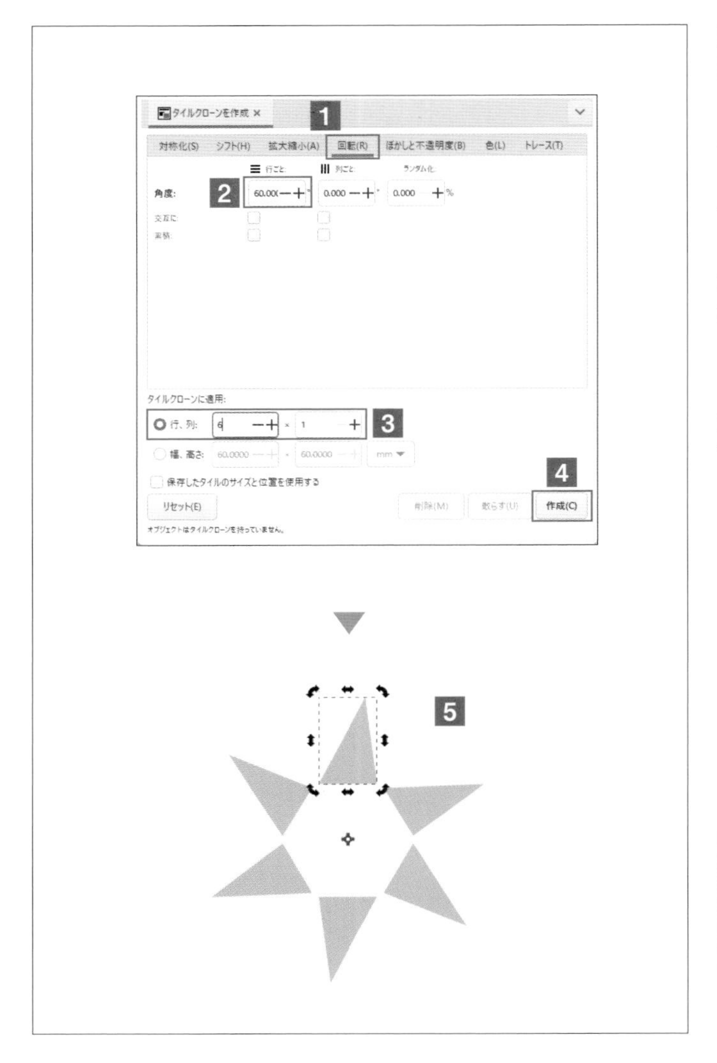

4 ［回転］を設定する

［回転］タブをクリックします1。［角度］の［行ごと］に、回転角度を入力します。ここでは「60」としました。2。［タイルクローンに適用］の［行、列］を選択し［行数］と［列数］を指定します3。ここでは、回転角度が「60」なので、1回転するように［行数］だけ「6」に設定しました。［列数］は指定しても、オリジナルの位置に個数分のクローンができるだけなので「1」に設定します。［作成］をクリックすると4、手順1で指定した回転の中心を中心として、回転した円形状のタイルクローンが作成されます5。

CHECK

作成後に、オリジナルオブジェクトの回転の中心位置を変更しても、タイルクローンの回転位置は変わりません。

POINT

回転角度に合わせて、［タイルクローンに適用］の［行、列］の［行数］を設定するのがきれいな円形状のタイルクローンを作成するポイントです。回転角度を「30」にするなら、［行数］は360÷30＝12で、「12」に設定するときれいになります。

徐々に透明になるタイルクローンを作成する

[タイルクローンを作成]ダイアログの設定で、カラーの不透明度が徐々に透明になるタイルクローンを作成できます。

サンプルファイル 09-10.svg

徐々に透明になるタイルクローンを作成する

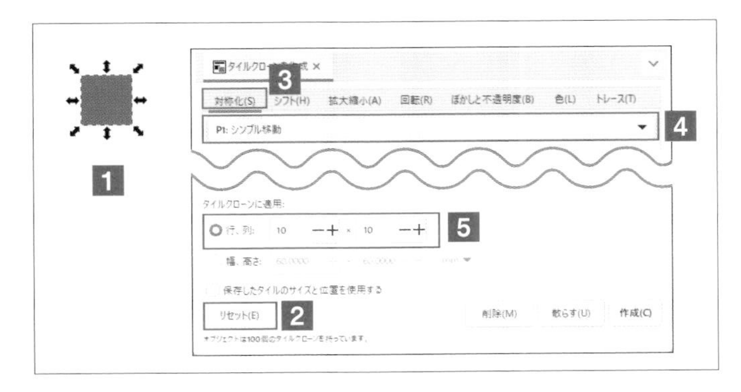

1 [対称化]を設定する

選択ツールで、オブジェクトを選択します**1**。[タイルクローンを作成] ダイアログの [リセット] をクリックして設定を初期化します**2**。[対称化] タブをクリックし**3**、上部のメニューから、タイルの作成パターンで「P1: シンプル移動」を選択します**4**。[タイルクローンに適用] の [行、列] を選択し行数と列数を指定します(ここではそれぞれ「10」)**5**。

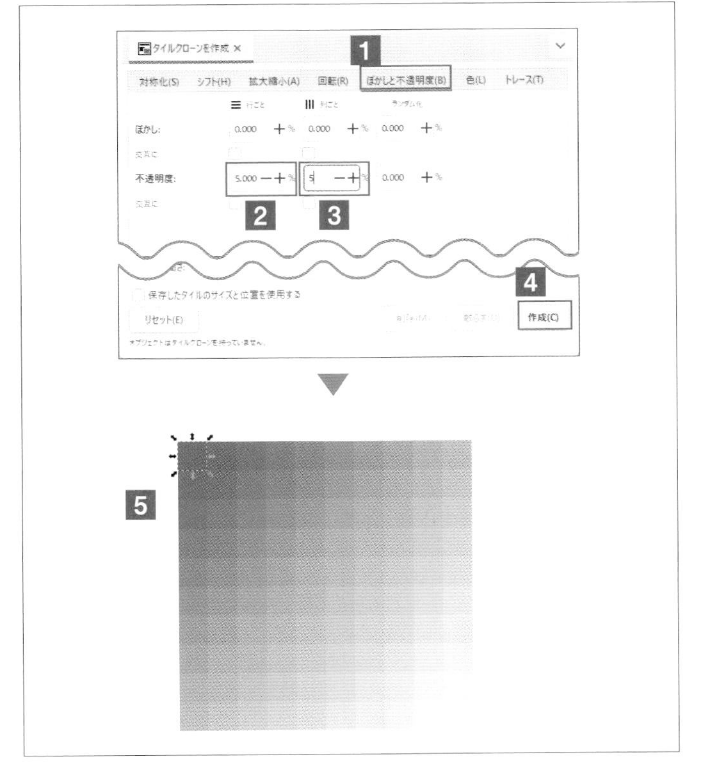

2 [ぼかしと不透明度]を設定して作成する

[ぼかしと不透明度] タブをクリックします**1**。[不透明度] の [行ごと] [列ごと] に、透明になっていく割合を入力します(ここではそれぞれ「5」)**2** **3**。[作成] をクリックすると**4**、水平、垂直方向に5%ずつ透明になっていくタイルクローンが作成されます**5**。

徐々にカラーが変わるタイルクローンを作成する

[タイルクローンを作成]ダイアログの設定で、カラーが徐々に変化するタイルクローンを作成できます。オリジナルオブジェクトの[フィル]と[ストローク]を「アンセット」に設定してから作成してください。

サンプルファイル 09-11.svg

徐々にカラーが変わるタイルクローンを作成する

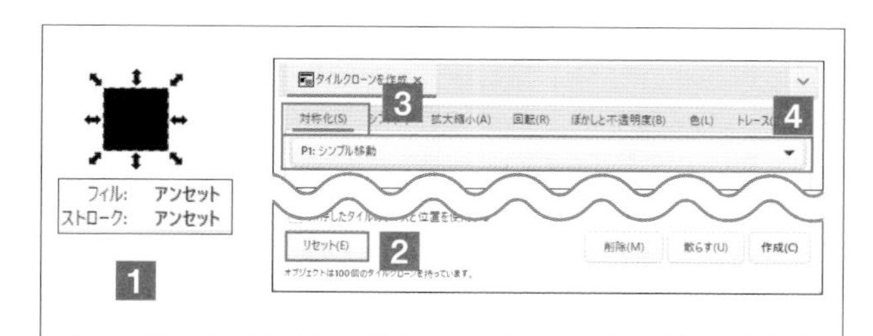

1 [対称化]を設定する

オブジェクトを選択し［フィル］と［ストローク］を「アンセット」に設定します1。［タイルクローンを作成］ダイアログの［リセット］をクリックして設定を初期化します2。［対称化］タブをクリックし3、上部のメニューで「P1: シンプル移動」を選択します4。

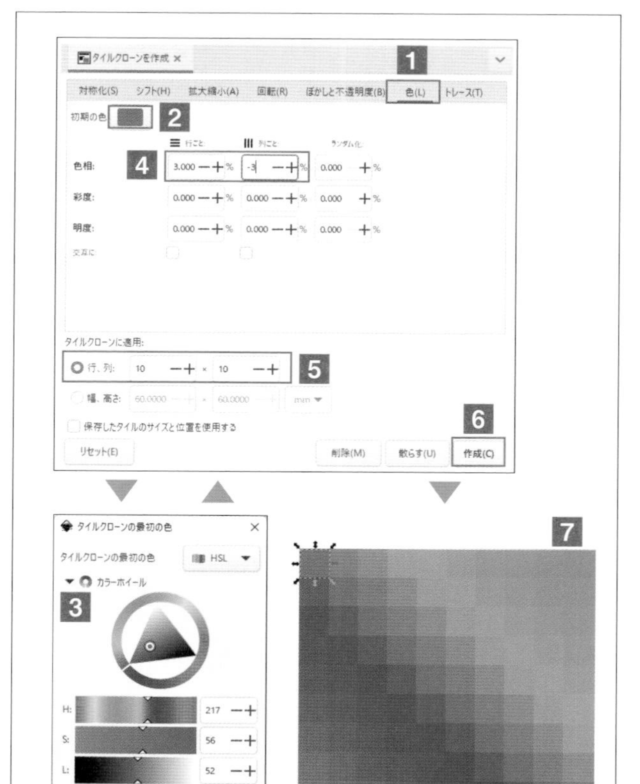

2 [色]を設定して作成する

［色］タブをクリックします1。［初期の色］をクリックし2、［タイルクローンの最初の色］ウィンドウが開くので、任意の色を設定して3、ウィンドウを閉じます。［色相］の［行ごと］と［列ごと］に、色相の変化の割合を入力します（ここではそれぞれ「3」と「-3」を設定）4。［タイルクローンに適用］の［行、列］を選択し行数と列数を指定します（ここではそれぞれ「10」）5。［作成］をクリックすると6、水平方向の色相が「3」、垂直方向の色相が「-3」ずつ変化していくタイルクローンが作成されます7。

クローンオリジナルパスで色の異なるクローンを作成する

「クローンオリジナルパス」を適用すると、パスエフェクトとしてパスのクローンが作成でき、色を自由に変更できます。

サンプルファイル 09-12.svg

クローンオリジナルパスを作成する

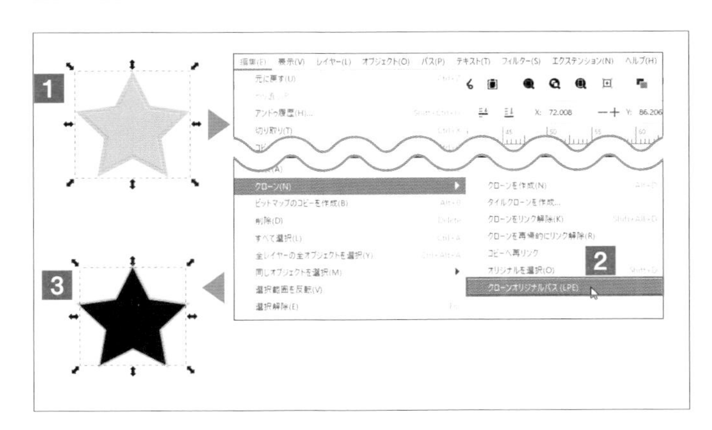

1 クローンオリジナルパスを作成する

オブジェクトを選択し1、[編集] メニュー→ [クローン] → [クローンオリジナルパス] を選択します2。オブジェクトの前面に黒いクローンオリジナルパスが作成されます3。

CHECK

初期状態は、元のオブジェクトと同じ位置で移動できません。

2 [パスエフェクト] ダイアログで設定する

[パス] メニュー→ [パスエフェクト] を選択して [パスエフェクト] ダイアログを表示し1、[変形を許可] をチェックします2。前面のクローンオリジナルパスはドラッグして移動できるようになります3。通常のクローンと異なり、[フィル] や [ストローク] にカラーを適用できます4。

3 元オブジェクトを変形する

元オブジェクトを選択すると1、クローンオリジナルパスには青いラインが表示されます2。元オブジェクトを変形すると3、クローンオリジナルパスも連動して変形します4。元オブジェクトの変形は、ノードツールで行ってください。変形ツールでの変形は反映されません。

図形をスプレーする

スプレーツールを使うと、選択したオブジェクトをスプレーで吹き付けるように配置できます。モードによって、「コピー」を作成するか「クローン」を作成するか、またひとつのパスにするかを選択できます。

サンプルファイル 09-13.svg

スプレーツールでオブジェクトを作成

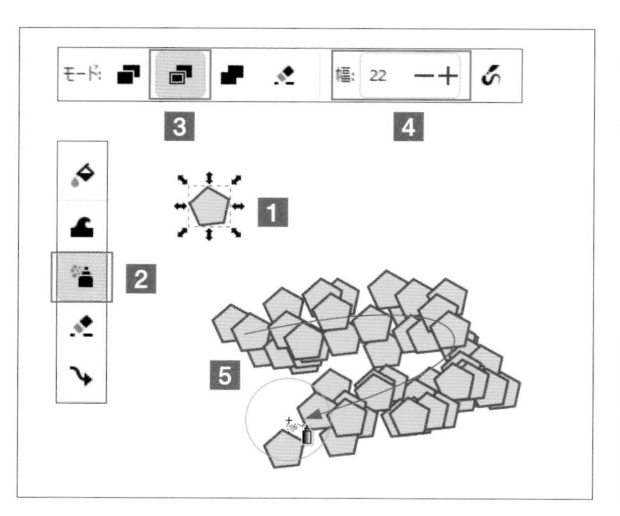

クローンモードで作成

オブジェクトを選択し1、[スプレーツール]を選択します2。ツールコントロールバーのモードでを選択します3。[幅]でスプレーする範囲を設定します4。アイコンの周りの円が幅です。ドラッグすると5、選択したオブジェクトのクローンが作成されます。

POINT

ツールコントロールバーの[幅]は、← キーまたは → キーで変更できます。

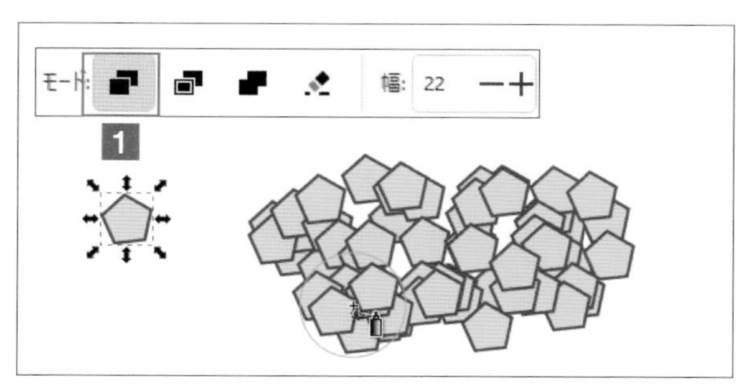

コピーモードで作成

クローンモードと操作方法は同じです。ツールコントロールバーのモードでを選択して1、ドラッグしてください。

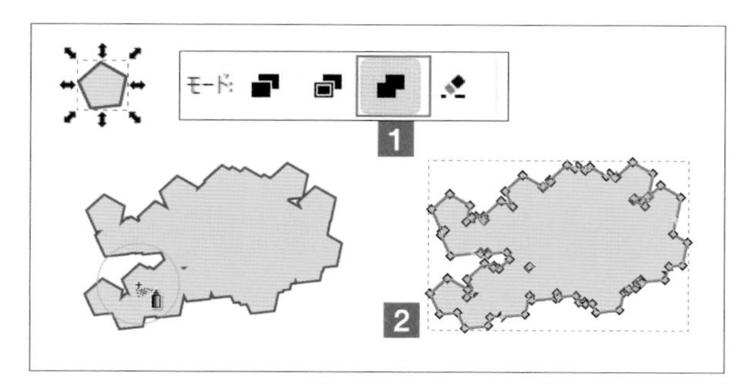

単一パスモードで作成

クローンモードと操作方法は同じです。ツールコントロールバーのモードでを選択して1、ドラッグしてください。作成されたオブジェクトは、ひとつのパスオブジェクトとなります2。

スプレーしたオブジェクトを消す

スプレーツールで作成したオブジェクトを、ドラッグ操作で削除できます。

サンプルファイル 09-14.svg

スプレーツールでオブジェクトを削除する

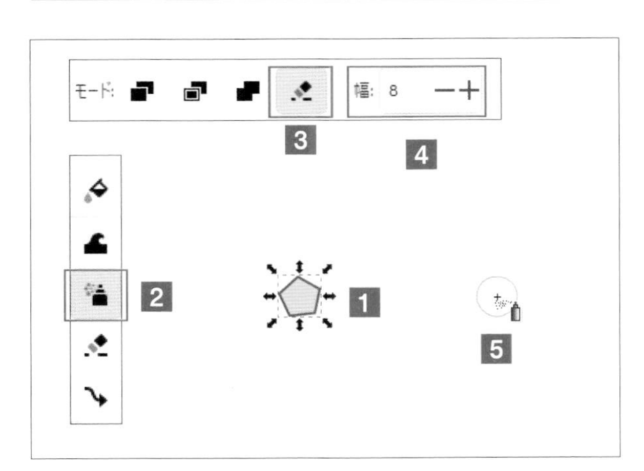

1 モードを選択する

オブジェクトを選択し1、[スプレーツール]を選択します2。ツールコントロールバーのモードでを選択します3。[幅]で、スプレーする範囲を設定します(ここでは「8」)4。アイコンの周りの円が幅です5。

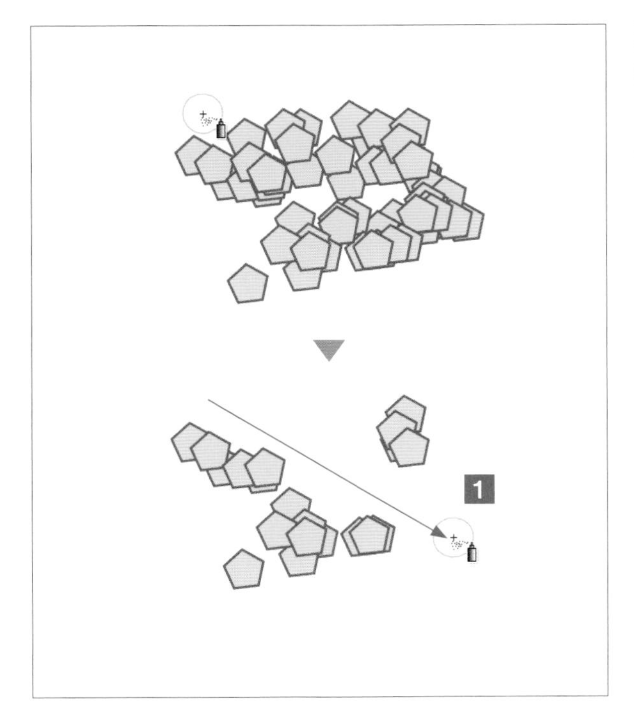

2 ドラッグして削除する

ドラッグすると1、選択したオブジェクトから作成したオブジェクトだけがドラッグの軌跡に沿って削除されます。どのモードで作成したオブジェクトでも削除できます。サンプルには、上にクローンモード、下にコピーモードで作成したオブジェクトがあるので試してください。

POINT

削除されるのは、選択したオブジェクトからスプレーツールで作成したオブジェクトだけになります。ほかのオブジェクトをドラッグしても、削除できません。

スプレーのオプションを設定する

スプレーツールには、ツールコントロールバーで、オブジェクト作成時のオプションを設定できます。

サンプルファイル 09-15.svg

スプレーツールのオプション設定

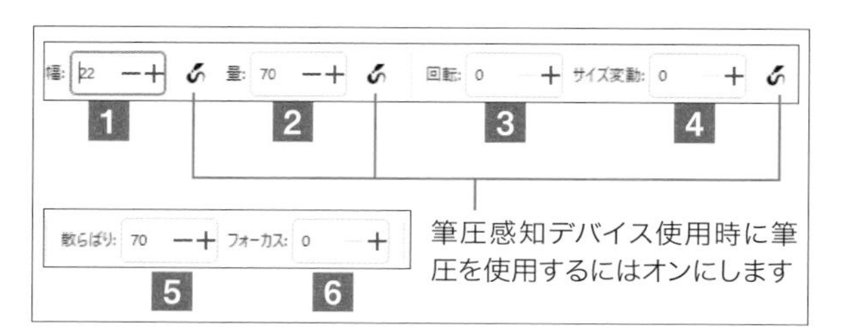

ツールコントロールバーの設定

［幅］はオブジェクトを作成する範囲となります1。［量］は作成削除する量を設定します2。［回転］は作成時にオブジェクトを回転させる割合を設定します3。［サイズ変動］は、作成時にサイズを変動させる割合を設定します4。［散らばり］は作成時に散りばめる程度を設定します5。［フォーカス］は、［幅］の内部でどの程度分散させて作成するかを設定します6。

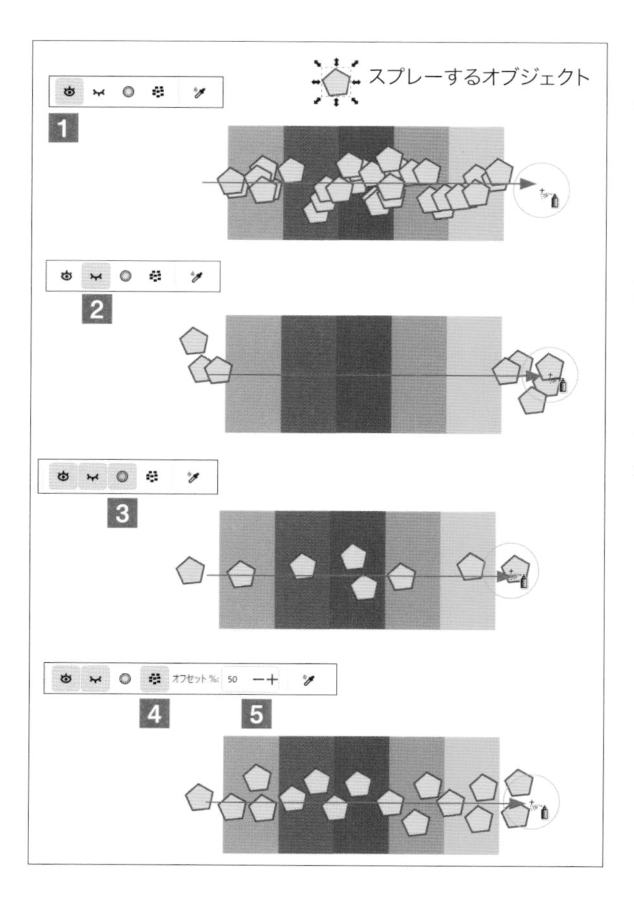

適用箇所の制御

スプレーツールのツールコントロールバーでは、クローンモードまたはコピーモードを選択すると、背面のカラーによって、オブジェクトを作成するかどうかを制御できます。［不透明な領域上に適用］1を有効にすると、色のある領域のみ適用対象となります。［透明な領域上に適用］2を有効にすると、色のない領域のみ適用対象となります。［色の間で重ならない］3を有効にすると、同じ色の上では重ならないように作成します。［オブジェクトの重なりを防ぐ］4を有効にすると、［オフセット］5で設定した値以上の距離を置いてオブジェクト作成します（値が大きいほうが重ならなくなります）。

16 スプレーの色を設定する

スプレーツールには、ツールコントロールバーで、作成するオブジェクトの色を、背面のオブジェクトから取得できます。

サンプルファイル 09-16.svg

スプレーツールのオプション設定

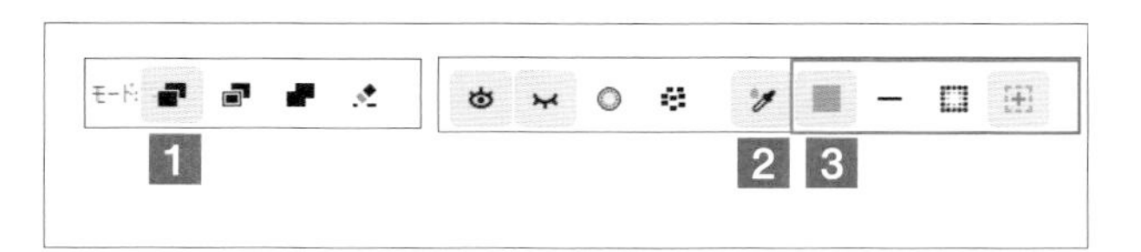

ツールコントロールバーの色の設定

ツールコントロールバーのモードでを選択します1。[描画から色を取り出し] を有効にすると2、右側にオプションが表示されます3。

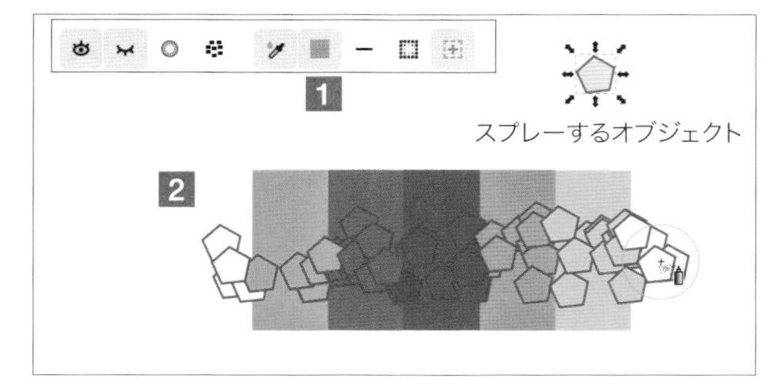

最後に選択した色をフィルに適用

[最後に選択した色をフィルに適用] 1を有効にすると、ドラッグした背面の色をオブジェクトの [フィル] に適用します2。

1
スプレーするオブジェクト
2

最後に選択した色をストロークに適用

[最後に選択した色をストロークに適用] 1を有効にすると、ドラッグした背面の色をオブジェクトの [ストローク] に適用します（ここではわかりやすいように [最後に選択した色をフィルに適用] はオフ）2。

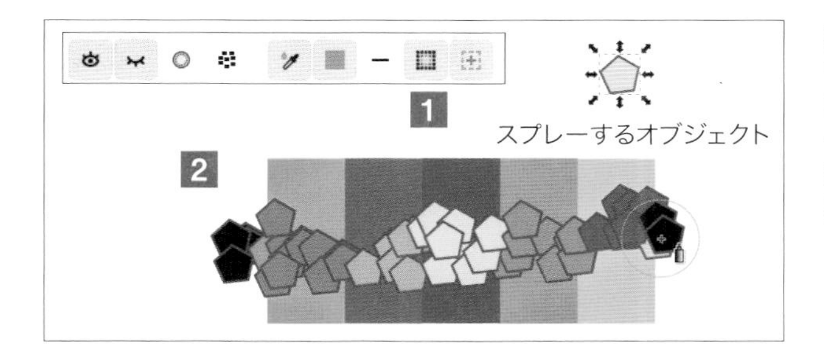

採取した値を反転

[採取した値を反転] 1を有効にすると、ドラッグした背面の色の反転色をオブジェクトに適用します（例は [最後に選択した色をフィルに適用] のみオン）2。

画像をトレースする（単一スキャン）

Inkscapeでは、インポートした画像を自動トレースして、パスオブジェクトを作成できます。トレースの設定は[ビットマップのトレース]ダイアログで行います。単一スキャンは、一度のスキャンでモノクロ画像を作成します。

サンプルファイル 09-17.svg

単一スキャンでトレースする

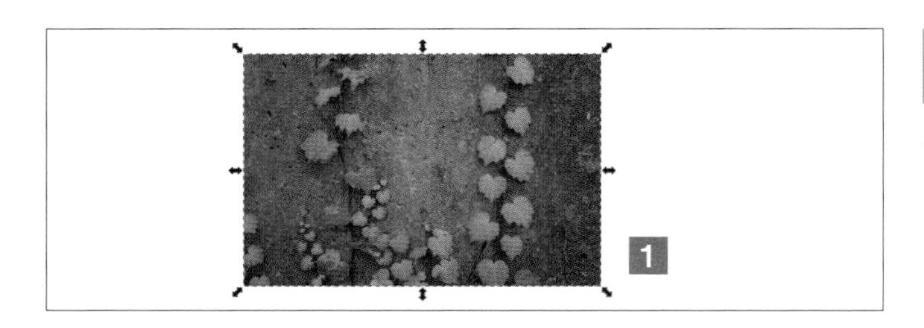

1 画像を選択する

インポートした画像オブジェクトを選択します1。

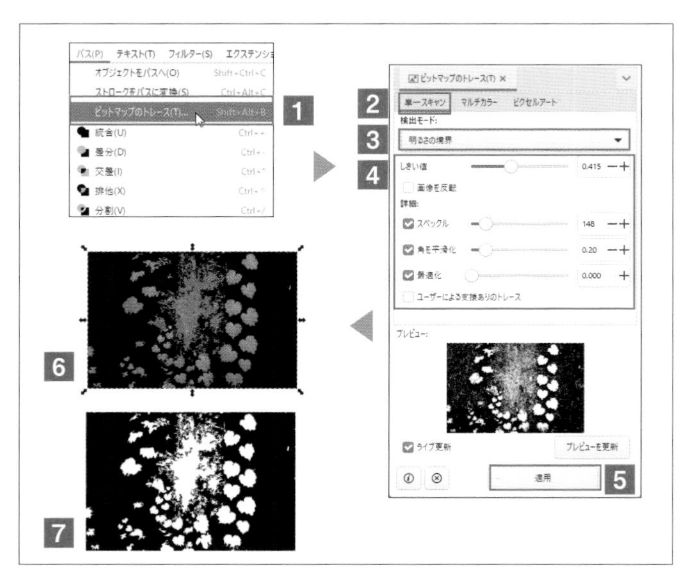

2 [ビットマップのトレース]ダイアログで設定する

[パス] メニュー→ [ビットマップのトレース] を選択します1。[ビットマップのトレース] ダイアログが表示されるので、[単一スキャン] タブをクリックします2。[検出モード] でトレースモードを選択し3、プレビューを見ながら必要に応じてオプションを変更します（次ページを参照ください）4。[適用] をクリックすると5、画像オブジェクトの前面にトレースしたオブジェクトが作成されます6。移動すると、パスオブジェクトができていることがわかります7。

しきい値	白黒の境を設定します。
画像を反転	画像を反転します。

POINT

[検出モード] の参考にしてください。

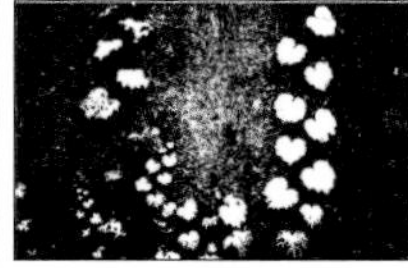
明るさの境界

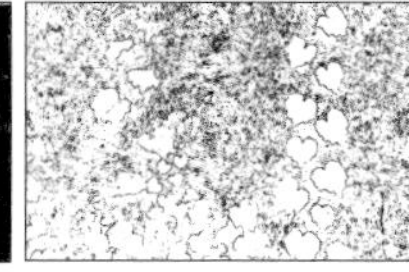
エッジの検出

色の量子化

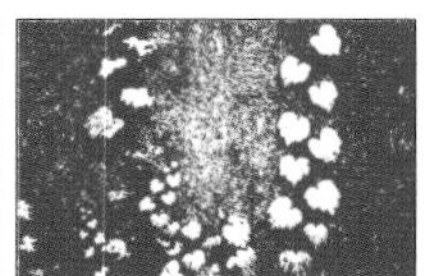
オートトレース

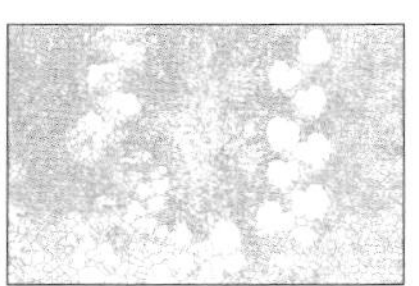
中心線トレース

画像をトレースする（マルチカラー）

［ビットマップのトレース］ダイアログの［マルチカラー］タブでは、複数回スキャンしてパスを作成するため、階調のあるパスを作成できます。スキャン数を多くすると精密なトレースとなりますが、時間がかかります。

サンプルファイル 09-18.svg

マルチカラースキャンでトレースする

操作方法は単一スキャンと同じです。トレースオブジェクトは、画像オブジェクトの前面に作成されるので、移動して確認してください。

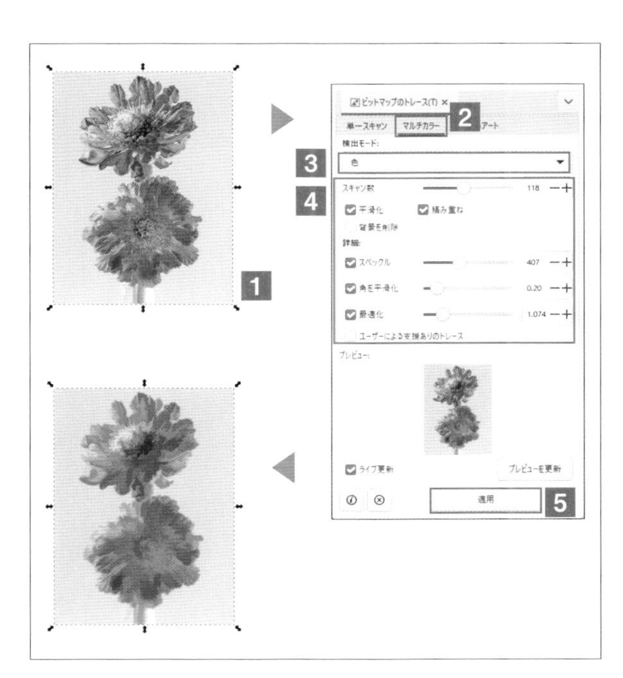

1 ［ビットマップのトレース］ダイアログで設定する

画像オブジェクトを選択し1、［ビットマップのトレース］ダイアログで、［マルチカラースキャン］タブをクリックします2。［検出モード］でトレースモードを選択し3、プレビューを見ながら必要に応じてオプションを変更します4。［適用］をクリックします5。

スキャン数	スキャンする回数を設定します。多いほど精度が上がります。
平滑化	トレース前にぼかしを適用します。
積み重ね	スキャン結果を積み重ねるため隙間のないトレースとなります。
背景を削除	完了時に背景のレイヤーを削除します。
スペックル	指定したサイズ以下のパスを削除し、小さな点を無視するようにします。
角平滑化	数値が大きいほどパスのノードを減らして角の丸いパスを作成します。
最適化	隣接するパスのセグメントを結合して最適化します。

POINT

［検出モード］の参考にしてください。［オートトレース（遅い）］は、処理に時間がかかり、作成されるパスの数も多いためファイルサイズも大きくなることがあります。ここでの紹介は省略します。

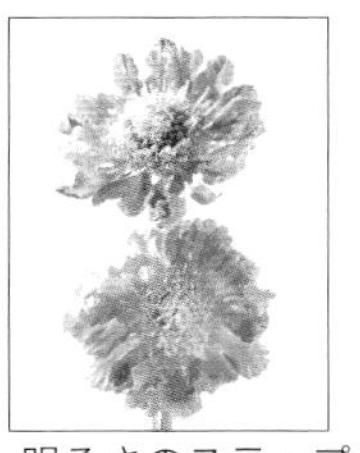
明るさのステップ

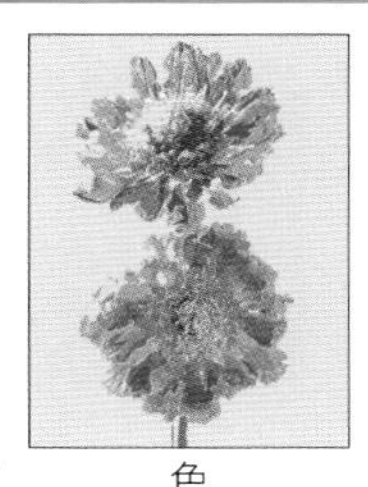
色

白黒

19 画像をトレースする（ピクセルアート）

［ビットマップのトレース］ダイアログの［ピクセルアート］は、画像サイズの小さなピクセルアートなどのトレース用です。ドットの粗い画像から、滑らかな画像を作成します。操作方法はほかのトレースと同じです。

サンプルファイル 09-19.svg

ピクセルアートでトレースする

操作方法は単一スキャンと同じです。トレースオブジェクトは、画像オブジェクトの前面に作成されるので、移動して確認してください。

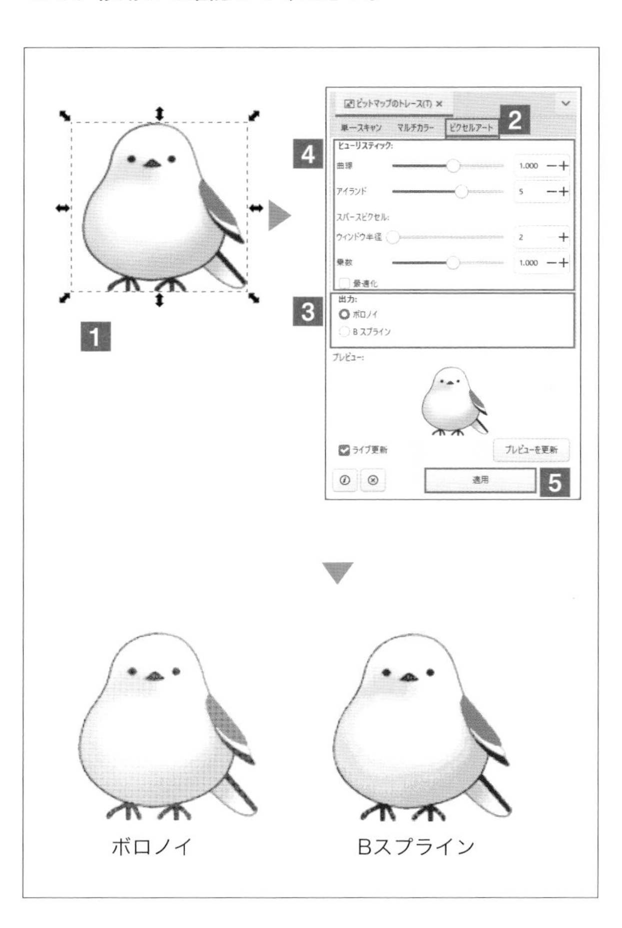

1 ［ビットマップのトレース］ダイアログで設定する

画像オブジェクトを選択し1［ビットマップのトレース］ダイアログで、［ピクセルアート］タブをクリックします2。［出力］で出力方法を選択し3、プレビューを見ながら必要に応じて［ヒューリスティック］オプションを変更します（初期値で最適化されているので、通常は設定を変更しないでください）4。［適用］をクリックします5。

CHECK

プレビューは、［マルチカラー］タブの［検出モード］の設定が「色」になっているとカラー表示されます。

POINT

［ボロノイ］では、モザイク風に出力されます。［B スプライン］はドットの雰囲気を残して出力されます。

微調整ツールを使う（オブジェクトを対象）

微調整ツールは、ドラッグ操作で、選択したオブジェクトの配置を変えたり、回転させたりするツールです。ツールコントロールバーのモードで、調整方法を選択できます。ここではオブジェクトを対称としたモードについて説明します。

サンプルファイル 09-20.svg

オブジェクトの位置等を調整

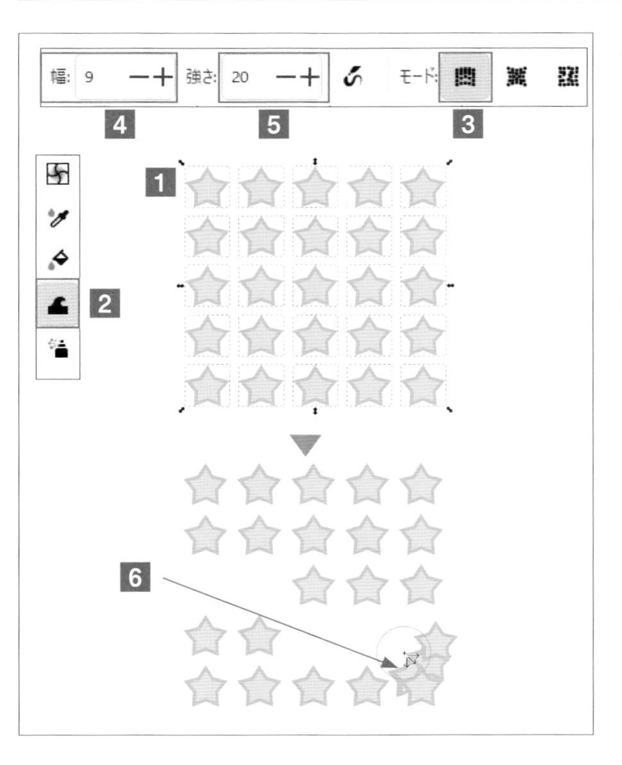

任意の方向にオブジェクトを移動

調整するオブジェクトを選択します1。微調整ツールを選択し2、ツールコントロールバーで「モード」を選択します。ここでは［任意の方向にオブジェクトを移動］を選択します3。［幅］で調整する範囲（ここでは「9」）4、強さで調整の強さ（ここでは「20」）を設定します5。ドラッグすると、ドラッグした方向にオブジェクトが移動します6。

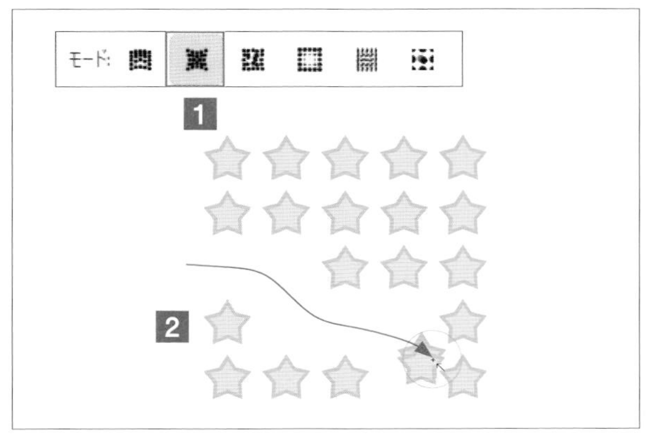

オブジェクトをカーソルに接近

［オブジェクトをカーソルに接近］は1、カーソルにオブジェクトが近づくように移動します2。Shift キーを押しながらドラッグすると、離れるように移動します。

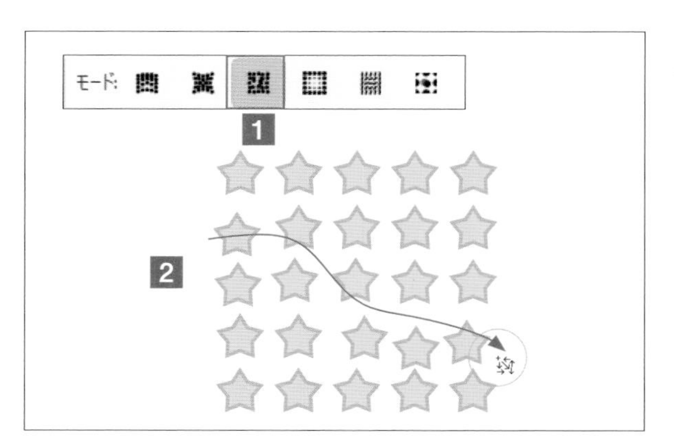

ランダムな方向にオブジェクトを移動

[ランダムな方向にオブジェクトを移動]は1、カーソルの下のオブジェクトがランダムな方向に移動します2。

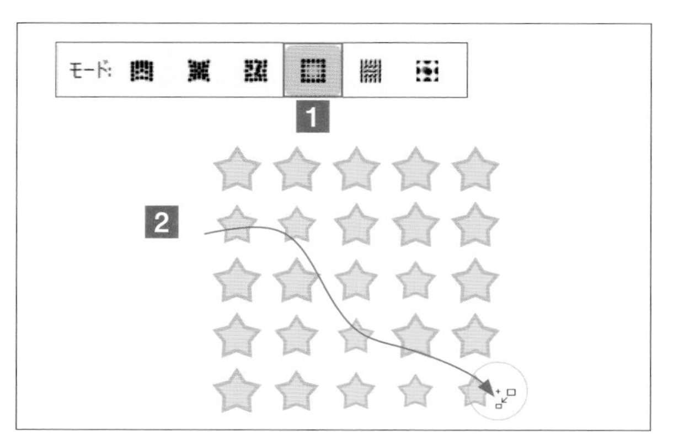

オブジェクトを小さく

[オブジェクトを小さく]は1、カーソルの下のオブジェクトが小さくなります2。Shift キーを押しながらドラッグすると大きくなります。

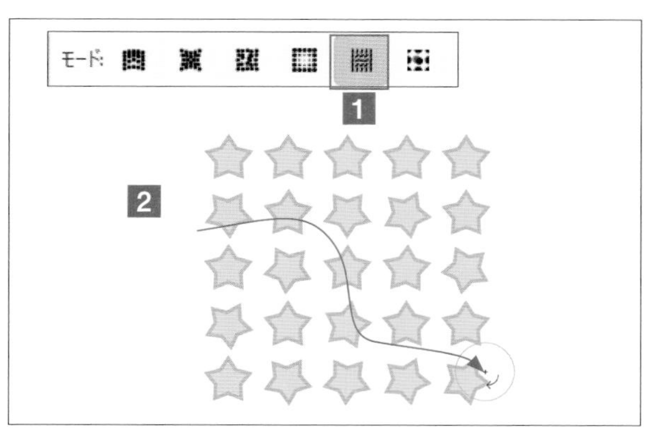

オブジェクトを回転

[オブジェクトを回転]は1、カーソルの下のオブジェクトを時計回りに回転させます2。Shift キーを押しながらドラッグすると、回転方向が反時計回りになります。

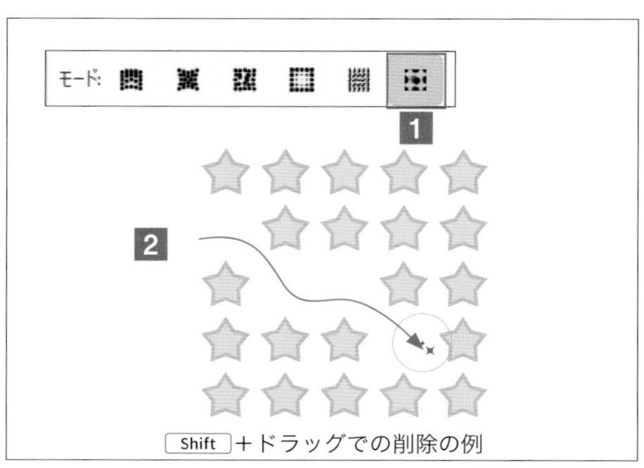

Shift +ドラッグでの削除の例

オブジェクトを複製

[オブジェクトを複製]は1、カーソルの下のオブジェクトを複製します。Shift キーを押しながらドラッグすると、削除になります2。

21 微調整ツールを使う（パスを対象／色の調整）

微調整ツールは、パスのノードの調整もできます。また、オブジェクト色の調整も可能です。操作方法は、オブジェクトを対象した場合と同じで、対象となるオブジェクトを選択してからドラッグしてください。

サンプルファイル 09-21.svg

パスの調整

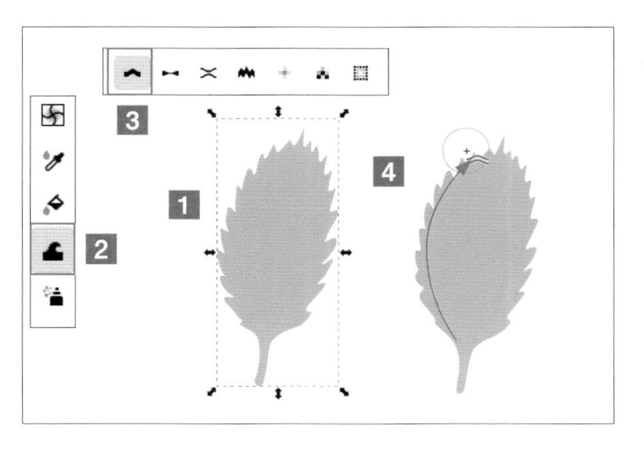

パスのパーツを任意の方向に押す

調整するパスオブジェクトを選択します1。微調整ツールを選択し2、ツールコントロールバーで「モード」を選択します。ここでは［パスのパーツを任意の方向に押す］を選択します3。パスのノードのある部分ドラッグすると（ここでは葉の端部分）、ドラッグした方向にパスのノードやセグメントが押されて変形します4。

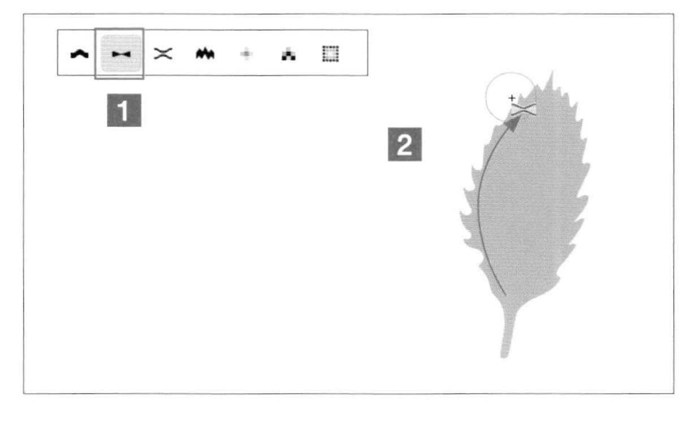

パスのパーツを収縮

［パスのパーツを収縮］は1、パスのノードの部分をドラッグすると（ここでは葉の端部分）、ノードやセグメントがカーソルに近づくように移動します2。Shift キーを押しながらドラッグすると、離れるように移動します。

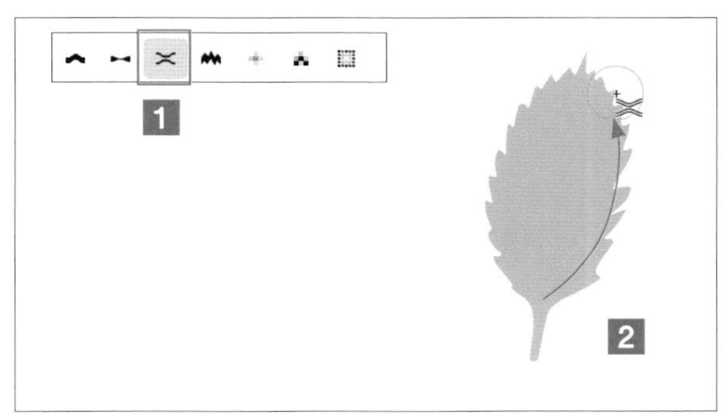

パスのパーツをカーソル方向に引き寄せる

［パスのパーツをカーソル方向に引き寄せる］は1、パスのノードの部分をドラッグすると（ここでは葉の端部分）、ノードやセグメントがカーソルに近づくように移動します2。Shift キーを押しながらドラッグすると、離れるように移動します。

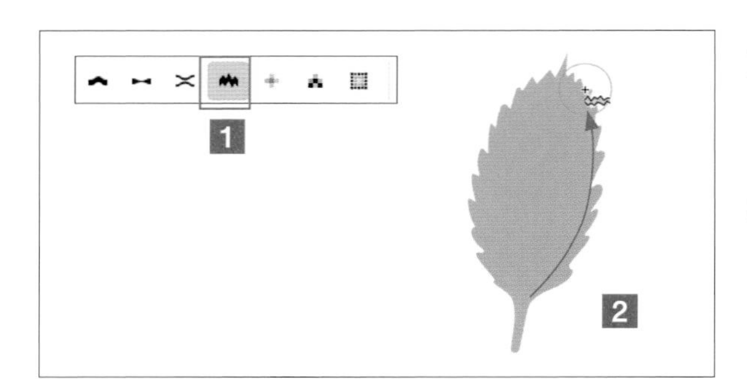

パスのパーツをラフに

[パスのパーツをラフに] は1、パスのノードの部分をドラッグすると（ここでは葉の端部分）、パスのノードやセグメントをラフに変形します2。

オブジェクトの色の調整

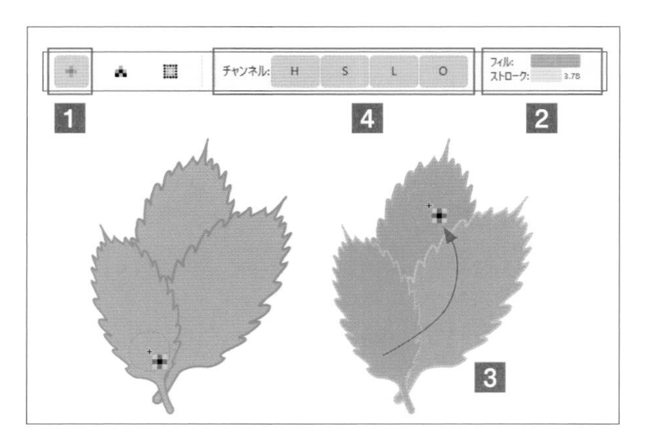

選択オブジェクト上でのツールの色を塗る

[選択オブジェクト上でのツールの色を塗る] は1、ツールコントロールバーの右上に表示された [フィル] と [ストローク] のカラー（初期設定では「最後に使ったカラースタイル」なので、必要に応じて変更する）に2、オブジェクトのカラーを寄せていきます3。長くカーソルを置いておくほど、色が変わります。[チャンネル] で4、「H」（色相）、「S」（彩度）、「L」（明度）、「O」（不透明度）の各チャンネルに調整を適用するかを選択できます。

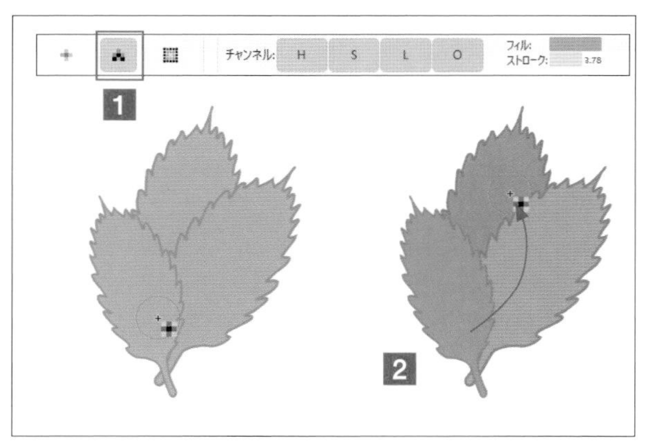

選択オブジェクトの色を揺らす

[選択オブジェクトの色を揺らす] は1、オブジェクトの色の値をランダムに調整することで色を変更します2。

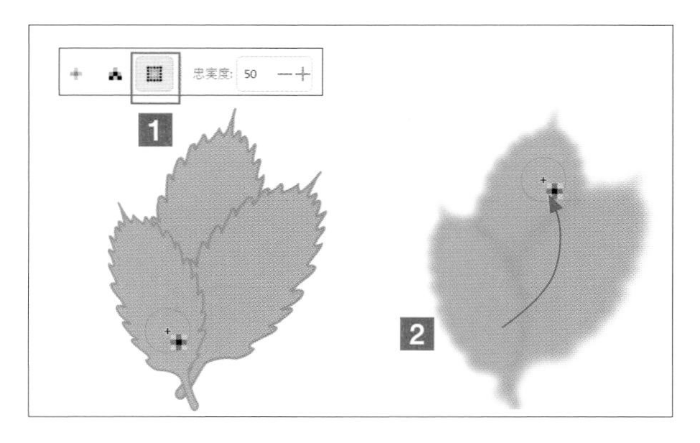

選択オブジェクトをよりぼかす

[選択オブジェクトをよりぼかす] は1、オブジェクトをぼかします2。Shift キーを押しながらドラッグすると、ぼかしが減少します。

CHAPTER

▼

10

THE PERFECT GUIDE FOR INKSCAPE

[レイアウトと出力データ]

ビットマップ画像を読み込む

デジタルカメラのデータなどの写真画像や、スキャナで読み取った画像などのビットマップ画像を、画像オブジェクトとして読み込んで配置できます。

サンプルファイル 10-01.svg、10-01.jpg

ビットマップ画像を読み込む

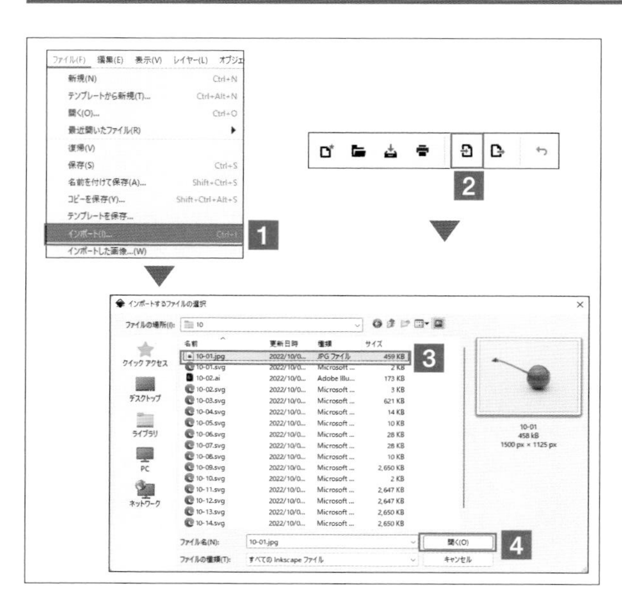

1 読み込むファイルを選択する

［ファイル］メニュー→［インポート］を選択します1。または、コマンドバーの をクリックします2。［インポートするファイルの選択］ウィンドウで、読み込む画像ファイルを選択し3、［開く］をクリックします4。

CHECK

エクスプローラー画面から画像ファイルをドラッグし、Inkscape のキャンバスにドロップしても読み込めます。

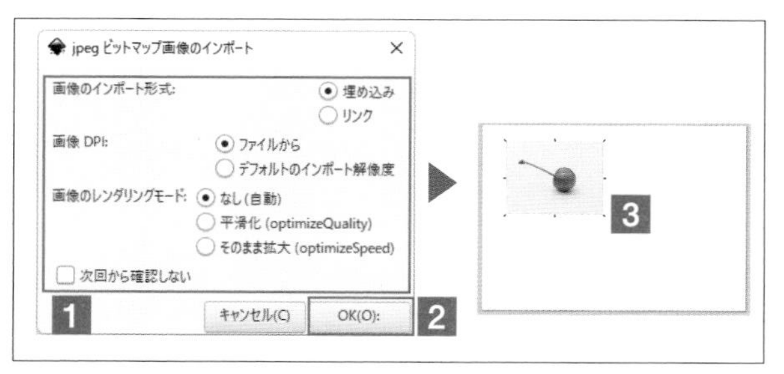

2 オプションを設定して読み込む

［ビットマップ画像のインポート］ウィンドウが開くので、オプションを設定します1。［画像のインポート形式］は、画像を Inkscape 内に埋め込むか、外部ファイルとのリンク（埋め込まない）かを選択します。「埋め込む」を選択することを推奨します。「リンク」を選択した場合、画像ファイルの保存場所が変わると、画像も表示されなくなります。［画像 DPI］は、画像の解像度を選択します。「ファイルから」では、ファイルの持つ解像度となり、「デフォルトのインポート解像度」は、「環境設定」の「インポート画像」で設定されている解像度（初期値は 96dpi）で読み込みます。［画像のレンダリングモード］は「なし（自動）」に設定してください。［OK］をクリックすると2、選択した画像が読み込まれます3。

POINT

読み込んだ画像をトリミング（画像の一部だけを切り取る）するには、クリップまたはマスクを使用します。クリップについては P.119 を、マスクについては P.121 を参照ください。

Illustratorデータを読み込む

Inkscapeでは、アドビ社のIllustratorで作成したデータをそのまま開いて編集できます。ただし、テキストを含むデータは読み込めないこともあります。その場合は、Illustrator側でSVGで保存すると、Inkscapeでもテキストごと読み込めます。

サンプルファイル 10-02.ai、10-02.svg

Illustratorデータの使用

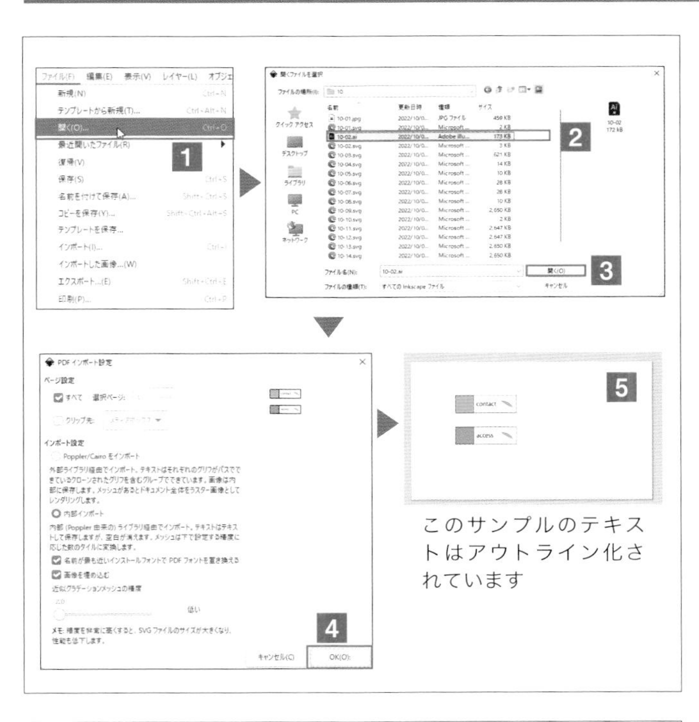

Illustratorファイル

［ファイル］メニュー→［開く］を選択します1。［開くファイルを選択］ウィンドウで、読み込むIllustratorファイルを選択し2、［開く］をクリックします3。［PDFのインポート設定］ウィンドウが開くので、設定はそのままで［OK］をクリックします4。Illustratorデータが表示されます5。

POINT

テキストデータの含まれているIllustratorデータを開くと、Inkscapeが反応しなくなることがあります。そのときは強制終了してください。

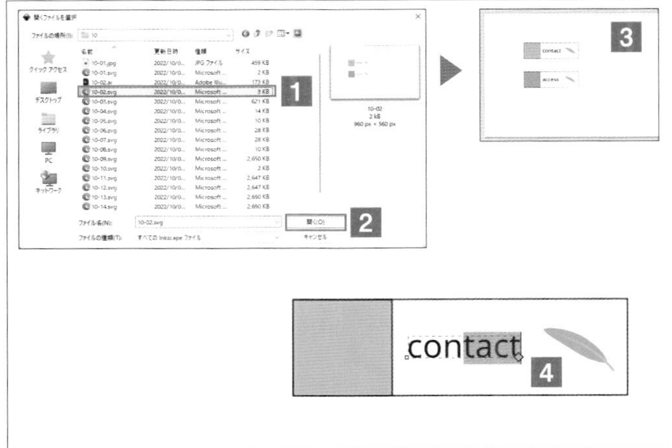

IllustratorでSVGで保存したファイル

［ファイル］メニュー→［開く］を選択し、［開くファイルを選択］ウィンドウで、読み込むSVGファイルを選択し1、［開く］をクリックします2。Illustratorで書き出したSVGファイルが表示されます3。テキスト部分を選択すると、文字が選択でき、編集できることがわかります4。Illustratorで設定されていたフォントがInkscapeで使用できないこともあるので、必要に応じて変更してください。

ビットマップをSVGファイルにする

SVGはベクター形式のファイルですが、ビットマップ画像を埋め込むことができます。画像オブジェクトだけのファイルをSVGで保存すれば、ビットマップ画像もSVGファイルとして扱えます。ただし、画像はそのままビットマップ画像なので、拡大すれば表示は粗くなります。

サンプルファイル 10-03.svg

画像だけをSVGで書き出す

インポートした画像オブジェクトだけのSVGファイルを作成します。

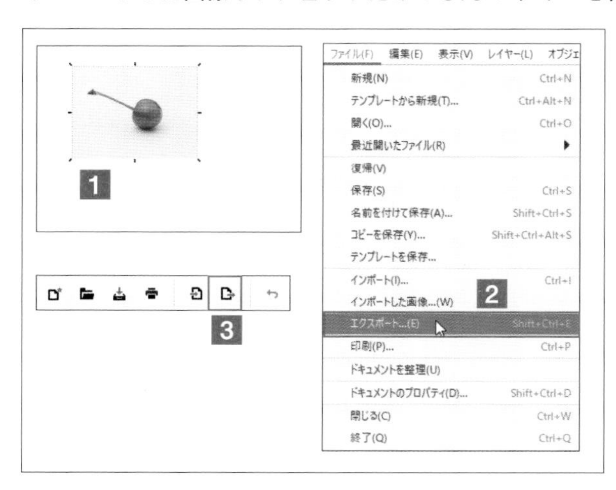

1 書き出す画像を選択し［エクスポート］を選択する

画像オブジェクトを配置したファイルを開き、SVGで書き出す画像を選択します1。［ファイル］メニュー→［エクスポート］を選択します2。または、コマンドバーの をクリックします3。

CHECK

ここではひとつの画像オブジェクトを、ひとつのSVGファイルとして書き出します。複数の画像を書き出すには、P.336を参照ください。

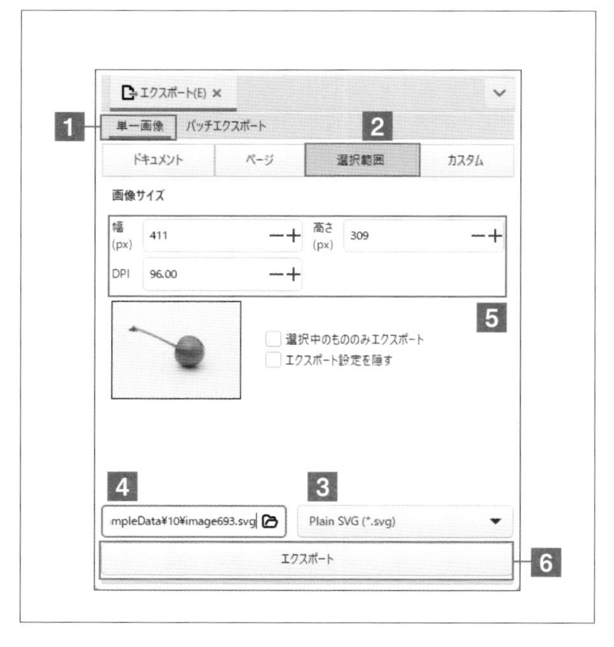

2 ［エクスポート］ダイアログで設定して書き出す

［エクスポート］ダイアログが表示されるので、［単一画像］を選択し1、［選択範囲］タブを選択します2。右下で書き出す画像形式として［Plain SVG（*.svg）］を選択し3、書き出す場所とファイル名を設定します4。必要に応じて、ファイルサイズや解像度を設定して5、［エクスポート］をクリックします6。

POINT

［ドキュメント］タブを使うと、ファイル内のすべてのオブジェクトを囲んだサイズでSVG書き出しできます。［ページ］タブを使うと、設定されているドキュメントサイズでSVG書き出しできます。

Web用としてSVGで書き出す

Inkscapeのデフォルト保存形式は、複数ページに対応するなど、独自のInkscape SVG形式となっています。そのため、ブラウザで開くと1ページ目だけが表示されてしまいます。Web用のSVGなら、「Plain SVG」で書き出すとよいでしょう。

サンプルファイル 10-04.svg

▶ 選択したオブジェクトだけをSVGで書き出す

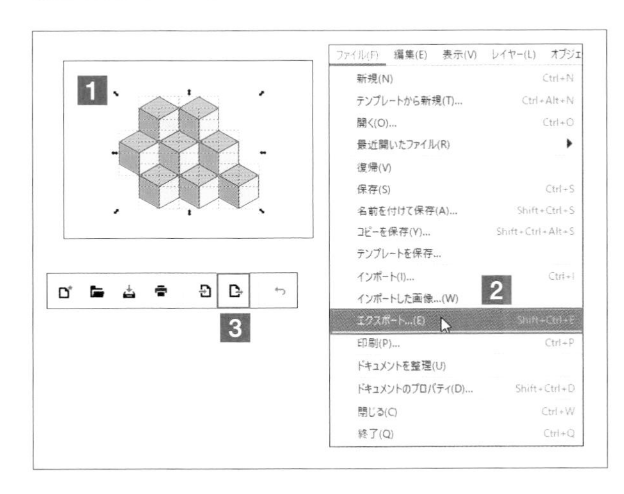

1 書き出すオブジェクトを選択し［エクスポート］を選択する

ファイルを開き、SVGで書き出すオブジェクトを選択します1。［ファイル］メニュー→［エクスポート］を選択します2。または、コマンドバーのをクリックします3。

CHECK

オブジェクトの回りに余白を設けたい場合は、余白サイズの長方形を作成し、［フィル］［ストローク］ともに「なし」に設定し、長方形も含めて選択してください。

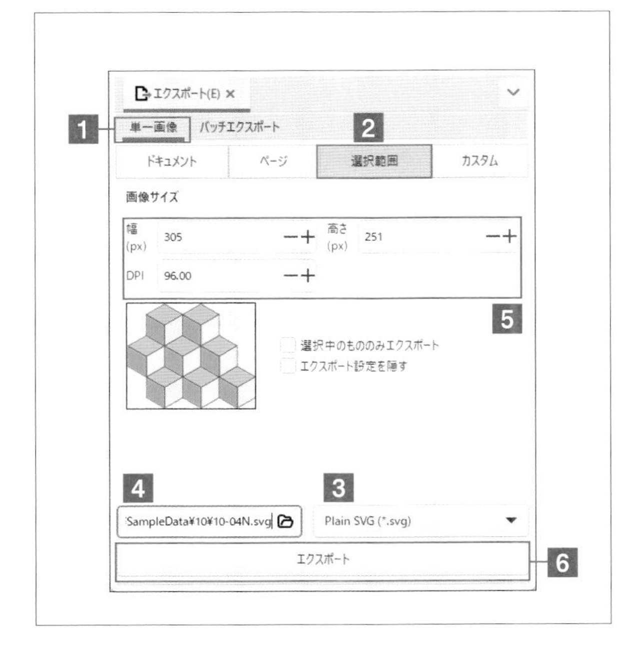

2 ［エクスポート］ダイアログで設定して書き出す

［エクスポート］ダイアログが表示されるので、［単一画像］を選択し1、［選択範囲］タブを選択します2。右下で書き出す画像形式として［Plain SVG (*.svg)］を選択し3、書き出す場所とファイル名を設定します4。必要に応じて、ファイルサイズや解像度を設定して5、［エクスポート］をクリックします6。

POINT

書き出したSVGファイルが［エクスポート］ダイアログのプレビューと同じように表示されない場合は、選択したオブジェクトの左上が原点（X:0、Y:0）になるように移動して書き出してみてください。

PNG形式で書き出す

Inkscapeで作成したデータを、ビットマップデータとして書き出すことができます。ここでは、PNG形式での書き出し方法を説明します。

サンプルファイル 10-05.svg

PNGで書き出す

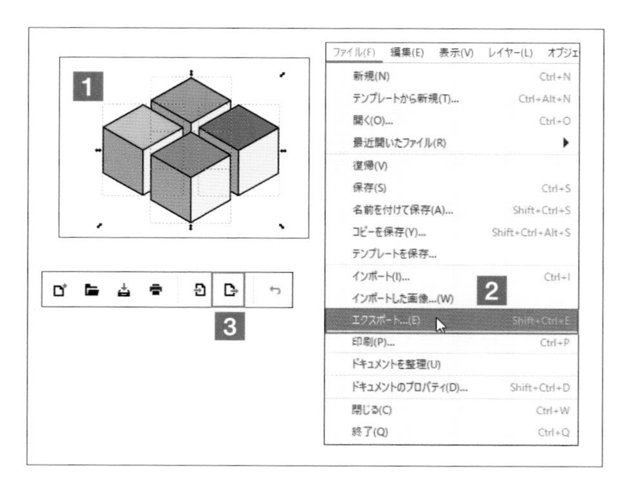

1 [エクスポート]を選択する

ファイルを開き、PNGで書き出すオブジェクトを選択します1。[ファイル] メニュー→ [エクスポート] を選択します2。または、コマンドバーのをクリックします3。

CHECK

ファイル全体をPNGで書き出す場合は、選択する必要はありません。

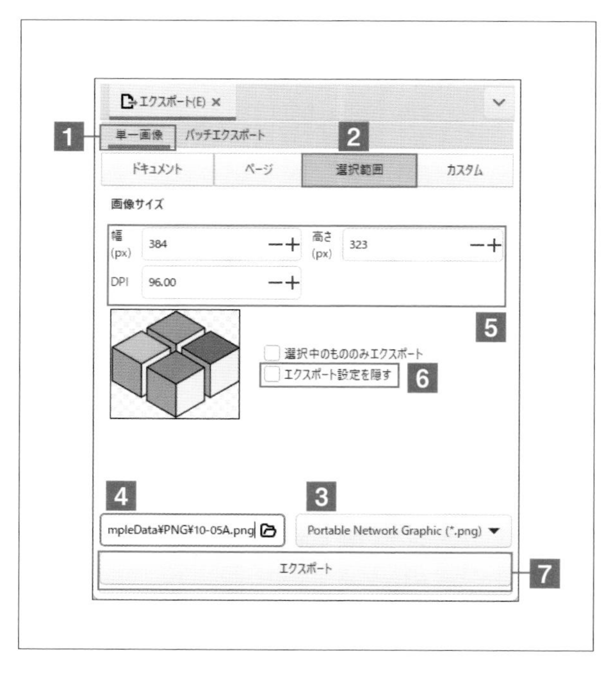

2 [エクスポート]ダイアログで設定して書き出す

[エクスポート] ダイアログが表示されるので、[単一画像] を選択し1、[選択範囲] タブを選択します2。右下で書き出す画像形式として[Portable Network Graphics (*.png)] を選択し3、書き出す場所とファイル名を設定します4。必要に応じて、ファイルサイズや解像度を設定します5。[エクスポート設定を隠す] をオフにして6、[エクスポート] をクリックします7。

CHECK

[ドキュメント] タブを使うと、ファイル内のすべてのオブジェクトを囲んだサイズで書き出しできます。[ページ] タブを使うと、設定されているドキュメントサイズで書き出しできます。

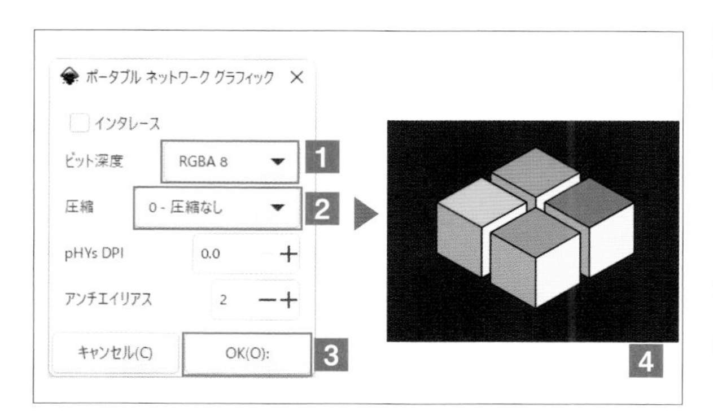

3 オプションを設定する

[ポータブルネットワークグラフィック] ウィンドウが表示されるので、[ビット深度] を選択し（ここでは「RGBA 8」）1、[圧縮] で圧縮率を選択します（「0- 圧縮なし」を推奨）2。ほかはそのままで [OK] をクリックします3。PNG で書き出されたファイルを確認します。ここでは [ビット深度] に「RGBA8」を選択したので、背景が透過される PNG ファイルとなります。4。

ビット深度

[ビット深度] は、書き出す画像の色数や、背景を透過させるかを設定します。[RGBA 8] [RGBA 16] を選択すると背景が透過します「8」と「16」はカラーチャネルごとのビット数で、通常は [RGBA 8] を選択してください。[GrayAlpha8] と [GrayAlpha16] は、背景が透過するグレースケールとなります。「8」と「16」はチャネルのビット数で通常は [GrayAlpha8] を選択してください。[RGB 8] [RGB 16] は、背景の透過しないカラー画像となります。「8」と「16」は、カラーチャネルごとのビット数で、通常は [RGB 8] を選択してください。[グレー 1] から [グレー 16] はグレースケールで、数字はビット数です。「1」では 2 色、「2」では「4 色」、「4」では 16 色のグレーススケールとなります。

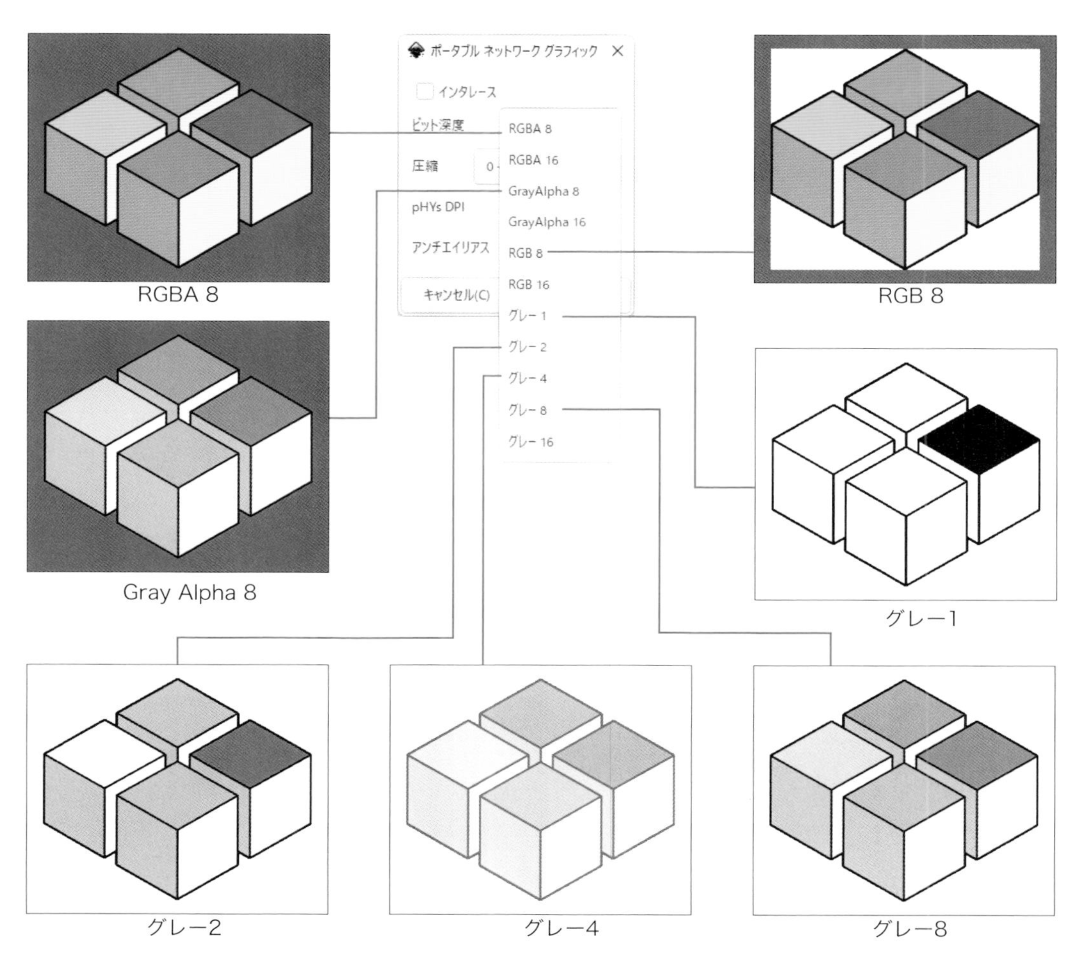

JPEG／WebP／TIFF形式で書き出す

[エクスポート]ダイアログでは、PNG以外にJPEG、WebP、TIFFの各種画像形式でも書き出せます。ここでは、書き出し時のオプションについて説明します。書き出し操作については、P.332「PNG形式で書き出す」を参照ください。

サンプルファイル 10-06.svg

オプションの設定

JPEG書き出しの設定

JPEGは、デジタルカメラの保存ファイル形式などでおなじみの形式です。高い圧縮率ですが、ファイルサイズが小さくなる分、画像が粗くなるというデメリットもあります。JPEG書き出し時は画質が劣化しないように［画質］を「100」にすることをおすすめします1。［プログレシップ］にチェックすると、Webブラウザで表示した際に粗い画像から徐々に鮮明に表示されるようになります2。

POINT

PDFの書き出しはP.346「一般利用のPDFで保存する」を参照ください。

WebP書き出しの設定

WebP（ウェッピー）は、Googleが開発している画像フォーマットで、比較的新しいフォーマットですが、画質を落とさずにファイルサイズを小さくできるため、普及が進んでいます。［可逆圧縮］をチェックすると、元に戻せる状態で圧縮します1。［画質］は表示画質を設定します2。数値が大きい方が高画質となります。［速度］では、書き出しの速度を設定します2。[Fastest]が最も早くなりますが、[Best]のほうがファイルサイズは小さくなります。

TIFF書き出しの設定

TIFFは、古くからあるフォーマットです。［速度］では、圧縮形式を指定します1。TIFF形式が必要となる場合は、印刷時などの指定形式となっている場合などが多いので、その際は指定された圧縮形式に設定してください。［画質］では、画質を設定します2。

保存できるフォーマットを把握する

Inkscapeは、PNG画像などのビットマップ形式以外に、各種ベクター形式でも保存できます。また、[書き出し]機能を使うと、ビットマップ形式の画像を書き出すこともできます。どのようなファイル形式で保存、書き出しできるか把握しておきましょう。

サンプルファイル 10-07.svg

フォーマットを把握

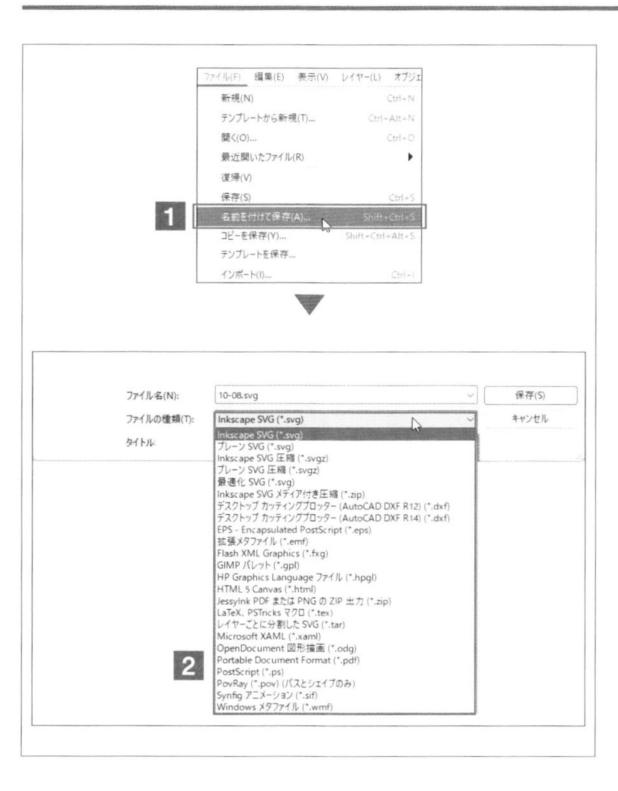

保存できるファイル形式を表示

[ファイル] メニュー→ [名前を付けて保存] を選択すると1、[ファイルの保存先を選択] ウィンドウが表示され、[ファイルの種類] で多くのファイル形式を選択できます2。ほとんどがベクター形式のファイルなので、どんなファイル形式で保存できるか把握しておきましょう。

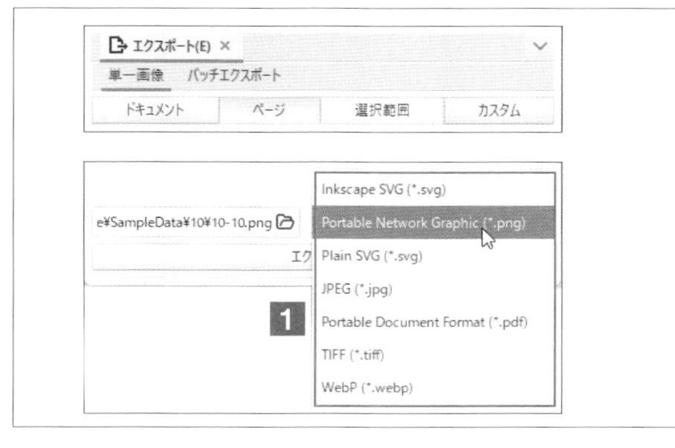

書き出しできるファイル形式を表示

[エクスポート] ダイアログの右下では、書き出しできるファイル形式を選択できます1。PNG、JPEG、TIFF、WebPなどのビットマップ画像に書き出すときは、[エクスポート] ダイアログを使って書き出します。

08 複数のオブジェクトを個別ファイルに書き出す

バッチエクスポートを使うと、ひとつのドキュメントに作成した複数のオブジェクトを、個々のファイルに書き出せます。ファイル形式も複数指定できるため、ボタンやアイコンの作成時などに便利な機能です。

サンプルファイル 10-08.svg

バッチエクスポートで書き出す

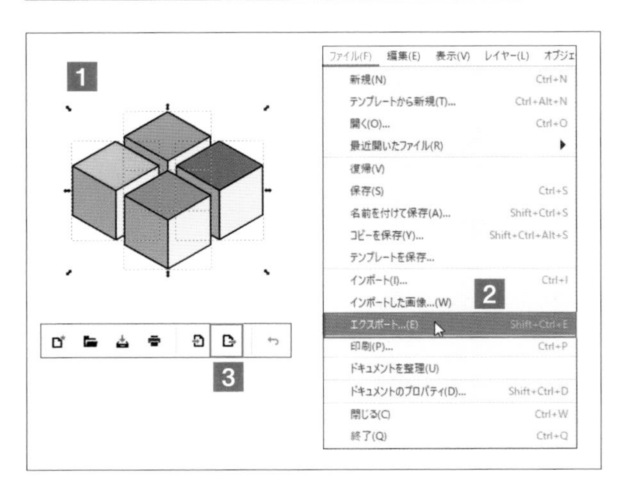

1 ［エクスポート］を選択する

ファイルを開き、書き出す複数のオブジェクトを選択します1。［ファイル］メニュー→［エクスポート］を選択します2。または、コマンドバーのをクリックします3。

CHECK

個別に書き出せるオブジェクトは、個々のオブジェクトまたはグループ化したオブジェクトとなります。

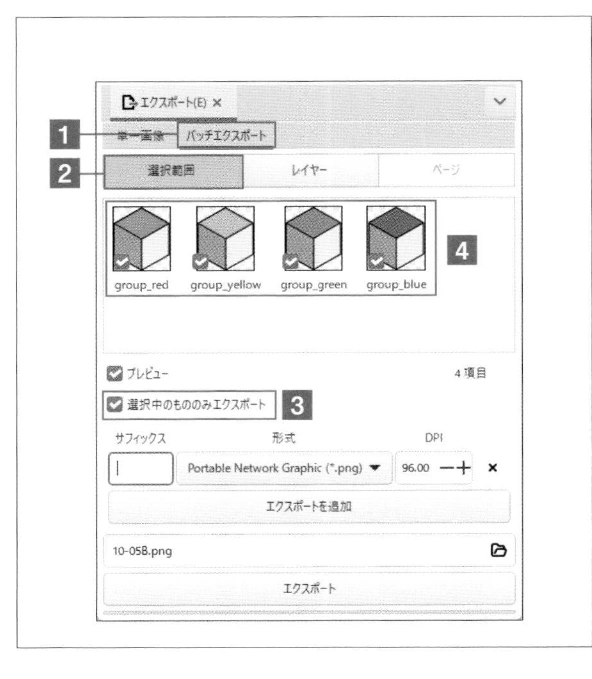

2 ［エクスポート］ダイアログで書き出す対象を設定する

［エクスポート］ダイアログが表示されるので、［バッチエクスポート］を選択し1、［選択範囲］タブを選択します2。［選択中のもののみエクスポート］のチェックボックスをオンにします3。これで、選択したオブジェクトが個別に書き出されます。プレビューを見て確認してください4。

CHECK

書き出すオブジェクト（またはグループオブジェクト）の名称が、書き出された時のファイル名となります。先にレイヤーパネルで、名称を設定しておくとよいでしょう。

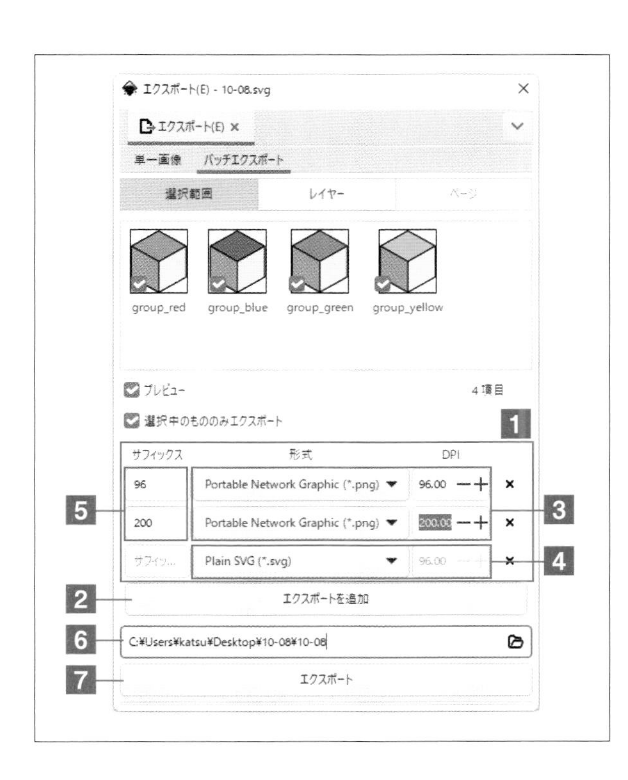

3 ［エクスポート］ダイアログで書き出し形式を設定する

［エクスポート］ダイアログの下で書き出す画像形式を選択します1。［エクスポートを追加］をクリックすると2、書き出す画像形式を追加できます。同じ画像形式（左図例ではPNGファイル）でも、解像度の異なるファイルを書き出せます3。また、PNGとSVGのように、複数のファイル形式を同時に書き出すこともできます4。［サフィックス］には、同じファイル形式で異なる解像度で書き出すときなどに、ファイルがどの解像度かをわかるようにする接尾辞を入力できます5。解像度をそのまま入力することをおすすめします。ファイル形式を設定したら、設定した書き出す場所とファイル名を設定します6。設定が終了したら［エクスポート］をクリックします7。

CHECK

ファイルの保存場所を設定する際に、［エクスポートするファイル名］ウィンドウで個々のファイルに共通するファイル名を設定して［保存］をクリックしてください。オプション設定のウィンドウが表示されたら［キャンセル］してください。

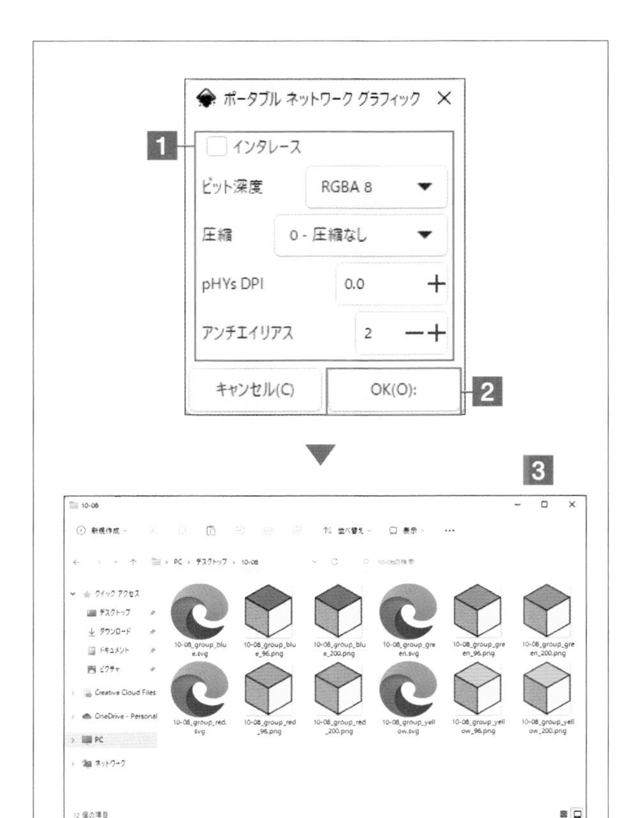

4 オプションを設定する

設定した画像の書き出し形式に従って、ファイル形式ごとのオプション設定ウィンドウが表示されるので、画質等を設定し1、［OK］をクリックします2。設定したフォルダに、すべてのオブジェクトのファイルが個別に書き出されます3。

CHECK

複数の画像書き出し形式を設定した場合は、［エクスポート］ダイアログで設定した上からの順番で表示されます。順番に設定してください。

POINT

ファイル名は、[［エクスポート］ダイアログで設定したファイル名 _ オブジェクトの名称 _ サフィックス . 拡張子］となります。

プリントマークと裁ち落としの基本

Inkscapeで作成したデータを商用印刷で出力するには、プリントマーク(トンボ)の設定が必要となります。裁ち落としとプリントマークの関係について把握しておきましょう。

サンプルファイル ▶ 10-09.svg

裁ち落としとプリントマーク

用紙サイズと裁ち落とし

商用印刷では、家庭用プリンタでの印刷と異なり決まったサイズの用紙に印刷するのではなく、大きな紙に印刷してから、指定サイズに裁断します1。その際に、また、裁断する際には、若干のズレが生じます。ズレに対応するために、用紙サイズの外側に若干の余白（通常は3mm）を設けておきます。これが裁ち落としです2。どこで裁断するかや、裁ち落とし範囲を示すのがプリントマーク（トンボやトリムマークともいいます）です。

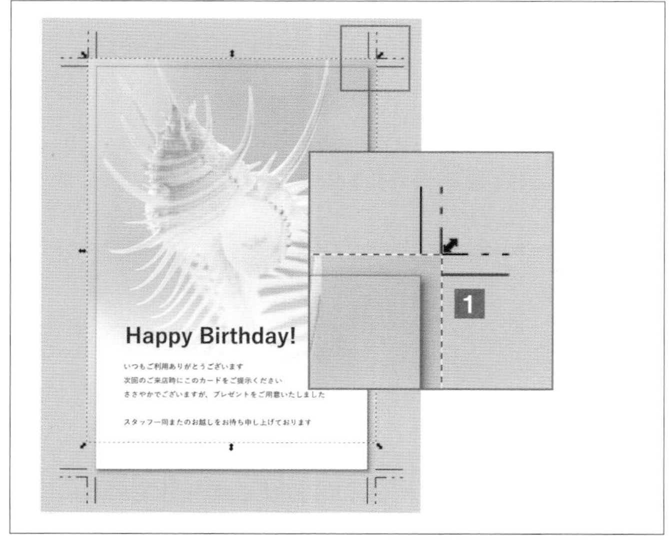

裁ち落としまでのレイアウト

印刷時に指定サイズの端いっぱいまで印刷したい画像などがある場合は、用紙外側の裁ち落としに合わせてレイアウトしておき、裁断時にズレが生じても、用紙端に印刷されない部分が出ないようにします1。

POINT

Inkscapeでは、プリントマーク作成する機能があります。P.340「プリントマークを設定する」を参照ください。

ドキュメントを設定する

商用印刷やプリントアウトを前提としたドキュメントを作成する際には、適切な用紙サイズの設定が必要です。作成前にサイズを設定しておくようにしましょう。

サンプルファイル 10-10.svg

ドキュメントのプロパティで設定する

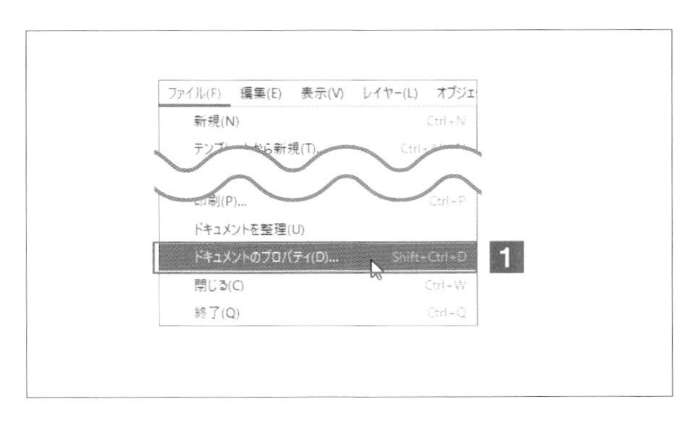

1 [ドキュメントのプロパティ]を選択する

[ファイル] メニューから [ドキュメントのプロパティ] を選択します1。

CHECK

コマンドバーの をクリックしてもかまいません。

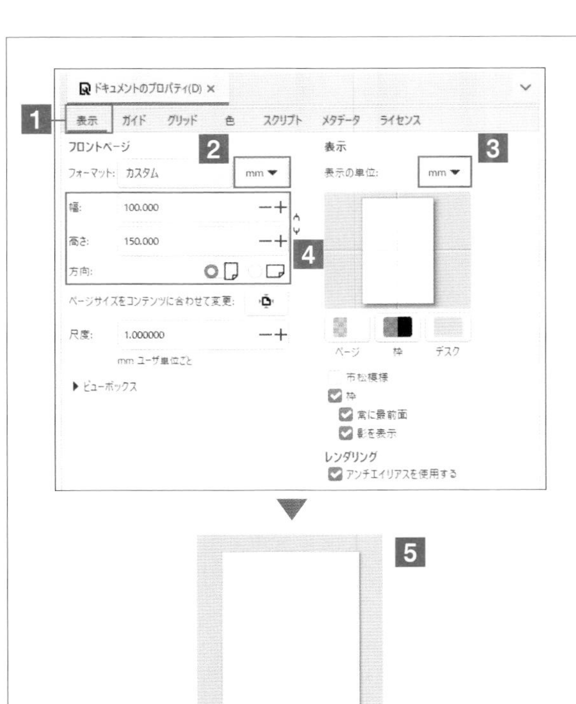

2 単位とサイズを変更する

[表示] タブを表示し1、[フォーマット] の単位を「mm」に設定します2。表示の単位も「mm」に設定します3。[幅] と [高さ] に印刷時の仕上がりサイズを指定し、[用紙方向] も設定します4。用紙サイズが変更されたことを確認します5。

CHECK

[フォーマット] (左図の「カスタム」と表示された部分) をクリックすれば、リスト表示されたページサイズを選択するだけで変更できます。

11 プリントマークを設定する

商用印刷用のプリントマークを作成するには、エクステンションの[プリントマーク]を使います。マークにはいくつかの種類がありますが、ここでは「クロップマーク」と「裁ち落としマーク」のふたつを作成します。

サンプルファイル 10-11.svg

▶ プリントマークを設定する

1 ファイルを開く

プリントマークを設定するドキュメントを開きます**1**。

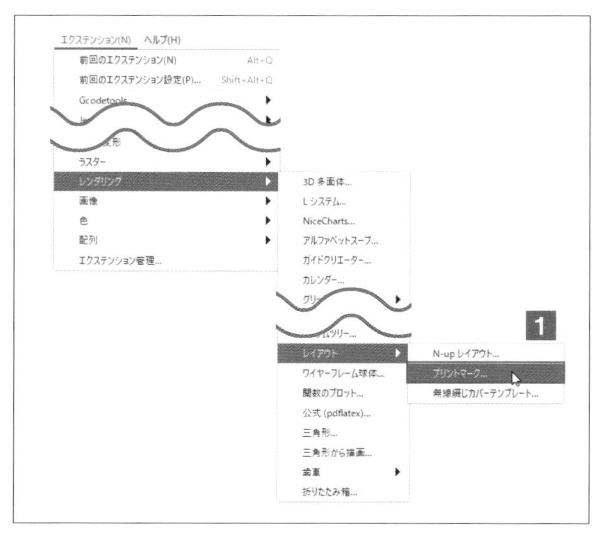

2 エクステンションの[プリントマーク]を選択する

[エクステンション] メニュー→ [レンダリング] → [レイアウト] → [プリントマーク] を選択します**1**。

CHECK

商用印刷目的であれば、オブジェクトをレイアウトする前の白紙のドキュメントの状態でプリントマークを設定することおすすめします。

3 マークの種類や位置を設定する

［プリントマーク］ウィンドウが開くので、［マーク］タブを選択し1、設定するマークのチェックボックスをオンにします（「クロップマーク」と「裁ち落しマーク」のふたつでOKです）2。［位置調整］タブを選択し3、［クロップマークの設定］に「キャンバス」を選択します4。これは、クロップマークをどこを基準に作成するかの設定で、用紙サイズを基準に作成するので「キャンバス」を選択します。［単位］に「mm」を選択します5。［オフセット］には、キャンバスからクロップマークをどれぐらい離して作成するかを設定します。通常は3mmなので「3」を設定します6。［裁ち落としマージン］は、裁ち落としの幅を設定します。通常3mmなので、［上］［下］［左］［右］すべて「3」に設定します7。設定したら［適用］をクリックします8。プリントマークが作成されます9。

POINT

［プリントマーク］ウィンドウは、［閉じる］ボタンをクリックして閉じるまでは、設定を変更して何度でもやり直しができます。

プリントマークを削除する

1 ［レイヤーとオブジェクト］ダイアログで削除する

プリントマークは、通常のオブジェクトですが、ロックされています。削除するには、［レイヤーとオブジェクト］ダイアログで、［Printing Marks］を選択して1、［選択オブジェクトを削除］🗑をクリックして削除すると簡単です2。

12 選択範囲から プリントマークを作成する

家庭用プリンタを使用して裁ち落としするには、仕上がりのサイズよりひとまわり大きい用紙サイズのキャンバスを使い、用紙内にプリントマークを設定してレイアウトします。ここではA4サイズのキャンバスにハガキサイズの仕上がりサイズでプリントマークを作成します。

サンプルファイル 10-12.svg

長方形からプリントマークを作成する

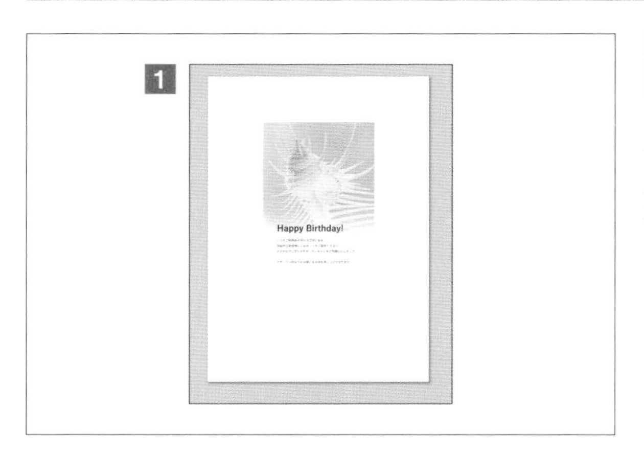

1 ファイルを開く

プリントマークを設定するドキュメントを開きます1。ここでは、A4サイズのドキュメントに、ハガキサイズで仕上げたいオブジェクトが配置されています。

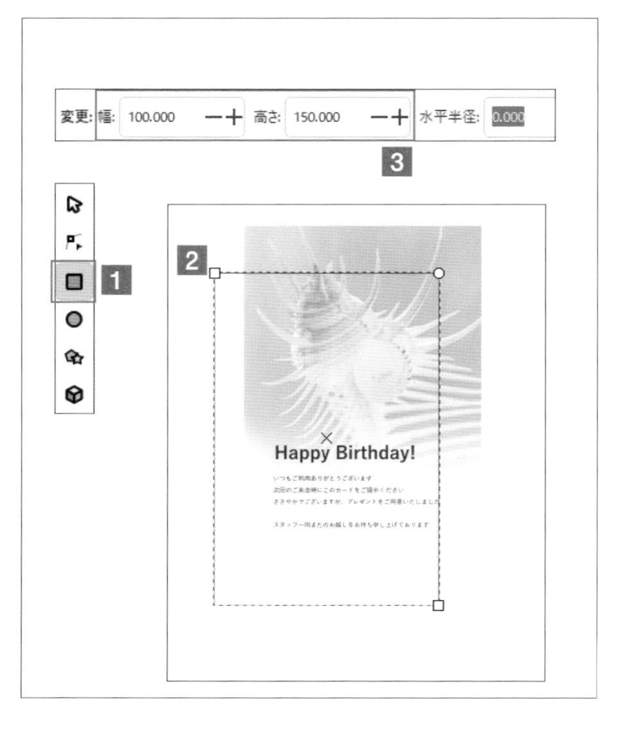

2 プリントマーク作成のための長方形を作成する

矩形ツールを選択し1、ドラッグして適当な大きさの長方形を作成します2。ツールコントロールバーで、ハガキのサイズである［幅］を「100」、［高さ］を「150」に設定します3。長方形は選択した状態にしておいてください。

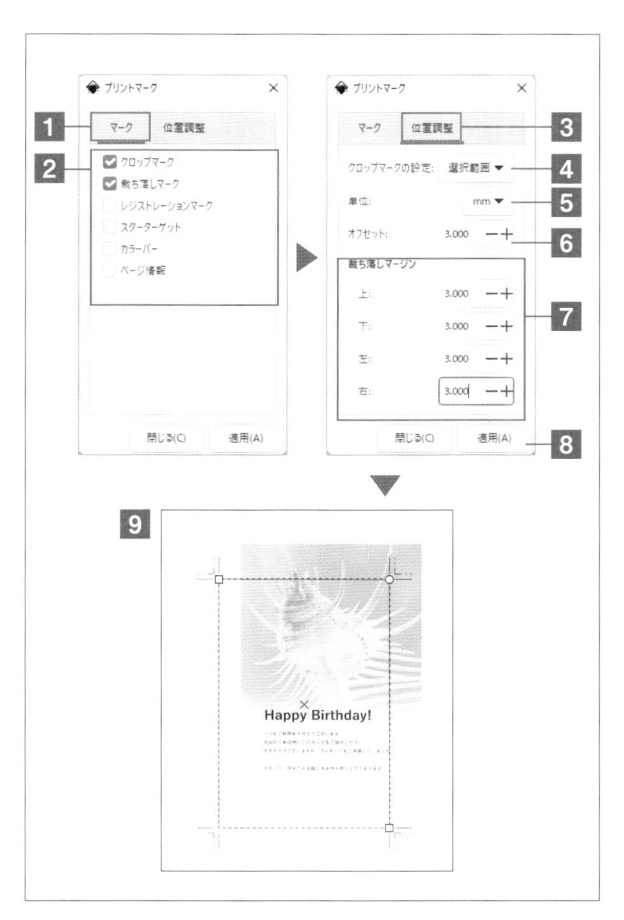

3 プリントマークの作成方法を設定する

[エクステンション] メニュー→ [レンダリング] → [レイアウト] → [プリントマーク] を選択し、[プリントマーク] 選択して、[プリントマーク] ウィンドウを開きます。[マーク] タブを選択し1、設定するマークのチェックボックスをオンにします（「クロップマーク」と「裁ち落としマーク」のふたつでOKです）2。[位置調整] タブを選択し3、[クロップマークの設定] に「選択範囲」を選択します4。これで、選択している長方形にクロップマークが作成されます。[単位] に「mm」を選択します5。[オフセット] には、選択範囲からクロップマークをどれぐらい離して作成するかを設定します。通常は3mmなので「3」を設定します6。[裁ち落としマージン] は、裁ち落としの幅を設定します。通常3mmなので、[上] [下] [左] [右] すべて「3」に設定します7。設定したら [適用] をクリックします8。長方形を基準に、プリントマークが作成されます9。

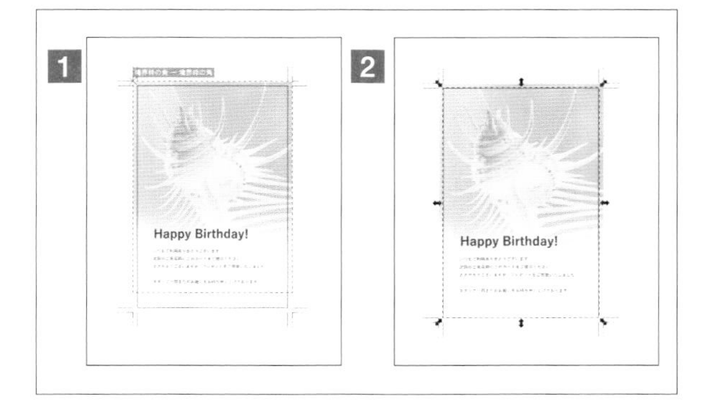

4 プリントマークに合わせてレイアウトする

プリントマークに合わせてオブジェクトをレイアウトします。スナップを使って、裁ち落としする画像は裁ち落としマークに合うようにレイアウトしてください1。また、プリントマーク作成用に作成した長方形は、不要なので選択して削除してください2。

POINT

プリントマークは、ひとつのドキュメント内にひとつしか設定できません。複数のプリントマークを作成するには、一度作成したプリントマークを [レイヤーとオブジェクト] ダイアログで [Printing Marks] レイヤーごと複製してから、ほかの場所にプリントマークを作成してください。この方法を利用すると、複数ページのドキュメントに、ページごとのプリントマークを作成できます。ページサイズと同じ長方形を作成してプリントマークを作成してください。

13 商業印刷用のPDFデータを作成する

Inkscapeのデータを印刷会社で印刷するには、プリントマーク付きのPDFで入稿しましょう。ただし、RGBデータとなるので印刷会社に入稿データとして利用できるかを確認してください。

サンプルファイル 10-13.svg

PDFで保存する

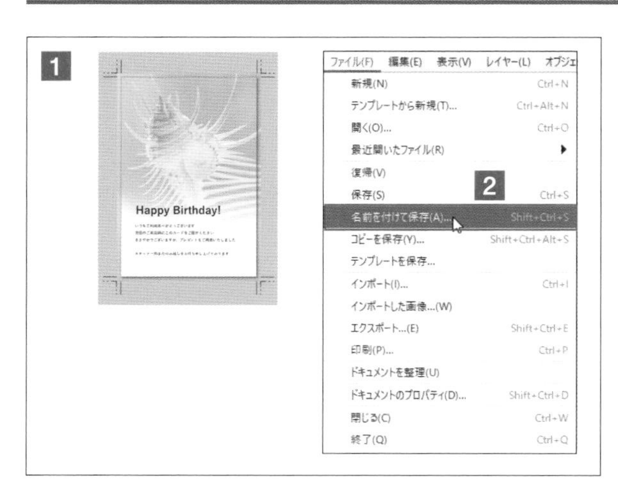

1 [名前を付けて保存]を選択する

PDFを作成するファイルを開きます1。[ファイル]メニュー→[名前を付けて保存]を選択します2。

CHECK

PDF作成前にプリントマークを作成してください。ただし、複数ページのドキュメントはプリントマークを含めてのPDFを作成できません(2022年11月時点)。1ページのファイルで作成してください。

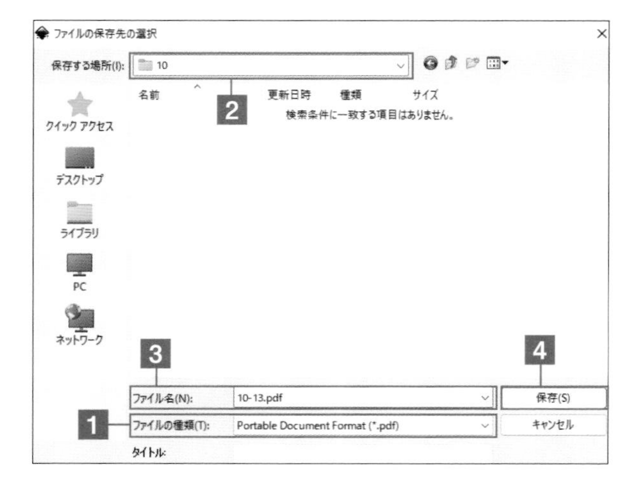

2 [ファイルの種類]を[PDF]に設定して保存する

[ファイルの保存先の選択]ダイアログが表示されるので、[ファイルの種類に][Portable Document Format(*.pdf)]を選択します1。[保存する場所]で保存するフォルダ2、[ファイル名]に保存するファイル名3を設定し、[保存]をクリックします4。

CHECK

InkscapeのPDFは、カラーモードがRGBとなります。通常印刷用データはCMYKなので、印刷会社でCMYKに変換されます。その際、ドキュメントの色が変わることがあります。

3 オプションを設定する

[Portable Document Format] ウィンドウが表示されるので、[PDF バージョン制限] は [PDF1.5] に設定します1。[テキスト出力オプション] を [テキストをパスに変換] を選択します2。これで、ドキュメント内のテキストは、アウトラインパスに変換されます。[フィルターエフェクトをラスタライズする] のチェックボックスはオンに設定し3、[ラスタライズ解像度] は「350」に設定します4。これは、フィルターを適用した部分を、ラスタライズ（ビットマップ画像に変換）する設定で、[ラスタライズ解像度] はラスタライズする際の解像度です。[エクスポートオブジェクトのサイズを使用] のチェックボックスをオンにし5、[裁ち落としマージン] を「0」に設定します6。これで、プリントマークを含めたサイズでPDF が作成されます。[OK] をクリックします7。PDF で保存されるので、Acrobat Reader などで表示して正しく作成できているか確認します8。

CHECK

[エクスポート] ダイアログでも、PDF での書き出しが可能です。ただし、複数ページの書き出しに対応していません。

PDF でエクスポートする

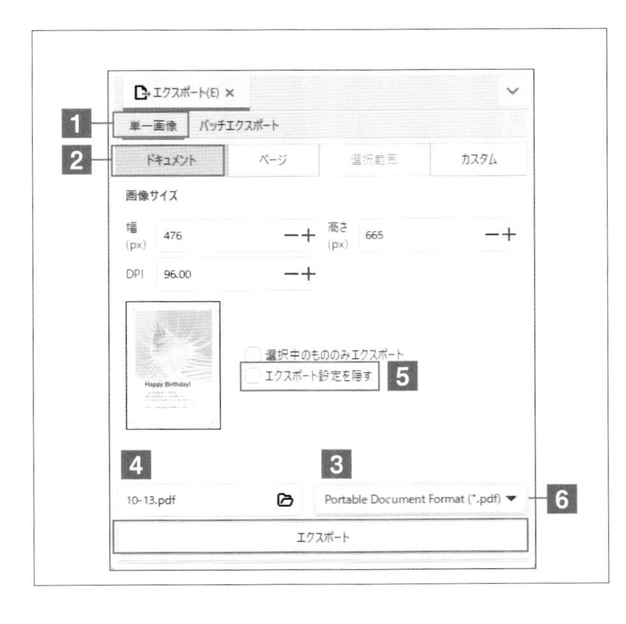

1 [エクスポート] ダイアログで書き出す

[ファイル] メニュー→ [エクスポート] を選択し、[エクスポート] ダイアログが表示します。[単一画像] を選択し1、[ドキュメント] タブを選択します2。右下で書き出す画像形式として [Portable Document Format (*.pdf)] を選択し3、書き出す場所とファイル名を設定します4。[エクスポート設定を隠す] のチェックボックスをオフにして5、[エクスポート] をクリックします6。[Portable Document Format] ウィンドウが表示されるので、本ページの手順3と同じ設定で書き出してください。

一般利用のPDFで保存する

商用印刷ではなく、プリントマークのない一般利用のPDFは、用紙サイズの大きさでPDFを作成します。複数ページのPDFも問題なく作成できます。

サンプルファイル 10-14.svg

PDFで保存する

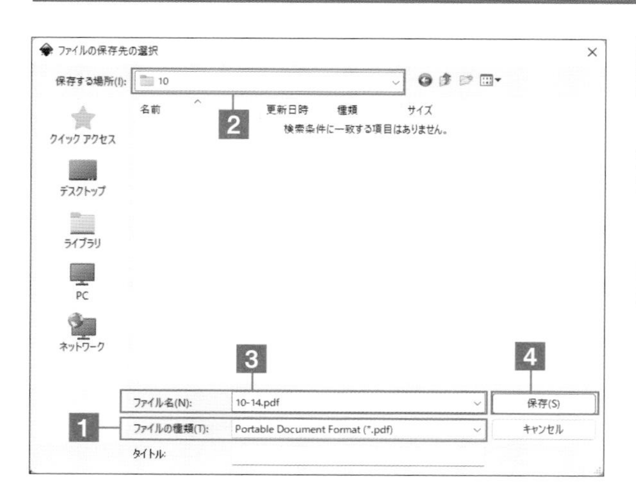

1 [名前を付けて保存]を選択する

[ファイル] メニュー→ [名前を付けて保存] を選択します。[ファイルの保存先の選択] ダイアログが表示されるので、[ファイルの種類に] [Portable Document Format (*.pdf)] を選択します1。[保存する場所]で保存するフォルダ2、[ファイル名] に保存するファイル名3を設定し、[保存] をクリックします4。

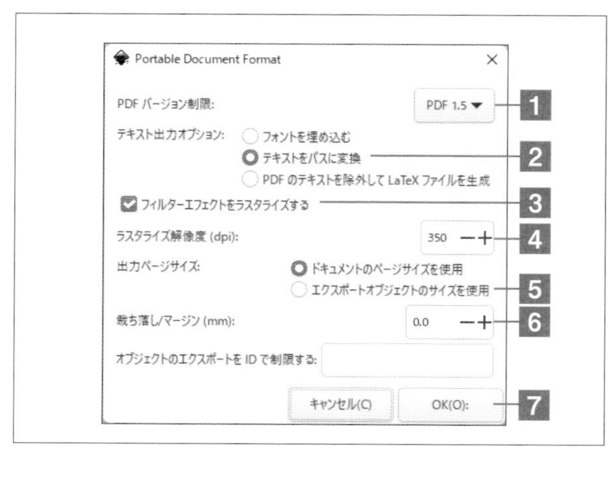

2 オプションを設定して書き出す

[Portable Document Format] ウィンドウが表示されるので、[PDF バージョン制限]は[PDF1.5]に設定します1。[テキスト出力オプション] を[テキストをパスに変換]を選択します2。これで、ドキュメント内のテキストは、アウトラインパスに変換されます。[フィルターエフェクトをラスタライズする] のチェックボックスはオンに設定し3、[ラスタライズ解像度] は「350」に設定します4。[ドキュメントオブジェクトのサイズを使用] のチェックボックスをオンにし5、[裁ち落としマージン] を「0」に設定します6。[OK] をクリックします7。

プリンターで印刷する

Inkscapeのドキュメントは、家庭用プリンターで印刷できます。ご使用のPCにプリンターを設定して印刷してください。複数ページのドキュメントには非対応です。

サンプルファイル 10-15.svg

プリンターで印刷する

1 [印刷]を選択する

ファイルを開きます1。[ファイル]メニュー→[印刷]を選択するか2、コマンドバーの🖶をクリックします3。

2 プリンターを選択して印刷する

[印刷]ウィンドウが表示されるので、使用するプリンターを選択します1。[部数]で印刷部数を設定し2、[印刷]をクリックします3。

CHECK

執筆時点(2022年10月)では、複数ページの印刷には対応していません。印刷したい場合は、PDFで書き出して(P.346「一般利用のPDFで保存する」を参照ください)、PDFを印刷してください。

POINT

マスクしたオブジェクトなどが正しく印刷されないときは、[印刷]ウィンドウの[レンダリング]タブを選択します1。[バックエンド]を[ビットマップ]に設定し2、[ビットマップオプション]を「350」に設定して3、印刷してみてください。

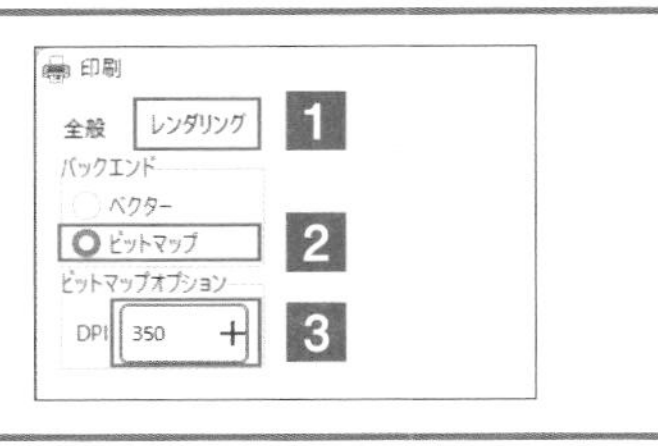

INDEX【索引】

さ

ま

や

ら

わ

■著者略歴

ピクセルハウス

イラスト制作・写真撮影・DTP・Web制作等を手がけるグループです。

本文デザイン
株式会社ライラック

カバーデザイン
田邉恵里香

DTP
ピクセルハウス

編集
竹内仁志（技術評論社）

■お問い合わせについて

本書の内容に関するご質問は、下記の宛先までFAXまたは書面にてお送りいただくか、弊社Webサイトの質問フォームよりお送りください。お電話によるご質問、および本書に記載されている内容以外のご質問には、一切お答えできません。あらかじめご了承ください。

〒162-0846
新宿区市谷左内町21-13
株式会社技術評論社　書籍編集部
「Inkscape　パーフェクトガイド」質問係

FAX番号　03-3513-6167
技術評論社ホームページ　https://book.gihyo.jp/116

なお、ご質問の際に記載いただいた個人情報は質問の返答以外の目的には使用いたしません。また、質問の返答後は速やかに破棄させていただきます。

Inkscape（インクスケープ）　パーフェクトガイド

2023年1月12日　初版　第1刷発行

著者　ピクセルハウス
発行者　片岡　巌
発行所　株式会社技術評論社
東京都新宿区市谷左内町21-13
電話　03-3513-6150　販売促進部
03-3513-6160　書籍編集部
印刷／製本　株式会社加藤文明社

定価はカバーに表示してあります。

ISBN978-4-297-13198-2 C3055
Printed in Japan